功率半导体器件
封装、测试和可靠性

邓二平　黄永章　丁立健　编著

化学工业出版社
·北京·

内 容 简 介

本书讲述了功率半导体器件的基本原理，涵盖 Si 器件、SiC 器件，GaN 器件以及 GaAs 器件等；综合分析和呈现了不同类型器件的封装形式、工艺流程、材料参数、器件特性和技术难点等；将功率器件测试分为特性测试、极限能力测试、高温可靠性测试、电应力可靠性测试和寿命测试等，并详细介绍了测试标准、方法和原理，同步分析了测试设备和数据等；重点从测试标准、方法、理论和实际应用各方面，详细介绍了高温可靠性测试和封装可靠性测试及其难点。本书结合企业实际需求，贴近工业实践，知识内容新颖，可为工业界以及高校提供前沿数据，为高校培养专业人才奠定基础。

本书可作为功率半导体领域研究人员、企业技术人员的参考书，也可作为电力电子、微电子等相关专业高年级本科生和研究生教材。

图书在版编目（CIP）数据

功率半导体器件：封装、测试和可靠性/邓二平，黄永章，丁立健编著. —北京：化学工业出版社，2024.3（2025.1 重印）
ISBN 978-7-122-44934-4

Ⅰ.①功… Ⅱ.①邓… ②黄… ③丁… Ⅲ.①功率半导体器件 Ⅳ.①TN303

中国国家版本馆 CIP 数据核字（2024）第 033064 号

责任编辑：毛振威　　　　　　　装帧设计：韩　飞
责任校对：王　静

出版发行　化学工业出版社
　　　　　（北京市东城区青年湖南街 13 号　邮政编码 100011）
印　　刷　三河市航远印刷有限公司
装　　订　三河市宇新装订厂
787mm×1092mm　1/16　印张 25½　字数 636 千字
2025 年 1 月北京第 1 版第 2 次印刷

购书咨询：010-64518888　　　售后服务：010-64518899
网　　址：http://www.cip.com.cn
凡购买本书，如有缺损质量问题，本社销售中心负责调换。

定　　价：139.00 元

前　言

　　功率半导体器件是能量变换中最为核心的部件，其封装技术水平决定了整个变换器的性能水平和工作效率，其可靠性水平更是决定了变换器的长期运行稳定性。不同应用场景对功率半导体器件使用寿命要求是不一样的，5 年到 40 年不等，如消费品一般为 5 年，工业产品一般为 10 年，汽车一般为 20 年，电力机车一般为 30 年，电网现在要求是 40 年。近年来，随着新能源汽车、新能源发电和储能等行业的迅猛发展，对功率半导体器件的需求和要求提出了更多挑战，尤其是封装和可靠性方面。从整个功率半导体行业链条"芯片—工艺—封装—可靠性—应用"来看，封装和可靠性是与实际应用最接近和结合最紧密的环节，同时，测试又是各个环节都不可或缺的。芯片制造需要测试、封装需要测试、可靠性需要测试，以及实际应用也需要测试来评估器件的状态等，随着用户对器件的理解加深以及要求提升，国内对功率半导体器件封装、测试和可靠性的需求也越来越强烈。国内在功率半导体器件的应用领域已经领先，得益于完善的教育机制和人才培养体系、融洽的产学研氛围，以及最为重要的市场推动，但在器件封装、测试和可靠性领域起步较晚，整个产业还存在很大的缺口，尤其是人才培养方面极缺。

　　本书是基于当下功率半导体行业迅猛发展对高校学生尤其是研究生以及行业工程师基础理论知识和专业测试技能等需求，并充分结合笔者课题组新研究生入学基础培训大纲的核心内容，以及行业前沿学术研究而编写的。在内容选取和章节编排上坚持理论与实践相结合，一方面考虑了高年级本科生或研究生的科研需求，有一定的基础理论知识；另一方面融合了行业发展的实际需求和工程师实践的复现性和可参考性，以实际案例对测试标准、测试方法和测试结果分析等进行了详细描述。在内容阐述上力求简明扼要和图文并茂，争取把每个知识点讲透，方便读者自学和工程师在实际工作中参考。因此，本书编写的出发点更多的是考虑实践，关于功率半导体芯片的半导体理论知识和工艺过程，可参考国内外其他半导体相关的专业书籍。

　　本书共分为 10 章，第 1 章和第 2 章为功率半导体器件的基础知识，有助于读者对功率器件有个全面和基础的认识；第 3 章到第 5 章为器件的特性测试内容，有助于读者对功率器件的特性进行全面把握，了解器件在实际应用中的特性；第 6 章到第 8 章为器件的可靠性测试，分为三大类——环境可靠性、电应力可靠性和功率循环，便于读者在理解器件可靠性，做可靠性测试分析、数据分析和寿命模型时有所参照；第 9 章讲述的是高压芯片及应用时需要重点关注的问题——宇宙射线失效，对应的是浴盆曲线中间（随机失效部分），有助于指导器件应用方在高海拔地区的"降额"使用，以保证系统的失效率；第 10 章是结合前面 9 章的内容及当前行业发展需求，对功率半导体器件封装、测试和可靠性这三个大的方面进行了展望，预测了未来发展趋势。各章具体内容如下。

　　第 1 章功率半导体器件，重点从器件的应用角度出发来探究不同应用领域对功率半导体器件的需求，尤其是封装形式和可靠性的要求，然后针对不同芯片材料给出了现有主流器件（PiN 二极管、MOS 器件、IGBT 器件、SiC MOSFET、GaN HEMT 和 GaAs 二极管）的基本工作原理，最后从半导体芯片设计、工艺、测试角度出发介绍了半导体基本工艺、晶圆级测试和仿真分析技术。

第 2 章功率器件的封装，重点介绍了现有分立式封装、模块式封装和压接型封装三大类的特点、材料、工艺和设备，然后针对器件的栅极驱动以及数据表进行了深入解读，最后结合功率器件封装设计的需要，对封装的仿真分析技术进行了介绍。

第 3 章器件特性测试，重点从器件静态参数、动态参数和热学参数三个方面来展示、论述，对测试标准、测试技术、测试设备等进行了分析，并结合各参数的特点分析了测试电路和难点等。

第 4 章器件结温测试，结温是功率器件封装、测试、可靠性和应用最重要的参数之一，其准确测量一直是行业难题。本章重点从器件结温的定义、测试方法、测试原理，以及存在的难点出发进行了详细论述，同时还展示了器件内部多芯片并联及单芯片表面结温分布的测量技术。

第 5 章器件极限能力测试，重点对功率器件的短路能力、极限关断能力和浪涌能力的测试标准、测试技术和测试方法等进行了详细论述，探究了器件三种极限能力测试原理和失效机理，并提出了可靠性提升的改进方向。

第 6 章环境可靠性测试，首先对可靠性测试理论进行了探讨，然后主要分析了机械振动、机械冲击、温度冲击和高低温存储四类不需要施加电应力的可靠性测试技术、原理和失效机理。

第 7 章电应力可靠性测试，主要考虑环境应力与电应力的耦合，包括高温栅偏、高温反偏、高温高湿反偏的测试原理、方法、失效机理和判定以及可靠性提升技术。进一步地，考虑到有限仿真分析技术的优越性，还介绍了其在上述测试过程中的应用，以协助失效机理研究。

第 8 章功率循环测试，是评估器件封装可靠性和寿命模型建立最重要的测试，详细论述了现有各个测试标准规定的测试方法和技术，探究了不同测试方法对器件寿命和失效机理的影响。结合材料力学深入探究了功率器件键合线失效、焊料失效、表面铝金属化层等的物理失效机理和提升技术，讨论了器件寿命模型的建立方法和意义并分析了样本选取原则。同时，针对功率循环失效机理分析的有限元仿真技术也进行了详细论述，最后对宽禁带半导体的测试结果和难点进行了分析。

第 9 章宇宙射线失效，针对宇宙射线的来源、失效形式和机理进行了详细论述，核心考虑器件工作电压、海拔高度和工作结温对器件失效的影响，建立了失效率模型，并深入探究了 Si MOSFET、SiC MOSFET 和 IGBT 的失效特点，最后提出了抗宇宙射线提升技术。

第 10 章未来发展趋势，结合未来功率器件的应用需求，重点分析了器件在封装、测试和可靠性三个方面的挑战和发展趋势。

本书在编写过程中得到团队博士研究生王延浩、谢露红、潘茂杨、严雨行、孙鸿禹、孟鹤立、张一鸣以及硕士研究生钟岩、刘鹏、吴立信、张莹、王作艺和汪霞等的大力支持，对他们的付出表示感谢！同时，驱动技术和短路测试部分得到德国开姆尼茨工业大学刘星博士的意见和建议，在此表示感谢！

由于编者水平所限，书中不足之处在所难免，敬请读者批评指正。

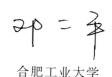

合肥工业大学

目 录

第 4 章　器件结温测量 —————————————————— 128

第 5 章　器件极限能力测试 —————————————————— 151

第1章

功率半导体器件

1.1 器件的应用和发展

　　能源是经济社会发展的重要物质基础和动力来源。人类对能源的利用，从薪柴到煤炭、石油、天然气等化石能源，再到水能、风能、太阳能等清洁能源，都极大地促进了人类文明的进步。但化石能源的大量开发利用，引起的地球资源紧张、环境污染、气候变化三大挑战，严重影响了人类的生存和发展。大力推进能源变革转型、加快清洁能源发展、实施电能替代消费势在必行，新能源的发展成为必然趋势。

　　功率半导体器件（Power Semiconductor Device，PSD）是实现电能的传输、转换及其过程控制的核"芯"部件，它使电能使用更高效、更节能、更环保，将"粗电"变为"精电"，因此它是节能减排的基础和核心元件。功率半导体器件作为电力电子技术的核心，广泛应用于新能源发电、智能电网、轨道交通、电动汽车、工业控制和家用电器等领域。基于不同领域的能量和场景不一样，器件的功率范围也涵盖了几十瓦到几十万兆瓦，如图 1-1 所示。其中，应用在智能电网领域如柔性直流输电中的器件具有最大功率，如 2018 年开工建设的"张北柔直工程"的额定输电能力已经达到了 450 万千瓦，额定电压为 $\pm 500\mathrm{kV}$[1]，选用的功率半导体器件则为 4500V/3000A 压接型 IGBT（绝缘栅双极型晶体管）器件。除此之外，在智能电网中的直流输电技术、无功补偿技术、谐波抑制技术等都需要用到功率半导体器件。新能源发电系统、轨道交通和电动汽车及充电桩中的逆变器、变流器装置也是由功率半导体器件组成的。而对于工业中用到的各种交直流电动机，为其提供电源的可控整流或直流斩波电源、电机变频驱动系统的核心器件也是功率半导体器件。家用电器如空调等需要进行变频调速的情况，也需要用到由半导体器件组成的变频器。

　　目前常用的功率半导体器件主要包括二极管、功率晶体管、晶闸管等，其中，功率晶体管分为双极结型晶体管（Bipolar Junction Transistor，BJT）、结型场效应晶体管（Junction Field Effect Transistor，JFET）、金属氧化物半导体场效应晶体管（Metal-Oxide-Semiconductor Field-Effect Transistor，MOSFET）和绝缘栅双极型晶体管（Insulated Gate Bipolar Transistor，IGBT）。图 1-2 给出了五种常用功率器件的结构，其工作原理在 1.4 节中将进行具体阐述。

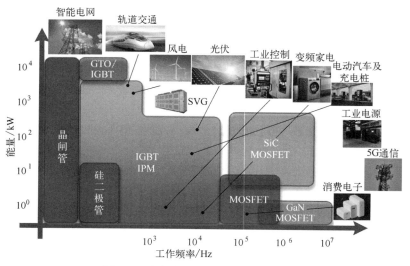

图 1-1　功率半导体器件主要应用领域

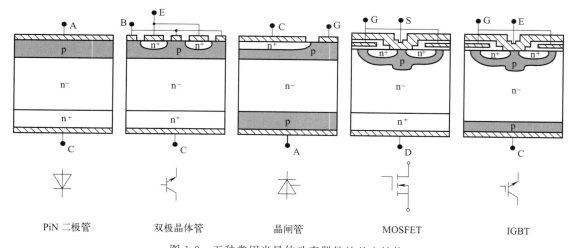

图 1-2　五种常用半导体功率器件的基本结构

　　1957 年，美国通用电气公司研制出第一个晶闸管，这被视为电力电子技术诞生的标志。但在晶闸管出现以前，电力电子技术已经开始使用电子管或者水银整流器小范围地对电力进行变换了。因此，这段晶闸管出现以前的时间被称为电力电子技术的史前期或者黎明期。其中，以 1947 年美国贝尔实验室诞生的第一个点触式晶体管为节点引发了电力电子技术的一场革命，为晶闸管的诞生奠定了基础。电力电子器件的发展史如图 1-3 所示。

　　晶闸管（Thyristor）也被称为可控硅整流器（Silicon Controlled Rectifier，SCR）。晶闸管是一种半控型器件，其通过门极控制导通，但是不能通过门极控制关断，晶闸管的关断通常依靠电路的外部条件来实现，这也将它的应用范围限制在了低频领域。20 世纪 70 年代后期出现的以门极可关断（Gate Turn-off，GTO）晶闸管、电力晶体管（Giant Transistor，GTR）和功率场效应晶体管（Power MOSFET）等为代表的全控型器件将电力电子技术的应用范围扩展到更高频率的领域。随后在 20 世纪 80 年代初期提出的 IGBT 结合了 MOSFET 和 BJT 的优点，使得电力电子器件在高功率的应用范围也能有良好的开关速度。同时，

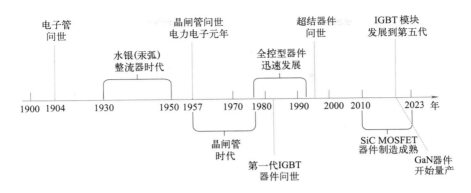

图 1-3　电力电子器件的发展史

随着 IGBT 的进一步优化，IGBT 已经取代了传统的双极晶体管，占据了越来越大的市场份额，将来甚至会取代高功率范围的 GTO 晶闸管。

一代器件决定一代应用，器件的封装形式也随着应用需求而发生相应的变化。按照封装形式，功率器件主要分为分立式器件、焊接式模块和压接型器件三大类，不同的封装形式占据着不同电流等级的应用领域，如图 1-4 所示[2]。早期的 IGBT 多为分立式（Transistor Outline，TO）封装形式，一般由一颗芯片组成或反并联一颗二极管芯片。受封装大小限制，TO 封装的器件功率相对较小，一般适用于家用电子产品等低功率领域，而且一般不具备内绝缘。1975 年，赛米控（Semikron）公司提出了第一个带有内绝缘的功率模块，之后这种以焊接为封装形式的 IGBT 模块不断发展，逐渐占领了高电压、大电流领域的市场。直到现在，焊接式 IGBT 模块一直不停地更新换代，国外许多厂商如英飞凌（Infineon）、富士（Fuji）、IXYS 和 Dynex 等以及国内厂商如中国中车和江苏宏微科技等都利用新技术对器件内部结构和封装结构进行改进。此类封装的电压等级已达到 6.5kV（对应的额定电流是 750A），电流更是达到了 3600A（对应的额定电压是 1700V）。

后续英飞凌等公司又根据不同的应用场景推出应用于光伏领域的 EasyPACK 封装模块，应用于电动汽车电机控制和驱动的 EconoDUAL 模块、HPDrive 模块，以及用于风力发电逆变器的 PrimePACK 封装模块等。焊接式 IGBT 模块目前发展成熟，已经广泛运用于智能电网、轨道交通、电动汽车等各个领域，因此其长期运行可靠性对整个系统的安全运行至关重要。而键合线失效和焊料老化是模块封装失效的两种最主要的形式，严重影响模块的长期运行可靠性[3,4]。为了消除长期运行老化后模块键合线失效和焊料老化带来的可靠性问题，1993 年，富士公司首次提出 μ-stack（压接型）IGBT 器件，压接型 IGBT 器件到今天已经经过了很多年的不断发展，目前市场上主要的压接型器件产品有 ABB 公司的 StakPak、西码（Westcode）公司的压接型 IGBT 器件和东芝（Toshiba）的栅极注入增强型晶体管（Injection Enhanced Gate Transistor，IEGT）等。同时，国内株洲中车时代电气、全球能源互联网研究院和南瑞联研半导体等也开展了压接型 IGBT 器件的研制工作。现在市场上已有各个公司相对成熟的 4500V/3000A 压接型 IGBT 器件产品，并已成功应用到我国柔性直流工程，如张北柔直工程等。为了更好地满足柔性直流输电工程的超大容量需求，已有公司于 2023 年推出了 4500V/5000A 压接型 IGBT 器件产品，未来将向着 10000A 的方向发展。

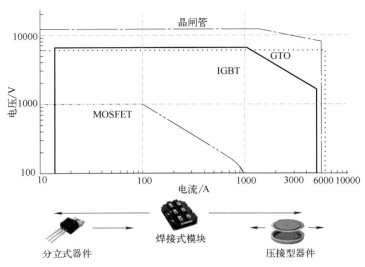

图 1-4　功率半导体器件发展历程

1.2　材料特性分析

目前常用的功率半导体器件仍以硅（Silicon，Si）材料为主，然而随着技术的不断发展，传统的 Si 器件性能已经接近其理论极限，Si 器件已经逐渐不能满足电力电子器件更高效、高频与高功率密度的发展要求。因此，目前对于具有更高性能的半导体材料的研究受到广泛关注。表 1-1 给出了 Si、第二代半导体材料砷化镓（GaAs）以及第三代半导体材料碳化硅（SiC）和氮化镓（GaN）四种材料的相关特性参数对比[5]。

禁带宽度（E_g）是将电子从材料的价带激发到导带所需的能量。更大的禁带宽度可以保证材料在高温下，电子不易发生跃迁，本征激发弱，从而可以耐受更高的工作温度。第三代半导体材料都具有更大的禁带宽度，因此 SiC 器件和 GaN 器件在高温领域具有比 Si 器件更好的性能。如 Si 器件的理论工作温度为 200℃ 左右，商用器件目前最高为 175℃。器件电压等级越高，最大允许工作结温越低，如 4500V 以上器件一般为 125℃，1200～3300V 一般为 150℃，而 650V 或部分 TO 封装的 1200V 器件为 175℃。SiC 材料理论工作温度可达到 600℃，但是受限于封装和材料，目前商用的 SiC MOSFET 器件的最大工作温度一般为 175℃，意法半导体（STMicroelectronics）目前已经推出了最大工作温度可达到 200℃ 的 SiC MOSFET。

电子迁移率是指单位电场强度下所产生的载流子平均漂移速度。临界击穿场强指材料发生电击穿的电场强度，一旦超过该数值，材料将失去绝缘性能，因此临界击穿场强决定了材料的耐压性能。饱和电子漂移速率指电子在半导体材料中的最大定向移动速度，该数值的高低决定了器件的开关频率。热导率代表了材料的导热能力，高热导率可以有效传导热量，降低器件温度，维持其正常工作。介电常数是指材料在电场作用下的电极化程度，是介质的电学性质之一。介电常数的大小对材料的电学性能有着重要影响。介电常数越小，介电损耗越小，漏电流就更小。

由此可见，材料特性与器件性能密切相关，只有更好地了解半导体材料的特性，才能对不同材料的器件有更好的认知。

表 1-1　Si、GaAs、SiC、GaN 四种半导体材料特性对比

性 能 参 数	Si	GaAs	SiC	GaN
禁带宽度/eV	1.1	1.42	3.26	3.4
电子迁移率/[cm^2/(V·s)]	1400	8000	900	1500
临界击穿场强/(MV/cm)	0.3	0.5	3.5	3.3
饱和漂移速度/(10^7 cm/s)	1.0	2.0	2.0	2.5
热导率/[W/(cm·K)]	1.3	0.54	4.9	1.3
介电常数	11.9	13.18	9.7	9.0

为了直观评估半导体材料的综合物理性质对于功率器件的优越性，人们使用品质因数作为功率器件材料的性能指数，其中，Baliga 品质因数 BFOM 和 Johnson 品质因数 JMF 是半导体中衡量材料在高功率高频方面应用能力的两个重要指标。Baliga 品质因数 BFOM 分为高频和低频因子，其中，高频品质因数是与电子迁移率 μ_e 和临界击穿电场强度 E_c 相关的数据，其计算方式见式（1-1）。

$$BFOM = \mu_e E_c^2 \tag{1-1}$$

从式（1-1）可以看出，在相同的高频情况下，载流子迁移率越高，临界击穿场强越大，高频品质因数 BFOM 越大，功耗越低，BFOM 体现了在高频条件下功率器件的性能。同理，在达到相同功耗的情况下，品质因数 BFOM 越大，开关频率越高。

Johnson 品质因数 JMF 是与临界击穿电场强度 E_c 和电子饱和速率 V_{satn} 相关的数据，其计算方式见式（1-2）。

$$JFM = \frac{E_c^2 V_{satn}^2}{4\pi^2} \tag{1-2}$$

JMF 品质因数越大，代表其临界击穿电场强度大，电子饱和速率高，器件最大功率越高，器件在高频高压下的适应性越强，体现了其在高频高压下的应用能力。表 1-2 列出了几种主要半导体材料的品质因数 BFOM 和品质因数 JMF 的数据。

表 1-2　几种主要材料品质因数对比

品质因数	Si	GaAs	SiC	GaN
BFOM	1	11	73	180
JMF	1	12	410	795

1.2.1　硅材料

硅是目前最常见的用于半导体器件和功率器件的材料。硅元素含有 4 个价电子，如图 1-5（a）所示。纯硅原子通过共价键共享电子结合在一起，并使价电子层完全填充。这使它正好位于优质导体（1 个价电子）和绝缘体（8 个价电子）的中间，故而既表现出金属的性质，也具有非金属的性质。如图 1-5（b）所示，价带里的电子处于被共价键束缚的状态，而导带则表现了自由导电时的电子状态。当最外层的电子从外部获得能量后，可以从价带跃迁到导带，从而实现从不导电的材料转化为导电材料。在价带顶 E_v 和导带底 E_c 之间的能级宽度就是硅的禁带宽度，如图 1-6 所示：$E_g = E_c - E_v$。

由于硅是地球上第二丰富的元素，约占地壳成分的 25%，经合理加工，硅能够提纯到半导体制造所需的足够高的纯度，因此 Si 基器件的制作成本相对较低，这也是目前 Si 基器件仍然占据大部分市场的主要因素。硅的熔点高达 1414℃，更高的熔点使得硅可以承受高温工艺，增加了半导体的应用范围和可靠性。

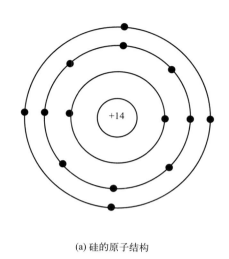

(a) 硅的原子结构

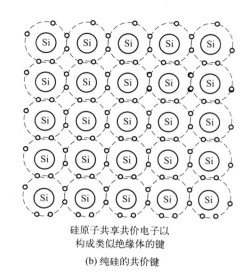

硅原子共享共价电子以
构成类似绝缘体的键

(b) 纯硅的共价键

图 1-5　硅原子及其共价键

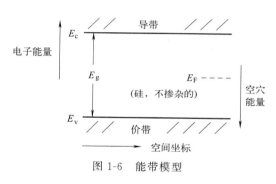

图 1-6　能带模型

将硅作为半导体材料的另一个重要原因是其表面自然生长二氧化硅（SiO_2）的能力。SiO_2 是一种高质量、稳定的电绝缘材料，而且能充当优质的化学阻挡层以保护硅不受外部玷污，电学上的稳定对于避免集成电路中相邻导体之间漏电是很重要的。生长稳定的薄层 SiO_2 材料的能力是制造高性能金属氧化物器件的根本。

硅材料的以上特性决定了其是目前主要的半导体材料，并在未来很长一段时间里仍会是市场主力。

1.2.2　碳化硅材料

由于 SiC 材料具有比 Si 材料更加优秀的物理特性，受到了人们广泛的关注。从表 1-1 中可以看到，Si 的禁带宽度为 1.1eV，而 SiC 的禁带宽度为 3.26eV，是 Si 约三倍。这说明与 Si 相比，SiC 器件中的电子移动到导带所需的能量需要更多，这也意味着其具有更高的电场击穿性能。SiC 的临界击穿电场是 Si 的 10 倍左右，对于相同的漂移区厚度，SiC 器件具有更高的阻断电压。因此，对于同一阻断电压的器件，更高临界击穿电场意味着可以减小轻掺杂的漂移区厚度，SiC 器件可以降低漂移区电阻，使得其导通损耗更低。图 1-7 展示了几种不同材料的器件的击穿电压和导通电阻的关系[6]。

除此之外，更高的禁带宽度也使 SiC 器件具有耐高温运行和耐辐射的优势。随着温度升高，价带中电子的热能逐渐增加，在一定温度条件下，电子具有足够的能量后会激发跃迁到导带，产生自由电子空穴对。Si 器件本征激发温度大约为 650K，而宽禁带器件的带隙能量更高，价带中的电子需要更多的热能才能移动到导带，SiC 本征激发温度大约为 1500K，因此器件的工作结温可以更高。同样，SiC 具有较强抗辐照能力，当半导体接受能量大于禁带

宽度的致电离辐射的粒子照射时，一些束缚
电子会吸收入射粒子的能量，从价带激发到
导带，从而产生电子空穴对。对于大多数半
导体材料，产生一对电子空穴对所需的平均
能量为其禁带宽度的 3～5 倍。在相同辐照
条件下，辐照粒子在 SiC 器件中引入的电子
空穴对更少，SiC 器件可以在更高的温度和
辐射环境下运行而不会失去其电学特性，在
Si 基器件无法使用的极端环境下稳定运行，
具体可参考第 9 章。

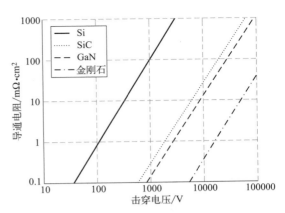

图 1-7　击穿电压与导通电阻的关系

　　功率半导体器件的高频开关能力与其饱
和漂移速度成正比。SiC 材料的饱和漂移速
度是 Si 饱和漂移速度的 2 倍，因此，SiC 器件适用于高开关频率的应用。此外，较高的饱和
漂移速度可以加快排除二极管耗尽区中的存储电荷。因此，SiC 二极管的反向恢复时间更
短，反向恢复损耗更小，这也是早期 IGBT 混合模块中用 SiC 二极管替换 Si 二极管以获得
更好的关断特性的原因。

　　最后，SiC 材料的热导率约为 Si 的 3 倍。高热导率可以更好地散发半导体材料内部
产生的热量，因此，可以进一步提高器件的功率等级并简化系统冷却装置（如散热器
和风扇），从而降低系统成本和体积。这对于空间极其有限的电动汽车来说是一个重要
的举措。因此 SiC 器件在近些年受到广泛关注，不少车企和半导体企业都致力于 SiC 器
件可靠性的研究，争取实现"SiC 批量上车"。目前在车规级的 SiC 器件中，为了充分
发挥其高频、高温和高开关频率等特性，大量采用纳米银烧结和铜带键合等先进封装
技术，得到了很好的反馈。

1.2.3　氮化镓材料

　　在宽禁带半导体材料中，氮化镓（GaN）宽禁带半导体器件无疑是近年来最受关注的一
类器件。相比于第一代半导体材料 Si 和第二代半导体材料 GaAs，第三代半导体材料 GaN
的禁带宽度为 3.4eV，材料内部的本征载流子浓度很低，这一特点使得功率 GaN 器件具备
较强的耐高温和抗辐射能力。GaN 的相对介电常数较小，这可以减小器件的寄生参数对器
件性能的影响。GaN 的热导率一般为 1.3～2.0W/(cm·K)，高于前两代半导体材料，因此
可以工作在温度高达 200℃ 的环境下。有仿真测试表明，即便在 500K 的高温条件下，GaN
功率器件也没有发生器件失效或严重的参数退化现象[8]。

　　GaN 材料的大直径单晶和晶圆制造比较困难，但由于 GaN 与 SiC 的晶格失配较小，因
此可以以 SiC 为衬底进行高质量的异质外延，充分利用 SiC 的高热导率特性可制作高散热性
能、高功率密度及小芯片面积的 GaN 功率器件。同时 GaN 器件的制备与现有成熟硅工艺兼
容，可以在价格低、大尺寸的 Si 或蓝宝石（Al$_2$O$_3$）衬底上异质外延来降低生产成本和提
高性能。GaN 早期主要用于射频领域，开关频率极高，但受限于器件的结构，功率一般较
小，近年来随着工艺和设计的提升，在消费电子、快充、5G 等领域有些应用，也已在车载
充电机上得到了广泛应用。

1.2.4　砷化镓材料

作为第二代半导体的代表性材料，砷化镓（GaAs）材料具有比 Si 材料更高的电子迁移率，因此多数载流子也移动得比 Si 中的更快，同时 GaAs 的栅极电容和信号损耗更小，这些特性使得由其制成的集成电路中的信号传输速度比由硅制成的电路更快。GaAs 器件增进的信号速度允许它们在通信系统中响应高频微波信号并精确地把它们转换成电信号，基于这些原因，无线和高速数字通信的产品及高速光电子器件都偏好用 GaAs 和其他化合物半导体制造。

GaAs 的另一个优点是它的材料电阻率大，这使得 GaAs 衬底上制造的半导体器件之间很容易实现隔离，不会产生电学性能的损失。GaAs 器件也展示出比硅更高的抗辐射性能，在军事和空间应用中颇具吸引力。

GaAs 半导体材料的主要缺点是缺乏天然氧化物，这个特性妨碍了要求具有生长表面介质能力的标准 MOS 器件的发展。因此 GaAs 器件目前多为不可控的二极管。GaAs 的另一个问题是材料的脆性，使晶圆的加工成为芯片制造中的一个主要难题。由于镓（Ga）的相对匮乏和提纯工艺中的能量消耗，GaAs 的成本相当于硅的 10 倍。而砷（As）的剧毒性需要在设备、工艺和废物清除设施中特别控制。这些防范措施对 GaAs 半导体的制造成本有着重大的影响。

1.2.5　其他半导体材料

1.2.5.1　金刚石

金刚石除了拥有与其他超宽禁带半导体材料类似的较宽的禁带宽度（约 5.5eV）和较高的临界击穿电场（约 13MV/cm）以外，还拥有自然界已知半导体材料中最高的热导率［约为 22W/(cm·K)］，远高于其他半导体材料，这使得器件工作时产生的热量可以迅速传导出去，降低因热量堆积引起的器件性能和寿命下降的风险。高热导率也使得金刚石器件拥有更高的功率处理能力，这意味着采用金刚石制成的功率器件的电子系统有望摆脱庞大笨重的散热模块而实现轻量化、小型化。另外，本征金刚石还拥有极高的载流子迁移率［电子：$4500cm^2/(V·s)$；空穴：$3800cm^2/(V·s)$］，其饱和电子速度达到 $2.3×10^7cm/s$，说明金刚石是制造极高频、大功率固态微波器件和高开关速度、低导通损耗功率开关器件的理想材料。不仅如此，金刚石的相对介电常数仅为 5.7，低于其他半导体材料，这一点对金刚石微波功率器件和集成电路应用至关重要。一方面基于低介电常数衬底制造的器件拥有更低的栅源电容（C_{GS}）和栅漏（C_{GD}）电容，因此频率特性更好；另一方面低介电常数介质基板可以降低介质损耗，提升电路性能。正是因为金刚石拥有诸多优异的材料特性，它被誉为"终极半导体"材料。图 1-8 展示了金刚石材料相较于其他常见半导体材料的特性优势[8]。凭借这些特点，金刚石在微波通信、雷达系统、航空航天、电力系统、生物检测、量子计算等领域拥有广阔的应用前景。

目前，多个国家的科研机构和企业正在进行金刚石功率器件的研究和开发，已经取得了一些重要进展。如日本瑞萨电子公司研发出了金刚石钳形晶体管（MESFET）、金刚石 MOSFET 等多种金刚石功率器件。但是制造金刚石功率器件的成本较高，晶圆加工难度大，

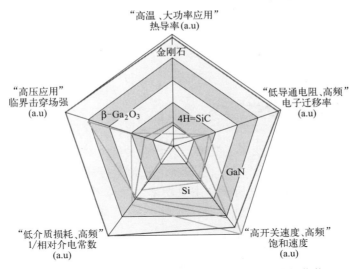

图 1-8　金刚石相较于其他常见半导体材料的特性优势

目前只能得到直径很小的单晶衬底，同时还需要进一步改进材料质量和设计方案来提高器件的性能和可靠性。进一步地，金刚石材料的杨氏模量非常大，很难与其他封装材料进行匹配，很容易在交界面产生热应力而形成裂纹等。随着技术和市场的不断发展，相信未来金刚石功率器件一定会得到进一步的改进和提高。

1.2.5.2　氧化锌

　　氧化锌（ZnO）也是一种重要的宽禁带氧化物半导体材料，其禁带宽度为 3.37eV，有高的电子束缚能（60meV），这使得 ZnO 在室温下有更高效率的激子发光，是一种在紫外和蓝光发射方面很有前途的新型电子材料。

　　ZnO 具有六方晶系纤锌矿结构，每个 Zn 原子与 4 个 O 原子按四面体排布，如图 1-9 所示[9]。ZnO 晶体中存在大量的 O 空位和 Zn 空位，这些空位会导致晶体的电子结构发生变化，形成半导体材料的特性。此外，ZnO 晶体中还存在着一些杂质，如铝（Al）、镓（Ga）、铟（In）等，这些杂质会引入额外的电子或空穴，从而改变晶体的导电性质。ZnO 晶体的半导体性质主要来源于其晶体结构中的缺陷和杂质。通过不同的掺杂，ZnO 能具

图 1-9　氧化锌的纤维锌矿结构模型

有很好的光电性能，是光电器件中极具潜力的材料。例如：掺 Al、In 的 ZnO 薄膜导电性好，透光率高，可以用于平板显示器和太阳能电池的透明电极；掺 Li 的 ZnO 具有铁电性，可以开发为铁电材料；掺 Li、Mg 的 ZnO 具有很好的光电性质，现已广泛用于光电开关等光电器件中。除此之外，ZnO 还是应用最早的一种半导体气敏材料。当吸附还原性气体后，被吸附气体分子的电子向 ZnO 表面转移，使其表面浓度增加，电阻率下降。当改变催化剂材料时，可以改变 ZnO 传感器对不同有害气体的灵敏度。例如：当使用 Pb 作为催化剂时，ZnO 气敏元件对乙烷、丙烷和丁烷等碳氢化合物有较高的灵敏度；当使用 Al 作为催化剂

时，则对一氧化碳等气体的灵敏度较高。

目前 ZnO 广泛运用于太阳能电池、压电薄膜、光电器件、气敏器件和紫外探测器等方面。由于 ZnO 半导体在制造过程中形成高度可靠的欧姆和整流接触比较困难，所以在功率转换等方面的应用还不广泛。

1.3 功率半导体器件分类

功率半导体器件具有变频、变压、变流、功率放大和功率管理等重要作用，作为电力设备电能变换和电路控制的核心部分之一，对设备的正常运行具有关键意义，往往被视作弱电控制与强电运行的纽带。如图 1-10 所示，主要功率半导体器件可以按照可控性和导电载流子类型进行分类。

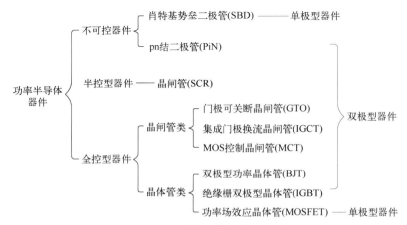

图 1-10　功率半导体器件的分类

按照可控性可以分为三类，其中，二极管类器件均为不可控器件，晶闸管按照门极是否能控制关断可分为半控型器件和全控型器件，而晶体管类器件则均为全控型器件。功率器件按照导电时的载流子类型来分类，则可以分为单极型器件和双极型器件两种。单极型器件如肖特基势垒二极管和功率场效应晶体管等在导通时只有一种载流子参与导电，因此关断时不存在少子抽取的阶段，有更快的关断速度。但在大功率应用中更多的是使用双极型器件，这是因为双极型器件在导通时两种载流子均参与导电，这使得器件的漂移区在导通时存在大量的非平衡载流子，这些非平衡载流子极大地提高了参与导电的载流子浓度，产生了电导调制效应，降低了导通压降；但在另一方面，注入漂移区的少子在器件关断阶段需要被抽取，这降低了双极型器件的关断速度。

功率半导体器件的主要工作是控制流经负载的电流和负载两端的电压，在工作时功率半导体器件会不断开启关断以控制流经负载的电能功率。流经功率半导体器件的电能除了流向负载外，还有部分会被功率器件损耗，这部分损耗可以简单分为三部分：导通损耗、阻断损耗和开关损耗。因此，为了降低电能在功率器件中的损耗，理想的功率半导体器件应满足以下五个特征：

① 有极低的导通电阻以减小导通损耗；

② 有极大的阻断电阻以减小阻断损耗；

③ 开启和关断速度快以减小开关损耗；

④ 易驱动并且驱动损耗低；

⑤ 高可控性和高可靠性。

然而，如前面所述，双极型器件导通损耗低但关断损耗高，而单极型器件关断速度快但导通损耗高，两种类型的器件各有各的优势，因此也被应用在不同的功率和频率范围内。不同功率半导体器件的使用条件范围如图 1-11 所示[10]。

从图中可以看出，双极型器件如晶闸管和 IGBT 由于其导通损耗低的特点被广泛应用于大功率条件下，但是由于其关断时间长，所以也被限制在了中低频应用里。而 MOSFET 等单极型器件由于其更快的关断速度可以被应用于高频条件下，但是单极型器件更高的导通电阻在大功率应用中会导致较大的导通损耗，因此也被限制在了中小功率应用范围内。除此之外，SiC 等新型材料的出现也进一步扩展了功率器件的应用范围，尤其是开关频率方面。SiC 有 10 倍于 Si 的击穿电场强度、3 倍于 Si 的热导率，因此在大功率和高温器件中 SiC 有广泛的应用价值。由图 1-11 中也可以看出，SiC 器件相比于 Si 的 MOSFET 器件来说可以被应用于更高频和更大功率下，但是由于当前 SiC 的制造成本更高，且 SiC 材料中存在的 p 型掺杂激活困难以及栅氧化层界面态导致阈值电压漂移等问题还未得到有效解决，所以，SiC 功率器件的应用依然受到较大限制。因此，在低频应用中更多的还是选择 Si 基器件。

在高压大功率领域，IGBT 得益于其集合了 MOSFET 的驱动功率小、开关速度快和 BJT 的导通压降小等优点，成为现代电力电子技术的主导器件之一，并且随着其结构和性能的不断优化发展，IGBT 不仅在中小功率领域取代了原来 GTR 和一部分 MOSFET 的市场，也在高压大功率领域的部分应用场景中逐步取代了晶闸管。IGBT 可分为 Si 基 IGBT 和 SiC 基 IGBT，但 SiC 材料的双极退化问题和 SiC 基 IGBT 集电极侧 pn 结导通压降过大等问题的存在，使实

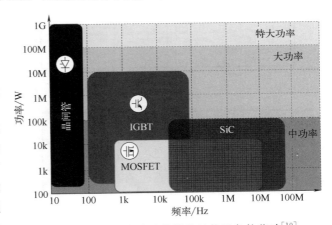

图 1-11 不同功率半导体器件的使用条件范畴[10]

现 SiC 基 IGBT 的成熟应用还需要更加深入的研究。因此，在当下高压大功率领域，Si 基 IGBT 依然具有不可取代的地位。

1.4 器件工作原理

1.4.1 PiN 二极管

PiN 二极管可以看作 pn 结二极管的扩展结构，理想的 PiN 二极管是传统 pn 结二极管中间加入一层本征层（i 层，又叫做漂移层）的两端器件，但由于实际工艺限制，i 层并不能做到绝对的"本征"（本征，即半导体材料完全无掺杂），往往采用掺杂极低的 n 型层或 p 型层做本征层。典型的 PiN 二极管的 p、n 区载流子浓度为 $1 \times 10^{17} \mathrm{cm}^{-3}$ 以上，而 i 型层往往低于 $5 \times 10^{6} \mathrm{cm}^{-3}$。PiN 功率二极管可以承担很高的反向击穿电压，这主要是因为中间的漂移层可以承担很大的电场，并且随着漂移层的厚度增加和掺杂浓度降低，PiN 功率二极管

的反向击穿电压可以进一步提升。

由于 PiN 二极管和 pn 结二极管物理机制类似，因此先对 pn 结二极管的基础原理进行叙述，再介绍 PiN 二极管的工作原理。

1.4.1.1　pn 结基础理论

pn 结作为一个基础的结构，几乎是所有功率器件的基本组成部分，它是由一个 n 型高掺杂区和一个 p 型高掺杂区紧密接触所构成的。由于两者的多子是不同的，将产生浓度梯度效应，p 区的多子空穴向 n 区扩散，在 n 区中作为少数载流子；n 区的多子电子向 p 区扩散，并在 p 区中成为少数载流子。p 区中留下了不可移动的负电荷区，n 区留下了不可移动的正电荷区，空间电荷就是由这些不可移动的正、负电荷组成，所在区域被称为空间电荷区（Space-charge Region），如图 1-12 所示[11]。假设空间电荷区内的载流子完全扩散掉，即完全耗尽，空间电荷完全由电离杂质提供，这时空间电荷区又可称为耗尽区（Depletion Region）。

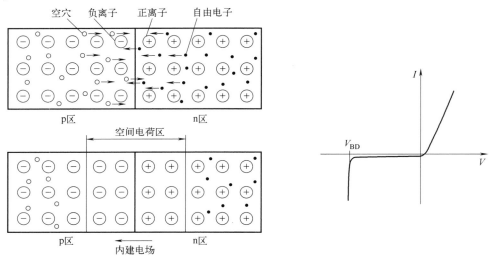

图 1-12　pn 结的形成及 I-V 特性曲线

空间电荷的存在则可产生从 n 区指向 p 区的内建电场；载流子在内建电场的作用下发生漂移运动，载流子的漂移运动和扩散运动的方向相反，最终可达到稳定的状态。

当 pn 结外加正向电压的时候，外加电场与 pn 结内建电场的方向相反，削弱了内电场，扩散和漂移运动的平衡也就破坏了。在外电场的作用下，p 区的空穴进入空间电荷区抵消一部分负空间电荷，n 区的电子进入空间电荷区抵消一部分正空间电荷。结果使整个空间电荷区变窄，多数载流子的扩散运动增强，形成较大的正向电流。此时扩散电流远大于漂移电流，可忽略漂移电流的影响，pn 结呈现低阻性。

当 pn 结外加反向电压时，外加电场方向与 pn 结内电场方向相同，加强了内电场。内电场对多子扩散运动的阻碍增强，扩散电流大大减小。此时 pn 结区的少子在内电场的作用下形成的漂移电流大于扩散电流，可忽略扩散电流，pn 结呈现高阻性。在一定的温度条件下，由本征激发决定的少子浓度是一定的，故少子形成的漂移电流是恒定的，基本上与所加反向电压的大小无关，这个反向电流也称为反向饱和电流，其大小与温度有关。但当 pn 结两端反向电压增加到一定数值时，超过 pn 结的阻断能力，反向电流突然增加，这种现象称为反向击穿，此时的电压称为反向击穿电压（V_{BD}），I-V 特性曲线如图 1-12 所示。

1.4.1.2　PiN 二极管的结构

图 1-13 是典型的 PiN 功率二极管结构剖面图[13]。漂移区对应图中的 n^- 区，该区根据结构和工艺，可以将 PiN 二极管分为外延二极管和扩散二极管。

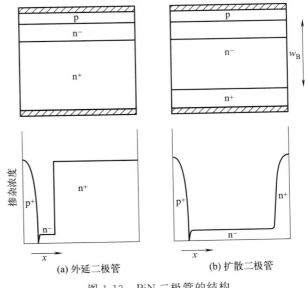

外延二极管的 n^- 层是用外延工艺沉积在高掺杂的 n^+ 衬底上，然后用扩散工艺形成 p 层，这种工艺制成的 PiN 二极管，i 区宽度 w_B 很小，只有几微米。外延二极管主要用于阻断电压 $100 \sim 600V$ 之间的场合，某些制造商也生产 1200V 的外延二极管。对于阻断电压要求更高的场合（1200V 及以上）则采用扩散二极管，这是由于外延工艺的成本高。由于高压主要由中间的低掺杂区承担，即 n^- 区，且 n^- 区宽度越大，所能承受的高压越高。扩散 PiN 二极管是在低掺杂晶圆上用扩散法制成 p^+ 层和 n^+ 层，此时整个晶圆的厚度由中间 i 层（即 n^- 层）的厚度和扩散分布的深度决定。

(a) 外延二极管　　(b) 扩散二极管

图 1-13　PiN 二极管的结构

1.4.1.3　PiN 二极管的静态特性

PiN 二极管的静态特性主要是指其 I-V 特性，图 1-14 为 PiN 二极管的 I-V 特性曲线。当二极管处于正向偏置状态，特性曲线表现为正向电流（I_F）和正向电压（V_F）之间的关系。当正向电压达到一定值时，正向电流开始增加，达到稳定导通状态。V_{Fmax} 是在规定条件下，该型号二极管所产生的最大正向压降，一般大于某个器件的实际测量值。

在反向偏置中，特性曲线表现为阻断电压 V_R 和漏电流 I_R 的关系。当给二极管施加反向电压时，通过的电流较小并且具有饱和性，这就是 PiN 二极管的反向截止状态。当反向电压超过二极管的反向击穿电压 V_{BD}，呈击穿特性，器件导通，丧失关断能力。V_{RRM} 为二极管所能承受重复施加的反向最高峰值电压，通常为击穿电压 V_{BD} 的 2/3，与之对应的，I_{RM} 为器件承受 V_{RRM} 条件下的最大漏电流，一般大于某个器件的实际测量值。

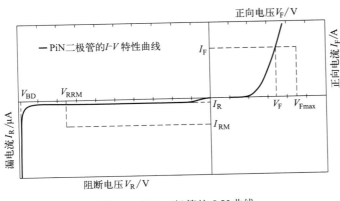

图 1-14　PiN 二极管的 I-V 曲线

1.4.1.4　PiN 二极管的动态特性

pn 结中的电荷量随外加电压而变化，呈现电容效应，称为结电容 C_J，又称为微分电容。结电容按其产生机制和作用的差别，分为势垒电容 C_B 和扩散电容 C_D。势垒电容只在外加电压变化时才起作用，外加电压频率越高，势垒电容作用越明显。势垒电容的大小与 pn 结截面积成正比，与耗尽区厚度成反比；而扩散电容仅在正向偏置时起作用。在正向偏置时，当正向电压较低时，势垒电容为主；正向电压较高时，扩散电容为结电容的主要成分。结电容影响 pn 结的工作频率，特别是在高速开关的状态下，可能使其单向导电性变差，甚至不能工作，应用时应当注意。

因为结电容的存在，PiN 二极管在零偏置（外加电压为零）、正向偏置和反向偏置这三种状态之间转换的时候，必然经历一个过渡过程。在这些过渡过程中，pn 结的一些区域需要一定时间来调整其带电状态，不能用前面的静态特性来描述，这就是 PiN 二极管的动态特性。PiN 二极管的动态特性往往是指通态和断态之间转换过程的开关特性。

图 1-15（a）给出了 PiN 二极管由正向偏置转换为反向偏置时其动态过程的波形[14]。当原处于正向导通状态的 PiN 二极管的外加电压突然从正向变为反向时，该 PiN 二极管并不能立即关断，而是需经过一段短暂的时间才能重新获得反向阻断能力，进入截止状态。在关断之前有较大的反向电流出现，并伴随有明显的反向电压过冲。这是因为正向导通时在 pn 结两侧储存的大量少子需要被清除掉以达到反向偏置稳态的缘故。

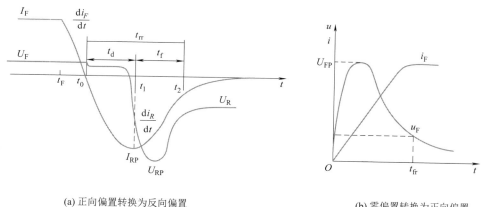

(a) 正向偏置转换为反向偏置　　　　　　　　(b) 零偏置转换为正向偏置

图 1-15　PiN 二极管的动态过程波形

设 t_F 时刻外加电压突然由正向变为反向，正向电流在此反向电压作用下开始下降，下降速率由反向电压大小和电路中的等效电感决定，而器件压降由于电导调制效应基本变化不大，直至正向电流降为零的时刻 t_0。此时 PiN 二极管由于在 pn 结两侧（特别是 n^+ 区）储存有大量少子的缘故而并没有恢复反向阻断能力，这些少子在外加反向电压的作用下被抽取出 PiN 二极管，因而流过较大的反向电流。当空间电荷区附近的储存少子即将被抽尽时，器件压降变为负极性，于是开始抽取离空间电荷区较远的浓度较低的少子。因而在器件压降极性改变后不久的 t_1 时刻，反向电流从其最大值 I_{RP} 开始下降，空间电荷区开始迅速展宽，PiN 二极管开始重新恢复对反向电压的阻断能力。在 t_1 时刻以后，由于反向电流迅速下降，在外电路电感的作用下会在 PiN 二极管两端产生比外加反向电压大得多的反向电压过冲 U_{RP}。在电流变化率接近于零的 t_2 时刻（有的标准定为电流降至 $25\% I_{RP}$ 的时刻），PiN 二极管两端承受的反向电压才降至外加电压的大小，PiN 二极管完全恢复对反向电压的阻断能力。时间 $t_d = t_1 - t_0$ 被称为延迟时间，$t_f = t_2 - t_1$ 被称为电流下降时间，而时间 $t_{rr} = t_d + t_f$ 则被称为 PiN 二极管的反向恢复时间。其下降时间与延迟时间的比值 t_f / t_d 被称为恢复特性的软度，或者恢复系数，用 S_r 表示。S_r 越大则恢复特性越软，实际上就是反向电流下降时间相对较长，因而在同样的外电路条件下造成的反向电压过冲 U_{RP} 较小。

图 1-15（b）给出了 PiN 二极管由零偏置转换为正向偏置时其动态过程的波形。可以看出，在这一动态过程中，PiN 二极管的正向压降也会先出现一个过冲 U_{FP}，经过一段时间才趋于接近稳态压降的某个值。这一动态过程时间被称为正向恢复时间 t_{fr}。出现电压过冲的原因是：

① 电导调制效应起作用所需的大量少子需要一定的时间来储存，在达到稳态导通之前器件压降较大。

② 正向电流的上升会因器件自身的电感而产生较大压降。电流上升率越大，U_{FP} 越高。当 PiN 二极管由反向偏置转换为正向偏置时，除上述时间外，势垒电容电荷的调整也需要更多时间来完成。

1.4.2　MOS 器件

金属氧化物半导体场效应晶体管是由金属、氧化物及半导体三种材料制成的器件，简称MOSFET，或者更精练地简称为 MOS 场效应晶体管或 MOS。MOS 场效应晶体管是用栅极电压来控制漏极电流的，因此它的第一个显著特点是控制简单，需要的控制功率小；第二个显著特点是开关速度快、工作频率高。MOSFET 是在导通时只有一种极性的载流子（多子）参与导电，是单极型器件。双极型晶体管在导通时有两种载流子参与导电，电荷存储时间长，高频应用受到限制。此外，相比于双极型器件，MOSFET 还具有输入阻抗高、功耗小、噪声小、温度特性稳定、制造工艺简单等优点。

1.4.2.1　基本工作原理

传统小信号 MOSFET 采用的是横向扩散金属氧化物半导体（Laterally Diffused MOS，LDMOS）结构，如图 1-16 所示[14]。LDMOS 的源极、漏极和栅极均处于硅片的同一侧，漏极电流横向流动。这种结构的导电沟道局限于芯片的浅表面层，导通电阻较大，所以漏极电流不可能太高，不适合处理大电流和高电压问题。

从 LDMOS 场效应晶体管正常工作时的电路偏置图可以看出，位于源区（Source，S）和漏区（Drain，D）之间的中心部分是一个 npn 的结构，即 MOS 场效应晶体管的核心部分。若在栅极（Gate，G）到源极之间加上一个栅极电压 V_{GS}（简称栅压），就将产生垂直方向的电场，并在栅极下面的半导体一侧感应出表面电荷。随着栅压 V_{GS} 的不同，表面电荷的数量也不同。在 p 型衬底的 MOS 结构中，若栅压 V_{GS} 从零往正的方向增加，半导体表面将由耗尽逐步进入反型

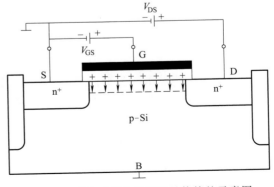

图 1-16　横向 MOS 场效应晶体管的示意图

状态，并产生电子积累。当栅压 V_{GS} 增加到使表面积累的电子浓度等于或超过衬底内部的空穴平衡浓度时，半导体表面达到强反型，此时所对应的栅压 V_{GS} 称为阈值电压（通常用 V_{TH} 表示）。达到强反型时，半导体表面附近出现的与体内极性相反的电子导电层称为反型层，在 MOS 场效应晶体管中则称之为沟道，以电子导电为主的反型层称为 n 沟道。

在栅压为零的条件下，在漏极-源极之间加上漏源电压 V_{DS}，则漏端 pn 结为反偏，导电沟道未形成，在漏极到源极之间只有很小的反偏 pn 结电流。然而，若在栅极电压控制下的半导体表面形成了沟道，漏区与源区连通，在 V_{DS} 作用之下就出现明显的漏源电流 I_{DS}，而且漏源电流 I_{DS} 的大小依赖于栅极电压 V_{GS}。MOS 场效应晶体管的栅极和半导体之间被氧化硅层阻隔，器件导通时只有从漏极经过沟道到源极这一条电流通路。MOS 场效应晶体管是一种典型的电压控制型器件，共源极工作时，栅极输入电压控制漏源电流 I_{DS}。若作为放大元件，栅极电压的增量 ΔV_{GS} 将引起输出回路中漏源电流的增量 ΔI_{DS}，负载电阻上随之产生电压 ΔV_{RL}，由此而获得增益。MOS 场效应晶体管也是良好的开关元件，当栅极电压 V_{GS} 小于阈值电压 V_T 时器件截止；反之，器件导通。

功率 MOSFET 为了提升电流导通能力，采用的则是 VDMOS（Vertical Double-Diffusion MOS）的结构，VDMOS 是 20 世纪 70 年代末发展起来的新一代功率半导体器件，全称为垂直双扩散金属氧化物半导体晶体管。图 1-17（a）展示了 n 沟道 VDMOS 器件的基本结构图。与 LDMOS 器件相比，其特点是将漏极制造在芯片的底部以及使用了独特的杂质双扩散技术。双扩散技术主要是借助掩模的屏蔽，然后利用两次扩散后形成的横向浓度差来形成器件的沟道。漏极制造在器件背面的设计有效提高了硅片的利用面积，并且使器件的导通电流垂直流过器件。这样的工作方式有效利用了外延层的厚度，提高了器件的击穿电压。

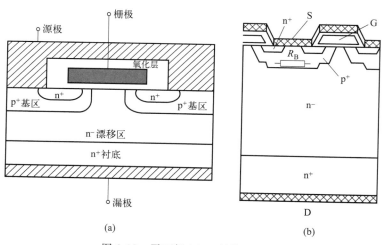

图 1-17　平面栅 MOS 结构示意图

VDMOS 早期采用的是平面栅结构，如图 1-17（b）所示[2]，为了进一步提升电流密度，20 世纪 90 年代后期沟槽栅结构的引入使得功率 MOS 的性能又有了很大的改进。沟槽栅 MOS 的沟道区也设计成纵向，如图 1-18 所示[15]，因此可获得小得多的通态电阻，特别是在 100V 以下的较低电压范围。

1.4.2.2　MOS 场效应管的 *I-V* 特性

按照沟道的掺杂类型可以将 VDMOS 器件分为 n 型和 p 型；按器件的开启方式可分为

增强型和耗尽型。增强型 VDMOS 器件是指在不施加栅极电压的时候，器件处于截止状态，不形成导电沟道；在器件施加额定栅极电压时，多数载流子被吸引到栅极，在源极和漏极之间形成导电沟道，器件开通。耗尽型 VDMOS 在不施加栅压时，器件已经形成导电沟道，处于开通状态；当施加额定的栅极电压，多数载流子流出导电沟道，器件转向截止。通常情况下，由于增强型 VDMOS 器件具有常关的特点，安全性高，而且由于电子的迁移率远远高于空穴的迁移率，因此目前 n 沟道的增强型器件广泛运用于电力电子技术中。因此下面以 n 沟道增强型 VDMOS 器件为例，介绍其工作原理。

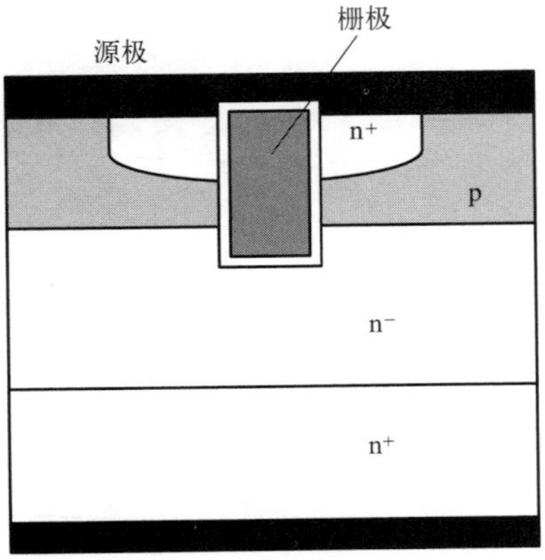

图 1-18　沟槽栅 MOS 结构示意图

当栅极电压为 0 时，p 区沟道处未出现反型，器件不能形成导电沟道。栅漏电压相当于加载在反向 pn 结的两端，源极和漏极之间的电流很小，器件处于关断状态，此时流过器件的电流称为漏电流。而当栅极电压大于阈值电压时，p 区沟道处出现反型层，器件形成 n 型的导电沟道，源极和漏极之间导通，器件处于导通状态。

VDMOS 器件的 I-V 曲线主要使用的有两种：一种是 I_D-V_{GS} 曲线（转移特性曲线），另一种是 I_D-V_{DS} 曲线（输出特性曲线）。

转移特性曲线反映了在固定漏极电压下，VDMOS 器件随着栅极电压的增大从关断到开启的转变过程。说明了栅压对漏源电流控制作用的强弱，也就是单位栅压能引起漏源电流的大小。图 1-19 为 n 沟道 MOS 场效应晶体管的转移特性曲线。转移特性曲线可分为栅极电压（V_{GS}）小于阈值电压（V_{TH}）的亚阈值区和栅极电压大于阈值电压的线性区。在 V_{GS} 小于 V_{TH} 的亚阈值区，半导体表面从弱反型向强反型转变，逐渐形成导电沟道，漏极电流近似为指数变化。阈值电压在数值上等于漏源电流（I_{DS}）和栅压（V_{GS}）在线性区输出特性曲线的反向延长线在横轴上的截距。在 V_{GS} 大于 V_{TH} 的线性区，随栅压的增加，沟道中导电载流子的数量增多，沟道电阻减小，在相同的漏源电压的作用下，漏极电流上升。

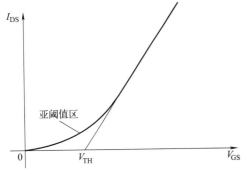

图 1-19　MOS 场效应晶体管的转移特性曲线

图 1-20（a）为 n 沟道增强型 MOS 场效应晶体管的输出特性曲线示意图[14]。当栅压 V_{GS} 小于阈值电压 V_{TH} 时，MOS 场效应晶体管漏源电流 I_{DS} 近似等于 0。当改变栅压 V_{GS} 时，漏源电流 I_{DS} 与漏源电压 V_{DS} 之间的关系曲线将有所变化。在相同漏源电压条件下，栅压越大，对应的漏源电流越大；栅压越小，对应的漏源电流也越小。为进一步理解 MOS 场效应晶体管的工作原理和工作特性，下面将以 n 沟道 MOS 场效应晶体管为例分区进行讨论。

（1）截止区特性（$V_{GS} < V_{TH}$）

阈值电压 V_{TH} 即为 MOS 场效应晶体管栅氧化层下面半导体表面开始出现强反型层时的栅压，也称之为 pn 结的门槛电压。当在栅极上施加正电压，但栅压小于 V_{TH} 并缓慢增加

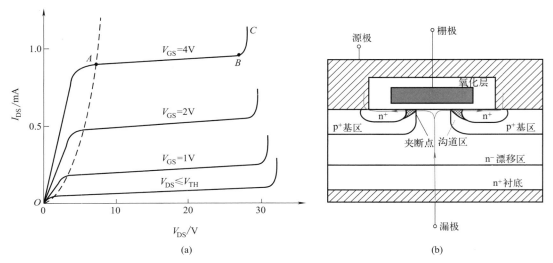

图 1-20　MOS 场效应晶体管漏源输出特性曲线

时，将在栅下的氧化层中产生电场，在电场作用下半导体表面产生感应负电荷。随着栅极电压的增加，半导体表面将逐渐形成耗尽层。因为耗尽层的电阻很大，漏源电流 I_{DS} 很小，即为漏区 pn 结的反向饱和电流，这种工作状态称为截止状态。

（2）线性区特性（$V_{GS} \geqslant V_{TH}$）

当栅压大于 V_{TH} 后，半导体表面即形成强反型的导电沟道。此时，在漏源电压的作用下，载流子就会通过反型层导电沟道，从源区向漏区漂移，形成漏源电流 I_{DS}。随着栅压的继续增加，反型层厚度不断增加。此时，漏源电流 I_{DS} 与漏源电压 V_{DS} 之间的关系曲线的斜率增加，如图 1-20（a）中 MOS 场效应晶体管漏源输出特性曲线的 OA 段。

（3）夹断特性

当通过沟道区的电流（漏极到源极）增大时，由于沟道区具有一定的沟道电阻，沿沟道方向会产生一定的电压降。电流在沟道中产生的正压降与施加的栅极偏压正好相反，且沟道压降从漏区向源区呈下降趋势，因此，施加在沟道上的有效栅压从源区到漏区逐渐减小。当 V_{DS} 很大时，沟道压降对有效栅压的影响不可以忽略，使导电沟道反型层的厚度不相等，因而导电沟道中各处的反型电子数量不相同。

当漏源电压 V_{DS} 继续增大，靠近漏区的有效栅压低于阈值电压时，半导体表面反型层厚度减小到零，即靠近漏区的导电沟道消失只剩下耗尽区，这就称为沟道夹断，如图 1-20（b）所示，漏源输出特性对应于图 1-20（a）中的 A 点。该偏置状态下漏电流趋于饱和，饱和电流大小受栅压控制。此时，导致靠近漏区导电沟道夹断的漏源电压 V_{DS} 称为饱和漏源电压 $V_{DS(sat)}$，对应的电流 I_{DS} 称为饱和漏源电流 $I_{DS(sat)}$。

（4）饱和区特性

在栅压不变的情况下，沟道被夹断后继续增加漏源电压 V_{DS}，漏区空间电荷区展宽，但对漏源电流的影响很小。当 $V_{DS} > V_{DS(sat)}$ 后，导电沟道电压降的增大，将导致栅绝缘层中的电场由源区向漏区逐渐减弱，反型层中的导电电荷相应地减少，导致沟道电阻随之增大。因此，在漏源电压较大时，漏源电流随漏源电压增大而上升的速率变小，漏源输出特性离开线性区而进入饱和区工作，如图 1-20（a）中曲线的 AB 段所示。

当漏源电压继续增加比 $V_{DS(sat)}$ 大时, 超过饱和漏源电压 $V_{DS(sat)}$ 的那部分, 即 $V_{DS}-$ $V_{DS(sat)}$ 的电压差降落在沟道区漏极一侧的夹断区上, 沟道区夹断点将随 V_{DS} 的增大而逐渐向源极一侧移动, 夹断区宽度增大, 栅下面半导体表面被分成反型导电沟道区和夹断区两部分。导电沟道中的载流子在漏源电压的作用下, 不断地由源区向漏区漂移, 当这些载流子到达夹断点时, 立即被夹断区的强电场扫入漏区, 形成漏极电流。沟道夹断后, MOS 场效应晶体管的漏源输出特性主要取决于导电沟道的性能。另外, 导电沟道夹断后, 导电沟道的有效厚度及其漂移场基本上不随 V_{DS} 的增大而改变, 导电沟道上的电压降则等于夹断点相对于源区的电压, 在数值上等于漏源饱和电压 $V_{DS(sat)}$。此时, 漏源电流基本上不随 V_{DS} 的增大而上升, 即有 $V_{DS} > V_{DS(sat)}$ 后漏源电流近似为常数。

（5）击穿特性

当漏源电压 V_{DS} 足够大时, 漏区 pn 结发生反向击穿, MOS 场效应晶体管进入击穿工作状态, 如图 1-20（a）中输出特性曲线 B 点右边的 BC 段所示。

1.4.2.3　VDMOS 的主要静态参数

（1）阈值电压（V_{TH}）

阈值电压是 VDMOS 器件 p 区沟道处出现强反型层时的栅极电压, 是使器件开始导通的最小栅极电压。如果不考虑沟道掺杂的纵向和横向不均匀性, 理想增强型 VDMOS 器件的阈值电压表达式可写为:

$$V_{TH} = V_{FB} + 2\phi_{FP} + 2\frac{\sqrt{qN_{Amax}\varepsilon_{Si}\phi_{FP}}}{C_{ox}} \tag{1-3}$$

式中　V_{FB}——平带电压;

$\quad\quad C_{ox}$——器件的单位面积栅氧化层电容;

$\quad N_{Amax}$——p 区沟道表面的最大掺杂浓度;

$\quad\quad \phi_{FP}$——p 区费米能级到禁带中央的电势差;

$\quad\quad 2\phi_{FP}$——p 区表面形成强反型层的条件。

在以上这些参数中, 平带电压 V_{FB} 的物理意义是抵消 VDMOS 器件表面处固有电荷导致的能带弯曲的栅极电压值。因此, V_{FB} 可表示为:

$$V_{FB} = \phi_{ms} - \frac{Q_{ox}}{C_{ox}} \tag{1-4}$$

式中　ϕ_{ms}——金属半导体功函数差;

$\quad\quad Q_{ox}$——栅氧化层电荷面密度。

栅氧化层单位面积电容 C_{ox} 也可表示为:

$$C_{ox} = \frac{\varepsilon_0 \varepsilon_{ox}}{t_{ox}} \tag{1-5}$$

式中　ε_0——真空介电常数;

$\quad\quad \varepsilon_{ox}$——氧化层材料相对介电常数;

$\quad\quad t_{ox}$——栅氧化层的厚度。

ϕ_{FP} 也叫做 VDMOS 器件的体费米势, 表示为:

$$\phi_{FP} = \frac{kT}{q}\ln\left(\frac{N_{Amax}}{n_i}\right) \tag{1-6}$$

式中　k——玻尔兹曼常数；

　　　T——温度；

　　　q——元电荷；

　　　n_i——本征载流子浓度。

工业界一般以栅极和漏极短接时，漏极电流达到器件规格书规定的电流时测得的栅极电压值作为 VDMOS 器件的阈值电压，也可以通过测量静态转移曲线线性外推得到。阈值电压既不能太高也不能太低，因为其标志着 VDMOS 器件的开启和关断。阈值电压的漂移反映的是 VDMOS 器件的抗干扰能力。

（2）导通电阻（R_{ON}）

VDMOS 的导通电阻一般是指器件的漏源导通电阻，也可以简写成 $R_{DS(on)}$，是器件在开启状态下源极和漏极之间的总电阻。它反映的是 VDMOS 器件工作时的最大额定电流和功耗。如图 1-21 所示[16]，VDMOS 器件的电流通路上的各部分电阻是串联的，所以总的导通电阻为各部分电阻的和，如式（1-7）所示。

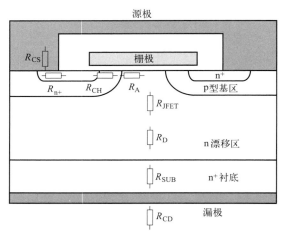

图 1-21　VDMOS 器件的导通电阻示意图

$$R_{DS(on)} = R_{CS} + R_{n+} + R_{CH} + R_A + R_{JFET} + R_D + R_{SUB} + R_{DS} \qquad (1-7)$$

VDMOS 器件的导通电阻是由源极接触电阻（R_{CS}）、源区电阻（R_{n+}）、沟道电阻（R_{CH}）、积累层电阻（R_A）、JEFT 区电阻（R_{JFET}）、漂移区电阻（R_D）、衬底电阻（R_{SUB}）和漏极接触电阻（R_{DS}）组成。表 1-3 展示了耐压为 50V、元胞尺寸为 50μm 的 VDMOS 中不同导通电阻组成部分中每一部分对总电阻的贡献以及在其中所占的比重[16]。其中，沟道电阻、积累层电阻、漂移区电阻和 JFET 区电阻为器件导通电阻的主要组成部分。

表 1-3　耐压为 50V、元胞尺寸为 50μm 的 VDMOS 的导通电阻组成部分

电阻	值/mΩ·cm²	百分比/%
源极接触电阻（R_{CS}）	0.05	2.2
源区电阻（R_{n+}）	0.01	0.4
沟道电阻（R_{CH}）	0.92	41.0
积累层电阻（R_A）	0.66	29.5
JEFT 区电阻（R_{JFET}）	0.19	8.5
漂移区电阻（R_D）	0.34	15.2
衬底电阻（R_{SUB}）	0.06	2.7
漏极接触电阻（R_{DS}）	0.01	0.4
总电阻（$R_{DS(on)}$）	2.24	100

（3）漏源极击穿电压（$V_{(BR)DSS}$）

漏源极击穿电压为关断状态下 VDMOS 器件的最大漏源极电压。即将栅极和源极短接后，逐渐增大电压使得反偏 pn 结耗尽层的电场达到临界击穿电场，器件发生雪崩击穿时的漏源电压。

（4）漏极电流（I_D）

漏极电流的大小对 VDMOS 器件的正常工作非常重要，它主要由栅氧化层厚度、沟道载流子迁移率、阈值电压和沟道的宽长比决定。饱和漏极电流（I_{sat}）是指器件工作在饱和区时漏极和源极之间的电流，可以表示为：

$$I_{sat} = \frac{1}{2} \mu_n C_{ox} \frac{W}{L} (V_{GS} - V_{TH})^2 \tag{1-8}$$

式中 W——器件沟道的宽度；

$\quad\quad$ L——器件沟道的长度；

$\quad\quad$ μ_n——器件沟道处的载流子迁移率。

当器件工作在线性区时，VDMOS 器件的漏极电流随着漏极电压的增大近似地呈线性增加。此时，VDMOS 的漏极电流可以表示为：

$$I_D = \mu_n C_{ox} \frac{W}{L} \left[(V_{GS} - V_{TH}) V_{DS} - \frac{1}{2} V_{DS}^2 \right] \tag{1-9}$$

当漏极和源极之间电压一定但器件未开启时，漏极上测得的电流可以叫做泄漏电流。继续增大栅极电压，当栅极电压接近阈值电压且器件尚未开启时，漏极电流已有所升高，此时的漏极电流又叫做亚阈值电流。

（5）跨导（g_m）

跨导是转移特性曲线中的漏极电流 I_D 对栅源电压 V_{GS} 求导得到的。跨导体现了 VDMOS 器件通过外加栅极电压控制器件漏极电流的能力，反映了界面处陷阱对沟道内载流子迁移率的影响。跨导的大小也可以从另一方面反映出沟道内载流子受到界面处缺陷散射干扰的程度。跨导的表达式为：

$$g_m = \frac{\partial I_D}{\partial V_{GS}} \tag{1-10}$$

1.4.2.4 SiC MOSFET

1.2 节已经分析了 SiC 材料相对于 Si 材料有更宽的禁带宽度、更大的热导率，使得 SiC 器件更适用于更高温度、更高电压和更大功率等级的场合。SiC MOSFET 经过了近 20 年的研究和发展，已经取得了较大的进展，并且几家大型半导体功率器件制造商如英飞凌（Infineon）、科瑞（Cree，现已改名为 Wolfspeed）和罗姆半导体（ROHM Semiconductor）等的 SiC MOSFET 器件已经达到了商业化，主推 1200V 系列。

SiC MOSFET 与 Si MOSFET 具有相同的结构，普遍采用 n 沟道的 VDMOS 结构。这里不再对 SiC MOSFET 的结构和工作原理进行过多的介绍。值得注意的一点是，因为沟道中电子的迁移率很低，所以沟道电导率也很低。而且由于 SiC MOSFET 界面中电子陷阱密度高于 Si MOSFET，造成了沟道中电子被陷阱俘获，导致 SiC MOSFET 沟道中的电子迁移率更低。为了提高 SiC MOSFET 的沟道电导率，近些年对 SiC MOSFET 的结构做了一些改进，例如把沟道设计得很短，或者增加一个很薄的 n 掺杂层。然而栅极氧化层的质量仍然是影响 SiC MOSFET 可靠性的重要因素，这主要体现在 SiC MOSFET 的栅极可靠性上。而器件的封装可靠性则是影响 SiC MOSFET 商业化进程的另一重要因素。

（1）栅极可靠性

相比于 Si 器件，由于 SiC MOSFET 器件的界面附近存在界面陷阱和氧化层陷阱，在栅偏应力作用下这些陷阱会俘获半导体表面的载流子，从而造成阈值电压（V_{TH}）漂移。在正温度偏压下，电子隧穿进入氧化层，中和带正电的陷阱，V_{TH} 正向漂移。在负温度偏压下，电子会隧穿出氧化层，留下带正电的氧化层陷阱，V_{TH} 负向漂移。由栅压偏置引起的阈值电压变化可以由两个分量组成：一个是快速、可恢复的分量，又称为弛豫效应；另一个是永久的、恢复很慢的分量。如图 1-22 所示[17]，随着每一次栅极电压的施加，阈值电压会随栅极电压施加的时间漂移，然而在撤去栅极电压或施加负压后，阈值电压会快速恢复到接近初值，如图中的 ΔV_{TH}^{HYST}，这便是阈值电压漂移中可恢复的分量。而由于在每一次施加栅压偏置后，阈值电压不可能完全恢复为初值，随着时间的累积，造成阈值电压的永久性漂移，如图中的 ΔV_{TH}^{BTI}，即为阈值电压漂移中不可恢复的量。

V_{TH} 的升高会增大器件在工作状态下沟道载流子发生界面散射的概率，降低沟道迁移率，增加导通电阻，这对于额定电流大的芯片来说就需要更大的芯片面积。因此在器件设计时要为 V_{TH} 留出余量，防止器件不能正常关断。而高的 V_{TH} 和栅偏置又会带来栅介质可靠性的问题和测量不准确等难题。

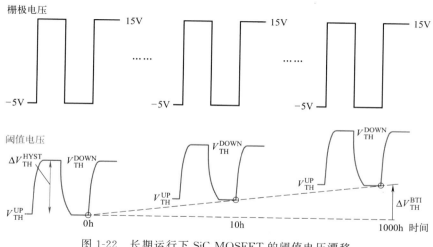

图 1-22　长期运行下 SiC MOSFET 的阈值电压漂移

目前业界对 SiC MOSFET 器件进行的可靠性测试方法是基于 Si 基器件的可靠性标准制定的，部分试验条件并不适用于 SiC MOS 结构器件评估其阈值稳定性。因此基于不同的测试条件，结果会存在不小的差异。偏置温度应力的测试结果一方面与应力时长有关，时间越长，就可以测到离界面越远的氧化层陷阱。而靠近界面处的氧化层陷阱在撤去应力后就会发生电荷释放，容易导致 V_{TH} 的偏移量被低估。因此测试结果还与测试速度有关，栅偏应力之后的测试速度越快，能观察到的氧化层陷阱就越多。另外，测试温度、测试电压扫描方向及速率等都会对结果产生影响。因此，SiC MOSFET 器件的偏置温度应力结果往往严重依赖于测试条件，具体可参考各家的产品说明书，如英飞凌、罗姆的白皮书等。

（2）封装可靠性

目前，商业 SiC MOSFET 产品的封装技术路线仍主要沿用 Si 器件的设计方案。然而 SiC 材料的杨氏模量是 Si 的 3 倍左右，在相同温度波动情况下，SiC MOSFET 芯片与焊料层材料形变形成的机械应力会比 Si 芯片更大，将近是 Si 器件焊料的 3 倍。因此，SiC MOS-FET 封装平均寿命普遍要短于 Si 器件。当然这是考虑到器件的失效形式为焊料的情况下的结论，若器件的失效形式为键合线失效或者有其他因素起主导作用时，此结论不一定适用，比如测试电路对键合线应力的附加作用等。如图 1-23 所示，展示了不同材料的芯片及不同芯片面积的功率循环寿命对比。可以得知当 Si 和 SiC 芯片面积一样时，SiC 器件的寿命低于 Si 器件，但是当器件的芯片面积不一样时，具有大芯片面积的 SiC 器件的寿命比小芯片面积的 Si 器件寿命更长。现有文献也提出，若采用相同的封装设计和材料方案，传统 Si 器件的 CIPS08 寿命模型仍然适用，只是需要乘以比例因子 0.32。

通过功率循环试验可以得到，SiC 器件的主要失效形式与 Si 器件一致，主要表现为键合线抬起、键脚裂纹、焊料层老化。而且，负载电流 I_L 下饱和压降 $V_{CE}(I_L R_{DS(on)})$ 的上升和热阻 $R_{th(j-s)}$ 的上升仍然是作为检测键合线失效和焊料老化的关键特征参数。与 Si 器件的不同之处在于，在功率循环应力下 SiC MOSFET 的 $R_{DS(on)}$ 增加与器件 V_{TH} 漂移密切相关，这意味着除了封装退化，芯片退化也是导致 SiC MOSFET 在功率循环测试失效的一个重要因素。尤其是在高温功率循环应力下，由于 SiC/SiO$_2$ 界面缺陷问题，高温下栅氧陷阱俘获电荷引起 SiC MOSFET 的 V_{TH} 漂移现象会加快 $R_{DS(on)}$ 增加。因此，在功率循环测试中 SiC MOSFET 失效标准的定义需要考虑器件芯片退化的影响，但是目前还没有形成 SiC 器件相关测试标准。

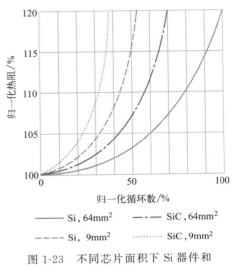

图 1-23　不同芯片面积下 Si 器件和 SiC 器件的功率循环寿命对比

关于 SiC 器件封装可靠性以及相关测试方法和技术将在第 8 章功率循环测试中进行详细描述，也会展示一些行业最新的发展。

器件长期工作的可靠性还会受到 SiC 衬底和外延材料的缺陷影响。SiC 衬底中存在的基面位错（Basal Plane Dislocations，BPD）会在器件工作过程中转化成堆垛层错（Stacking Faults，SF）。堆垛层错的出现会导致 SiC MOSFET 器件体二极管的通态压降增加，断态漏电增加，出现双极退化现象。另外，SiC 外延表面的一些形貌缺陷也会对器件可靠性产生影响，如三角形缺陷、微坑缺陷等的存在会使局部栅氧化层变薄或者局部电场增强，最终导致器件在时变击穿（Time-Dependent Dielectric Breakdown，TDDB）的可靠性测试中提前发生失效。因此，SiC 材料缺陷在器件长期工作中引起的可靠性问题也值得特别关注。

1.4.3　IGBT 器件

1.4.3.1　IGBT 工作原理

如图 1-24 所示，IGBT 与 MOSFET 在结构上的差异是将 MOSFET 的 n$^+$ 区换成了 p 区，增加了一个 pn 结，其他并没有本质区分。但正是这个 p 区形成的 pn 结，使得 IGBT 具有两种载流子，也具备电导调制效应，降低了器件的饱和压降。IGBT 的简化等效电路如图 1-24 所示。由电路结构可知，IGBT 可以看作是一个通过功率 MOSFET 来控制驱动的 pnp 晶体管，它的输入部分为 MOSFET，输出为 BJT。其中，R_{DS} 表示 MOSFET 的漏极-源极等效电阻，R_{BR} 是 VT$_2$ 晶体管基极-发射极极间电阻，VT$_1$ 为 pnp 型晶体管，VT$_2$ 为 npn

型晶体管。

当 IGBT 栅极电压 $V_{GE} = 0$ 时，MOSEFET 管处于关断状态，三极管 VT$_1$ 的基极电流值为 0，处于截止状态；当 IGBT 栅极电压 V_{GE} 足够大时，MOSFET 导通，VT$_1$ 管基极电流增大，饱和导通，此时 IGBT 导通。

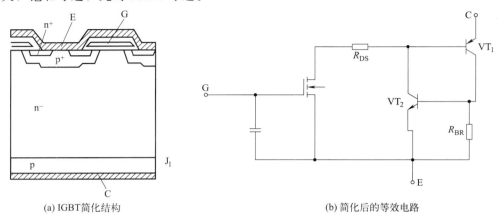

(a) IGBT简化结构　　　　　　　　　　(b) 简化后的等效电路

图 1-24　IGBT 简化等效电路图

如图 1-25 为 IGBT 等效驱动电路[18]。由于 IGBT 为电压型场控器件，可以通过控制栅极电压控制 IGBT 的开关过程。当 $V_{GE} > V_{GE(TH)}$ 且 $V_{CE} > 0$ 时，IGBT 导通，此时，在栅极氧化层（SiO$_2$）下的 p 区会感应出电子，形成反型层通路，将 C、E 两端连通，电子由导电通道从 p 区流向 n$^-$ 漂移区。其中一部分与空穴复合，继续形成导电电流，另一部分涌入 p$^+$ 区，由于 J$_1$ 的存在，$V_{CE} > 0$ 时，空穴电荷通过 n$^+$ 区从 p$^+$ 区大量涌入 n$^-$ 区，使得 n$^-$ 区域的载流子浓度不断升高，从而达到对 n$^-$ 区电导率的调制作用，IGBT 饱和导通压降减小，降低了 IGBT 在运行时芯片上产生的损耗。

当门极驱动电路输入关断信号（$V_{GE} \leqslant 0$）时，pn 结反偏，IGBT 处于截止状态，IGBT 门极下的 p 区导电通道迅速关闭，转移电流下降，剩余电流由空穴少子来提供。随后电子不断地迁移至空穴区，少子密度不断降低，直到最后消失，该过程即为拖尾电流过程，当拖尾电流最终为 0 时，IGBT 完全关闭。在 IGBT 关断过程中，栅极氧化层下 pn 结会产生正向阻断电压，在实际生产中，为了提升正向阻断电压，一般会将 n$^-$ 区设计得更宽，掺杂浓度更低。

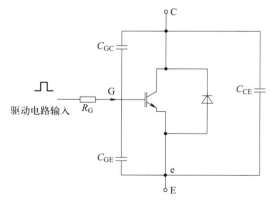

图 1-25　IGBT 的驱动等效电路

1.4.3.2　IGBT 转移特性

转移特性又称为传输特性，如图 1-26 所示，指的是当电压 V_{CE} 不变时，集电极电流 I_C 和栅极电压 V_{GE} 的伏安关系特性。当 V_{GE} 的电压低于导通门槛电压时，IGBT 仍然保持关断状态。当 V_{GE} 的值大于阈值电压时，IGBT 开始导通，此时 I_C 的值随着 IGBT 的导通开始上升，在一定范围内和 V_{GE} 保持一定的线性关系。线性升高的曲线的斜率视为跨导 g_s，即：

$$g_s = \Delta I_C / \Delta V_{GE} \tag{1-11}$$

式中，ΔI_C 和 ΔV_{GE} 分别为集电极电流和栅极电压变化量。

上式表明了栅极驱动电压对集电极电流最大值 I_{Cmax} 的约束能力。由于 Si IGBT 器件的禁带宽度随着温度的升高而降低，那么 IGBT 在开通过程中形成导电沟道所要求的电压变小。即环境温度越高，IGBT 的开通阈值电压 $V_{GE(TH)}$ 越低。

通过对 IGBT 转移特性的研究可以看出，对门极电压进行调节干预，可以控制 IGBT 集电极电流的流通，从而在一定范围内提升 IGBT 的载流能力。

1.4.3.3 IGBT 输出特性

IGBT 的输出特性又称为伏安特性，如图 1-27 所示，主要指 IGBT 在开关状态变换过程中，集电极电流 I_C 和集电极-发射极电压 V_{CE} 的关系曲线。

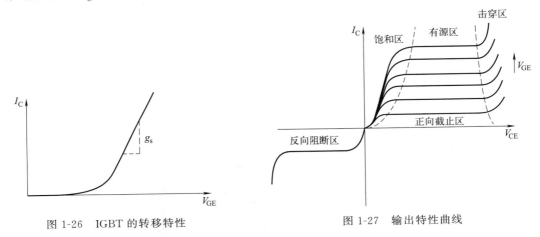

图 1-26　IGBT 的转移特性　　　　　图 1-27　输出特性曲线

由图 1-27 可以看出，IGBT 的输出特性分为五个工作区：反向阻断区、正向截止区、饱和区、有源区、击穿区。

① 反向阻断区：此时 $V_{CE}<0$，由于 IGBT 比 n 型 MOS 管多出一个 p 型衬底，pn 结在 J_1 处反偏，因此无论此时 I_C 和 V_{GE} 的值有多大，IGBT 都保持关断状态。但当 IGBT 栅极施加反向电压过大时，IGBT 会被反向击穿损坏。

② 正向截止区：当 $V_{GE}<V_{GE(TH)}$ 时，IGBT 处在关断截止状态。

③ 饱和区：此时 $V_{GE}>V_{GE(TH)}$ 且 $V_{CE}<V_{GE}-V_{GE(TH)}$，I_C 随着 V_{CE} 的增大而增大，与 V_{GE} 的值无关。此时导通压降低，导通损耗小，IGBT 处于完全导通状态。一般要求 IGBT 在完全导通时工作在此区域。

④ 有源区：此时 $V_{GE}>V_{GE(TH)}$ 且 $V_{CE}\geqslant V_{GE}-V_{GE(TH)}$，处于饱和区和击穿区之间，$I_C$ 基本不随 V_{CE} 的变化而变化，与 V_{GE} 成线性关系，当 IGBT 在该工作区域时，导通压降大，导通损耗大，在实际应用中，应当尽量减少 IGBT 在有源区的时间。

⑤ 击穿区：IGBT 工作电压超过其最大工作电压值，造成击穿，这一损坏不可逆。

通过对 IGBT 输出特性的研究可以得出：IGBT 的开通和关断过程可以通过控制栅极-发射极电压 V_{GE} 的大小来控制。在保证 IGBT 工作在饱和区的基础上，适当调整 V_{GE} 的值有利于集电极电流的流通，使 IGBT 的载流能力得到更好的利用。

1.4.4 GaN 器件

高压大功率的 Si 和 SiC 功率器件普遍使用"垂直型结构"以增加通流能力，其中源极和栅极在同一表面，而漏极在衬底下表面。而 GaN 器件为了保持其极高的开关频率特性则为通常所称的"横向结构"，其中所有电极都在同一表面上，如图 1-28 所示。垂直结构的特征在于，在器件中流动的电流与产生损耗的热流方向一致，从而有利于散热，并且可以通过增大芯片厚度轻松提高电压等级。

而 GaN 器件采用横向结构是为了要将在 AlGaN/GaN 界面上自发形成的具有高电子迁移率的二维电子气（2DEG）用作电流路径，这种结构的晶体管统称为 HEMT（High Electron Mobility Transistor，高电子迁移率晶体管）。与 Si 或 SiC 的垂直结构相比，2DEG 极高的电子迁移

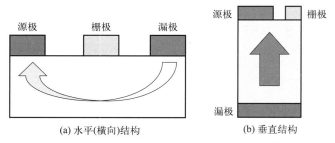

图 1-28 FET 的基本结构类型

率使 GaN 器件各个部分的电容都可以减小，特别是栅极电容可降低约一个数量级（同等性能下），因此响应速度比常规的功率器件高几个数量级，这是 GaN 功率器件最重要的特征，使得 GaN 器件可以作为高频开关使用。

然而横向结构却抑制了 GaN 器件的耐压性能，为了提高 GaN 器件的耐压水平，有关 GaN 器件的纵向结构研究也在展开。但是垂直结构通常需要整个器件都是相同的半导体材料，这需要低缺陷的块状单晶，但是 GaN 的大块单晶正处于研发阶段。除了制作工艺困难之外，持续电流引起的耐压退化之类的问题也未得到彻底解决，因此 GaN 纵向功率器件的研究还处于初期阶段，商业应用中的 GaN 功率器件都是横向器件，根据自然条件下器件的开通状态又分为耗尽型（常开型）器件和增强型（常关型）器件。这两种器件将在后文进行具体的介绍。

2018 年开始，一些学者将 GaN 功率器件应用在车载充电机（OBC，On-board Charger）上，利用其高频开关特性以获得更高充电效率和更小体积。随着工艺的成熟和技术迭代，近年来也有厂商在往垂直型 GaN 器件方向努力，目前也有 650V/800A 或者其他等级的 GaN 功率模块的样品，这将直接正面冲击 SiC MOSFET 在此细分领域的市场。

1.4.4.1 耗尽型（D-mode）GaN HEMT

D-mode 的 GaN HEMT 结构本质上是常开模式，在没有施加栅极偏置电压时，二维电子气的沟道也存在。图 1-29 给出了一种常开型 GaN HEMT 的典型截面图，由下至上分别是衬底、缓冲层、GaN、二维电子气（2DEG）沟道、AlGaN 势垒层及电介质。GaN 的大直径单晶和晶圆制造比较困难，但是 GaN 晶体可以生长在各种衬底上，如 Si 或 SiC。因此，尽管目前能够生产的单晶体材料直径不大，但是 GaN 器件的制备与现有成熟 Si 工艺兼容，可以在价格低、大尺寸的 Si 衬底上异质外延来降低生产成本和提高性能。大功率应用中的 HEMT 一般采用 Si 衬底。由于 GaN 与 SiC 的晶格失配较小，因此也可以以 SiC 为衬底进行高质量的异质外延，充分利用 SiC 的高热导率特性可制作高散热性能、高功率密度及小芯片

面积的 GaN 功率器件。除此之外，衬底还可选用蓝宝石（Al$_2$O$_3$）和金刚石。

　　GaN HEMT 缓冲层主要用于消除 GaN 与外杂质间的应力，这一层可以使用 GaN、Al-GaN 和 AlN 等材料，也被称为隔离层。AlGaN 和 GaN 两种材料的禁带宽度不同，其接触面会形成异质结，由于氮化物材料的自发极化效应以及压电极化效应，使电子发生转移，从而使接触面的电场发生变化，最终在 GaN 材料一侧形成一个存在大量自由电子的区域，区域里的自由电子大量积累，就形成了二维电子气，其电子迁移率高达 $2000\mathrm{cm}^2/(\mathrm{V \cdot s})$，电子在异质结面上高速移动。金属源极和漏极分别位于器件异质结沟道两端，栅极位于器件中间位置，二维电子气连接源极和漏极，从而构成了耗尽型 GaN HEMT 的导电沟道。值得注意的是，GaN 是在 Si 或 SiC 衬底上生长的，在整个 GaN 芯片中，GaN 层的厚度一般只有 $1\mu\mathrm{m}$；上层的 AlGaN 厚度一般为 $25\mu\mathrm{m}$。

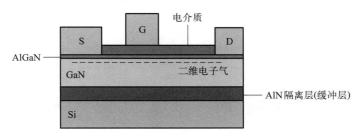

图 1-29　D-mode 型 GaN 器件基本结构，以 Si 衬底为例

　　传统的 GaN HEMT 阈值电压计算如式（1-12）所示：

$$V_{\mathrm{TH}}(x) = \phi_{\mathrm{B}}(x) - \Delta E_{\mathrm{C}}(x) - \frac{\sigma(x)}{\varepsilon_0 \varepsilon_{\mathrm{AlGaN}}(x)} t - \frac{q N_{\mathrm{D}}}{2\varepsilon_0 \varepsilon_{\mathrm{AlGaN}}(x)} t^2 \tag{1-12}$$

　　式中，x 是缓冲层中的 Al 含量；$\phi_{\mathrm{B}}(x)$ 是栅极金属层和 AlGaN 层载流子层之间的肖特基势垒高度；$\sigma(x)$ 是 AlGaN/GaN 界面处的极化电荷；ε_0 是真空下的介电常数；$\varepsilon_{\mathrm{AlGaN}}$ 是 AlGaN 层的介电常数；t 是 AlGaN 层厚度；q 是电荷；N_{D} 是掺杂浓度。正常情况下 Al-GaN 势垒层厚度和 AlGaN/GaN 界面处的极化差使阈值电压是负压，这也解释了耗尽型器件常开的原因，即栅源极电压为 0 时就存在导电沟道。耗尽型 GaN-HEMT 不会自动关闭，如果应用在电力系统中，不受控制的电流会带来极大的安全隐患。为了控制其关断，需要在电路设计中添加一个负压源，这导致在器件不使用的期间增加额外的功耗，使得原本的电路设计更为复杂，且会导致一系列的安全问题。因此，实际应用中基本都是增强型器件，其中广泛应用的又是 p-GaN 型器件和 Cascode（共源共栅型、级联型）器件。

1.4.4.2　增强型（E-mode）GaN HEMT

　　（1）p-GaN 型器件

　　通过式（1-12）可以得到增加阈值电压的几种方法，例如改变肖特基势垒高度或与 Al-GaN 势垒层相关的 2DEG 载流子密度等，这取决于 Al 的含量和厚度。其中在栅极区域下方添加的 p-GaN 层即是通过增加栅极金属层和 AlGaN 层载流子层之间的肖特基势垒高度，具有这样结构的器件就称为 p-GaN 型器件，如图 1-30 所示。通过设计 p-GaN 层的厚度和掺杂水平，可以耗尽下方的二维电子气，从而在栅极下方提升异质结的电位，如图 1-31 所示，从而实现整个器件从常开到常关的转换。

　　增强型 GaN HEMT 器件工作时可以分为四种状态。正向导通：$V_{\mathrm{GS}} > V_{\mathrm{TH}}$，$V_{\mathrm{DS}} > 0$；

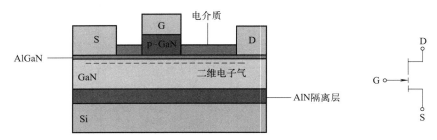

图 1-30　E-mode 型 GaN HEMT 基本结构，以 Si 衬底为例

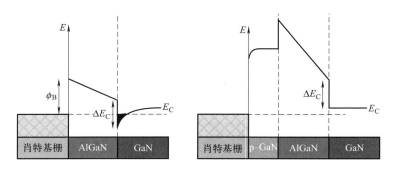

图 1-31　有和没有 p-GaN 层的 AlGaN/GaN 异质结构的能带图

反向导通：$V_{GD} > V_{TH}$，$V_{DS} < 0$；正向阻断：$V_{GS} < V_{TH}$，$V_{DS} > 0$；反向关断：$V_{GD} < V_{TH}$，$V_{GS} < 0$。

① 正向导通。增强型 GaN HEMT 开启的前提条件为：增强型 GaN 器件的栅源电压 V_{GS} 大于器件的阈值电压 V_{TH}，且在漏源两端有压降，即 V_{DS} 大于零。此时增强型 GaN HEMT 处于正向导通，漏源压降为：

$$V_{DS} = I_D R_{DS(on)} \tag{1-13}$$

② 反向导通。当然增强型 GaN HEMT 器件也具有对称性，当增强型 GaN HEMT 的 V_{GS} 小于零时，并且在满足式（1-14）的条件下，此时增强型 GaN HEMT 器件处于反向导通状态。

$$V_{GS} - V_{DS} = V_{GD} > V_{TH} \tag{1-14}$$

③ 正向阻断。这种状态是在增强型 GaN HEMT 功率器件未达到开启状态，但是漏源电压 V_{DS} 为正的情况下。此时增强型 GaN HEMT 器件处于正向阻断状态。

④ 反向关断。当增强型 GaN HEMT 的 V_{GS} 小于零的时候，并且满足 $V_{GS} - V_{DS} = V_{GD} < V_{TH}$，增强型 GaN HEMT 器件处于反向关断状态。

p-GaN 型 GaN HEMT 的驱动电压范围为 5~6V，这受到栅极漏电流的限制，并且需要 5V 才能完全导通器件，驱动安全裕度小。因此，GaN HEMT 功率器件的驱动芯片的设计面临巨大的挑战，需要设计者们着重注意驱动芯片的 V_{OUT} 上升/下降时间、传输延时、驱动输出的能力、GaN HEMT 功率器件的输入电容、瞬态共模抑制能力、寄生电感的影响、dv/dt 限制、PCB（印制电路板）设计等等因素的影响。以增强型 GaN HEMT 功率器件为例，目前主要为对称式驱动电路，如图 1-32 所示。对称式驱动电路结构简单，驱动的电压设置便捷，同时又可以通过调整电阻的大小来更改开启和关断速度。

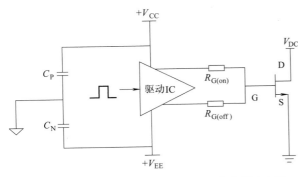

图 1-32 增强型 GaN HEMT 常用对称式驱动电路

（2）Cascode 型（共源共栅型）GaN HEMT

Cascode 型 GaN HEMT 的结构如图 1-33 所示，将高压常开型 GaN HEMT 与一个低压 Si MOSFET 级联，高压常开型 GaN 功率器件与低压 Si 基器件的栅端与源端、源端与漏端分别短接。整个结构中，Si 的栅极作为 Cascode 器件的栅极，Si 的源极作为 Cascode 器件源极，GaN 的漏极作为 Cascode 器件漏极。当在 MOSFET 上施加高于阈值电压的正栅极电压时，GaN HEMT 栅极电压接近零，器件导通。由于两个器件串联，当电压施加到 HEMT 的漏极时，电流也将流过 MOSFET。另一方面，当不向 MOSFET 施加栅极电压以使其截止时，没有电流可以流过 HEMT 的沟道。这样控制低压 Si MOSFET 的开关即可对整个器件的开关进行控制。因此，级联配置使我们能够同时利用 MOSFET 的正阈值电压、2DEG 的低导通电阻，以及 GaN HEMT 在截止状态条件下的高击穿场。然而需要注意的是，这种方法由于硅器件的存在而限制了高温操作。由于 GaN HEMT 部分的栅极驱动取决于 SiMSOFET 部分的漏极-源极电压，因此存在难以调节开关速度的问题。此外，两个芯片时的封装工艺更加复杂，器件的尺寸也会增加，这将引入寄生电感，可能会对电路的开关性能产生影响。同时，从封装角度来看，也有两种实现 Si MOSFET 和 GaN HEMT 的级联方案，一种是平铺型，一种是堆叠型，这对于器件的结温测量和评估将带来挑战。

Cascode 型 GaN HEMT 也存在四种工作状态。正向导通：$V_{GS} > V_{TH}$，$V_{DS} > 0$；反向导通：$V_{DS} < 0$（由于级联 Si MOSFET 器件的存在，根据栅极电压的不同，存在两种导通路径）；反向恢复：$V_{GS} = 0$，$V_{DS} \geq 0$，$I_{DS} > 0$；正向阻断：$V_{GS} = 0$，$V_{DS} > 0$。

① 正向导通。当整个结构的栅源电压 V_{GS} 超过级联的 Si MOSFET 的阈值电压 V_{TH} 时，级联的 Si MOSFET 导通，若此时，$-V_{DS,Si} = V_{GS,GaN} > V_{TH,GaN}$，则级联的常通型 GaN 功率器件也处于导通状态。此时 Cascode 器件处于导通状态。具体如图 1-34 所示。

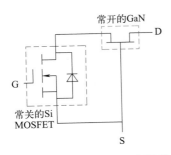

图 1-33 Cascode 型 GaN HEMT 的结构

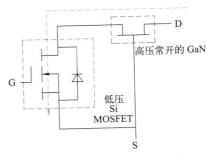

图 1-34 Cascode 型 GaN HEMT 正向导通

此时 Cascode 器件的 V_{DS} 为：

$$V_{DS} = I_D(R_{DS(on),Si} + R_{DS(on),GaN}) \tag{1-15}$$

式中，V_{DS} 表示 Cascode 型 GaN HEMT 的压降；I_D 代表导通时的电流大小；$R_{DS(on),Si}$ 和 $R_{DS(on),GaN}$ 分别代表级联的 Si MOSFET 和常通型 GaN HEMT 的导通电阻。

② 反向导通。由于 Si MOSFET 存在体二极管，所以反向导通分为 Si MOSFET 体二极管导通和沟道导通两种，具体结构如图 1-35 所示。

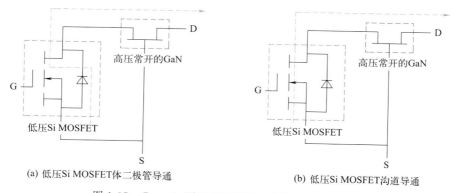

(a) 低压Si MOSFET体二极管导通　　　　　(b) 低压Si MOSFET沟道导通

图 1-35　Cascode 型 GaN HEMT 反向开启导通状态

当 Cascode 型 GaN 器件的 V_{GS} 为零时，即 Si MOSFET 沟道没有开启，此时，当 Cascode 型 GaN HEMT 的 V_{DS} 为负值的时候，GaN HEMT 和 Si MOSFET 的体二极管导通，如图 1-35（a）所示。电流从 Si 器件的体二极管和 GaN HEMT 器件的沟道流通，此时，Cascode 型 GaN 器件的压降为：

$$V_{SD} = V_{SD,Si} + I_F R_{SD(on),GaN} \tag{1-16}$$

式中，V_{SD} 代表源漏电压；$V_{SD,Si}$ 代表 Si MOSFET 的源漏压降；I_F 代表反向导通电流；$R_{SD(on),GaN}$ 表示反向导通时 GaN HEMT 的导通电阻。此时的 Cascode 型 GaN HEMT 压降由 Si MOSFET 体二极管两端压降和 GaN HEMT 漏源压降之和构成。

若在 Cascode 型 GaN 器件的栅源两端加一个正向电压，使其大于 Si MOSFET 的 V_{TH}，若 V_{DS} 小于 0，此时，反向电流由源端流经 Si MOSFET 的沟道和 GaN HEMT 的沟道流向漏端。如图 1-35（b）所示。这种反向导通的压降要小于第一种情况，整个 Cascode 型 GaN 器件的 V_{SD} 为：

$$V_{SD} = I_F(R_{SD(on),GaN} + R_{SD(on),Si}) \tag{1-17}$$

③ 反向恢复。当 Cascode 型 GaN HEMT 发生第一种 Si MOSFET 二极管反向导通后，当 Cascode 型 GaN HEMT 的 V_{DS} 为正时，那么会由于 Si MOSFET 体二极管的反向恢复，而表现出 Cascode 型 GaN HEMT 的反向恢复特性。一般来说，在高压环境下使用 Si MOSFET 功率器件会由于其本身存在体二极管存储电荷，这些电荷通常有大量的少数载流子。因此，在加入反向电压关断整个器件的时候，会由于这些载流子的存在而产生一个很大的电流，称为反向恢复电流。但是，在 Cascode 型 GaN HEMT 中的 Si MOSFET 采用的是低压（30V）功率器件，低压器件的寄生体二极管导通的时候存储的电荷比较少，所以在"断流"的时候，Cascode 型 GaN HEMT 器件的"体二极管"产生很小的反向恢复电流。若发生反向恢复，电流在 Cascode 型 GaN HEMT 中流过 Si MOSFET 体二极管和 GaN HEMT 沟道，具体如图 1-36 所示。当 Cascode 型 GaN HEMT 反向恢复结束后，电流会通过 GaN HEMT 的沟道给 Si MOSFET 的漏源两极的寄生电容充电，当 $V_{DS,Si} > -V_{TH,GaN}$ 时，该结构的器件会完全关断。

④ 正向阻断。当级联的 Si MOSFET 被关断的时候，无论常开型 GaN 器件导通还是关断，Cascode 型 GaN HEMT 都处于关断状态。当 Cascode 型 GaN HEMT 的 V_{GS} 为零，V_{GS}

不足以关断 GaN HEMT 的时候，由于 Si MOSFET 处于高阻状态，整个结构的 Cascode 型 GaN HEMT 器件处于"断流"的状态，此时没有电流流通。级联的 Si 基功率器件的漏源电压为整个 Cascode 型 GaN HEMT 器件的漏源电压。另外当漏源电压关断常开型 GaN 功率器件的时候，此时，整个结构的 Cascode 型 GaN HEMT 更是处于被关断的状态。但是此时整个结构的 V_{DS} 是由 Si MOSFET 和 GaN HEMT 共同承受，即 $V_{DS} = V_{DS,Si} + V_{DS,GaN}$。

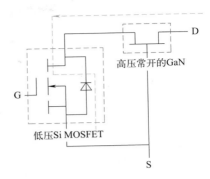

图 1-36　Cascode 型 GaN HEMT 反向恢复

1.4.5　GaAs 二极管

砷化镓（Gallium Arsenide，GaAs）材料因其高频开关（开关频率 1kHz～1MHz）的特性，在微波器件领域得到应用。GaAs 材料禁带宽度 1.4eV，且具有高电子迁移率（是 Si 材料的约 5 倍），在功率器件领域，高电子迁移率使得其适用于高压肖特基二极管。截至 2023 年的公开资料显示，德国 3-5PE 公司已推出 1200V 商用 GaAs 二极管并用于 TO-247 封装。此公司也是目前全球唯一一家从事 GaAs 功率器件开发的公司，其芯片设计和生产在德国的德累斯顿，器件的封装在我国安徽合肥，产品的所有可靠性测试评估和失效分析均由笔者团队在北京完成。

（1）GaAs 材料

由下式可知：不同材料的禁带宽度 E_g 不同，且随温度变化

$$E_g(t) = E_g(0) - \frac{\alpha T^2}{T + \beta} \tag{1-18}$$

式中，不同半导体材料的参数及导带、价带有效态密度不同，如表 1-4 所示。

表 1-4　不同半导体材料的带隙相关参数及其有效态密度

材料	Si	GaAs	4H-SiC	GaN
$E_g(0)$/eV	1.170	1.519	3.263	3.47
$\alpha/(10^4\text{eV/K})$	4.73	5.405	6.5	7.7
β/K	636	204	1300	600
$E_g(300K)$/eV	1.124	1.422	3.23	3.39
$N_C(300K)$/cm^{-3}	2.86×10^{19}	4.7×10^{17}	1.69×10^{19}	2.2×10^{18}
$N_V(300K)$/cm^{-3}	3.10×10^{19}	7.0×10^{18}	2.49×10^{19}	4.6×10^{19}

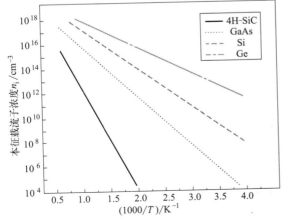

图 1-37　不同半导体材料的本征载流子浓度

进一步地，对比不同半导体材料的本征载流子浓度如图 1-37 所示，可发现 GaAs 的本征载流子浓度介于 4H-SiC 与 Si 之间。

进一步地，表 1-5 中给出了 Si、SiC、GaN、GaAs 等材料的迁移率对比，从表中可知：电子的迁移率高于空穴，GaAs 的电子迁移率远远高于其他材料，使得其可具备较大的芯片厚度，制造出的 GaAs 肖特基二极管同时具备耐高阻断电压以及低导通压降的特性。

表 1-5　不同半导体材料内电子、空穴迁移率比较

材料	$\mu_n/[cm^2/(V \cdot s)]$	$\mu_p/[cm^2/(V \cdot s)]$	$V_{sat(n)}/(cm/s)$
Ge	3900	1900	6×10^6
Si	1420	470	1.05×10^7
GaAs	8000	400	1×10^7
4H-SiC	1000	115	2×10^7
GaN	990	150	2.5×10^7
GaN 2DEG	最高可达 2000		
金刚石	2200	1800	2.7×10^7

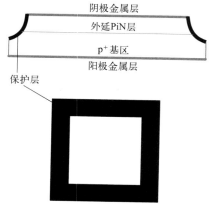

图 1-38　GaAs 二极管芯片结构

（2）GaAs 二极管结构及其工作原理

目前世界范围内，主要是德国 3-5PE 公司生产、销售 GaAs 功率二极管（1200V/60A），其芯片结构如图 1-38 所示，从上至下依次为：阴极金属层、PiN 层、p$^+$ 基底层、阳极金属层。PiN 层工作原理与前述 1.4.1 节相同，仅材料参数上存在差异，此处不再赘述。

针对该芯片结构，3-5PE 公司设计了不同封装以提供多场景下应用，如 TO-247、TO-220、TO-263 三类分立器件封装，以及 SOT-227 模块封装，如图 1-39 所示。

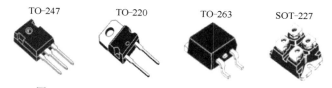

图 1-39　3-5PE 公司提供的多种商用器件封装类型

1.5　半导体仿真分析

随着半导体技术不断发展，半导体工艺水平和器件性能不断提升，其中半导体工艺和器件仿真软件 TCAD（Technology Computer Aided Design）的作用功不可没。TCAD 是建立在半导体物理基础之上的数值仿真工具，它可以对不同工艺条件进行仿真，取代或部分取代昂贵、费时的工艺实验，也可以对器件结构进行优化，获得理想的特性，还可以对电路性能及缺陷等进行模拟。进一步地，还可以通过 TCAD 仿真软件对半导体过程进行相关的理解以及器件特性和行为分析。目前，针对半导体的主流 TCAD 仿真软件有 Silvaco TCAD 与 Sentaurus TCAD，两种仿真软件对硅基器件的仿真都较为成熟。但对于第三代宽禁带半导体材料下的器件，Sentaurus TCAD 的物理模型更加完善，并且包含的组件更加全面，功能更加强大，这也导致了 Sentaurus TCAD 在使用过程中更加复杂。相比之下，Silvaco TCAD 更容易上手，且安装方便，可直接安装于 Windows 系统上。但从长期学习和使用的角度考虑，Sentaurus TCAD 更加适合。因此，下文主要采用 Sentaurus TCAD 来进行基本的仿真分析介绍。

1. 5. 1　TCAD 仿真概述

　　TCAD 器件仿真的目的在于研究半导体器件的电学和热学特性，一个简化的 TCAD 器件基本仿真流程如图 1-40 所示。本节主要通过 Sentaurus TCAD 内的 IGBT 例程文件来进行仿真分析说明。

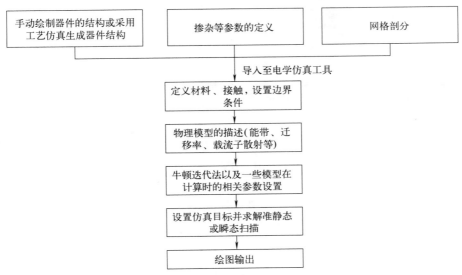

图 1-40　TCAD 器件仿真流程图

1. 5. 2　仿真结构

　　图 1-41 为使用 Sentaurus TCAD 内的结构绘制工具 SDE（Sentaurus Structure Editor）绘制的一个耐压为 250V 的 Trench-IGBT 结构示意图。左图是 IGBT 单个元胞的剖面图，包含了结构尺寸以及相应的材料，右图对 IGBT 进行了相应的掺杂，并对接触进行了定义。

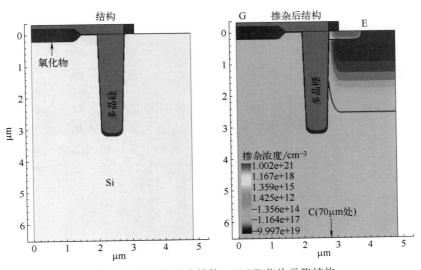

图 1-41　半导体仿真结构，IGBT 芯片元胞结构

图 1-42　仿真结构的二维与三维结构

需要注意的是，采用结构绘制工具 SDE 绘制的结构只是单个元胞的二维剖面图，而实际的器件是三维结构，因此对于用 SDE 工具绘制好的器件结构，Sentaurus TCAD 会默认将器件的 Z 轴方向的厚度设置为 $1\mu m$。除此之外，也可在物理模型部分设置 AreaFactor 参数来定义器件在 Z 轴方向的厚度以匹配实际的半导体器件。因此尽管采用 SDE 工具绘制的器件为二维结构，但实际仿真中处理的仍然是三维结构的模型，表征的是完整器件的特性，如图 1-42 所示。

实际的功率半导体，如 MOSFET 和 IG-BT 芯片，均是由多达每平方厘米 25 万个元胞（50V 的 MOSFET）或 50 万个元胞（1200V 的 IGBT）并联而成，如图 1-43 所示。因此，若对于已知掺杂分布以及结构尺寸的实际半导体器件，通过增加单个元胞的厚度来校准实际器件的尺寸是完全等效的。当然，也可直接利用 SDE 工具绘制多个元胞并联的结构，但非常不利于仿真的收敛性和仿真效率。

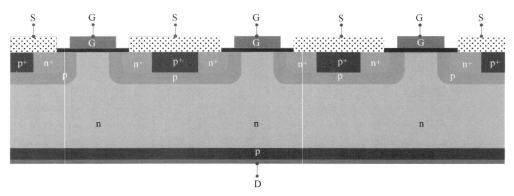

图 1-43　实际器件的元胞并联结构，以 MOSFET 为例

1.5.3　物理模型

Sentaurus TCAD 包含的物理模型众多，对于不同的器件结构和仿真需求，需要具体考虑采用不同的物理模型。物理本质仍为有限元分析，通过求解器求解泊松方程、电子和空穴连续性方程这三个方程所构成的偏微分方程组。所有的半导体物理问题均可通过此方程组来解释，只是特定的物理现象需要指定物理边界条件和初始条件等，从而得到唯一解。

$$\nabla \cdot (\varepsilon \nabla \phi) = -q(p - n + N_{\mathrm{D}} - N_{\mathrm{A}}) - \rho_{\mathrm{trap}} \tag{1-19}$$

$$\nabla \cdot \boldsymbol{J}_{\mathrm{n}} = qR_{\mathrm{net.\,n}} + q\,\frac{\partial n}{\partial t} \tag{1-20}$$

$$-\nabla \cdot \boldsymbol{J}_{\mathrm{p}} = qR_{\mathrm{net.\,p}} + q\,\frac{\partial p}{\partial t} \tag{1-21}$$

式中　ε——介电常数；

ϕ——静电势；

q——元电荷；

p——电子浓度；

n——电子浓度；

N_D——施主离子浓度；

N_A——受主离子浓度；

ρ_{trap}——陷阱电荷和固定电荷密度；

$\boldsymbol{J}_p$——空穴电流密度；

$\boldsymbol{J}_n$——电子电流密度；

$R_{net.p}$——空穴复合率；

$R_{net.n}$——电子复合率。

例如，对于上式中的参数 n 和 p 可由玻尔兹曼统计（Boltzmann Statistics）分布描述为：

$$n = N_C \exp\left(\frac{E_{F,n} - E_C}{kT}\right) \tag{1-22}$$

$$p = N_V \exp\left(\frac{E_V - E_{F,p}}{kT}\right) \tag{1-23}$$

式中　N_C——导带的有效态密度；

N_V——价带的有效态密度；

$E_{F,n}$——空穴的准费米能级；

$E_{F,p}$——电子的准费米能级；

E_C——导带底能量；

E_V——价带顶能量。

或者，也可由费米统计（Fermi Statistics）分布描述为：

$$n = N_C F_{1/2}\left(\frac{E_{F,n} - E_C}{kT}\right) \tag{1-24}$$

$$p = N_V F_{1/2}\left(\frac{E_V - E_{F,p}}{kT}\right) \tag{1-25}$$

式中，$F_{1/2}$ 为 1/2 阶的费米积分。

总之，对于物理模型的选取并不是固定的，也不是考虑的因素越全面越好，而是取决于使用者的仿真目的。例如，在考虑到器件的击穿电压时才需要施加碰撞电离模型，在考虑到器件的自热时才需要施加相应的温度模型，等等。如果不能正确理解 Sentaurus TCAD 提供的一些物理模型，在仿真时往往会起到事倍功半的效果。

1.5.4　准静态扫描

确定了仿真模型的空间结构、物理方程的选择以及边界条件的设置，就可以进行方程组的求解。若一个系统从始态到终态的过程，是由一连串无限临近平衡的状态构成，这样的过程就是准静态过程。相应的，准静态扫描（Quasistationary Ramps）就是计算时将相邻的两个时间步之间的时间近似为无穷长，即每一个时间步计算得到的状态都为器件在该时间步下对应边界条件的静止状态，不考虑微观粒子的动态行为。如仿真 IGBT 的静态曲线时即可使用准静态扫描来求解。

　　IGBT 转移特性和输出特性表征了器件的两个重要静态特性，在一个固定的集电极-发射极电压 V_{CE} 下扫描栅极电压 V_{GE} 即可得到转移特性曲线（I_C-V_{GE} 曲线）。

　　基于图 1-42 所示的器件结构和参数进行准静态仿真，边界条件设置为 $V_{CE}=5V$，栅极电压 V_{GE} 从 0V 扫描至 5V；若不考虑器件的自热影响，则可直接指定器件的温度，指定后仿真中使用的所有与温度相关的参数都为在此温度下的值。仿真结果采用 Sentaurus TCAD 内置绘图工具 Svisual 绘制，如图 1-44 所示，点线和实线分别表示了器件在 300K 和 425K 热力学温度下的转移特性曲线。可以看到，两条曲线之间存在交点，该交点就是温度补偿点（TCP，Temperature Compensate Point）。在 TCP 之前，IGBT 的导通电阻随着温度的上升而下降，呈现负温度系数，这是因为温度的升高降低了 IGBT 的阈值电压；在 TCP 之后，IGBT 的导通电阻则呈现正温度系数，这是因为温度越高，晶格散射增强，从而降低了载流子的迁移率。

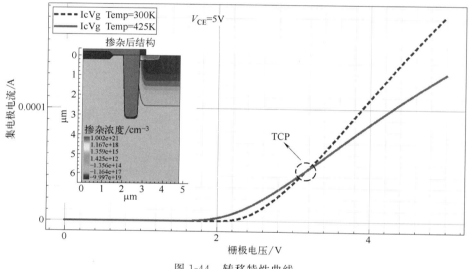

图 1-44　转移特性曲线

　　对于一个给定的 IGBT 器件，在一个固定的栅极电压 V_{GE} 下扫描集电极-发射极电压 V_{CE} 即可得到输出特性曲线（I_C-V_C 曲线）。基于图 1-42 所示的器件结构进行准静态扫描仿真，在不同的栅极电压以及不同温度下的输出特性曲线仿真结果如图 1-45 所示。从图中可以看出，在同一温度下，随着栅极电压 V_{GE} 的增加，IGBT 的集电极电流 I_C 也相应增加，这是因为 V_{GE} 越大，IGBT 的沟道开启程度越大；在同一栅极电压下，随着温度的升高，IGBT 的集电极电流 I_C 相应地减小，这是因为温度越高，载流子的迁移率越低。

1.5.5　瞬态扫描

　　与准静态扫描不同，瞬态扫描计算时，方程组考虑了时间变量，表征的是各个物理量随着时间 t 和空间（x，y，z）的变化规律。当器件的工作条件（如外部电压）改变时，器件内部的载流子需要一定的时间来响应外部条件的变化，当需要研究器件在某个时间范围内的动态特性时，则需要使用瞬态扫描来达到仿真目的。

　　采用瞬态扫描仿真图 1-42 所示结构的 IGBT 器件的开关特性电路图与栅极电压时序，分别如图 1-46 中（a）与（b）所示，在 IGBT 的 C、E 两端施加 200V 的偏置电压，然后通

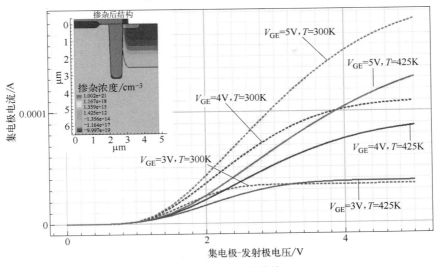

图 1-45　输出特性曲线

过改变栅极电压 V_{GE} 的值来使 IGBT 开启与关断，研究整个仿真时间（1s）内 IGBT 的功率损耗与时间的关系，其中，IGBT 的温度设置为 300K。仿真结果如图 1-47 所示，图中只截取了 $0 \sim 3\mu s$ 时间内的波形图，横轴代表时间，左纵轴代表 IGBT 的功率损耗，右纵轴代表栅极电压。图中点线表示 IGBT 的栅极电压随时间的变化关系，实线则表示了 IGBT 在开关过程中的功率损耗。显然 IGBT 在开启与关断过程中的功率损耗远高于导通与关断时的功率损耗，这是因为 IGBT 在导通时尽管流过的电流较大，但 C、E 两端压降很小，导致电流电压相乘后功率损耗并不大；当 IGBT 在关断时尽管 C、E 两端承受的电压较大，但 IGBT 流过的电流很小，导致相乘后功率损耗也不大。而在 IGBT 的开启过程中，流过 IGBT 的电流逐渐增大，同时 C、E 两端的电压也从 200V 的偏置电压逐渐减小，电流电压相乘后在开启过程中的某个时间点会存在一个最大值，这正对应着图 1-47 中功率损耗的第一段尖峰，IGBT 在关断过程中的功率损耗同理。

从图 1-47 中还可看出，IGBT 在关断时功率损耗达到峰值后下降非常缓慢，这是因为 IGBT 关断时的载流子复合过程形成的拖尾电流导致的，这也是 IGBT 在生产设计时需要考虑和优化的一个部分，因为这会严重影响到 IGBT 的功耗问题。

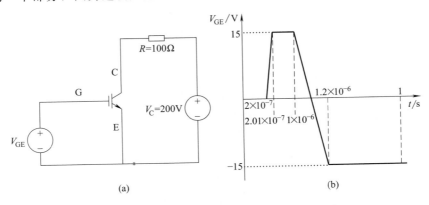

图 1-46　IGBT 开关特性仿真电路图与栅极时序

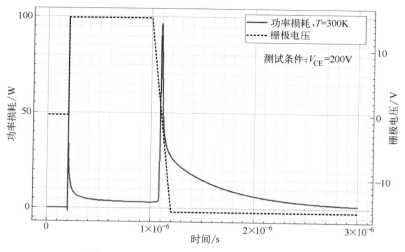

图 1-47　IGBT 开关特性瞬态扫描仿真结果

一般情况下，单纯的仿真结果很难与实际器件的数据相匹配，需要经过相互校核，即数字孪生来使仿真模型更加真实地反映器件的特性。因此，一般对于已有工艺参数的器件，需要先通过实验测得的一些特性曲线对模型进行校准。文献［20］采用 TCAD 研究了 SiC-MOSFET 的短路特性，在短路仿真之前先采用转移特性曲线对仿真模型进行了校准，如图 1-48 所示，点线为转移特性实验测量结果，实线为转移特性仿真结果，可以看到，两者的匹配度较好。只有当

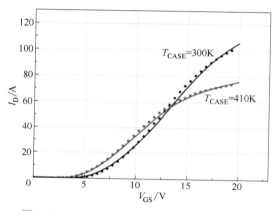

图 1-48　SiC-MOSFET 转移特性曲线的校准

模型被校准后，仿真结果才更加真实可靠，才可以反映器件真实的电学、热学特性。

1.6　晶圆级测试

在半导体产业的制造流程上，主要可分成 IC（集成电路）设计、晶圆制程、测试及封装四大步骤。而在整个半导体生产环节中，测试可以分为前道检测、中道检测和后道测试，不同阶段测试内容有所不同，所用到的测试设备也有所不同，如图 1-49 和图 1-50 所示。前道检测主要在芯片制造过程的早期，对晶圆上的芯片进行一系列测试，主要包括颗粒度、薄膜测试等。这主要是由于在芯片制造过程中会产生颗粒、互连、静电损伤等工艺缺陷。其具体缺陷包括：空气中的分子污染或由环境引起的有机物或无机物颗粒；工艺过程引起的划痕、裂纹和颗粒、覆盖层缺陷和应力；在从掩模到晶圆的图形转移过程中，由于设计偏差导致的布局和关键尺寸的偏差和变化；原子通过层和半导体散装材料的扩散等。中道检测是一种新兴的概念，主要面向先进封装，以光学等非接触式手段针对重布线结构、凸点与硅通孔等晶圆制造环节的质量控制。后道检测主要是晶圆级测试（Wafer Level Test），包括晶圆测试（CP，Chip Probing，又称中测）以及成品测试（FT，Final Test，又称终测）。CP 主要

是检查晶圆上芯片各项性能是否满足规格书中的要求，主要包括电阻电容等电参数测试、短路测试、开路测试、最大电流测试以及输出特性曲线、转移特性曲线测试等；对于特殊应用芯片还需要验证芯片的基本性能和可靠性，主要包括芯片功能测试、静电测试、电应力和热应力测试、可靠性测试等。FT 主要是指芯片完成分割和封装后，通过分选机和测试机配合使用，对芯片进行功能和电参数性能测试，保证出厂的每颗芯片的功能和性能指标能够达到设计规范要求。

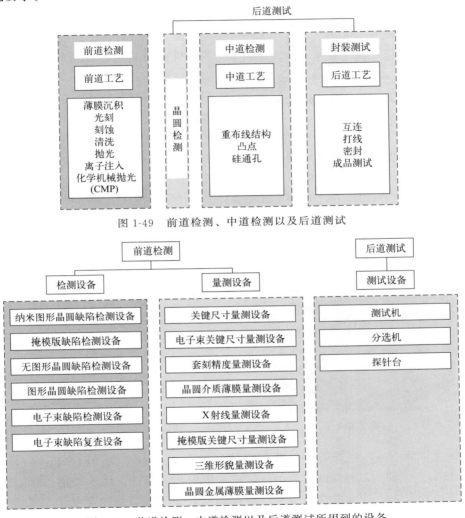

图 1-49　前道检测、中道检测以及后道测试

图 1-50　前道检测、中道检测以及后道测试所用到的设备

晶圆测试（CP）主要是通过对晶圆上的每颗芯片进行电特性检测等，以检测和淘汰晶圆上的不合格芯片，因此晶圆测试是提高半导体器件良率的关键步骤之一。对于产品开发来说，晶圆测试可有效节约研究和开发成本，优化工艺制作过程，能够在晶圆阶段对芯片设计进行快速的迭代，减少设计成本和缩短开发周期，对于功率器件的产业化非常关键。

通常晶圆测试和成品测试都属于晶圆级测试环节，其占整个芯片制造环节的 5% ～ 25%，而晶圆测试和成品测试的比例一般为 1：5。由于晶圆测试可以实现更高的并测数，即同一时间测试芯片的数量，极大地降低测试成本，提高成品率，因此晶圆测试的占比正逐年增大。

晶圆测试的原理如图 1-51 所示，首先需要将晶圆固定在待测卡盘上，根据晶圆大小和晶圆上芯片布局设置探针台，测试机的测试头持有探针卡，一个简易的探针卡如图 1-52 所示。将探针卡针定位在模具的键合面上，接触探针以建立用于测试的电连接，并在测试之后提起探针并将它们定位在下一个芯片上。探针台通过数据传输线连接到一个测试仪。该测试仪包括一台计算机和一些电源、仪表等，可以进行编程，控制设备实现各种电气测量。当某颗芯片被检测出有问题时，测试机会给该颗芯片进行标注，所有芯片测试完成后，测试机会输出一个芯片布局图来表示该颗晶圆上好芯片和坏芯片的位置，如图 1-53 所示，图中的点即为有问题的芯片。在下一步划片和封装时，坏芯片便会被挑选出来并抛弃，从而有效提高了产品的合格率，降低了成本。

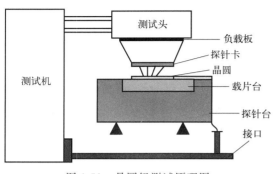

图 1-51　晶圆级测试原理图

需要注意的是晶圆上是裸露的芯片，由于晶圆未打线（Wire Bond）和封装，晶圆的测试环境需要在无尘车间进行，一般为千级甚至百级净化间，测试工程师和操作人员操作之前需要穿无尘服和佩戴口罩。

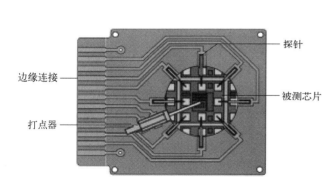

图 1-52　简易的探针卡示意图

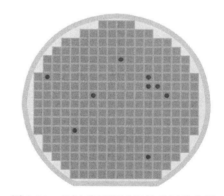

图 1-53　经过晶圆测试后的晶圆分布图

在晶圆测试环节中，测试设备主要包括测试机（Tester）、探针台（Prober）、分选机（Test Handler）三种。三种测试设备中，测试机应用最为广泛，用于采集、存储和数据分析，测试机市场更大，技术壁垒也更高。根据测试对象不同，测试机又细分为存储、SoC（片上系统）、模拟、数字、分立器件和 RF（射频）测试机等。其中数字测试机主要包含 SoC 和存储测试机两大类，相较模拟测试机而言，技术难度较大。由于目前越来越多的模拟、数字、高精度、高性能、高功率的功能通过先进的芯片设计加工或封装集成在一块芯片或模块上，因此对于测试机功能模块需求增多，需要测试机能对芯片状态、参数监控、生产质量等数据更好地存储、采集和分析。

目前测试机主要以海外头部厂商的产品为主，根据 SEMI（国际半导体设备与材料组织）数据，2021 年全球测试机国际市场由泰瑞达（Teradyne）和爱德万（Advantest）两大巨头垄断，市场份额分别约为 51% 和 33%；科休（Cohu）占比 11%；国内厂商华峰测控占比为 3%，位居第四。从国内市场来看，泰瑞达、爱德万、科休份额分别约为 39%、37%、

8%，华峰测控、长川科技市占率为 8%、5%，国产替代空间广阔。由于国内半导体测试设备相较于国外厂商起步较晚，泰瑞达、爱德万早在 20 世纪 60～70 年代就已经进入了半导体领域，因此国外厂商在 SoC 测试机、存储测试机和模拟/混合测试机都有涉猎，而国内则产线单一，主要侧重于模拟/混合测试机。在半导体领域内，知名度比较高的 SoC 测试机主要有泰瑞达的 UltraFLEX 系列、爱德万的 T2000 和 V93000、科休的 X-Series 系列和 Diamond，存储测试机比较知名的有泰瑞达的 Magnum 系列、爱德万的 T5500 和 T5800，模拟/混合测试机比较知名的有泰瑞达的 Eagle 系列、爱德万的 T912。国内模拟/混合测试机比较知名的有长川科技的 CAT 系列和大功率测试机 CTT 系列，华峰测控的 STS8200、STS8250 和 STS8300 系列。

　　虽然上述设备主要针对集成电路等，但是对于功率半导体器件的测试也是通用的。例如华峰测控基于 STS8200 测试平台提供基于大功率 IGBT/SiC 模块的测试，测试能力达到了 2000V/1000A 的 DC 测试、1200A 的 AC 测试，如双脉冲测试、短路电流测试等。同时基于 STS8200 测试平台利用 GaN FET 专用的测试套件可以实现对 GaN 芯片的测试，测试能力达到了 1000V/10A DC 测试。STS8203 中大功率分立器件测试系统，如图 1-54 所示，也是基于 STS8200 测试平台而扩展出来的专门测试分立器件的测试设备，涵盖各类分立 MOSFET 器件、IGBT 器件、PiN 二极管的测试。

　　探针台方面，东京电子（Tokyo Electron）和东京精密（Accretech）占据全球 73% 的份额，其次是韩系的 SEMICS 和一些中国台湾企业，如惠特科技（Fittech）、旺矽科技（MPI）。中国大陆企业中，深圳矽电是最具规模的探针台生产企业，发展也极为迅速。除此之外，以测试机和分选机为主的长川科技目前正处于探针台研发阶段；改革开放前市场占有率高达 67% 的探针台制造商——中国电子科技集团公司第四十五研究所（中电科 45 所），依托原有技术发展也较为迅猛。

　　总体而言，美国、日本、中国台湾等一直保持着较高水平的晶圆级测试技术和设备

图 1-54　STS8203 中大功率分立器件测试系统

研发能力和市场占有率，中国大陆企业为了提高产品质量和可靠性保证水平，也在积极进行测试设备的研发，在某些领域测试设备的性能已经可以对标最先进的设备。随着半导体市场的持续增长，技术和设备仍然需要不断的更新迭代，需要企业和研发机构加强技术创新和应用研究，不断提高产品质量和市场竞争力。

1.7　小结

　　本章从功率器件的应用角度对目前商用的器件进行了简单的分类，分析了不同功率等级和具有不同封装的器件的主要应用场景。按照功率器件的材料不同，可以将目前的商业器件分为硅基器件、碳化硅基器件、氮化镓器件、砷化镓器件以及其他新兴材料器件，并在 1.2 节中简单介绍和对比了不同材料的材料特性，及其对于器件热性能和电气性能的影响。对目

前常用的功率器件如 PiN 二极管、MOS 器件、IGBT 器件、SiC MOSFET、GaN 器件和 GaAs 器件，在 1.4 节对器件结构及工作原理进行了简单介绍。其中，SiC MOSFET 和 GaN 器件由于其半导体材料性质的优越性，即宽禁带宽度（$E_g > 2.3\text{eV}$），被称为宽禁带半导体器件（又称为第三代半导体器件）。第三代半导体器件正凭借其优良的性能，在许多领域逐渐取代硅基器件，在各个现代技术领域发挥其重要的革新作用，应用前景巨大。

1.5 节介绍了半导体芯片层面的仿真过程，以 TCAD 仿真软件为主体，从芯片的结构设计、物理模型和参数设置几方面进行了介绍。半导体仿真分析对于芯片顶层设计、芯片问题分析及性能优化具有重要的作用。当半导体芯片制成之后，还需要对其进行晶圆级测试，以测试芯片的性能是否满足要求，然后再进入芯片封装环节。晶圆级测试使得半导体芯片在进入封装之前进行了一次筛选，有效把控了器件的合格率，节约了生产成本及产品开发时间。

参考文献

［1］ 郭铭群，梅念，李探，等 . ±500kV 张北柔性直流电网工程系统设计［J］. 电网技术，2021，45(10): 4194-4204.

［2］ 王立夫，金海明 . 电力电子技术［M］. 2 版 . 北京：北京邮电大学出版社，2017：1-9.

［3］ Lutz J, Schlangenotto H, Scheuermann U, et al. Semiconductor power devices-Physics, characteristics, reliability［M］. 2nd Edition. Berlin Heidelberg: Springer Verlag, 2018.

［4］ 赵子轩，陈杰，邓二平，等 . 负载电流对 IGBT 器件中键合线的寿命影响和机理分析［J］. 电工技术学报，2022，37(01): 244-253.

［5］ 陈杰，邓二平，赵子轩，等 . 不同老化试验方法下 SiC MOSFET 失效机理分析［J］. 电工技术学报，2020，35(24): 5105-5114.

［6］ 夏远哲 . 共源共栅型 GaN 器件高速开关特性与应用研究［D］. 徐州：中国矿业大学，2020.

［7］ 江希 . 碳化硅 MOSFET 坚固性与可靠性研究［D］. 长沙：湖南大学，2021.

［8］ 唐伯晗 . GaN HEMT 功率循环参数退化的测量与分析［D］. 北京：北京工业大学，2019.

［9］ 付裕 . 氢终端和硅终端金刚石 MOSFET 研究［D］. 成都：电子科技大学，2022.

［10］ 张彬 . 原电池法沉积铜铟镓硒和氧化锌半导体及其性能研究［D］. 上海：上海交通大学，2016.

［11］ Mittal A. Energy efficiency enabled by power electronics［C］. IEEE International Electron Devices Meeting, San Francisco, CA, 2010, 121-127.

［12］ Shockley W. The theory of p-n junctions in semiconductors and p-n junction transistors［J］. Bell Labs Technical Journal, 2013, 28(3): 435-489.

［13］ 陈明，黄敏 . 风电 Crowbar 装置整流二极管失效机理分析［J］. 电气技术，2019，20(05): 46-50.

［14］ 王兆安，刘进军 . 电力电子技术［M］. 5 版 . 北京：机械工业出版社，2019：16-17.

［15］ 刘树林，商世广，柴常春，等 . 半导体器件物理［M］. 2 版 . 北京：电子工业出版社，2005：192-195.

［16］ Sodhi R, Malik R, Asselanis D, et al. High-density ultra-low R_{dson}/30 volt N-channel trench FETs for DC/DC converter applications［C］//11th International Symposium on Power Semiconductor Devices and ICs. ISPSD '99 Proceedings (Cat. No. 99CH36312). IEEE, 1999: 307-310.

［17］ Baliga B J. Fundamentals of power semiconductor devices［M］. New York: Springer US, 2010.

［18］ Aichinger T, Rescher G, Pobegen G. Threshold voltage peculiarities and bias temperature instabilities of SiC MOSFETs［J］. Microelectronics Reliability, 2018, 80: 68-78.

［19］ 冯源 . 大功率 IGBT 抑制开关尖峰驱动设计优化［D］. 徐州：中国矿业大学，2022.

［20］ Romano G, Fayyaz A, Riccio M, et al. A comprehensive study of short-circuit ruggedness of silicon carbide power MOSFETs［J］. IEEE Journal of Emerging and Selected Topics in Power Electronics, 2016, 4(3): 978-987.

第2章

功率器件的封装

2.1 封装的目的和意义

　　功率半导体器件封装技术是现代电力电子技术中的重要组成部分，它是将功率半导体芯片封装成具有特定功能和外形的电力电子器件的过程，以方便芯片的外部电气和物理连接。

　　功率半导体封装主要有以下几点目的。

　　① 保护：半导体芯片在使用中容易受到机械损伤以及外部环境的影响，例如湿度、温度和电磁干扰等。因此需要将芯片封装在一个防护壳体内，阻隔危害因素的侵入，从而有效地保护芯片免受损伤而完成特定功能。芯片生产车间都有非常严格的生产条件控制，如恒定的温度（23℃±3℃）、恒定的湿度（50％±10％RH）、严格的空气尘埃颗粒度控制（百级或千级）及严格的静电保护措施，裸露的芯片只有在这种严格的环境控制下才不会失效。然而实际应用中外界环境温度可能低于－40℃，高温下可能会超过60℃，湿度也可能达到80％RH甚至更高。如果是汽车产品，其工作温度可能高达175℃以上，环境温度高于100℃，可见封装对于芯片的正常使用具有重要意义。

　　② 支撑：支撑有两个作用，一是支撑芯片，将芯片固定好便于电路的处理和焊接，二是封装完成以后，形成一定的外形以支撑整个器件，使得整个器件不易损坏，而且可以通过不同种类的封装方式使器件适用于不同的应用场景。例如在PCB上的表面安装（Surface Mounted Technology，SMT）芯片、插件式封装、贴片式封装，以及模块式封装等。

　　③ 连接：芯片作为一个单独的电路无法工作，需要与其他电路进行连接才能发挥作用。芯片封装可以将芯片上的引脚和芯片外的电路连接起来，使芯片能够与外界电路连通。

　　④ 提高芯片可靠性：芯片封装不仅可以保护芯片，还可以对芯片增加一些额外的保护措施，例如在封装内添加散热器、降温元件等，以提高芯片的稳定性和可靠性。功率半导体芯片与传统厨房中的炉灶相比，其热流密度高了一个数量级，并且高于奔腾4处理器的热流密度。如此高的热流密度需要良好的散热条件才能保证芯片工作在正常温度范围内。

　　因此，功率半导体器件的封装技术不仅可以使产品的外形美观，而且对于提高电子器件的可靠性、降低成本、提高性能等方面都具有重要意义。从第1章的图1-1和图1-4可以看到，根据不同应用范围和功率等级，需要的功率半导体器件封装形式也有所差异，主要分为中小功率用的分立式封装、中大功率用的模块式封装和超大功率用的压接型封装三大类。

2.2 分立式封装

2.2.1 分立式封装的特点

分立式封装器件普遍用于各种中小功率范围，如工业电源、小型电器、通信系统和车载充电机等应用领域。由于其寄生参数较大，功率较小，且无内绝缘，应用比较受限，但是优点是结构简单，体积占用小，成本较低等。

分立式封装一般体积相对较小，因而每个封装中只有一颗或两颗芯片，产生的功率损耗也小，对散热要求不高，市面上有专门针对于分立式封装器件的翅片散热器，用于器件散热。晶体管大多采用这种封装形式，因此也称之为晶体管外形（Transistor Outline，TO）。

分立式封装的设计需要实现以下功能：

① 负载电流和控制信号的传导；

② 芯片的散热；

③ 保护器件不受环境影响。

TO 封装系列包括一个广泛的封装标准，如图 2-1 所示，TO-220 和 TO-247 代表了 TO 系列最流行的封装形式。图 2-2 展示了某公司生产的 TO-247 封装的 1200V/25A 的 IGBT 器件的截面示意图和实物图（去除环氧树脂，方便查看内部）。在这些标准封装中，功率硅芯片直接通过焊料焊在作为支撑面的铜基板上。因此，该封装没有内绝缘，其铜基板与芯片的集电极是相连的。正向电极（集电极）引脚直接接触铜基板，负向电极（发射极）引脚则固定在器件的环氧树脂模具上，通过铝键合引线将引脚和芯片发射极区域进行连接。

在使用分立式封装器件时，由于其没有电绝缘，铜基板和集电极引脚是同电位的。若直

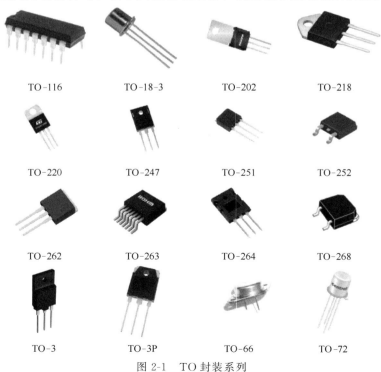

图 2-1 TO 封装系列

接将器件安装在散热片上，则会使散热片和集电极引脚是同电位。往往在一个系统中，会有多个分立式封装器件需要安装在同一块散热片上，但是这些器件一般不是并联的关系。因此需要通过绝缘薄片将每个器件与散热器进行电绝缘。为了达到这一目的，IXYS 公司引入 ISOPLUS 封装，它用陶瓷衬底取代了铜基板，成功地将芯片电位与基板进行了电绝缘。这一结构后续也成功被运用到功率模块中，但会在一定程度上影响器件的散热。而且由于陶瓷层的热导率比铜小，所以硅芯片和基板之间热膨胀系数的差异更小，有效减小了硅芯片和基板之间焊料层的热应力，提高了焊料的可靠性。

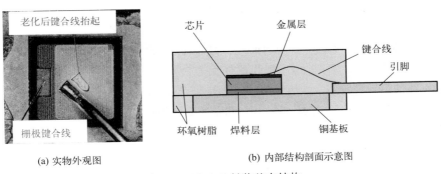

(a) 实物外观图　　　　　　　　　(b) 内部结构剖面示意图

图 2-2　TO-247 封装基本结构

2.2.2　分立式封装的材料

由图 2-2 可知，分立式器件封装结构主要包括焊料层、基板及引脚、外壳、键合引线等。其中引脚由铜合金构成，其表面全部或部分镀有一层磷化镍铜合金；基板的材料也为铜，一般为紫铜。键合线和金属层的材料一般为铝（Al），随着制造工艺的快速发展，许多其他金属键合线也被广泛运用到 IGBT 功率器件的互连技术中，如铜（Cu）线、金（Au）线、银（Ag）线等。表 2-1 展示了几种常用键合线的材料属性。

表 2-1　常用键合线的材料属性

材料属性	Al	Cu	Au	Ag
电阻率/$\mu\Omega\cdot cm$	2.7	1.7	2.21	1.59
热导率/[$W/(m\cdot K)$]	220	400	317	429
热膨胀系数/ppm❶·K^{-1}	23	16.5	14.2	18.9
熔点/℃	660	1083	1064	961
弹性模量/GPa	50	110～140	78	83

铝线键合是目前工业上运用最广泛的一种芯片互连技术，铝线键合技术工艺十分成熟，而且铝线的价格低廉是其最大的优势。目前功率器件常用的铝线直径在 $100\mu m$ 到 $600\mu m$，铝线越粗，通流能力越强。一般 1cm 长的铝线，直径为 $300\mu m$ 可以通流 25A，直径为 $500\mu m$ 可以通流 60A，然而在实际功率模块中，一般不会让直径为 $300\mu m$ 的单根键合线的电流超过 10A[1]。但是由于铝的热膨胀系数为 $23\times10^{-6}K^{-1}$，与硅（$3\times10^{-6}K^{-1}$）的热膨胀系数相差较大，在功率循环过程中产生应力积累，使键合引线产生裂纹或抬起〔如图 2-2 (a)〕，最终导致模块的整体失效。相比于铝线键合，铝带的横截面积大，可靠性高，不但提

---

❶　$1ppm=10^{-6}$。

高了整体的通流能力，避免由于高频工作时造成的集肤效应，而且还有效地减小了封装体的厚度。铝带表面积较大，散热效果也比铝线要好。铝带键合由于导电性能好，寄生电感小，在频率高、电流大的工作情况下应用较为广泛，其缺点是不能大角度弯曲。

由表 2-1 可知，铜线比铝线的电阻率低，导电性能好，热导率比铝线高，散热性能好。现在功率模块大多追求小体积、高功率密度和快散热，因此铜线键合技术得到了广泛的应用。而且铜线的可靠性远高于铝线的可靠性，第 8 章将对其进行具体的数据对比和分析。另外，由于芯片表面目前普遍采用铝合金金属层，铜线键合线需要在表面进行电镀银或沉积，导致铜键合工艺更为复杂，成本更高，因此铜键合线目前还没有大范围地应用。为了综合铝线与铜线的优缺点，铝包铜线则被提出来了，即在铜线外层包裹一层厚度约为 $25\sim35\mu m$ 的铝，使得在键合铜线时不再需要多余的处理，减少了键合成本，而且铝包铜线大大增加了键合引线的可靠性，提高了 IGBT 功率模块的使用寿命。

金线和银线的热导率较高，散热效果好，电阻率低，导电性强。但由于其价格过于昂贵，限制了其在功率半导体器件封装中的广泛应用，目前主要应用在集成度较高的 IC 芯片封装。

焊料材料按照合金成分分类，可以分为：

① 锡铅系列，这类焊料是目前应用最广泛的，尤其以 Sn60Pb40 和 Sn63Pb37 的应用最多，因为其富含铅金属元素，所以价格比较便宜；

② 锡铅银系列，这类焊料主要用于镀银材料的焊接，焊料中银的添加是为了减小金属间化合物中银的溶解，同时焊点较为光洁；

③ 锡银系列，这类焊料主要用于接头焊接，典型的为 Sn95Ag5 和 Sn96.5Ag3.5，其优点突出在强度高、热疲劳性能好；

④ 锡银铜系列，这类焊料主要针对应用于无铅焊接制程，典型的为 Sn96.5Ag3Cu0.5 和 Sn99Ag0.3Cu0.7，因为其熔点温度与传统有铅制程相接近，且适配性相对较好，目前成为行业进行无铅制程时普遍使用的材料；

⑤ 锡锌系列，锡锌焊料制作成本低，储量丰富，具有良好的接头强度，然而由于锌的活性大，使得该焊料的湿润性和耐腐蚀性差，从而限制了该合金焊料的广泛使用。

功率半导体器件的焊料一般使用无铅焊料，这不但是由于含铅焊料对环境造成的污染，同时含铅焊料在抗热机械疲劳方面存在缺陷，含铅焊料已经无法满足现代社会对电子产品环保性、可靠性方面的需求。其中锡银铜系列焊料普遍被认为是性能最好的无铅焊料。美国电气制造商协会（NEMI）推荐 Sn3.9Ag0.6Cu，而日本电子信息技术产业协会（JEITA）则以 Sn96.5Ag3Cu0.5（SAC305）为标准[2]。实际上不同元素比例的 Sn-Ag-Cu 合金的性能并无太大差别，实际生产中成本较低的 SAC305 焊料的应用最为广泛[3]。

TO 封装的外壳材料为环氧树脂，环氧树脂因为具有很好的介电性能，一直以来作为主要绝缘材料普遍应用于分立式功率器件。除了良好的绝缘性能，环氧树脂还具良好的物理稳定性和化学稳定性，具有优异的机械强度，对酸、碱、溶剂等具有良好的耐腐蚀性；由于功率器件通常需要承受较大的功率损耗，因此环氧树脂应具有较好的导热性能，以便于散热；同时，功率器件通常需要在高温环境下运行，因此所选用的环氧树脂必须具有较高的耐温性能。常见的高温环氧树脂可耐受高达 $200℃$ 的温度。环氧树脂可以通过调整其配方来获得不同的硬度，从而满足不同应用场合的需要。根据不同的化学反应，同时添加合适的硬化剂就可以得到高度刚性和化学性能稳定的热固性塑料。环氧树脂一旦和硬化剂混合，原先的液体混合物通常会在几分钟到几小时的时间内硬化，这取决于液体的组成和温度。根据选择的树脂体系类型，热固化最终产物的热稳定性可以大于 250℃。相反，冷硬化的玻化温度大约是 60℃。总之，在功率器件中所选用的环氧树脂需要具有优异的物理性质、热性质、电学性质和力学性能，才能满足器件在高压、高温等恶劣环境下的工作要求。

以环氧塑封料（Epoxy Molding Compound，EMC）为例，环氧塑封料是一种常用于封装芯片和连接线的环氧树脂，其密度一般为 1.5～2.0g/cm³，不同型号的 EMC 密度可能会略有差别；热膨胀系数一般在 20～70ppm/℃ 之间，这意味着在温度变化时，EMC 的体积会发生相应的变化；EMC 的肖氏（HS）硬度通常在 70～90，属于中等硬度材料；介电强度在 10～20kV/mm，具有良好的绝缘性能。

2.2.3　分立式封装的工艺

以 TO-247/TO-220 封装形式为例，封装工艺的主要流程如图 2-3 所示。

（1）划片

即把晶圆切割成单个的芯片，如图 2-4 所示。

在一个晶圆上，通常有几百个至数千个芯片连在一起，取决于晶圆的尺寸（一般有 4 英寸❶、6 英寸、8 英寸和 12 英寸）。它们之间留有 80μm 至 150μm 的间隙，此间隙被称为划片街区（Saw Street）。将每一个具有独

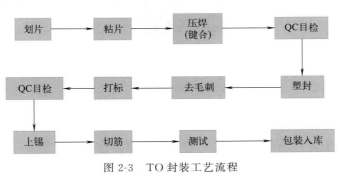

图 2-3　TO 封装工艺流程

立电气性能的芯片分离出来的过程叫做划片或切割（Dicing Saw）。目前，机械式金刚石切割是划片工艺的主流技术。在这种切割方式下，金刚石刀片（Diamond Blade）以每分钟 3 万转到 4 万转的高转速切割晶圆的街区部分。同时，承载着晶圆的工作台以一定的速度沿刀片与晶圆接触点的切线方向呈直线运动，切割晶圆产生的硅屑被去离子水（DI water）冲走。按照能够切割晶圆的尺寸，目前半导体界主流的划片机分 8 英寸和 12 英寸划片机两种。

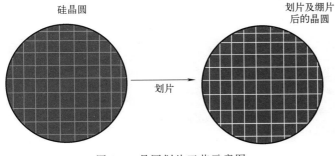

图 2-4　晶圆划片工艺示意图

此过程会产生两种主要的质量缺陷：

① 崩角（Chiping）：因为硅材料的脆性，机械切割方式会对晶圆的正面和背面产生机械应力，结果在芯片的边缘产生正面崩角（Front Side Chipping，FSC）及背面崩角（Back Side Chipping，BSC）。正面崩角和背面崩角会降低芯片的机械强度，初始的芯片边缘裂隙在后续的封装工艺中或在产品的使用中会进一步扩散，从而可能引起芯片断裂，导致电性失效。另外，如果崩角进入了用于保护芯片内部电

---

❶　英寸，即 in，1in=25.4mm。

路、防止划片损伤的密封环（Seal Ring）内部时，芯片的电气性能和可靠性都会受到影响。

② 分层与剥离（Delamination and Peeling）：由于低 k ILD 层（即低介电常数层间电介质材料）独特的材料特性，低 k 晶圆切割的失效模式除了崩角缺陷外，芯片边缘的金属层与 ILD 层的分层和剥离是另一种主要缺陷。

（2）粘片

即把单个芯片粘到引线框架上，如图 2-5 所示。

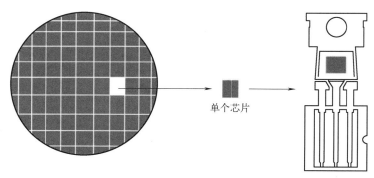

单个芯片

图 2-5　粘片工艺示意图

划片后的芯片根据需要贴在需要焊接的目标区域，然后置入真空烧结炉等设备中进行粘片操作。传统的粘片方式有胶粘和焊接方式，工艺已经比较成熟。一种比较新兴的方式是利用银烧结技术实现粘片，以进一步提高器件的可靠性。

银烧结技术是一种对微米级及以下的银颗粒在 300℃ 以下进行烧结，通过原子间的扩散从而实现良好连接的技术，通常情况下还要施加一定的压力辅助。所用的烧结材料的基本成分是银颗粒，根据状态不同，烧结材料一般为银浆（银膏）、银膜，对应的工艺也不同。虽然 TO 封装中基本上不用银烧结技术，但现在在 SiC 模块中已比较常见和成熟，这里以纳米银浆为例来展示银烧结技术和发展过程，如图 2-6 所示。在烧结过程中，银颗粒通过接触形成烧结颈，银原子通过扩散迁移到烧结颈区域，从而烧结颈不断长大，相邻银颗粒之间的距离逐渐缩小，形成连续的孔隙网络，随着烧结过程的进行，孔洞逐渐变小，烧结密度和强度显著增加，在烧结最后阶段，多数孔洞被完全分割，小孔洞逐渐消失，大空洞逐渐变小，直到达到最终的致密度。

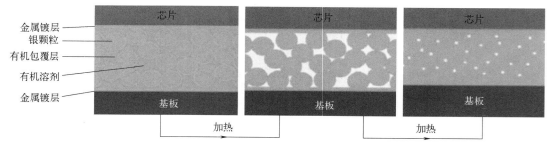

图 2-6　纳米银浆烧结过程

烧结得到的连接层为多孔性结构，孔洞尺寸在微米及亚微米级别，连接层具有良好的导热和导电性能，热匹配性能良好。

德国英飞凌与开姆尼茨工业大学等高校在 EasyPACK 功率模块中分别采用了单面银烧结技术和双面银烧结技术，测试结果表明，相对传统软钎焊工艺模块，采用单面银烧结技术的模块寿命提高 5～10 倍，采用双面银烧结技术的模块寿命提高 10 倍以上。2012 年，英飞凌推出 XT 封装连接技术（英飞凌高可靠封装与互连技术的统称），采用了扩散焊接工艺，在封装中实现了从芯片到散热器的可靠热连接。

2007 年，赛米控推出的功率模块技术 SKiNTER，利用精细银粉，在高压及大约 250℃温度条件下烧结为低气孔率的银层，其功率循环能力提升 2～3 倍，而且高运行温度下的烧结组件长期可靠。与烧结模块相比，焊接模块由于散热性差，很早就会因焊接老化引起芯片温度上升，芯片与 DBC（Direct Bond Copper，直接覆铜层）之间为烧结结合的模块使用寿命更长。

2015 年，三菱电机采用银烧结技术制作出功率模块，循环寿命是软钎焊料（Sn-Ag-Cu-Sb）的 5 倍左右，并且三菱电机自主开发了加压烧结的专用设备。

如今，银烧结技术已经成为宽禁带半导体功率模块必不可少的技术之一，随着宽禁带半导体材料（SiC、GaN）的发展，银烧结技术将拥有良好的应用前景，具体关于纳米银烧结的细节将在 8.3.2.4 节展开。

（3）压焊

用金丝或铝丝把芯片电极和外部引线焊接起来，如图 2-7 所示，键合方式主要有三种，这里做一个简单介绍，详细内容将在 8.3.1.2 节呈现。

① 热压键合焊。热压键合焊是利用加压和加热的方法，使得金属丝与焊区接触面达到原子间的引力范围，从而达到键合的目的，常用于金丝的键合。

② 超声键合焊。超声键合焊是利用超声波（60～120kHz）发生器使劈刀发生水平弹性振动，同时施加向下的压力，使得劈刀在这两种力的作用下带动引线在焊区金属表面迅速摩擦，引线受能量作用发生塑性变形，与键合区紧密接触而完成焊接，常用于铝丝的键合。

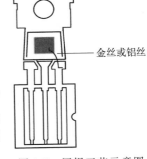

金丝或铝丝

图 2-7　压焊工艺示意图

③ 热声键合焊。热声键合焊主要用于金丝和铜丝的键合。它也采用超声波能量，但是与超声键合焊不同的是键合时要提供外加热源，键合丝线不需要磨蚀掉表面氧化层。外加热量的目的是激活材料的能级，促进两种金属的有效连接以及金属间化合物的扩散和生长。

从键合工艺来分，主要有两种：

① 球形键合工艺。球形键合工艺是将键合引线垂直插入毛细管劈刀的工具中，引线在电火花作用下受热熔成液态，由于表面张力的作用而形成球状，在视觉系统和精密控制下，劈刀下降使球接触晶片的键合区，对球加压，使球和焊盘金属形成冶金结合完成焊接过程，然后劈刀提起，沿着预定的轨道移动，称作弧形走线，到达第二个键合点（焊盘）时，利用压力和超声能量形成月牙式焊点，劈刀垂直运动截断金属丝的尾部，这样完成两次焊接和一个弧线循环。

② 楔形键合工艺。楔形键合工艺是将金属丝穿入楔形劈刀背面的一个小孔，丝与晶圆键合区平面呈 30°～60°。当楔形劈刀下降到焊盘键合区时，劈刀将金属丝压在焊区表面，采用超声或热声焊实现第一点的键合焊，随后劈刀抬起并沿着劈刀背面的孔对应的方向按预定的轨道移动，到达第二个键合点（焊盘）时，利用压力和超声能量形成第二个键合焊点，劈刀垂直运动截断金属丝的尾部，这样完成两次焊接和一个弧线循环。

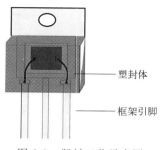

图 2-8　塑封工艺示意图

（4）塑封

通过压机注塑把焊好的芯片包封起来，如图 2-8 所示。

此环节主要使用环氧塑封料进行芯片及组件的塑封，封装厂商主要采用传递成型法将环氧塑封料挤压入模腔并将其中的半导体芯片保护，在模腔内交联固化成型后成为具有一定结构外形的半导体器件。

（5）打标

在管体上打上标记，主要是激光打标，如图 2-9 所示。

（6）上锡

给引脚镀锡，主要起到防止氧化、提高可焊性、保护引脚的作用，此工艺并没有技术上的难点，比较成熟，如图 2-9 所示。

（7）切筋

把管子引脚间即管子间的连筋切割开，如图 2-9 所示。

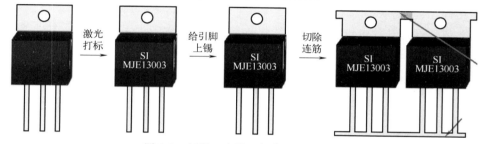

图 2-9　打标、上锡、切筋工艺示意图

（8）测试

对器件的各种指标进行测试，并将不合格的产品分选出来返工或粉碎。此步骤需要分选机、测试机以及探针测试台等不同设备配合完成。测试的项目通常包括但不限于以下几点，具体可参考 3～8 章：

① 外观检验：对封装器件外观进行检验，主要是检查是否有气泡、裂纹、变形等缺陷，以及标识和符号是否清晰、完整。

② 尺寸测量：对封装器件尺寸进行测量，主要是检查器件的引脚长度、高度、间距等参数是否符合要求。

③ 焊接性能测试：对封装器件进行焊接性能测试，主要是检查引脚的可焊性和焊接后接触电阻是否符合规定要求。

④ 电性能测试：对封装器件进行电性能测试，主要是测试其正常工作条件下的参数性能，例如导通电阻、漏电流、开关速度、电容等。

⑤ 温度循环测试：对封装器件进行温度循环测试，主要是在低温、常温和高温三个温度范围内进行循环测试，以检验器件在不同温度条件下的性能稳定性和可靠性。

⑥ 寿命测试：对封装器件进行寿命测试，主要是通过加速的方式模拟其寿命环境，如高温、高电压等条件，以检验器件在长期使用过程中的可靠性。

2.2.4　分立式封装的设备

根据前述的分立式封装的主要工艺过程，本小节简单介绍上述工艺所需要用到的相关工艺设备。

① 划片机：用于晶圆的划片，主要切割参数包括刀高、水温、水流速度、主轴转速、进刀速度、刀片寿命等，这是所有器件封装均需要的设备。以 DISCO 公司型号为 DAD3661 的划片机为例，图 2-10 展示了设备图片，表 2-2 为此设备的关键技术参数。

目前国内生产此设备的有博捷芯、光力科技、京创先进等半导体公司，国外主要是东京精密和日本 DISCO 公司，该两家日本公司垄断了全球绝大部分市场。尽管国内封测行业较为成熟，但国内下游封测行业所使用的划片机均为 DISCO 等外国厂商提供，划片机国产化率极低，只有 5% 左右。

图 2-10　DAD3661 设备图

在划片过程中，显然最重要的参数是设备的精度。以 DISCO 公司的 DFD 系列的代表性设备 DFD634 全自动划片机与国内划片机领头羊厂商光力科技的对标设备 ADT8230 全自动划片机做对比，二者主要的精度参数如表 2-3 所示。

表 2-2　DAD3661 关键技术参数

X 轴	切割范围/mm	400
	进给速度输入范围/(mm/s)	0.1～1000
Y 轴	切割范围/mm	400
	索引步骤/mm	0.0001
	定位精度/(mm/mm)	0.002/400 以内
Z 轴	最大行程/mm	32.2
	运动分辨率/mm	0.0000002
	重复性/mm	0.001
设备尺寸(宽×深×高)/mm×mm×mm		1350×1200×1800
设备质量/kg		约 1550

表 2-3　关键技术参数对比

设　　备	Y 轴定位精度/(mm/mm)	Z 轴移动分辨率/mm
DFD634	0.002/210	0.00005
ADT8230	0.003/310	0.0001

可以看到，精度方面 DISCO 设备更胜一筹，这也正是目前国内划片机所面临的问题：虽然设备种类型号繁多，但是更加重要的精度方面却差强人意。这也解释了为什么在国内封测行业十分成熟的情况下，主要设备却是主要由国外厂商提供的尴尬局面，这也是未来国内厂商要发力破局的方向，实现全面国产替代任重道远。

② 粘片机：用于芯片的粘片，主要参数包括顶针高度、抓片速度、贴片速度、贴片时间、点锡量等。

目前国内主要有盛亚迪科技、深圳矽谷、深圳微组等半导体公司生产此设备，而国外主要有 Mycronic 公司旗下的 MRSI 公司、德国 Finetech 公司、新加坡 ASMPT、荷兰 Besi 公司等。对于传统的粘片设备，由于部分厂商并未给出具体的技术参数，加之国内外粘片机设备参数设定并不统一，甚至国内不同企业的设备参数都是不同的，因而难以对具体设备进行对比。但是可以明确的是，在市场份额上仍然是国外设备占主导地位。目前在国际市场中，占主导地位的厂商是 ASMPT 以及 Besi。同时，粘片机的国产化率极低，只有 3% 左右（2021 年数据），针对功率器件的则更少。

③ 压焊机：用于键合工艺，其中的陶瓷劈刀是键合工艺中最核心的一个工具，内部为空心，中间穿上铝线（目前大部分功率器件仍然使用铝键合线，少部分产商已经具有铜键合线的功率器件），并分别在芯片的表面和引线框架上形成第一和第二焊点。设备的四要素为压力、超声、时间、温度。

目前国内生产此设备的公司主要是中电科 45 所、深圳新益昌开玖自动化设备有限公司等，国外有日本 Yamaha 公司、日本川崎公司、新加坡 ASMPT 公司等。压焊机行业由海外大厂占主导，目前，中国在封装核心设备研发制造上总体仍与国外企业具有差距，研发生产的设备在精度、技术含量方面与国外主流机型相比仍有不小的差距。2021 年我国压焊机的综合国产化率为 3%，预计 2025 年将达到 10%。压焊机设备国产化率远低于其他制程设备，高端封测装备仍依赖进口。

④ 塑封机：用于模封工艺，在高温下使熔化后的塑封料顺着轨道流入模具中，直至完全覆盖包封。

图 2-11　Control Laser 公司
的 InstaMark 激光打标机

塑封设备目前主要也是国外公司在生产，主要包括日本 Yamaha 公司、日本 TOWA 公司、新加坡 ASMPT 公司等。目前塑封机市场几乎全部由国外厂商垄断，包括 TOWA、ASMPT 及 Yamaha，其中 Yamaha 和 TOWA 生产的塑封机种类多，应用场景广，占据大部分市场。ASMPT 公司只有一款塑封机，但其可以满足所有封装需求。而国内的塑封机厂家很少，而且种类也不齐全，难以满足国内封测行业对塑封机的需求，因而在国内市场中塑封机依然主要依靠进口。

⑤ 打标机：用于功率器件的打标，国内主要有中电科 45 所、武汉博联特等公司生产此设备，国外主要有美国的 Control Laser 公司等。

打标并不是半导体后封装过程中独有的工艺，以上的打标设备也并不是只能应用于半导体器件打标。通常情况都是某一类型的打标机针对某一类别的材料或物体使用。如图 2-11 展示的 InstaMark 激光打标机适用于金属、玻璃、陶瓷、石墨、塑料、橡胶、纤维和复合材料等多种材料。

⑥ 搪锡机：用于给引脚镀锡，主要参数包括超声频率、超声功率、浸锡方式、浸锡面积、焊锡容量等。

⑦ 全自动切筋设备：主要用于 TO 及其他功率器件类产品封装后冲切成型，这类设备门槛相对较低，不再展示。

2.3　模块式封装

2.3.1　模块式封装的特点

自 1975 年 Semikron（赛米控）公司首次推出焊接式 IGBT 模块不久，这种封装形式的

IGBT 就快速进入了市场，经过不断改进设计，焊接式 IGBT 模块发展到现在已占领了绝大部分 IGBT 模块的市场，并一直处于领先地位。图 2-12 展示的是现有应用中主流的焊接式 IGBT 模块的封装形式，目前已被广泛应用到高速铁路、电动汽车、电力系统等领域。

典型的焊接式 IGBT 模块外观图和内部结构示意图如图 2-13 所示，其中 IGBT 芯片和二极管通过焊料直接焊接在直接覆铜层（DBC）上，DBC 板由中间层陶瓷及其两侧的铜层组成，陶瓷层可实现电气绝缘，DBC 板通过系统焊料焊接在基板上。键合线的作用是使芯片互连以形成电气连接，基板底面连接散热器，实现整个模块的散热。通常在平滑的基板下涂抹一层导热硅脂，使其与散热器更充分地接触，降低空气间隙带来的热阻，保证模块的散热能力。模块内部填充硅凝胶，保证与外部良好的电气绝缘，避免水蒸气等外界物质进入，对 IGBT 模块造成损坏。

图 2-13（b）所示为目前最常见的模块截面示意图，欧洲制造商（如英飞凌、赛米控、丹尼克斯等）生产的所有功率模块中，70%～80%都属于这种结构，这种结构在亚洲制造商生产的模块中也很普遍。表 2-4 展示了标准模块各层结构的厚度及其材料。老一代模块中陶瓷层的厚度一般为 0.63mm，为了降低模块热阻，目前新一代模块的陶瓷层厚度降低为 0.38mm。

EasyPACK　　　　　EconoDUAL　　　　　PrimePACK

HybridPACK　　　　62mm　　　　　34mm

IHV B　　　　　IHM B　　　　　XHP

图 2-12　焊接式封装系列

表 2-4　标准模块各层结构的厚度及其材料

各层结构	材料	厚度 d/mm
芯片焊料层	SAC305	0.05～0.1
上铜层	Cu	0.3
陶瓷层	Al_2O_3	0.381/0.635
下铜层	Cu	0.3
系统焊料层	SAC305	0.07/0.1
基板	Cu	3

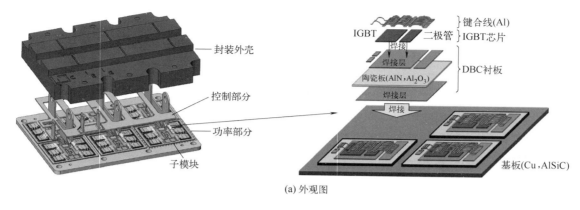

(a) 外观图

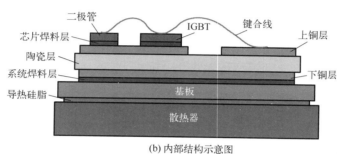

(b) 内部结构示意图

图 2-13　焊接式 IGBT 模块外观图及内部结构示意图

2.3.2　模块式封装的材料

对比图 2-2 和图 2-13 可知，除了和分立式器件具有相同材料的铝键合线、焊料层等之外，模块式封装还具有以下几种特定材料：

① 塑料框架。所有 IGBT 模块框架的材质都是塑料，这些塑料必须满足很高的需求规范。首先，在工作温度内，封装塑料必须是机械稳定的，且抗拉强度高。另一个关键是环境温度，例如在电力牵引中，可能在 $-55 \sim 125℃$ 的环境温度下工作。此外，特别是在中低功率内，许多 IGBT 元件直接焊接到印制电路板上。在焊接过程中，IGBT 部件的焊接接头有可能导致塑料框架上的温度超过 $250℃$。IGBT 部件的封装必须能够保证在焊接过程中不被损坏。第三，塑料必须绝缘。

② 衬底。DBC 是电力电子领域使用最广泛的衬底结构。自从 IGBT 模块开始制造以来，其就开始使用 DBC。最初，DBC 衬底只用于铜基板的功率模块，如今，DBC 是很多 IGBT 模块的解决方案，甚至没有基板的模块也需要衬底，如 EasyPACK 模块。DBC 衬底包括绝缘陶瓷及其附着的铜，这些纯铜在高温下熔化，然后通过扩散过程附着在陶瓷上，具有很强的黏合强度，DBC 用于铜表面涂层，或再在铜表面镀镍。在焊接过程中，为了防止半导体芯片位置发生偏移，有的厂家还在 DBC 上增加了一层阻焊剂。常用的陶瓷主要有氧化铝（Al_2O_3）、氮化铝（AlN），有时候也用氮化硅（Si_3N_4）。因为相比于其他绝缘材料，它们具有更低的热阻和优越的比热容，且具有良好的热传导特性。

③ 基板。在小功率的应用中，IGBT 模块通常没有基板来作为支撑，如 EasyPACK 模块。而在中大功率的应用中，为了提升器件的电流和功率密度，通常采用多个芯片并联来实

现，使得器件的尺寸变大，几乎都有一个基板来做机械支撑。这是由于在大电流应用中，有基板的模块抗机械振动能力更强。基板通常是用铜制成的，厚度为 3~8mm，同时具有 3~10μm 的镍镀层。当然也可以用其他替代性的材料作为基板，比如 AlSiC（碳化硅铝），或并不频繁使用的 Cu/Mo 合金。AlSiC 的优点是热膨胀适应性强，缺点是没有铜的热导率高。表 2-5 和表 2-6 分别展示了带基板和不带基板的模块设计中各层材料的厚度。

表 2-5 带基板的模块中各封装材料的典型厚度

各材料层	标准模块 Al_2O_3 陶瓷 Cu 基板 d/mm	高功率模块 AlN 陶瓷 Cu 基板 d/mm	高功率模块 AlN 陶瓷 AlSiC 基板 d/mm
焊锡	0.05	0.05	0.05
铜	0.3	0.3	0.3
陶瓷层	0.381/0.635	0.635/1.0	1.0
铜	0.3	0.3	0.3
焊锡	0.1/0.07	0.1/0.2	0.1
基板	3	5	5
导热硅脂	0.05	0.04	0.04

表 2-6 不带基板的模块中各封装材料的典型厚度

各材料层	Al_2O_3 衬底,d/mm	AlN 衬底,d/mm
焊锡	0.05	0.05
铜	0.3/0.4	0.3
陶瓷	0.381/0.635	0.635
铜	0.3/0.4	0.3
导热硅脂	0.02~0.08	0.02~0.04

④ 软硅胶。如前所述，塑模化合物用来封装小电流、低电压的分立器件或模块。封装的模块通常用于阻断电压等级为 1200V 及以下且电流小于 50A 的应用中，当然也有高于此电压或电流大于 50A 的情况。然而，随着技术的不断发展和功率密度要求的提高，功率器件并联芯片数量和面积的增加，使得塑封材料不再适合。这是由于环氧树脂材质很硬，功率模块在工作过程中由于温度产生的翘曲会被环氧树脂给抑制，使得器件内部产生裂纹等情况，而空洞率的控制也成为封装的关键难点。

软硅胶是一种低应力、十分柔软的有机硅凝胶，不会束缚封装各组件的位移和形变等。灌封到 IGBT 芯片上后，它的低应力、柔软性不仅能够达到比较理想的抗冲击、减振效果，同时，凝胶表面具有黏性，可以粘接在 IGBT 芯片上，也能达到很好的防水防潮的保护效果。

硅胶受到电力电子制造商的青睐主要有以下几点原因：

a. 良好的导热性能：硅胶具有较高的热导率，可以有效地传导功率器件产生的热量。这有助于降低功率器件的温度，提高散热效果，保持器件的稳定性和可靠性。

b. 良好的绝缘性能：硅胶作为封装材料，具有出色的绝缘性能，可以隔离和保护功率器件的内部电路。这对于防止电流泄漏、电弧击穿等问题非常重要，提高了系统的安全性和可靠性。

c. 稳定的热性能和力学性能：功率器件在工作过程中会产生较高的温度，而硅胶具有良好的耐高温性能，可以在高温环境下保持稳定性。并且硅胶具有一定的弹性和柔软性，可以作为缓冲材料，吸收机械振动和冲击，减少对芯片的影响。

d. 封装方面，通过混合液流入后形成，一致性良好；同时，硅胶还可以提供良好的密封性能，防止灰尘、湿气和其他外界物质进入器件内部。

2.3.3 模块式封装的工艺

通过上述介绍可知，模块式封装相比于分立式封装结构要复杂一些，因此工艺流程也相对复杂，模块式封装工艺的流程如图 2-14 所示。

绝大部分的工艺流程与分立式封装是类似的，包括划片、清洗、键合等，这里简单介绍一些特殊的工艺过程。

① 丝网印刷焊料：将锡膏按设定图形印刷于散热底板和 DBC 表面，为自动贴片做好前期准备。

② 贴片：将 IGBT 芯片与 FRD（快恢复二极管）芯片贴装于 DBC 印刷锡膏表面。

③ 回流贴装：将完成贴片的 DBC 半成品置于真空炉内，进行回流焊接。

④ 引线键合：通过键合打线，将各个 IGBT 芯片或 DBC 间连接起来，形成完整的电路结构。

⑤ 底板贴片并回流贴装：将已经键合好引线的 DBC 整体焊接在基板上。

⑥ 壳体塑封：对壳体进行点胶并加装底板，起到黏合底板的作用。

⑦ 功率端子键合：通过键合，将各芯片电极和功率端子连接。

⑧ 壳体灌胶与固化：对壳体内部进行加注双组分胶黏剂（AB 胶）并抽真空，高温固化达到绝缘保护作用。

⑨ 封装、端子成形：对产品进行加装顶盖并对端子进行折弯成形。

⑩ 激光打标：对模块壳体表面进行激光打标，标明产品型号、日期等信息。

⑪ 功能测试：对成形后产品进行高低温冲击检验、老化检验后，测试 IGBT 静态参数、动态参数以符合出厂标准 IGBT 模块成品。

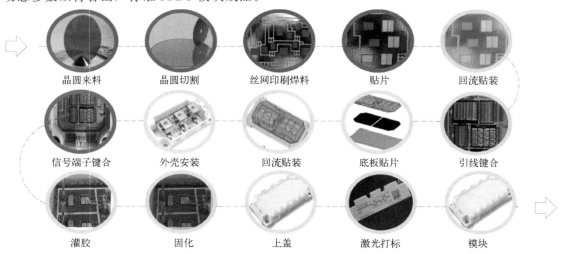

图 2-14　模块式封装工艺流程[4]

值得注意的是，由于焊料层和键合线是功率模块两种主要的失效模式，而且其键合和焊接的工艺直接影响模块的电气性能及传热性能，因此在每次回流焊接之后都需要通过 X 射线检测筛选出焊料空洞大小不符合标准的半成品，防止不良品流入下一道工序。并且在超声键合之前需要对 DBC 半成品进行超声波清洗，以保证 IGBT 芯片表面洁净度满足键合打线要求。在超声键合之后，还需要对模块进行抽检，以检查键合线的粘连是否满足要求，从而保证超声键合参数的准确性，确保模块的良品率。

2.3.4 模块式封装的设备

2.2 节已经介绍了分立式封装的设备，由于在工艺流程上，模块式封装与分立式封装有相同的部分，但也有所区别，同理，工艺所需的设备也有相似之处。本节主要介绍模块式封装区别于分立式封装的设备。

① 真空焊接炉：用于 IGBT 芯片与 DBC 板、DBC 板与模块底板的真空焊接。如图 2-15 为德国 PINK GmbH Thermosysteme 的真空焊接系统：VADU 系列，目前每个焊接炉有两个到四个炉腔，可单独控制炉腔温度，从而对芯片与 DBC、DBC 与模块基板进行焊接试验。

在 20 世纪 70 年代初，国外就已经有了真空焊接炉的研究，而国内是在 20 世纪 80 年代初开始逐渐有了真空焊接炉的研究。目前，真空焊接炉依旧以进口设备为主，主要厂家有德国 PINK GmbH Thermosysteme、SMT、AVT 和美国 Heller Industries 公司等。随着国内半导体行业的快速发展，国内也涌现出一些高新技术企业，如中科同志等。中科同志推出的 V8S 真空焊接炉已经达到了焊盘空洞率小于 1%、单个空洞率为 2% 的指标，可以与进口设备相媲美。

图 2-15 德国 PINK 公司 VADU 系列真空焊接炉

② 硅凝胶灌封机：设备主要用于 IGBT 模块的硅凝胶灌封工艺。设备需能够根据客户指定的原料配比进行不同速率不同温度下的灌封操作，灌封机如图 2-16 所示。目前市场上生产硅凝胶灌封机的公司有很多，国外常见的公司有日本精工爱普生公司，国内常见的公司有东莞炬旺机械有限公司、北京齐峰科技有限公司等。

③ X 射线（X-Ray）检测设备：用于检测在焊接铜底板之前 DBC 自身的缺陷状况以及芯片与 DBC 焊接层空洞分布状况。X 射线检测设备在半导体制造领域拥有广泛的应用，一直处于快速发展的阶段。目前，半导体 X 射线检测设备厂家的市场竞争非常激烈，国际厂商如 Applied Materials、ASML、DAGE 等，在全球范围内占据了一定的市

图 2-16 硅凝胶灌封机

图 2-17　X 射线检测设备

场份额，国内厂商如中微半导体等也在加紧市场布局。

　　未来几年，半导体 X 射线检测设备的市场将持续增长，越来越多的企业将会进入半导体 X 射线检测设备市场。图 2-17 为英国 DAGE 公司的 XD7600NT，主要参数见表 2-7。

表 2-7　X 射线检测主要参数

功率/kW	1
X 射线管输出电压/kV	30～160
整体尺寸/mm×mm×mm	1450×1700×1900
最大检测尺寸/mm×mm	458×407
最大样品尺寸/mm×mm	508×444

2.4　压接型封装

2.4.1　压接型封装的特点

　　压接型 IGBT 器件的封装形式来源于 GTO 的"HockeyPuck"封装结构。1992 年，ABB 将 GTO 压接封装概念引入到 IGBT、MCT 等芯片的封装。1993 年，Fuji 也提出了 μ-stack 压接封装的概念，随后 Toshiba、Westcode 等公司对压接封装结构也进行了广泛的研究。同时，日本山梨大学、意大利帕尔马大学、德国开姆尼茨工业大学、丹麦奥尔堡大学等也对压接型 IGBT 器件封装关键技术展开了相关研究。目前，国际上商业化的压接型 IGBT 器件主要有 ABB 的 StakPak 系列、Toshiba 的 IEGT 系列、Westcode 的 Press Pack IGBT 系列，3 种系列器件的最高电压电流等级都已经达到 4500V/3000A，正在朝着 4500V/5000A 甚至 10000A 的方向努力。国内进行压接型 IGBT 器件研发的主要有中车株洲时代电气、全球能源互联网研究院、华北电力大学和南瑞联研半导体等。

　　压接型 IGBT 器件中芯片通过外部机械压力实现与集电极和发射极相连接，形成电与热的通路，压接封装的顶部和底部同时也是器件的电源端子和冷却表面。相比焊接式 IGBT 模块，压接型 IGBT 器件具有功率密度高、结构紧凑、易于串联和失效短路等优点，非常适合大电流脉冲发生器、电力机车牵引等大功率应用场合。由于压接型 IGBT 器件是通过压力实现良好的电路与热路连接，这种封装形式需要很大的机械压力（约为 $1.2\mathrm{kN/cm^2}$）才能保证芯片的良好接触，这就使得芯片会承受非常大的机械压力。为了有效保证芯片结构不被破坏，尤其是栅氧结构，一般用于压接封装的芯片需要进行特殊处理，如表面金属层要比常规焊接用芯片厚很多（一般压接芯片约为 $50\mu m$，焊接芯片约为 $5\mu m$）。同时，某些厂家还会在芯片的栅氧层上方做一层特殊的保护层，以防止压力对栅极的破坏。这就使得芯片的成本急剧增加。如果能降低施加的压力，采用常规焊接封装用的芯片则可大大降低现有成本。

　　压接型 IGBT 器件又可根据内部结构分为刚性和弹性，二者都是通过压力来实现良好的电路与热路连接，但是结构上会有所不同，下面分别对这两种封装形式进行介绍。

2.4.1.1　刚性压接型 IGBT 器件

　　典型的刚性压接型 IGBT 器件结构如图 2-18 所示，封装内部主要有芯片、芯片两边的钼片、塑料框架、栅极探针、发射极凸台、栅极 PCB（Printed Circuit Board，印制电路板）、集电极极板以及外部陶瓷管壳等部分。在芯片子模组中，芯片的两极分别由两块钼板引出，此处选用钼板的原因是钼片与硅芯片热膨胀系数相似，避免热膨胀失配引起的热应力和热疲劳有可能导致的芯片和封装元件在强大应力下的损坏，在完成芯片子模组的安装后，将芯片子模组放入发射极凸台进行装配，装配时将栅极 PCB 与栅极探针接触引出 IGBT 芯片的栅极，器件外部采用陶瓷管壳封装，内部结构则采用多个芯片并联的方式，刚性压接型IGBT 各部分作用如下。

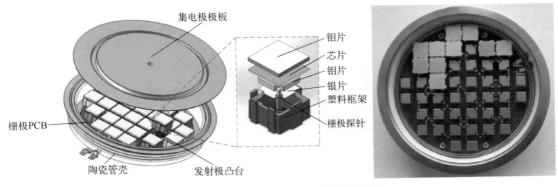

图 2-18　刚性压接型 IGBT 模块结构图

① 芯片：包括 IGBT 芯片和 FRD 芯片，其与焊接式 IGBT 模块不同的是靠外部的压力来使芯片与其上下部分紧密相连，芯片表面压力一般为 1.2kN/cm^2，所以压接芯片也会通过加厚表面金属层的方式来保护芯片不会在受压时损坏。对于 4500V/3000A 的压接型 IG-BT 器件，一般采用的是 4500V/62.5A 的 IGBT 芯片和 4500V/125A 的 FRD 芯片并联。

② 钼片：芯片两侧都会放置钼片以减少与芯片间由于热膨胀系数失配导致的热应力，早期产品如 4500V/2000A 一般采用芯片与钼片直接堆叠的方式，但存在接触热阻过大的问题。通过纳米银烧结技术将芯片与钼片（单面或/和双面）烧结在一起，可完全消除接触热阻，降低芯片的温度，提高可靠性。同时纳米银烧结技术可均衡芯片所受压力，防止压力过大对芯片造成损伤。

③ 银片：金属银的电导率高，热导率高、质地软并且具有很强的韧性，可以一定程度弥补加工误差造成的压力不均，对于工艺控制稳定和精度高的产品以及采用纳米银烧结技术将芯片与钼片连接在一起的产品，一般不需要此垫片。

④ 栅极探针：安装在芯片子模组中，作为栅极触发信号引线，内有弹簧结构，在使用时可保持与栅极 PCB 的良好连接。压接型 IGBT 器件不受压力的情况下各组件是不直接连接的，且栅极探针并未与 PCB 进行连接，只有在外部机械压力的作用下产生 1～2mm 的位移后才能保障栅极探针和各主回路组件的可靠连接。

⑤ 栅极 PCB：用来和芯片的栅极进行互连提供栅极信号，栅极电流流过 PCB 后通过外部的栅极端子引出，一般采用双层板。进一步地，对于芯片并联数量多的压接型 IGBT 器件，每个芯片都在其 PCB 上配置相应的栅极开通电阻 $R_{\text{GE,on}}$ 和关断电阻 $R_{\text{GE,off}}$ 以弥补封装布局带来的栅极信号路径差异，消除不同芯片之间的信号延迟，最终确保各芯片的电流均衡。

⑥ 发射极凸台：与芯片上的钼片通过压力直接接触，需要非常高加工精度来保证凸台

之间的平整度，同时还要保证各凸台间的高度差和表面粗糙度，以保证芯片之间较为均匀的压力分布。

⑦ 陶瓷管壳：管壳外壁采用可冷压焊的陶瓷外壳，使得 IGBT 模块具有优越的密封性能，保证漏率 $\leqslant 1 \times 10^{-9} \mathrm{Pa \cdot m^3/s}$，在可靠绝缘的同时，可以很好地适应潮湿、盐雾等野外恶劣工作环境。

刚性压接型 IGBT 器件由于芯片外部直接是极板，芯片外的接触面包括芯片表面与集电极极板、芯片表面与发射极凸台，电流直接从集电极铜到发射极铜，这使得刚性压接封装主回路中寄生参数相对较小，而且栅极通过引针与 PCB 连接，栅极回路寄生参数也小。同时芯片直接与电极接触可以实现双面散热，使得其热阻非常低，工作结温低，抗浪涌和短路能力强，具备失效短路特性。失效短路特性是柔性直流输电中最为关注的特性，是换流阀最为重要的保护手段，当某个器件失效后可直接形成短路通道，并不影响整个装置的运行，并且可以长时间运行，直到下一年检修将其更换即可，大大提高系统的运行可靠性和降低运营成本。

然而，刚性封装仍然存在一定问题，为了保证芯片之间压力分布的均匀性，刚性封装对集电极极板和发射极凸台的平整度有极高的要求。尽管如此，在器件实际工作过程中无法吸收由于发热带来的膨胀问题，使得各个芯片间的压力分布不均匀，如图 2-19 所示，从而导致接触电阻和热阻的变化，也就是强烈的热力耦合，最终又会影响压力分布和可靠性。

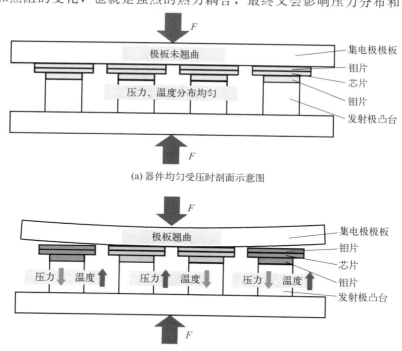

(a) 器件均匀受压时剖面示意图

(b) 器件发热翘曲时剖面示意图

图 2-19　刚性压接型器件翘曲剖面示意图

热力耦合的存在使得刚性压接型 IGBT 器件内部各芯片的电流、温度和压力分布不均匀，往往是四周芯片的压力小、结温高和电流大，中间芯片的压力大、结温低和电流小，如图 2-20 所示。这种温度分布特性与传统焊接式 IGBT 模块是完全相反的，具体原因和实验测量结果在 4.6 节有展开。这将影响芯片使用寿命，进而影响整个器件的寿命，这是硬压接封装最为致命也是最需要关注的问题。

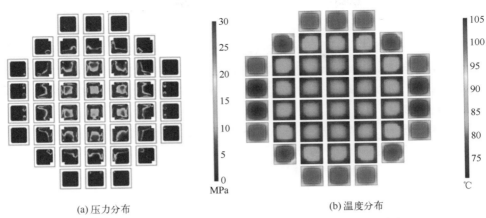

(a) 压力分布　　　　　　　　　　　　　(b) 温度分布

图 2-20　刚性压接型器件工作时芯片表面的压力与温度分布

2.4.1.2　弹性压接型 IGBT 器件

典型的弹性压接型 IGBT 器件结构如图 2-21 所示，封装内部一般由几个子模组并联组成，每个子模组中包括数颗芯片。对于 4500V/3000A 弹性压接型 IGBT 器件，由 6 个 500A 的子模组构成，每个子模组包括 8 颗 4500V/62.5A 的 IGBT 芯片和 4 颗 4500V/125A 的 FRD 芯片。芯片集电极焊接在同一块钼片上，芯片发射极由钼片、发射极垫块、碟簧、导电片、和子模组发射极极板共同引出，其中导电片主要负责导通电流，碟簧主要负责吸收工艺引起的不平整度和芯片工作过程中产生的热膨胀。栅极键合线连接芯片栅极与栅极引出端，通过导电片和碟簧引出单个子模组的栅极信号，最后在栅极 PCB 上汇总所有子模组的栅极信号。

除去与刚性压接型 IGBT 器件相同的结构（包括芯片、芯片两边的钼片、栅极 PCB 以及陶瓷管壳）外，弹性压接结构特有的包括碟簧、导电片、弹簧导杆和管壳，其弹簧结构具有高度灵活性与易于组装性，采用非密闭性模块设计，每个芯片有独立的接触弹簧。弹性压接型 IGBT 各部分作用如下。

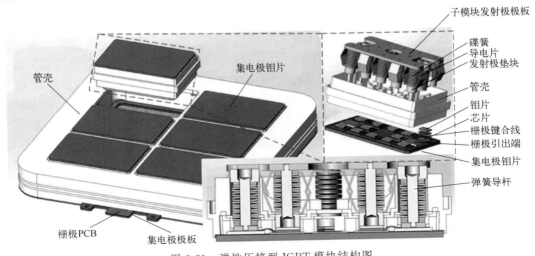

图 2-21　弹性压接型 IGBT 模块结构图

① 碟簧：由一串碟簧堆叠而成，通过弹簧导杆进行定位，碟簧受压时会产生较大形变，这也是弹性压接的特点，这种结构可有效吸收器件工作时由 IGBT 芯片自发热产生的热膨胀，并且不会在芯片上产生较大应力，使得各芯片的压力分布均匀。

② 导电片：由两个 U 形铜片组成，器件开通时发射极电流主要从导电片上通过，导电片在受压时会弯曲，所以碟簧在一定程度上也可以保证导电片弯曲后，保证导电片与极板和垫块的接触面良好接触。

③ 弹簧导杆：导杆贯穿发射极垫块、导电片和碟簧，一端固定在子模组发射极上，另一端在垫块内部，起到定位作用。

④ 管壳：当器件受到压力时，碟簧受压会先形变产生位移，同时将压力传递到芯片表面，当芯片表面压力达到额定压力后，碟簧运动距离也为 Δx（一般为 2~3mm），此时如果再增加压力，多余的压力将施加到环氧树脂管壳上，以此来避免芯片表面压力过大而造成机械损伤。

弹性压接型 IGBT 器件则是通过弹簧将芯片与外部电极连接，弹簧的存在能有效吸收各芯片的热膨胀，使得各芯片的压力、电流和温度相对均匀，这很好地解决了刚性压接型器件压力分布不均匀的问题，弹性压接型器件工作时芯片表面的压力与温度分布如图 2-22 所示。

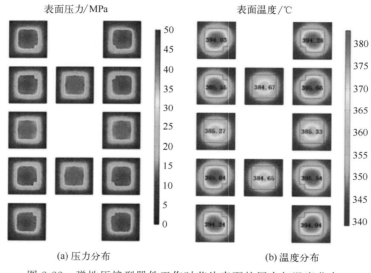

(a) 压力分布　　　　　　　　(b) 温度分布

图 2-22　弹性压接型器件工作时芯片表面的压力与温度分布

但由于弹簧的存在，使得器件只有一面具备很好的热传导效果，也就是热阻相对较大，同时发射极弹簧是多个小碟簧堆叠在一起，由导电片进行导电，所以寄生参数相对较大。栅极布局的不对称性会使得器件内部各芯片的动态特性不一致，尤其是栅极信号的不一致可能导致电流的分布不均衡。进一步地，由于弹簧结构的存在，使得此器件失去了长期失效短路的能力，需要极其严格的条件才能达到失效短路的效果且时间很短。弹性压接还有一个可能的安全隐患就是防爆能力相比硬压接要差，与焊接模块一样，没有完全密封的环境。因此，弹性压接实质上就是焊接模块，只是通过压装的方式改变了电流和安装方式，更容易实现模块的串联应用。

2.4.2　压接型封装的材料

压接型封装主要由钼片、银片、陶瓷管壳、栅极探针、碟簧、导流片以及 PCB 等部分组成，下面分别介绍这几种材料。

① 钼片：钼硬而坚韧，熔点高，热导率也比较高，常温下不与空气发生氧化反应，同时钼片与硅芯片热膨胀系数相似，可以避免热膨胀失配引起的热应力和热疲劳有可能导致的芯片和封装元件在强大应力下的损坏。芯片两侧都会放置钼片，芯片在阳极侧一般会与钼片烧结在一起，在阴极侧会与钼片压接在一起，使芯片处于封装内部中央的对准位置，芯片与钼片之间互连的一种先进技术是扩散烧结法，这种方法是在将要连接的两个面上镀贵重金属，然后喷上银粉，在高压和 250℃ 左右的温度下烧结此界面层即可做成一个非常可靠的连接。所选用钼片要求表面光洁，色泽均匀、无变色，同批产品色调一致，表面无裂纹、毛刺。

② 银片：金属银的硬度为 2.7，质地软，放在芯片表面可以用来均衡不同芯片之间的高度差，保障器件内部压力分布的均匀性；此外，银具有很强的韧性，它不容易受到损坏；另一方面，银的热导率极高，在常温下为 429W/(m·K)，这个值比铜［386W/(m·K)］要高出约 11%，这是由于银具有非常窄的晶体晶格，使得银的热特性更加明显它接受热能的效率要比其他金属都高，所以加入银片后不仅不会增加热阻，反而由于其质地软的特性，减小了原接触面的接触热阻。

③ 陶瓷管壳：压接封装中陶瓷管壳分为阳极和阴极两个部分，其实物图如图 2-23 所示。在组装好子模组后通过冷压焊将两部分最终封装在一起，冷压焊工艺会在后文压接型封装工艺中详细介绍。其中下面凸台和阴极上盖采用铜材料进行导电，栅极信号通过 PCB 进行引出，其侧边为陶瓷材料。压接封装中使用的陶瓷材料是金属-非金属化合物，这种陶瓷材料具有陶瓷通常坚硬、化学稳定性高、熔点高等优点，其特性综合了陶瓷与金属的优点，可实现气密封装。封装中常用的陶瓷材料有：氮化硅（Si_3N_4）、氧化铝（Al_2O_3）、二氧化硅（SiO_2）、氮化铝（AlN）、碳化硅（SiC）、氧化镁（MgO）、碳化钨（WC）、氮化硼（BN）和氧化铍（BeO）。

④ 碟簧：碟簧的核心功能是承载外部机械压力，并不导电和导热，通过自身的形变来达到碟簧的效果，所以碟簧多采用结构钢，具有一定机械强度，可以产生形变来吸收应力。

⑤ 导电片：导电片材料选用铜，铜材料延伸性好、热导率和电导率高。器件工作过程中导电片会受压弯曲，碟簧在一定程度上可以在导电片弯曲侧提供支持，保障导电片受压后与发射极极板和垫块之间的接触良好。

⑥ 栅极探针：栅极探针材料选用铍铜材料，铍铜是以铍为主要合金元素的铜合金，经固溶和时效处理后，

图 2-23　压接封装管壳实物图

具有与特殊钢相当的高强度极限、弹性极限、屈服极限和疲劳极限，同时又具备有高的电导率、热导率，高硬度和耐磨性，高的蠕变抗力及耐蚀性。另外，为了栅极探针有更长的使用寿命，需要在针管以及弹簧处镀金，镀金厚度约为 $5\mu m$，在针头处镀银，镀银厚度约为 $20\mu m$，所以触点不易氧化，接触更优良，提高了器件栅极驱动的可靠性。

⑦ PCB：PCB 负责引出栅极信号，底板选取聚酰亚胺材质，厚度为 1mm，镀层也就是信号传输位置需要镀金，镀金厚度为 $0.5\mu m$，镀金层尺寸为外围聚酰亚胺向内偏移 0.8mm，整个 PCB 总厚度为 1.25mm 左右。

2.4.3　压接型封装的工艺

相比焊接式模块的封装工艺，压接型 IGBT 器件的封装工艺要简单一些。由于使用全压接型接触，无焊接环节，无键合环节，且电极与封装外壳一体化，既做到不使用绝缘保护硅胶（气密性好），也降低了封装工艺的复杂性。

以刚性压接封装形式为例，封装工艺的流程如图 2-24 所示。

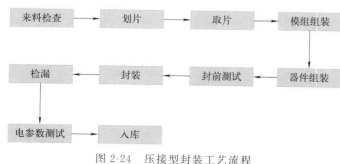

图 2-24　压接型封装工艺流程

虽然具有简单的封装工艺，但对各组件的精密加工及装配要求很高，这种压接封装的主要难点有：芯片与辅助件间的定位与精度控制，以及垂直于紧固力方向的各层形状公差及位置公差精度控制。压接型 IGBT 封装关键工艺包括 5 个部分：压接型组件加工、芯片子模组装配、组件及子模组检测、管壳冷压焊（与气密性检测）和电气特性测试，其中最重要的是冷压焊和气密性检测，下面介绍压接封装中的关键工艺流程。

① 压接型组件加工：压接型组件加工主要包括芯片制造和检查使用材料是否满足要求，芯片制造阶段与前文介绍过的芯片制造流程类似，这里就不再赘述。为保证装配精度、电气和可靠性性能在装配前需先检查组件是否符合图纸设计要求，这是为后续安装芯片子模组做准备，制作好子模组所有配件，检查所有配件都满足前文压接封装材料中对各部分结构的要求后可以进行子模组装配。

② 芯片子模组装配：在筛选好精度和性能符合要求的零部件和芯片之后，使用体式显微镜完成子模组微组装。子模组配件包括上下钼片、银片、探针、IGBT 芯片或 FRD 芯片及子模组框架。在体式显微镜下依据顺序依次装配银片、探针下钼片、芯片及上钼片至框架内，装配顺序如图 2-25 所示。

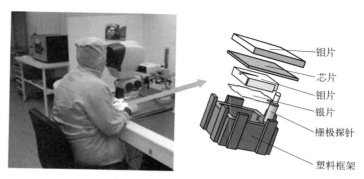

图 2-25　芯片子模组装配

③ 组件及子模组检测：子模组装配好后，需对子模组进行检测。检测分为子模组电气性能测试和子模组高度测试，如图 2-26 所示。

其中子模组电气性能测试包括：在封装前须对每个子模组的芯片进行测试；其中芯片的动态雪崩测试先于分拣操作；所有子模组在 2.5 倍额定电流条件下，分别进行全工作电压范围内和最大结温两种状态检测。

子模组高度测试为：子模组高度一致性影响多芯片并联器件的电流、压力、结温分布和可靠性，在装配前需对每个子模组进行高度检测，确保子模组高度差在规定的范围内。如图 2-27 为某压接型 IGBT 器件组件不同高度匹配情况下的压力分布，图（a）为各组件高度未做筛选匹配的结果，图（b）为各组件高度差控制在 $10\mu m$ 以内的压力分布结果，可以看到筛选的重要性。

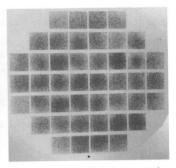

（a）各组件高度未筛选　　　（b）各组件高度差控制在10μm以内

图 2-26　芯片子模组检测　　　图 2-27　压接型 IGBT 器件内部各芯片表面压力分布

④ 管壳冷压焊：装配好子模组管壳之后使用冷压焊机进行压焊封装，压焊封装好之后需要使用氦质谱检漏仪对器件气密性使用氦质谱仪进行检漏。冷压焊与气密性检测是压接型封装中最重要的，在后面压接型封装设备中会详细介绍。

⑤ 电气特性测试：气密性检测之后需要对器件电气特性进行动静态测试，图 2-28 展示的是 Lemsys 测试设备以及其对应的压接型 IGBT 器件测试夹具。Lemsys 测试设备可提供 IG-BT、MOSFET 单芯片测试以及模块测试，通过集成的测试模块对产品动态参数、静态参数、雪崩测试、短路电流进行无缝测试。测试界面可反馈产品开关波形曲线，测试项目遵从

图 2-28　Lemsys 动态测试仪以及压接型 IGBT 器件测试夹具

IGBT 国际标准 IEC 60747-9。压接型 IGBT 器件测试夹具主要包括上下两个桥臂的被测压接型 IGBT 器件和用于吸收加压过程中位移变化的碟簧以及实时监测压力变化的压力传感器，该测试夹具可以施加的最大压力为 20kN。

2.4.4　压接型封装的设备

压接型 IGBT 器件封装形式完全异于焊接式 IGBT 模块，所以封装工艺也不尽相同，其中压接型 IGBT 器件封装最重要的两个检测是冷压焊和气密性检测。

① 冷压焊机：冷压焊是指室温下借助压力使待焊金属产生塑性变形而实现固态焊接的方法，通过塑性变形挤出连接部位界面上的氧化膜等杂质，使纯净金属紧密接触，达到晶间结合。冷压焊过程为合模时，先给一个预压力，冷焊模采用密封结构，形成

一个密封腔，在密封腔内抽真空、充氮、施加焊接压力，最后完成焊接过程。冷压焊示意图如图 2-29 所示。

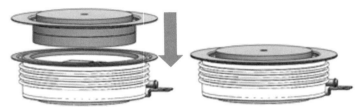

图 2-29 管壳冷压焊示意图

使用冷压焊机可自动完成闭模、抽真空、充氮气、增压和开模动作，目前国内主要有长沙浩骏半导体设备公司生产的设备。可用于压接型 IGBT 器件的封装，可根据器件尺寸生产不同的压装模具。其设备采用气液传动，油箱和增压缸均为受压容器，增压过程中最高不得超过 0.7MPa，预压约为 0.6MPa，气源最高不超过 0.8MPa。电气箱内设有延时继电器，延时继电器只有在循环工作时才起作用，调整延时继电器时，顺时针旋转为延长，反之为缩短，延时时间一般为 3~5s。在使用循环工作前需要放置好模具，调整好接近开关 SQ（避免损坏），装好与模具连接的气管，模具必须处于开模状态，这时双手同时按下设备底座面板上的两个按钮，循环工作即开始，自动完成闭模、抽真空、充氮气、增压和开模动作。

国际上有多家公司专门从事冷压焊机的设计、制造和销售。例如：Branson Ultrasonics 是爱尔兰一家全球领先的超声波技术解决方案供应商，提供各种类型的冷压焊机，包括超声波焊接设备、振动摩擦焊机等；Telsonic AG 是瑞士一家专注于超声波技术的公司，提供多种型号的冷压焊机，广泛应用于汽车制造、电子设备、医疗器械等领域；Herrmann Ultraschall 是德国一家拥有多年经验的超声波技术公司，提供高质量的冷压焊机产品和解决方案，满足不同行业的需求；Sonics&Materials 是美国一家在超声波技术领域具有丰富经验的公司，提供各种型号和规格的冷压焊机，广泛应用于塑料焊接、金属焊接等领域。

② 氦质谱检漏系统：氦质谱检漏系统可以用于检测各种密封体的渗漏情况，该系统主要由氦质谱检漏仪、氦质谱探头、氦气瓶等组成。氦质谱检漏系统的工作原理是，将氦气灌入被测件内部，然后使用氦质谱检漏仪扫描检测区域，检测电离子信号大小，以判断是否有氦气泄漏。由于氦气分子较小，能够容易地透过较小的裂缝、孔隙或其他微小的渗漏细节，因此使用氦气进行检漏可以达到非常高的精度。图 2-30 是 INFICON UL1000 移动式氦气检漏仪。

压焊封装好之后需要对器件气密性使用氦质谱仪

图 2-30 INFICON UL1000
移动式氦气检漏仪

进行检漏。首先将元器件放在能加压的密封容器中，预先对容器抽真空，再将纯度大于95％的氦气加进压力容器，加压的压力与加压时间按标准规定，一般压力为 2~7atm❶，时间为 1~10h，加压完毕要缓慢地使容器卸压，并将元器件从压力容器中取出。如果元器件有漏，氦气则被压入内腔。元器件取出后，要用干燥的氦气或空气吹除表面吸附的氦气，在净化过程中，也有一部分压入元器件内腔的氦气流失，为了减少这种流失，净化的时间要尽量短。然后把被检元器件放入检漏罐中，先使用抽空泵对检漏罐抽真空至 10Pa 以下，开启检漏阀，检漏阀与氦质谱检漏仪相连。若元器件有漏，则压入的氦气会通过漏孔逸出进入检漏仪，显示该元器件有漏。检漏完毕后，关闭检漏阀，开启放气阀，打开检漏罐，取出被检元器件。

国际上有多家公司专门从事气密性测试设备的设计、制造和销售。INFICON 是瑞士领先的传感器、检测和控制系统制造商之一，提供各种型号的气密性测试设备，包括气密性试验仪、泄漏检测仪等。TASI Group 是美国一家集团公司，旗下拥有多个以测试与检测为核心的子公司，其中包括 Cincinnati Test Systems 及其他生产气密性测试设备的公司，如 ATC Inc.、Sciemetric 等；Cincinnati Test Systems 是美国世界领先的测试与检测解决方案供应商，其产品线涵盖了气密性测试设备、泄漏检测工装以及相关的自动化和数据管理系统。ATEQ 是法国全球知名的气密性测试设备制造商，提供各种型号的气密性测试仪器，涉及汽车、制药、电子等多个行业。

中国的深圳市大族激光公司是中国领先的光电综合解决方案供应商，其子公司大族测控专注于气密性测试设备的研发与生产，并提供相关的自动化测试系统。深圳市迈测科技是专业从事气密性测试设备的设计、制造和销售的公司，产品包括气密性试验仪、泄漏检测仪等。还有上海世耐智能科技有限公司、北京硕正卓信科技有限公司等等。这些公司在中国气密性测试设备市场具有一定的知名度和影响力，致力于提供高质量、先进的气密性测试设备和解决方案。

2.5　器件数据表的解读

器件数据表是表述器件能力和特性的重要依据，也是应用端充分了解和最大程度发挥器件应用性能的关键，数据表的解读对于器件的选型及应用十分重要。下面以英飞凌公司的产品为例（主要以 FS25R12W1T4 为例），选取数据表部分重要参数进行解读，以协助理解和充分把握器件的特性，一般各个公司也会有相应的应用手册（Application Note）。

2.5.1　稳态额定值

在选取器件时，最基本且最重要的几个参数当属额定电压、额定电流、栅极额定电压。一般来说，工程中常保留一定裕度，选取额定电压的 30％~60％作为实际使用值[5]，如表 2-8 所示。器件导通电流时不宜超过最大结温 T_{jmax}，运行电流小于额定电流，以避免器件在运行过程中由于一定程度的老化导致绝缘击穿或热击穿。

---

❶　1atm＝0.101325MPa。

表 2-8　IGBT 器件额定电压与应用时母线电压的对照表

地区		IGBT 额定电压 V_{CES}		
		600V	1200V	1700V
母线电压（交流输入电压）	亚洲 日本	200V	400V,440V	690V（工业用高压电源,风力发电等）
	亚洲 韩国	200V,220V	380V	
	亚洲 中国	220V	380V	
	北美洲 美国	120V,208V,240V	460V,480V	
	北美洲 加拿大	120V,208V,240V	575V	
	欧洲 英国	230V	400V	
	欧洲 法国	230V	400V	
	欧洲 德国	230V	400V	
	欧洲 俄罗斯	220V	380V	

此处以 FS25R12W1T4 这款器件为例进行介绍，表 2-9 展示了该器件的额定电压、额定电流、最大栅极电压。器件数据表规定室温 25℃下的额定电压为 1200V，这是因为载流子迁移率、寿命等受温度影响，进而导致阻断漏电流改变，如图 2-31 所示[6]。此外，额定 1200V 的器件一般其击穿电压可达到 1300～1400V，约为额定电压的 1.1 倍（不同类型器件的比例不尽相同），应用过程中需保证施加在器件两端的电压（包括开关过程中由于电感的存在导致的电压过冲等）低于击穿电压。

对于额定电流，数据表中一般给出两个壳温下的额定电流，这是因为额定电流大小由最大工作结温、壳温决定。结温与电流间关系如式（2-1）所示。

$$T_j = T_C + P_{loss} \times R_{th} = T_C \uparrow + V_{CE(sat)} \uparrow \times I_C \downarrow \times R_{th} \qquad (2-1)$$

式中，器件最大工作结温为 175℃固定不变，器件安装热阻 R_{th} 固定不变，而更高的壳温 T_C 对应更高的工作温度，考虑到 IGBT 器件在大电流下的正温度特性（如图 2-32），饱和压降 $V_{CE(sat)}$ 随温度的增加而增大，因此需要降低额定电流 I_C 以维持固定的最大工作结温 175℃。因此，器件选型时也需按照实际应用工况合理选取额定电流。

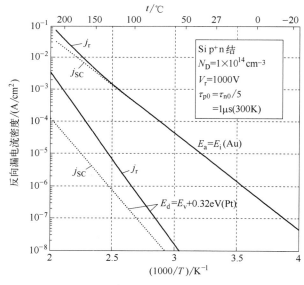

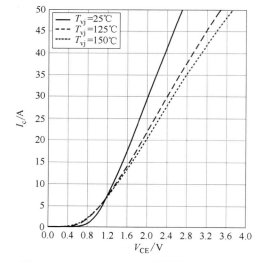

图 2-31　Si 材料的 p^+n 结反向漏电流密度与温度的关系　　　　图 2-32　FS25R12W1T4 器件输出特性曲线

N_D—施主浓度；V_r—阻断电压；τ_{n0}、τ_{p0}—电子、空穴的少数载流子寿命；j_r—阻断电流；j_{SC}—反向电流；E_a—受主能级；

E_d—施主能级；E_i—本征能量；E_v—导带

表 2-9　器件稳态额定值

参数	测试条件	符号	额定值	单位
集电极-发射极电压	$T_{vj}=25℃$	V_{CES}	1200	V
连续直流集电极电流	$T_C=100℃，T_{vjmax}=175℃$	I_{Cnom}	25	A
	$T_C=25℃，T_{vjmax}=175℃$	I_C	45	
栅极-发射极最大电压		V_{GES}	±20	V

对于栅极额定电压，Si IGBT 器件栅极工艺已较为成熟，额定电压可达到 ±20V（甚至更高也能长期运行），而 SiC MOSFET 器件由于材料本身缺陷，SiC/SiO_2 界面处势垒更低，更容易发生 F-N 隧穿等缘故，额定电压一般不超过 +20V/-10V，如表 2-10 所示。

表 2-10　Infineon SiC MOSFET 器件（IMW65R048M1H）的栅极额定电压

参数	符号	最小值	额定值	最大值	单位	测试条件
栅极-源极电压（推荐驱动电压）	V_{GS}	0	—	18	V	$AC(f>1Hz)$
栅极-源极电压（动态）	V_{GS}	-5		23	V	$t_{pulse,negative}≤15ns$

2.5.2　静态参数

本小节旨在针对数据表，解读部分关键静态参数的意义与内涵，不涉及具体测量电路，具体的测试电路可参见第 3 章 3.1 节器件静态参数测试。

表 2-11 选择了四类常用的静态参数：正向饱和压降、阈值电压、阻断漏电流、栅极漏电流。对于正向饱和压降，数据表规定了不同的结温对应不同的饱和压降，该现象根本原因是饱和压降与结温正相关，由前述图 2-32 决定，此处需根据应用条件合理选取器件；对于阈值电压，有两种测试方法，一种是保持集电极电压固定，逐渐增大栅极电压，测量集电极电流为 0.8mA 时栅极电压为阈值电压；另一种是将集电极、栅极短接，逐渐增大集电极电流至 0.8mA，此时栅极电压为阈值电压。两种测试方法的详细论述也一并置于 3.1 节，测试电路在 4.3.3.2 节展开，此处不再赘述。值得注意的是，数据表通常会给出阈值电压的最大值、额定值及最小值，这代表这一批次器件阈值电压的范围，一般要规避最小的阈值电压，这是因为阈值电压较小时器件易误导通，进而发生短路现象；阈值电压较大时使得器件沟道电阻增大，如式（2-2）所示，进而使得器件整体正向压降/导通电阻增大，不利于器件应用。

$$R_{ch}=\frac{L}{W\mu_n Q_s}=\frac{L}{W\mu_n C_{ox}(V_G-V_T)}=\frac{1}{\kappa(V_G-V_T)} \tag{2-2}$$

对于集电极-发射极阻断漏电流，数据表要求在室温 25℃下施加额定电压 1200V，同时保证栅极-发射极短路，测量漏电流大小。该测试方法对 Si IGBT 较为常规，得到广泛的应用。然而对于 SiC MOSFET 器件，由于其沟道需要负压保证完全关断，因此栅极-源极短路不足以保证沟道完全关断，部分测试提出栅源极施加负压保证完全关断，但其会带来阈值电压漂移等问题，进而影响器件栅极、导通特性，目前针对 SiC MOSFET 器件的阻断漏电流测试还没有完全定论，通常仍沿用 Si IGBT 的测试方法，即栅极-源极短路。

对于栅极-发射极阻断漏电流，数据表要求在室温 25℃下施加额定栅极电压 20V，同时保证集电极-发射极短路，测量漏电流大小，测试电路见 3.1 节所述，此处不再赘述。

表 2-11　四类常用静态参数

静态参数	测试条件	符号	最小值	额定值	最大值	单位
集电极-发射极正向饱和压降	$I_C=25\text{A},V_{GE}=15\text{V},T_{vj}=25\text{℃}$	$V_{CE(sat)}$		1.85		
	$I_C=25\text{A},V_{GE}=15\text{V},T_{vj}=125\text{℃}$			2.15	2.25	V
	$I_C=25\text{A},V_{GE}=15\text{V},T_{vj}=150\text{℃}$			2.25		
栅极阈值电压	$I_C=0.80\text{mA},V_{CE}=V_{GE},T_{vj}=25\text{℃}$	$V_{GE(th)}$	5.0	5.8	6.5	V
集电极-发射极阻断漏电流	$V_{CE}=1200\text{V},V_{GE}=0\text{V},T_{vj}=25\text{℃}$	I_{CES}			1.0	mA
栅极-发射极漏电流	$V_{CE}=0\text{V},V_{GE}=20\text{V},T_{vj}=25\text{℃}$	I_{GES}			400	nA

2.5.3　动态参数

同样，本小节的动态参数测试电路可以参考 3.2 节，表 2-12 选择了八类常用的动态参数：输入电容、反向传输电容、导通延迟时间、上升时间、关断延迟时间、下降时间、每个导通过程的能量损耗、每个关断过程的能量损耗。

对于输入电容 C_{ies}，设置室温 25℃、测量频率为 1MHz，该目的是使测量电路中特定电感在该频率下呈现开路特性，特定电容在该频率下呈现短路特性，便于电容计测量，测量过程中需施加集电极-发射极、栅极-发射极电压。

对于反向传输电容 C_{res}，其数据表规定与输入电容 C_{ies} 相似，测量频率 1MHz 同样为了使得测量电路中特定电感在该频率下开路，特定电容在该频率下短路，测量过程中需施加集电极-发射极、栅极-发射极电压。

对于导通延迟时间 t_{d_on}，需结合其定义来看：t_{d_on} 为开通 IGBT 时，从 $0.1V_{GE}$ 到 $0.1I_{CRM}$ 之间的时间，即从施加栅极电压到开始导通电流的时间。以 FS25R12W1T4 器件为例，数据表规定了测试电流为壳温 $T_C=100\text{℃}$ 时的集电极电流 I_C，测试电压为器件 50% 额定电压，栅极电压从 -15V 变化到 $+15\text{V}$，导通时栅极电阻为 20Ω 时的导通延迟时间。此外，数据表列出了不同结温下 t_{d_on} 的典型值，由于 t_{d_on} 主要由栅极响应速率决定，此处受结温的影响较小，典型值均为 $0.05\mu\text{s}$。

对于上升时间 t_r，同样需结合其定义来看：t_r 为开通 IGBT 时，从 $0.1I_{CRM}$ 到 $0.9I_{CRM}$ 之间的时间，即电流爬升所需时间。以 FS25R12W1T4 器件为例，数据表规定的测试条件与导通延迟时间 t_{d_on} 一致，此处不再列举。同样的，数据表列出了不同结温下 t_r 的典型值，$T_{vj}=25\text{℃}$ 对应 $0.027\mu\text{s}$，$T_{vj}=125\text{℃}$ 对应 $0.029\mu\text{s}$，$T_{vj}=150\text{℃}$ 对应 $0.03\mu\text{s}$，可以发现结温越高上升时间 t_r 越大，这是由于温度升高导致晶格振动及其散射增加，载流子迁移率下降（如图 2-33），器件开关速率下降。

对于每个导通过程中的能量损耗 E_{on}，其为 IGBT 开通时能量损耗，等于 $V_{CE}I_C$ 对时间 $\text{d}t$ 的积分，即 $E_{on}=V_{CE}I_Ct_i$，t_i 定义为从 $10\%V_{GE}$ 的上升值开始，直到 V_{CE} 降为 2% 母线电压 V_{CC} 所经历的时间，如图 3-16 所示。以 FS25R12W1T4 器件为例，数据表规定的测试条件与 t_{d_on}、t_r 相比，还增加了杂散电感 L_s 以及 $\text{d}i/\text{d}t$ 大小的要求，这是因为在进行能量积分时，将由杂散电感带来的电压尖峰 $V'_{CE}=L_s\text{d}i/\text{d}t$ 纳入积分限内，因此需要对 L_s、$\text{d}i/\text{d}t$ 进行说明。

类似地，器件关断过程中的关断延迟时间 t_{d_off}、下降时间 t_f、每个关断过程的能量损耗 E_{off} 也存在定义，此处一并给出。t_{d_off}：关断 IGBT 时，从 $0.9V_{GE}$ 到 $0.9I_{CM}$ 的时间。t_f：关断 IGBT 时，从 $0.9I_{CM}$ 到 $0.1I_{CM}$ 的时间。E_{off}：IGBT 关断时能量损耗，等于

$V_{CE}I_C$ 对时间 $\mathrm{d}t$ 的积分，即 $E_{off}=V_{CE}I_Ct_i$，t_i 定义为从 $90\%V_{GE}$ 的下降值开始，直到 I_C 降为 2%峰值电流 I_{CM} 所经历的时间。关断延迟时间 t_{d_off}、下降时间 t_f、每个关断过程的能量损耗 E_{off} 与导通延迟时间 t_{d_on}、上升时间 t_r、每个导通过程中的能量损耗 E_{on} 相似，此处不再赘述。有一点需要单独指出：由于 t_{d_on}、t_r、E_{on} 均在加电流的时候测得，即存在电压过冲，E_{on} 需将杂散电感带来的电压尖峰 $V'_{CE}=L_s\mathrm{d}i/\mathrm{d}t$ 纳入积分限内；而关断时不存在电压过冲，即 E_{off} 只需考虑关断时的电压速率即可，因此 E_{off} 规定了 $\mathrm{d}u/\mathrm{d}t$ 速率，而 E_{on} 规定了 $\mathrm{d}i/\mathrm{d}t$ 速率。

表 2-12　IGBT 的八类常用动态参数

参数	测试条件	符号	额定值	单位
输入电容	$f=1\mathrm{MHz}$，$T_{vj}=25℃$，$V_{CE}=25\mathrm{V}$，$V_{GE}=0\mathrm{V}$	C_{ies}	1.45	nF
反向传输电容	$f=1\mathrm{MHz}$，$T_{vj}=25℃$，$V_{CE}=25\mathrm{V}$，$V_{GE}=0\mathrm{V}$	C_{res}	0.05	nF
导通延迟时间，电感负载	$I_C=25\mathrm{A}$，$V_{CE}=600\mathrm{V}$，$T_{vj}=25℃$	t_{d_on}	0.05	μs
	$V_{GE}=\pm15\mathrm{V}$，$T_{vj}=125℃$		0.05	
	$R_{Gon}=20\Omega$，$T_{vj}=150℃$		0.05	
上升时间，电感负载	$I_C=25\mathrm{A}$，$V_{CE}=600\mathrm{V}$，$T_{vj}=25℃$	t_r	0.027	μs
	$V_{GE}=\pm15\mathrm{V}$，$T_{vj}=125℃$		0.029	
	$R_{Gon}=20\Omega$，$T_{vj}=150℃$		0.03	
每个导通过程的能量损耗	$I_C=25\mathrm{A}$，$V_{CE}=600\mathrm{V}$，$L_S=60\mathrm{nH}$，$T_{vj}=25℃$	E_{on}	1.90	mJ
	$V_{GE}=\pm15\mathrm{V}$，$\mathrm{d}i/\mathrm{d}t=1200\mathrm{A}/\mu\mathrm{s}$（$T_{vj}=150℃$），$T_{vj}=125℃$		2.65	
	$R_{Gon}=20\Omega$，$T_{vj}=150℃$		2.90	
关断延迟时间，电感负载	$I_C=25\mathrm{A}$，$V_{CE}=600\mathrm{V}$，$T_{vj}=25℃$	t_{d_off}	0.18	μs
	$V_{GE}=\pm15\mathrm{V}$，$T_{vj}=125℃$		0.27	
	$R_{Goff}=20\Omega$，$T_{vj}=150℃$		0.29	
下降时间，电感负载	$I_C=25\mathrm{A}$，$V_{CE}=600\mathrm{V}$，$T_{vj}=25℃$	t_f	0.10	μs
	$V_{GE}=\pm15\mathrm{V}$，$T_{vj}=125℃$		0.14	
	$R_{Goff}=20\Omega$，$T_{vj}=150℃$		0.15	
每个关断过程的能量损耗	$I_C=25\mathrm{A}$，$V_{CE}=600\mathrm{V}$，$L_S=60\mathrm{nH}$，$T_{vj}=25℃$	E_{off}	1.40	mJ
	$V_{GE}=\pm15\mathrm{V}$，$\mathrm{d}u/\mathrm{d}t=3500\mathrm{V}/\mu\mathrm{s}$（$T_{vj}=150℃$），$T_{vj}=125℃$		2.00	
	$R_{Goff}=20\Omega$，$T_{vj}=150℃$		2.20	

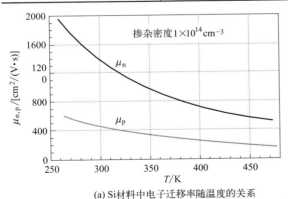

(a) Si材料中电子迁移率随温度的关系

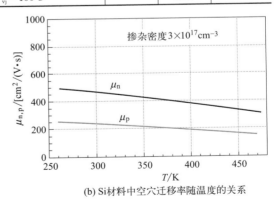

(b) Si材料中空穴迁移率随温度的关系

图 2-33　Si 材料掺杂中电子、空穴迁移率随温度的关系

2.5.4　热学参数解读

热学参数中，热阻（包括稳态热阻 $R_{th(j\text{-}x)}$ 和瞬态热阻抗 $Z_{th(j\text{-}x)}$，其中 x 为参考点）是

最重要的参数，直接决定了应用时器件的散热性能，进而影响器件的应用选型。数据表中通常给出了结-壳热阻以及壳-散热器热阻（见表 2-13），结-壳热阻与壳-散热器热阻相加构成了整体的器件热阻，其中结-壳热阻直接反映了器件内部的散热性能，由芯片焊料、铜基板/Al_2O_3 基板/AlN 基板等结构及材料决定，与外部安装条件无关；壳-散热器热阻反映的是外部散热条件，如不同的冷却介质、冷却流量等使得壳-散热器热阻不同。值得一提的是，某些器件的数据表会在第一页给出该器件的基板材料（如 FS25R12W1T4 给出其 DBC 中基板选用 Al_2O_3 材料）。数据表还规定了器件运行温度，通常不超过 150℃（部分器件不超过 175℃）。

瞬态热阻抗 $Z_{th(j\text{-}x)}$ 表征的是器件芯片内部热量从 PN 结向参考点 x 位置传递过程中不同时刻遇到的阻力之和，当热量完全传递到参数点 x 时，即系统达到热平衡，此时的热阻抗就是器件的稳态热阻 $R_{th(j\text{-}x)}$。一般采用 4～6 阶 Foster 热网络模型来表征器件的瞬态热阻抗特性，用于实际器件的结温预测等，具体将在 3.3 节进行详细展开。

表 2-13　IGBT 器件三类热学关键参数

参数	测试条件	符号	最小值	额定值	最大值	单位
热阻，结-壳	每个 IGBT	$R_{th(j\text{-}c)}$			0.035	K/W
热阻，壳-散热器	$\lambda_{paste}=1W/(m\cdot K), \lambda_{grease}=1W/(m\cdot K)$	$R_{th(c\text{-}h)}$		0.016		K/W
器件运行温度		T_{vj_op}	-40		150	℃

2.5.5　极限能力参数解读

器件的极限能力是指：发生非常规工况时（如浪涌、短路等），器件短时间内承受大电流和安全关断的能力。由于传统变流器由电容、母排、连接件等组成，而 IGBT 器件往往是其中最薄弱的环节，因此器件的极限能力直接影响整个系统的鲁棒性，工程中往往考虑合理冗余设计。

器件的极限能力（如浪涌能力、短路能力等）测试标准及相关测试方法详见第 5 章，此处仅根据数据表提供参数进行简要解读。浪涌能力指的是功率器件中反并联二极管的抗电网浪涌电流冲击的能力，一般为 10ms 的正弦半波，短时间内会产生大量热量并传递到芯片以外的封装结构，重点考核芯片和封装的设计水平；而短路电流指的是 IGBT 等器件工作时发生短路后器件能关断的能力，往往是由于硬开关短路、负载短路、桥臂短路以及换流短路等特殊工况所发生的（根据短路时刻前后器件电流的状态分为 Ⅰ 类短路、Ⅱ 类短路及 Ⅲ 类短路，详见第 5 章数据表中给出的数据对应短路类型）。因此短路电流更大、短路时间更短（如表 2-14 中给出在特定工况下 Si 器件短路耐受时间为 10μs），此时电流产生的热量及热应力完全集中在芯片内部，还未由芯片传到芯片焊料处，因此只针对芯片进行考核。表 2-14 表明：在母线电压 800V（额定电压 1200V 的 2/3，详见第 5 章），栅极电压小于等于 15V，初始短路测试温度为 150℃（T_{jmax}）的情况下，施加一个宽度为 10μs 的脉冲使得外接负载短路，器件流过的电流约为 90A，该测试可重复进行。

表 2-14　两类极限参数

参数	测试条件	符号	数值	单位
浪涌参数 I^2t	$V_R=0V, t_p=10ms, T_{vj}=125℃$	I^2t	90	$A^2\cdot s$
	$V_R=0V, t_p=10ms, T_{vj}=150℃$		80	
短路参数	$V_{GE}\leqslant 15V, V_{CC}=800V, V_{CEmax}=V_{CES}-L_{sCE}di/dt,$ $t_p\leqslant 10\mu s, T_{vj}=150℃$	I_{SC}	90	A

此外，针对短路参数表征手段，英飞凌等厂商还会提出考核短路耐受时间以及重复耐受次数，当在母线电压 600V，栅极电压施加 15V，初始短路测试温度为 $T_{jmax}=150℃$ 的情况下，Si 器件耐受时间大于等于 $10\mu s$，SiC 器件一般英飞凌承诺 $3\mu s$，并且在重复短路测试中相邻短路测试间隔大于 1s（使得短路所产生的热量及时散却，保证每次短路测试初始温度一致），重复短路次数可达到 1000 次，如表 2-15 所示。

表 2-15　短路耐受时间考核参数表示例

参数	测试条件	符号	额定值	单位
短路参数	$V_{GE}=15V,V_{CC}\leqslant600V,$短路重复次数$\leqslant1000,$相邻短路测试时间间隔$\geqslant1.0s,T_{vj}=150℃$	I_{SC}	10	μs

2.6　栅极驱动技术

栅极驱动电路对于器件的长期稳定工作起着至关重要的作用，合理的驱动选择有助于充分发挥器件本身的电气性能。IGBT 以及 SiC-MOSFET 作为电压控制的器件，每次的开关过程可以近似为对器件内部寄生电容的充放电过程。因此对于 IGBT 器件以及续流二极管的动态特性，例如开关损耗、开关速度均有影响。除了正常的开关功能，驱动电路通常还具有保护功能，例如对于短路情况的及时检测、器件的过电压保护等。除此之外，栅极驱动器通常还会集成逻辑功能，例如防止误触发、死区时间控制等。

2.6.1　栅极驱动的必要性及难点

栅极驱动电路的稳定可靠工作是保证 IGBT 器件稳定工作的必要条件。本小节将从不同的方面对栅极驱动电路的设计以及难点进行讨论。

（1）信号传输

IGBT 栅极驱动电路需要控制器（例如微处理器）发出控制信号来控制器件的开通以及关断，而对于具有保护功能的驱动电路来说，通常还会有发送至控制器的反馈信号。而信号传输主要可以分为非绝缘型传输与电气绝缘型传输两种。

对于非绝缘型的信号传输，主要是以电平转换器的形式，如图 2-34 所示。当输入信号（Signal）为低电平时，开关 S1 打开，栅极供电 15V 通过电阻 R1 与反相器输入相连。因此反相器输出低电平，开关 S2 处打开状态。被测器件（DUT）的栅极与发射极通过电阻 R2连接，被测器件处于关断状态。当输入信号为高电平时，开关 S1 闭合，因此反相器输入为低，输出高电平。此时 S2 闭合，栅极供电通过 S2 与被测器件的栅极相连，从而开通器件。

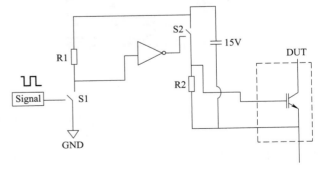

图 2-34　用于信号传输的电平转换器电路

该传输方式的优点主要是价格低廉，且易于集成。而该电路主要的问题在于当器件的输出或高压侧失效时，高压侧与控制侧直接相连使得控制侧需要承担被高压击穿的风险，从而造成不必要的损失。因此对于大部分应用来说，尤其是当器件的电压等级高于1200V时，通常都会使用带有电器绝缘的信号传输方式。

对于电气绝缘型传输，主要有如下几种方式。

1）光耦合

光耦合的主要原理是利用发光二极管将电信号转化为光信号，之后利用光敏器件再将光信号转换为电信号，从而实现信号的传输，如图2-35所示。该方式主要的优点是提供了电气绝缘，且具有较好的抗电磁干扰能力。而缺点主要是光敏器件对于温度较为敏感，因此最大工作温度会受到限制。从长期的可靠性角度考虑，光敏器件并不占优势。最后，光耦合的传输方式通常具有较高的传输延迟，通常数百纳秒甚至微秒级别不等。

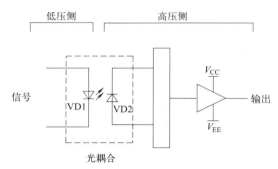

图 2-35　采用光耦合形式的信号传输

2）脉冲变压器

尽管光耦合可以实现电气隔离，但是该方法并不能实现能量的传输。脉冲变压器可以同时实现电气隔离的信号传输以及能量传输。该变压器可以集成在栅极电压的DC-DC变换器中，因此适用于所有电压等级的IG-BT。变压器的绝缘等级可以根据IGBT的电压等级灵活调整。相比于光耦需要使用额外的电压源提供IGBT的栅极电压，脉冲变压器可以在信号传输的同时提供栅极电压。另一方面，相比于光耦合器，脉冲变压器的传输延迟很短，且在传输效率上几乎不会老化。目前可以实现大约80ns的稳定传输延迟，且信号与信号间的误差可以控制在10ns之内。因此该方式非常适用于IGBT的并联以及串联的应用场景。脉冲变压器通常有平面芯、环形芯等不同类型。不同的脉冲变压器如图2-36所示。

(a) 平面芯脉冲变压器

(b) 3.3kV环形芯脉冲变压器

图 2-36　不同类型以及电压等级的脉冲变压器[8]

从2003年开始，基于分立式变压器的原理，脉冲变压器可以被集成在芯片中。变压器的线圈由金属层制成。在原边与副边之间填充一定厚度的二氧化硅材料进行绝缘。由于集成芯片中原边与副边的距离很近，因此可以在没有铁芯的条件下仍实现有效的磁耦合。由于不存在传统变压器的铁芯，该类型的变压器也被称为无芯变压器（Coreless Transformer）。目前基于无芯变压器的栅极驱动芯片生产商，例如英飞凌，已经可以提供电压等级2.3kV器件的栅极驱动芯片[9]。

3）电容耦合

另一种电气隔离的信号传输方式是电容耦合，如图 2-37 所示。该耦合电容的选择取决于 IGBT 的电压等级。而另一方面，由于 IGBT 在快速开关过程中存在 V_{CE} 的快速变化 $\mathrm{d}v/\mathrm{d}t$，该耦合电容的值必须尽可能小。而当耦合电容的值选取不合适时，可能会由于 $\mathrm{d}v/\mathrm{d}t$ 产生的位移电流耦合到驱动电路的控制端，进而对 IGBT 的控制产生影响。对于宽禁带半导体器件更高的开关速度，例如 SiC-MOSFET，该问题更加需要被重视。

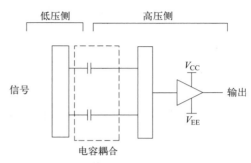

图 2-37　电容耦合的信号传输原理图

4）光纤传输

光纤传输系统类似于光耦合器件，光纤的接口原理及种类见图 2-38。光纤的明显优势是几乎拥有无穷大的电压绝缘能力以及抗干扰能力，能在高压以及高电磁噪声的环境中稳定工作。而光纤系统的缺点也与光耦合器件类似，除了相对昂贵的价格，传输延迟的不匹配也是光纤传输需要克服的一大问题。除此之外，在严苛的环境中，光路可能会被不可抗因素损坏从而使得控制系统丧失其控制能力。

目前的光纤系统可以达到数百米距离的信号传输以及高达 10Gbit/s 的传输速率。

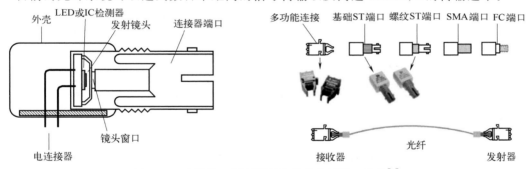

图 2-38　光纤接口原理图以及常见光纤接口种类[7]

表 2-16 总结了各类信号传输方式的主要优缺点。

表 2-16　不同信号传输方式的对比

传输方式	优　点	缺　点
电平转换器	经济 结构简单，易于集成	没有电气隔离 无法传输能量
光耦器	电气隔离	易受老化影响 传输延迟较长 电压隔绝能力有限
脉冲变压器	较高的电气隔离能力 可以传输能量 传输延迟低	需要额外空间
无芯变压器	电气隔离 价格低，容易集成 传输延迟较低	无法传输能量 电气隔离能力有限
电容耦合	经济，结构简单	无法传输能量 绝缘能力有限 需要考虑 $\mathrm{d}v/\mathrm{d}t$、环境的影响
光纤	优异的电气绝缘能力 优异的抗干扰能力	价格昂贵 无法传输能量 传输延迟较长

（2）栅极驱动输出级设计

目前几乎所有的 IGBT 栅极驱动器都是基于电压源来对输入电容进行充放电的。相比于基于电流源的驱动设计，电压源驱动的主要损耗产生在栅极电阻上，因此几乎不会在驱动芯片内部产生损耗，而另一个明显的优点是相对简单的电路设计以及控制。如今市场上的输出级主要有双极晶体管（BJT）以及 MOSFET 两种类型。本小节中将对一些常用的输出设计以及工作原理进行简要介绍，正栅极电压用 V_{CC} 或 $+V_{GE}$ 表示，负栅极电压使用 V_{EE} 或 $-V_{GE}$ 表示。

1）全桥设计型（H 桥）输出电路

该电路的设计与单相逆变器的思路类似，通过 H 桥可以对 IGBT 栅极的输入电压进行正负变换。如图 2-39 所示，当输入信号为高电平时，VT2 和 VT3 开通，栅极电压（此处假设为 15V）将会被施加在 IGBT 的栅极与集电极之间。相反，当输入为低电平时，VT1 与 VT4 开通。此时，被测 IGBT 的栅极电压反向，即 $-15V$，从而关断 IGBT。

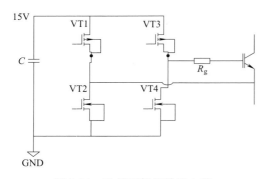

图 2-39　H 桥型栅极输出电路

H 桥设计的主要优点是只需要一个输出电平，即不需要器件关断时产生负栅极电压的额外电压源。但是可以看到该结构需要 4 个 MOSFET，因此电路结构以及控制相对复杂，并且无法分别对开启栅极电压以及关断栅极电压进行分别设置。这对于宽禁带半导体器件，例如 SiC-MOSFET 是不可接受的。因为过低的栅极负电压会大幅影响器件栅极的长期可靠性以及寿命。

2）发射极跟随器电路

相比于 H 桥电路，发射极跟随电路只需要两个晶体管（BJT 或 MOSFET）。如图 2-40 所示，当控制信号电流为正时，VT1 管导通，正向栅极电压 V_{CC} 通过栅极电阻对器件输入电容进行充电。而当控制电流为负时，pnp 管 VT2 导通，负栅极电压 V_{EE} 通过栅极电阻 R_g 对器件进行放电。

发射极跟随器电路设计简单且只需要一个控制信号。另一方面，可根据被测器件的不同，灵活调整三极管的配置，例如使用多个三极管并联来提升驱动电路的最大电流输出能力，从而实现对高电流 IGBT 模块的驱动。并且由于采用了双极型的栅极供电，栅极开启电压与关断电压可以分别进行调整。需要注意的是，当使用 BJT 作为驱动器输出时，需要考虑 BJT 本身的压降。因此正负栅极电压的设置会

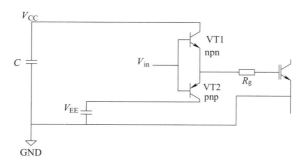

图 2-40　由 BJT 组成的发射极跟随器电路

比实际值稍高。当对 IGBT 寄生电容进行充放电时，电流由缓冲电容 C 提供。该电容一般使用陶瓷电容或多层陶瓷电容（MLCC），以适应于驱动电路的高频工作环境。而该缓冲电容的大小应至少为驱动器件输入电容的 10 倍。

3）MOSFET 推挽输出电路

MOSFET 推挽电路也是广泛使用的一种驱动器输出电路，见图 2-41。它的工作原理类似于 BJT 组成的发射极跟随器。该电路可以使用单个数字信号进行控制，由于 MOSFET 本身较小的通态电阻，可以实现更高的栅极电流输出，并且 MOSFET 的电压降较低，因此对 IGBT 的开关速度影响较小。

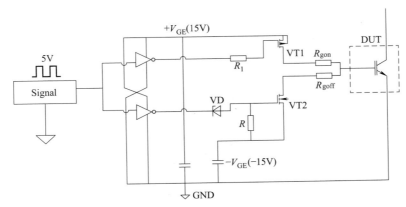

图 2-41　使用 MOSFET 推挽电路的栅极输出级

当输入的控制电压为高电平时，反相器输出为 0（GND）。而负责开通的 p-MOS 管的发射极与正栅极电压相连，因此 p-MOS 的栅极电压为负，p-MOS 开通。此时正栅极电压通过缓冲电容，p-MOS，栅极开通电阻 R_{gon} 对 IGBT 的输入电容进行充电，从而开通 IGBT。而此时对于 n-MOS 来说，反相器输出电压为 0，因此从反相器输出至 n-MOS 发射极的总电压为 15V。但是此时由于齐纳二极管 VD 处于阻断状态，会完全阻断该 15V 的电压，因此 n-MOS 的栅极至发射极电压约等于 0，因此 n-MOS 处于关断状态。

当输入数字信号为低电平时，反相器输出电压为正栅极电压（15V），此时 p-MOS 的栅极于发射极被短接，因此处于关断状态。而 n-MOS 从反相器输出到发射极的电压为 15V－（－15V）＝30V。而此时齐纳二极管由于击穿电压只有 20V，因此 VD 工作在反向导通状态，电压为二极管击穿电压。因此 n-MOS 的栅极电压为 10V，该值通常已经远大于低压 MOSFET 的阈值电压。n-MOS 开通，IGBT 通过栅极关断电阻 R_{goff}、n-MOS 以及缓冲电容 C 放电。IGBT 开始关断过程。

推挽输出电路相比于 BJT 发射极跟随器的一大优点是控制电路的损耗极低。因为当 MOSFET 开启后，控制端的损耗几乎为 0。而 BJT 电路却需要持续提供控制电流使 BJT 导通。另一方面是 MOSFET 的开通速度通常高于 BJT，因此可以实现更高的开关速度并降低损耗。

4）基于 MOSFET 推挽电路的主动控制技术

当对 IGBT 的开关有更高的控制需求时，例如控制特定阶段的 di/dt、dv/dt 等。可以在 MOSFET 推挽电路的基础上进行额外的扩展。此处介绍两种扩展电路。

首先是 Gate-boosting（栅极升压变换器），见图 2-42（a），该电路可以有效提升 IGBT 的开通速度。在 IGBT 开通时，栅极电压一般会从负值开始充电，在 V_{GE} 达到阈值电压之前，IGBT 两端的电压及电流不会发生变化。这段时间被称为开通延迟时间。如果在开通延迟时间之内使用更高的正栅极电压对栅极进行充电，则可以提升 IGBT 的开通速度，降低开通延迟时间。当栅极电压高于阈值电压之后，负载电流通过续流二极管换向至 IGBT，此时可以使用 15V 的正栅极电压继续为 IGBT 的输入电容进行充电，从而实现较软的续流二极管反向恢复过程。

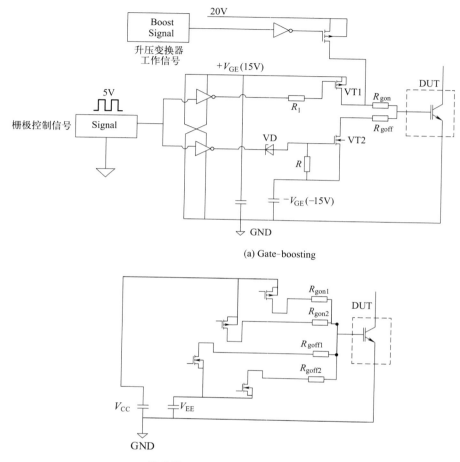

(a) Gate-boosting

(b) 基于MOSFET推挽结构的可变栅极电阻输出级

图 2-42　两种推挽电路的扩展电路

另一种常见的结构是可变栅极电阻结构，如图 2-42（b）所示。因为栅极驱动的电流可以通过栅极电阻进行调节，因此可以在开关过程的不同阶段对栅极电阻进行调节，从而达到对 di/dt 和 dv/dt 的控制。对于这种类型的主动控制，不同的 MOSFET 可以使用类似 FP-GA（现场可编程门阵列）的控制器进行控制。因为开关过程通常在数百纳秒或数微秒之间，因此控制信号需要足够快速。该电路的控制虽较为复杂，但若使用得当时，可以有效优化器件的开关损耗，并使器件始终工作在安全工作区之内，避免由于例如关断过电压等情况造成的器件损坏。

（3）栅极驱动供电

这里的驱动供电指的是栅极开通所需的正电压，通常为 15～18V（V_{CC}），以及栅极关断时所需的 0V 或负栅极电压（V_{EE}）。通常情况下，该电压可以由栅极驱动器直接提供，或者通过额外的电路提供。但是一般都需要与控制端进行电气隔离。一般主流的供电采用 DC-DC 变换器，例如 Flyback（反激式）变换器、推挽变换器等，具体电路信息见参考文献

[7]。在不考虑成本的情况下，也可以直接使用带电气隔离的成品 DC-DC 变换器来提供栅极电压。但是需要注意的是，DC-DC 变换器原边与副边之间的寄生电容应尽可能小，从而降低高速开关过程中 dv/dt 可能造成的影响。

2.6.2　栅极驱动的保护功能

除了保证器件的正常开通以及关断，栅极驱动器一般还应具有对于 IGBT 非正常工作状态的实时监测功能。当 IGBT 工作在安全工作区之外时，例如短路，过电流或过电压，快速的错误检测以及检测到错误之后的安全关断，实时监测对于 IGBT 的长期稳定工作有着重要的意义。本节将简要介绍栅极驱动的主要保护功能。

（1）V_{CE} 退饱和监测

当 IGBT 工作在正常导通时，器件处于电压饱和状态，两端的电压为正向饱和电压 $V_{CE,sat}$。当流过器件的电流由于其他因素突然升高时，例如过流或短路，器件两端的电压也会随之升高。例如在第二类短路过程中，当 IGBT 的电流上升到器件对应栅极电压的饱和电流之后，V_{CE} 将会快速上升至母线电压，该过程称为退饱和过程。而当器件两端的电压高于设定的阈值电压时，栅极将会检测到短路，从而发出错误信号，并使控制器关断该器件。

该方法的电路简化电路如图 2-43 所示，驱动芯片内部的电流源与 V_{desat} 端口连接，在 V_{desat} 端口之外通常会由限流电阻 R 以及阻断二极管 VD 组成。该阻断二极管的击穿电压应大于等于器件的击穿电压，当器件为高压期间时，可采用多个二极管串联的方式提高击穿电压。当器件正常工作时，两端导通压降为饱和压降 $V_{CE,sat}$。此时，芯片内部电流源电流流过电阻 R 以及阻断二极管 VD，最终流过 IGBT。电容 C 两端的电压约等于 $V_{CE,sat}$。而当器件两端 VCE 由于电流的上升升高时，该电流源的电流则会对电容 C 充电。最终当 V_{desat} 端的电压高于设定的阈值电压时，就可以实现对错误的检测。

退饱和方法电路简单且可靠，不容易产生误触发。但是该方法最大的缺点是必须设置一个检测延迟（Blanking Time）。因为例如当 IGBT 正常开通时，电压的下降发生在电流换向之后。而电压从母线电压下降到饱和电压值还需要等待栅极电压的完全充电。因此，该延迟时间取决于 IGBT 正常工作时的开关速度，通常为数百纳秒甚至微秒级。该延迟时间的设定可以通过调节电阻 R 与电容 C 的值来实现。但是这会使某些错误的检测不够迅速，例如一类短路。在低寄生电感的一类短路中，由于器件两端的 V_{CE} 始终维持

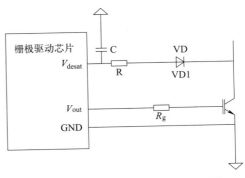

图 2-43　V_{CE} 退饱和监测简化原理图

在母线电压附近。因此，一类短路的检测只能发生在延迟时间之后。而对于 SiC-MOSFET 以及氮化镓（GaN）器件，如此长的延迟时间可能已经对器件造成不可逆的损坏。因此，也可以通过有集成栅极电压或 di/dt 检测来对短路进行快速判断的方法并不需要设定延迟时间。

（2）主动电压钳位（Active Clamping）

当器件在过电流状态下关断时，或者当关断电阻的选择不恰当时，将会在寄生电感上产生感应电压 V_L。该电压会与母线电压一起叠加在 IGBT 两端。当 IGBT 两端电压大于额定

阻断电压时，IGBT 可能会过压损坏。使用主动钳位可以有效降低 V_{CE} 的电压尖峰，该电路的原理图如图 2-44（a）所示。该电路并联在 IGBT 的集电极与栅极之间，通常由齐纳二极管或 TVS（瞬态电压抑制）二极管 VD1 以及二极管 VD2 组成。VD1 的作用是用来设置器件两端的最高电压，当器件两端的 V_{CE} 达到二极管 VD1 的击穿电压时（忽略 V_{GE} 电压值，V_{CG} 的电压约等于 V_{CE}），VD1 处于反向导通状态，电流通过 VD1 以及 VD2 给 IGBT 的栅极进行充电，从而抬高栅极电压，减缓 IGBT 的关断速度，进而达到限制 di/dt 的目的，并限制感应电压峰值。

二极管 VD2 是必要的，因为在正向导通的过程中栅极电压 V_{GE} 高于器件的饱和电压降 $V_{CE,sat}$。因此需要 VD2 阻断栅极通过集电极放电导致的器件失控。但是该方法也存在诸多缺点。首先，主动钳位的效果取决于负栅极电压 $-V_{GE}$ 以及栅极关断电阻 R_{goff}。因为在 IGBT 关断过程中，驱动电路的输出电压为负，而此时由于阻断二极管 VD1 的击穿产生的电流会通过栅极回路放电，而不是直接对栅极充电。例如当栅极关断电压为 -15V 时，而 IGBT 的栅极电压在关断过程中接近阈值电压，例如 5V。栅极关断电阻为 10Ω。则此时通过主动钳位回路产生的电流必须大于 2A 才能达到对 IGBT 栅极重新充电的效果。因此，VD2 的额定电流不可以选得过小，而额定电流较大的二极管会占用栅极驱动器额外的面积。

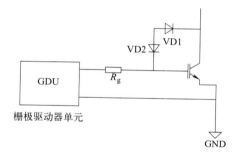

(a) 主动钳位简化原理图

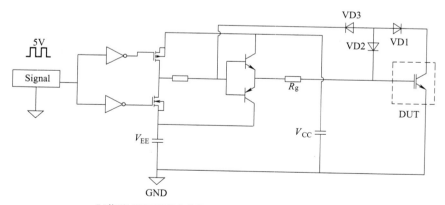

(b)基于MOSFET推挽结构以及BJT共射跟随器的优化主动钳位电路

图 2-44　钳位电路原理图[7]

图 2-44（b）展示了一种更加优化的主动钳位方案。栅极驱动电路由 MOSFET 推挽结构带动 BJT 组成的共射跟随器。该电路的工作原理与普通主动钳位类似，但是多了一条由二极管 VD3 直接引入栅极驱动器的回路。该电路明显的优点是只需要主动钳位回路提供很小的电流，便可以通过 BJT 发射极跟随器对栅极电压进行调节，因此二极管 VD3 的选型不

需要是类似于 VD2 那样的高电流二极管。并且相比于普通主动钳位电路，该电路拥有更快的响应速度。

（3）米勒钳位

对于某些应用，尤其是 SiC-MOSFET 的应用中，可能会使用 0V 作为器件的栅极关断电压。而在某些特定条件下，例如体二极管的反向恢复过程中，由于正向 dv/dt 变化，器件可能会通过米勒电容向栅极充电。而当栅极电压动态升高并且大于器件阈值电压时，可能会短暂使沟道开通。而此时半桥结构同桥臂的另一开关处于开通过程，因此可能会出现桥臂间短暂的短路，从而产生额外的损耗。该过程被称为寄生开通过程（Parasitic-turn-on）。该过程的强度取决于芯片的设计以及栅极回路电阻的大小，当芯片的米勒电容较大时，由于米勒电容产生的位移电流更强，寄生开通的风险越高。而当栅极回路的电阻较大时，米勒电容产生的位移电流不容易通过栅极回路进行释放，从而大部分电流将流入栅极电容，因此也会提高寄生开通的可能性。

为了防止寄生开通，则器件在关断状态下的栅极电压必须始终小于栅极阈值电压。米勒钳位的原理如图 2-45 所示，当栅极电压达到设定的阈值电压时，可以通过一个低阻抗的回路将栅极直接与负栅极电压或者 GND 相连，对栅极电容进行快速放电。图 2-45 展示的是使用一个额外的 pnp 型 BJT。当 BJT 的基极与发射极电压约为 −0.7V 时，BJT 导通，从而短接器件的栅极电容与 GND。

一些栅极驱动 IC 已经内部集成了米勒钳位功能，例如英飞凌公司的 1ED020I12 系列驱动芯片以及 Avago 公司的 ACPL-322J 芯片等。

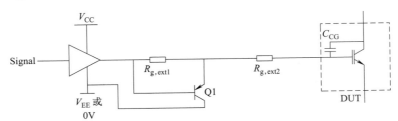

图 2-45　使用额外 pnp 三极管的米勒钳位电路简化示意图[7]

（4）控制侧保护

除了上述描述的当 IGBT 发生错误时的保护功能之外，栅极驱动电路通常还集成有逻辑保护功能，从而器件的工作更加安全。这里主要列举常见的逻辑保护功能，具体的实现方式可以参考文献 [7]。

最小脉宽抑制：防止器件在小于预设的最小脉冲宽度下开通或关断，从而防止在高电磁噪声环境中可能发生的误关断或误导通。

死区时间控制及半桥自锁：对于半桥结构而言，死区时间至在该时间段中上下桥开关均处于关断状态，且当上桥或下桥器件导通时，同桥臂的另一器件始终处于关断状态并忽略所有可能的错误导通信号，防止桥臂间短路。

错误信息存储及传递：对错误实时监测后的保存与信号传递，例如当发生由短路引起的退饱和错误时，栅极驱动应关断对应的器件并将错误信号实时传递给控制器或上位机。

低压闭锁（Under-voltage Lockout）：实时监测栅极驱动的正栅极开启电压，通常为 15V。而当电路故障导致正开启电压低于设定阈值时，栅极驱动器将忽略控制器的开启信号，从而避免器件由于过低的栅极电压开通而直接工作在电流饱和状态。

2.7　器件封装的仿真分析

器件封装仿真分析主要由产品设计工程师对新器件的封装进行电-热-力等多方位的仿真分析和考核。通过仿真分析能快速找到新器件的设计缺陷，凭借改进封装结构布局、替换材料等措施有效提高器件的可靠性，减少器件的实验开发成本和研发周期。区别于第8章将讲述功率循环仿真技术的逆向设计，通常器件封装仿真分析是"器件正向设计"的重要环节，器件正向设计的整个流程图如图2-46所示。主要分为四个步骤：

① 封装设计：设计工程师考虑如何将功率半导体器件正确地封装到物理封装中，以满足电气、热学和力学等要求。包括确定封装材料、封装形式、电路拓扑结构、DBC和芯片布局、引脚布局等。

② 封装仿真分析：通过使用仿真工具，设计工程师对封装进行电气、热学和机械仿真分析。主要分为电流均衡仿真分析、结温分布仿真分析、热应力仿真分析，以评估封装对功率半导体器件性能的影响。这可以帮助工程师优化封装设计，并解决潜在的问题，如电流分布、温度分布和应力分布等。

③ 封装优化：通过改进材料、优化结构来减少电流、温度分布不均匀、应力集中等问题，提升电流的绝对值和降低工作结温等。

④ 可靠性评估：通过相关可靠性测试，验证新器件的性能。

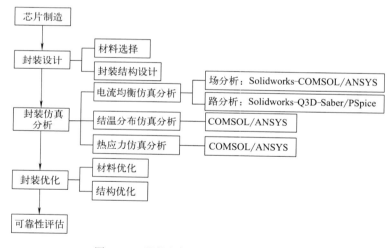

图 2-46　器件封装正向设计一般流程图

功率器件的仿真分析一般重点关注三个变量的变化，电流、结温和热应力。通过正向设计方法，可以在早期设计阶段发现和解决潜在问题，减少后续制造和测试中可能出现的错误和返工成本。这有助于提高功率半导体器件的设计效率和成功率，并加速产品上市时间。本节围绕封装仿真分析步骤，基于典型3300V/1000A压接器件介绍电流均衡仿真技术、结温分布仿真技术和热应力仿真技术。3300V/1000A压接型IGBT模型外观图、内部图和截面图如图2-47所示，该器件由20颗3300V/50A的IGBT芯片和10颗3300V/100A的FRD芯片构成。

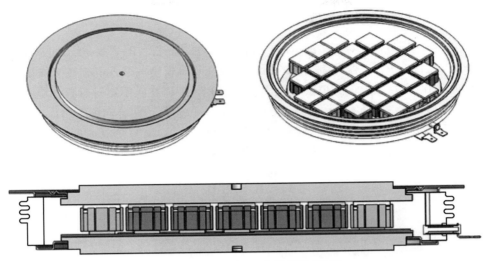

图 2-47　3300V/1000A 压接型 IGBT

2.7.1　电流均衡仿真技术

压接型 IGBT 器件内部各个凸台几何位置不一致，导致各部分寄生参数存在差异，从而在主回路以及栅极回路中产生的感应电压存在差异，影响了并联的 IGBT 芯片开通时的一致性。影响 IGBT 均流的因素主要有以下三个方面。

① IGBT 芯片引入的不一致性：一方面是 IGBT 芯片在生产制造时，受限于工艺水平，芯片间必然存在着参数差异；另一方面是 IGBT 器件在工作状态中，内部会存在散热不均衡与压力不均衡问题，从而使得不同 IGBT 芯片的结温与承压不同，由此导致了电气参数的偏离。一般阈值电压的差异或由于温度不一致导致的差异会影响器件的动态均流特性，而饱和压降的差异则会影响器件的静态均流特性。

② IGBT 封装引入的不一致性：这种不一致主要反映在凸台空间布置的不对称或结构设计不对称导致的电流路径差异上。进一步地，快速通断过程中，电流中必然存在高频分量，此时就会有明显的集肤效应。从电磁场的角度，凸台间的分流行为就归结为涡流场问题。

③ IGBT 栅极电路引入的不一致性：这种不一致性，源于控制电路中，各个支路的阻抗的差异，最终反映在不同芯片触发和关断的延时上。

压接型 IGBT 器件内部芯片的集电极与一块光滑水平的金属极板压接，引入的寄生参数较小，并且几乎一致。但是压接型 IGBT 的发射极是一块有多个凸台的金属极板，芯片发射极与凸台通过钼片、银片直接压接，虽然带来了回路的寄生电感，但是远小于焊接式器件。随着电流等级的增大和压接型 IGBT 内部并联的芯片数量增加，各个凸台几何位置的不一致，导致相互间的自感、互感存在差异，从而在主回路以及栅极回路中产生的感应电压也存在差异，影响了并联的 IGBT 芯片开通时的一致性。对于高压大功率压接型 IGBT 器件而言，尽量实现各个并联芯片之间的均流，对提升器件整体的通流能力具有重要意义。

针对压接 IGBT 器件芯片不均流现象，本小节将分别利用"场"和"路"两种模型进行研究。场主要考虑了三维布局的影响；而路的研究思路与传统方法一样，将三维电流路径近似转换为一维电路模型来分析。

2.7.1.1 压接 IGBT 芯片的并联均流仿真（场）

本小节从物理场的角度对压接型 IGBT 器件进行建模分析，图 2-48 所示的三维实体图是 3300V/1000A 压接型 IGBT 器件简化后的凸台模型及凸台模型编号，由于在工作期间，IGBT 器件开通和关断时存在 IGBT 和 FRD 的交替工作过程，所以在实际运行过程中 1000A 交流电流只通过图 2-48 凸台三维实体图中深灰色（电子版中为蓝色）部分，即 IGBT 芯片底部的凸台，四周 FRD 芯片在这期间是不工作的。为简化建模过程，缩短仿真时间，提高仿真效率，利用 SOLIDWORKS 将所有的凸台都改为长方体结构，一方面可以降低剖分难度与计算量，另一方面可以提高计算过程中的计算精度，避免部分几何形状畸变所带来的计算误差。

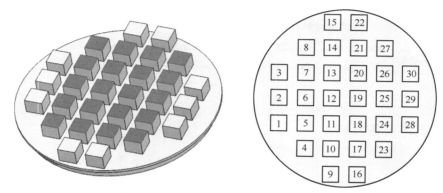

图 2-48　凸台三维实体图及凸台模型编号

虽然 IGBT 的工作频率一般在 10kHz 左右，压接型 IGBT 器件应用到电网时的工作频率可能更低，但是开通关断的瞬态过程中，等效频率可以达到 1MHz 甚至更高。因此根据 IGBT 工作过程中的实际情况，分别分析了 100kHz 和 1MHz 频率下的凸台电流分布情况，将三维模型导入到 COMSOL 多物理场仿真软件中，用 AC/DC 模块仿真凸台电流的分布情况。

如图 2-49 所示为电流频率为 100kHz 的条件下，凸台面及器件下表面电流密度分布情况。频率为 100kHz 时电流分布已经集中分布于 4、8、23 和 27 号凸台的外侧边缘部分。电流密度最大值在 MAX 凸台左下角，最大值为 $3.242 \times 10^7 \text{A/m}^2$；最小值在 MIN 凸台左下方，最小值为 0.609A/m^2。同时由于感应电场的作用，FRD 凸台呈现出比 IGBT 凸台电

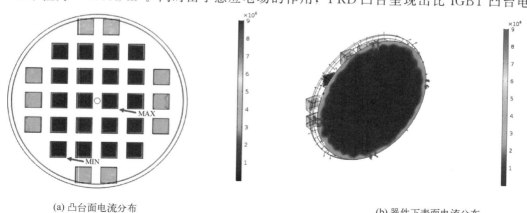

(a) 凸台面电流分布　　　　　　　　　　　　(b) 器件下表面电流分布

图 2-49　电流频率 100kHz 条件下凸台面及器件下表面电流分布情况（单位：A/m^2）

密度大的情况；另外，从下表面电流分布情况可以看出，由于集肤效应，电流流出器件的下表面时也呈现出分布不均的现象，电流从器件下表面的边缘流出。图中箭头代表电场方向。

图 2-50 展示了电流频率为 1MHz 时凸台面及整个凸台电流密度分布情况。在 1MHz 频率条件下，电流密度最大值在 MAX 凸台右侧中间，最大值为 $5.151 \times 10^7 \mathrm{A/m^2}$；最小值在 MIN 凸台左侧中间，最小值为 $0.178 \mathrm{A/m^2}$。此时只看凸台上表面电流差异不大，但是从整个凸台的电流密度中可以看出，器件下半部分表面呈现出电流密度中间小、外侧大的特点，这也是集肤效应的集中体现。

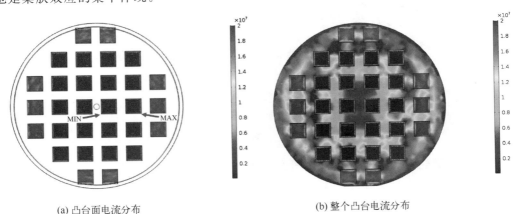

(a) 凸台面电流分布　　　　　　　　　　　　　(b) 整个凸台电流分布

图 2-50　电流频率 1MHz 条件下凸台面及整个凸台电流分布情况（单位：$\mathrm{A/m^2}$）

从图 2-50 中可以看出，在 1MHz 条件下，每个 IGBT 凸台的电流峰值电流值可达 $3 \times 10^7 \mathrm{A/m^2}$ 数量级，且靠近凸台边缘。但是每个凸台的边缘电流峰值相差不大。值得注意的是，FRD 凸台的感应电流密度也很大，这说明大电流流过 IGBT 对反并联 FRD 的通流能力是个考验。

由以上结果可知，金属凸台本身存在一定的自感，凸台与凸台之间在同时通过交变电流时，也会存在互感的问题。因此，对于每个半导体芯片所在的主功率回路，其线路的杂散电感是不一致的，这就导致电流通过凸台的路径也不一致。从结果也可以看出，IGBT 工作的频率越高，凸台的电流分布越不均匀，呈现出中间电流小、外部电流大的特点。

2.7.1.2　压接 IGBT 芯片的并联均流仿真（路）

本小节从电路的角度对压接型 IGBT 器件进行建模分析，暂时不考虑 IGBT 芯片内部复杂的电磁过程，直接使用芯片的外特性建立其电路模型；对于其余无源封装组件（射极、集电极板、凸台、PCB、钼片等）进行参数提取，建立等效电路模型；将芯片电路模型与无源封装组件的等效电路联合，组成 IGBT 器件的等效电路；应用 IGBT 器件等效电路搭建仿真电路，观察 IGBT 器件在双脉冲电路中各芯片的电流波形。

对压接型 IGBT 器件的模型进行适当的简化：移除倒角和拔模特征，减少不必要的计算量。利用 SOLIDWORKS 对凸台进行建模，生成通用的结构文件后，导入 Q3D Extractor 提取器当中，将压接型 IGBT/FRD 模型导入 Q3D Extractor 中，进行材料属性设置。图 2-51 所示的蓝色（见电子版）部分为仿真电路的 "source"，发射极下盖底面设置为 "sink"。求解器中 "solution frequency" 设置为 1MHz，"Setup" 设置迭代 20 次，相对误差小于

1‰，将凸台和 PCB 的提取参数值结果建立"symbol"模块，并将生成的网表文件导入 Saber 中，建立 IGBT/FRD 芯片行为模型。

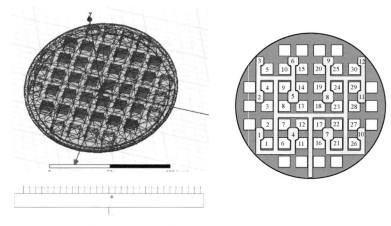

(a) 凸台模型及"symbol"模块　　　　　　　(b) PCB位置及凸台编号

图 2-51　Q3D 提取凸台寄生参数模型和 PCB 位置及凸台编号

在 Saber 中搭建双脉冲测试电路如图 2-52 所示，仿真过程中的栅极电压加载 15V，关断时加载 −15V。双脉冲设置为从零时刻开始；$10\mu s$ 后打开被测器件，此时电感上电流持续上升；$40\mu s$ 后关断被测器件，此时由于电感中电流值不能突变，所以电感上的电流由二极管续流，该电流缓慢衰减；关断 $5\mu s$ 以后，打开被测器件，续流二极管进入反向恢复状态，反向恢复电流会穿过 IGBT，此时电流探头所测得的 I_C 为 FRD 反向电流与电感电流叠加，产生如图 2-53 所示的电流尖峰，持续 $10\mu s$ 后结束仿真。

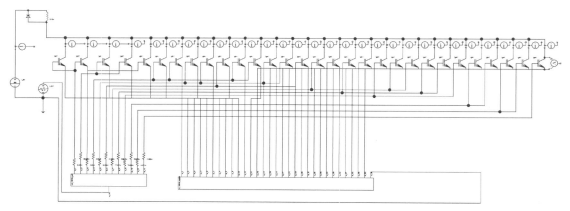

图 2-52　双脉冲测试电路图

仿真结果见图 2-53 所示，可以看出 IGBT 在开通和关断时，电流都有很大的过冲，尤其是开通时的集电极电流 I_C，其中第 30 号 IGBT 芯片的最大过冲可以达到 121.8A，比额定 50A 电流大了 71.8A。由各波形图可以看出，集电极电流 I_C 的开通过冲中，1 号、5 号、26 号和 30 号芯片的非常大，都超过 110A。可以看出，这四个芯片都位于 1500A 器件 IGBT 最边上的四角位置。6 号、10 号、21 号和 25 号芯片的电流过冲也达到了 75A 左右，这四个芯片位置也是位于边缘位置，但比 1 号、5 号、26 号和 30 号往中心位置一点。

综合观察其他芯片的电流过冲，可以得出这样的一般规律：从 IGBT 器件中心位置开

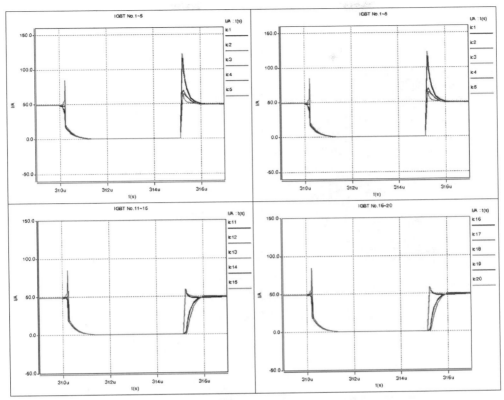

图 2-53 1-20 号 IGBT 电流 I_C 开通波形

始，越接近外缘，开通电流的过冲越大；而越接近中心位置，电流上升越慢，开通延迟时间越长。与之相对应的是，在关断过程中，关断电流越靠近中心位置的芯片，关断过冲越大；而越处在外缘的芯片，关断时的电流越欠补偿。所以开通和关断时，每个芯片的电流变化特性随位置呈现出了不同的规律。

参考其他论文可知，抑制 IGBT 芯片的电流过冲可以采用串联电阻、串联电感和栅极延迟触发这三种方法[10]。但串联电阻必定会增加 IGBT 的损耗，这显然是不经济的。因此对于开通电流过冲过大现象，采用串联几纳亨（nH）的电感和延迟几微秒的开通时间是比较理想的解决此问题的措施。

2.7.2 结温及分布仿真技术

IGBT 和 FRD 芯片在工作过程中会产生一定损耗，特别是在功率器件中，通态损耗和开关损耗会非常大。在正常工况下，IGBT 和 FRD 芯片分别流过 50A 和 100A 的通态电流，不仅存在导通损耗，还存在开关损耗，可参考 3.3 节。芯片产生的损耗会产生大量的热，使器件温度升高。高温对器件各部分的材料性能有很大影响，最高工作结温以及内部温度分布是限制 IGBT 模块功率密度提高的主要因素。所以，半导体器件的散热一直是器件封装过程中需要特别注意的问题。压接型 IGBT 器件与传统的焊接式 IGBT 功率模块相比，可以双面散热，理论上提高了功率等级。

本小节通过有限元仿真的方法，不考虑压力和温度耦合，只分析 3300V/1000A 压接型

IGBT 器件正常工作条件下的热学行为。本仿真模型与前文进行的并联均流仿真模型一样，省略了实际器件中的塑料框架、陶瓷管壳、PCB、弹簧探针、密封环板和凸台栅极缺口。

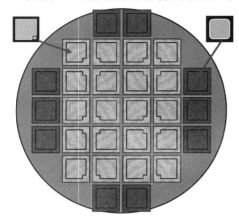

如图 2-54 所示为器件仿真模型，其中 IGBT 芯片占据器件中间 20 个位置，四周是 10 个 FRD 芯片，假设 3300V/1000A 压接型器件在正常工作情况下，IGBT 和 FRD 的功率损耗分别是 120W 和 70W。图中所示蓝色部分是 IGBT 芯片和 FRD 芯片的有源区，在正常工作期间只有有源区会产生损耗，在仿真中可以作为热源。其中 IGBT 芯片右下角灰色部分是栅极触发区。

由于压接型 IGBT 器件是多层接触器件，所以在边界条件设定方面，逐层共有五层接触对。由于每层接触是靠接触压力紧密接触的，因此假设器件在稳定压力下工作时的接触应力为 11MPa。同时假设器件双面散热良好，不考虑散热器的热传导波动的过程，所以可以假定器件两侧温度为 80℃。仿

图 2-54　热仿真模型

真后的压接型 IGBT 器件每层温度正视图和俯视图如图 2-55 所示。

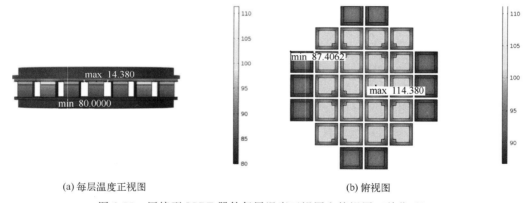

(a) 每层温度正视图　　　　　　　　　　　　　　　(b) 俯视图

图 2-55　压接型 IGBT 器件每层温度正视图和俯视图（单位：℃）

图 2-55 中标出了温度最大值和温度最小值的位置，从图（a）中可以看出，温度最大值在芯片中心位置，温度为 114.4℃，而温度最小的位置是发射极下盖外侧，温度为 80.0℃；通过芯片温度分布图（b）可以看，芯片最高温出现在 19 号芯片中心位置上，温度为 114.4℃；温度最低点在 3 号芯片左上角，温度为 87.4℃。可以定性地看出，IGBT 温度有源区或者外缘普遍比同位置的 FRD 芯片高 15℃左右。

由于 IGBT 和 FRD 芯片排列位置的不同导致温度的不同，可以考虑改变 IGBT 和 FRD 芯片的位置来改善温度分布；另外还可以在器件散热方面考虑用其他散热方法或者散热介质加强散热效果。

2.7.3　热应力仿真技术

器件封装失效的本质原因是组成器件各层结构的材料的热膨胀系数的不匹配，使得器件在受到温度波动时，各层结构膨胀收缩的程度不同，导致热应力集中在器件封装的薄弱点，

最终导致薄弱点老化失效。因此，器件的热应力仿真分析对于分析器件封装薄弱点具有重要意义。本节依然以 3300V/1000A 压接型 IGBT 器件作为对象进行分析。

封装材料的性能是决定模块性能的基础，尤其是封装材料的可靠性对模块的可靠性具有非常重要的影响，其中最主要的指标是热膨胀系数（Coefficient of Thermal Expansion，CTE），其次是电导、热容和热导率等。IGBT 会在不同条件下产生温度波动，热膨胀系数的不同会导致材料上热应力的不同，从而对器件内部产生影响。所以相邻界面材料的热膨胀系数差异应尽可能小。

本小节展示的热力耦合仿真是基于 COMSOL 仿真软件中的固体传热和固体力学模块进行的，为了节省计算时间和提高收敛性，只考虑集电极上盖与集电极钼片之间的一层接触。考虑通过 30mm 高的散热器施加压力，各材料参数与外部施加物理量的参数与前文仿真时参数设置相同，同时 3300V/1000A 压接型器件原布局前文已经详细介绍过，这里不再赘述。仿真后的应力和温度结果如图 2-56 所示。

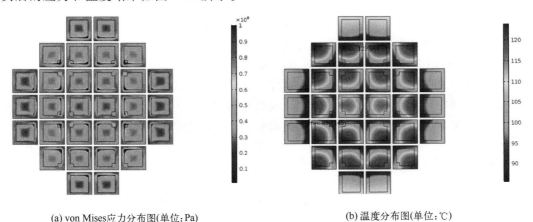

(a) von Mises应力分布图(单位:Pa)　　　　　(b) 温度分布图(单位:℃)

图 2-56　热力耦合条件下应力与温度分布图

由结果可以看出，热力耦合以后，应力分布呈现出内部应力大、外部应力小的特点。温度分布也呈现出与只有温度场时显著不同的特点，所有温度偏大的地方都集中在偏向芯片外缘的地方。为更清楚地研究压力和温度的分布规律，按照如图 2-57 所示的截线进行压力和温度的提取。

按照图 2-57 截线路径提取的压力和温度分布规律变化如图 2-58 所示。由图中可以看出，在压力变化方面，热力耦合以后压力出现负值，也就意味着因为芯片的热胀冷缩效应，芯片不仅没有因外部压力而压缩，反而自身膨胀对散热器和夹具施加了压力。对应温度分布变化规律，在每个芯片温度逐渐减小时，芯片所受的压力逐渐增大；在芯片的温度逐渐升高时，芯片所受的斥力逐渐增大，归根结底也是因为热胀冷缩的作用导致上述状况的发生。同时因为芯片压力值大的部分，接触良好，相应的接触热阻小，也会导致热通路畅通，温度也会随之变

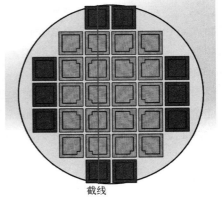

截线

图 2-57　原布局热力耦合压力与温度提取路径

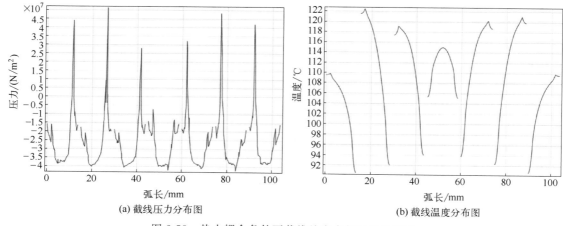

(a) 截线压力分布图　　　　　　　　　　(b) 截线温度分布图

图 2-58　热力耦合条件下截线处应力与温度分布图

低；而压力偏小的地方，接触不够充分，接触热阻大，对应的温度也会随之升高。

在热力耦合的条件下，芯片最高温度为 14 号芯片的左上部分，达到 124℃。在稳态条件下，IGBT 工作结温是不允许达到如此高的温度的。工作温度太高会显著影响 IGBT 芯片的性能，导致导通压降增大，进一步升高温度，并且由于芯片的热胀冷缩会加剧芯片间的压力不平衡，可能导致部分芯片被压坏；芯片间的温差和压力差的进一步增加也会导致金属部分出现熔融现象，也会导致各层之间的磨损增加，严重影响期间的可靠性能。

2.8　小结

本章首先对目前常用的功率器件的封装形式如分立式封装、模块式封装、压接型封装进行了简单的介绍。其中分析了各种封装形式的特点及其运用场合，封装所用的各层结构材料，封装工艺及所用到的封装设备。

为了更好地运用功率器件，看懂功率器件的数据表是一项至关重要的技能。因此 2.5 节以英飞凌的数据手册为基准进行了解读，其中主要关注了功率器件的静态参数、动态参数、热学参数和极限能力参数。

2.6 节介绍了用于控制 MOSFET 和 IGBT 的栅极驱动技术，通过对栅极信号的控制，可以实现器件的开关控制和功率调节，从而满足电力电子系统的各种需求。功率器件栅极驱动技术可以实现栅极信号的精准控制，从而改善系统的动态响应特性，提高系统的稳定性和可控性，通过优化对器件栅极的控制还可以调节实现功率分配和电源管理，从而降低系统的成本和能耗。

最后在对器件进行封装设计时，还需要经过仿真验证封装设计的可行性，主要从器件的电流分布、温度分布、热应力分布三个方面开展仿真研究分析，对所设计的封装进行评估，然后才能进入下一步进行器件封装。

参考文献

[1]　Ciappa M. Selected failure mechanisms of modern power modules [J]. Microelectronics reliability, 2002, 42 (4-5)：653-667.

［2］　Zeng K，Tu K N. Six cases of reliability study of Pb-free solder joints in electronic packaging technology［C］. Materials Science & Engineering R：Reports. IEEE，2002：1194-1200.

［3］　Anderson I E，Foley J C，Cook B A，et al. Alloying effects in near-eutectic Sn-Ag-Cu solder alloys for improved microstructural stability［J］. Journal of Electronic Materials，2001，30(9)：1050-1059.

［4］　亦艺. 半导体功率模块封装［EB/OL］.［2023-10-11］. https：//mp.weixin.qq.com/s/ZXTqwK8ruAOhQ0ScfJB0cA.

［5］　Fuji Electric. Fuji IGBT modules application manual［DB/OL］.［2023-10-11］. https：//www.fujielectric.com/products/semiconductor/model/igbt/application/.

［6］　Lutz J，Schlangenotto H，Scheuermann U，et al. Semiconductor power devices-Physics，characteristics，reliability［M］. 2nd Edition. Berlin Heidelberg：Springer Verlag，2018.

［7］　Volke A，Hornkamp M. IGBT modules technologies，driver and application［M］. Infineon Technologies AG，2021.

［8］　Hornkamp M. Gate driver isolation requirements［C］. ECPE Tutorial Drivers and Control Circuitry，2021.

［9］　Infineon. Gate driver ICs［EB/OL］.［2023-10-11］.https：//www.infineon.com/cms/en/product/power/gate-driver-ics/

［10］　肖雅伟，唐云宇，刘秦维，等. 并联 IGBT 模块静动态均流方法研究［J］. 电源学报，2015，13(02)：64-70，76.

第3章

器件特性测试

3.1 器件静态参数测试

3.1.1 测试标准分析

针对功率半导体器件，不同标准提出了其相应静态参数测试要求。

国际电工委员会（International Electrotechnical Commission，IEC）针对不同器件制定了不同标准：对于二极管，IEC 60747-2：2016 规定了其重要的额定参数，包括正向压降、正向峰值电压、击穿电压、持续反向电流等，其中较为重要的是正向压降和持续反向电流，代表了其导通与绝缘能力；针对晶闸管，IEC 60747-6：2016 指出了其重要的额定参数，包括反向电流、反向导通压降、持续关断电流、擎住电流、维持电流等；对于 MOSFET、IG-BT 等全控性器件，IEC 60747-8：2021、IEC 60747-9：2019 分别指出了其重要的额定参数，包括输出特性曲线、转移特性曲线、击穿电压、正向压降（导通电阻）、阈值电压、栅极漏电流、阻断漏电流等。

美国国防部 MIL-STD-750D：1995 标准中，按照测试类型、器件型号进行了分类，将器件特性测试分为环境测试、机械特性测试、热特性测试、低频测试、高频测试；双极晶体管、晶闸管、MOSFET、砷化镓器件、双极二极管、隧道二极管、微波二极管电特性测试。对于双极晶体管或 MOSFET，需要测试击穿电压、关断电流、安全工作区、正向压降（导通电阻）、阈值电压、栅极漏电流、转移特性、跨导等。

针对车用变流器的功率半导体器件，欧洲电力电子中心（European Center for Power Electronics，ECPE）提出的 AQG 324：2021 标准中，将器件测试分为模块测试、模块特性测试、环境测试、寿命测试。模块测试中，要求使用超声波扫描显微镜（Scanning Acoustic Microscopy，SAM）对模块内焊料、烧结处进行空洞检查，对外观进行检查，同时需测试额定集电极电流、阈值电压、栅极漏电流、阻断漏电流、正向压降（导通电阻）、击穿电压等电气参数。

对比上述三种常用标准，我们可发现：对于 IGBT 或 MOSFET 器件等功率半导体器件，均需测试击穿电压、阻断漏电流、阈值电压、栅极漏电流、正向压降（导通电阻）。值得注意的是，根据 IEC 60747-9：2019，静态参数的测试需按照顺序进行，如表 3-1 和表 3-2

所示，原因在于由某些失效机理导致的器件特性变化可能被其他的静态参数测量完全或部分地掩盖，参数测试之间存在相互影响，可能影响测量结果的准确性及失效特征的判断[1]。考虑到常用器件静态参数测试中，正向压降、栅极漏电流、绝缘特性、阈值电压能够覆盖器件基本特性测试需求，本书将着重对此四类静态参数进行分析。为方便起见，各个参数和名称均以 IGBT 器件为参照。

表 3-1　IEC 60747-9：2019 标准中所规定的 IGBT 静态参数测试顺序

静态参数	未失效判据	静态参数	未失效判据
I_{CES}	$I_{CES}<$USL	$V_{CE(sat)}$	$V_{CE(sat)}<$USL
I_{GES}	$I_{GES}<$USL	$V_{GE(th)}$	LSL$<V_{GE(th)}<$USL
I_R(RB-IGBT)	$I_R<$USL	V_{RC}(RC-IGBT)	$V_{RC}<$USL

注：USL，数据表规定上限值；LSL，数据表规定下限值。

表 3-2　IEC 60747-8：2021 标准中所规定的 MOSFET 静态参数测试顺序

静态参数	未失效判据	测试条件
I_{DSS} 或 I_{DSX}	$<$USL	给定 V_{DS} 和栅极条件
I_{GSS}	$<$USL	给定 V_{GS}
$V_{GS(off)}$ 或 $V_{GS(th)}$	$>$LSL，$<$USL	给定 V_{DS} 和 I_D
$R_{DS(on)}$	$<$USL	给定 V_{GS} 和 I_D
R_{th}	$<$USL	

注：USL，数据表规定上限值；LSL，数据表规定下限值。

3.1.2　测试技术和设备

器件静态参数测试电路均较简单，难点在于通过控制继电器实现多个参数的同步测试。国内外现有多种集成的静态参数测试仪，Agilent 公司（于 2014 年分拆为 Agilent Technologies 与 Keysight Technologies）生产的 B1505A 功率元件分析仪可用于评估亚 pA 级到 10kV 或 1500A 的功率元件，具有在大功率情况下精确量测 $10\mu s$ 脉冲的能力和 $\mu\Omega$ 级导通电阻（On-resistance）的量测功能。该设备具有在多种复杂环境下准确测量的能力，可以提供 1200V 时 500mA 的高电压中等电流条件，并在此条件下具有亚 pA 级别的测量精度。在热测试方面，可在 $-50\sim+250$℃ 的宽温范围内进行全自动热测试。B1505A 的每个通道具有两个模数转换器，可以支持 $2\mu s$ 的采样频率，测试精度达到 0.1%。由于模块选择器的可自动化程度高，因此该设备可以自动进行多个参数的全自动测量，无需重新布线。此外，国外 Rohde & Schwarz 公司的 R&S ZVA67 高性能矢量网络分析仪、Beckman Coulter 公司的 1260 静态参数测试仪、SECO 公司的 MPT 测试仪也可以对功率器件的静态参数进行测试。

国内已有不少静态参数测试产品，如华科智源 HUSTEC-1600A-MT 电参数测试仪，可以自动测试包括 3.1.1 节所述的四类静态参数。此外还包括：金毅科技 FCT-8800，可以测试 IGBT、二极管等半导体器件的四类电学性能参数，包括导通电阻、关断电阻、漏电流、击穿电压等；亿思能 SCA-2000A，可测试 IGBT、MOSFET、二极管等半导体器件的电学性能参数，包括漏电流、导通电阻、关断电阻、电容等；深圳信诺思 SNA-1500，可测试 IGBT、MOSFET、绝缘栅双极晶体管等半导体器件的电学性能参数，包括漏电流、导通电阻、关断电阻、电容等；德瑞特 DCRF-180，可测试 IGBT、MOSFET、二极管等半导体器件的电学性能参数，包括漏电流、导通电阻、关断电阻、电容等。但总的来说，国内生产的设备在电压等级上一般为 1.2～2kV，最大电流在 500～1000A 区间附近，测量精度一般是 0.2%～0.5%，因此在上述方面与国外的主流设备仍有一定差距。图 3-1 和图 3-2 分别展示了国外 Agilent 公司和国内华科智源公司的静态参数测试设备的代表，均为桌面式的布局。

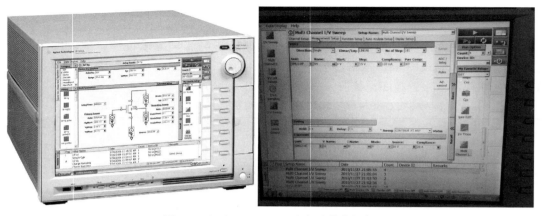

图 3-1　Agilent B1505A 功率元件分析仪

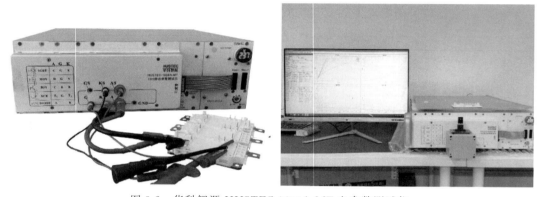

图 3-2　华科智源 HUSTEC-1600A-MT 电参数测试仪

3.1.3　正向压降测试

根据 IEC 60747-9：2019 标准，饱和压降 $V_{CE(sat)}$ 的测试方法和测试电路如图 3-3 所示，通过电压源 V_{GG} 给定器件栅压，在 CE 间通电流并测两端的饱和压降。测试步骤是：根据对应器件的数据表，在规定的环境温度和测试条件下进行测试，选择合适的栅极电阻，调节电压源 V_{GG}，使栅射极电压 V_{GE} 达到数据表的规定值。电压源 V_{CC} 是可控脉冲源，调节 V_{CC} 的值使电流表 I_C 的示数（即集电极电流 I_C）达到器件数据表的规定值，记录脉冲源通电时电压表 V_{CE} 的稳态示数，该值就是饱和

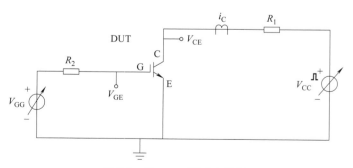

图 3-3　$V_{CE(sat)}$　测试电路图

压降 $V_{CE(sat)}$，该数值需要毫伏级精度的准确测量。需要注意的是：使用脉冲源的原因是避免芯片自发热对测试结果产生较大的影响，因此需要合理选择脉冲源的导通时间，既要考虑

到避免自发热的影响小于一定数值，也要考虑到 IGBT 的载流子复合效应大于一定时间，形成稳定的压降。该测试的目的是检验器件在导通状态下的性能，饱和压降的大小直接决定器件的通态损耗和结温，同时一般也用于表征器件键合线的老化状态。

3.1.4　栅极漏电流测试

　　根据 IEC 60747-9：2019 标准，栅极漏电流 I_{GES} 的测试方法和测试电路如图 3-4 所示，将器件的 CE 短接，然后在 GE 间施加指定的栅极电压。测试步骤是：在室温下进行测试，调节可控电压源 V_{GG}，使得栅极电压 V_{GE} 逐渐增大，观察电压表示数，当该电压表示数增大到器件数据表的规定值后（通常为栅极最大电压，一般为 20V），观察电流表 I_{G} 的示数（通常为 nA 或 pA 级），该值就是在规定温度下的 IGBT 栅极漏电流 I_{GES}。该测试的目的是检验功率器件的栅极绝缘能力和设计水平，现有 IGBT 技术成熟，栅极稳定可靠，而 SiC MOSFET 需要重点关注此问题。值得指出的是，由于栅极漏电

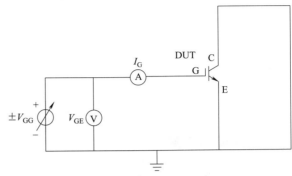

图 3-4　I_{GES} 测试电路图

流量级非常小（nA 或 pA 级），其准确测量非常困难，很容易受到外界的干扰。对测试设备的精度和电路抗干扰能力提出了很大的挑战，建议使用高精度、低噪声的专用设备进行测量，如 3.1.2 节所述。

3.1.5　集射极阻断特性测试

　　对 IGBT 的集射极阻断特性测试有两类：一是集射极漏电流测量，二是集射极击穿电压测量。两者本质是一样的，都是通过将 GE 短路，逐渐增大集射极电压并测量集射极漏电流。唯一的区别在于集射极漏电流测量时，只将 CE 电压加到额定电压；而击穿电压测量时，将 CE 电压加到超过额定电压，且集射极漏电流上涨至规定值时，记录该 CE 电压值。为避免重复，此处仅以测量 I_{CES} 为例，介绍集射极漏电流的测试方法即可。

　　根据 IEC 60747-9：2019 标准，集射极漏电流 I_{CES} 的测试方法和测试电路图如图 3-5 所示，栅极可短路、串联电阻或施加负压，在 CE 两端施加电压并测量漏电流。I_{CES} 的测试方法有两种：DC 法与 AC 法。DC 法测试 IGBT 集射极漏电流的步骤是：根据 IGBT 的数据表选择对应的栅极电路连接方式，栅极加负极性电压（对应图 3-5 的 I_{CEX}，X 代表负压的电压值）、栅极经电阻 R 与发射极相连（对应图 3-5 的 I_{CER}，R 代表连接电阻的电阻值）、栅极与发射极直接相连，即栅射极短路（对应图 3-5 的 I_{CES}，S 代表短路）；一般选用栅极与发射极短路进行测试，但对于 SiC MOSFET 等宽禁带半导体，栅射极短路不能保证沟道完全关断，有时需要对栅极施加负压以保证沟道完全关断，进而测量漏源极阻断漏电流 I_{DSX}；完成电路的连接后，逐渐提升可控直流电压源 V_{CC} 的电压，直至电压表 V_{CE} 的电压值到达数据表规定的数值，电流表 I_{C} 的示数就是集射极漏电流。AC 法（默认 50Hz 或 60Hz）测试步骤与 DC 法相似，区别是在集射极之间采用交流源与整流二极管组成半波正弦交流源，

在 IGBT 集电极和发射极之间施加正弦半波电压。该测试的目的是检验 IGBT 的正向阻断能力，考核器件的耐压设计和封装水平。

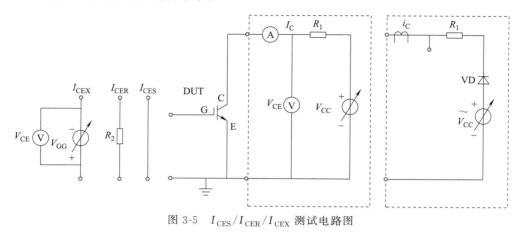

图 3-5 $I_{CES}/I_{CER}/I_{CEX}$ 测试电路图

3.1.6 阈值电压测试

根据 IEC 60747-9：2019 标准，阈值电压 $V_{GE(th)}$ 的测试方法和测试电路如图 3-6（a）所示。根据器件数据表要求，同时调节可控电压源 V_{GG} 与可控电压源 V_{CC}，使其两者在任何时刻电位相同，至电流表 I_C 的示数（即集电极电流）到达数据表的规定值时，读出电压表 V_{GE} 的示数，该值就是器件的阈值电压 $V_{GE(th)}$。该测试的目的是检验栅极的健康状况和检查栅极控制导电沟道打开的能力。

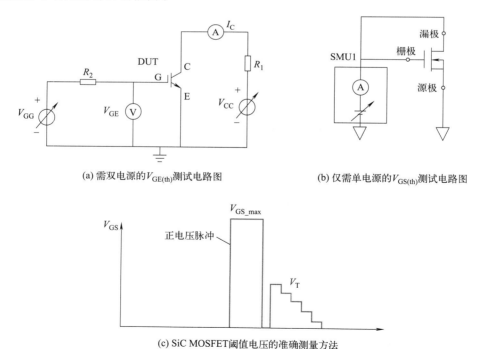

(a) 需双电源的 $V_{GE(th)}$ 测试电路图　　　　(b) 仅需单电源的 $V_{GS(th)}$ 测试电路图

(c) SiC MOSFET 阈值电压的准确测量方法

图 3-6 阈值电压的测量方法

此外，针对宽禁带半导体器件如 SiC MOSFET 等，JEDEC JEP183：2021 标准于 2021 年发布[2]，该标准规定也可以通过栅-漏极短路的方法测量器件阈值电压，如图 3-6（b）所示，该方法仅需一个电流源，将待测器件的栅极与漏极短路，逐渐增大直流电流到达数据表规定值，此时测得栅源极电压为阈值电压 $V_{GS(th)}$。该标准还提及，针对 SiC MOSFET 器件测量阈值电压时，由于上电过程与断电过程中存在栅氧化层陷阱电荷引起的阈值电压滞后效应，使得上电过程与断电过程中的阈值电压测量存在差异，因此需对器件进行上电预处理再进行测量，如图 3-6（c）所示。

3.2　器件动态参数测试

3.2.1　测试标准分析

与 3.1.1 节介绍标准类似，对于二极管，IEC 60747-2：2016 规定了其重要的额定参数，包括反向恢复时间、反向恢复能量、正向恢复时间、峰值正向恢复电压等，其中较为重要的是反向恢复时间与正向恢复时间。针对晶闸管，IEC 60747-6：2016 指出了其重要的额定参数，包括反向恢复时间、总功率损耗、栅极控制延迟时间、导通时间等；对于 MOSFET、IGBT 等全控性器件，IEC 60747-8：2021、IEC 60747-9：2019 分别指出了其重要的额定参数，包括切换时间、栅极电荷、输入电容、输出电容、反向转移电容、栅极电阻等。

美国国防部 MIL-STD-750D 标准中，按照测试类型、器件型号进行了分类，可参见前述。对于双极型晶体管或 MOSFET，需要测试输入电容、输出电容、反向转移电容、脉冲响应、栅极电荷、开关时间、开关损耗等。

针对车用变流器的功率半导体器件，欧洲电力电子中心（ECPE）提出的 AQG 324：2021 标准中，未对器件动态参数有明确要求，然而模块的寄生电感、热阻、短路能力、介电强度与绝缘热阻需按要求进行测试，而寄生电感一般需要用动态测试来获得。同时，对于器件的一些可靠性测试前后也需要进行动态测试来确定其失效机理，因此，实际上仍然需要通过双脉冲电路来获得相关的动态参数和特性。

对比上述三种常用标准，我们可发现：对于 IGBT 或 MOSFET 器件，均需测试输入电容、输出电容、反向转移电容、栅极电荷、开关时间、开关损耗。考虑到常用器件数据表及动态参数测试中，主要由输入电容、反向传输电容、导通延迟时间、上升时间、关断延迟时间、下降时间、每个导通过程的能量损耗、每个关断过程的能量损耗等 8 类参数决定，因此本书将着重对此 8 类动态参数进行分析。

3.2.2　测试技术和设备

动态参数测试的难点在于测试回路的低杂散电感设计，对于功率半导体器件的动态参数测试，前文 3.1.2 节提到的 Agilent 公司，其两款静态参数测试仪产品 B1505A Power Device Analyzer/Curve Tracer 与 E5270B Precision IV Analyzer［如图 3-7（a）所示］同样集成了对功率电力电子器件的动态参数测试功能，需要注意的是，测量动态参数时，两款设备的最大电压可以达到 3000V，最高测试速度可以达到 10ns。相似地，Keysight 也针对宽禁带半导体推出了 PD1500A 动态参数测试仪，实现了高频测试（GHz 级）、低泄漏（fA 级）、脉冲功率（1500A 电流、10μs 分辨率级）准确测量。此外，市面上技术最早、最成熟的是瑞士 Lemsys 公司的动态测试设备 Pro-AC［如图 3-7（b）所示］，该设备额定电压 1500V、额定电流 600A，且实现了低至 37.12nH 的寄生电感，极大地减少了开关过程导致的电压尖峰，还可根据需求定制不同电压和电流等级的产品。

国内许多厂家同样开发了十余款设备，用于替代上述产品。如合肥科威尔技术有限公司的 MX300D 动态测试系统，山东阅芯电子科技有限公司的 AVATAR-D 动态特性智能测试系统，忱芯科技（上海）有限公司的 EDISON Advance 动态特性测试系统，杭州飞仕得科技股份有限公司的 MIRACLE ME300D 等。

国内生产的动态参数测试仪最高电压一般在 1200～2000V 之间，测试最大电流从 50～1000A 不等（也有更高的），测试最高速度为 1μs；而 Lemsys 的测试系统可定制 8000V 和 4000A。

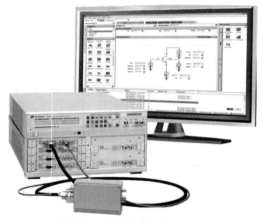 

(a) Agilent E5270B Precision IV Analyzer　　　(b) Lemsys Pro-AC 动态参数测试系统

图 3-7　动态参数测试设备

3.2.3　测试参数分析

相似于前述 3.1 节静态参数测试，IGBT 器件动态参数的测试方法和失效标准同样可以参考国际标准 IEC 60747-9：2019 得到。综合前述 3.2.1 节标准分析，常被测量的动态参数有输入电容 C_{ies}、输出电容 C_{oes}、反向转移电容 C_{res}、栅极电阻 R_g、栅极电荷 Q_{Gate}、开关时间与开关损耗等。其中，IGBT 器件的三类结电容 C_{GE}、C_{GC}、C_{CE} 通过式（3-1）及输入电容 C_{ies}、输出电容 C_{oes}、反向转移电容 C_{res} 的测量得到。三类结电容与 IGBT 器件的关系如图 3-8 所示，其中，C_{GE} 影响阈值电压开启/关断时间，影响器件的开关速度、开关损耗；C_{GC} 又称为密勒电容，主要影响器件栅极电压 V_{GE} 与 V_{CE} 的耦合关系；C_{CE} 影响器件 V_{CE} 的变化，限制开关转换过程中的 dv/dt。

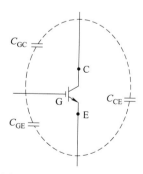

图 3-8　三类结电容示意图

$$\begin{cases} C_{ies}=C_{GC}+C_{GE} \\ C_{oes}=C_{GC}+C_{CE} \\ C_{res}=C_{GC} \end{cases} \quad (3-1)$$

（1）输入电容 C_{ies}

输入电容 C_{ies} 的测试方法和测试电路可参考 IEC 60747-9：2019 与国标 GB/T 29332—2012[3]。相关测试电路图如图 3-9（a）所示：CM 是电容计，V_{CC} 和 V_{GG} 是可调直流电源，电容 C_1 和 C_2 在测量频率处短路，电感 L_1 和 L_2 在测试频率处断路并将测量信号与直流电源解耦，频率需根据数据表参数设置（通常为 1MHz），在 1MHz 频率下，L_1、L_2、C_1、C_2 需满足以下条件，如式（3-2）、式（3-3）所示：

$$1/\omega L_1 \ll |y_{\text{ie}}|, 1/\omega L_2 \ll |y_{\text{oe}}| \tag{3-2}$$

$$\omega C_1 \gg |y_{\text{ie}}|, \omega C_2 \gg |y_{\text{oe}}| \tag{3-3}$$

式中，y_{ie}、y_{oe} 分别为小信号共发射极短路输入导纳与输出导纳。

相关电路的测试原理如下。

对于电感 L_1、L_2，由于特定频率下其导纳远远小于器件共发射极短路输入导纳 y_{ie} 及共发射极短路输出导纳 y_{oe}，因此可视为断路。实际上：L_1 高阻抗的作用在于将器件虚短，防止 IGBT 器件状态的不稳定并避免电源 V_{GG} 对电路测量的影响；L_2 高阻抗是为了避免电源 V_{CC} 对电路测量的影响。

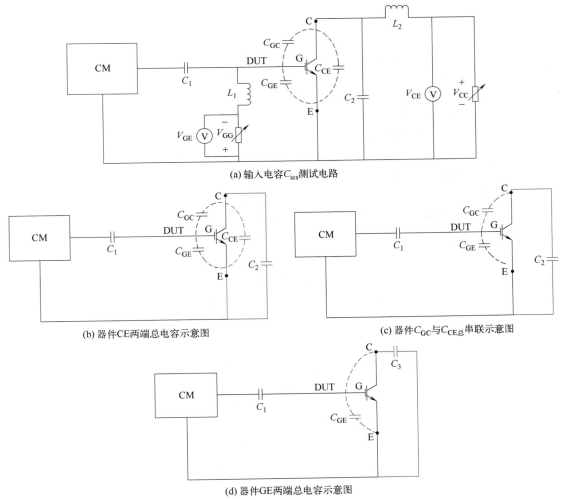

(a) 输入电容 C_{ies} 测试电路

(b) 器件CE两端总电容示意图

(c) 器件 C_{GC} 与 $C_{\text{CE总}}$ 串联示意图

(d) 器件GE两端总电容示意图

图 3-9 器件电容的测试电路

由于器件 CE 两端存在结电容 C_{CE}，因此器件 CE 两端的总电容等于 C_{CE} 与 C_2 并联，即 $C_{CE}+C_2$，如图 3-9（b）所示，考虑到 C_2 为 μF 量级，远大于器件结电容 C_{CE}（通常 nF 量级，$\omega C_2 \gg |y_{oe}|$），因此 CE 两端总电容约等于 C_2，如式（3-4）所示。

$$C_{CE总} = C_{CE} + C_2 \approx C_2 \tag{3-4}$$

进一步地，如图 3-9（c）及式（3-4）所示，由于从 GE 端口看，密勒电容 C_{GC} 与 $C_{CE总}$ 形成串联关系，令 C_3 为两者并联求和的值，即 $C_3 \approx C_{GC}$：

$$\frac{1}{C_3} = \frac{1}{C_{GC}} + \frac{1}{C_{CE总}} \approx \frac{1}{C_{GC}} + \frac{1}{C_2} \approx \frac{1}{C_{GC}} \tag{3-5}$$

此时，如式（3-6）及图 3-9（d）所示，从 GE 端口看过去，器件 GE 两端的总电容等于 C_{GE} 与 C_3 并联，即 $C_{GE}+C_3$，约为 $C_{GE}+C_{GC}$，即为所求输入电容 C_{ies}。

$$C_{GE总} = C_{GE} + C_3 \approx C_{GE} + C_{GC} = C_{ies} \tag{3-6}$$

然而，需要注意的是，此时由电容计 CM 测到的电容值 $C_总$ 为 C_1 与 C_{ies} 串联后的总值，考虑到 C_1 为 μF 量级，远大于器件输入电容 C_{ies}（通常 nF 量级，$\omega C_1 \gg |y_{ie}|$），测量得到的总电容 $C_总$ 约等于输入电容 C_{ies}，如式（3-7）所示。

$$\frac{1}{C_总} = \frac{1}{C_1} + \frac{1}{C_{ies}} \approx \frac{1}{C_{ies}} \tag{3-7}$$

（2）输出电容 C_{oes}

类似于输入电容 C_{ies}，输出电容 C_{oes} 同样参考 IEC 60747-9：2019 与国标 GB/T 29332—2012 测试标准，以国标为准，输出电容 C_{oes} 的测试方法和测试电路如图 3-10 所示，CM 是电容计，V_{CC} 和 V_{GG} 是可调直流电源，电容 C_1 和 C_2 在测量频率处短路，电感 L_1 和 L_2 在测试频率处断路。值得注意的是，大部分数据表并未给出 C_{oes} 参数及其测量要求，仅规定了输入电容 C_{ies} 与反向传输电容 C_{res} 测试条件。在测量频率下，C_1、C_2、L_1、L_2 与 y_{ie}、y_{oe} 的关系与式（3-2）、式（3-3）相同，此处不再赘述。

相关电路的测试原理如下。

由于其测试原理与 C_{ies} 相似，此处不再一一画出。电感 L_1 和 L_2 用于将测量信号与直流电源解耦，可视作断路。C_1 与结电容 C_{GE} 并联，则 GE 两端总电容 $C_{GE总} = C_1 + C_{GE} \approx C_1$。进一步地，对于 CE 端口，$C_{GE总}$ 与 C_{GC} 串联，令其串联总电容为 C_4，则电容 $1/C_4 = 1/C_{GE总} + 1/C_{GC} \approx 1/C_1 + 1/C_{GC} \approx 1/C_{GC}$，$C_4 \approx C_{GC}$。则从 CE 端口看进去，总电容 $C_{CE总}$ 等于 C_{CE} 与 C_4 并联，即 $C_{CE总} = C_{CE} + C_4 \approx C_{CE} + C_{GC} = C_{oes}$。对于电容计 CM，测得总电容 $C_总$ 等于 $C_{CE总}$ 与 C_2 串联，即 $1/C_总 = 1/C_{CE总} + 1/C_2 \approx 1/C_{oes} + 1/C_2$，由于 $\omega C_2 \gg |y_{oe}|$，则 $1/C_总 \approx 1/C_{oes}$，$C_总 \approx C_{oes}$。

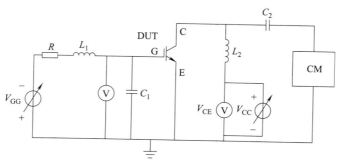

图 3-10　输出电容 C_{oes} 测试电路

（3）反向转移电容 C_{rss}

反向转移电容 C_{rss} 的测试方法和测试电路相对输入电容 C_{ies}、输出电容 C_{oes} 则简化许多，电路如图 3-11 所示，C_1 与 C_2 应在测量频率处（通常为 1MHz）短路，电感 L_1 和 L_2 用于将测量信号与直流电源解耦。则结电容 C_{GE} 与 C_{CE} 均有电容计 CM 内部隔离，电容计 CM 直接测量 GC 两端结电容 $C_{GC}=C_{res}$。

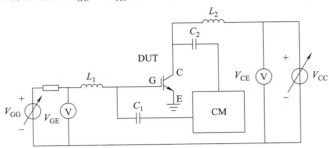

图 3-11　反向转移电容 C_{rss} 测试电路

（4）栅极电荷 Q_{Gate}

据 IEC 60747-9：2019 标准，栅极电荷 Q_{Gate} 的测试方法和测试电路如图 3-12 所示。测试步骤是：用恒流 I_{GG} 为栅极供电，使得待测器件栅极电压从初始时刻 t_0 的电压 V_{GE0} 逐渐增大到最终时刻 t_1 的电压 V_{GE1}（达到数据表规定的电压，通常从 $-15V$ 增加到 $+15V$），同时由 V_{CC} 电源施加 CE 电压并提供集电极电流 I_C。记录初始时刻 t_0 至最终时刻 t_1 的 V_{CE} 和 V_{GE}，由电荷的定义可知，栅极电荷 Q_{Gate} 为 $t_0 \sim t_1$ 时间内电流 i_G 的积分值，如式（3-8）及图 3-13 所示。

$$Q_{Gate}=\int_{t_0}^{t_1} i_G(t)\mathrm{d}t=I_G(t_1-t_0) \tag{3-8}$$

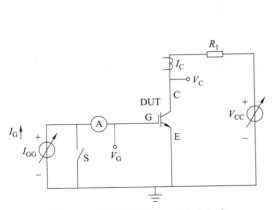

图 3-12　栅极电荷 Q_{Gate} 测试电路

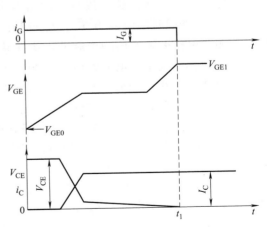

图 3-13　栅极电荷 Q_{Gate} 计算示意图

（5）开关时间与开关损耗

在功率器件数据表中，以 IGBT 器件为例，描述器件开关行为的主要参数包括：上升时间 t_r、导通延迟时间 $t_{d(on)}$、关断延迟时间 $t_{d(off)}$、下降时间 t_f，这四类参数都需要在数据表规定的阻断电压、导通电流、栅极电压、栅极电阻条件下进行测试，常用双脉冲测试方法测量此四类参数，其测试电路图如图 3-14 所示，其中，V_{CC} 提供电压电流；VD 为二极管；L

为负载电感；V_{GG1}、V_{GG2} 与 R_1、R_2 分别为栅极电压与栅极外接电阻。

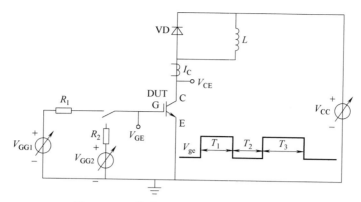

图 3-14　双脉冲测试电路及栅极驱动波形

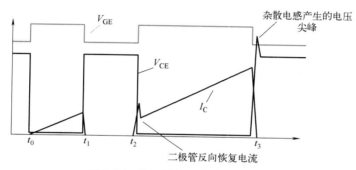

图 3-15　待测器件双脉冲测试波形

　　首先设定待测器件栅极按时序输出两个脉冲，如图 3-14 所示，两个脉冲周期分别为 T_1、T_3，脉冲间时间间隔为 T_2。待测器件双脉冲测试波形如图 3-15 所示，在 $t_0 \sim t_1$ 期间，待测器件栅极施加第一个脉冲，器件导通，电感电流线性上升，电流 $I = Ut/L$，在 U 和 L 都确定的情况下，电流大小由开通时间 t_1 决定；在 $t_1 \sim t_2$ 期间，待测器件关断，负载电感 L 的电流经由二极管续流，该电流缓慢衰减（但不为零），此时待测器件两端电流为零；在 $t_2 \sim t_3$ 期间，待测器件栅极施加第二个脉冲，器件再次导通，由于器件导通前二极管仍处于续流状态，因此器件导通后二极管进入反向恢复状态，反向恢复电流与负载电感电流叠加后流过待测器件，使得流经待测器件的电流出现尖峰；t_3 以后，由于待测器件再次关断，此时较大的电流在母线杂散电感上产生一定的电压尖峰，电压幅值 $U = L\,di/dt$。

　　对于上升时间 t_r、导通延迟时间 $t_{d(on)}$、关断延迟时间 $t_{d(off)}$、下降时间 t_f 四类参数，标准规定如下：令第一个峰值电流为 I_{CM}，则 t_r 为 $10\% I_{CM}$ 上升至 $90\% I_{CM}$ 所需的时间；$t_{d(on)}$ 为施加 $10\% V_{GE}$ 至上升到 $10\% I_{CM}$ 所需的时间；$t_{d(off)}$ 为施加 $90\% V_{GE}$ 至下降到 $90\% I_{CM}$ 所需的时间；t_f 为 $90\% I_{CM}$ 下降至 $10\% I_{CM}$ 所需的时间，如图 3-16（a）所示。最后，导通损耗 E_{on}、关断损耗 E_{off} 的计算可由图 3-16（a）、图 3-16（b）计算得到，对于导通损耗 E_{on}，其等于 $V_{CE}I_C$ 对时间 dt 的积分，即 $E_{on} = V_{CE}I_C t_i$，t_i 定义为从 $10\% V_{GE}$ 的上升值开始，直到 V_{CE} 降为 2% 母线电压 V_{CC} 所经历的时间；对于关断损耗 E_{off}，其同样等于 $V_{CE}I_C$ 对时间 dt 的积分，即 $E_{off} = V_{CE}I_C t_i$，t_i 定义为从 $90\% V_{GE}$ 的下降值开始，直到 I_C 降为 2% 峰值电流 I_{CM} 所经历的时间。

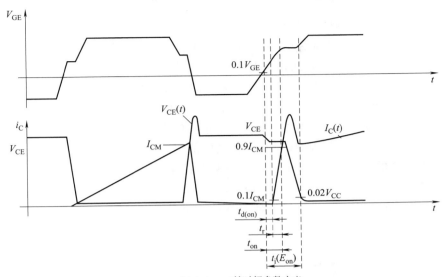

(a) t_r、$t_{d(on)}$、t_i等时间参数定义

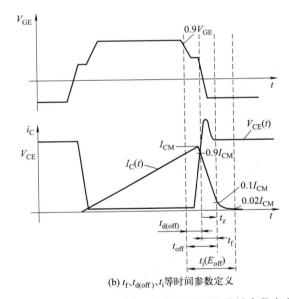

(b) t_f、$t_{d(off)}$、t_i等时间参数定义

图 3-16 IGBT 器件开通与关断波形图及关键参数定义

3.2.4 测试难点分析

对于 3.2.3 节所述各类动态参数测试，按照其测试方法可分为两类：对器件特征参数的测试与对器件动态特性的测试。其中，输入电容、输出电容、反向转移电容、栅极电阻、栅极电荷都属于对器件特征参数的测试，开关时间、开关损耗属于对器件动态特性的测试。

针对器件特征参数的测试，主要存在两个难点：由于特征参数量级较小（对于输入电容、输出电容、反向转移电容三类结电容，常见值在 nF 量级；对于栅极电荷，常见值在 μC 量级），因此测量仪器本身的精度需要足够高，对噪声的抑制是一大难点；另一个难点是在测量电路中，需要对相关元件（如电路中用于短路或开路作用的电感、电容）正确选型，以确保测量值的准确性。

针对器件动态特性的测试，主要存在三个难点：一是待测器件栅极的准确控制，如对于参数 $t_{d(on)}$、$t_{d(off)}$，其定义分别为施加 $10\%V_{GE}$ 至上升到 $10\%I_{CM}$ 所需的时间、施加 $90\%V_{GE}$ 至下降到 $90\%I_{CM}$ 所需的时间，因此栅极控制越准确，测量得到的参数越精确；二是参数的准确测量，对于上升时间 t_r、导通延迟时间 $t_{d(on)}$、关断延迟时间 $t_{d(off)}$、下降时间 t_f，其量级均为微秒级（对于 SiC MOSFET 器件，单极性器件中载流子复合更快，开关频率更快，其相关开关时间参数可至纳秒级），导通损耗 E_{on}、关断损耗 E_{off} 根据积分时间 t_i 计算得到，测量频率也需达到 MHz 量级，更高的测量频率有助于参数的准确测量；三是测试回路中杂散参数的有效设计，由于常用功率器件阻断电压在 $650\sim3300V$，对应 $50\sim2000A$ 的额定电流，其电压、电流变化值较大，即 du/dt、di/dt 较大，若回路中存在一定的杂散电容、杂散电感等，将导致器件处存在位移电流 $I=Cdu/dt$、过电压尖峰 $U=Ldi/dt$ 等，不利于测试运行及相关参数测量。

3.3 器件热学参数测试

3.3.1 热阻的定义

如图 3-17 所示，功率器件的热阻表征的是热量从芯片 pn 结沿着封装路径向散热器传递过程中遇到的阻力，是器件热特性最为重要的参数指标，和电气工程学科的电流传输路径中的电阻十分相似，如图 3-18。可以用类比的方法来理解，与电阻存在定义式与决定式一样，热阻也存在定义式和决定式。其中定义式往往作为测量功率器件热阻的重要依据；而从决定式可以看出，热阻是器件的固有特性，只与器件结构、材料和尺寸有关，不与测试条件关联。事实上，热阻的准确测量是工业界和学术界的一大难题，只有充分理解热阻的决定式，明确热阻的影响因素，才能在利用定义式进行热阻测量时减少误差。

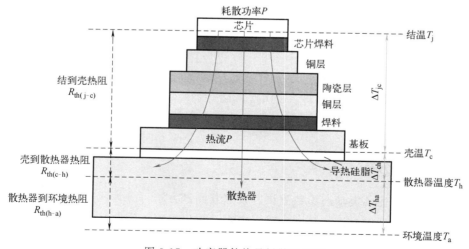

图 3-17　功率器件热量耗散示意图

定义介质（固体、液体或气体）以热的形式传输热量的能力为热导率 λ，如果已知某一层介质的横截面积 A 和厚度 d，就可以得到该层介质的热阻 R_{th}，其单位是 K/W。热阻表示的物理意义为热量在经过该层介质时所遇到的阻力，用公式表示为式（3-9），这是热阻的

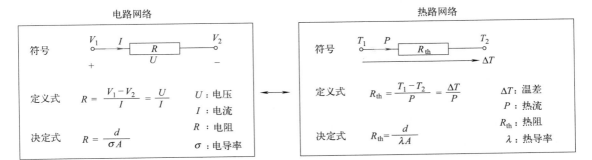

图 3-18　电阻与热阻之间的相似性

决定式。

$$R_{th} = \frac{d}{\lambda A} \tag{3-9}$$

根据热传导定律（傅里叶定律），如果已知介质两端温差 ΔT，就可以得到流经介质两端的热流 P（单位为 W），用公式表示为

$$P = \frac{\lambda A \Delta T}{d} \tag{3-10}$$

也就是说，介质的热阻可以通过式（3-9）和式（3-10）表示为式（3-11），注意这是热阻的定义式。

$$R_{th} = \frac{\Delta T}{P} \tag{3-11}$$

对比电阻计算公式 $R = U/I$，看起来电学参数和热学参数有表 3-3 所示完美的对应关系，其中电压实际上是两点的电势差，与两点的温度差也是对应的。

表 3-3　电参数和热参数之间的对应关系

电参数	热参数	电参数	热参数
电压 U(V)	温差 ΔT(K)	电阻 R(Ω)	热阻 R_{th}(K/W)
电流 I(A)	热流 P(W)	电容 C(F)	热容 C_{th}(J/K)
电荷量 Q(C)	热量 Q_{th}(J)		

但事实上电阻在恒定温度时是不依赖于电压的常数，但热阻却依赖于温度，因为材料的传热特性与温度是相关的。只有当介质热导率 λ 与温度无关时，热阻式（3-11）才为常数。对于铝、铜和大多数材料而言，在 $-50 \sim +150$℃ 内可近似认为热导率 λ 为常数；对于硅、碳化硅材料，在 $0 \sim +725$℃ 范围内，二者热导率与温度的关系可表示为式（3-12）和式（3-13）。

$$\lambda_{Si}(T) = \frac{1}{0.03 + 0.00156(T + 273.15) + 1.65e^{-6}(T + 273.15)^2} [W/(cm \cdot K)] \tag{3-12}$$

$$\lambda_{SiC}(T) = \frac{1}{-0.144 + 0.00121(T + 273.15) + 5.147e^{-7}(T + 273.15)^2} [W/(cm \cdot K)]$$
$$\tag{3-13}$$

除了热阻 R_{th} 与电阻 R，热容 C_{th} 和电容 C 也有着对应关系。介质的热容 C_{th} 描述的物理意义为介质储存热量的能力。电容 C 表示电荷量 Q 和电压 U 之间的关系，即 $C = Q/U$。类似地，热容 C_{th} 表示热量 Q_{th} 和温差 ΔT 之间的关系，即热容 C_{th} 可以描述为热量变化与

温差的比值，用公式表示为

$$C_{th} = \frac{\Delta Q_{th}}{\Delta T} \tag{3-14}$$

热量 Q_{th} 可以通过比热容 c_{th}、质量 m 和温差 ΔT 计算得到，即 $Q_{th} = c_{th} m \Delta T$。如此一来，介质的热容 C_{th} 可以由该介质的比热容 c_{th}、密度 ρ、厚度 d、导热面积 A 来描述，即

$$C_{th} = c_{th} \rho d A \tag{3-15}$$

在 $0 \sim 725℃$ 范围内，硅材料的比热容可视为常数，为 $c_{th\_Si} = 700 \text{J}/(\text{kg} \cdot \text{K})$，碳化硅的比热容随温度可近似表示为线性关系，用公式表示为 $c_{th\_SiC} = [668.26 + 0.19361(T + 273.15)] \text{J}/(\text{kg} \cdot \text{K})$。

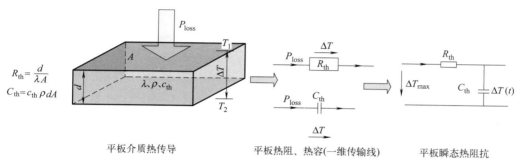

图 3-19　平板介质瞬态热阻抗，包括平板热阻 R_{th} 和热容 C_{th}

当定义完热阻和热容，该层介质的热阻抗便可由二者表示。借鉴电路中电阻和电容构建 RC 低通电路模型的思想，构建平板介质热阻热容模型如图 3-19 所示。当热量经过介质时，由于热容的存在，介质不可能瞬间加热达到稳态，即介质两端温度差不可能瞬间达到最大值 ΔT_{max}。介质的热容越大，加热达到稳态所需的时间越长。在时域中，平板两端温度差随时间变化，用公式表示为

$$\Delta T(t) = \Delta T_{max}(1 - e^{-\frac{t}{\tau_{th}}}) \tag{3-16}$$

此时用瞬态热阻抗 Z_{th} 来表示瞬态过程中介质的热阻随时间变化的关系，用公式表示如下

$$Z_{th}(t) = \frac{\Delta T(t)}{P} = \frac{\Delta T_{max}(1 - e^{-\frac{t}{\tau_{th}}})}{P} = R_{th}(1 - e^{-\frac{t}{\tau_{th}}}) \tag{3-17}$$

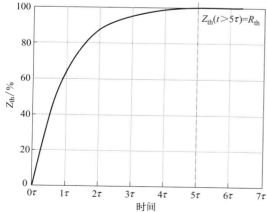

图 3-20　瞬态热阻抗 Z_{th} 与时间常数 τ 的关系

与电时间常数类似，介质热时间参数 τ_{th} 可由介质的热容和热阻相乘得到，即 $\tau_{th} = R_{th} C_{th}$。当开始加热时，介质两端的温度差为 0，表示热流还未经过介质上表面。当经过一个热时间常数 τ_{th} 后，介质两端温度差达到最大温度差 ΔT_{max} 的 $(1 - e^{-1})$。一般认为经过 $5\tau_{th}$ 后，介质两端温度差达到终值的 99.3%，如图 3-20 所示，此时可以认为介质已经达到热稳态，也就是说此时介质两端温度差不再发生改变，热量存储已经达到极限，热容不再对瞬态热阻抗

有任何影响。那么此时瞬态热阻抗 Z_{th} 即为稳态热阻 R_{th}，本书在 2.5.4 节也进行过定义和说明。

上述关于热阻的定义均是建立在一维垂直热传导基础上，事实上，热量不仅能垂直传导也能横向传导，如图 3-21 所示，功率器件的封装结构是由多层不同面积的导热材料堆叠而成，导致热流在流经各层材料时会出现横向扩散，存在一个扩散角 θ。扩散角会使得热流在每一层材料的流动面积（有效导热面积）并不固定，因此考虑扩散角的热阻计算公式为

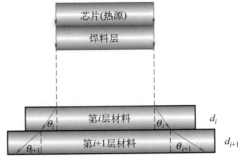

图 3-21　热流在功率器件内部的横向扩散作用

$$R_{th} = \sum_{i=1}^{n} \int_{0}^{d_i} \frac{d_i}{\lambda_i A_i(z)} dz \qquad (3-18)$$

式中，$A_i(z)$ 表示厚度为 z 处（距离上表面的距离）的有效面积。设第 i 层材料的扩散角为 θ_i，厚度 d 处的热流区域的边分别为 a_i 和 b_i，则下一层的有效面积 $A_{i+1}(z)$ 可以表示为

$$A_{i+1}(z) = (a_i + 2z\tan\theta_{i+1})(b_i + 2z\tan\theta_{i+1}) \qquad (3-19)$$

综上，考虑热量横向传递后实际热阻计算公式为

$$R_{th} = \sum_{i=1}^{n} \int_{0}^{d_i} \frac{d_i}{\lambda_i(a_{i-1} + 2z\tan\theta_i)(b_{i-1} + 2z\tan\theta_i)} dz \qquad (3-20)$$

3.3.2　热阻测试标准和方法

从 3.3.1 节可知，热阻虽然与电阻有相似之处，在理解上可以采用比拟的方法，但实际上在行为和测量表征上存在很大的差异，尤其是三维扩散特性以及本书未提及的热对流和热辐射对测量结果的影响等。目前对功率器件热阻测试方法进行详细介绍的主要国际标准有 IEC 60747-9、MIL-STD-750E 和 JESD51-14。

（1）标准 IEC 60747-9

标准 IEC 60747-9：2019 对 IGBT 器件的各类测试方法进行规范[1]，该标准 6.3.13 小节中详细介绍了 IGBT 器件的结到壳稳态热阻 $R_{th(j-c)}$ 和结到壳瞬态热阻抗 $Z_{th(j-c)}$ 的测量方法。标准中介绍了两种测量方法，分别是小电流下饱和压降法和阈值电压法，其实这只是两种不同的结温测量方法，其他测量步骤的说明是一致的，包括热电偶的位置和处理。因此，以小电流下饱和压降法为例，介绍该标准对于 $R_{th(j-c)}$ 和 $Z_{th(j-c)}$ 测量的规范。

首先，将待测器件放置在恒温箱中被动加热，给被测器件通入恒定的

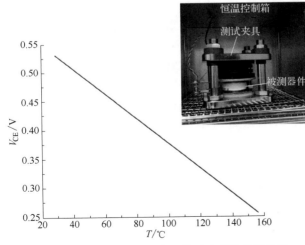

图 3-22　小电流下饱和压降法的温度系数校准曲线，测量电流 $I_M = 100mA$

测量电流，并获得不同温度下的待测器件的小电流下饱和压降，得到校准曲线，如图 3-22 所示，为后续结温测量做准备。

标准中的测量电路如图 3-23 所示，I_{c1} 是小的测量电流，用于测量待测器件的结温，I_{c2} 是大的负载电流，用于加热器待测器件，R_2 是测量电流的同轴电阻。通过大电流给器件加热，让器件的结温升高到接近器件最大允许工作结温，然后切断大电流，器件开始降温，同时立马接入测量电流以形成稳定的小电流下饱和压降并实时监测，然后即可通过图 3-22 获得的温度校准曲线换算得到器件的结温。

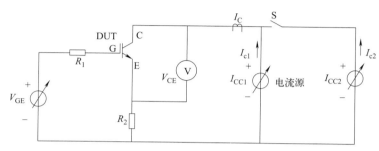

图 3-23　热阻测试电路图

在进行稳态热阻测试时，需要将待测器件固定在一个合适的散热器上，合上开关 S，负载电流加热待测器件，动态观察和记录壳温 T_c，当壳温不再变化（增长），说明此时达到了热稳定状态，记录此时的电流 I_{c2}、待测器件的压降 V_{CE} 和壳温 T_c；然后断开开关 S，立即测量小电流下的器件压降 V'_{CE}，根据前期获得的校准曲线计算结温 T_j。于是结到壳稳态热阻可以根据下式进行计算：

$$R_{th(j-c)} = \frac{T_j - T_c}{P} = \frac{T_j - T_c}{V_{CE} I_{c2}} \qquad (3-21)$$

在进行瞬态热阻抗测量时，加热阶段的操作同上，不同的是需要在断开开关 S 之后，即在降温过程中实时记录结温和壳温随时间的变化，然后根据下式计算：

$$Z_{th(j-c)} = \frac{T_j(t) - T_c(t)}{P} = \frac{T_j(t) - T_c(t)}{V_{CE} I_{c2}} \qquad (3-22)$$

根据 IEC 标准执行热阻测试时，负载电流以及结温随时间的变化如图 3-24 所示，负载电流持续加热待测器件至稳态，虽然被切断，待测器件进入降温过程，这种加热模式被称为直流加热模式。

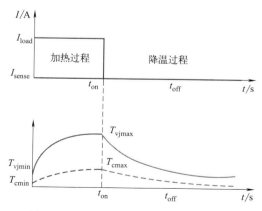

图 3-24　热阻测试过程中的结温变化图

（2）标准 MIL-STD-750E

标准 MIL-STD-750E：2006 属于美国军用标准，对功率器件的各类测试方法进行规范[4]。热测试部分在 3100 系列，非常详细地介绍了不同功率器件的热阻测试方法，其中 3101.4 介绍了二极管的热阻测试方法，使用小电流下饱和压降法进行结温测量，3103 则介绍了 IGBT 的热阻测试方法，使用阈值电压法进行结温测量。

不同于 IEC 标准中的直流加热模式，该标准中采用的是脉冲加热模式，同时在加热阶段测量瞬态热阻抗，即负载电流加热待测器件一段时间后被切断测量结温，然后再加热待测器件一段时间后被切断测量结温，循环往复，直至结温不再变化，说明此时达到了稳定状态，示意图如图 3-25 所示。

关于负载电流的选择，标准中提到可以适当更改负载电流，使得稳态时结温保持在 50～150℃ 的范围内。另外，参考点的温度（测量结到壳热阻时，参考点温度是壳温；测量结到散热器热阻时，参考点温度是散热器温度）在加热过程中不能变化 5%，否则要减小负载电流。采用如下公式进行计算：

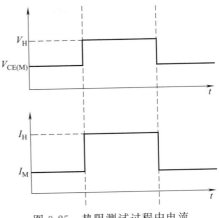

图 3-25　热阻测试过程中电流
变化图（MIL-STD-750E）

$$Z_{\text{th(j-c)}} = \frac{T_{\text{j}}(t) - T_{\text{c}}}{P} \tag{3-23}$$

另外，该标准中考虑到了结温测量延迟时间。当负载电流切断后，待测器件芯片内部载流子的复合作用会形成一个复合电流，此时测量饱和压降存在很强的电气干扰，如图 3-26 所示，需要等待一个短暂的时间再进行结温测量，这个时间被称为"测量延迟时间"。由于在延迟时间内，待测器件的结温会有一定程度的下降，标准规定延迟时间最大不能超过 $100\mu\text{s}$。此标准是约 20 年前针对分立器件制定的，而对于现在的高压大功率器件，并联芯片数量多，电压等级高，测量延时也相应的增加了，一般在 50～800μs 左右，而 4500V 甚至 6500V 的 IGBT 器件则可能达到 500μs 或 800μs。因此，读者在实际测量过程中要根据具体情况来选择合适的测量延时以确保测量结果的准确性。

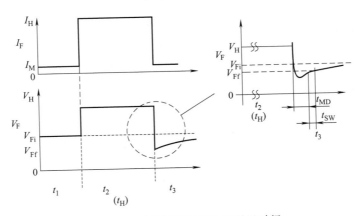

图 3-26　结温测量过程中的延迟时间

（3）标准 JESD51-14

标准 JESD51-14：2010 是由固态技术协会（JEDEC）推出的热阻测试标准[5]，提出了一种称为"瞬态双界面法"的新型热阻测量方法，无需进行参考点温度的测量，消除了因参考点温度测量误差导致的结果偏差，具有高度可重复性的优点。根据 JESD51-14 标准进行瞬态热阻抗测试时的方法同 IEC 标准类似，采用直流加热模式先将待测器件加热至稳定状态，为了提高信噪比，标准中提到负载电流要尽可能地大（确保结温不超过器件最大允许工作结温）。然后切断负载电流，等待一定的延迟时间后，测量并记录结温随时间的变化过程，直至结温降至环境温度不再变化，然后根据下式可以计算结到环境的瞬态热阻抗：

$$Z_{\text{th(j-a)}} = \frac{T_{\text{j}}(t=0) - T_{\text{j}}(t)}{P_{\text{loss}}} \tag{3-24}$$

针对 MIL 标准中提及的延迟时间引起的结温测量偏差，JESD 标准提出应用根号 t 法进行修正，以获得实际零点时刻的结温，如图 3-27 所示。

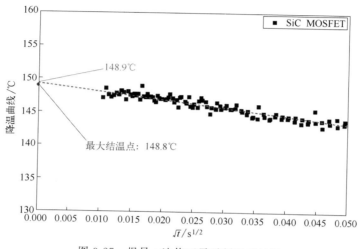

图 3-27　根号 t 法修正零时刻最高结温

瞬态双界面法的精髓在于改变壳和散热器之间的界面状态，测量改变前后的结到环境的

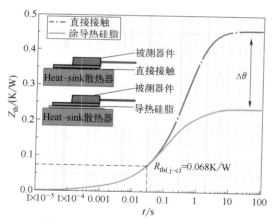

图 3-28　瞬态双界面法的基本原理

瞬态热阻抗曲线，但是两次测量环境温度需要保持恒定。由于热量从芯片到散热器的导热路径只在器件壳表面与散热器接触界面间有差异，所以两条热阻抗曲线从结到壳的部分完全重合，在接触界面处发生分离，分离点对应的热阻抗即为器件结到壳的热阻值，基本原理如图 3-28 所示。

一般分离点很难用肉眼直接确定，结果准确性会因人而异，因此，分离点的合理确定直接关系最终结到壳热阻值。标准中推荐了两种分离点确定方法，微分差值法和结构函数法。前者适合结到壳热阻较小的（<1K/W），后者适合结到壳热阻较大的（>1K/W），因此两种方法是相互补充的，有各自的适用范围。对于功率器件，结到壳热阻值通常小于 0.5K/W，对于高压大功率器件，更是能低于 0.1K/W，因此选择微分差值法更加适合。

微分差值法是通过一系列的数学处理准确地得到两条瞬态热阻抗曲线的分离点：首先对两条瞬态热阻抗曲线进行变量替换，如式（3-25）所示，然后再对变量替换后的两条曲线进行微分处理，为了避免稳态热阻差对结果的干扰，再对微分差进行归一化，如式（3-26）所示，最后合理选择判据 ε 即可准确地得到器件结到壳的热阻，如式（3-27）所示，整个流程的示意图如图 3-29 所示。

$$a(z) = Z_{th}(t)，z = \ln t \qquad (3\text{-}25)$$

$$\delta(Z_{th(j\text{-}c)}) = \frac{\Delta(da/dz)}{\Delta\theta} = \frac{(da_1/dz) - (da_2/dz)}{\Delta\theta} \qquad (3\text{-}26)$$

$$\varepsilon = 0.0045 Z_{th} + 0.003 \qquad (3\text{-}27)$$

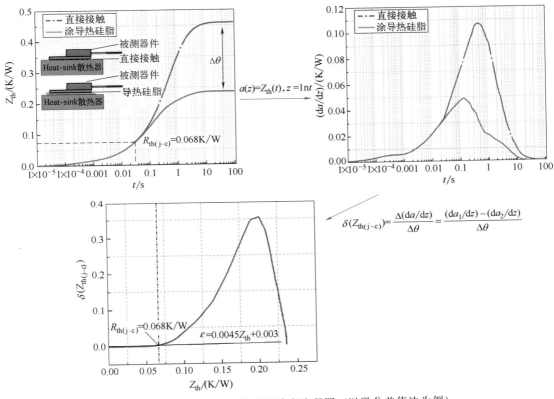

图 3-29　瞬态双界面法分离点确定流程图（以微分差值法为例）

对上述三个标准在热阻测试方法及条件的全面总结及详细对比如表 3-4 所示。

表 3-4　不同热阻测试标准的综合对比

标准	IEC 60747-9	MIL-STD-750E	JESD51-14
加热模式	直流	脉冲	直流
电流大小	无说明	可调节	尽可能大
散热条件	无说明	散热器性能要好	两次水温相同
热阻抗测量	冷却阶段	加热阶段	冷却阶段
结温测量方法	小电流下饱和压降法或阈值电压法	阈值电压法	小电流下饱和压降法
壳温数据	测量	测量（变化需<5%）	不需要
壳温定义	无	无	不需要
延迟时间	无说明	最大 $100\mu s$	根据实际情况确定
最大结温修正	无	无	$\sqrt{t}$ 法

从表中可以看出，对于加热模式以及热阻抗测量，IEC 60747-9 标准和 JESD51-14 标准均采用直流加热模式，并在降温过程中测量瞬态热阻抗曲线，属于间接测量方法，利用了加

热过程和降温过程的等效性。而 MIL-STD-750E 标准则采用脉冲加热模式，并在加热过程中测量瞬态热阻抗曲线，属于直接测量方法，但这种方法需要考虑加热过程中的过冲问题。事实上，利用选择直流加热模式和降温过程中测量瞬态热阻抗曲线容易实现且精度高，是目前的主要选择；对于电流大小，IEC 60747-9 标准并未对负载电流大小做出限制，标准 MIL-STD-750E 中要求负载电流不能太大也不能太小，一方面需要大一点使得结温处于 50～150℃ 的范围内，另一方面又要求小一点使得壳温的变化不能超过 5%，标准 JESD 51-14 中因为涉及复杂的测量信号后处理，要求尽可能低的信噪比，因此负载电流需要尽可能地大；对于散热条件，IEC 60747-9 标准和 MIL-STD-750E 标准对散热条件均没有特殊要求，MIL 标准提到的散热器性能尽可能地好也是出于尽可能保持壳温恒定的考虑。JESD51-14 标准中提到进行两次瞬态热阻抗测量时，需要保持散热器水温相同。对于结温测量方法，三个标准都推荐使用小电流下饱和压降法或阈值电压法作为结温测量方法，但是表述上略有不同。IEC 60747-9 标准是针对 IGBT 的测试标准，所以对这两种方法都推荐；而 MIL 标准对 IGBT 器件则推荐阈值电压法，对二极管推荐小电流下饱和压降法；JESD51-14 标准不针对二极管或 IGBT，因此推荐使用小电流下饱和压降法。对于壳温测量，IEC 标准和 MIL 标准的热阻测量方法都属于热电偶法，都需要通过热电偶测量参考点温度（壳温），不同的是 IEC 标准中允许壳温上升，只需要测量并记录壳温，而 MIL 标准要求壳温变化不超过 5%。之所以这样规定，是因为壳温的测量并不是一项简单的任务，这里面关系到壳温的定义和动态测量问题，壳温的动态测量问题直接关系到瞬态热阻抗曲线的测量，热电偶的响应速度一般是秒级，远远慢于结温测量的响应速度（1μs），导致计算出的瞬态热阻抗曲线的时间分辨率直接受限于热电偶的响应速度，并且加热过程中壳温变化越大，对计算结果影响也越大。因此，MIL 标准中要求负载电流不能太大，壳温变化不能超过 5%，将壳温进行恒定处理，不涉及动态测量问题。但二者都未对壳温位置做出定义，AQG 324 标准对壳温的定义进行了补充说明，详细定义可见 3.3.3 节；对于最大延迟时间结温修正，只有 JESD51-14 标准推荐使用根号 t 法进行修正。

综上所述，可以将上述三个标准热阻测试方法归纳为热电偶法（IEC 60747-9、MIL-STD-750E）和瞬态双界面法（JESD51-14），两种方法最大的区别为后者无需进行壳温的测量，具有可重复的优点，但是操作复杂，测量难度高，因此前者在实际应用中被广泛采用。另外，即使热阻测量是一项非常成熟的测试，有众多相关测试标准，但是各标准的规范或多或少存在一些问题，例如表述不清、考虑不周和适用性不强等，尤其对于一些新型器件或新型封装，现有测试标准并不能起到指导作用。热阻测试方法的研究仍然是一项困难的前沿应用基础技术研究，需要持续关注。

3.3.3 热电偶法

热电偶法是需要通过热电偶来获得参考点的温度，然后利用式（3-28）来获得器件的热阻值；而瞬态双界面法则不需要获得参考点温度，但测试过程相对复杂，3.3.4 节将详细介绍此方法。随着功率半导体器件功率密度要求的不断提高，器件的封装结构也不断发生改进，很多新型封装器件已经不具有"壳"。如 Infineon 公司推出的车用 HybridPACK 全桥模块从 FS660R08A6P2 演变成 FS820R08A6P2，通过将 AlSiC 平底基板改成直接液冷 PinFin 基板，使得电流输出能力大幅提升。但此时对于 FS820R08A6P2 器件，测量结到壳热阻已经没有任何意义，因为不存在真正意义上的"壳"。所以功率半导体厂商对于许多器件在其数据表中对于器件的热特性表征时，会至少给出器件结到壳热阻 $R_{th(j\text{-}c)}$、结到散热器热阻 $R_{th(j\text{-}s)}$、结到冷却液热阻 $R_{th(j\text{-}f)}$ 其中一种，取决于参考点的温度。热电偶法计算式如下式所示：

$$R_{th} = \frac{T_{jmax} - T_{ref}}{P_{loss}} = \frac{T_{jmax} - T_{ref}}{V_{CE} I_{L}} \tag{3-28}$$

式中，T_{jmax} 为加热器件达到稳态后测量的最大结温；T_{ref} 为加热器件达到稳态后测量的参考点温度，分为壳温 T_c、散热器温度 T_s、环境温度 T_a，需要说明的是，目前功率器件多用水冷散热器进行强制对流散热，因此环境温度 T_a 一般指的是冷却液温度 T_f；V_{CE} 为加热器件达到稳态后器件两端压降；I_L 为负载电流。

从式（3-28）中可以看出，热电偶法需要测量三个物理量，加热到稳态的最大结温 T_{jmax}、参考点温度 T_{ref} 以及功率损耗 P_{loss}。核心是热电偶获得参考点温度，而最大结温 T_{jmax} 和功率损耗 P_{loss} 的获取与瞬态双界面法相同。结温的测量将在第 4 章重点展开，这里只讲述可能影响结果的关键因素。

（1）最大结温 T_{jmax}

通过温敏电参数法测量器件的最大结温 T_{jmax}，如前所述分为两步：温度校准和结温修正。一方面温度校准过程的准确性将直接影响结温测量的准确性，另一方面包括结温测量延时对结果的影响和修正方法。

1）温度校准方法

温度校准曲线（K 系数曲线）是进行结温测量的前提和基础，校准曲线的偏差会直接导致结温计算的误差。以小电流下饱和压降 $V_{CE}(T)$ 为例，原理图将在 4.3.2.2 节展示，通过恒温装置将待测器件加热至指定温度并保持恒定，待温度稳定后可以认为整个器件中的温度处处相同，芯片的结温和外部壳温相等，此时测量得到的壳温将被认为是器件的结温。让待测器件处于导通状态，测量电流源施加一个恒定的小测量电流，通常为器件额定电流的 1/1000，记录器件两端的 V_{CE} 和壳温 T。温度系数校准实验中最关键的是保证整个待测器件的温度恒定且均匀，通过测量壳温来等效结温，因此恒温装置的温度均匀性对于校准实验尤其重要，直接关系到结温测量的精度。

图 3-30 温度系数校准实验原理传统的恒温装置一般采用电热恒温箱来实现温度均匀，这也是 IEC 标准中介绍的恒温装置，可见图 3-22。运用恒温箱进行温度校准时通常加热恒温箱腔体内空气并使其流动，实现腔体内部温度均匀。标准中规定工业恒温箱的温度均匀性为 ±2℃，且待测样品的长宽高均不超过恒温箱长宽高的 2/5，否则严重影响腔内空气对流，降低温度均匀性。所以，这种方法对于小功率或者 TO 封装的小体积功率器件有一定准确度，但对于高压大功率器件可能存在误差，原因是高压大功率器件体积较大，

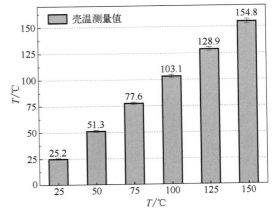

图 3-30　恒温箱中不同温度下的壳温实测值

而空气的密度非常低，很难保证箱体内部各点温度的一致性，更难保证被测器件内部的温度

与箱体空气温度保持一致。笔者研究团队就高压大功率 IGBT 模块在恒温箱中的温度均匀性进行过验证。最后发现，IGBT 模块所处的腔体中心位置的温度要高于恒温箱设定的温度，且温度越高误差越大，在 150℃ 时温差可达近 5℃。究其原因，是因为 IGBT 模块的表面积太大，长宽均超过恒温箱的长宽的 2/5，影响了热空气的对流。如果要提高高压大功率模块的校准精度，势必要增大恒温箱的体积，但这无疑会增加成本。

除了使用恒温箱进行加热，采用电阻加热板对功率器件进行温度系数校准也是另外一种常用的方法，将高压大功率 IGBT 模块固定在加热板上，通过热传导的形式加热待测器件，相对恒温箱热对流的形式更加高效。目前的加热板大多是采用电阻丝（加热棒）加热，这种加热方式导致加热板表面的温度均匀性非常依赖于电阻丝的分布，靠近加热棒附近的温度高，远离加热棒附近的温度低，高温时加热板表面温度差异可达 5℃，如图 3-32 (a) 所示。笔者研究团队研究发现，通过在模块和加热板之间增加铝块能有效改善加热板的温度均匀性，如图 3-31 所示。增加铝板后，高温时加热板表面温差仅有 2℃ 左右，如图 3-32 (b) 所示，可满足校准精度要求。

图 3-31　采用电阻加热板进行加热（增加铝块）

通过增加铝块能改善加热面均匀性，但高温区依然受降温前的温度分布的影响，存在最大 2℃ 的误差。为此，笔者团队进一步进行改进，提出了基于电磁加热方式的加热板。整个加热装置如图 3-33 所示，电磁加热装置中的线圈产生的交变磁场在铁板中产生涡流，铝板作为热缓冲层，最后在铝板的上表面形成均匀的加热面，对器件进行加热。最后基于设计的电磁加热校准装置对高压大功率 IGBT 模块进行校准实验，发现加热板表面温度分布基本相同，高温时刻最大误差不超过 1℃，如图 3-34 所示，相较于电阻加热板进一步提高了精度。

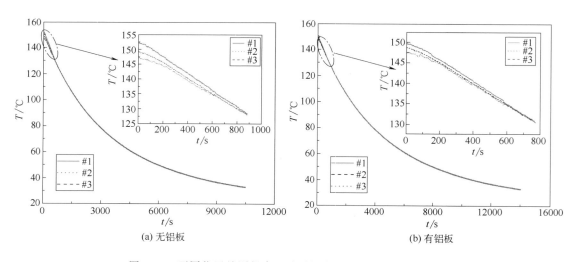

(a) 无铝板

(b) 有铝板

图 3-32　不同位置处测得壳温随时间变化趋势（电阻加热板）

图 3-33　电磁加热方式校准系统示意图

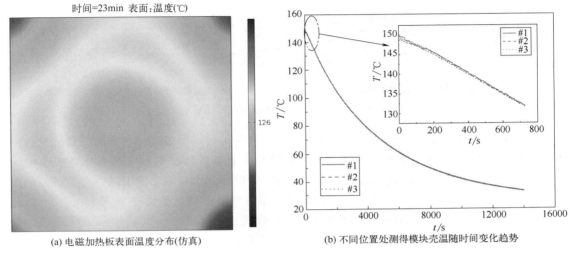

(a) 电磁加热板表面温度分布(仿真)　　　　(b) 不同位置处测得模块壳温随时间变化趋势

图 3-34　电磁加热方式温度分布

综上所述,对于体积较小的模块或者分立器件而言,三种温度校准装置均能保证较好的精度。但对于高压大功率器件,恒温箱已经无法满足其精度要求,而电磁加热板通过热传导方式导热相较于恒温箱热对流加热具有更高的效率和精度,并且相较于电阻加热板改变了热源形成方式,由集中式热源变成分布式热源,大大提高了加热面的温度均匀性,表面温差可以控制在 1℃ 以内,因此更推荐使用电磁加热板进行高压大功率器件校准实验。最后对比三种温度校准装置如表 3-5 所示,除了温度校准装置的温度均匀性会对温度校准曲线产生影响,其他因素例如温度校准实验中采用的测量电流、栅极电压也会对温度校准曲线产生影响。如图 3-35 (a) 所示,测量电流小于 10mA 时会导致高温区域温度校准曲线的非线性,且电流越小非线性越严重。所以推荐测量电流选择时既不能太小引起曲线非线性,也不能太大引起不可忽略的自发热,一般选择额定电流的 1/1000 即可。如图 3-35 (b) 所示,当栅极电压非常接近阈值电压(阈值电压 5.5~7.5V)时,出现严重的非线性。因此进行温度校准时选择栅极电压要高于阈值电压即可,此时温度校准曲线与栅极电压无关。

表 3-5　温度校准装置综合对比

装置	恒温箱	电阻加热板	电磁加热板
加热原理	对流换热	热传导	热传导
校准精度	较低	较高	高
校准时间	长	短	较短
适用性	不适用于体积较大器件	适用于各类器件	适用于各类器件
应用成本	高	较低	低
综合评价	☆☆	☆☆☆☆	☆☆☆☆☆

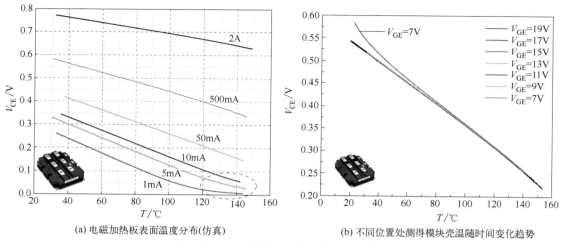

(a) 电磁加热板表面温度分布(仿真)   (b) 不同位置处测得模块壳温随时间变化趋势

图 3-35　其他因素对温度校准曲线的影响

　　测量电流、栅极电压对温度校准曲线的非线性影响都可以通过选择合适的参数避免。但对于电压等级超过 3300V 的高压大功率器件，由于需要基区足够的厚度来承压，在小电流下该部分压降已不可忽略，且当温度升高时，基区中电子和空穴漂移率下降，导致基区电阻的增加，基区电阻上的电压显著升高，造成了高温区的非线性，如图 3-36 所示。对于低压器件，由于小电流下 V_{CE} 和温度 T 呈现完美的线性关系，对采集到的 V_{CE} 和 T 采用线性拟合可构建校准曲线。但对于高压大功率器件，采用线性拟合已经不足以拟合温度校准曲线，此时选择三阶或更高阶多项式拟合。图中结果表明，采用三阶多项式，拟合度可以达到99.8%，拟合值和测量值之间的误差在 2mV 以内，因此结温测量误差能够控制在 1℃ 以内，满足应用要求。此外，对于高压大功率器件的温度系数校准需要在全温度范围内进行，需要采集足够多的数据点以保证拟合多项式的准确性。

　　2）最大结温修正

　　由 3.3.2 节可知，延迟时间是结温测量中不可避免的，影响因素众多，文献 [6] 对此进行了深入研究，发现了负载电流、测量电流、结温、电压等级、器件类型均会影响延迟时间，如图 3-37 所示。可以看出，6.5kV 的 IGBT 器件在 125℃ 结温下的延迟时间可以达到

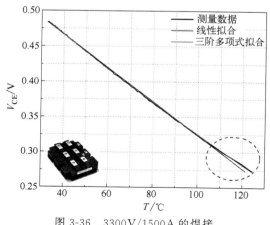

图 3-36　3300V/1500A 的焊接
式 IGBT 器件校准曲线

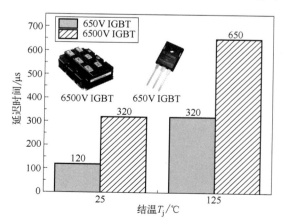

图 3-37　不同器件在不同试验条件下的延迟时间

$650\mu s$，显然 MIL 标准中规定的最长 $100\mu s$ 的延迟时间并不适用于目前的高压大功率器件。

　　针对延迟时间引起的零点最高结温测量偏差，JESD 标准提出采用根号 t 法进行修正，这种方法的理论基础是基于一维热传导模型进行公式推导，该模型有一个重要假设就是热源必须是表面热源[7]，对于 MOSEFT、二极管等表面热源器件，如图 3-27 所示，通过根号 t 法反推得到的最大结温值 148.9℃ 和经过校准后的仿真值 148.8℃ 几乎相等，即对于表面热源器件使用根号 t 法完全适用。但对于 IGBT 器件来说并不满足，因为 IGBT 器件的发热几乎是整个芯片有源区。笔者团队对不同电压等级的 IGBT 器件应用根号 t 法修正的精度进行了研究，结果如图 3-38 所示，发现当器件电压等级低于 1200V 时，根号 t 法修正值会比实际值偏低；而当器件电压等级高于 1200V，根号 t 法修正值会比实际值偏高。

　　根号 t 法修正最大结温存在误差，那是否有其他精度更高的方法呢？笔者团队提出了基于有限元仿真的修正方法，为了提高仿真模型的精度，根据实验测得的降温曲线与仿真获得降温曲线进行比对，如果存在偏差，对仿真模型进行调整，直至仿真和测量结果完全相同，如图 3-39 所示，最后根据仿真模型来确定零点最高结温，但这种方法比较耗费时间。进一步地，笔者对此方法进行了优化，通过比对实验测得的瞬态热阻抗曲线以及仿真获得的瞬态热阻抗曲线，对热模型进行适当调整和校准，最终达到匹配，然后可以确定两者的差值，如图 3-40 所示，用这个差值乘以功率即为延迟时间内结温下降的值。

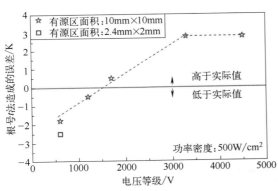

图 3-38　根号 t 法对于不同电压等级器件的精度

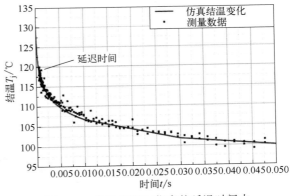

图 3-39　基于有限元仿真的延迟时间内
最大结温的修正方法

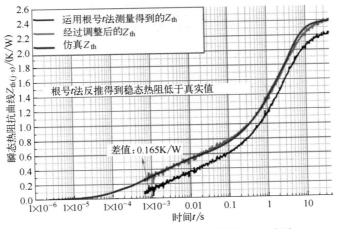

图 3-40　修正延迟时间内最大结温的 ΔZ_{th} 方法

（2）参考点温度 T_{ref}

事实上，参考点温度的测量误差相比于结温测量和功率损耗测量是最大的，主要归因于散热器或者壳表面存在温度分布，温度并不是相同的。IEC 标准和 MIL 标准的热阻测量方法都属于热电偶法，都需要通过热电偶测量参考点温度（如壳温）。但这两个标准均未对壳温位置做出准确的定义，这就导致很多厂商在使用热电偶测量参考点温度时，都有自己的参考点温度定义标准，使得不同厂家器件之间热特性很难进行比较。为了规范参考点温度测量，2018 年欧洲电力电子中心（ECPE）发布 AQG 324 标准，针对 IEC 标准中未定义参考点温度问题做出了进一步的阐述[8]。如图 3-41 所示，该标准详细规定了壳温、散热器温度、冷却液温度测量点位置，并对挖孔要求进行了详细的规定。整理标准中关于参考点测温要求以及测温难度对比如表 3-6 所示。

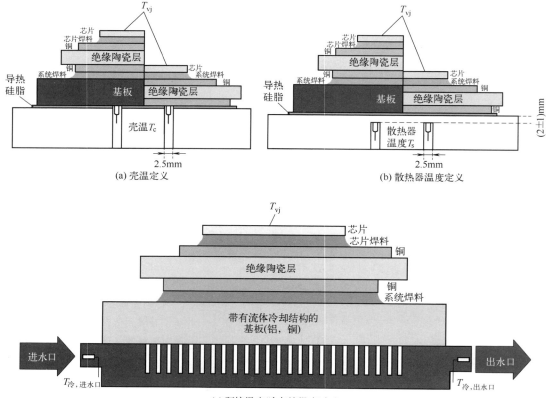

图 3-41　AQG 324 关于参考点温度定义

表 3-6　参考点测温要求及测温难度对比

参考点温度	开孔要求	热电偶测温点	测温难度
壳温 T_c	直径 2.5mm	芯片正下方，接触壳表面	1. 难以测量，特别是对于无基板模块 2. 测量位置偏差会引起较大测量误差 3. 直接体现器件的热性能
散热器温度 T_s	距离散热器表面(2±1)mm 位置，直径 2.5mm	芯片正下方，接触散热器	1. 容易测量 2. 测量位置影响较小，但需保证热电偶和散热器接触

续表

参考点温度	开孔要求	热电偶测温点	测温难度
冷却液温度 T_f	无需开孔	各一个热电偶测量进出口冷却液温度，取平均值作为冷却液温度 $$T_f = \frac{T_{cool\_in} + T_{cool\_out}}{2}$$	1. 容易测量 2. 多用于直接液冷模块

从表 3-6 和图 3-41 中可以看出，只要保证热电偶和散热器或者冷却液接触良好，结到散热器热阻 $R_{th(j-s)}$ 和结到冷却液热阻 $R_{th(j-s)}$ 测量误差较少，且测量难度较小。对于大功率器件，壳温并不是均匀的，壳温测量点稍微偏差都会导致结果的准确性。因为即使热电偶处于芯片最下方位置，测得温度往往介于壳温和散热器表面温度之间；其次，如果因为二者发生滑动，位置出现偏差，导致热电偶感温区不在芯片正下方，将会产生更大的误差，因此想要测准结到壳热阻 $R_{th(j-c)}$ 难度较大。

此外根据标准在散热器挖孔测壳温还会影响到器件内部散热路径，无形中给壳温测量带来了误差，对于无基板器件这种误差也会更大。文献 [9] 对比了在散热器表面刻槽和挖孔两种方式对壳温测量误差影响，并讨论了开槽或挖孔的大小对于壳温测量的影响，如图 3-42 所示。可以看出刻槽放置热电偶比挖孔放置对温度场的破坏作用小，测量结果与理想热阻值也更加接近，且随着孔洞直径增加，挖孔测得的热阻偏差相对于开槽方式也会更大。

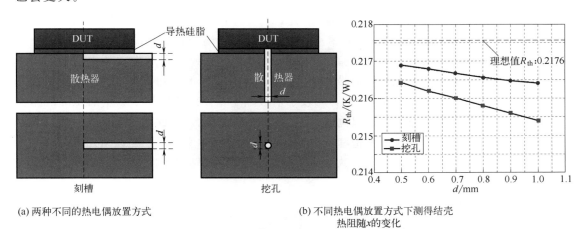

(a) 两种不同的热电偶放置方式　　　　(b) 不同热电偶放置方式下测得结壳热阻随x的变化

图 3-42　文献 [9] 讨论两种测壳温方式对壳温测量结果影响

高压大功率器件往往由多个芯片并联而成，但尚无任何标准对于多芯片并联器件进行壳温的定义。赛米控应用手册中对此做了详细说明，规定每个芯片下正下方的壳温都需要测量，如图 3-43 所示，将各处的壳温平均值定义为壳温，热阻计算公式如下式所示：

$$R_{th(j-c)} = \frac{T_j - T_c}{P} = \frac{T_j - \dfrac{1}{n}\sum_{i=1}^{n} T_{ci}}{P} \tag{3-29}$$

对于多芯片并联器件，多个芯片往往只能通过温敏电参数法得到一个平均结温，无法得到每个芯片的结温值，因此数据表中往往给出每个开关到参考点的热阻值，而不是某个 IG-BT 芯片到参考点的热阻值。此外壳温测量点越多，误差越大，多芯片并联器件热阻测量往往相对于单芯片更具挑战性。

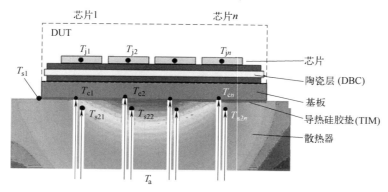

图 3-43　多芯片模块中壳温的定义

（3）功率损耗 P_{loss}

功率损耗的测量误差主要来源于饱和压降的测量误差，发热功率是器件饱和压降和负载电流的乘积，器件饱和压降包括芯片饱和压降和封装电阻上的压降，表示式如下所示

$$P_{\text{loss}} = V_{\text{CE}} I_{\text{load}} = (V_{\text{chip}} + V_{\text{package}}) I_{\text{L}} \qquad (3\text{-}30)$$

式中，P_{loss} 为试验测得用来计算热阻的功率损耗；V_{package} 为封装电阻带来的压降；V_{chip} 为芯片两端压降；I_{L} 为负载电流。由于大多数器件不存在开尔文端子，试验中无法在不开封的条件下直接测到芯片两端压降，因此在测量时应该尽可能减少封装电阻带来额外功率损耗的影响。笔者研究团队针对功率损耗的测量误差问题进行过探讨，试验基于 Infineon 公司的全桥模块 FS820R08A6P2 的 S5 和 S6 开关，用功率端子和信号端子来分别测量饱和压降，从而得到瞬态热阻抗曲线。试验结果如图 3-44（a）所示，最后发现使用功率端子测量得到瞬态热阻抗曲线明显低于用信号端子，即使用功率端子测量得到的损耗高于使用信号端子。究其原因，如图 3-44（b）所示，相较于信号端子，使用功率端子测量的压降的路径更长，会引入更大的封装电阻，所以测量得到的功率损耗更大。因此在热阻测量时建议采用功率端子加热，采用信号端子测量饱和压降，如果器件有开尔文端子，建议采用开尔文端子直接测量芯片两端压降，能最大程度减少封装电阻带来的功率损耗测量误差的影响。

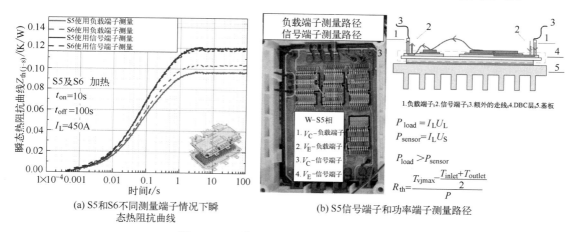

（a）S5 和 S6 不同测量端子情况下瞬态热阻抗曲线　　（b）S5 信号端子和功率端子测量路径

图 3-44　两种不同端子功率损耗测量对比

综上所述，热电偶法测量器件的热阻原理很简单，但实际测试操作时需要重点关注以下三个方面，以确保测试结果的准确性和可重复性。

① 采用小电流下饱和压降法或阈值电压法进行结温测量，并记录好负载电流、饱和压降、测量延时等相关信息。MOSEFT 和二极管等面热源器件可以使用根号 t 法进行最大结温反推，IGBT 器件推荐采用有限元仿真或者 ΔZ_{th} 法进行最大结温反推。

② 对于参考点温度测量，应遵循 AQG 324 中关于参考点温度位置的定义，对于壳温测量误差，可以通过多次测量取平均值来减少误差。

③ 采用信号端子测量饱和压降，如果器件有开尔文端子，应使用开尔文端子来减少功率损耗误差。

3.3.4 瞬态双界面法

为了克服壳温测量对热阻结果的影响和可重复性，JESD51-14 标准 2010 年提出了新的测量方法——瞬态双界面法，不需要测量壳温，仅仅需要测量结温即可，具有精度高、分辨率高、可重复性强的优点，缺点是操作复杂，需要测量两次。瞬态双界面法存在的意义就是克服热电偶法壳温测量难度大、误差大的问题，用来测量器件结到壳热阻。3.3.2 节已对瞬态双界面法原理做了介绍，这里对此方法的具体步骤和细节进行分析和论述。

① 获取小电流下饱和压降和结温的关系，即温度校准曲线，为后面结温测量做准备。

② 测量瞬态热阻抗曲线（不涂导热硅脂）：通负载电流加热器件至稳态，记录此时饱和压降和负载电流，然后关断负载电流。等待延迟时间后，记录小电流下器件两端饱和压降，通过 $V_{\mathrm{CE}}(T)$ 法计算得到冷却阶段结温变化，并通过根号 t 法反推得到稳态最大结温，用式（3-24）计算得到该次测量瞬态热阻抗曲线。

③ 测量瞬态热阻抗曲线（涂导热硅脂）：保持环境温度（冷却液温度）不变，操作同步骤②。

④ 提取结到壳热阻值 $R_{\mathrm{th(j-c)}}$：运用微分差值法（$R_{\mathrm{th(j-c)}} < 1\mathrm{K/W}$）或者结构函数法（$R_{\mathrm{th(j-c)}} > 1\mathrm{K/W}$）确定分离点，分离点对应的热阻值即为结到壳热阻。

运用瞬态双界面法时需要注意一些细节，现说明如下。

（1）负载电流

JESD51-14 标准中提到负载电流应尽可能大以提高信噪比（Signal to Noise Ratio，SNR）。如图 3-45 所示，负载电流越大，曲线越平滑，确定分离点的误差越小，结到壳的热阻值确定也会更容易。但在实际操作时，这种建议并没有太大的指导作用，因为采用直流加热模式，只有当温度达到稳态后才可以测量结温，如果使用过大的负载电流，有可能结温超过最大工作结温导致待测器件热损坏，在实际测量时仍然会从小的负载电流开始，逐步增加，不断尝试。

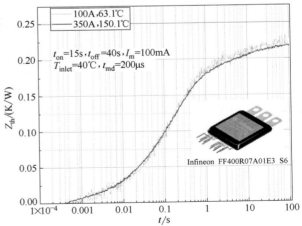

图 3-45 不同负载电流下瞬态热阻抗曲线

（2）结温测量方法

JESD51-14 标准规定使用小电流下的饱和压降法 $V_{\mathrm{CE}}(T)$ 来测量结温。

（3）测量延迟时间与稳态最大结温反推

测量延迟时间根据实际情况而定，主要不同器件的延迟时间均不相同，受到负载电流、测量电流、结温、电压等级、器件类型等影响。JESD51-14 标准还规定采用根号 t 法进行最大结温反推，但根号 t 法只适用于表面热源器件如 MOSEFT 和二极管等，笔者建议对于 IGBT 体热源器件采用有限元仿真或者 ΔZ_{th} 进行最大结温反推。

（4）瞬态热阻抗公式说明

JESD51-14 计算升温瞬态热阻抗的公式事实上是由 IEC 标准计算升温瞬态热阻抗公式演变而来，IEC 标准中计算瞬态热阻抗公式如式（3-31）；从升温瞬态热阻抗曲线可以看出，测量结到壳热阻时，壳温不为定值，而是随结温动态变化的。但如果测量结到环境（冷却液）瞬态热阻抗曲线时，可以认为在整个测量过程中冷却液温度为一定值，即 $T_a(t=0)=T_a(t)$。因此 JESD51-14 计算升温结到环境瞬态热阻抗曲线如式（3-32）所示：

降温瞬态热阻抗曲线：
$$Z_{th(j\text{-}c)\_cooling} = \frac{T_j(t) - T_c(t)}{P_{loss}} \tag{3-31}$$

升温瞬态热阻抗曲线：
$$Z_{th(j\text{-}c)\_heating} = R_{th(j\text{-}c)} - \frac{T_j(t) - T_c(t)}{P_{loss}} = \frac{T_j(t=0) - T_c(t=0)}{P_{loss}} - \frac{T_j(t) - T_c(t)}{P_{loss}}$$
$$= \frac{[T_j(t=0) - T_j(t)] - [T_c(t=0) - T_c(t)]}{P_{loss}}$$

$$Z_{th(j\text{-}a)\_heating} = \frac{[T_j(t=0) - T_j(t)] - [T_a(t=0) - T_a(t)]}{P_{loss}} = \frac{T_j(t=0) - T_j(t)}{P_{loss}} \tag{3-32}$$

同时，从公式中可以看出，为了减少测量误差，不仅需要通过合适的方法反推得到最大结温 $T_j(t=0)$ 外，还需要尽量减少功率损耗误差，和热电偶法中提到的一致，尽量采用信号端子采集饱和压降。

（5）散热条件

JESD51-14 标准中提到进行两次瞬态热阻抗测量时，需要保持散热器水温相同。笔者对这个问题进行了深入的研究，发现如果保持散热器水温相同，根据双界面法确定的 IGBT 结到壳热阻值会比仿真值偏小，但是如果调解水温保持两次测量的结温相同，则根据双界面法确定的 IGBT 结到壳热阻值与仿真值接近，如图 3-46 所示。因此，建议对 JESD51-14 标准进行修改，对 IGBT 器件进行测试时，需要调节水温保持两次测量瞬态热阻抗曲线时的结温

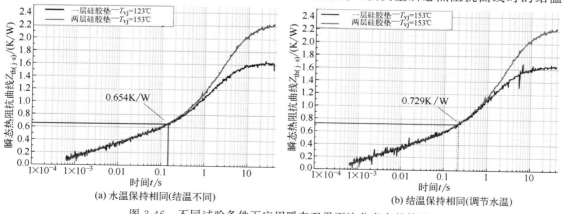

图 3-46　不同试验条件下应用瞬态双界面法分离点的情况

保持相同。根本原因在于 IGBT 器件的结温是通过小电流下的饱和压降换算得到的，如果两次 $Z_{th(j-s)}$ 测量时器件的结温不一样，会导致芯片的温度梯度有差异，呈现出来的饱和压降也会有差异，最终导致结温换算和热阻计算的差异，具体可参考文献［10］。

综上所述，运用瞬态界面法需要根据上述操作步骤进行并注意相关细节。对于无基板模块以及分立器件等，建议使用瞬态双界面法确定结到壳热阻。因为无基板模块测量壳温容易发生偏差，且挖孔会对温度场存在影响，测量结壳热阻难度较大；对于小体型分立器件，壳温的测量误差则会更大。

3.3.5 结构函数法

由 3.3.4 节可知，功率器件的瞬态热响应曲线，即瞬态热阻抗表征的是器件封装热阻随时间的变化关系，横坐标是时间，纵坐标是热阻的累积值。因此，此曲线包含了器件封装热路径的所有信息，包括热阻、热容和热时间常数。结构函数法最早由 V. Szekely 等人提出，通过对上述提及的瞬态热响应曲线进行数值解析，从而提取器件内部热阻热容信息，将曲线转换为横坐标为热阻，纵坐标为热容的表征形式。这种表征方式可以准确获取每层材料的热阻和热容信息，更为直观和形象地表征器件封装内部结构。传统的稳态测试法只能测量器件的整体热阻值，不利于对器件内部结构进行进一步热学分析，而基于结构函数法的热瞬态测试技术可以分析器件内部从芯片到散热器热传导路径上各层封装材料的热学性能，体现器件内部的热阻和热容分布情况，使得热流路径精细结构的详细重建成为可能。利用结构函数法计算器件热网络模型的全过程主要包括：测量热瞬态响应曲线、反卷积、时间常数谱离散化、Foster 与 Cauer 网络模型转换这四个基本步骤，如图 3-47 所示。数据反卷积将瞬态热阻抗曲线里的热阻热容信息快速准确反演到可表征每层材料热阻热容信息的算法成为模型转换的难点和关键。

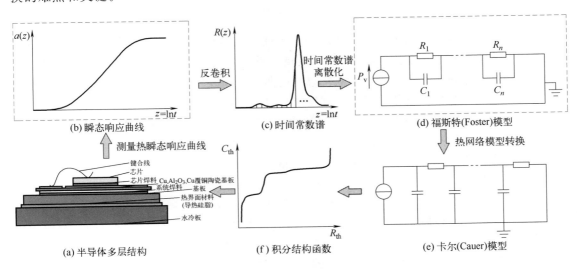

图 3-47 结构函数法计算器件热网络模型流程

图 3-47（a）是功率器件芯片、焊料、基板等多层结构模型，在芯片表面施加功率，其他表面绝热，热流路径将沿模型内部到底部恒温处。在散热过程中，热流路径流经多个区域：芯片、芯片焊料、铜板、基板等，而各个不同的区域都有各自不同的时间常数：从芯片

内部典型的 $10\sim100\mu s$ 到封装体的 100s，这意味着散热路径流经区域和热响应函数之间存在对应关系。热瞬态测量方法本质上是记录阶跃函数激励下的热响应函数，因此最简单的响应 $a(t)$ 是对应于单时间常数系统，其数学表达式如下：

$$a(t) = a(1 - e^{-\frac{t}{\tau}})$$（3-33）

热流在器件中的传导过程与电流在电路中的传递过程有很多相似之处，因此，可以将电路学中的 RC 网络理论作为基础推导单一功率作用下器件的热瞬态响应函数。则对于一个由 N 个热容热阻组成的 RC 电路，如图 3-47（d），可以通过多个时间常数 τ_i 与相对应的多个幅值 a_i 的叠加来表征更复杂的系统，这相当于将热网络模型比拟为电路模型，如下式：

$$a(t) = \sum_{i=1}^{N} a_i (1 - e^{-\frac{t}{\tau_i}})$$（3-34）

一般地，在集总元件网络中，数组 τ_i、a_i 构成如图 3-48（a）所示的离散频谱；但在实际情况中，热结构总是以分布性质热网络的形式出现，即时间常数应以连续频谱的形式出现，如图 3-48（b）所示。

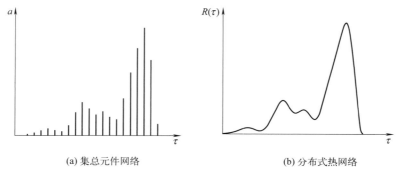

(a) 集总元件网络　　　　　　　　　　(b) 分布式热网络

图 3-48　时间常数谱对比

为了精细刻画热网络模型，将这种由用于表征复杂系统热响应的时间常数 τ_i 和热阻相对振幅 R_i 确定的离散序列谱定义为时间常数谱。时间常数谱是结构函数法计算热网络模型过程中最重要的关键性步骤，能否从热瞬态响应曲线中提取出准确的时间常数谱，直接影响着能否计算得到正确的热网络模型。得到连续的时间常数谱后，任意取合理间距将时间常数谱离散化为高阶 Foster 网络模型。值得注意的是，对于常见器件数据表文件中 Foster 模型，其仅为 $4\sim6$ 阶 RC 网络拟合，这是因为更高阶的 RC 网络也无法获得更精细的热阻信息。而对于时间常数谱，可从连续的频谱上通过离散化取到任意高阶的 Foster 网络模型，使得热网络模型更精准，可表征的信息更为全面。

考虑到测量热响应曲线的实际情况中，激发后几微秒内温度就开始升高，但最终热稳定状态在几百甚至几千秒后才能达到。因为热响应 $a(t)$ 中温度变化所对应的时间常数范围极广，并且为了简化后续数学计算，引入对数时间尺度，通常将热瞬态响应曲线绘制在对数时间轴上，热响应 $a(t)$ 在对数时间尺度上的连续表达如式（3-35）~式（3-37）所示。

$$z = \ln t$$（3-35）

$$\zeta = \ln \tau$$（3-36）

$$a(z) = \int_{-\infty}^{+\infty} R(\zeta)(1 - e^{-e^{z-\zeta}})d\zeta$$（3-37）

等式两边同时对 z 求微分：

$$\frac{\mathrm{d}}{\mathrm{d}z}a(z) = \int_{-\infty}^{+\infty} R(z)\mathrm{e}^{z-\zeta-\mathrm{e}^{z-\zeta}}\,\mathrm{d}\zeta \tag{3-38}$$

根据卷积定义对式（3-38）整理变形：

$$\frac{\mathrm{d}}{\mathrm{d}z}a(z) = R(z)\otimes W(z) \tag{3-39}$$

$$W(z) = \exp[z - \exp(z)] \tag{3-40}$$

在式（3-39）、式（3-40）中，$\mathrm{d}a/\mathrm{d}z$ 是热瞬态响应 $a(t)$ 对 $z=\ln t$ 的微分；$W(z)$ 是已知的转移矩阵；$R(z)$ 则是需要求解的时间常数谱。变形后得到式（3-41），可知提取时间常数谱 $R(z)$ 的关键在于计算热响应微分量与转移矩阵的反卷积，反卷积的算法将直接影响结果的准确性和精度等。

$$R(z) = \frac{\mathrm{d}}{\mathrm{d}z}a(z)\otimes^{-1}W(z) \tag{3-41}$$

对比图 3-47（d）与图 3-47（e）可知，与 Foster 网络模型结构有所不同，Cauer 网络模型由若干并联的节点对地热阻和串联的热容构成。对于功率半导体器件的热瞬态分析而言，由于 Foster 网络模型描述的节点对节点间的热容有明确的物理意义，因此，Foster 网络模型不能反映器件内部传热本质。但是，Cauer 网络模型描述的是节点对参考节点（节点温度恒定）间的热容，器件内部各材料层都可用相应的热阻热容并联单元表示，且彼此相互独立，可以反映器件热容量的真实物理传递过程，所以现普遍采用 Cauer 网络模型模拟功率半导体器件的热传输特性。进一步地，Foster 和 Cauer 热网络模型也可通过系列数学公式进行相互转换，以更加便捷的方式来表征器件的热阻信息。

目前用于描述功率半导体器件热容和热阻关系的结构函数共有两种形式：积分结构函数和微分结构函数。其中，积分结构函数为累积热阻、热容的函数，主要反映器件热容信息；微分结构函数可通过对累积热阻-热容函数作微分运算得到，主要反映器件热阻信息。

（1）积分结构函数

E. N. Protonotarios 和 O. Wing 两人于 1967 年提出了一种函数表达式，非常适合于将非均匀分布的一维 RC 结构用 T 型 RC 网络等效。该函数定义累积热容 $C_{\mathrm{th}\Sigma}$ 为累积热阻 $R_{\mathrm{th}\Sigma}$ 的函数，等效方法为：将一维分布式 RC 结构以 $\Delta R_{\mathrm{th}\Sigma}$ 的间隔离散化为若干微元，每个微元可用一个串联热阻 $R_{\mathrm{th}i}$ 和一个并联热容 $C_{\mathrm{th}i}$ 等效，将所有的热阻热容连起来，就能得到一个阶梯状的 Cauer 网络模型。当 $\Delta R_{\mathrm{th}\Sigma}$ 无限趋近于 0 时，Cauer 网络模型阶数 n 无限趋近于 ∞。考虑到功率半导体器件热流路径上累加热容变化幅度较大，因此通常用线性对数坐标描述积分结构函数曲线。反之，若已知 Cauer 网络模型求积分结构函数，只需要将 Cauer 模型按阶累加求和即可，横坐标为各阶累加热阻、纵坐标为各阶累加热容，如式（3-42）、式（3-43）所示。

$$C_{\mathrm{th}\Sigma} = \sum_{i=1}^{n} C_{\mathrm{th}i} \tag{3-42}$$

$$R_{\mathrm{th}\Sigma} = \sum_{i=1}^{n} R_{\mathrm{th}i} \tag{3-43}$$

（2）微分结构函数

用积分结构函数中累加热容对累加热容求导，即可得到器件微分结构函数，描述如下：

$$K(R_{\mathrm{th}\Sigma}) = \frac{\mathrm{d}C_{\mathrm{th}\Sigma}}{\mathrm{d}R_{\mathrm{th}\Sigma}} \tag{3-44}$$

微分函数用波峰和波谷的拐点作为不同结构的分界点，可以很容易分辨各层结构的界面位置，从而准确求取各自的热阻值，很好地弥补了积分结构函数的缺陷。

图 3-49 展示的是 4500V/50A 压接型 IGBT 器件单芯片子模组集电极散热时对应的结构函数，可以看到，通过将瞬态热阻抗曲线转换为结构函数后，可以获得器件封装内部各层材料的热阻和热容值。进一步地，图 3-50 展示了同一个子模组在不同压力条件下的结构函数，可以看到机械压力的改变使得芯片与钼片的接触热阻发生了变化，但并没有改变芯片自身的热阻值。

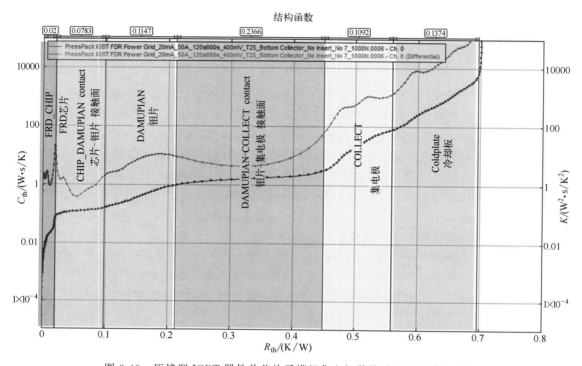

图 3-49　压接型 IGBT 器件单芯片子模组集电极散热时对应的结构函数

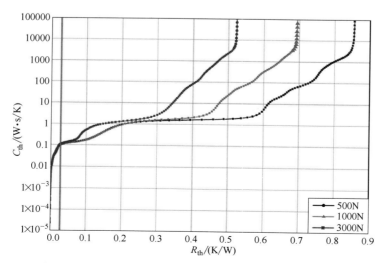

图 3-50　同一单芯片子模组不同压力条件下对应的结构函数

3.4　小结

本章介绍了功率器件静态参数、动态参数以及热学参数的测试，首先对相关测试标准进行了分析，确定了功率器件三类测试中的重要参数。进一步地，介绍了国内外现有的测试技术与设备，重点针对其量程、采集精度、测量参数等性能进行了论述。然后，从测试原理出发，针对三类测试的测量方法、重点参数定义等进行了分析与总结。

对于静态参数测试，四类参数最为重要：正向压降、栅极漏电流、绝缘特性、阈值电压，3.1 节依次论述了四类参数的测量方法；针对动态参数测试，六个参数最为重要：输入电容 C_{iss}、输出电容 C_{oss}、反向转移电容 C_{rss}、栅极电荷 Q_{Gate}、开关时间、开关损耗，3.2 节主要分析了输入电容 C_{iss} 的测量原理，输出电容 C_{oss}、反向转移电容 C_{rss} 测量原理相似，未展开复述，并指出了开关时间、开关损耗的定义，分析了相关双脉冲测试中栅极电压、集射极电压、集电极电流的波形；对于热学参数测试，热阻的定义最为重要，首先论述了热阻的定义并分析了不同标准中热阻的测量方法，进一步地，依次以热电偶法、瞬态双界面法、结构函数法进行了分析与论述。

参考文献

［1］　IEC 60747-9: 2019. Semiconductor devices discrete devices-Part 9: Insulated gate bipolar transistors（IG-BTs）［S］. 2019.

［2］　JEDEC JEP183: 2021. Guidelines for measuring the threshold voltage（VT）of SiC MOSFETs［S］. 2021.

［3］　GB/T 29332—2012. 半导体器件 分立器件 第 9 部分：绝缘栅双极晶体管（IGBT）［S］. 2012.

［4］　MIL-STD-750E. Test methods for semiconductor devices［S］. 2006.

［5］　JESD51-14. Transient dual interface test method for the measurement of the thermal resistance junction to case of semiconductor devices with heat flow trough a single path［S］. 2010.

［6］　Herold C, Franke J, Bhojani R, et al. Methods for virtual junction temperature measurement respecting internal semiconductor processes［C］//2015 IEEE 27th International Symposium on Power Semiconductor Devices & ICs（ISPSD）. IEEE, 2015: 325-328.

［7］　Blackburn D L. An electrical technique for the measurement of the peak junction temperature of power transistors［C］// 13th International Reliability Physics Symposium, Las Vegas, NV, USA, 1975: 142-150.

［8］　AQG 324. Qualification of power modules for use in power electronics converter units（PCUs）in motor vehicles［S］. 2018.

［9］　王为介，陈杰，姜龙飞，等. IGBT 结-壳热阻测量的影响因素［J］. 半导体技术，2022, 47（09）: 744-754.

［10］　Deng E, Chen W, Heimler P, et al. Temperature influence on the accuracy of the transient dual interface method for the junction-to-case thermal resistance measurement［J］. IEEE Transactions on Power Electronics, 2020, 36（7）: 7451-7460.

▶▶ 第4章

器件结温测量

4.1 结温的定义

结温是电力电子系统健康管理、可靠性评估和寿命预测的基础。通过精确的结温测量可以实现状态监测和过热保护等，从而提高系统的可靠性。温敏电参数（Temperature Sensitive Electrical Parameters，TSEP）法是一种使用芯片自身作为温度传感器的电气方法，这是因为大多数电气参数强烈依赖于温度。这种方法可以在不损坏器件封装结构的情况下快速获得器件结温，成为实际应用和测试中最为常用的方法。到目前为止，已经发现了很多温敏电参数，然而，通常电参数法只能获得芯片的单个温度值（一般表征为平均值），也不能直接获得芯片 pn 结的真正温度。因此，通过电学参数法获得的结温统称为虚拟结温 T_{vj}（后面均用 T_j 来代替），同时它不能提供实际的温度分布信息。事实上，功率器件的虚拟结温是不明确的，因为芯片的温度不能使用单个温度值来描述[1]。

实际上芯片的温度是一个三维分布，不仅具有横向温度梯度，而且具有垂直/纵向温度梯度。如图 4-1 所示，左边是 IGBT 芯片表面温度分布和对角线提取路径，右边是将其进行三维展示，具有很强的温度梯度特性。芯片不同位置的温度并不一致，而电学参数法通常只能测量芯片某一点的温度值，如 114℃温度点，为饱和压降法获得的芯片表面平均温度。

由于这种模糊性，需要确定芯片的哪个物理值与电参数法确定的虚拟结温相关，如：平均温度、最大温度还是其他相关温度等。通常，我们希望虚拟结温表征的是最大温度，也就

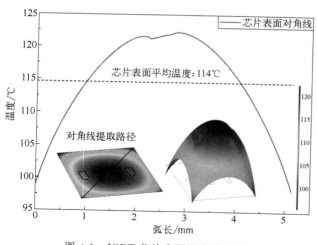

图 4-1　IGBT 芯片表面温度分布图

是最严苛的状态，但实际测量时一般是反映芯片三维温度分布的平均信息，是一个"平均温度"。这个"平均温度"最初被认为是"数值平均温度"，即最高温度和最低温度的平均值 $[T_{\mathrm{j}} = (2T_{\max} + T_{\min})/3]$。随着红外（Infrared Radiation，IR）温度测量技术的发展，可以测量芯片表面温度，并通过数据处理提取平均表面温度，称为"面积加权平均温度"。此前的研究比较了虚拟结温和面积加权平均结温之间的差异，所有这些结果表明，这两个温度值非常接近，并且温差小于 3K[2]。进一步地，有研究指出，"面积加权平均温度"忽略了芯片中测量电流的不均匀分布和温度的影响，然后提出了"电流加权平均温度。"通过将有限元法（Finite Element Method，FEM）模拟结果与实验测量结果进行比较，发现这两个值也非常接近[3]。最新的研究表明，不同的温敏电参数法测得结温代表了不同的物理意义，如小电流下饱和压降法 $[V_{\mathrm{CE}}(T)$ 法$]$ 和阈值电压法 $[V_{\mathrm{TH}}(T)$法$]$ 测得结温在纵向温度分布上的物理意义不同，$V_{\mathrm{CE}}(T)$ 法测得结温主要反映了集电极侧 pn 结处的温度信息，可近似为集电极表面的温度信息，而 $V_{\mathrm{TH}}(T)$ 法测得结温主要反映了发射极侧沟道区的温度信息，可近似为发射极表面的温度信息。

这些研究成果使我们对虚拟结温有了更深入的了解，但仍缺乏系统清晰的解释。随着功率半导体器件的功率密度增加，导致芯片中的温度梯度更陡，虚拟结温的物理意义对于结温应用尤为重要，因此需要进一步研究。

4.2　结温测量方法

由于功率器件的芯片封装在模块内部，不易接触和观察，其结温的精确测量一直以来都是行业难题，逆变器工况下的在线结温监测更是世界性难题。经过几十年的发展，专家学者们已经提出了很多结温测量方法，大致可分为 4 类：物理接触法、光学测量法、温敏电参数法和其他方法[4]。

4.2.1　物理接触法

物理接触法主要利用热敏电阻、热电偶等热敏元件，直接接触芯片表面来获得芯片的结温。常规热电偶一般分为 T、J、K、E、S、R 等型号，其中 K、J、T 型号最为常见，主要用于 $0 \sim 1300℃$ 范围内的温度测量[5]。如图 4-2 所示，IGBT 器件内部键合线分布密集，所选热探针的体积必须足够小，才能和芯片有良好的直接接触。该方法的空间分辨率是由热探针的涂层颗粒决定的，响应时间是由热探针的热容决定的。所以物理接触法可以拥有较高的空间分辨率，从而可以准确地获得目标位置的温度，但是响应时间受到热探针热容的限制不会太小，往往数据的采集频率跟不上芯片实际结温的变化。以某一 T 型热电偶为例，采集频率为 50Hz，而芯片结温的热响应时间小于 1ms 甚至更小，一般利用温敏电参数法通过采集芯片的 V_{CE} 等参数才可以精确得到芯片结温变化情况，如 NI 公司采集系统的频率可以到达 50kHz 甚至 1MHz 来获得微秒级瞬时结温变化。图 4-3 为瞬态热阻抗测量实验中分别利用 NI 采集系统和热电偶采集到的某 IGBT 器件结温和壳温，其中，测试电流 $I_{\mathrm{L}} = 30\mathrm{A}$，加热时间 $t_{\mathrm{on}} = 40\mathrm{s}$，可以观察到结温采集的频率远远大于壳温的采集频率。物理接触法的缺点同样是需要破坏器件的正常封装结构，优点是测量原理简单，操作方便[6]。

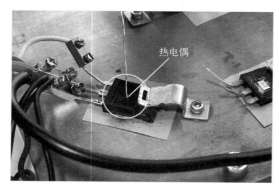

图 4-2　热电偶直接接触芯片测温

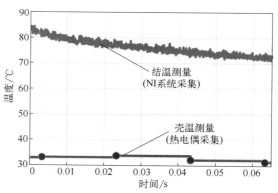

图 4-3　瞬态热阻抗测量实验中结温
和壳温采集频率对比

4.2.2　光学测量法

　　光学测量法的原理是通过将光束聚焦在半导体芯片的特定区域，与芯片的聚焦区域发生相互作用的入射光子从芯片表面反射或散射回来，由于晶格声子反射或散射的能量是芯片局部温度的函数，可以通过测量这些能量的变化来推断芯片的温度[7]。红外传感器、光纤和红外相机等代表性光学测量方法均可实现芯片温度分布图像的绘制。红外热成像相机在功率半导体领域是最为常见的温度分布测量手段，如图 4-4 所示为笔者团队在实验室利用 FLIR A320 红外热像仪测量获得的 IGBT 最高结温（即负载电流切断前）时的芯片表面温度分布。实验通过功率循环测试，保持负载电流 100A 恒定不变，对比了 0.1s、0.2s、0.5s、1s、2s 和 5s 六种不同开通时间下的芯片表面温度分布的测量结果。

　　同时，也有专家学者利用高速光纤来实现温度的快速测量，具有高精度、高速率、实时

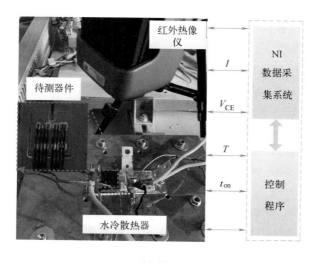

(a) 测试实验图

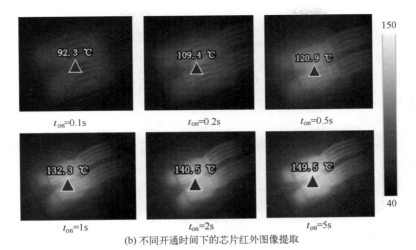

(b) 不同开通时间下的芯片红外图像提取

图 4-4 IGBT 芯片红外图像提取

性好的特点。所以，光学测量法的优点是具有较高的空间分辨率，很容易观察到芯片表面的温度分布，并且不需接触芯片，不会影响器件的正常工作。但是，这种方法的主要缺点是需要去除模块的封装外壳和内部硅胶，破坏了正常的封装结构和可能的电路连接方式。此外，为了精确测量，必须对芯片表面进行涂黑漆处理，以在整个区域产生均匀的发射率。因此，光学测量法在其对应的应用领域较为成熟，现已成为芯片温度分布离线测量的常用手段。

4.2.3 温敏电参数法

如前所述，功率半导体器件内部的微观物理参数与器件结温存在紧密关联，譬如载流子的寿命会随着温度的升高而增加，而载流子的迁移率则会随着温度的升高而降低，这就导致 IGBT 器件对外表现出的电气特性参数会受到温度的影响，这些受器件结温影响的电气特性参数被称为温敏电参数。通过测量温敏电参数来间接获得芯片结温的方法被称为温敏电参数法。根据应用特性的不同，温敏电参数法主要可以分为基于通态特性的测试方法、基于动态特性的测试方法以及基于封装特性的测试方法，如图 4-5 所示。

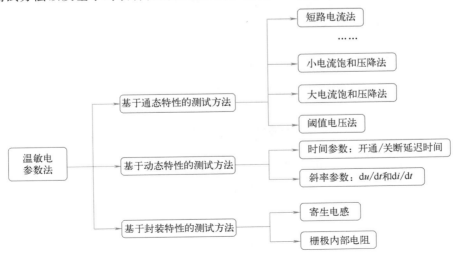

图 4-5 温敏电参数法分类

基于通态特性的测试方法以小电流饱和压降法、大电流饱和压降法为代表，并且还包括阈值电压法、饱和电流法、短路电流法等；基于动态特性的测试方法利用的参数主要包括时间参数和斜率参数，其测量一般发生在 IGBT 开通和关断的瞬时过程；基于封装特性的测试方法通常以高压大功率电力电子器件为测量对象，这种模块封装结构引起的寄生参数，也可以用于结温测量，并逐渐成为近些年的研究热点。

作为当前监测结温的热门方法，基于封装特性的方法的优点是不会破坏模块的封装，不会对器件正常的热学特性造成影响；缺点是测量出来的仅仅是芯片的平均温度，无法反映芯片表面的温度分布，而且在校准温度关系曲线时也会存在一定的误差。温敏电参数法种类众多，但不失为实验研究的重要手段，也可对其进行改进直接应用到实际工况的在线监测中，后面将重点针对几类常用温敏电参数法进行阐述。

4.2.4 其他方法

4.2.4.1 热网络模型法

热网络模型法的基本原理是根据热电比拟理论，构建结温到已知温度节点的热路网络，从而实现在线监测以及预测结温的效果。在网络建模方面，具有代表性的两种网络模型分别是 Cauer 和 Foster 网络模型，如图 4-6 所示，Foster 热网络模型为串联电路结构，而 Cauer 热网络模型采用并联电路结构[8]。Cauer 热网络模型中各个节点的物理意义明确，有利于对热路径的分析及纵向温度分布的研究，但需要知道具体的封装材料参数和结构尺寸才能准确获得。Foster 热网络模型各个节点并无实际物理意义，而是通过测试数据拟合得到的，相对容易获得，对单芯片单面散热模块的结温预测有很好的适用性。但实际运用中，多为多芯片、多器件的使用情况，同一模块内部不同芯片、不同模块之间难免存在耦合关系，这是无法忽略的现实问题。以英飞凌 FS820R08A6P2B 模块为例，七种加热方式下的瞬态热阻抗曲线如图 4-7 所示，测试条件为 $t_{on} = 10s$，$t_{off} = 100s$，$I_L = 450A$，$T_{inlet} = 65℃$。以 S5 和 S6 芯片为例，首先分别对同一相的 S5 和 S6 芯片单独加热并单独测量其瞬态热阻抗曲线，结果表明两颗芯片一致性良好，曲线重合，稳态热阻抗均约为 $0.112K/W$。然后 S5 和 S6 两颗芯片串联加热，但分别只对 S5 和 S6 单独测量，以考虑同相上下桥臂间芯片的热耦合作用，结

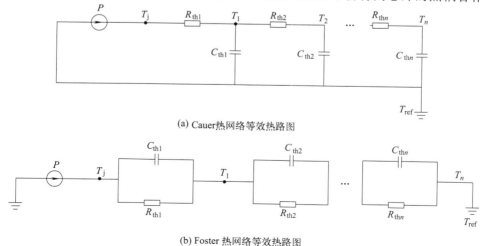

(a) Cauer热网络等效热路图

(b) Foster 热网络等效热路图

图 4-6　一维热网络模型

果表明在同相上下桥臂串联加热，单独测量时，两条曲线一致性良好，基本重合，但是其稳态热阻由无耦合作用时的 0.112K/W 增加到 0.118K/W，其增加的幅值约为 0.006K/W，正好是加热 S5 测量 S6 的瞬态热阻抗曲线，或者是加热 S6 测量 S5 的瞬态热阻抗曲线的稳态热阻值。

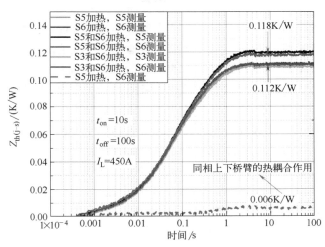

图 4-7　不同耦合关系下瞬态热阻抗曲线对比

　　该方法作为器件制造商所推荐的结温监测方法，对硬件条件要求较低，简单易行，且具有实现成本低、响应快的特点，也是目前实际应用中比较常见的方法。然而，这种方法的主要缺点是在功率器件应用过程中的老化特性无法准确在模型中进行体现，也就是不能准确表征器件封装老化后的结温；另外，这种解析解在数学上是复杂的，需要很高的计算时间和空间，这限制了它在实时应用中的应用。最后，与温敏电参数法相比，这些方法的精度相对较差。但是在在线结温监测领域，没有其他方法有突破性进展的前提下，此方法很可能在较长时间内还是主流方法，重点需要解决精度和动态反馈等问题。

4.2.4.2　电致发光效应法

　　电致发光效应是指材料在电能激发下的发光现象。电致发光效应法是通过测量芯片表面发光强度来间接测量芯片结温的技术，其基本原理是，当在芯片表面施加高频电场时，由于载流子在半导体内部的撞击复合作用会导致发光现象，而发光强度与芯片结温成正比，所以可以利用这一关系进行结温测量。碳化硅材料具有电致发光现象，曾被用于开发发光二极管，但由于

图 4-8　SiC MOSFET 电致发光现象

光产生效率低，很快被氮化镓等材料取代。SiC MOSFET 的 pn 结型体二极管在导通时也会产生电致发光现象，SiC 芯片四周会发出蓝绿色光芒，如图 4-8 所示。相关文章已对这种现象进行研究，并且验证了其发光强度与结温的相关性，这提供了一种潜在的基于温敏光参数的结温检测方法，具备固有电气隔离的优势。需要注意的是，由于电致发光效应法需要施加高频电场来诱导载流子复合发光，因此在实际操作时需要注意芯片的电气安全性。此外，对于一些特殊的芯片，其组成材料不适用于电致发光效应法测温，或者测量结果可能受到环境照明等因素的影响。进一步地，此方法还会存在温度校准精度和可操作性等一系列问题[9]。

4.2.4.3　有限元仿真法

　　传热过程中如边界条件、热传导方程等物理问题的描述都可以通过微分方程得到实现。

将微分方程转换为差分方程，从而将研究的连续性问题采用离散化的方式求解，进而简化了问题的分析，为计算机的迭代求解提供了可能。有限元法求解器件内部的热传导问题，本质上就是将传热问题采用离散化的方式近似数值求解。

近年来，随着相应技术水平的提升，商用有限元仿真软件得到进一步开发，其交互性能、求解精度得到质的提升。采用如 COMSOL 或者 Ansys 等有限元仿真软件进行结温的研究，受到了广泛追捧。其主要步骤是根据器件的工作环境及物理结构进行三维建模，从而得到每个点或者域的准确温度。图 4-9 展示的是 1200V/25A、TO-247 封装的 IGBT 功率循环老化仿真得到的结温变化曲线，仿真条件为 $t_{on}=2s$，$t_{off}=4s$，$\Delta T_j=90K$，$T_{jmax}=150℃$。然而当外界条件改变时必须重新设置仿真条件，模拟器件老化时甚至需要重新建模，这是相当繁琐的工作。此外，采用有限元仿真非常耗时，无法满足在线分析的要求。上述分析表明，在现有的技术条件下，有限元法只适用于离线预测结温，不适用于在线监测。但由于其精准性高的缘故，一般用于验证其他方式监测结温的准确性。关于有限元仿真的介绍详见 8.7 节。

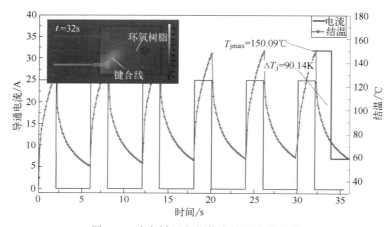

图 4-9　功率循环老化仿真结温变化曲线

4.3　基于通态特性的测试方法

基于通态特性的温敏电参数法包括大电流饱和压降法、小电流饱和压降法、阈值电压法、饱和电流法、短路电流法等，其中前三者是最为常用的结温测试方法。这里重点讲述上述三种方法的基本原理、实现过程和存在的问题等。

4.3.1　大电流饱和压降法

4.3.1.1　测量原理

大电流饱和压降法利用了 IGBT 导通压降与结温的线性关系，为了分析 IGBT 的导通状态特性，可以将 IGBT 等效为 1 个 PiN 二极管和 1 个工作在线性区的 MOSFET 串联的结构[10]，IGBT 简化通态模型如图 4-10（b）所示。

IGBT 的通态压降可以表示为 PiN 二极管与 MOSFET 的压降之和：

$$V_{F,IGBT}=V_{F,PiN}+V_{F,MOSFET} \tag{4-1}$$

PiN 二极管部分的压降（$V_{F,PiN}$）可以表示为

$$V_{\mathrm{F,PiN}} = \frac{2kT_{\mathrm{j}}}{q} \ln \frac{J_{\mathrm{C}} W_{\mathrm{N}}}{4qD_{\mathrm{a}} n_{\mathrm{i}} F \dfrac{W_{\mathrm{N}}}{2L_{\mathrm{a}}}} \tag{4-2}$$

式中，k 为玻耳兹曼系数；T_{j} 为结温；q 为电荷常数；J_{C} 为集电极电流面密度；W_{N} 为漂移区宽度；D_{a} 为双极扩散系数；n_{i} 为本征载流子浓度；L_{a} 为双极扩散长度；$F[W_{\mathrm{N}}/(2L_{\mathrm{a}})]$ 可表示为

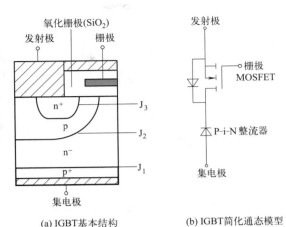

(a) IGBT基本结构　　(b) IGBT简化通态模型

图 4-10　IGBT 基本结构与通态模型

$$F \frac{W_{\mathrm{N}}}{2L_{\mathrm{a}}} = \frac{\dfrac{W_{\mathrm{N}}}{2L_{\mathrm{a}}} \tanh \dfrac{W_{\mathrm{N}}}{2L_{\mathrm{a}}}}{\sqrt{1 - 0.25 \tanh^4 \left(\dfrac{W_{\mathrm{N}}}{2L_{\mathrm{a}}} \right)}} \mathrm{e}^{-\frac{qV_{\mathrm{M}}}{2kT_{\mathrm{j}}}} \tag{4-3}$$

式中，V_{M} 为漂移区电压降。

MOSFET 部分的压降（$V_{\mathrm{F,MOSFET}}$）为

$$V_{\mathrm{F,MOSFET}} = \frac{pL_{\mathrm{CH}} J_{\mathrm{C}}}{\mu_{\mathrm{ni}} C_{\mathrm{OX}} (V_{\mathrm{G}} - V_{\mathrm{TH}})} \tag{4-4}$$

式中，p 为元胞节距；L_{CH} 为沟道长度；μ_{ni} 为沟道迁移率；C_{OX} 为栅极氧化层电容；V_{G} 为栅极驱动电压；V_{TH} 为栅极阈值电压。

IGBT 导通压降（$V_{\mathrm{F,IGBT}}$）等于两部分压降之和，即

$$V_{\mathrm{F,IGBT}} = \frac{2kT_{\mathrm{j}}}{q} \ln \frac{J_{\mathrm{C}} W_{\mathrm{N}}}{4qD_{\mathrm{a}} n_{\mathrm{i}} F \dfrac{W_{\mathrm{N}}}{2L_{\mathrm{a}}}} + \frac{pL_{\mathrm{CH}} J_{\mathrm{C}}}{\mu_{\mathrm{ni}} C_{\mathrm{OX}} (V_{\mathrm{G}} - V_{\mathrm{TH}})} \tag{4-5}$$

式（4-5）表明 IGBT 通态压降和结温在电流密度不变的情况下存在线性关系。当栅极偏置电压较大，集电极电流密度较低，即 IGBT 小电流导通时，式（4-5）中的第 1 项占主导地位。此时 IGBT 的集电极电流以指数形式随导通压降的增加而增加；当集电极电流密度较大，即 IGBT 大电流导通时，式（4-5）中的第 2 项占主导地位，此时，近似于 PiN 二极管串联 1 个电阻。

进一步地，将式（4-3）代入式（4-5）中得

$$V_{\mathrm{F,IGBT}} = \frac{2kT_{\mathrm{j}}}{q} \left[\ln(J_{\mathrm{C}} W_{\mathrm{N}}) - \ln\left(4qD_{\mathrm{a}} n_{\mathrm{i}} \frac{\dfrac{W_{\mathrm{N}}}{2L_{\mathrm{a}}} \tanh \dfrac{W_{\mathrm{N}}}{2L_{\mathrm{a}}}}{\sqrt{1 - 0.25 \tanh^4 \left(\dfrac{W_{\mathrm{N}}}{2L_{\mathrm{a}}} \right)}} \right) \right] + V_{\mathrm{M}} + \frac{pL_{\mathrm{CH}} J_{\mathrm{C}}}{\mu_{\mathrm{ni}} C_{\mathrm{OX}} (V_{\mathrm{G}} - V_{\mathrm{TH}})} \tag{4-6}$$

由式（4-6）可知，当电流面密度小于其通态压降测量结温的拐点电流面密度时，IGBT 的通态压降随结温 T_{j} 的上升而下降，且 J_{C} 越小，通态压降受结温的影响（灵敏度）越明显，此为小电流饱和压降法的测量原理；当电流面密度 J_{C} 大于其通态压降测量结温的拐点电流面密度时，IGBT 的通态压降随结温 T_{j} 的上升而上升，且 J_{C} 越大，通态压降受结温影响（即灵敏度）越明显，此时即为大电流饱和压降法的测量原理，导通压降与结温的关系如图 4-8 所示，通常灵敏度为 2～5mV/℃。图 4-11 展示的是某 1200V/25A 的 IGBT 器件输出

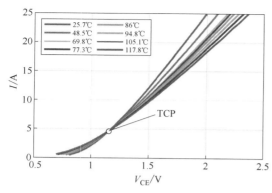

图 4-11　IGBT 器件输出特性曲线

特性曲线，在温度补偿点（TCP）以下区域为负温度系数区域，一般小电流下饱和压降法在此区域；而在 TCP 以上为 IGBT 器件工作时的区域，为正温度系数，为大电流下饱和压降法的区域。

4.3.1.2　测量方法

在应用大电流饱和压降法测量结温之前，必须先经过温度校准实验，即建立实验器件的电参数与结温的关系，获得对应电流下，器件 V_{CE} 与结温的关系曲线。然后在后续测量实验中，将测量到的电流和 V_{CE} 根据温度校准曲线进行换算，从而得到 IGBT 器件的结温，所以温度校准实验是结温测量的第一步，也是结温测量的基础，只有保证温度校准实验的规范性和准确性，获得准确的温度校准曲线，才能保证第二步结温测量的准确性。

以压接型 IGBT 器件 4500V/50A 单个芯片子模组的测量实验为例，大电流饱和压降法校准实验的电路原理与装置如图 4-12 所示，为了避免大电流引起器件的自热效应，大电流 V_{CE} 法的校准实验需采用脉冲电流源来提供电流，一般脉冲宽度在微秒级。为了记录被测器件（Device Under Test，DUT）在不同温度点的特性，需要对器件进行加热，由于在每个温度点下测量 I-V 特性曲线需要几秒的时间，所以必须保证测试时温度的恒定。实验最终

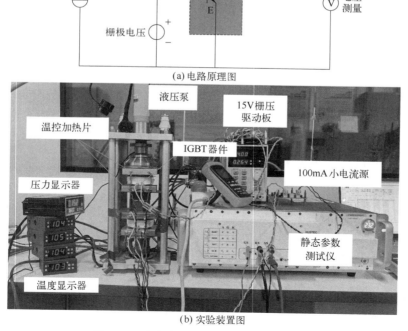

(a) 电路原理图

(b) 实验装置图

图 4-12　大电流饱和压降法温度校准实验

可以得到图 4-13 的温度校准曲线，此曲线是压接型 IGBT 器件 4500V/50A 单个芯片子模组在不同负载电流下（10A、20A、30A、40A、50A）的校准曲线，其中栅极电压 $V_{GE} = 15V$。

在得到校准曲线后，即可利用此曲线进行 IGBT 结温的测量，此方法既适用于 IGBT 工况下的在线测量，也适用于老化测试下的离线测量。以功率循环实验中的结温变化曲线测量为例，图 4-14 为测量电路图，在开关 S 闭合状态，器件通过负载电流 I_L，此时利用大电流饱和压降法测量结温，在开关 S 断开状态，器件通过测量电流 I_M，此时利用小电流饱和压降法测量结温。图 4-15 以压接型 IGBT 器件 4500V/50A 单个芯片子模组的测量实验为例，

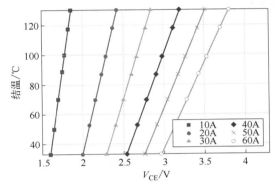

图 4-13　大电流饱和压降法导通压降与温度的关系

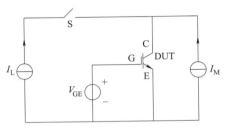

图 4-14　功率循环实验基本电路

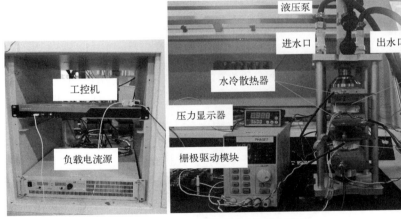

(a) 结温变化曲线测量实验图

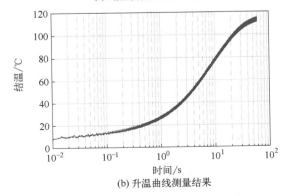

(b) 升温曲线测量结果

图 4-15　结温变化曲线测量实验

展示了实验装置和利用大电流饱和压降法测得的升温曲线，测试条件为 $t_{on}=40s$，$I_L=40A$，水冷温度 $T_{inlet}=20℃$。

4.3.1.3 注意事项

大电流饱和压降法作为目前应用最广泛的在线监测方法，测量前需要进行结温 T_j-负载电流 I_L-饱和压降 V_{CE} 之间关系曲线的绘制。测量时直接利用通态下的饱和压降，不仅克服了小电流饱和压降法切换的问题，同时也节省了搭建激励电流源辅助电路的费用。电流可以通过高精度的电流传感器直接测量，但是要保证精确性和同步性。研究表明，0.5%的电流测量误差就可以造成4℃的结温测量误差。通态饱和电压测量是一个挑战，高压大功率电力电子器件开关过程中电压波动较大，关断时可以承受上千伏的高压，导通时的饱和电压却只有几伏，为了保证电压测量的精度，不能使用量程较大的电压探头直接测量，需要选择高压隔离测量电路，在高压时将测量系统和待测器件进行隔离，在低压时可以直接测量。

该方法的技术瓶颈在于除了需要满足通态饱和压降测量的高精度之外，还存在一个固有问题：功率器件中的芯片和外部电路通过汇流铜层和功率端子相连，引入了寄生电阻，较大的负载电流在寄生电阻上产生不可忽视的压降。当器件工作时，汇流铜层与功率端子的温度和芯片的温度有很大的差距，这与校准过程中所有部件都处于同一温度的情况不同，从而造成了芯片结温的测量误差。另外，随着器件老化，负载电流下的饱和压降也会增长，对结温测量结果产生影响[11]。

4.3.2 小电流饱和压降法

4.3.2.1 测量原理

由上小节式（4-6）可知，对于导通状态的 IGBT，当电流面密度小于其通态压降测量结温的拐点电流面密度时，IGBT 的通态压降随结温 T_j 的上升而下降，且 J_C 越小，通态压降受结温的影响（灵敏度）越明显，此时即小电流饱和压降法的测量原理，其压降与结温的关系为负温度系数，通常灵敏度为 $-2mV/℃$ 左右。以压接型 IGBT 器件 4500V/50A 单个芯片子模组为例，其温度校准曲线如图 4-16 所示，灵敏度为 $-2.27mV/℃$，下面具体描述其温度校准曲线的获取方法。

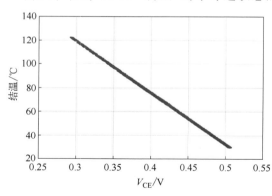

图 4-16　小电流饱和压降法导通压降与温度的关系

4.3.2.2 测量方法

同样地，在利用小电流下饱和压降法进行结温测量之前，需要进行温度校准实验以获得结温与 V_{CE} 的关系，校准实验的电路原理图如图 4-17 所示。与大电流下饱和压降法不同的是，小电流饱和压降法施加的电流很小，不会使器件产生自加热，对待测 IGBT 模块进行加热，使其达到热平衡状态，然后撤去加热使其降温，在此阶段连续记录其结温与 V_{CE} 的数据即可。因为 IGBT 内部没有功率损耗因此可以认为整个 IGBT 模块的温度是相同的，只要测量壳温就能等效认为是结温。这样在进行结温测量时，可以通过测量小电流下的饱和压降 V_{CE}，就可以通过换算关系得到结温 T_j。需要注意的是，结温测量时用的测量电流大小和校准实验用的测量电流必须相同，一般为待测模块额定电流的 1/1000。

由于小电流下饱和压降必须只通入小电流进行测量，所以通常用于离线测量。以功率器件的瞬态热阻抗测量实验为例，瞬态热阻抗的测量过程一般是先给器件通入负载电流使其升温，达到热稳态后切断电流使其开始降温，在降温过程中利用小电流饱和压降法测量器件的结温连续变化，即降温曲线，然后根据式（4-7）计算得到瞬态热阻抗曲线。以压接型 IGBT 器件 4500V/50A 单个芯片子模组测量实验为例，图 4-18 展示了利用小电流饱和压降法测得的瞬态热阻抗曲线，$t_{on}=60s$，$I_L=45A$，水冷温度 $T_{inlet}=20℃$。

$$Z_{th(j\text{-}c)}=\frac{T_j(t)-T_c(t)}{P}=\frac{T_j(t)-T_c(t)}{VI} \tag{4-7}$$

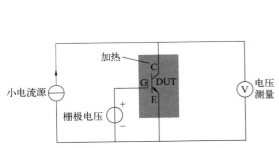

图 4-17　小电流饱和压降法校准实验电路原理图

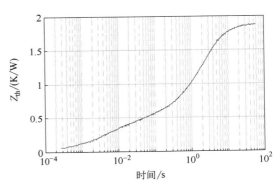

图 4-18　某器件的瞬态热阻抗曲线

4.3.2.3　注意事项

小电流下饱和压降法是使用最广泛的离线结温测量方法，也被称为 $V_{CE}(T)$ 法，因为测量时需要切断负载电流，然后施加小的恒定电流，一般认为不适合在线结温测量。有研究提出当换流器中的负载电流经过零点时（即负载电流为零时），中断负载电流，然后应用 $V_{CE}(T)$ 法进行结温测量，但这需要特定的应用工况和条件。另外，需要注意的是，在实际实验中，IGBT 负载电流被切断之后，由于载流子的复合作用，需要等待一个短暂的延迟时间后测量值才能正确反映温度[12]。对于 650V 以上的功率器件，测量延时时间为 50～500μs，需要通过根号 t（t 为降温时间）法反推降温时 0 时刻的结温，根号 t 法简单来说就是芯片表面结温变化和降温时间 t 的平方根呈现线性关系。除了根号 t 法，也可以利用有限元法、仿真 ΔZ_{th} 法等进行结温偏移量的补偿，具体已在第 3 章进行了详细描述。

4.3.3　阈值电压法

4.3.3.1　测量原理

对于有 MOS 结构的器件，例如 MOSFET 和 IGBT，阈值电压 V_{TH} 也是一种合适的温敏电参数，可以用于热阻测试和功率循环试验中的结温测量，也是 IEC 60747 标准中推荐的方法之一。

MOS 结构的阈值电压表示形成反型层所需的最小栅极电压，计算公式为：

$$V_{TH} = \Phi_{MS} - \frac{Q_{SS}}{C_O} + 2\psi_B - \frac{Q_{SC}}{C_O} \tag{4-8}$$

式中，Φ_{MS} 表示栅极多晶硅和衬底硅的功函数之差；Q_{SS} 是单位面积上栅极表面电荷；C_O 是单位面积上的栅氧电容；ψ_B 是底材料的费米势；Q_{SC} 是单位面积上耗尽层中的空间电荷，可以表示为：

$$Q_{SC} - qN_AW_m = -\sqrt{4q\varepsilon_sN_A\psi_B} \tag{4-9}$$

从式中可以看出，理论上阈值电压是由 MOS 结构的材料参数决定的，而与外部测量条件无关。但是阈值电压通常是通过测量的方式来确定的，而不是通过理论计算，因此实际测得的阈值电压会不可避免地受外部测量条件的影响，导致不同测量方法下确定的阈值电压存在差异。

4.3.3.2 测量方法

关于阈值电压提取方法的种类有很多，但是标准中主要推荐两种方式，如图 4-19 所示。一种是以 IEC 标准为代表的双电源法，被日本功率半导体器件厂商广泛采用；另一种是以 AQG 标准为代表为单电源法，被欧洲功率半导体器件厂商广泛采用。从各自器件产品手册中给出的测量条件可以判断是哪种方法。

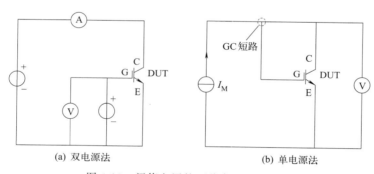

图 4-19　阈值电压的两种常用测量方法

一般在功率循环试验中，采用图 4-19（b）的单电源法进行结温测量，此方法除了电路连接上与小电流下饱和压降法略有不同之外，在方法原理上基本一致。第 8 章会重点介绍阈值电压法测量结温与小电流饱和压降法的区别以及功率循环测试结果的差异，故在此不再赘述。

4.3.3.3 注意事项

阈值电压与栅氧层厚度以及发射极 p 型基区的掺杂有关，因此通过阈值电压测得的结温主要反映靠近发射极表面的沟道区的温度信息。阈值电压法电路结构与小电流下饱和压降法的电路结构非常相似，都是属于小电流注入，因此，小电流下饱和压降法的在线应用实现方法同样可以用于阈值电压法。阈值电压与温度的校准曲线线性度不如小电流下饱和压降法，但是灵敏度更高，对于硅器件一般可以达到 $10\text{mV}/℃$ 左右，而小电流下饱和压降法只有 $-2\text{mV}/℃$，使得电压测量误差导致的结温测量误差更小，抗干扰能力更强[13]。同时，研究表明功率循环老化试验之后，IGBT 阈值电压会增加 $30\sim100\text{mV}$ 左右，由此带来的测量误差约为 $3\sim10℃$，而 SiC MOSFET 随着器件老化阈值电压漂移更为严重，因此目前对于 SiC MOSFET，阈值电压法并不是一个合适的结温测量方法。

4.4　基于动态特性的测试方法

由于功率半导体器件正常工作时就是不断开关的过程，基于瞬态特性的结温测量更符合器件工作特性，在实现在线结温测量方面具有天然的优势。因此，目前在实验室测量中发现的动态温敏电参数几乎都可以在实际应用中实现在线结温测量。不同的是，在实际应用中需要对测量电路进行高度集成，利用 ADC（数模转换器）和 FPGA 完成数模转换和信号处理过程。值得一提的是，器件动态参数在第 2 章已进行了相关定义和说明，这里不再复述。

4.4.1　时间测量

开通延迟时间、关断延迟时间和米勒平台宽度（关断时）是常见的动态温敏电参数，使用这些参数的方法的核心在于精确的时间测量。采用开通延迟时间作为温敏参数，当 FPGA 探测到栅极电压上升开始计时，探测到电流上升停止计时，所得时间就是开通延迟时间。关断延迟时间的确定与之相似，当探测到栅极电压下降开始计时，探测到电流下降停止计时，这就是关断延迟时间[14]。研究表明，开通和关断延迟时间不仅与温度有关，还与母线电压有关，它们随温度变化大约均为 2ns/℃，不同的是，开通延迟时间和负载电流关系不大，而关断延迟时间与负载电流也有关系。文献表明关断时的米勒平台宽度和温度也具有相关性，通过 TCAD 仿真和理论分析揭示了其中的物理机制，并通过实验进行验证，不同的 IGBT 模块的这种相关性大约为 0.8～3.4ns/℃。利用这 3 个参数的方法由于涉及精确的时基确定和时间测量，这些方法都需要高带宽的比较器和高分辨率的计时器。

4.4.2　斜率测量

电压和电流变化率（$\mathrm{d}u/\mathrm{d}t$ 和 $\mathrm{d}i/\mathrm{d}t$）也是常见的动态温敏热参数，属于斜率测量，不仅需要时间测量还需要幅值测量[15]。已有研究提出可以采用开通时的 $\mathrm{d}i/\mathrm{d}t$ 作为温敏参数，为了实现这个目的，需要对电流进行精确测量，传统的罗氏线圈成本高昂且体积较大，不适合实际在线应用。选择高带宽同轴分流电阻可以精确测量电流幅值和相位，进而计算 $\mathrm{d}i/\mathrm{d}t$，还不会给系统带来寄生电感。同时也有研究采用 $\mathrm{d}u/\mathrm{d}t$ 作为温敏参数，并详细讨论了其理论基础和影响因素，但是所有测量都是基于示波器，并未集成在 DSP（数字信号处理器）或者 FPGA 中。有研究指出，IGBT 开通电流包含续流二极管反向恢复电流，因此 $\mathrm{d}i/\mathrm{d}t$ 不能完全反映 IGBT 的结温特性。

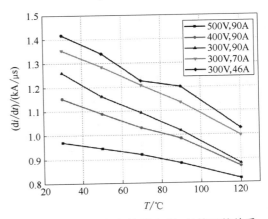

图 4-20　不同运行条件下 $\mathrm{d}i/\mathrm{d}t$ 与结温的关系

由于器件开关的瞬态过程受很多因素影响，不仅有温度，还有栅极驱动、栅极电阻、电路寄生参数，甚至测量探头、外部的电压和电流也会对其产生影响，如图 4-20 所示。因此，在校准时必须保持与测量时相同的条件。

4.5 基于封装特性的测试方法

高压大功率器件采用多芯片并联的结构来实现扩容，并且一般会增加辅助端子用于测量，这就引入不可忽视的寄生参数，例如功率端子与辅助端子之间的寄生电感 L_{Ee} 和栅极的寄生电阻 R_{gint}。这种模块封装结构引起的寄生参数，也可以用于结温测量，并逐渐成为近些年的研究热点。

4.5.1 寄生电感

以高压大功率 IGBT 器件为例，其等效电路如图 4-21 所示，寄生电感 $L_{Ee}=L_{ek}+L_{kE}$，其中，L_{ek} 为发射极辅助端子和芯片发射极之间的寄生电感，L_{kE} 为芯片发射极和发射极功率端子之间的寄生电感。在功率器件开关过程中，动态变化的集电极-发射极电流 I_C 和栅极电流 I_g 在寄生电感 L_{Ee} 上产生感应电压，可以直接利用这个感应电压作为温敏电参数，也可以利用这个感应电压出现的时基来确定开通或关断延迟时间，用于模块的结温测量[16]。

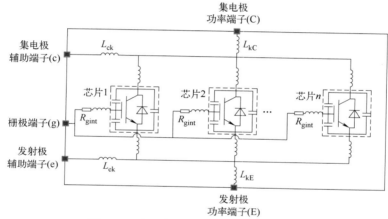

图 4-21　高压大功率 IGBT 器件等效电路

4.5.2 栅极内部电阻

栅极内部电阻是近些年的一个研究热点，因为对栅极特性的测量可以集成到驱动系统中，对于实现在线测量是有益的。栅极内部电阻主要构成部分是芯片栅极汇总区电阻，在多芯片并联的高压大功率模块中属于分布式参数，不易直接测量。按照 IEC 标准[17]，对于封装完整的 IGBT 模块，栅极内部电阻等效为 GC（栅极-集电极）和 GE（栅极-发射极）的等效串联电阻。测量时将 CE 短接，然后给栅极施加一个高频的正弦电压信号，频率要足够高，使得栅极电容的电抗可以忽略不计，一般要 1MHz 以上。该方法不需要额外的控制信号，只需要一个电流测量电路，而且对于不同功率等级的器件都可以使用，可以较为简单地实现在线测量，测量电路如图 4-22 所示。

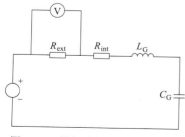

图 4-22　栅极内部电阻测量电路

4.6　结温分布测量

功率半导体器件朝着高功率密度和高可靠性方向快速发展，使得高压大功率器件内部一般由多个芯片并联组成，而上述提及的电学参数方法均只能获得多芯片并联的平均温度，并不能准确得到多芯片的温度分布。对于功率器件的可靠性评估会带来不便，如 4500V/1500A 压接型 IGBT 器件由 30 颗 4500V/50A IGBT 芯片组成，当某颗芯片结温增加 30K，但通过电学参数法如小电流饱和压降法获得的结温只增加 1K，严重影响结果的准确判定。进一步地，如图 4-1 所示，单个芯片表面温度也是有温度梯度的，平均温度也无法准确进行芯片的失效定位，因此必须发展芯片表面的温度分布测量方法。

4.6.1　多芯片并联结温分布

本小节以压接型 IGBT 器件为例，介绍测量多芯片并联结温分布的时序温敏电参数法的基本原理、实现过程和实验结论等。

4.6.1.1　时序 $V_{CE}(T)$ 法测量原理及实现方法

对多芯片并联器件，温敏电参数法（电学测量方法）仅能获得器件平均结温而难以获得各芯片温度分布，其根本原因在于多芯片并联结构使得各芯片温敏电参数不易直接获得。以小电流 $V_{CE}(T)$ 法为例，其温敏电参数为小电流下芯片的通态电阻，结温测量过程中所有芯片均处于导通状态，测量电流同时流经所有芯片。对各并联芯片而言，其两端的饱和压降相同，容易通过连接在电极两端的电压探头测量得到；总电流为毫安级，也容易通过串接在电路中的霍尔传感器读出。但受限于器件的密闭、紧凑结构，流经每颗芯片的测量电流却难以获得。因此，仅能通过总电流和饱和压降获得器件在小电流下的通态电阻获得器件的平均结温，而无法得到每颗芯片在小电流下的通态电阻，进而无法获得器件内部各芯片的温度分布。

既然各并联芯片测量电流的分布情况难以直接获得，不妨换一个思路，单独控制各芯片的栅极，在测温过程中仅使一颗芯片导通，其他芯片关断，强迫测量电流仅流经一颗芯片。这样，即可实现一颗芯片结温的单独测量。进一步地，通过高速采样获或在周期工况下对各芯片逐一测量，即可获得各并联芯片的温度分布。

上述方法被称为时序 $V_{CE}(T)$ 法，其基本原理如图 4-23 所示[18]。主实验电路与传统的 $V_{CE}(T)$ 方法一致，通过负载电流源将待测器件加热至稳态，而后利用串联器件断开负载电流源，在降温阶段测量流经小电流时器件两端的饱和压降。时序 $V_{CE}(T)$ 法与传统 $V_{CE}(T)$ 法的核心差异在于待测器件的栅极控制，在传统 $V_{CE}(T)$ 法中，各并联芯片的栅极通过器件内置 PCB 连接在一起，受控于相同的栅极信号；而在时序 $V_{CE}(T)$ 法中，各并联芯片的栅极通过定制 PCB 的走线单独引出，由不同的栅极信号分别控制。相比接触测温法和红外测温法，时序 $V_{CE}(T)$ 法无需定制封装结构，只需更换栅极 PCB，十分适合于压接封装形式。此外，由于本例实验电路中负载电流是通过串联器件而不是待测器件断开的，所以无需对栅极 PCB 中各引线进行单独设计以保证各回路栅极电感的一致性。

并联 IGBT 芯片的栅极信号时序如图 4-24 所示。加热阶段，在串联器件栅极端子 G_1 与

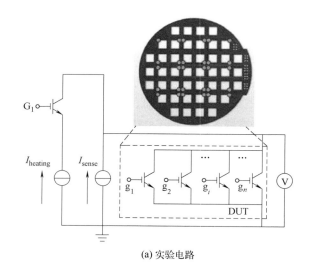

(a) 实验电路

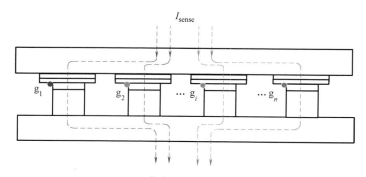

(b) 不同周期内测量小电流的路径控制

图 4-23　时序 $V_{CE}(T)$ 法的基本原理

各并联芯片栅极端子 $g_1 \sim g_n$ 均施加 15V 电压，使待测器件导通，负载电流 I_L 流经并加热待测器件。冷却阶段，在串联器件栅极端子 G_1 施加 0V 电压，使得负载电流断开。在第 i 个周期的冷却阶段，各并联芯片栅极端子 $g_1 \sim g_n$ 中，仅 g_i 施加 15V 电压，其余端子施加 0V 电压，强迫测量电流仅流经 i 号芯片，实现 i 号芯片的结温测量。由于周期稳态工况下各芯片温度分布是相同的，故通过在不同周期内各芯片结温的顺序测量，可以等效获得一个周期内各芯片的温度分布。需要指出，在栅极单独控制的时序中，可能出现待测器件内并联芯片栅极比串联器件的栅极更晚开通或更早关闭的情况，这可能导致负载电流仅流经部分并联芯片。对此，在栅极的控制时序中设置了数百微秒的死区时间以避免此类情况的发生，这一死区时间可以包含在传统 $V_{CE}(T)$ 法的测量延迟时间中。

4.6.1.2　实验结果及分析

以 4500V/1300A 的刚性压接器件开展芯片温度分布的测量实验为例，其内部含有 26 颗并联的 IGBT 芯片，器件陶瓷管壳开孔以引出栅极信号排线，待测器件及芯片编号如图 4-25 所示。

(a) 待测器件

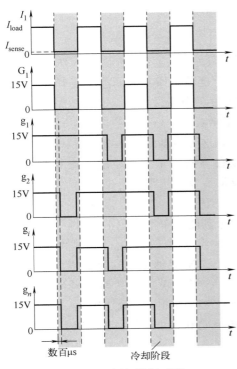

图 4-24　栅极控制时序

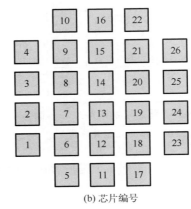

(b) 芯片编号

图 4-25　栅极单独控制的 4500V/1300A
刚性压接 IGBT 器件

在 $I_L = 1350A$、$T_{inlet} = 15℃$、$t_{on} = 5s$、$F_{total} = 90kN$ 的周期开关实验条件下，获得刚性压接器件内部并联芯片组温度分布如图 4-26 所示。可以看出，各芯片组温度分布呈现中间低、边缘高的特点，最高芯片结温为 121.4℃，最低芯片组结温为 85.3℃，各芯片结温差异为 35.5K。这与传统的焊接式 IGBT 模块的温度分布是完全相反的，焊接式 IGBT 模块由于芯片间的热耦合作用会导致中间芯片温度高，周围芯片温度低，而压接型 IGBT 器件主要是各子模组间的接触热阻和机械压力的综合作用占主导。

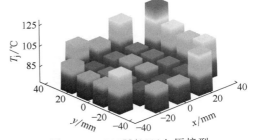

图 4-26　4500V/1300A 压接型
IGBT 器件各芯片温度分布

综上所述，时序温敏电参数法作为多芯片结温分布的测量方法，与功率循环工况天然匹配，目前已集成于笔者实验室自主研发的功率循环装备，且已有一定的实验数据说明了方法的可行性。同时，此方法具有非接触性、高精度、快速响应等优点，也可以用于确定结温最高或最薄弱的芯片位置。基于此方法，后续可对多芯片并联器件的多物理场耦合特性以及功率循环老化表征做进一步研究，未来有很大的发展空间和应用潜力。

4.6.2　单芯片温度分布

前文提到对于单芯片的温度分布，光学测量法可以很简便直观地得到测量结果，所以最适合用于测量芯片的温度分布情况，但是需要破坏器件的封装结构。本小节重点介绍一种电学方法及其应用案例。

4.6.2.1　多电流 $V_{CE}(T)$ 法

4.1 节介绍了已有研究，得出虚拟结温并不是一个定值，而是和测量电流有关，随着测量电流减小而增加，究其原因，测量电流的分布与温度分布息息相关，温度高的区域流过的测量电流密度高。因此，虽然某个测量电流下的虚拟结温仅仅是一个数值，但是携带了温度分布的信息，这为温度分布的测量提供了一个理论基础，可以在不同测量电流下进行虚拟结温测量，经过数学反演后反映出温度分布的特性，这就是多电流 $V_{CE}(T)$ 法。

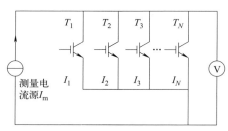

图 4-27　将芯片划分为 N 个不同温度区域的元胞并联模型

对于一个温度分布不均匀的芯片，可以将芯片分为 N 个不同温度的区域，每个区域内的温度认为是相同的，只要 N 足够大，这个假设就是合理的，不同区域之间是并联的，共享一个端电压，如图 4-27 所示。当测量电流通过芯片时，不同区域内通过的测量电流不同，但是所有区域内流经的测量电流之和等于总的测量电流：

$$I_m = \frac{1}{N}\sum_{i=1}^{N}I_i(T_i,V) \tag{4-10}$$

因为 $I(T,V)$ 关系是对整个芯片进行校准得到的，因此每个区域的 $I(T,V)$ 关系是整个芯片的 $1/N$。对于同一个温度分布，如果在不同测量电流下测量器件两端电压，均有上式成立。因此，对于 M 个测量电流，可以构成如式（4-11）所示的非线性方程组。只要 $M \geqslant N$，理论上这个方程组是可以求解的，得到每一个区域的温度 T_i，构成芯片的温度分布。通过多电流 $V_{CE}(T)$ 法，可以将芯片温度分布测量问题转换成非线性方程组的数值求解问题。

$$
\begin{cases}
I_1 = \dfrac{1}{N}\sum_{i=1}^{N}I_i(T_i,V_1) \\
\quad\vdots \\
I_j = \dfrac{1}{N}\sum_{i=1}^{N}I_i(T_i,V_j) \\
\quad\vdots \\
I_M = \dfrac{1}{N}\sum_{i=1}^{N}I_i(T_i,V_M)
\end{cases}
\tag{4-11}
$$

考虑到单芯片温度分布的规律性，可以采用温度分布函数来表征温度分布情况：

$$T(x,y) = p_1 - p_2(x^2 + y^2) \tag{4-12}$$

采用温度分布函数来表征温度分布时，仅包括 2 个或 3 个未知参数，理论上，只需要测量 2 个或 3 个不同测量电流下的电压值即可获得温度分布。为了提高非线性方程组的求解精度，测量电流的数量可以更多，以构成冗余方程。另外，严格意义上，离散化的温度并不能构成温度分布，只能构成温度分布谱，因为离散化温度不包括位置信息，采用温度分布函数才是真正的温度分布测量，可以获得任意位置处的温度信息。

4.6.2.2　温度分布评估流程

基于上述分析，可以总结单芯片中温度分布评估流程如图 4-28 所示。对于二维温度分布，可以将芯片划分为 $N=n^2$ 个部分，选择包含尽可能少的未知参数的温度分布函数，如式（4-12）所示，那么每个部分的温度可以用各自节点的函数值表示。根据分布式并联模式，可以构建如式（4-11）所示的非线性方程组，$I(V, T)$ 关系可以通过校准数据进行数学拟合，最后测量不同测量电流下的通态压降，将其作为非线性方程组的输入，通过迭代计算得到温度函数的未知参数。

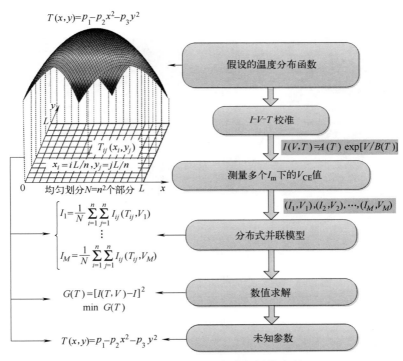

图 4-28　单芯片中温度分布评估流程

4.6.2.3　应用案例

选择 1200V/100A IGBT 半桥模块中的 IGBT 芯片用于验证多电流 $V_{CE}(T)$ 法在正方形芯片中的应用。通过对待测器件 I-V-T 特性曲线的校准并进行拟合，拟合函数及参数为：

$$I(V, T)=a\exp(T/b)\exp[V/(c+dT)] \tag{4-13}$$

式中，$a=7.60182\times10^{-4}$；$b=21.6416$；$c=0.04074$；$d=1.7165\times10^{-4}$。

试验中负载电流为 120A，当功率循环试验达到稳定之后，每一个循环最后负载电流下的通态压降均为 2.58V，计算得到功率密度为 484.4W/cm^2，这验证了试验稳定后每一个循环都是等效的。6 种不同测量电流下测得的通态压降值，以及相应计算的虚拟结温如表 4-1 所示。可以看出，对于同一温度分布，不同测量电流下测得的虚拟结温不同，测量电流越小，测得虚拟结温越大。将表中 6 组（I，V）值代入非线性方程组中进行迭代求解，正方形芯片可以选择式（4-12）所示的温度分布函数，仅包含 2 个未知参数，计算得到的温度分布函数如图 4-29 所示。通过红外测得的芯片表面温度分布如图 4-30 所示，中心最高温度和边缘最低温度相差达到 67.3K，平均温度 126.6℃，比较接近但稍低于表 4-1 中 $V_{CE}(T)$ 法测的 131～133℃ 虚拟结温。

表 4-1　不同测量电流下的测量结果

负载电流/A	测量电流/mA	通态压降/V	虚拟结温/℃
	100	0.3663	131.678
	75	0.3463	131.959
120	50	0.3201	132.181
	20	0.2616	132.339
	10	0.2175	132.385
	5	0.1715	133.144

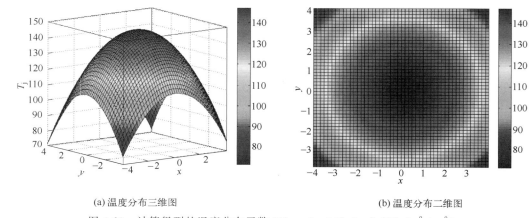

(a) 温度分布三维图　　　　　　　　(b) 温度分布二维图

图 4-29　计算得到的温度分布函数 $T(x,y)=148.5-2.279(x^2+y^2)$

为了更直观地对比计算结果和测量结果，提取对角线上的温度分布，结果如图 4-31 所示，计算结果和测量结果吻合得较好，在边缘位置上有较小的偏差。实际上，由于芯片表面有键合线，而键合线的温度通常要比芯片温度高一点，所以红外测得的芯片表面温度分布要比实际温度分布高一点。

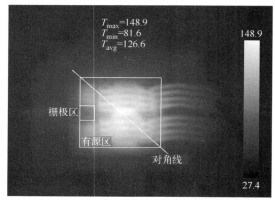

图 4-30　红外测得的芯片表面温度分布

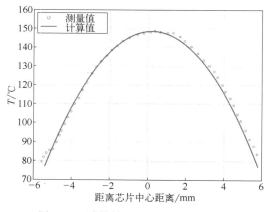

图 4-31　计算结果和测量结果的对比

4.7　小结

通过对现有的几种测量功率器件结温的方法进行比较，目前应用最为广泛的结温测量方法分为光学、物理和电学三大类。光学方法具有空间分辨率高、非接触性好等优点，然而，它不能应用于结温在线测量。同样，物理方法也可以制作高空间分辨率的温度图，然而只有当半导体芯片可见时，直接测量结温才可行。电气方法不需要任何开放封装的功率半导体器件进行结温测量。在电学方法中，温敏电参数法是测量功率半导体芯片工作温度最常用的方法。其中，负载电流下饱和压降法是一种具有潜力的在线结温测量方法，既可以实现状态监测，又可以进行结温测量，在标准功率循环试验中，同样会监测负载电流下的饱和压降，如果将其用于结温测量，则可以实现结温测量和结温应用的统一，但是如何消除或补偿连接端子电阻的影响以及器件老化的影响，是使用该方法之前必须考虑的问题；另一方面，动态温敏参数是近些年广受关注的结温提取方法，这类方法可以在每次开关过程中实现在线测量而不需要改变换流器运行状态，对于高压大功率电力电子器件，基于模块特性的测量方法实现在线应用更加容易，尤其是栅极内部电阻，对应地需要发展主动功率循环试验方法，被测器件在动态开关过程中进行加速老化试验，并使用相同的结温测量方法。

然而，对于在线测量，它需要高带宽的传感器，复杂的同步电路，这些都对参数有较高的依赖性，如施加的电压、负载电流和栅极电阻。此外，这些电气参数很容易受到老化和退化的功率模块影响。RC 热网模型适用于结温的在线和离线测量，可以绘制出一维、二维和三维的温度分布图。然而，这些方法的准确性仍然值得怀疑。

到目前为止，对于 IGBT 结温在线测量，目前还没有通用的解决方案，尽管已有一些显著的成果，但距离实际应用还存在一定的挑战。因此，该领域的研究正在不断推进，以确定适合于热管理的结温在线测量方法，并提高电力电子模块的工作寿命和可靠性。

参考文献

［1］ Chen J, Deng E, Xie L, et al. Investigations on averaging mechanisms of virtual junction temperature determined by V_{CE}（T）method for IGBTs［J］. IEEE Transactions on Electron Devices, 2020, PP（99）: 1-7.

［2］ Dupont L, Avenas Y, Jeannin P O. Comparison of junction temperature evaluations in a power IGBT module using an IR camera and three thermo-sensitive electrical parameters［C］//2012 Twenty-Seventh Annual IEEE Applied Power Electronics Conference and Exposition（APEC）. IEEE, 2012.

［3］ Scheuermann U, Schmidt R. Investigations on the V_{CE}（T）-Method to Determine the Junction Temperature by Using the Chip Itself as Sensor［C］// 2009 PCIM Europe. IEEE, 2009.

［4］ 陈杰, 邓二平, 赵雨山, 等. 高压大功率器件结温在线测量方法综述［J］. 中国电机工程学报, 2019, 39（22）: 11.

［5］ Brekel W, Duetemeyer T, Puk G, et al. Time resolved in situ T_{vj} measurements of 6.5 kV IGBTs during inverter operation［C］// 2009 PCIM Europe. IEEE, 2009.

［6］ Bing J, Xueguan S, Wenping C, et al. In situ diagnostics and prognostics of solder fatigue in IGBT modules for electric vehicle drives［J］. Power Electronics IEEE Transactions on, 2014, 30（3）: 1535-1543.

［7］ Sathik M, Pou J, Prasanth S, et al. Comparison of IGBT junction temperature measurement and estimation methods-a review［C］// 2017 Asian Conference on Energy, Power and Transportation Electrification（ACEPT）. IEEE, 2017.

［8］ 杨世铭，陶文铨. 传热学［M］. 北京：高等教育出版社，1998.

［9］ 冒俊杰，高洪艺，李成敏，等. 基于电致发光效应的非接触式碳化硅 MOSFET 结温在线检测方法研究［J］. 中国电机工程学报，2022，42（3）：11.

［10］ Baliga B J. Fundamentals of power semiconductor devices［M］. New York: Springer, 2008.

［11］ Choi U M, Blaabjerg F, Iannuzzo F, et al. Junction temperature estimation method for a 600V, 30A IGBT module during converter operation［J］. Microelectronics & Reliability, 2015.

［12］ Herold C, Beier M, Lutz J, et al. Improving the accuracy of junction temperature measurement with the square-root-t method［C］// Proceedings of the 19th International Workshop on Thermal Investigations of ICs and Systems（THERMINIC）. Berlin, Germany, 2013: 92-94.

［13］ Zeng G, Cao H Y, Chen W N, et al. Difference in device temperature determination using p-n-junction forward voltage and gate threshold voltage［J］. IEEE Transactions on Power Electronics, 2019, 34（3）: 2781-2793.

［14］ Arab M, Lefebvre S, Khatir Z, et al. Experimental investigations of trench field stop IGBT under repetitive short-circuits operations［C］// Power Electronics Specialists Conference. IEEE, 2008.

［15］ Xu Z, Xu F, Wang F. Junction temperature measurement of IGBTs using short-circuit current as a temperature-sensitive electrical parameter for converter prototype evaluation［J］. IEEE Transactions on Industrial Electronics, 2015, 62（6）: 3419-3429.

［16］ Bahun I, Cobanov N, Jakopovic Z. Real-time measurement of IGBT's operating temperature［J］. Automatika Journal for Control Measurement Electronics Compu, 2011, 52（4）: 295-305.

［17］ International Electrotechnical Commission. IEC 60747-8: 2010. Semiconductor devices-Discrete devices-Part 8: Field-effect transistors［S］. Geneva: International Electrotechnical Commission, 2010.

［18］ Zhang Y, Deng E, Zhao Z, et al. Sequential V_{ce}（T）method for the accurate measurement of junction temperature distribution within press-pack IGBTs［J］. IEEE Transactions on Power Electronics, 2021, 36（4）: 3735-3743.

［19］ Jie C, Deng E, Huang Y. Temperature Distribution Evaluation of Single Chip by Multiple Currents V_{CE}（T）Method［J］. IEEE Transactions on Components and Packaging Technologies, 2020, PP（99）.

第5章

器件极限能力测试

功率器件在变流器或/和逆变器等应用中一般工作在开关状态，器件极限能力是指超出正常开关过程的器件动态行为和特性，极限能力主要分为：短路能力、极限关断能力和浪涌能力，考核的是器件在极端工况下的能力，尤其是器件关断能力[1]。短路能力测试主要考核器件在短路（一般有 3 类短路情况）条件下器件的关断能力，一般需要在 $10\mu s$ 以内关断 $3\sim10$ 倍额定电流（IGBT 器件），主要考核芯片能力；极限关断能力则是考核功率器件在饱和状态下的毫秒级关断能力，如电网所用的直流断路器需要在 3ms 内关断 6 倍额定电流，不仅考核芯片能力，还考核封装水平；浪涌能力则是考核反并联二极管的抗浪涌能力，一般是 10ms 正弦半波的冲击，尤其对于 SiC MOSFET 的体二极管非常重要，可能还会影响栅极的可靠性，由于浪涌测试时间较长，主要考核芯片能力和封装的水平。从物理和传热学理论来看，短路测试虽然在极短时间内会有大量的能量产生，最终也是由于能量超过芯片极限而损坏，由于测试时间非常短，反复的短路测试并不会引起封装的老化，而浪涌能力和极限能力测试则会进一步影响封装的老化，是加速老化测试未来应该重点关注的测试。

本章主要围绕器件的极限能力，介绍功率器件的安全工作区、短路能力、极限关断能力以及二极管的浪涌特性，其参数定义主要参考了 IEC 60747-9：2019[2] 以及相关测试标准，并介绍了现有相关极限能力测试的设备和器件抗极限能力的提升策略。

5.1 极限能力的定义

功率器件的极限能力测试用于评估器件在最苛刻条件下的性能和鲁棒性，是器件安全可靠工作的保障测试，也是器件应用时最为关注的能力之一。这些测试通常涉及将功率器件暴露在高温度、高电压、大电流和其他应力复合作用条件下，以确定其能否在极端工作环境下正常运行并保持性能，确定器件正常工作的边界。从极端工况角度主要分为短路能力、极限关断能力和浪涌能力等，其中短路能力是评估功率器件，如 IGBT 器件中芯片在系统发生短路情况下的鲁棒性，而浪涌能力则是评估器件中续流二极管承受电网瞬时电流冲击的能力。极限关断能力一般很少见，器件厂商也一般不会在数据表中体现，只在特殊应用场景，如直流断路器中存在，需要 IGBT 器件在极短时间（通常为 ms 级）安全关断数倍额定电流。这种应用工况一般是柔性直流输电系统中的直流断路器中，而未来很可能在配网中也会普及，因此，极限关断能力也将成为器件性能的表征之一。而器件的安全工作区（Safe Operate

Area，SOA）则规范了器件应用，表 5-1 展示了功率器件安全工作区的相关定义，并通过其波形对其工作原理进行基本介绍。

表 5-1　安全工作区的相关定义（以 IGBT 为例）

参数	英文	定义	图示
反偏安全工作区	RBSOA（Reverse Bias Safe Operating Area）	集电极电流与集电极-发射极电压构成的区域，IGBT 在此区域能关断而不失效。即当栅极-发射极偏压为零或负值时，在钳位负载电感和额定电压下，关断最大钳位电感电流而不失效的工作区域，一般 RBSOA 的电流限值为额定电流的 2 倍	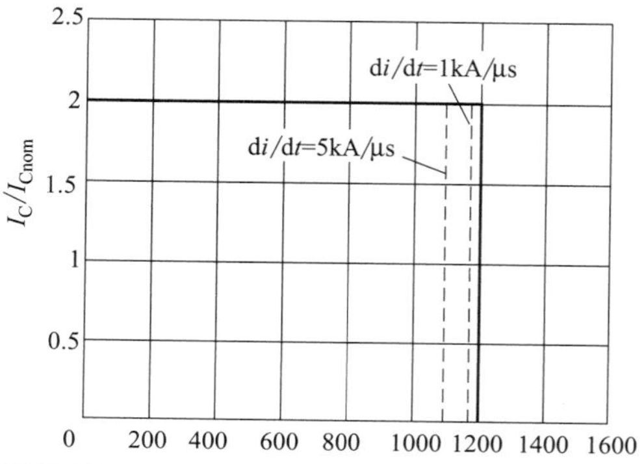
短路安全工作区	SCSOA（Short Circuit Safe Operating Area）	在负载短路的条件下，短路电流与集电极-发射极电压构成的区域，IGBT 能够再次开关而不失效的工作区域	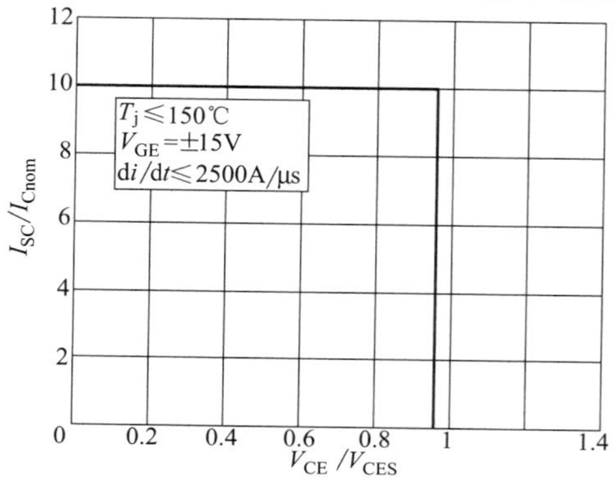
正偏安全工作区	FBSOA（Forward Bias Safe Operating Area）	集电极电流与集电极-发射极电压构成的区域，IGBT 在此区域能开通并处于通态而不失效。一般在最佳冷却条件下，集电极电流 I_C 不应超过最大额定电流	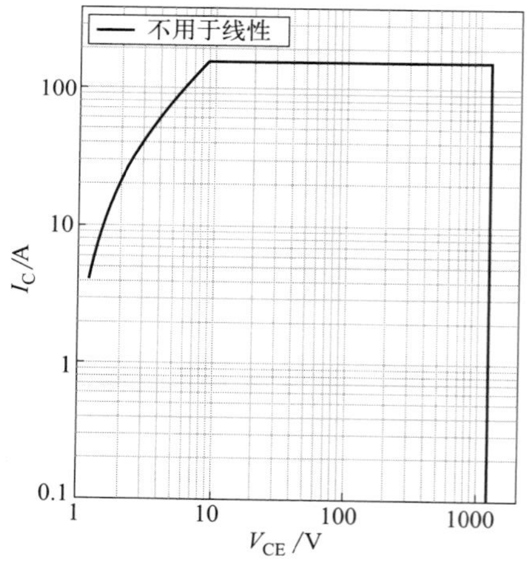

　　功率器件的安全工作区是指由最大电流、最高电压或最大功耗等极限参数决定下，器件能在其中安全工作的区域。如果工作电流或工作电压超出了其安全工作区，器件运行存在危险，甚至会引起失效，但也不代表一定会失效，如短时的过流。在低集电极偏置电压下，最大的集电极电流密度被器件闩锁电流密度限制；在高集电极偏置电压和低电流条件下，器件能够承受最大的击穿电压限制了器件的工作范围。IGBT 的安全工作区主要包括反偏安全工

作区（RBSOA）、正偏安全工作区（FBSOA）和短路安全工作区（SCSOA）。当 IGBT 处于高电压和大电流的工作条件下，器件会发生二次击穿，并产生破坏性失效。该失效会发生在器件开启和关断的过程中：在器件开启过程中，其限制了器件的 FBSOA；在器件关断过程中，其限制了器件的 RBSOA。

5.1.1　反偏安全工作区（RBSOA）

当器件关断时，IGBT 器件电流-电压轨迹的限制区域被定义为 RBSOA，其测试的目的是检验功率器件在 RBSOA 中可靠工作而不失效，图 5-1 为其测试电路及波形示意图。在这种模式下栅压偏置 V_{GE} 为 0，对于 n 沟道的 IGBT，在电压上升期间，集电极电流维持不变（空穴电流流过 n 区域）。在高电场下空穴以饱和漂移速度在空间电荷区中运动，集电极电压由跨在深 p^+ 区和 n 漂移区之间形成的结 J_2 上的空间电荷区所支撑。当带有感性负载，且器件处于关断状态时，空间电荷区中的空穴浓度由下式（5-1）所给出：

$$p_{sc} = \frac{J_{c,on}}{q v_{sat,p}} \tag{5-1}$$

式中，p_{sc} 为空间电荷区空穴浓度，cm^{-3}；$J_{c,on}$ 为器件关断状态下 n 漂移区中空穴电流分量密度，A/cm^2；q 为元电荷，$A \cdot s$；$v_{sat,p}$ 为空穴饱和漂移速度，cm/s。

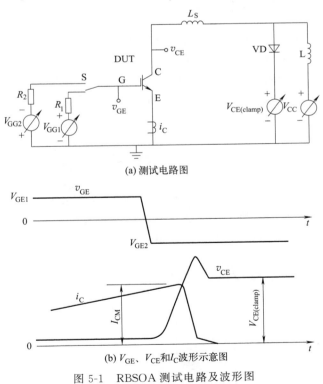

(a) 测试电路图

(b) V_{GE}、V_{CE} 和 I_C 波形示意图

图 5-1　RBSOA 测试电路及波形图

决定空间电荷区中电场分布的净正电荷为

$$N^+ = N_D + p = N_D + \frac{J_{c,on}}{q v_{sat,p}} \tag{5-2}$$

式中，N^+ 为净正电荷浓度，cm^{-3}；N_D 为施主浓度，cm^{-3}。

那么与空间电荷区净电荷有关的雪崩击穿电压为

$$BV_{RBSOA} = \frac{5.34 \times 10^{13}}{(N^+)^{3/4}} \tag{5-3}$$

BV_{RBSOA} 随着集电极电流密度的增加而减小，由表 5-1 中 FBSOA 也可知。在非平面的 n 基区结，由于电场集中，多晶硅的布局会影响 p 沟道 IGBT 元胞结构中的碰撞电离现象。对于条形元胞拓扑结构，在 n 基区的边缘会形成一个圆柱结，这将会造成电场集中效应，使得该处的电场强度会大于平面结。而多晶硅栅类似于一个场板，可以缓和 pn 结表面的电场强度。因此，pn 结曲率会影响 p 型 IGBT 的 RBSOA。元胞若采用圆形拓扑，n 基区会形成更大面积的圆柱结，因而 RBSOA 会减小；若元胞采用原子晶格拓扑，n 基区会形成马鞍形结，有利于减小电场强度而使得 RBSOA 增大。实验证明，相比于条形元胞，采用原子晶格拓扑的 p 型 IGBT 器件的 RBSOA 会增加一倍[4]。

其中，在标准测试中最大负载电感 L 应足够大，以保持规定的 I_C 和 $V_{CE(clamp)}$ 施加于 DUT（至少在整个下降时间 t_f 和拖尾时间 t_z 之内）。V_{CC} 是提供通态集电极电流 I_C 的低压电源，$V_{CE(clamp)}$ 保持规定值时，应能承载等于 I_C 的反向电流。因而，可采用在规定的 V_{CE} 条件下能提供特定 I_C 且带有电感 L 并联的二极管 V_D 的单独电源。R_1 和 R_2 是电路保护电阻器，L_S 是表征允许的最大无钳位杂散电感的电感值。

5.1.2 短路安全工作区（SCSOA）

实际应用中，比如在电机绕组中绝缘材料出现问题，就会造成 IGBT 短路，直流母线电压直接加在 IGBT 的集电极上，而其栅极电压使得 IGBT 仍处于导通状态。由于处于高压大电流状态，器件的功率损耗很大，器件温度将会急剧上升（详情见 5.2 节短路部分），在器件破坏性失效之前，所能承受的最大时间区域称为 SCSOA。在典型的电机驱动电路中，监测短路现象并关断器件的时间一般是 $10\mu s$ 左右，故此对于器件的短路考核（详见本书第 2 章中数据表极端参数解读），厂商一般对于 Si 基 IGBT 器件在特定工况下，允许其短路耐受时间 $\geqslant 10\mu s$。而受限于 SiC 芯片自身能力，SiC MOSFET 器件短路耐受时间 $\geqslant 3\mu s$，因此对驱动电路提出了更高的要求和挑战。

短路安全工作区（SCSOA）定义：短路持续时间与集电极-发射极电压构成的区域，IGBT 在其中能安全关断而不失效。短路现象通常有两种（有些学者还进行细分，详细介绍可见 5.2 节）：一种是开通 IGBT 时出现负载短路，另一种是 IGBT 处于通态（$V_{CE} = V_{CE(sat)}$）时出现负载短路。

（1）短路安全工作区 I：SCSOA I（图 5-2）

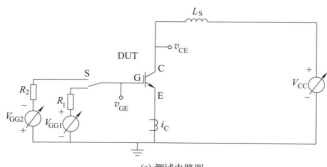

(a) 测试电路图

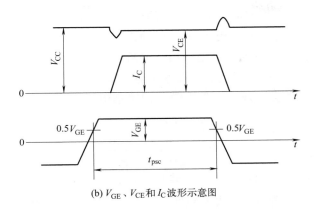

(b) V_{GE}、V_{CE}和 I_C 波形示意图

图 5-2　SCSOA Ⅰ测试电路及波形图

L_S 表征允许的最大杂散电感，它应足够低，以使在栅极脉冲宽度 t_{psc} 的第一个 25％ 内即达到最大短路电流，设定温度为规定值，施加规定的断态栅极-发射极通态脉冲。监测 I_C、V_{CE} 和 V_{GE}，以观察待测器件是否正确地开通和关断。

（2）短路安全工作区Ⅱ：SCSOA Ⅱ（图 5-3）

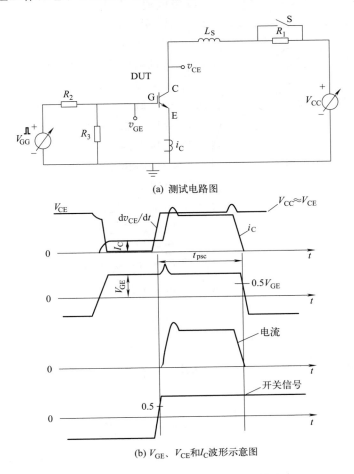

(a) 测试电路图

(b) V_{GE}、V_{CE}和I_C波形示意图

图 5-3　SCSOA Ⅱ测试电路及波形图

标准测试将温度设定为规定值，施加规定的栅极-发射极关断电压，设定集电极-发射极电压为规定目标值，施加规定的栅极-发射极脉冲以开通器件。监测 I_C、V_{CE}、V_{GE} 和开关 S 的通断信号，以观察 DUT 是否正确地开通和关断。

短路条件下器件温度升高，载流子迁移率下降，集电极电流就会慢慢减小，当温度达到一个临界值 T_{CR} 时，器件会出现破坏性失效，同时集电极电流突然增大。在破坏性失效之前，器件所能承受的最大时间由式（5-4）计算。

$$t_{SCSOA} = \frac{(T_{CR} - T_{HS})W_{Si}C_V}{K_T J_{C,SAT} V_{CS}} \tag{5-4}$$

式中，T_{HS} 是器件初始温度；W_{Si} 是硅片厚度；C_V 是体积比热容［硅材料，1.66J/（cm^3·K）］；K_T（一般约为 3.5）代表器件的非均匀温度系数。基于该公式可以看出器件的 SCSOA 时间随集电极电压饱和电流增加而减小。当一个 IGBT 芯片的厚度为 200μm，集电极饱和电流密度为 5000A/cm^2，电源电压为 400V，则可以通过临界温度值以及式（5-4）计算出 SCSOA 的短路时间。

5.1.3　正偏安全工作区（FBSOA）

正偏安全工作区（FBSOA）定义：集电极电流与集电极-发射极电压构成的区域，IG-BT 处于饱和状态，IGBT 所能够承受最大电压的物理极限值。器件的正向偏置安全工作区域由四个限制区域范围所包围，区域 1 由集电极最大额定电流所限制，区域 2 由集电极耗散功率所限制，区域 3 由器件的二次击穿所限制，区域 4 受集电极-发射极最大额定电压限制，如图 5-4 所示。

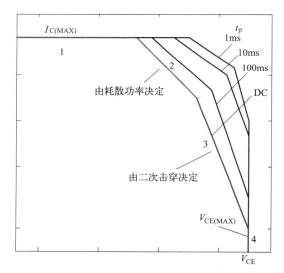

图 5-4　正偏安全工作区 FBSOA 区域划分

FBSOA 测试电路如图 5-5 所示，器件在电流 I_{C1} 下正常工作时额外被施加脉冲宽度 t_p 的 I_{C2} 电流，集电极-发射极电压 V_{CE} 增加的同时，其变化量 ΔV_{CE} 也在增加。在某一 V_{CE} 值处，ΔV_{CE} 增加幅度相比先前时刻要大时，这就是二次击穿开始的迹象。进一步增加 V_{CE} 可使 DUT 发生二次击穿并会使器件损坏。

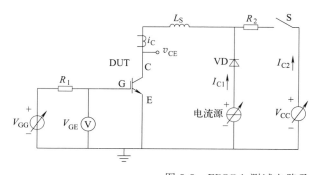

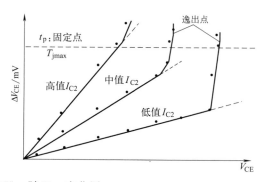

图 5-5　FBSOA 测试电路及 ΔV_{CE} 随 V_{CE} 变化图

图 5-6 为英飞凌 IKW30N60H3 器件 FBSOA 曲线，下方标注为测试条件：占空比 $D=0$，$T_c=25℃$，$T_j≤175℃$，$V_{GE}=15V$。此测试条件表明栅极 15V 单脉冲电压，器件壳温 25℃同时最高结温限制在 175℃以内，这是一个非常常见的测试条件，但是大部分工作条件下，器件壳温不可能恒定保持在 25℃，对于不同壳温下，通常工程师可通过器件的瞬态热阻来确定器件 FBSOA。

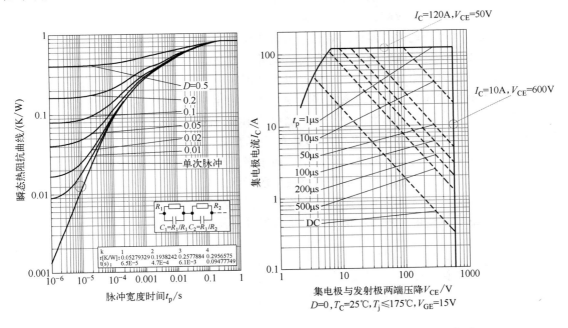

图 5-6 英飞凌 IKW30N60H3 器件瞬态热阻抗曲线以及 FBSOA 曲线图

若以 $T_c=100℃$、$T_j≤175℃$、$V_{GE}=15V$ 条件为例，查阅 IKW30N60H3 器件数据手册可得器件耐压等级为 600V，额定电流为 120A。对比瞬态热阻抗曲线中找到 $10\mu s$ 脉宽单脉冲所对应的瞬态热阻 $Z_{th}=0.00125K/W$，对应 $T_j=175℃$ 下的温升 ΔT 为 75K。

计算对应损耗为：

$$P=\frac{\Delta T}{Z_{th}}=\frac{75}{0.0125}=6000（W）$$

故此可根据 FBSOA 曲线计算出对应的极限电流和电压。

$V_{CE}=600V$ 时刻对应的极限电流：

$$I_C=\frac{P}{V_{CE}}=\frac{6000}{600}=10（A）$$

$I_C=120A$ 时刻对应的极限 V_{CE}：

$$V_{CE}=\frac{P}{I_C}=\frac{6000}{120}=50（V）$$

可分别在 FBSOA 曲线找到对应 10A 和 50V 两个点，将两点连接即可得到壳温 100℃下 $10\mu s$ 脉冲对应的 FBSOA 曲线。

5.2 短路能力测试

5.2.1 短路测试标准

短路测试标准的建立旨在确保功率器件在工作过程中具有足够的短路能力，以避免因短路导致的器件损坏或系统故障。在进行短路测试时，通过模拟器件在实际工作条件下可能遇到的短路情况，尽可能地评估器件的短路能力，从而为工程师的应用提供参考依据，尽可能确保系统在正常工作范围内安全可靠地运行。此外，短路测试标准还可以为电子器件制造商提供一致的测试流程和标准化的测试结果，以保证不同制造商生产的器件具有相同的短路能力，这有助于确保市场上的电子设备在满足安全和可靠性方面的要求时，具有相同的性能和质量水平。因此，短路测试标准的建立对于确保功率器件的安全性和可靠性、保护消费者利益、促进产品质量提升和推动技术进步都具有重要意义。现有学术研究中，无论是 ABB、英飞凌等器件厂商，还是开姆尼茨工业大学、奥尔堡大学等研究机构，都根据实际应用情况将器件的短路状态分为三类。依据器件短路发生前后状态分：Ⅰ类短路，指短路发生前器件处于关断状态，器件开通时发生短路；Ⅱ类短路，指短路发生前器件已经开通，在开通一段时间后负载发生短路；Ⅲ类短路，指短路发生前器件电流从二极管流进，再发生短路。

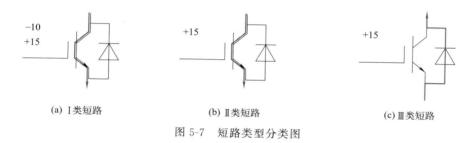

(a) Ⅰ类短路　　　　　　(b) Ⅱ类短路　　　　　　(c) Ⅲ类短路

图 5-7　短路类型分类图

功率半导体行业三大国际标准对器件的短路测试和定义均有所规范，基本上可将短路分为硬开关短路和软开关短路两类，即Ⅰ类短路和Ⅱ类短路。

5.2.1.1 AQG 与 IEC 标准

AQG 324：2021[3] 是一项由欧洲电力电子中心发布的汽车级测试标准，是关于半导体器件在汽车电子应用中的可靠性评估的指南。IEC 60747-9：2019 是一项关于半导体器件特性评估的国际标准，包括多个部分，其中第 9 部分是关于 IGBT 模块和集成电路的特性评估的标准。该标准由国际电工委员会（IEC）制定和发布，旨在为 IGBT 模块和集成电路的特性评估提供一致的测试方法和规范。下文以 AQG 324 测试标准中规定的短路相关内容进行叙述，以提供 IGBT 模块的可靠性评估和短路测试的测试规范和方法。

AQG 324：2021 标准按短路回路电感值的大小和短路发生的位置将短路故障分为两种：Ⅰ类短路和Ⅱ类短路，两种短路类型的特征如表 5-2 所示。Ⅰ类短路是负载已经短路的时候器件突然打开的情况；而Ⅱ类短路模拟逆变器正常工作时，电感被短路的情况。标准强调短路测试中需保证器件初始环境温度不超过最大允许工作结温，且Ⅰ类短路测试的回路整体杂散电感要小，Ⅱ类短路测试的回路杂散电感充电时间不超过 $5\mu s$。通常对于Ⅰ类短路，短路时间是以上升到 I_{sc} 的 10% 开始到短路电流下降到 10% 的时间。对于Ⅱ类短路，短路时间则以器件两端电压上升到 20% 母线电压时开始，到电流下降到 10% 的 I_{SC} 为止。标准中测试电路如图 5-8 所示。

表 5-2　短路类型与特征统计表

类型	位置	原因	电路特征	表征
Ⅰ类短路	桥臂直通	硬件失效、软件故障	回路电感量较小（纳亨级）	短路电流大，上升很快并快速达到峰值
Ⅱ类短路	相间短路、桥臂直通	相间短路、对地短路	负载电感量较大（微亨级）	由于负载电感作用，电流线性快速上升，上升速度慢于Ⅰ类

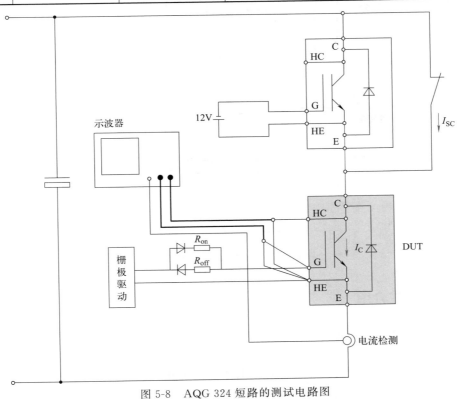

图 5-8　AQG 324 短路的测试电路图

5.2.1.2　MIL-STD-750 标准

MIL-STD-750[5] 是美国军用标准，其对于功率器件 MOSFET、IGBT 以及双极性晶体管的短路耐受时间也作出相应的测试电路以及测试条件的规定。标准规定待测器件的结温按照需求设定，要求在实验开始前达到设定的温度值，其误差在温度值的 $\pm 5\%$ 以内。短路耐受时间的测量标准是以栅极驱动电压开始上升 50% 到下降 50% 的时间；母线电压为额定电压的 80% 以内，尽可能保证测试回路内的寄生电感小。在测试期间，栅极驱动的电压变化幅度在 $\pm 5\%$ 以内，器件工作在安全区域内保证不出现过电压，测试电路以及控制波形图如图 5-9 所示，其中美军标相比上述 AQG 324 标准采用的是脉冲变压器进行控制保护短路测试。脉冲变压器由两个或多个绕组组成，它们之间通过磁场耦合传递能量。一个绕组连接到输入电路，另一个绕组连接到输出电路。当输入绕组接收到脉冲信号时，它会在磁场中产生瞬态电流，这个瞬态电流通过磁场传递给输出绕组，从而在输出电路中产生与输入信号相似的脉冲，与此同时实现电气隔离。

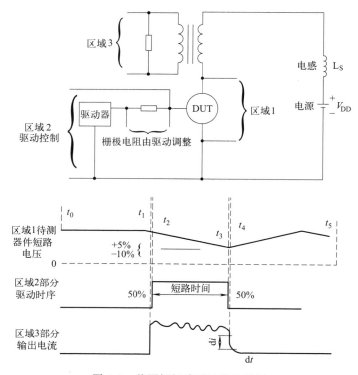

图 5-9　美军标短路测试及波形图

5.2.2　短路特性介绍

　　IGBT、MOSFET 等功率器件作为电压型开关器件其输出特性曲线可依据开关状态分为截止区、线性区以及饱和区（下文 5.3.2 节也会提及）。当功率器件发生短路，由于Ⅰ类短路母线电压会直接加载在器件两端，器件同时承受高压和大电流；而Ⅱ类短路，由于负载电感的作用，短路中回路电流逐步上升，母线电压先集中在负载电感两端，器件处于饱和状态。而后当短路电流急速增长，随着源漏极的电压增大，会使得栅极和芯片表面的压差逐渐减小而不能维持表面的强反型，器件发生退饱和现象，沟道出现夹断，器件内部能量急剧增长，器件表面温度短时间内上升，最终损坏器件，如图 5-10 所示（各阶段详细过程分析详见下文 5.2.3 节结合Ⅰ类短路和Ⅱ类短路过程介绍）；对于Ⅲ类短路将会发生类退饱和状态，器件先由二极管续流状态转为正向饱和再退饱和。

　　功率器件短路特性通常由栅极驱动电压 V_{GE}、直流母线电压 V_{DC}、短路发生时器件两端 V_{CE}（以 IGBT 为例）、短路时间 t_{SC} 和初始结温 T_{vj} 等参数共同表征。

　　① 栅极驱动电压 V_{GE}。通常给定 15V，由于 IGBT 存在跨导，即集电极短路电流幅值取决于驱动电压。如图 5-12 展示了不同栅极电压下短路波形图，栅极电压会直接影响短路特性，栅极电压越大，短路电流也越大。这里特别强调，当栅极电压稳定时，短路电流为集电极电流峰值，但当栅极电压在开关过程中栅极会发生振荡，此时短路电流不是集电极电流 I_C 的峰值电流，而是在栅极驱动电压稳定时刻下短路电流的线性外延值。从图 5-11 可以看出，若以 15V 为基准，V_{GE} 只增加了 2V，短路电流就增加了 1200A[6]。

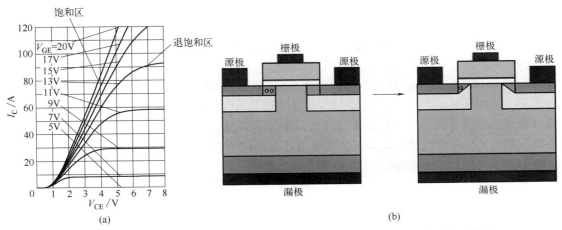

(a)　　　　　　　　　　　　　　　　(b)

图 5-10　（a）某型号器件输出特性；（b）短路发生时刻前后功率器件元胞示意图

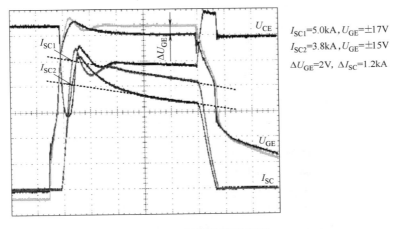

图 5-11　短路波形示意图

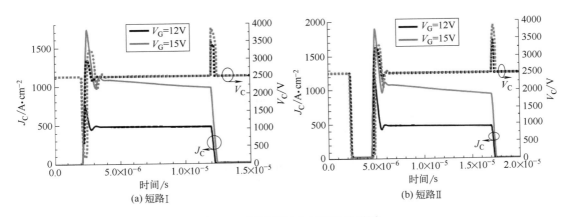

(a) 短路Ⅰ　　　　　　　　　　　　(b) 短路Ⅱ

图 5-12　不同栅极电压短路波形图

在实际应用中，要格外注意栅极电压的稳定性，这是因为在短路时，IGBT 集电极和发射极之间存在高电压变化率 $\mathrm{d}v/\mathrm{d}t$。尤其是Ⅱ类短路中，IGBT 从低导通压降 $V_{\mathrm{CE(sat)}}$ 的饱和状态迅速进入退饱和状态，从而几乎承受全部直流母线电压 V_{DC} 与换流路径杂散电感所造成的过冲电压之和。这种电压突变通过米勒电容产生反馈电流 I_{GC}，可能导致 IGBT 栅极电容进一步充电，导致栅极电压升高甚至超过驱动电路产生的标称栅极电压，进而抬高短路电流，从而降低器件最大允许的短路时间。

② 直流母线电压 V_{DC} 或者集射极电压 V_{CE}。数据手册中标识的短路电流通常是在指定的直流母线电压 V_{DC} 或者集射极电压 V_{CE} 下的值，这是因为短路电流受到此电压的影响。因为短路能量是电流和电压对时间的积分，母线电压提升会增加短路能量，如图 5-13 所示，从而会降低最大允许短路时间。与此同时，由于回路中存在寄生电感，将会导致短路关断时的电压过冲，从而导致器件过压失效。

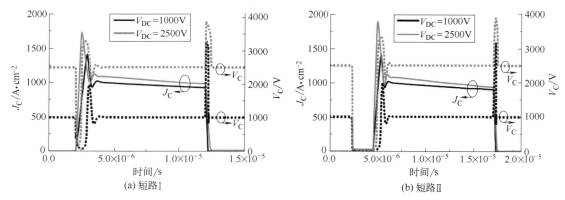

(a) 短路I　　　　　　　　　　　　　(b) 短路II

图 5-13　不同母线电压幅值下短路波形

③ 短路时间 t_{SC}。为器件耐受短路的最直接的表征参数。在特定母线电压以及栅极电压等特殊短路条件下，一般短路时间是由器件发生短路时刻的器件结温累计值所决定的，当母线电压越高，栅极电压越高，短路时产生的能量越大，则短路时间越短。

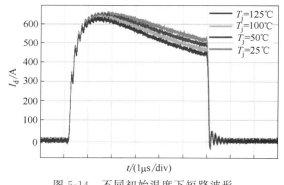

图 5-14　不同初始温度下短路波形

④ 结温 T_{vj}。在短路之前，器件结温通常不高于数据手册中给出的最大允许工作结温 T_{vj}。当芯片短路时，产生的热量使得芯片结温上升，当结温超过芯片的极限温度（如硅基芯片＞200℃）时，器件就可能损坏。因为沟道载流子迁移率为负温度系数，IGBT 结温升高会造成短路时集电极电流下降，如图 5-14 所示。尽管较高起始结温下，短路电流略有降低，但是因为起始温度较高，短路结束时芯片的结温仍然

很高，因此短路时间也许会变短，但是绝大部分厂商没有明确给出两者之间的关系。

5.2.3　短路测试原理

5.2.3.1　Ⅰ类短路

Ⅰ类短路的测试电路具体由高压源 V_{DC}、储能电容 C_{DC}、充/放电控制继电器 S_1/S_2、充/放电电阻 R_1/R_2（控制充放电速度）、控制 IGBT 以及被测器件（DUT）构成。具体控

制时序如图 5-15 所示，测试可分三个阶段。

① 电容充电阶段：简化电路如图 5-16
（a）所示，时序位于 $t_1 \sim t_2$ 期间，继电器 S_1
闭合，继电器 S_2 关断，控制 IGBT 以及
DUT 均关断，高压源经充电电阻 R_1 向储能
电容 C_{DC} 充电，一定时间（大约 5 倍充电时
间常数 $\tau = RC$）后待电容充满电。

② 短路测试阶段：简化电路如图 5-16
（b）所示，时序位于 $t_3 \sim t_6$ 期间，继电器 S_1
断开，继电器 S_2 断开。时序位于 $t_3 \sim t_4$ 期
间，控制 IGBT 打开，DUT 关断；时序位于
$t_4 \sim t_5$ 期间，控制 IGBT 保持开通状态，
DUT 打开；时序位于 $t_5 \sim t_6$ 期间，控制

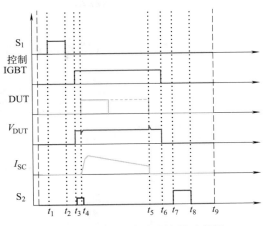

图 5-15　Ⅰ类短路测试控制时序图

IGBT 继续保持开通状态，DUT 关断。由于控制 IGBT 所选用的电流等级远大于 DUT，短
路发生时 DUT 先进入饱和工作区，DUT 上承担了绝大部分母线电压。$t_4 \sim t_5$ 的脉冲宽度
施加由控制芯片以 $1\mu s$ 的步长或其他指定步长逐步增加直至 DUT 失效或者指定的短路时
间。注意每次测试结束后需要预留足够长的时间使器件内部结温降低，以保证下次开始测试
时，被测器件的结温回到初始设定的温度。降温时间根据器件封装形式的差异也有所差异，
建议测试前进行确认和验证，一般情况选用 10s 是足够的。

③ 电容放电阶段：简化电路如图 5-16（c）所示，时序位于 $t_7 \sim t_8$ 期间，继电器 S_1 关
断，继电器 S_2 闭合，控制 IGBT 以及 DUT 均关断，电容放电。

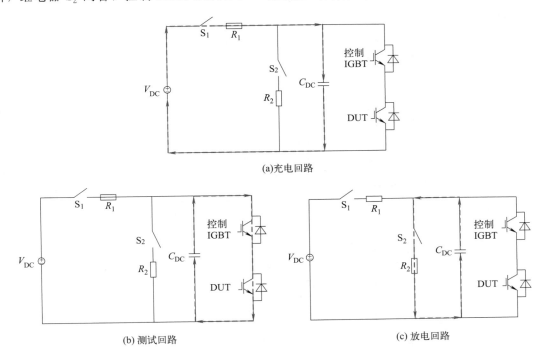

图 5-16　Ⅰ类短路不同阶段测试电路

5.2.3.2　Ⅱ类短路

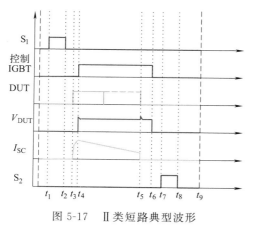

图 5-17　Ⅱ类短路典型波形

Ⅱ类短路的测试电路与Ⅰ类短路是类似的，具体由高压源 V_{DC}、储能电容 C_{DC}、充/放电控制继电器 S_1/S_2、充/放电电阻 R_1/R_2（控制充放电速度）、负载电感、控制 IGBT 以及被测器件（DUT）构成。具体控制时序如图 5-17 所示，与Ⅰ类短路不同的是，需要在控制 IGBT 两端并联一个负载电感，使待测器件先处于饱和状态，是形成Ⅱ类短路的先决条件。

① 电容充电阶段：简化电路如图 5-18（a）所示，时序位于 $t_1 \sim t_2$ 期间，继电器 S_1 闭合，继电器 S_2 关断，控制 IGBT 以及 DUT 均关断，高压源经充电电阻 R_1 向储能电容 C_{DC} 充电，一定时间（5 倍充电时间常数 $\tau = RC$）后待电容充满电。

② 电感充电阶段：简化电路如图 5-18（b）所示，时序位于 $t_3 \sim t_4$ 期间，继电器 S_1 断开，继电器 S_2 断开，控制 IGBT 关断，DUT 开通，由电容、电感以及 DUT 构成回路，电感短时间充电。

③ 短路测试阶段：简化电路如图 5-18（c）所示，时序位于 $t_4 \sim t_6$ 期间，继电器 S_1 断开，继电器 S_2 断开。时序位于 $t_4 \sim t_5$ 期间，控制 IGBT 保持开通，DUT 也开通，其中 $t_4 \sim t_5$ 期间的脉冲宽度操作与Ⅰ类相同；时序位于 $t_5 \sim t_6$ 期间，控制 IGBT 保持开通状态，DUT 关断。

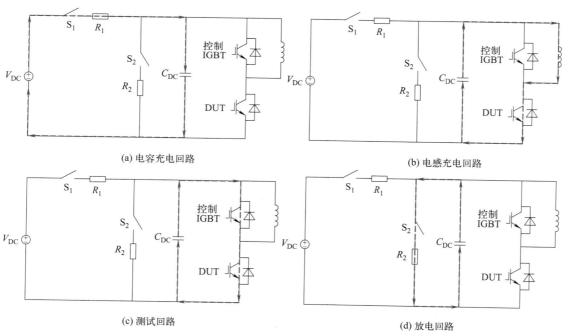

(a) 电容充电回路　　　　　　　　　　　(b) 电感充电回路

(c) 测试回路　　　　　　　　　　　　(d) 放电回路

图 5-18　Ⅱ类短路不同阶段测试电路

④ 电容放电阶段：简化电路如图 5-18（d）所示，时序位于 $t_7 \sim t_8$ 期间，继电器 S_1 关断，继电器 S_2 闭合，控制 IGBT 以及 DUT 均关断，电容放电。

5.2.3.3　Ⅲ类短路

Ⅲ类短路的测试电路具体由高压源 V_{DC}、储能电容 C_{DC}、充/放电控制继电器 S_1/S_2、充/放电电阻 R_1/R_2（控制充放电速度）、负载电感、控制 IGBT 以及被测器件（DUT）构成，其中待测器件两端须有反并联二极管并且负载电感并联在待测器件两端，因为Ⅲ类短路是在续流二极管导通模式下负载上发生的短路。具体控制时序如图 5-19 所示。

① 电容充电阶段：简化电路如图 5-20（a）所示，时序位于 $t_1 \sim t_2$ 期间，继电器 S_1 闭合，继电器 S_2 关断，控制 IGBT 以及 DUT 均关断，高压源经充电电阻 R_1 向储能电容 C_{DC} 充电，一定时间（5 倍充电时间常数 $\tau = RC$）后待电容充满电。

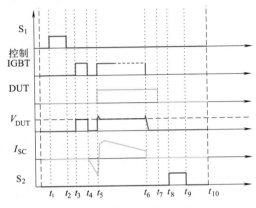

图 5-19　Ⅲ类短路典型波形

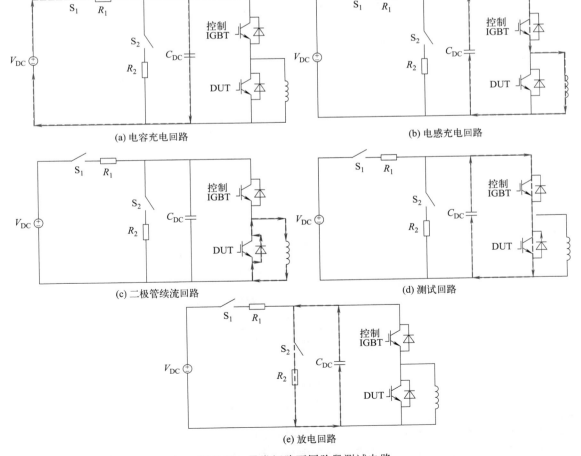

图 5-20　Ⅲ类短路不同阶段测试电路

② 电感充电阶段：简化电路如图 5-20（b）所示，时序位于 $t_3 \sim t_4$ 期间，继电器 S_1 断开，继电器 S_2 断开，控制 IGBT 开通，DUT 关断，由电容、电感以及 DUT 构成回路，电感短时间充电。

③ 短路测试阶段：简化电路如图 5-20（c）和（d）所示，时序位于 $t_4 \sim t_7$ 期间，继电器 S_1 断开，继电器 S_2 断开。时序位于 $t_4 \sim t_5$ 期间，控制 IGBT 关断，DUT 关断，电感上的能量将通过 DUT 两端所反并联的二极管续流；时序位于 $t_5 \sim t_6$ 期间，控制 IGBT 保持开通状态，DUT 开通，回路中形成短路回路；时序位于 $t_6 \sim t_7$ 期间，控制 IGBT 关断，DUT 开通。

④ 电容放电阶段：简化电路如图 5-20（e）所示，时序位于 $t_7 \sim t_8$ 期间，继电器 S_1 关断，继电器 S_2 闭合，控制 IGBT 以及 DUT 均关断，电容放电。

5.2.3.4 机理介绍

Ⅰ类、Ⅱ类以及Ⅲ类短路测试的典型波形如图 5-21 所示，其中大电流高电压工况如图深灰色（电子版中为红色）区域，三类短路测试原理相同；三者仅开通开始阶段有差异性，如图中浅灰色（电子版中为蓝色）区域所示。

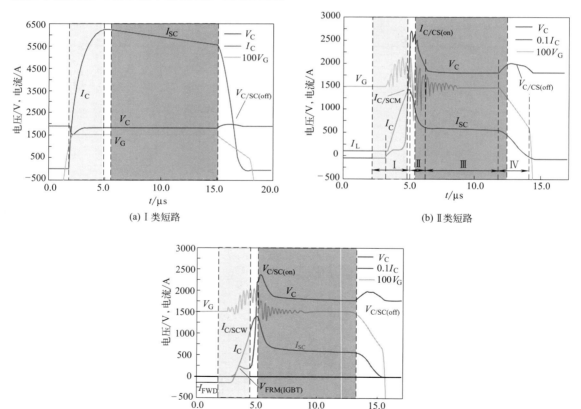

图 5-21　Ⅰ～Ⅲ类短路测试电路波形图

Ⅰ类短路测试中当 DUT 的栅极信号出现时，DUT 导通将直接从线性工作区进入饱和工作区，第一类短路测试仅回路中存在寄生电感，且要求电感感值尽可能足够小；

Ⅱ类短路测试中当 DUT 的栅极信号出现时，由于装置中回路负载电感的影响，母线电压将不会直接加在 DUT 两端，等后续控制 IGBT 导通时，DUT 将直接从线性工作区进入饱和工作区；

Ⅲ类短路由于 DUT 前者状态为二极管导通，当电流方向发生换向时，二极管会存在反向恢复的过程。而 IGBT 的栅极在此之前已经开通，因此功率器件的电流将快速上升。由于此时功率器件内部的等离子体并没有达到稳定状态，电导调制效应并不明显，功率器件的基区电阻较高，因此会使得功率器件产生一个正向恢复峰值。功率器件处于大电流高电压工况（如图深灰色区域）时的机理类似，具体过程如下[7]。当 DUT 的栅极信号出现时，两类短路测试的漏极短路电流 $I_{\text{Drain. sat}}$ 增加如式（5-5）所示，以 MOSFET 为例。

$$I_{\text{Drain. sat}} = \frac{Z\mu_{\text{ni}}C_{\text{ox}}}{2L_{\text{ch}}}(V_{\text{GS}} - V_{\text{TH}})^2 \qquad (5\text{-}5)$$

式中，$I_{\text{Drain. sat}}$、Z、μ_{ni}、C_{ox}、L_{ch}、V_{GS} 以及 V_{TH} 分别为漏极短路电流、器件沟道宽度、沟道载流子迁移率、栅氧电容、沟道长度、栅极电压以及阈值电压。

由于 DUT 两端既承载母线高电压又承受着短路大电流，那么器件内部损耗急剧上升，随之温度也上升，若以 SiC MOSFET 为例，器件的温度变化取决于内部不同区域的等效电阻变化状况。对于沟道电阻来说，其具有一个临界温度点（600K），在临界温度点以下沟道电阻变化率是正温度系数，在临界温度以上沟道电阻变化率是负温度系数。

短路测试的第二个阶段，由于结温继续升高，沟道迁移率 μ_{ni} 由正温度系数变为负温度系数，则沟道电阻由负温度系数转为正温度系数，由于 FET 区电阻、漂移区电阻和衬底电阻也是正温度系数，则保持母线电压不变情况，短路的电流下降。

短路测试的第三个阶段，DUT 被栅极电压关断后，此时器件结温非常高且产生很高的漏电流。而此时全部的母线电压仍施加在 DUT 之上，结合较高的漏电流，器件的损耗仍然很大。如果器件的散热能力足够，器件温度逐渐降低且拖尾电流逐渐降低，器件安全关断。但器件的散热能力不足时，会触发漏电流的正反馈，最终导致器件热失控，造成器件损坏，如图 5-22 展示了器件的热失控波形图和实物击穿图。

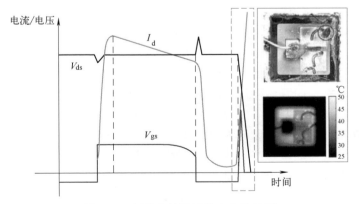

图 5-22　短路失效波形及实物失效图

5.2.4　短路测试设备

由上述测试原理分析可以得到，对于三类主流的短路能力测试电路，均需要包含的核心

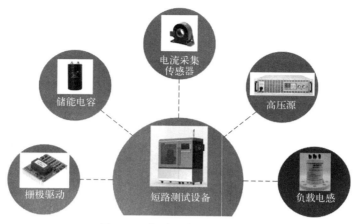

图 5-23　短路设备基本构成图

组件有：栅极驱动、储能电容、电流采集传感器、高压源以及负载电感（图 5-23）。这些元件的选型对测试设备的精度、测试能力和测试结果将产生非常重要的影响。下面以 1200V/800A 的 SiC MOSFET 所需要的短路测试平台为例，简述各材料的选用策略以及介绍现有国产化设备。

5.2.4.1　栅极驱动

　　IGBT 的栅极驱动是一个放大器，它通过提高电压和电流来放大控制信号。栅极驱动的主要作用是对 IGBT 的栅极和反向传输电容充放电。因此，栅极驱动的性能（除其他影响因素外）与 IGBT 的开关性能密切相关。栅极驱动控制着开关阶段的 du/dt 和 di/dt（尤其短路 μs 级别的开关时间），以降低过压过流风险，保障器件处于安全工作区。故此，驱动的开关频率须为短路测试平台中脉冲频率必要条件，即驱动的开关频率在 MHz 及以上。

　　与此同时，控制开关阶段的 du/dt 和 di/dt 以及开通关断损耗都与栅极电阻密切相关。根据栅极控制，在开通和关断过程中栅极电阻可以相同或也可以不同，开通电阻称为 R_{Gon}，关断电阻称为 R_{Goff}。栅极电阻的选择在 Ⅰ 类短路过程中将会影响着器件开关速率，由于在短路开通关断换向电路内部杂散电感的作用，不合适的栅极电阻将会导致更大的电压过冲。对于 Ⅱ 类以及 Ⅲ 类短路来说，栅极电阻的大小会影响米勒效应的强弱，并对短路特性，尤其是短路电流的峰值以及栅极回路振荡产生很大影响。由于不同器件的输入电容、输出电容以及米勒电容不同，栅极电阻具体阻值的选取需根据实际所选器件来适配。

　　此外，由上文知栅极稳定性将极大地保证短路测试以及器件开关稳定性。栅极钳位能够将栅极电压限制在某一最大值，保证驱动栅极不会产生相应的振荡，从而限制短路电流，保证短路测试的稳定性能。通常的方式是采用 TVS 二极管将栅极和驱动电源相互连接，因此栅极电压被限制在电源电压以内，再加上二极管正向压降和误差。当驱动输出级是轨对轨输出时，这种类型的限制尤其有效，当电源电压为 +15V 时，如果出现短路，栅极电压可以有效地被限制在 +16V 以内。因此，短路测试时驱动电路的选择或设计尤为关键，需要重点考虑上述因素的影响。

5.2.4.2　储能电容

　　储能电容作为短路测试平台的能量存储部件，具有提供短路能量和对 Ⅱ、Ⅲ 类短路中的负载电感充电的功能，为确保测试平台在充电过后能进行多次短路测试，应保证每次测试结束后电容电压下降幅度在 5% 以内，则最低电容大小可以通过母线电压存储能量所被确认。基于计算结果和进行重复短路测试的需求，以及为确保足够的电能，在平台设计时需预留电容空位，可通过电容的并联从而实现储能能力的扩展。

5.2.4.3 电流采集传感器

主流的电流采集设备有罗氏线圈、皮尔森电流互感器和同轴电阻，其相关特性对比如表 5-3 所示。测量设备的带宽选择通常依据公式 $BW(GHz)=0.35/t_r(ns)$，其中，由于 SiC、GaN 等第三代半导体功率器件的开关时间 t_r 的范围在 $20\sim100ns$，并且测量仪器仪表的带宽一般留取 $3\sim5$ 倍裕量，因此 BW 最大需达 87.5MHz，故对于测量第三代半导体器件的短路测试设备的采集带宽需在 100MHz 以上，通常为保留裕度尽可能选取 500MHz 甚至 1GHz。

表 5-3 电流采集传感器优缺点对比

罗氏线圈	皮尔森电流互感器	同轴电阻
量程 30A～300kA，线圈长短可定制，但精度不高 2%，适合测高频交流和脉冲，适合一些狭小的测量环境	电磁互感器，适合测脉冲，高精度，大电流测试环境	适合测脉冲尤其是双脉冲，高频，大电流，精度是最高的，带宽也是最高的，适配环境高

5.2.4.4 高压源

高压源作为整个短路测试平台的供电部件，需保证为储能电容稳定供电。高压源应具备过流过压自动保护功能，从而保证测试的安全运行。受到短路平台自身电感影响，通常母线电压值为被测器件额定电压的 60%，故高压源供电电压应为待测器件额定电压的 60% 以上，故对于此短路测试平台母线电压为 $1200V\times60\%=720V$，推荐使用积分电流控制的电源。与此同时为了能够良好地控制充放电，通过高压继电器来控制，其中，充放电的速度由电容值和充放电电阻共同决定，时间大约为 5RC 的值。

5.2.4.5 负载电感

负载电感的选择需要从三个方面考虑：耐电压能力、通流能力以及电感值。

耐电压能力：被测器件的额定电压，考虑到平台内的杂散电感等会影响回路中发生突变时产生过电压，因此为避免测试过电压击穿器件，由上述知通常测试所设定的电压为额定电压 $U_{额定}$ 的 60%。

通流能力：根据已有公开发表的研究，常规 Si IGBT 器件的短路电流为额定电流的 $4\sim6$ 倍，SiC 器件的短路电流通常为额定电流的 $5\sim10$ 倍。因此，基于被测器件参数，设定该短路测试平台的短路电流范围为 8000A 以内。

电感值：一般测试平台需同时满足 Ⅰ 类短路以及 Ⅱ 类短路测试要求。根据 AQG 324：2018 对于 Ⅱ 类短路的电感值提出的一定要求，器件在电感充电的时间不超过 5μs。由基本电路知识知，电感的充电时间需满足式（5-6），结合上述通流能力以及耐电压能力计算可得。

$$\mu(t)=L\frac{di(t)}{dt} \tag{5-6}$$

5.2.4.6 现有短路设备介绍

为优化制造过程、提高生产效率、降低成本、提高产品质量和缩短功率器件上市时间，各功率器件厂商以及功率器件可靠性测试服务者对于短路测试进行设备集成化处理，以实现大规模、高效率的功率器件可靠性短路性能检测处理，这对于提升竞争力、扩大市场份额和提供可靠的产品和服务至关重要。表 5-4 为现有部分厂商短路测试设备的统计。

表 5-4 部分短路设备厂商关键参数对比

厂商	短路电流量程/A	脉冲宽度/μs	母线电压量程/V	负载电感/nH	初始环境温度范围/℃
科威尔	10000	0~25	1500	20~2000	25~200
青铜剑技术	10000	0.5~1000	6000	20/60/100/250/350/500	5~4
西安精华伟业电气	10000	10	50~3500	20~1000	25~20
西安易恩电气科技	1000	5~100	1500	20~1000	25~200

由表内基础数据可知现有设备短路测试量程在 6kV、10kA 以内，由前文可知在特定 60% 母线电压下，Si 器件的短路电流一般在 5 倍额定电流以内，SiC 的短路电流一般在 10 倍额定电流以内。当前市面成熟的功率器件无论 TO 封装还是模块，现有短路设备均可满足测试其电压电流量程需求。此外可动态调节负载电感，实现短路类别的切换和控制初始测试环境温度，以适应多种测试条件。但是由于短路发生的时间过短，目前的设备暂时无法通过有效的电学参数在线监测短路发生时芯片的温度变化情况。大电流 V_{CE} 监测以及栅极漏电流监测存在一定缺陷，使得器件结温监测不准确，后续可作为深入研究点进行探究。

5.2.5 短路保护技术

短路保护技术主要通过监测功率器件电路故障并及时对其做出相应的保护动作，核心难点是能否准确快速监测到电路的短路故障。因此，本小节重点介绍监测方法，主要分为两类，如图 5-24 所示：直接式和间接式。其中，直接式电流故障检测方法包含分流器检测、

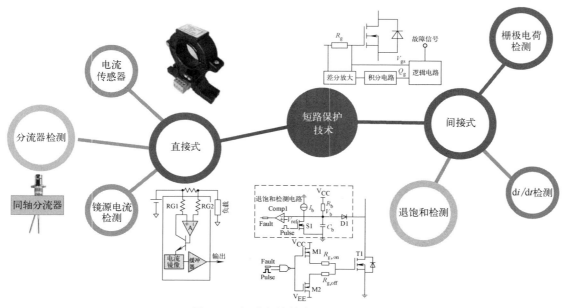

图 5-24 短路保护技术监测示意图

电流传感器检测和镜源电流检测；间接式电流故障检测方法包含退饱和检测、di/dt 检测和栅极电荷检测。

5.2.5.1　电流直接测量

分流器检测：分流器从本质出发其实就是一个阻值很小的电阻，当有短路电流通过时，会产生一定压降。分流器检测法是将一定阻值的分流器串联在功率回路中，由欧姆定律知，通过测量分流器两端的电压，等比例计算便可获得对应被测电流值的大小。在功率器件的短路保护中，分流器检测常见于额定电流较小的模块，一般额定电流值低于 100A；当高于 100A 时分流器发热严重，热稳定性不足，会有比较大的功率损耗和发热量，而且与测量端之间必须要加隔离电路，防止电磁扰动。综合来说，利用分流器测电流原理简单，在电流测量中精度高、响应速度较快，而且可靠性高。

电流传感器：使用电流传感器对功率器件电流或母线电流进行检测，使用的传感器件一般为霍尔器件或罗氏线圈。该方法广泛应用于实际产品应用中，优点是能够完成功率回路和测量回路之间的电气隔离，而且原理相对简单，长时间运行的可靠性与温度稳定性较好。但是霍尔器件存在磁阻效应、温漂和不等电势等缺陷；罗氏线圈骨架会因温度发生变形，线圈绕制不均匀会产生很大的测量误差，外界磁场会干扰输出的信号，且罗氏线圈带宽较低，影响精度。此外，电流传感器通常体积较大、价格较高，还需要外界电源的支持。

镜源电流检测：在 IGBT 模块的封装过程中，辅助单元上流过的电流和主单元上流过的电流成一定比例，这样就可以通过测量辅助单元上的串联电阻两端的电压，获得主单元上的电流大小，关键是在负反馈电路中实现准确的比较和调整。这可以通过使用差分放大器、比较器、反馈电阻等元件和电路来实现。通过反馈机制，使得输出电流能够跟随被检测电流的变化，并保持一定的比例关系，这种方法就叫镜源电流检测法，IGBT 辅助单元即为镜像 IGBT。其主要构成有参考电流源、镜像电流源以及负反馈电路。参考电流源（Reference Current Source）是一个稳定的电流源，其电流值被用作参考值，它可以是一个恒流源或者通过电流源电路生成的稳定电流。镜像电流源（Mirror Current Source）是一个由参考电流源控制的电流源，其输出电流与参考电流成比例，通过调整镜像电流源的比例系数，可以实现所需的电流放大或缩小。负反馈电路（Negative Feedback Circuit）将被检测电流和镜像电流源的输出电流进行比较，并通过反馈机制调整镜像电流源的比例系数；这样，当被检测电流发生变化时，负反馈电路会自动调整镜像电流源的输出电流，使得镜像电流与被检测电流保持成比例关系。目前在商业化 SiC MOSFET 模块中，三菱电机的全 SiC MOSFET 模块（FMF 系列）采用该结构进行故障电流短路检测。该方法的优点是测量原理简单；缺点是需要额外的 IGBT，工艺过程更复杂，模块的成本更高，且会产生一定损耗。

5.2.5.2　电流间接测量

退饱和检测：由前文所描述，当功率器件（以 IGBT 为例）发生短路故障时，集电极电流迅速升高，器件两端电压急速增长，功率器件将退出饱和区从而造成沟道夹断，内部能量急速增长。利用这一特性，可以对过流进行检测并实施保护。这种方法原理简单，不需电流传感器，只需简单的二极管和比较电路，成本低，并确保其不会因为振荡和串扰而误触发。但在开通瞬间，功率器件从母线电压降到饱和导通电压需要一段时间，称为检测盲区，在此段期间内不能利用退饱和对其进行检测。如果开通时处于短路的状态，开通瞬间将产生很大的过电流，由于检测盲区的存在，这将严重威胁着功率器件的使用安全。

di/dt 检测：目前，功率模块通常具有两个源极端子，一个是辅助源极，另一个是功率源极，在辅助源极和功率源极之间有寄生电感。功率模块发生短路时，电流急剧增大，较大的 di/dt 将在寄生电感上感应出较大的电压，通过检测该电压值可以间接地检测功率模块电流故障。利用 di/dt 检测可以实现动态监测，没有盲区，且相应的保护电路成本低，容易集成。电流变化率 di/dt 由直流母线电压和短路回路中的电感量确定，所以当短路回路中电感量较大时，电流变化率 di/dt 不一定很大，导致寄生电感上感应出的电压也不一定足够大，若此时感应电压没超过设定阈值，则无法检测，可靠性较低。因此，此检测方法对电压测量范围有较高的要求，或者需要对特定的电路选择合适的电压检测范围。

栅极电荷检测：可以通过检测栅极电压的方式检测栅极电荷。因为正常工作条件下的栅极电荷值大于阈值而短路条件下器件的栅极电荷值小于阈值栅极电压，检测方法的保护响应时间一般小于 $1\mu s$，在发生短路的情况下能及时对功率模块进行保护。同其他保护方法相比，栅极电压检测的优点在于没有检测盲区，能及时对短路做出响应，不需要电流传感器以及高压二极管等器件。该方法检测速度快且适合集成到驱动芯片，但是电路实现较为复杂且对栅极环路寄生参数较为敏感。

由上分析对现有短路检测方法进行归纳总结见表 5-5。

表 5-5   短路检测方案对比

保护方法		优点	缺点
直接检测法	分流器检测	直接监测电流参数	成本高，损耗方面不适用于大功率模组
	电流传感器	间接测量，电气隔离	成本高，精度低
	镜源电流检测	直接监测电流参数	使用范围受限
间接检测法	退饱和检测	技术成熟，成本低	存在检测盲区
	di/dt 检测	动态监测	可靠性低，受测试环境掣肘
	栅极电荷检测	测量速度快	运行条件、故障类型受限

5.2.6   短路对封装的影响

如前所述，功率器件的短路发生时间很短，一般 IGBT 标称为 $10\mu s$，而 SiC MOSFET 标称为 $3\mu s$，这么短时间内能量主要积累在芯片内部，热量无法及时传递到封装层面，使得封装的温度急剧升高。若短时间芯片内部累积能量超过临界能量，进而导致器件内部温度局部过热，芯片内部电流局部集中，从而造成短路时局部高电流密度电流丝现象，进一步导致器件被破坏。对短路事件重复、长时间的测试表明：在器件不被破坏的前提条件下，功率器件的重复短路次数可高达 10000 次（一般器件厂商的数据表中给定的是 1000 次），这适用于短路测试所累积的能量小于某一临界能量 E_C 的情况。耗散能量的一个确定限制是测试初始环境温度 $T_C=125℃$ 的临界能量 E_C 要比 $T_C=25℃$ 时低，如果单次短路的能量超过 E_C，器件就会在一次过热后毁坏。对于功率器件短路时刻的升温评估可根据器件的热容量进行简单计算，因为器件向外传输的热量小，可根据下式计算出温度变化幅度：

$$\Delta T = \frac{Q_{th}}{C_{th}\rho A} = \frac{\int_0^{t_{sc}} u_{CE}(t)i_c(t)dt}{C_{th}\rho A} \tag{5-7}$$

图 5-25 展示了英飞凌某 IKW 系列 1200V 器件在重复短路实验前后的输出特性曲线以

及短路特性曲线。与此同时对比新器件和重复短路 10000 次后器件芯片表面铝金属层（图 5-26）以及重复性短路前后 SAM 图（图 5-27）[8]，其表面均未出现明显的退化现象。这里需要说明的是，原文作者认为是有一定影响的，但笔者认为这种影响微乎其微，尤其是图 5-26 的差异还可能来源于 2 个不同器件。

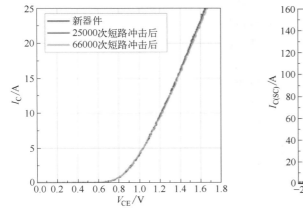
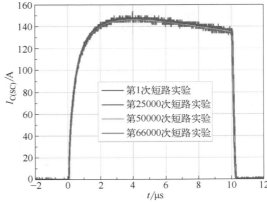

图 5-25　英飞凌某 IKW 系列 1200V 器件在重复短路实验前后输出特性曲线以及短路特性曲线

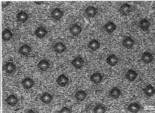

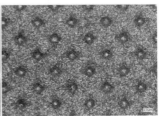

(a) 新器件　　　　　　　　　　　　　　　　(b) 10000次短路实验后器件

图 5-26　新器件和重复短路 10000 次后器件芯片表面铝金属层

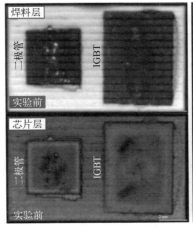

图 5-27　重复性短路前后 SAM 图

对比新器件、重复短路 100 次以及重复短路 1000 次的器件的功率循环寿命（具体介绍可详见第 8 章），在相同的功率循环测试且保证器件不失效的情况条件下可观察到重复短路

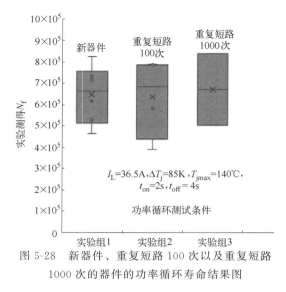

图 5-28 新器件、重复短路 100 次以及重复短路 1000 次的器件的功率循环寿命结果图

测试操作没有明显降低功率器件的功率循环寿命（如图 5-28 所示）。从图中的结果并不能得到明显的规律性结论，三种不同条件的功率循环平均寿命也基本上是一致的。另一方面，微小的差异还可能来源于不同器件的分散性。这是因为功率循环考核的是器件封装，而功率器件的短路发生时间极短仅为 μs 级别，短路所产生的热量来不及传递到封装层面，缓慢降温过程在封装中产生的温度梯度也极其小，故此重复短路不会对封装产生影响。因此，器件累积能量或者温度未达到临界值时，重复性短路不会影响器件的输出特性、封装以及老化机理。

5.2.7 短路能力提升技术

5.2.6 节已明确表示功率器件短路测试时间极短，热量来不及传递到封装，不会对封装可靠性产生影响。因此，对于功率器件的短路能力提升主要考虑芯片方面，而不是器件的封装结构和水平。但值得一提的是，通过增加芯片表面金属层的厚度可以有效提高芯片的热容，一定程度上降低短路时的结温，也可以提升器件的短路能力，但从某种意义上来讲，仍然属于芯片优化范畴。

短路失效的限制主要是大电流高电压所产生的温度，对于器件短路的电流表达公式如式（5-8）所示：

$$I_{SC} = \frac{G_M}{1-\alpha_{pnp}}(V_{GE}-V_{TH})^2 \tag{5-8}$$

式中，G_M 为公式系数；α_{pnp} 为 pnp 增益系数。

故此，提升功率器件短路能力的关键在于短路时刻短路电流的降低或者电流的上升率降低，通常可采用优化元胞结构、增加发射极镇流电阻和增大元胞间距的方案。其次短路能力不单单取决于芯片的短路特性提升，也可通过设计具有短路监测的新型芯片结构来提升。早在 20 世纪 80 年代就诞生了第一个含有电流传感器的 IGBT 芯片，使用传感器监测金属接触孔少数有源区元胞中的电流，再结合多晶硅电阻一起被用来产生横向 MOSFET 的栅极驱动电压。当电路发生短路时，传感电流增加直到监测电阻 R_S 两端电压超过横向 MOSFET 的阈值电压，横向 MOSFET 开启，这会使得主 IGBT 元胞和监测 IGBT 元胞的栅极电压被钳位在小于 IGBT 处于通态时正常的栅极电压，从而大大降低短路时 IGBT 元胞的饱和电流。但为改善器件的短路鲁棒性，减小 p^- 基区的横向分布电阻，可设计具有擎住效应免疫能力的器件结构，特别是沟槽栅型，相比于传统平面栅型相比，沟槽栅结构将会增大 I_{SC}。降低短路电流能有效提升器件短路承受时间，提升短路关断能力，但通常与器件工作时所需的低导通压降相矛盾。除上述业界已提出针对特定应用优化的新型结构，还需要更多的解决方案以优化短路电流与导通压降之间的折中关系。

从温度角度来看，器件在短路关断后，芯片内部温度的热传导过程需要时间，芯片厚度越厚,其内部热量分布就越不均匀,通常晶格最高温度位置在正面的 J_2 结或背面的 n^-、n^+ 结。关断后除了热量不能及时耗散外,短路导通过程中存储在漂移区内的过剩载流子不会完全被抽取,特别是在电流拖尾阶段,短路后的拖尾时间相比于正常关断过程更长。随着短路电流的增加导致电子和空穴漂移速度不同,尤其是中等电压下,空穴的漂移速度远远低于电子的漂移速度,从而在短路发生时刻芯片内部产生局部高电流密度的电流丝。短路发生时,IGBT 的发射极金属熔化、芯片附近硅局部熔化以及闩锁都是由上述所提及的电流丝集中从而造成的器件失效的原因。故可以在 n 型漂移区引入几个 p 型浮空区域,可以抑制电子电流;其次也可采用轻掺杂的 n 型缓冲层,可以增大 p 型发射区效率,进而抑制电流丝的形成。具体实施工艺:在功率器件工艺初始阶段,先在元胞区域内开槽,然后外延生长,形成较深的 p^+ 柱结构。另外当器件关断后,背面集电区的空穴注入效率随着温度的升高而增大,注入漂移区的空穴数量增多,在关断后漂移区内形成耗尽区,空穴在电势差的驱动下被输运到正面发射极,经过耗尽区因碰撞电离产生电子空穴对,能形成稳定的泄漏电流;泄漏电流的增大会进一步加剧温度的上升,当器件的散热能力不足时,泄漏电流就会和温度之间形成正反馈,外加在关断后一段时间的热量积累,器件发生热崩。从器件设计上,这种热应力大小的控制可通过调整空穴的注入效率来实现。根据失效机理分析,减小背面集电区的掺杂浓度,可有效减小关断后的过量空穴产生的碰撞电离载流子,同时也降低了关断后 pnp 三极管对泄漏电流的倍增作用。

5.3　极限关断能力测试

5.3.1　极限关断能力的定义

极限关断能力则是考核器件饱和状态下在毫秒级的关断能力,如电网用的直流断路器(Breaker)需要在 3ms 关断 6 倍的额定电流,相比于微秒级的短路会进一步影响功率器件的封装。极限关断能力用于考核 IGBT 器件在特殊应用场合下的鲁棒性,如高压直流断路器中,而常规应用主要考核器件中 IGBT 芯片的短路能力和 FRD 芯片的浪涌能力。对于应用在混合型高压直流断路器中的 IGBT(通常为压接型 IGBT 器件)来说,当遇到直流系统故障时需要在极短的时间内(一般为 3~5ms)内切断 5~6 倍的额定电流。相比于交流系统,直流系统的阻尼较低,其故障发展变化速率更快,为了保障直流故障不对中距离 200km 以外的换流站产生影响,串联在直流系统中的直流断路器需要在最多 5ms 以内切断故障电流。这对于高压直流断路器中的压接型 IGBT 器件是一个极大的挑战,同时由于外部没有相应的水冷系统,极短时间内的大电流会使器件内部各芯片温度急剧升高。进一步地,由于热的时间常数要远小于电气时间常数,在 3~5ms 的时间内产生的热量根本来不及传递到器件封装外面,会全部积累在半导体芯片内部,使得芯片的温度急剧升高,可能导致器件失效。由于极限关断能力属于 IGBT 器件较为特殊的一个应用,目前只在柔性直流输电工程中的直流断路器中使用到器件的这个特性,下面将以高压直流断路器来介绍。

应用于柔性直流输电系统的高压直流断路器主要分为三类:机械型、电子型和混合型。混合型直流断路器因结合了前两者的优点而受到青睐,成为柔性直流输电系统的主流,如张北柔直工程使用的 ±500kV/5ms 直流断路器。这里以一个混合型高压直流断路器为案例进行分析,其拓扑结构如图 5-29 所示。

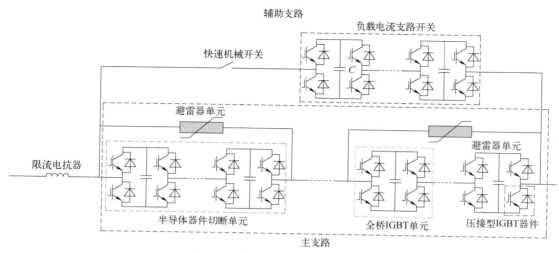

图 5-29　新型混合直流断路器拓扑

（1）直流导通支路

直流导通支路由少量的电力电子开关和机械开关串联组成，其中的电力电子开关是由桥式结构单元组成，可以实现双向导通性，且通流能力为单个 IGBT 器件的 2 倍，为直流系统正常工作时的电流导通支路。该支路的 IGBT 器件需要长期承受电流，所以需要低通态压降型 IGBT 器件，和换流阀用 IGBT 器件类似，一般也配置足够的水冷系统来降温。

（2）转移支路

转移支路由大量全桥模块结构单元串联构成，是由 4 个 IGBT 器件和 1 个电容器组成，具有双向导通性，通流能力为单个 IGBT 器件的 2 倍，可以提高整个直流断路器的关断能力。该测试支路主要用来转移直流系统的故障电流，在极短的时间内，直流故障电流可能达到 5～6 倍的额定电流，然后关断该转移支路的 IGBT 器件，使得故障电流转换到吸收支路。因此，该支路的 IGBT 器件需要具有高短路电流的关断能力，能够在直流故障电流达到额定电流的 5～6 倍时关断，对 IGBT 器件的关断能力要求非常高。

（3）吸收支路

吸收支路由避雷器（Arrester）单元组成，用于吸收直流系统的故障电流，消除直流系统的故障。避雷器单元的设计也非常重要，需要和转移支路 IGBT 器件关断电流能力等因素协同设计。

由于转移支路的压接型 IGBT 器件是研究重点，所以将其称为主支路，上述直流导通支路称为辅助支路。直流断路器的工作过程相对简单，直流系统正常运行时，工作电流经辅助支路流过。当直流系统发生短路故障时，触发主电路的 IGBT 器件，随后关断辅助支路 IG-BT，故障电流向主支路转移，待故障电流全部转移到主支路，切断辅助支路的快速机械开关。然后关断主电路的 IGBT 器件，对全桥单元中的电容充电，电压上升，达到避雷器单元的动作电压时，故障电流全部转移到避雷器单元，直到衰减为 0，断路器完成分断。电气暂态过程如图 5-30 所示，在这个过程中，主支路中 IGBT 器件的电流在几毫秒的时间内升高到额定电流的 5～6 倍，然后关断，为一次开通和关断过程。

在直流系统故障电流的切断过程中，主支路的 IGBT 器件先开通，经过几毫秒后又被迅速关断，相当于经历了一次开关过程。全桥模块中的每个压接型 IGBT 器件只承担故障电流的一半，因此对于单个压接型 IGBT 来说，需要具备在 3ms 内关断 5 倍于自身额定电流的故障电流的能力。而由于开关过程的时间很短，热量主要积累在芯片内部，且结温会在关断过程的几毫秒内迅速升高，该时刻结温的快速升高会很大程度上影响 IGBT 器件在大电流条件下的关断能力，且有很大一部分电力电子器件均在该过程中由于热量的短时间急速积累而热烧损。

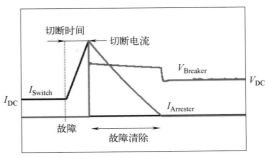

图 5-30　故障发生时的电气暂态特性

5.3.2　极限关断能力表征

如前所述，IGBT 器件的极限关断能力因为工况的特殊性，导致在这方面的研究非常少，也没有标准测试方法和平台，需要结合图 5-29 的电路原理和电气应力来设计相应的测试平台，从而对器件的极限能力进行测试表征。图 5-31 展示了混合型直流断路器中 IGBT 器件的电气应力示意图，I_1 为主支路电流，I_2 为转移支路电流，I_3 为能量吸收支路电流。图 5-31（c）为各种不同类型断路器的共性表征。这里提出 11 个 IGBT 器件分断关键指标来表征其应力特征，分别为系统电压 U_0、故障电流上升率 di/dt、转移支路导通时间 T_1、IGBT 器件关断时间 t_{off}、金属氧化物可变电阻器（Metal Oxide Varistor，MOV）钳位电压 U_{cl}、IGBT 器件通态电压 U_{on}、IGBT 器件最大集射极过电压 U_{max}、IGBT 器件故障电流极值 I_{max}、IGBT 器件集射极电压局部极值 U_m、IGBT 器件集射极电压上升时间 t_r，以及 IGBT 器件关断能量 E_{off}，是 IGBT 器件集射极电压 U_{CE} 与集电极电流 I_C 在 $t_2 \sim t_3$ 时间内的积分。

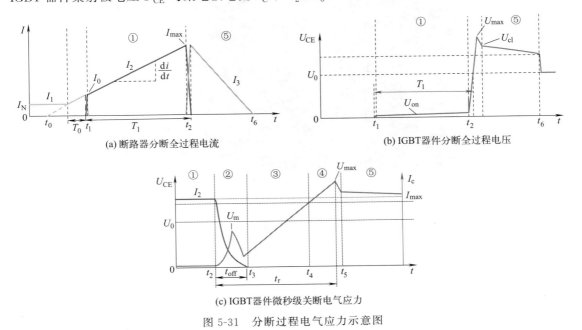

(a) 断路器分断全过程电流

(b) IGBT器件分断全过程电压

(c) IGBT器件微秒级关断电气应力

图 5-31　分断过程电气应力示意图

考虑混合型直流断路器结构和工况的前述分析，提出了断路器用 IGBT 器件测试平台拓扑，如图 5-32 所示。母线电压由可充放电的高压大电容 C_{DC} 来提供，电容左端为充放电电

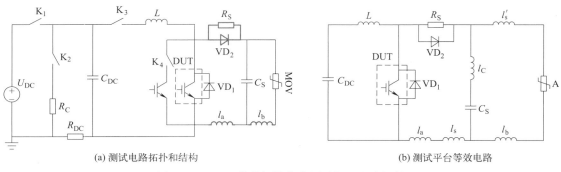

(a) 测试电路拓扑和结构　　　　　　　　　(b) 测试平台等效电路

图 5-32　IGBT 器件极限能力测试新型电路拓扑

路。测试回路含有限流电感 L、主支路 IGBT 器件、被测 IGBT 器件、缓冲电容支路及 MOV 能量吸收支路。各个支路可以根据实际的断路器拓扑和测试需求进行调整。此外特意考虑了二极管的放置，使得二极管的反向恢复过程不影响换流过程，从而降低对被测器件电气应力的影响，减小平台建模的复杂度，也简化电气应力的计算。在电容缓冲支路和 MOV 能量吸收支路分别添加了两个电感 l_a、l_b，用来调节被测 IGBT 器件关断过程的能量累积和最大过电压。具体各个阶段的电气过程分析以及公式推导可参考文献 [9]，这里不再复述。

基于上述电路拓扑结构，搭建 IGBT 器件极限关断能力测试研究平台，如图 5-33 所示

(a) 4500V耐压的测试平台实物

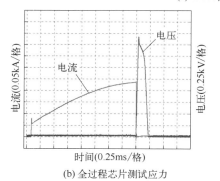

(b) 全过程芯片测试应力

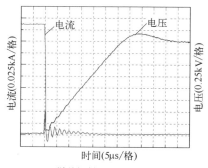

(c) 微秒级断开芯片测试应力图

图 5-33　IGBT 器件极限关断能力测试平台及结果

为平台实物和测试结果。平台的最大母线电压为 4.5kV，母线高压大电容 C_{DC} 为 5mF，用于支持母线电压；限流电感 L 为 1mH，用于限制电流变化率和产生过电压；压力装置主缸压力为 50kN，用于给被测压接型 IGBT 器件（PPI）施加适当的压力，可以满足目前绝大部分功率等级压接型器件的测试需求，如 IGBT、IGCT（集成栅极换流晶闸管）和 IEGT（注入增强栅晶体管）等。当然对于焊接式 IGBT 模块可以直接连接，不需要此压力装置即可实现极限关断能力的测试。此外还包括用来给母线高压大电容充电的直流稳压电源 U_{DC}，限制充放电速率的充放电电阻 R_C，控制充放电的真空接触器，缓冲电阻 R_S，缓冲电容 C_S，保护单元，被测 PPI 和电压电流测量设备。此平台可以对目前主要的商业应用及正在研发的焊接型和压接型 IGBT 产品，进行器件级和芯片级的测试研究。以某款 3300V/50A 压接型 IGBT 单芯片为例，进行大电流下关断实验，可以看到实验测试结果与图 5-31 中 IGBT 器件应力有很好的对应关系，验证了拓扑结构的有效性，可以用于对 IGBT 器件极限关断能力进行测试表征。

通过上述测试平台可以对 IGBT 器件的极限关断能力进行测试评估，但此过程很难准确评估 IGBT 器件内部芯片的结温，尤其是多芯片并联后各个芯片的电流和结温分布等，需要借助有限元仿真分析来进行表征。进一步地，在电力系统中还存在重合闸的过程（如图 5-34 所示），重合闸的间隔时间也需要重点考虑，间隔时间过短，上次极限关断时产生的能量还未完全耗散，将会影响下一次重合闸的效果以及器件的寿命。根据电网中直流断路器的应用工况和可靠性需求，一般要求 IGBT 器件能够承受 100 次重合闸的实验，并仍然能安全关断器件。图 5-35 是以 3300V/1500A 压接型 IGBT 器件应用在 200kV/3ms/1500A 直流断路器中为例的有限元仿真分析结果，可以看到器件内部各芯片在正常工况下压力分布相对均匀，这是由于 3ms 的过程很短，热量并没有完全传递到器件的封装外，所引起的基板翘曲很小，不影响多芯片的压力分布。但由于存在电流路径的差异，位于边缘的 5 号（编号参见图 2-48）芯片电流最大，结温最高，也可以看到在关断的瞬间功率可达到 4MW。通过仿真分析还可以获得不同重合闸间隔对器件结温的影响，现有结果表明 300ms 间隔是可以满足设计要求的。

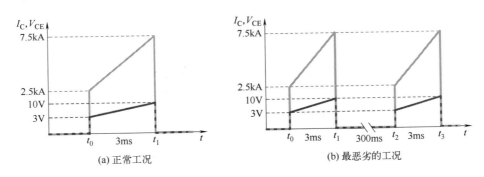

图 5-34　极限关断时 IGBT 器件电压电流示意图

5.3.3　IGBT 极限关断能力提升

功率器件极限关断能力本质上是检验器件在大电流下关断的可靠性，这对芯片和封装均提出了要求。

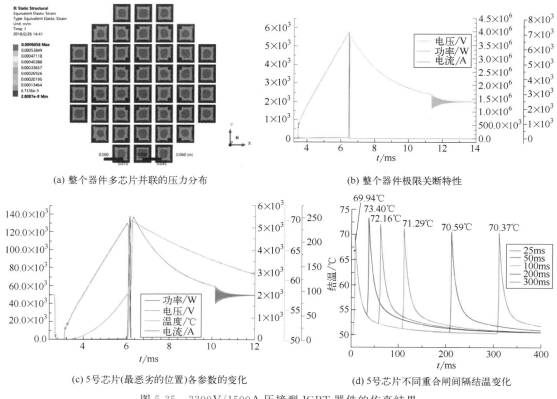

(a) 整个器件多芯片并联的压力分布

(b) 整个器件极限关断特性

(c) 5号芯片(最恶劣的位置)各参数的变化

(d) 5号芯片不同重合闸间隔结温变化

图 5-35　3300V/1500A 压接型 IGBT 器件的仿真结果

（1）芯片层面

芯片层面的提升可以从 4 个方面入手：①采用沟槽栅技术或增强注入型平面栅结构来提升芯片的通流能力；②使用条形元胞增大元胞沟道宽度以增大芯片的饱和电流；③采用 p^+ 深阱工艺，并结合多层 p 阱结构，提高 n^+ 区下方 p 阱的掺杂浓度，防止闩锁效应；④增大元胞间距和增加栅氧化层的厚度以提高栅极可靠性，为了保障器件的高关断能力，栅极电压 V_{GE} 一般给定 19V，这就需要芯片在设计的时候考虑栅极的长期稳定性和可靠性。

（2）封装层面

封装层面提升可以从方面入手：①封装的寄生参数要尽可能小，保障多芯片并联后的电流均衡和结温的均衡；②增加芯片热容，提升芯片的耐温能力；③优化功率器件的封装，降低热阻，能够降低极限关断时刻器件的结温，从而间接提升器件的关断能力。

5.4　浪涌能力测试

浪涌能力测试用于评估 IGBT 模块中续流二极管在系统故障时承受电网瞬时冲击电流的能力和鲁棒性。浪涌电流是指电力系统中突然增加或减小的瞬时电流，具有较高的幅值和短暂的持续时间。系统所受到的浪涌冲击来源可分为外部因素和内部因素。外部因素主要为雷击，自然界的闪电可通过直接落雷、感应耦合、地电势上升等形式直接影响系统的稳定。而内部因素更为常见，由于电路中往往包含许多电容、电感等非线性元件，其充放电的过程中很容易产生浪涌电流，尤其是在开关电源刚开通的瞬间。此外，电路在异常状态下所受到的剧烈脉冲干扰也是内部来源的一部分。在实际情况中，浪涌电流不仅可能会击穿 pn 结，烧断电路的电阻，也会对功率器件本身的性能造成很大的影响，甚至将其彻底损坏，如图 5-36 所示。

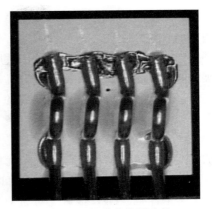

图 5-36　某器件浪涌失效

5.4.1　浪涌能力测试标准

　　浪涌能力测试标准的建立旨在评估电力电子器件在工作过程中的抗浪涌能力，以此避免因电流扰动所导致的器件损坏或系统故障。通过模拟器件在实际工作条件下可能遇到的正弦浪涌情况，评估器件的抗浪涌能力，从而为工程师提供参考，确保在器件正常工作范围内安全可靠地运行。纵观各类国际标准、国家标准和行业标准，IEC 标准、MIL 美军标以及 GB/T 4023 均对二极管的浪涌能力及其测试进行了详细的规范，这里以 IEC 标准为例来进行说明。

　　IEC 60747-2：2016 规定了浪涌电流的测试电路，如图 5-37 所示。图中，A 为电流峰值读数仪表（如电流表或示波器）；V 为电压峰值读数仪表（如电压表或示波器）；VD_1 为被测二极管；VD_2 为阻断由变压器 T_2 提供给正向电压的二极管；R_1 为调整浪涌电流的电阻器，其值应大于二极管 VD_3 的正向电阻；R_2 为保护电阻器，此电阻应尽可能小。在正向（浪涌）半周期间具有近似 180°导通角的机电开关或电子开关；T_1 为通过开关 S 提供正向（浪涌）半周大电流的低电压变压器，其电流波形应基本上是持续时间近似 10ms（或 8.3ms，取决于电网的频率）、重复率近似每秒 50（或 60）个脉冲的正弦半波；T_2 为通过二极管 VD_2 提供反向半周小电流的高电压变压器，若此变压器由一单独电源馈电，则其相位应与 T_1 反馈的电相位相同，其电压波形应基本上为正弦半波。此外，根据实际需求，可以在 X 点和 Y 点之间接入二极管 VD_3 及串联的开关 S_1，或接入电阻器 R_3 及串联的开关 S_1。VD_3 为均流二极管，其正向电阻应与 VD_1 近似相同；如采用电阻器 R_3，则其电阻值亦应与 VD_1 的正向电阻相同；S_1 为机电开关或电子开关，在变压器 T_1 的反向半周期间，其导通角近似为 180°。该测试电路通过截取市电，整流过后利用变压器形成浪涌电流，但由于使用大型变压器，不仅会干扰市网电力系统，而且对测试室的空间要求极高。

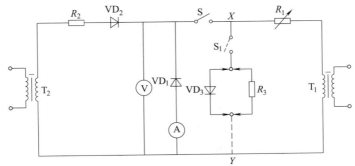

图 5-37　浪涌电流的测试标准

5.4.2　浪涌能力测试技术和设备

　　由于 IEC 标准规定的浪涌电流测试电路是多年前的，且存在上述难点，因此近年来学者们在不改变被测器件波形的前提下对测试电路进行了优化。从浪涌电流发生电路上来看，浪涌测试电路主要分为两种类型，分为储能型和变压器型。储能型就是通过一个大电容进行储能，然后把能量一次性放出，适用于单次浪涌测试，将电容容量选取增大，那么就可以扩展成重复型浪涌测试。变压器型就是通过截取市电、整流，然后通过一个大变压器把电流升高，产生浪涌电流。其中储能式的优点在于对电网的干扰比较小，而且不需要笨重的变压器，而是需要一定的数字控制电路对浪涌电流波形进行控制。如果利用 MOSFET 或 IGBT 作为开关控制，由于单个器件通流能力有限，还要解决器件并联产生的同步问题。变压器型的优势在于电路简单，但是缺点就是需要一个很大容量的变压器。

从浪涌波形的控制方面来看可以分成数字控制方法和 LC 振荡电路法。数字控制法通过 PLC、单片机、DSP 或者上位机对脉冲波形进行控制，相对复杂，但是可以方便地改变浪涌电流大小。LC 振荡电路是通过电路中设计好的电感和电容进行振荡，通过一个晶闸管触发，产生一个浪涌脉冲。其优点在于设计简单方便，缺点在于只能产生一种浪涌脉冲。

下面分别介绍 LC 振荡电路和数字控制的浪涌测试电路原理图。

图 5-38 是 LC 振荡浪涌测试电路的原理图，测试平台由以下几部分组成，分别是充电电路，浪涌电流产生电路，被测器件及其驱动电路。充电电路由一个电压源和电容组成，进行浪涌测试之前，需要对电容进行充电，充电过程由充电电路进行。浪涌电流产生电路由一个电容 C 和一个电感 L 组成，主要作用是产生一个符合要求的正弦电流，驱动电路主要作用为控制被测器件沟道的开启/关闭状态。

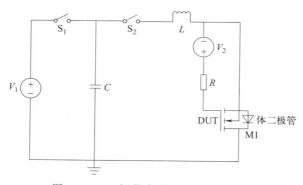

图 5-38 LC 振荡浪涌测试电路原理图

该电路的操作方法如下：实验开始前先闭合 S_1，断开 S_2，使电压源给电容充电；当需要测试时，断开 S_2，闭合 S_1，通过 LC 振荡回路获得一个任意固定脉宽的正向浪涌电流。若电容电感大小固定，则浪涌测试电流周期固定，但赋值可根据电源 V_1 而改变。

数字控制浪涌测试主要由充电电路、浪涌电流产生电路、被测器件及其驱动电路构成。恒压源、电容、充放电电阻以及储能电容构成充放电电路。浪涌电流产生电路采取 IGBT 控制式浪涌电流生成法，由控制系统生成正弦半波信号，并施加到工作在线性放大区的 IGBT 栅极，从而获得浪涌电流。测试电路拓扑如图 5-39 所示。

IGBT 作为控制开关，具有过流保护功能，可防止在测试过程中波形失控。浪涌电流的周期与 IGBT 的驱动信号周期相同，改变 IGBT 的驱动信号周期即可控制浪涌电流的周期，若将电压源改为可变恒压源，则可改变浪涌测试电流的幅值大小，从而实现浪涌电流周期和幅值可调。

对于功率器件的浪涌能力测试，国内厂商设计了标准化的浪涌测试设备，例如：西安易恩 ENL3010 浪涌测试系统，设备可输出 17.7ms 的 80kA 电流，测试台通过电容充放电原理产生电流波形，根据不同的测试条件，设定好各试验参数，再通过调节不同的电感值（手动调节）来改变不同的电流宽度来输出测试要求的电流值，测试的电压和电流波形同时被采

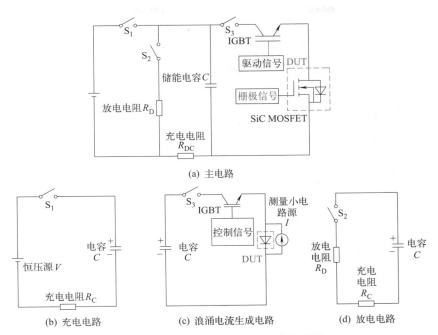

图 5-39　数字控制浪涌测试电路原理图

集到示波器和相关的控制电路，反馈给 PLC，并由 HMI（人机界面）显示测试结果；华科智源 HUSTEC-IFSM 浪涌电流测试仪，可测试二极管、MOS、IGBT 以及 SiC 器件浪涌电流能力，可输出底宽 10ms、8.3ms、1ms、$10\mu s$ 等正弦半波或方波，浪涌电流根据具体需求可选择 800A、1200A、3000A 以及定制 8000A 以上，最大电流可达 50kA；长禾半导体检测实验室研制有 800A 的二极管浪涌监测设备；深圳艾克思科技有限责任公司研制了可在 0.5～10ms 范围内调节脉冲宽度的 1200A 的浪涌测试设备；陕西开尔文测控技术有限公司设计了 1500A 的浪涌测试设备；等等。设备实物示例见图 5-40。

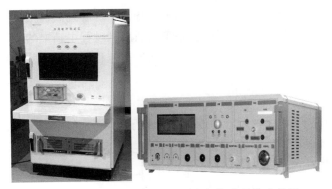

图 5-40　现有浪涌测试设备立式与箱式结构实物图

　　总体来说，目前市面上的商业浪涌电流测试平台基本能够实现大电流浪涌测试需求，但是无法在线监测浪涌时的结温变化，为实现浪涌电流下二极管退化和失效机理的深入研究，需要获得电压、电流和结温等数据。图 5-41 为笔者团队为 TO 器件开发的 500A 可重复浪涌测试平台，集成了功率器件结温在线监测功能，也可根据需求扩展成为焊接式 IGBT 模块的大电流浪涌测试平台。

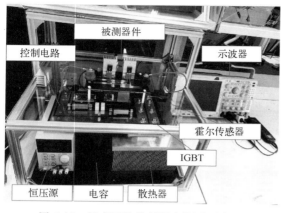

图 5-41　笔者团队浪涌设备测试平台图

对于浪涌电流的结温测量，系统采用了小电流饱和压降法 [$V_{CE}(T)$ 法][11]，具体原理可参考第 4 章，针对每个器件校准了在指定测量电流下（如 100mA）与温度的关联关系。在浪涌电流测试期间，100mA 的测量电流持续流过被测器件，测试电流通常为 10～500A，因此 100mA 的测量电流不会对测试结果产生影响。当浪涌电流测试结束时，100mA 的测量电流仍保持流通状态，此时的器件电压与温度有负相关性，经过固定的延迟时间后，测量器件两端的电压并将其代入关系式计算，即可获得浪涌电流结束后的瞬时温度。测量过程中延迟时间由控制 IGBT 关断时的载流子复合时间决定，载流子复合时会干扰被测器件的导通电压，因此需要等待载流子复合结束后才能测到准确结温。由于延迟时间的存在，浪涌电流结束时测到的实时温度低于实际最高温度，基于此，还需要使用根号 t 法对 $t=0$s 时刻的温度进行外推。这里值得一提的是，根号 t 法是适用于二极管和 SiC 器件的结温修正的，但对 IGBT 来说，由于是体热源，则需要用有限元法或热网络模型来进行，具体可参考第 3 章相关内容。为准确全面获得浪涌电流测试过程中不同时刻的结温，浪涌电流脉冲被认为是 180°正弦半波，将整个 180°的时间周期分为 N 个小区间，如 36 个小区间，则每个小区间对应 5°。在浪涌电流测试过程中，栅极控制信号每 5°进行一次结温的测量，最终可实现整个浪涌电流过程的结温测量。

进一步地，为了更好地捕捉器件的失效过程并探究其失效机理，可以将器件进行开封处理，因为浪涌测试并没有高压，因此不会影响芯片的绝缘特性使用高速摄像机（例如千眼狼 5F01 摄像机）对芯片表面金属层和键合线进行实时监测。此高速摄像机可在 1080P 分辨率下实现 2000 帧的高速拍摄，即每 0.5ms 拍摄一张照片，在 10ms 的浪涌电流下，可拍摄 20 张图片，并且借助浪涌测试平台栅极信号输出时的突变特性，可实现高速摄像机的启动触发，达到拍摄时间轴与浪涌电流时间轴的精准对应。基于浪涌测试过程中结温的实时测量以及芯片表面物理过程的高速实时抓拍，可准确获得器件的浪涌失效过程和进行失效机理的研究。

5.4.3　外置反并联二极管浪涌能力

功率半导体器件应用时一般为阻感性负载，为了在器件关断时电流不产生突变，都会在器件两端反并联一个二极管来续流。为了不产生感应的电压上升峰值和高频率的振荡，每次关断放电过程应该是平滑和"柔软"的，我们把这种二极管称为柔性恢复二极管。常规快恢复二极管分为肖特基二极管和 PiN 二极管，如图 5-42 所示。

肖特基二极管是贵金属（金、银、铝、铂等）A 为正极，以 n 型半导体 B 为负极，利用二者接触面上形成的势垒具有整流特性

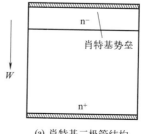

(a) 肖特基二极管结构

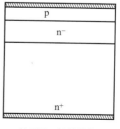

(b) PiN 二极管结构

图 5-42　二极管结构图

而制成的金属-半导体器件。因为 n 型半导体中存在着大量的电子，贵金属中仅有极少量的自由电子，所以电子便从浓度高的 B 中向浓度低的 A 中扩散。显然，金属 A 中没有空穴，也就不存在空穴自 A 向 B 的扩散运动。随着电子不断从 B 扩散到 A，B 表面电子浓度逐渐降低，表面电中性被破坏，于是就形成势垒，其电场方向为 B→A。但在该电场作用之下，A 中的电子也会产生 A→B 的漂移运动，从而削弱了由于扩散运动而形成的电场。当建立起一定宽度的空间电荷区后，电场引起的电子漂移运动和浓度不同引起的电子扩散运动达到相对的平衡，便形成了肖特基势垒。

PiN 二极管由一个 p^+ 型层、一个 n^- 型层和一个 n^+ 型层组成。n^- 型层是一个轻度掺杂的区域，将 p^+ 型和 n^+ 型层分开，分别作为阳极和阴极。PiN 二极管可以被设计成具有从几百伏到几千伏的击穿电压。其主要优点是其低通态电阻，导通电阻主要由掺杂浓度和 n^- 层的厚度决定，当对 PiN 二极管施加正向电压时，p^+ 型和 n^+ 型层变得导电，允许电流流过二极管。n^- 型层作为漂移区，为电流的流动提供了一个低电阻的路径，通过控制其厚度和掺杂浓度，可以最大限度地减少二极管上的电压降。这实现了更低的功率耗散和更高的效率，使 PiN 二极管成为高功率应用的理想选择。PiN 二极管的另一个优势是其快速开关速度。n^- 型层提供了一个大的耗尽区，从而减少了二极管的电容，并允许更快的开关速度。

上述两者都是作为开关二极管被用于较高的开关频率，以及作为缓冲二极管被用于较低的通态压降的实际应用中。相比 PiN 二极管，肖特基二极管的存储电荷能量只有 PiN 二极管的大约百分之十，具有较小的功耗，通常由 Si 基底和 SiC 基底构成。相比于 Si，SiC 能够提高功率器件的耐压能力，但是 SiC 制造工艺的缺陷，SiC/SiO_2 界面对各种工艺条件高度敏感，如温度、时间和气压。SiC 栅氧层通常使用热氧化或化学气相沉积（CVD）技术生长。在氧化过程中，由于高温和氧气浓度，可能会产生缺陷和电荷 SiC/SiO_2 界面的高界面陷阱密度会增加电荷捕获和发射，导致 MOSFET 的阈值电压漂移，严重的漂移会最终引发器件失效，从而造成在栅极可靠性方面 SiC 无法达到 Si 器件水平。

综上，下文将以某款商业 Si 基的 PiN 二极管和 SiC 结势管肖特基（JBS）二极管（表 5-6 为所用器件额定参数）作为例子，阐述外置反并联二极管的浪涌能力，主要从非重复性和重复性浪涌测试来分析器件的电学特性以及热特性。两款器件均为 TO-247 封装，利用激光和酸综合作用将芯片表面的环氧树脂去除，方便实验过程中利用高速摄像机拍摄浪涌过程中的物理变化。

表 5-6　某款商业 Si 基的 PiN 二极管和 SiC JBS 二极管额定参数

电参数	Si PiN	SiC JBS
额定反偏电压 V_{RRM}	100V	1200V
额定导通电流 I	20A	20A
导通电压 V_F	0.79V(20A)	1.8V(5A)
额定结温 $T_{J,max}$	150℃	175℃
不可重复最大浪涌电流 I_{FSM}	200A	46A
阻断漏电流 I_R	100μA	150μA

5.4.3.1　Si 基 PiN 二极管浪涌能力

（1）电特性分析

对于上述选定的 Si PiN 二极管，实验测得最大非重复性浪涌电流为 310A，约为额定电流的 15.5 倍。由图 5-43（a）可知，随着电流上升，当电流达到 100A 后电压波形出现了明

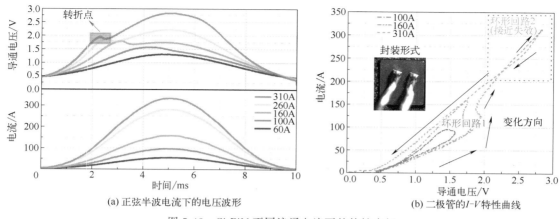

(a) 正弦半波电流下的电压波形   (b) 二极管的I-V特性曲线

图 5-43　Si PiN 不同浪涌电流下的特性表征

显转折点（矩形标记），此时，电压短暂下降后再次上升。转折点之前，器件中的电流以少数载流子扩散电流为主，转折点之后，器件中的电流以高浓度电子和空穴电流为主，载流子的变化促使电压有小幅下降趋势。但是，电流的持续增加导致载流子影响占据主导地位，因此电压再次升高。

　　由于浪涌电流远高于额定电流，功耗增大，因此器件结温远高于正常工作状态。器件电压波形不仅与浪涌电流有关，还受到结温的影响。随着电流上升和下降，器件结温随之变化，由于温度的滞后性，温度峰值时间与电流峰值时间会有所不同。I-V特性曲线则能直观展示相同电流下的电压特性变化，其在表达电压和电流关系的同时，还能体现出结温对器件电特性的影响，因此常用于浪涌电流测试结果分析以及展示，如图 5-43（b）所示。

　　当浪涌电流通过时，整个曲线可分为上升阶段和下降阶段两部分，对应正弦半波电流先上升后下降的趋势变化。浪涌失效电流对应的曲线与未失效时的曲线有所区别，它的下降曲线会和上升曲线相交。这说明浪涌失效发生时，电阻会变大，这与图 5-41（b）中 310A 的测试电压电流曲线的畸变吻合。随着电流的下降，电阻开始下降，浪涌失效电流对应的下降曲线最终逐渐地向其他下降曲线靠拢。比较同一个器件在不同浪涌电流峰值下的电压电流曲线（如图中 100A 的曲线），发现除浪涌失效电流对应的曲线外，其他曲线上升阶段的曲线都低于下降阶段的曲线，即在相同的电压下，上升阶段对应的电流大于下降阶段的电流。这说明下降阶段的电阻小于上升阶段的电阻。这个变化趋势与器件内部载流子浓度的变化有关，其中器件内部包含的效应都和温度息息相关，这些将会综合影响器件对外呈现的状态。

　　① 载流子寿命。载流子寿命随着温度的升高而增大，这会使得正向电压随着温度的升高而降低。

　　② 发射极复合。对于这一点，俄歇复合很重要（俄歇复合是指俄歇跃迁相应的复合过程。俄歇效应是三粒子效应，在半导体中，电子与空穴复合时，把能量或者动量，通过碰撞转移给另一个电子或者另一个空穴，造成该电子或者空穴跃迁的复合过程叫俄歇复合）。在高电流密度下发射极将变得非常小，发射极复合对于温度没有很强的依赖。

　　③ 迁移率。迁移率随着温度升高而快速下降，这个效应导致正向电压增加。

　　④ 金属化和键合线的电阻对温度的依赖关系，电阻随温度的升高而增大。

　　⑤ 热产生载流子浓度 n_i（本征载流子）强烈地依赖于温度，如果本征载流子在自由载流子浓度中占主导地位，正向压降明显降低[10]。

在浪涌失效电流对应的曲线外以及浪涌失效电流曲线的环形回路 1 中，导通电阻与载流子浓度呈负相关，即载流子浓度越高，导通电阻越小。在上升阶段流过器件的电流会使器件温度升高，从而使载流子浓度持续变大；当电流开始下降时，在上升阶段升高的器件结温和增加的载流子浓度不会突然消失。这就导致相同电流的情况下，下降阶段器件内部的载流子浓度大于上升阶段的载流子浓度。器件两端的电压超过 pn 结的触发电压后，pn 结导通，器件进入双极性导通模式。少子从 p$^+$ 区注入外延层中，外延层中的电阻显著下降，在这个环形回路中器件的 I-V 特性基本上由 pn 结主导，并且 pn 结的饱和电流 J_s 由本征载流子浓度起决定因素。根据上述分析，温度上升，本征载流子浓度增加，正向压降降低。

浪涌失效电流对应的曲线对于环形回路 2 来说，从导体物理层面，随着流过器件的电流逐渐增加，器件承担的电压区域稳定，大部分增加的压降都降落在器件的外延层和衬底的电阻上，器件对外表现为一个二极管串联一个电阻的形式，电流随着器件两端电压增加而增加，其规律可描述为

$$J = \frac{V - V_\mathrm{bi}}{R_\mathrm{epi,uni} + R_\mathrm{sub}} \tag{5-9}$$

式中，J 为电流密度；V 为器件两端压降；V_bi 是内建电势；$R_\mathrm{epi,uni}$ 和 R_sub 分别是器件的外延电阻和衬底电阻。此刻电子的迁移率随温度增加而减小，使得温度越高，电流越小，与此同时导致器件的外延电阻和衬底电阻都相应增大，因此下降阶段的导通电阻大于上升阶段的导通电阻。

（2）热特性分析

器件电特性由温度直接影响，故此需要对于器件进行热特性的分析。前面也介绍了，为获得被测器件的结温信息，采用小电流 $V_\mathrm{j}(T)$ 方法进行测量，被测器件的温度校准曲线如图 5-44（a）所示，由测量延迟时间引起的最大结温误差采用根号 t 法进行校正。然后通过由校准曲线推算出来的结温随时间的变化曲线和凭借高速摄像机所记录下的器件浪涌失效过程，进行器件失效机理的深入研究。本例中选用的 Si PiN 二极管的最大浪涌电流（310A）时的结温和功率损耗测量结果如图 5-44 所示。实验测量的最大功率点（与电流对应）位于 5ms 处，而最大结温接近 6.5ms 处，这说明结温的变化要滞后于电流等电气参数的变化。通过实际拍摄得到的失效过程与结温的关系，可以看到最高实测结温和熔化现象均在 6.5ms 左右，而电参数法测量结温仅为 350℃，不足以引发铝的熔化现象（660℃）。经分析，其熔化机理为电流集中和高接触电阻引发的局部温度过高。一方面，熔化现象以键脚为中心向四周扩散，说明高温集中在键脚，同时 $V_\mathrm{CE}(T)$ 方法测量得到的结温是芯片表面平均温度，而实际上芯片正中心尤其是键合线温度肯定远高于 350℃，是否已超过 650℃ 需要通过红外相机或有限元仿真进行确认。另一方面，考虑到浪涌电流已经达到 310A，1mΩ 电阻差就会造成 96W 功率损耗，因此接触电阻也是影响最大浪涌电流的关键。值得注意的是，这里提及的接触电阻与传统意义上的两个材料交界面的接触电阻是有差异的，讲述的是焊接头内部存在的电阻，具体可参考材料学相关书籍。

（3）重复性浪涌能力

了解了单次浪涌电流失效过程后，实际过程中器件可能会多次受到浪涌电流的冲击影响。特此进一步阐述器件的重复浪涌特性，基于上述电特性以及热特性进行分析。

对于 Si PiN 二极管，选择 260A 作为重复浪涌电流（低于最大非重复性浪涌电流以保障器件基本特性），此时 I-V 特性曲线尚未出现环形回路 2（即未出现金属层熔化现象），并且

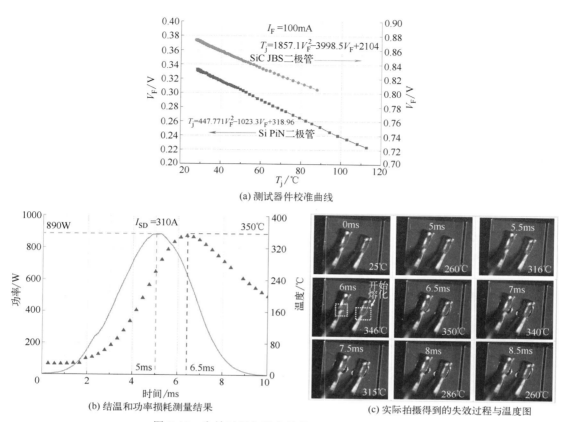

(a) 测试器件校准曲线

(b) 结温和功率损耗测量结果

(c) 实际拍摄得到的失效过程与温度图

图 5-44 失效过程与温度的关系（Si PiN 二极管）

电流大小又足以加速退化过程。器件的电压波形和 I-V 特性曲线如图 5-45 所示。可以看出，随着浪涌次数的增加，电压幅值呈上升趋势。第 1500 次浪涌后，电压迅速升高直至失效。I-V 特性曲线开始出现环形回路 2，这意味着金属层开始熔化，并且回路面积继续扩大直到失效。金属层退化过程如图 5-45 所示，随着浪涌次数上升，金属层出现显著重构现象，这同样会导致接触电阻升高，因此电压幅值随浪涌次数的增加呈上升趋势。第 2038 次浪涌下，

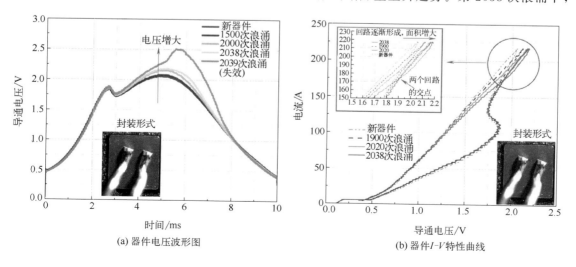

(a) 器件电压波形图

(b) 器件 I-V 特性曲线

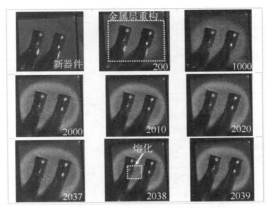

(c) 拍摄到的器件表面熔化过程与次数对应关系

图 5-45　重复浪涌失效过程及特性表征（Si PiN 二极管）

键脚处观察到了金属层熔化现象，而在第 1900 次浪涌下 I-V 特性曲线就出现了环形回路 2，考虑到设备限制，熔化点可能位于键脚正下方无法监测，随着熔化加剧，于第 2038 次浪涌后扩散至键脚外侧，得以被观测。第 2039 次浪涌下器件发生了短路失效，测试过程中未发生大规模熔化现象，其失效原因可能为键脚下的金属不断熔化、渗透，最终导致失效发生。

5.4.3.2　SiC 基 JBS 二极管浪涌能力

（1）电特性分析

相比于 Si 基的 PiN 二极管，上述选定的 SiC JBS 二极管电压电流随时间变化如图 5-46 (a) 所示，实验测得最大非重复性浪涌电流为 85A，约为额定电流的 4.25 倍。随着电流上升，电压波形具有两个主要特征。一方面，SiC JBS 二极管同样具有转折点（矩形标记），与 Si PiN 二极管不同的是，转折点之后电压持续下降（仅在最大浪涌电流出现了上升现象）。转折点之前，SiC JBS 二极管保持单极性。转折点后，p^+ 区开始释放少数载流子参与传导，由于电导调制效应，电压降低，JBS 二极管保持双极性。另一方面，在最大浪涌电流（85A）下，电压曲线在 4～6ms 范围内再次升高。SiC JBS 二极管的 I-V 特性曲线在 85A 后可分为如图 5-46 (b) 所示的三个环形回路。环形回路 2 中，器件工作于双极性模式，少数载流子从 p^+ 区域注入，电阻显著降低，本征载流子的浓度随温度升高，此时器件表现为负温度系数，在相同电流下电压随温度升高而降低，类似于 Si 基 PiN 的回路 2。环形回路 3 中，温度特性再次变为正温度系数，其出现在最大浪涌电流附近，此时，器件的温度特性无法基于半导体物理进行解释。环形回路 1 中，器件工作于单极模式，电流相对较小。电子迁移率随着温度的升高而降低，此时器件表现为正温度系数，在相同电流下电压随温度升高。总体 SiC 的环形回路 1 和环形回路 3 类似于 Si 基的 PiN 回路 1[12]。

（2）热特性分析

图 5-46 还展示了 SiC JBS 二极管在最大浪涌电流（85A）时的结温和功率损耗的测量结果，功率的峰值时间位于 5.3ms，而最高温度位于 7.2ms 附近。通过高速摄像机实际采集到器件表面变化情况可知，SiC JBS 二极管在 5.5ms 开始熔化，熔化现象首先从 p^+ 区边缘

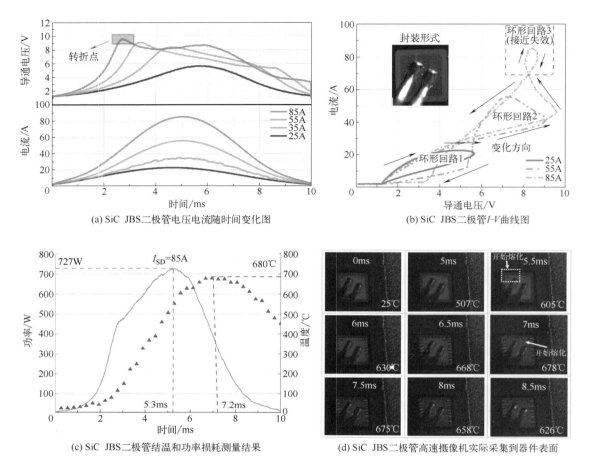

(a) SiC JBS二极管电压电流随时间变化图

(b) SiC JBS二极管*I-V*曲线图

(c) SiC JBS二极管结温和功率损耗测量结果

(d) SiC JBS二极管高速摄像机实际采集到器件表面

图 5-46　SiC JBS 浪涌能力及特性表征

开始。7ms 左右，键脚处开始熔化，7.5ms 左右熔化现象最显著，而电学方法测量的最高结温位于 7.2ms 左右，实际上也可以近似认为结果是一致的，因为高速摄像机的时间分辨率为 0.5ms。此外，实验测量的最高结温达到 680℃超过了铝的熔点（660℃），因此 SiC JBS 二极管金属层熔化的原因为结温过高导致的。值得一提的是，尽管高速摄像机监测结果为金属层整体熔化，但键脚始终是最高温度点，由于技术限制，无法观察键脚下的熔化开始时间。因此，键脚处的熔化机制可以认为是接触电阻和电流集中引起的高温。而在 5.5ms 左右，p$^+$ 区边缘的熔化机制是 pn 结引起的高温。

（3）重复性浪涌能力

紧接着对 SiC JBS 二极管研究其重复浪涌特性，选择 75A 作为重复浪涌电流（小于非重复性最大浪涌电流85A）。器件的电压波形和 *I-V* 特性曲线如图 5-47 所示。电压幅值随着浪涌次数增大，第 90～98 次浪涌中，电压迅速上升直至短路失效。在第 10 次浪涌电流下出现了 SF 引起的局部热点，金属层出现了月牙形熔化区域。随着浪涌次数的增加，月牙形熔化区域逐渐扩大。第 98 次浪涌下整个铝层出现了严重的熔化现象，同时 *I-V* 特性曲线出现了环形回路 3。因此，SF 引起的局部热点熔化不会引起 *I-V* 特性曲线出现负温度特性的环形回路 3，环形回路 3 仅能反映键脚处的金属层熔化。

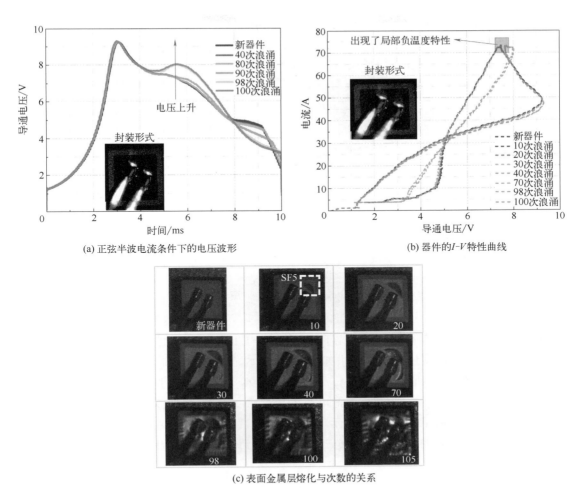

(a) 正弦半波电流条件下的电压波形

(b) 器件的 I-V 特性曲线

(c) 表面金属层熔化与次数的关系

图 5-47 重复性浪涌条件下失效过程与特性表征（SiC 二极管）

5.4.4 SiC MOSFET 体二极管浪涌能力

MOSFET 芯片结构使得内部存在反向体二极管，当然目前 IGBT 也存在为优化器件芯片空间利用率而设计出的 RC-IGBT 器件等新型 IGBT 器件。对于现有 SiC 器件的应用，一般直接采用自身的体二极管作为续流回路，而不额外增加反并联二极管，这就要使用 SiC 芯片一直工作在正向导流和反向续流的工作状态。复杂的应用工况会使得 SiC 器件体二极管在反向续流或者承受浪涌电流时的温度偏高，其浪涌电流的能力则会影响整个器件的可靠性，下面将以 SiC MOSFET 为例概要阐述器件体二极管的浪涌能力。选用的 SiC MOSFET 仍然是 TO-247 封装，1200V/40A，导通电阻为 280mΩ。SiC MOSFET 器件二极管浪涌电流的电压电流特性如图 5-48 所示。器件的导通电压波形随着浪涌电流增大而上升，但是浪涌电压峰值时间则由最初的 5ms 逐渐增大，与浪涌电流峰值逐渐偏离，这说明了随着电流的升高，内部的导通电阻发生了改变。

SiC MOSFET 器件在不同浪涌电流下的 I-V 特性曲线如图 5-49 所示，非重复性最大浪涌电流为 160A，约为额定电流的 4 倍。可以看出其 I-V 特性最初仅具有呈现负温度特性的环形回路 1，随着温度升高，导通电压下降。而随着电流增大，当浪涌电流临近最大非重复浪涌电流时出现了环形回路 2，呈现正温度特性。由于 SiC MOSFET 器件体二极管的构造是 PiN 二极管，因此其 $I\text{-}V$ 特性曲线与上文的 PiN 二极管具有相同的特征。当浪涌电流幅值接近最大值时，$I\text{-}V$ 特性曲线形成的环形回路 2 可能与金属层熔化有关。

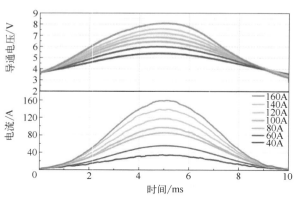

图 5-48　SiC MOSFET 的正弦半波电流的电压波形

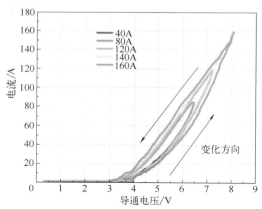

图 5-49　SiC MOSFET 器件体二极管
浪涌 $I\text{-}V$ 曲线图

进一步探究最大非重复性浪涌电流下 SiC MOSFET 器件的温度特性，继续基于小电流 V_j（T）法进行了结温测量，测量结果如图 5-50 所示。可以看出器件失效时的最高平均温度约为 523℃，接近铝的熔点（660℃），器件的功耗高达 1328W，其芯片面积为 4.62mm²，功率密度为 287.4W/mm²。为观察浪涌电流下 SiC MOSFET 器件体二极管的封装特性，基于高速摄像机的记录结果如图 5-48 所示。可以看出，直到 5.5ms 时表面发生熔化，熔化出现位置以键脚为中心，向外扩散，在 6～7ms 之间达到了最明显的熔化阶段，与实测最高结温一致。

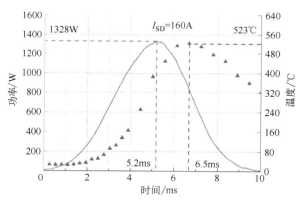

(a) 器件浪涌过程结温与功耗

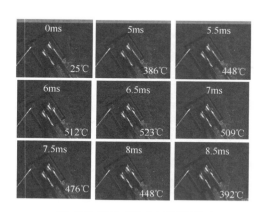

(b) 芯片表面金属熔化与时间的关系

图 5-50　SiC 体二极管失效过程与温度的关系

如前所述，SiC MOSFET 器件体二极管的 $I\text{-}V$ 特性曲线与 PiN 管一致，并且金属层熔化现象也是以键脚为中心扩散，对比熔化时间与 $I\text{-}V$ 特性曲线环形回路 2 的轨迹，可以得知 $I\text{-}V$ 特性曲线中环形回路 2 的形成与金属层熔化有关，其形成机理与前文提及的 PiN 二极管一致。此外，SiC MOSFET 器件最高温度能够达到 523℃，充分利用了 SiC 器件耐高温的特性。综上所述，SiC MOSFET 器件失效机理由两部分构成：一方面，键脚处的电流集中和接触电阻过大；另一方面，器件本身的功耗过高，两者为竞争关系。当自身功耗降低，平均结温下降时，随着浪涌电流的增大，键脚处作为电阻最大点结温快速上升，达到金属熔化温度，限制浪涌能力。因此，降低体二极管功耗，进一步优化键脚处的接触电阻，提升键合线接触面积，有利于提升器件的浪涌能力。进一步采用显微镜观察了 SiC MOSFET 器件失效前后的芯片表面，如图 5-51 所示。可以看出失效原因为金属层熔化扩散，当金属层熔化后未扩散至栅极时，由于其渗透作用，只发生源漏极短路，而当金属流动到栅极时，则发生三端短路。究其原因，是在浪涌过程中能量较大，尤其是失效瞬间的热量极高，一方面会促使金属层严重熔化并流动至较远距离，另一方面是过大的能量会直接导致芯片碎裂。因此，出现三端短路的原因本质是金属流动导致的栅源极短路，以及金属渗透导致的源漏极短路。

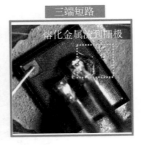

图 5-51　浪涌失效实物图

进一步探讨重复浪涌电流下 SiC MOSFET 器件的体二极管退化机理。基于电特性和热特性的监测结果，对三者之间的联系进行探究。为探究重复浪涌电流下的电特性，测试结果如图 5-52 所示，选用的测试电流为 140A。可以看到随着浪涌次数的增加直至失效，可以将电压波形分为三个区域，其中区域Ⅰ和区域Ⅲ均未发生明显变化，区域Ⅱ则随着退化的进行逐渐升高，说明了该区域是反映器件退化的部分。随着浪涌次数的增加，金属层变化如图 5-52 所示，可以看出在 100 次浪涌电流测试后两键脚之间出现了明显的熔化痕迹，随着浪涌次数的继续增加，熔化区域开始扩散，并且在 150 次后进入了加速阶段，158 次和 159 次时已经出现了大规模熔化现象，160 次时则直接失效，芯片在大能量冲击下出现了炸裂现象。

综合前面浪涌电流的测试结果，还可得到一个结论就是浪涌电流会影响器件封装的可靠性，尤其是键合线和铝金属层，因为浪涌电流大，能量高，时间长，热量传递到焊料等封装材料中引起的热应力导致封装老化。进一步地，高于额定电流几倍的电流使得键合线的自发热严重，会进一步加剧键合线的老化进程。上述浪涌电流器件芯片键脚周围严重退化，在这种退化的情况下，器件功率循环寿命将会缩短。如图 5-53 所示为在相同测试条件下对所有器件的功率循环测试结果，主要包括新器件以及 110A、120A、130A 和 140A 浪涌电流测试后的器件。测试结果可以看到，浪涌测试电流越大，功率循环寿命越低，同一个浪涌测试电流，次数越多（老化面积越大），功率循环寿命越低，是直接影响器件的封装可靠性的。

5.4.5　浪涌能力提升技术

浪涌能力的提升取决于如何降低浪涌发生时刻的温度或者提升器件的耐温能力。

① 优化 p 区掺杂。大浪涌电流的情况下，对于 MOSFET，电流主要从体二极管区域通

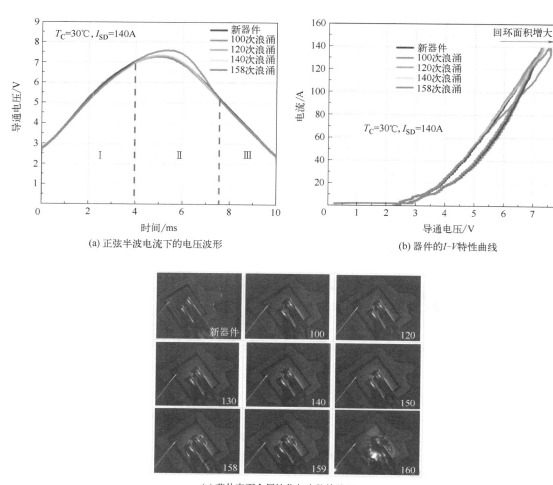

(a) 正弦半波电流下的电压波形

(b) 器件的*I-V*特性曲线

(c) 芯片表面金属熔化与次数的关系

图 5-52　SiC MOSFET 体二极管重复性浪涌波形图

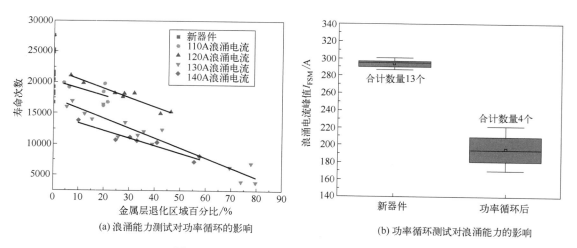

(a) 浪涌能力测试对功率循环的影响

(b) 功率循环测试对浪涌能力的影响

图 5-53　浪涌能力与封装可靠性的关系[13]

过。此时的导通特性可按二极管的特性进行分析，因此根据 F. E. Gentry 对半导体二极管浪涌性能的研究发现，对于一个 PiN 二极管，浪涌过程中的热量主要由 pn 结压降和漂移区电阻产生，进而造成器件内部的温度升高。PiN 二极管在不同浪涌电流下的结温大小，与导通电阻、结面积、浪涌电流持续时间等因素有关。在浪涌测试中，浪涌电流持续时间固定为 10ms，而芯片面积通常受到成本、封装、制造良率以及栅电容等电学参数的限制，无法做到太大，因此在器件设计过程中改善器件自热效应的主要方式是降低导通电阻率。p 区掺杂浓度分别影响着 pn 结压降和 p 区电阻，因此对 p 区掺杂进行一定的优化有利于提升器件的浪涌性能。其中电阻跟掺杂浓度负相关，pn 结压降也与掺杂浓度负相关。因此 p 阱区保持高掺杂有利于降低温度，减少电流通过时产生的热量。

② 优化元胞形貌。Viorel Banu 等人研究了元胞形貌对 SiC JBS 二极管浪涌性能的影响，研究结果显示，接触面积占比高的条形元胞抗浪涌能力高于另外两者。研究结果还表明，有两个因素导致了这个结果，一是与金半接触面积相关，二是条形元胞对缓解电流集中有改善效果。借鉴此研究结果，SiC MOSFET 也应采用条形元胞布局。

③ 提高耐高温性能。SiC MOSFET 浪涌失效的原因主要是高温下熔化的金属 Al 与层间介质层 SiO_2 和欧姆接触层 Ni_2Si 发生反应，因此提升 SiC MOSFET 浪涌性能的一种方法即为阻止或抑制熔化的 Al 与相应的介质发生反应。其中最直接的方法就是在源极金属 Al 和这些相应的介质之间增加一层阻挡介质。可以选择的阻挡介质层的材料有 TaN、PECVD SiN 和 PECVD SiCH。其中 TaN 作为阻挡金属广泛应用于现代大型 Cu 互连 Si-LSI 器件中。PECVD SiN 和 PECVD SiCH 这两种材料的阻挡作用也都已经在 Si 器件中得到验证。建议在 SiC MOSFET 中使用 TaN、PECVD SiN 和 PECVD SiCH 形成阻挡介质层，阻止高温下 Al 和周围材料的反应。

④ 封装结构优化。前述结果表明浪涌电流能力是受器件的封装影响的，也会影响器件的封装可靠性。对于 10ms 的浪涌电流时间，芯片产生的热量可以快速向外传递，一般会经过焊料传递到 DBC 板。因此，优化器件的封装结构和材料选型对于降低器件的短时瞬态热阻是有效果的，从而提升器件的浪涌能力；另一方面，如短路电流一样，可以通过增加芯片表面铝层的厚度来增加热容以降低温度。

5.5　小结

本章主要围绕器件的极限能力，介绍功率器件的安全工作区、极限关断能力和短路能力以及二极管的浪涌特性，其参数定义主要参考了 IEC 60747-9：2019 以及相关测试标准，介绍了现有相关极限测试的设备和器件抗极限能力的提升策略。

短路能力主要考核的是芯片在微秒级的可靠性，尤其是关断能量 E_C 是决定器件短路的关键，这也就使得器件的短路时间和电流与栅极电压、工作电压、测试结温等均有关。器件的短路测试不会对封装产生影响，因为时间短，热量来不及耗散到封装中，但封装老化后是否会对短路特性有影响还没有很定性的结论。器件的极限关断能力比较特殊，一般在直流断路器的工况中出现，需要在毫秒级时间内关断 5～6 倍的额定电流，但由于器件还未退饱和，电压相对较低，芯片积累的热量耗散到封装中，但需要考虑多次关断对封装老化的影响以及老化反过来对关断能力的影响。浪涌能力测试主要是考核二极管的水平，现在也用于考核 SiC MOSFET 的体二极管，也需要关注其对封装老化的影响以及封装老化对其影响。尤其是实际应用过程中，两者相互耦合，对二极管的可靠性会产生一定的影响。

参考文献

［1］ Lutz J, Schlangenotto H, Scheuermann U, et al. Semiconductor power devices-Physics, characteristics, reliability［M］. 2nd Edition. Berlin Heidelberg: Springer Verlag, 2018.

［2］ IEC 60747-9: 2007. Semiconductor devices-Discrete devices-Part 9: Insulated-gate bipolar transistors（IGBTs）［S］. 2007.

［3］ AQG 324. Qualification of power modules for use in power electronics converter units（PCUs）in motor vehicles［S］. 2021.

［4］ Baliga B J. The IGBT device: Physics, design and applications of the insulated gate bipolar transistor［M］. Amsterdam: Elsevier, 2020.

［5］ MIL-STD-750D. Test methods for semiconductor devices［S］. 1995.

［6］ Volke A, Hornkamp M. IGBT modules technologies, driver and application［M］. Infineon Technologies AG, 2021.

［7］ 江希. 碳化硅 MOSFET 坚固性与可靠性研究［D］. 长沙：湖南大学，2021.

［8］ Schwabe C, Bäumler C, Yuan S, et al. Influence of repetitive short circuit events on the power cycling capability of IGBTs in a molded package［C］. PCIM Europe digital days, 2020: 577-581.

［9］ 邓二平，应晓亮，张传云，等. 新型通用混合型直流断路器用 IGBT 测试平台及测试分析［J］. 电工技术学报，2020, 35（02）: 300-309.

［10］ 吴九鹏. 碳化硅 MPS 二极管的设计、工艺与建模研究［D］. 杭州：浙江大学，2021.

［11］ 邓二平. 压接型 IGBT 器件内部电—热—力多物理场耦合模型研究［D］. 北京：华北电力大学，2018.

［12］ 李焕. 基于 SiC MOSFET 的浪涌可靠性研究［D］. 杭州：浙江大学，2020.

［13］ Li Z, Zeng G, Kowalsky J, et al. Investigation on the interaction between surge current pulse and power cycling test［C］. 14th International Seminar on Power Semiconductors, 2018.

第6章

环境可靠性测试

6.1 可靠性测试理论

可靠性是指一个系统或组件在额定的运行条件下或在特定的时间周期内，执行一定功能或任务的能力。功率半导体器件的可靠性对于变流器等系统的稳定运行具有重要的意义，例如高压大功率的压接型 IGBT 器件是高压直流输电系统中各换流阀、直流断路器的核心器件，其长期运行可靠性将直接影响整个直流输电系统的特性和可靠性。因此功率半导体厂商会对完成封装的器件进行一系列可靠性测试（也称可靠性试验），从而来验证器件是否满足可靠性需求。如果根据实际应用条件下的应力去考核功率半导体器件的可靠性，这显然是不可能做到的，因为这些可靠性测试至少要持续 10～20 年时间，甚至更长。为了做到减少测试时间同时不改变器件失效机理的前提，各大厂商均需要根据相应的行业标准进行加速应力条件下的可靠性测试[1]。一般来说，功率半导体器件在设计定型前需要经过型式试验，如高温可靠性测试一般为 168h，主要考核产品的设计水平是否达到要求；考核通过，产品设计定型后需要经过出厂可靠性测试，一般为 1000h，主要考核产品的工艺水平是否达到要求。需要经过考核的主要可靠性测试项目和测试条件如表 6-1 所示，主要包括机械振动（Vibration，V）、机械冲击（Mechanical Shock，MS）、高温存储测试（High Temperature Storage test，HTS）、低温存储测试（Low Temperature Storage test，LTS）、高温栅偏测试（High Temperature Gate Bias test，HTGB）、高温反偏测试（High Temperature Reverse Bias test，HTRB）、高温高湿反偏测试（High Humidity High Temperature Reverse Bias test，H3TRB）、温度冲击（Thermal Shock Test，TST）、功率循环（Power Cycling，PC）等。其中功率循环根据加热时间 t_{on} 还可以细分为秒级功率循环（PC_{sec}，$t_{on} < 5s$）和分钟级功率循环（PC_{min}，$t_{on} > 5s$），第 8 章将重点介绍，这里不再复述。

表 6-1　功率半导体器件主要可靠性测试项目和测试条件

名称		条件	标准
HTRB	高温反偏测试	MOS/IGBT：1000h，$0.8V_{cmax}$，T_{vjmax} ($V_{cmax} \leqslant 2kV$)，$T_{vjmax} - 20K(V_{cmax} > 2kV)$ $V_R/V_D = 0.8V_{RRM}/V_{DRM}$	IEC 60747-9 IEC 60747-2/6
HTGS(HTGB)	高温栅偏测试	1000h，V_{Gmax}，T_{vjmax}	IEC 60747-9

续表

名称		条件	标准
H3TRB	高温高湿反偏测试	$1000\mathrm{h},85\,℃,85\%\mathrm{RH}$ $V_c = 0.8V_{cmax}$ $V_G = 0\mathrm{V}$	IEC 60749-5
LTS	低温存储测试	$T = T_{stgmin},1000\mathrm{h}$	JESD22 A119
HTS	高温存储测试	$T = T_{stgmax},1000\mathrm{h}$	IEC 60749-6
TST	温度冲击	$T_{stgmin} - T_{stgmax}(-40\sim+125\,℃)$ $T_{storage} \geqslant 15\mathrm{min},t_{change} \leqslant 30\mathrm{s},1000$ 次循环	IEC 60749-25
PC$_{sec}$	功率循环	内部加热外部冷却，$t_{on} < 5\mathrm{s}$ $I_L > 0.85I_{nom}$	IEC 60749-34
PC$_{min}$	功率循环	内部加热外部冷却，$t_{on} < 15\mathrm{s}$ $I_L > 0.85I_{nom}$	IEC 60749-34
V	振动	正弦，$5\mathrm{g}$，$10\sim1000\mathrm{Hz}$，每轴 $2\mathrm{h}(x,y,z)$	IEC 60068-2-6
MS	机械冲击	半正弦波脉冲，$30\mathrm{g}$，$18\mathrm{ms}$，每方向 3 次 $(\pm x,\pm y,\pm z)$	IEC 60068-2-27

　　功率半导体器件在实际应用过程中的失效率是时间的函数，呈现一个典型浴盆曲线的形状，如图 6-1 所示，分为早期失效、偶然失效和寿命失效。

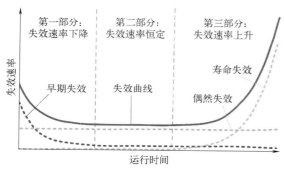

图 6-1　功率器件的浴盆曲线

　　早期失效往往发生在器件投运初始阶段，在早期失效期任何的失效模式都可能存在，究其原因，早期失效主要是因为器件在生产、运输、安装和调试阶段中的缺陷导致。例如，IGBT 芯片或 FRD 芯片的微小缺陷、DBC 陶瓷板的裂缝、连接线的接触不良或者人为操作失误等。早期失效阶段，器件的失效率随时间单调递减，在初始阶段的失效率较高。芯片层面原因可能是工艺过程极少量芯片受到了污染，如钠离子进入了芯片的终端，这在出厂前的动静态测试是无法发现和筛选的。当受到污染的芯片应用到实际工况中，高压大电流应力共同作用产生高温，可动离子在电场作用下向表面迁移，工作的高温又会加速此过程，最终迁移到芯片表面，导致漏电流增加和绝缘强度降低而产生失效。一般来说，器件厂商在出厂前会通过一些筛选试验和相应的判定标准剔除有缺陷的器件以降低早期失效率，但仍然无法避免极少量器件进入到实际工程中，使得实际应用时仍然出现炸机或失效的情况。因此，对于可靠性要求极高的应用工况，研究在不折损器件原有寿命的基础上可快速高效筛选早期失效产品的方法和技术迫在眉睫。

　　偶然失效通常是不可控的，主要和外部环境相关，没有特定的失效机理，具有极大的随机性和偶然性。一部分是由于外部电气环境的变化，导致器件所受应力超过其额定值，例如过电流、过电压和过热等；另一部分则是由于偶发的宇宙射线或其他射线的高能粒子的冲击过程导致芯片晶格缺陷，最终造成器件的失效，这种失效的情况占主要，因为前者一般属于系统设计的鲁棒性。但平均来说，在这个阶段偶然失效率是极其低和稳定的。宇宙射线失效与器件的电压等级具有极强的关联性（具体会在第 9 章进行详细论述），一般对于低压器件（1200V 及以下），不考虑宇宙射线带来的失效。对于高压功率器件，如 3300V 及以上器件，需要考虑宇宙射线所带来的失效，为了控制器件在 100FIT❶ 的失效率范围内，器件厂商会限定器件的直流使用电压，如 3300V 器件建议在 1800V 以下使用才能保证 100FIT 的失效率。

寿命失效是指功率器件中的芯片、键合线、焊料层等材料损耗或疲劳性的失效，是决定器件长期可靠运行和使用寿命的重要指标。当器件达到寿命失效期，失效率随着时间的增加而增加，所以寿命失效期到来得越晚，器件长期可靠性越高，有效使用寿命越长。功率器件长期可靠性需要全面考虑器件的封装结构设计、材料选型和封装工艺等多环节的配合，是决定功率器件性能的关键，也是功率器件厂商和应用方需要长期研究和关注的领域。

从数理统计和威布尔分布角度来理解功率器件的浴盆曲线和寿命，首先根据可靠性数理统计，定义功率器件失效率的累积分布函数（不可靠度函数）$F(t)$、可靠度函数 $R(t)$、失效率的概率密度函数 $f(t)$、失效率函数 $\lambda(t)$，如表 6-2 所示。经过大量的试验数据证明，威布尔分布能够描述出功率器件失效率随时间提升或降低的特性，通常用来描述功率器件的寿命分布，也可以用来描述加速试验中功率器件的寿命分布。两参数的威布尔分布通常使用较多，其 $F(t)$、$R(t)$、$f(t)$、$\lambda(t)$ 表达式如式（6-1）～式（6-4）所示。

表 6-2　功率器件可靠性函数

函数	表达式	意义
$F(t)$	$F(t)=P(\tau_i<t)=\int_0^t f(t)\mathrm{d}t$	功率器件首次失效时间 τ_i（随机变量）在任一时刻 t 前发生的概率
$R(t)$	$R(t)=1-F(t)$	失效时间 τ_i 大于 t 的概率
$f(t)$	$f(t)=\dfrac{\mathrm{d}F(t)}{\mathrm{d}t}$	失效发生的概率
$\lambda(t)$	$\lambda(t)=\dfrac{f(t)}{R(t)}$	功率器件工作到时刻 t 未失效，在时刻 t 后单位时间 Δt 趋近于 0 时发生失效的概率

$$F(t)=1-\exp\left[-\left(\frac{t}{\alpha}\right)^{\beta}\right],\ t>0 \tag{6-1}$$

$$R(t)=\exp\left[-\left(\frac{t}{\alpha}\right)^{\beta}\right],\ t>0 \tag{6-2}$$

$$f(t)=\frac{\beta}{\alpha}\left(\frac{t}{\alpha}\right)^{\beta-1}\exp\left[-\left(\frac{t}{\alpha}\right)^{\beta}\right],\ t>0 \tag{6-3}$$

$$\lambda(t)=\frac{\beta}{\alpha}\left(\frac{t}{\alpha}\right)^{\beta-1},\ t>0 \tag{6-4}$$

式中，α 为威布尔分布的尺度参数，也是特征寿命，等于威布尔分布的 0.632 分位数，表示 63% 的器件发生失效时对应的寿命值；β 为威布尔分布的形状参数，直接影响 $f(t)$ 的形状。如图 6-2 所示，分别是不同 β 值时 $f(t)$、$\lambda(t)$ 的形状曲线。浴盆曲线的三个阶段可以由不同的 β 来判定，从图 6-2 可以看出，当 $\beta<1$ 时，失效率随着时间的增加逐渐减小，与图 6-1 中的早期失效曲线对应，代表早期失效特征；当 $\beta=1$ 时，$f(t)$ 为指数函数形式，失效率 λ 与时间无关，为一恒定值，说明与过去加载的负荷或者累积损伤都无关，与图 6-1 中的偶然失效曲线对应，代表偶然失效特征；当 $\beta>1$ 时，失效概率密度函数 $f(t)$ 为单峰

---

❶　失效率单位，1FIT 指在 10^9 h 内发生了一次失效。

函数，函数的上升速度随着 β 的增大而增大，且 $\beta \approx 3.5$ 时，威布尔分布即为正态分布。其失效率 $\lambda(t)$ 随着时间的增加而增加，代表着功率器件的老化过程，存在累积损伤过程，与图 6-1 中的寿命失效曲线对应，代表器件的疲劳老化过程。所以威布尔分布曲线可以完全描绘浴盆曲线中功率器件失效的完整过程，不同范围的 β 代表不同的失效过程，通过计算可靠性数据的 β 也可判定器件的失效属于哪一类。

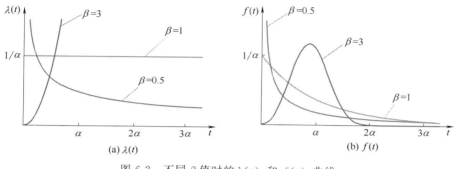

图 6-2　不同 β 值时的 $\lambda(t)$ 和 $f(t)$ 曲线

　　针对功率器件不同的失效期，有不同的可靠性测试方法和测试项目来进行考核，如图 6-3 所示。早期失效的筛选方法目前还基本上处于空白期，测试时间短无法实现器件的筛选，而测试时间长必然使得成本急剧增加，同时影响器件原有的寿命。国家电网特高压直流部对某柔性直流输电系统的所有 IGBT 器件于 2018 年进行了全面早期筛选的实验，推荐对所有器件进行 8h 的 HTRB 测试，随着测试时间的增加，器件的失效率降低，符合图 6-1 浴盆曲线中的早期失效特征。这项测试方法确实实现了器件的早期失效筛选，降低了实际应用的失效率，但也相应地增加了大量的时间和材料成本。日本东芝则提出 3h 的 HTRB 即可实现早期失效筛选，并提供了相应的测试数据；而德国英飞凌则提出用低温反偏，只需要 30min 即可实现器件的早期筛选。但目前为止，还没有形成行业统一规范和标准，亟需开展此方面的深入研究工作，推进行业发展。

　　对于功率器件的随机失效过程，由于宇宙射线是造成芯片缺陷的主要原因，通常可以通过中子辐照试验进行筛选实验。散裂中子来源于高能质子轰击重金属靶发生核散裂反应。由于中子产生的机制与大气中子类似，因此其中子能谱与自然大气中子能谱近似，同时中子通量提高了 1.65×10^8 倍，可加速等效自然大气中宇宙射线中子的影响。

　　功率器件的寿命失效过程是整个行业以及本书关注的重点，其可靠性测试项目也较多，同时用于指导相应测试的标准也如表 6-1 所示较为完善。可靠性测试项目如图 6-3 所示，可分为三类：①机械可靠性测试，有机械振动和机械冲击，主要考核功率器件封装可靠性以及外部机械连接可靠性；②环境可靠性测试，有高温栅偏、高温反偏、高温高湿反偏、温度冲击和高低温存储，均需要用到环境控制的温度箱；③寿命可靠性测试，主要是功率循环，考核功率器件的封装可靠性。当然实际上高温反偏、温度冲击等一定程度上也考核了器件封装的可靠性，但并不直接获取器件的寿命模型。功率循环测试是功率器件最为重要的测试，不仅可有效评估器件封装水平，还能用于建立器件的寿命模型，是器件厂商和应用方之间的有效桥梁，一般用于寿命测试。

　　本书为了使读者更好地理解功率半导体器件可靠性测试项目的原理、方法和技术，将上述可靠性测试分为 3 章内容来进行展示：①第 6 章为环境可靠性测试，有机械振动、机械冲

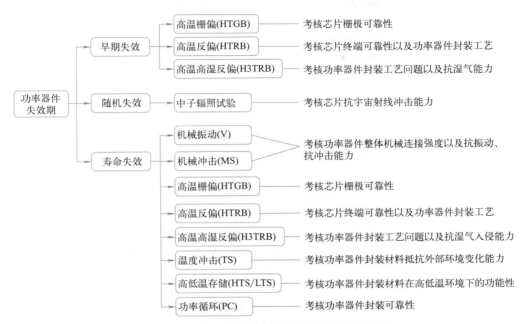

图 6-3　针对功率器件失效期的可靠性测试分类

击、温度冲击和高低温存储，这类测试不需要对样本施加电气应力，直接施加相应的环境应力；②第 7 章为电应力可靠性测试，有高温栅偏、高温反偏、高温高湿反偏等，需要通过恒温箱模拟环境的变化以及需要对样本施加一定条件的电应力来完成器件的长期可靠性考核；③第 8 章为寿命可靠性测试的主要内容——功率循环测试，用来评估器件的封装可靠性和寿命模型的建立，这是功率半导体器件最为重要的可靠性测试。值得注意的是，本书只是为了更好地理解而进行上述分类，实际上 AQG 324 标准中把 HTRB、HTGB 等归纳为寿命可靠性测试。

6.2　环境可靠性测试分类

不同于后续第 7 章和第 8 章的可靠性测试，本章重点介绍可靠性测试中的环境可靠性测试，环境可靠性测试主要考核功率半导体器件抵抗外部环境变化情况下的鲁棒性。这里功率半导体应用过程中面对的环境变化主要可以分为以下三类：

① 在运输过程中或者现场运行时遭受外部机械扰动情况下，功率半导体及其连接结构会发生机械振动。对应的环境可靠性测试是机械振动测试，主要考察功率半导体器件机械结构的完整性。

② 外部瞬时且强烈的机械冲击导致功率半导体及其连接结构遭受巨大机械应力，例如电动汽车发生事故相撞时遭受的机械冲击。对应的环境可靠性测试是机械冲击测试，主要考察功率半导体器件的机械强度以及焊接强度。

③ 实际服役过程外部环境温度的变化。对应的环境可靠性测试为温度冲击、高低温存储测试，主要考察功率半导体器件抵抗被动温度变化导致机械应力的能力。

为了规范各大厂商能够在同一测试条件下进行可靠性测试，推动行业的发展，有必要针对功率半导体制定相应可靠性测标准，表 6-3 给出了车用功率半导体器件环境可靠性测试的测试条件，测试标准来自欧洲电力电子中心发布的车规级模块可靠性测试标准 AQG 324：2021。由于 AQG 324 标准的制定是基于行业其他标准进行补充，并专门针对车用功率半导体器件，它代表着行业的最先进技术水平，表中列举的标准是 AQG 324 制定时引用的行业其他标准。读者想要了解其他标准可自行查阅。注意，根据应用场景的不同，相应的可靠性标准要求程度也不同，AQG 324 标准同样适用其他应用领域的功率半导体器件测试，但相对于其他标准而言更加严苛。

表 6-3　车用功率半导体器件的环境可靠性测试[2]

	名称	测试条件	引用标准
V	机械振动	正弦：$100\sim440\mathrm{Hz}$，$30\sim200\mathrm{m/s^2}$，22h 带宽随机：$10\sim2000\mathrm{Hz}$，$181\mathrm{m/s^2}$，22h	IEC 60068-2-27 IEC 60068-2-64
MS	机械冲击	冲击形式：半正弦，每个方向 10 次（$\pm x,\pm y,\pm z$） 冲击尖峰加速度：$500\mathrm{m/s^2}$ 冲击持续时间：6ms	IEC 60068-2-27
TST	温度冲击	存储最低温度：$-40{}_{-10}^{0}$℃ 存储最高温度：$+125_{0}^{+15}$℃ 温度转化斜率：$\Delta T/t_{\mathrm{slope(10/50)}}>6\mathrm{K/min}$，$\Delta T/t_{\mathrm{slope(10/90)}}>1\mathrm{K/min}$ 持续时间：$t_{\mathrm{dwell}}>15\mathrm{min}$	IEC 60749-25
LTS	低温存储	$T=T_{\mathrm{stgmin}}(\leqslant-40℃)$，1000h	JESD22 A119
HTS	高温存储	$T=T_{\mathrm{stgmax}}(\geqslant125℃)$，1000h	IEC 60749-6

6.3　机械振动

6.3.1　测试技术

机械振动测试（试验）主要模拟功率半导体模块在运行或运输时受到的振动负载，并验证功率半导体器件在该振动负载下的机械完整性。由于篇幅原因，本节专门针对车用功率半导体器件机械振动测试进行详细介绍，读者有兴趣可查阅相关文献了解其他应用领域中关于功率半导体器件机械振动测试细节。AQG 324 中详细规定了车用功率半导体器件振动测试的要求，振动试验要求正弦或者带宽频随机振动负载下进行试验，试验的主要任务是找到机械结构上的漏洞，内容包括：①机械老化弹簧触头；②焊接层或焊点的抗振动强度；③外壳和结构部分损坏和裂缝[3]。

机械振动激励源类型分为 2 类，对于正弦振动，测试时间为 22h，振动频率一般在 $100\sim440\mathrm{Hz}$，加速度范围为 $30\sim200\mathrm{m/s^2}$。根据测试部位的不同，加速度范围也不相同。

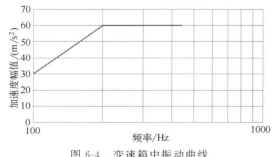

例如对于电机及其安装组件的振动试验，要求加速度范围为 $100\sim200\mathrm{m/s^2}$；对于变速箱的振动试验，要求的加速度范围为 $30\sim60\mathrm{m/s^2}$。表 6-4 展示了变速箱及其组件在正弦激励下的测试条件，图 6-4 展示了对应加速度和频率的对应关系。

对于宽频随机振动，表 6-5 整理了不同测试部位的振动条件。

图 6-4　变速箱中振动曲线

表 6-4　变速箱中正弦激励下的测试条件

振动形式	正弦	
每个空间轴的测试持续时间(x,y,z)/h	22	
振动曲线	频率/Hz	加速度数值/(m/s²)
	100	30
	200	60
	440	60

表 6-5　宽频随机振动下的测试条件

测试部位	电机及其组件		变速箱及其组件		基于弹簧安装的可拆卸组件	
振动形式	宽频随机振动					
每个空间轴的测试持续时间(x,y,z)/h	22				8	
加速度有效值/(m/s²)	181		96.6		30.8	
振动曲线	频率/Hz	功率密度谱/[(m/s²)²/Hz]	频率/Hz	功率密度谱/[(m/s²)²/Hz]	频率/Hz	功率密度谱/[(m/s²)²/Hz]
	10	10	10	10	5	0.884
	100	10	100	10	10	20
	300	0.51	300	0.51	55	6.5
	500	20	500	5	180	0.25
	2000	20	2000	5	300	0.25
					360	0.14
					1000	0.14
					2000	0.14

无论哪种振动激励方式，待测样品数均为 6 个，这是为了尽可能降低样本随机性导致的结果分散性。值得注意的是，这里需要的是 6 个模块，而不是模块中的开关数。通过专门的振动发生装置来模拟上述正弦和宽频随机振动或者将多种振动频率进行组合，就可以完全模拟车用功率半导体器件实际工况下遇到的机械负载。

6.3.2　测试设备

机械振动设备如图 6-5 所示，通常可分为 4 个部分，分别是：振动系统、控制系统、状态监测系统、其他支撑结构。

① 振动系统：通常包括振动台、振动发生源。振动发生源包括电动机和驱动系统。整个振动系统工作原理为：无论是感应电动机还是直流电动机，电流都通过电磁场作用在转子上产生旋转运动。电动机产生的旋转运动通过驱动系统直接传递到振动台上，使振动台实现线性振动。其中电动机负责产生驱动源，驱动系统还包括连杆、传动装置和偏心块等，连杆将电机的旋转运动转换为线性运动，传动装置传递动力，而偏心块则产生偏心力，引起振动台的振动。

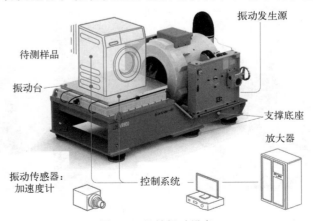

图 6-5　机械振动设备

② 控制系统：控制系统用于控制振动系统的振动参数，如振幅、频率、相位等。通常其产生的信号需要提供给放大器产生驱动信号，驱动信号输入给振动系统产生振动源。

③ 状态监测系统：主要由振动传感器组成，用于测量振动台上的振动信号。它可以是加速度计、速度计或位移传感器等，用于监测振动试验中被测物体的振动响应。

④ 其他支撑结构：支撑结构是振动台的底座或支撑框架，用于固定振动台和保持其稳定。支撑结构必须具备足够的刚度和强度，以承受振动试验中的载荷和振动力。

国内外现有多种生产机械振动设备的公司。国外方面，瑞典 LDS（Ling Dynamic Systems）公司生产的 LDS V9940 激振器能够提供最大加速度为 $980\mathrm{m/s^2}$ 的正弦激励以及最大加速度为 $558\mathrm{m/s^2}$ 的随机振动激励，频率范围为 $5\sim2000\mathrm{Hz}$，可承载 254.9kg 的负载质量。该设备可对电动汽车电池组、电机控制器以及电动传动系统提供振动和冲击测试。美国 UD 公司（UNHOLTZ-DICKIE CORP）生产的振动设备服务于汽车、军事、航空、计算机等多个领域，旗下振动测试系统根据输出激振力大小（质量乘以加速度）分为 S、H、R、K、T2000 系列，可以根据测试样品选择合适的振动设备。国内方面，苏州苏试试验集团（简称苏试试验）生产的电动振动台输出最大加速度为 $980\mathrm{m/s^2}$，振动频率范围为 $2\sim2700\mathrm{Hz}$，可根据测试样品的重量选择不同的电动振动台，如 DC-40000-400 系列可承受最大载荷为 4000kg。此外，北京航天希尔测试技术有限公司的 IPA/MPA 系列振动试验台、广东莱伯通试验设备有限公司的 EV210H0606 振动试验台等，均能满足航天、电动汽车、军事等应用方面的振动试验要求。相关设备实物示例见图 6-6～图 6-8。

图 6-6　LDS V9940 振动设备

图 6-7　UD 公司振动试验台用于
汽车发动机振动测试

图 6-8　苏试试验电动振动试验台

6.3.3　失效机理

机械振动试验能够通过不同频率、不同速度的振动探测到功率半导体器件制造时的缺陷。通常对于机械强度不够的器件能起到很好的筛选作用，其失效模式和失效机理主要分为下面两种。

① 焊接层疲劳失效：在机械振动测试中，物体在周期性应力作用下容易发生疲劳失效，这种失效是由于应力循环导致的材料疲劳损伤。在测试中，物体往往需要承受不同频率和振幅的应力，这些应力会引起材料内部微小的裂纹，随着应力的增加和循环次数的增多，裂纹会逐渐扩展，如图 6-9 所示，最终导致材料失效。疲劳失效的表现为裂纹扩展和断裂，通常是在材料的表面或裂纹附近发现。

② 应力集中引起的开裂：在机械振动测试中，物体在应力集中的部位容易发生失效。应力集中是指在物体内部存在应力高度集中的区域，这种区域的应力往往比其他部位高得多，且材料的机械强度不足，容易导致材料开裂。应力集中的原因可能是结构设计不合理，如设计缺陷或焊接不当等，也可能是制造缺陷，如裂纹或夹杂等。在测试中，应力集中区域的材料往往会首先失效，例如，发生裂纹或塑性变形等。如图 6-10 所示，用于安装功率半导体的安装扭矩过大，导致应力集中，最后在机械振动试验中产生裂纹。

图 6-9　振动试验裂纹从边角产生

图 6-10　机械振动功率端子安装
螺钉产生裂纹（安装扭矩过大）

在试验过程中，为了检测连接情况，通常在所有辅助和主要端口都接上同一个小电流，如果发现机械故障，系统就会检测到断路或短路现象。AQG 324 还规定机械振动测试的通过要求为所有的待测器件在测试前后必须可用，且测试前后的所有参数符合规格书。

6.4　机械冲击

6.4.1　测试技术

机械冲击试验相对机械振动试验更加简单粗暴，主要模拟功率半导体器件受到一个高加速度、短时间的机械冲击，考核半导体器件焊接层是否能抵抗住这种机械冲击作用下带来的应力。表 6-6 为 AQG 324 标准规定的机械冲击测试要求。

表 6-6   机械冲击测试条件

峰值加速度/(m/s²)	500
冲击持续时间/ms	6
冲击形式	半正弦
每个方向冲击数量($\pm x, \pm y, \pm z$)/次	10
待测样品数/个	6

6.4.2 测试设备

机械冲击设备如图 6-11 所示，通常可分为五个部分，分别是：冲击头、控制系统、驱动系统、传感器、夹具系统。

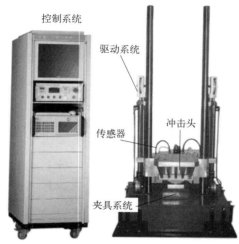

图 6-11   机械冲击设备

① 冲击头：冲击头是冲击设备的核心部分，负责施加冲击力到被测物体上；冲击头通常采用坚固的材料制成，如钢或硬质合金，以保证足够的耐用性和冲击能量传递效率。

② 控制系统：控制系统用于控制冲击设备的操作参数，如冲击力的幅值、冲击速度、冲击时间等；通常由控制器、程序和用户界面组成，可以通过调节驱动系统的参数来实现所需的冲击条件。

③ 驱动系统：驱动系统用于提供能量和控制冲击头的运动；通常由电动机、气动系统、液压系统或弹簧机构等组成。驱动系统根据试验需求和参数，施加冲击力并控制冲击头的速度、加速度和行程等。

④ 传感器：传感器用于测量冲击过程中产生的力、位移、加速度或应变等参数。常用的传感器包括压力传感器、位移传感器、加速度传感器或应变计等。这些传感器将冲击过程的物理量转化为电信号，并传输给数据采集系统进行记录和分析。

⑤ 夹具系统：夹具或夹具系统用于固定被测物体，确保其正确的位置和姿态，并使其与冲击头之间有良好的接触。夹具通常采用坚固的结构和可调节的设计，以适应不同形状和尺寸的样品。

国外 Lansmont 公司和 LAB Equipment 公司生产的机械冲击设备较为出名，后者 AS-II 系列自动冲击测试系脉冲持续时间范围为 3~60ms，支持半正弦、梯形、方波等冲击波形，最大加速度可达 5880m/s²。国内较为有名的如苏试试验生产的 CL 系列机械冲击设备，具有多种冲击波形，包括半正弦波、后峰锯齿波、梯形波。其中半正弦波持续时间最高可达 30ms，脉冲峰值加速度范围为 150~5000m/s²，可根据测试样品的重量选择不同的冲击试验台，如 CL-1000 系列可承受最大载荷为 1000kg。见图 6-12。

6.4.3 失效机理

在机械冲击试验中，功率半导体器件主要失效模式和失效机理分为以下两种。

① 疲劳失效：疲劳失效是指器件在多次冲击载荷下出现微小的裂纹和损伤，最终导致

(a) LAB Equipment公司AS-II冲击设备

(b) 苏试试验CL-1000冲击设备

图 6-12　国内外机械冲击设备

器件失效。在机械冲击试验中，器件经历的冲击载荷可能会远远超过器件正常工作状态下的负荷，剧烈的应力和振动载荷作用容易引起疲劳裂纹的形成和扩展，从而加速疲劳失效的发生。

② 器件封装结构开裂：结构破坏（开裂）是一种常见的失效模式，通常由于器件的结构设计、制造工艺或材料强度等因素不足而导致。在冲击载荷下，器件中的引线或封装结构可能会发生破裂或损坏，导致器件失效。

6.5　温度冲击

功率半导体器件是由不同热膨胀系数材料封装而成，热膨胀系数不匹配引起的循环热应力是造成器件老化和失效的主要原因，其中温度是根本激励源。在服役过程中，功率半导体工作环境存在温度变化（如北京一年温度变化：$-15\sim40℃$），在某些地方或者某些应用场合环境温度变化更为剧烈，例如航天火箭点火启动过程器件最高温度可达 $200℃$ 以上，高环境温度波动势必引起器件较大的热应力，这也会加速器件的老化和失效。因此温度冲击试验和温度循环试验是检测功率半导体封装可靠性中必需的环境试验，通过改变被测器件外部温度来考核器件的相关性能，主要考核器件抵抗被动温度变化产生的机械应力的能力，也称为被动温度循环。温度循环和温度冲击试验的区别是外界环境温度变化率的不同，如果温度变化率在 $10\sim40\text{K/min}$ 的范围内，则被称为温度循环试验。温度冲击试验的环境温度变化时间小于 1min，温度冲击试验相比于温度循环试验更加严苛，且分钟级功率循环试验在一定程度上能代替温度循环试验。因此行业界在进行环境温度考核试验时，多选择温度冲击试验。

6.5.1　测试技术

对于温度冲击试验，AQG 324 规定了严格的测试要求，表 6-7 中展示了温度冲击试验中待测器件温度变化的要求。该试验最严格的参数是待测器件温度变化率和维持时间。在升温阶段，通常通过 $T_{\text{stg},50\%}$ 和 $T_{\text{stg},90\%}$ 来反映温度变化速率。前者表示升温过程待测器件最高存储温度的 10% 到 50% 的温度变化斜率，必须大于 $6\text{K}/\text{min}$；后者表示升温过程待测器件最高存储温度的 10% 到 90% 的温度变化斜率，必须大于 $1\text{K}/\text{min}$。另外，最高/低存储温度的持续时间 t_{dwell} 必须均大于 15min，图 6-13 展示了温度冲击试验环境和待测器件温度变化情况，实线代表待测器件的温度变化，点线代表环境温度线的温度变化。由于测试器件本身存在较大的热容，待测器件的温度变化会慢于环境温度的变化，为了保证 t_{dwell} 满足要求，环境温度最大温度大于要求的 T_{stgmax} 以及环境最小温度小于要求的 T_{stgmin}。这里就对待测器件的温度监测起到了重要的要求，为了监测待测器件的温度变化能达到要求，通常在待测器件表面会放置热电偶来监测其温度变化情况，同时也会在温度冲击试验箱空间里放置 5 根热电偶来检测环境温度变化。

表 6-7　温度冲击试验测试条件

最低存储温度	T_{stgmin}	$-40^{\;\;0}_{-10}\text{℃}$
最高存储温度	T_{stgmax}	$+125^{+15}_{0}\text{℃}$
温度变化率(平均斜率 $10\%\sim50\%$)	$\Delta T/t_{\text{slope}(10/50)}$	$>6\text{K}/\text{min}$
	标准值	$8\sim10\text{K}/\text{min}$
温度变化率(平均斜率 $10\%\sim90\%$)	$\Delta T/t_{\text{slope}(10/50)}$	$>1\text{K}/\text{min}$
	标准值	$4\sim5\text{K}/\text{min}$
最高/低存储温度持续时间	t_{dwell}	$>15\text{min}$
没有失效的最低循环次数	N_{c}	>1000

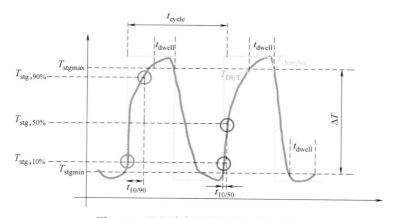

图 6-13　温度冲击试验中温度变化曲线

6.5.2　测试设备

温度冲击试验中温度变化一般在 2 个空气对空气的腔体内进行。一个腔体设置最低环境温度，一个腔体设置最高环境温度，通过机械臂或者提篮操控待测器件在两个腔体之间的移动，一般在两个腔体之间来回移动的温度转化时间必须小于 30s。当然也可以使用 1 个或者 3 个腔体的温度冲击试验箱，但必须满足最高和最低环境温度转化时间小于 1min，这对试验箱的加热和冷却功率提出了巨大的挑战。由于气体环境的热交换率很低，待测器件达到热平衡的时间一般在 30min～2h 之间变化，取决于待测器件的总热容。当然也存在液体-液体的温度冲击试验箱，但这并不常见，在液体环境中，待测器件可以数分钟内达到热平衡。

国外温度冲击设备有日本 ESPEC 公司的 TSA-202ES-W、TSD-100、TSE-11-AS 系列

以及美国 Thermotron 公司的 ATS 系列。国内厂商包括广州五所环境仪器有限公司（简称广五所），如 TS 系列吊篮冲击试验箱（图 6-14），采用两温区进行温度变化，通过电动机和螺杆驱动吊篮上下移动，吊篮转化时间小于 10s，高温温度范围在 + 60 ～ +220℃，低温温度范围在 −80～+70℃，温度偏差为 ±2℃；此外还有苏试试验的 SDE 系列快速温度变化试验箱等。

图 6-14　广五所 TS
系列温度冲击箱

6.5.3　失效机理

当待测器件经受温度冲击时因为不同材料 CTE（热膨胀系数）的差异，内部出现交替膨胀和收缩，使其产生热应力和应变。如果相邻材料的 CTE 值差异较大，这些热应力和应变就会加剧，在具有潜在缺陷的部位会起到应力提升的作用，随着温度循环的不断施加，缺陷长大并最终变为故障（如开裂）而被发现。因此主要失效模式为焊料分层和封装开裂，此外还伴随着其他次生失效模式，如环氧树脂开裂导致绝缘下降、焊料老化导致热阻增加等。图 6-15 展示了温度冲击试验后待测器件环氧树脂外壳发生开裂，封装遭到了破坏。除了待测器件的封装外，待测器件的系统焊接层也是关注的重点。通过超声波扫描显微镜（SAM）进行非侵入式观察一般是最有效、直接的方法，此外还可以通过测量温度冲击试验前后结到壳热阻 $R_{th(j-c)}$ 来表征系统焊料的老化状态，通常 $R_{th(j-c)}$ 增加 20% 即代表待测器件已经失效。

图 6-15　温度冲击试验后环氧树脂外壳开裂

对一个 34mm 模块开展 −40～+125℃ 条件下的温度冲击试验，试验中比较了两种不同焊接层材料：一种是无铅焊料 SnAg3.5，另一种是含铅焊料 SnPb37，同时对比了系统焊料和芯片焊料的老化状态。从图 6-16 试验前后 SAM 图像

标准34mm模块	初始SAM图像	经过200个循环后的SAM图像
系统焊料层SnAg3.5		 老化
芯片焊料层SnAg3.5	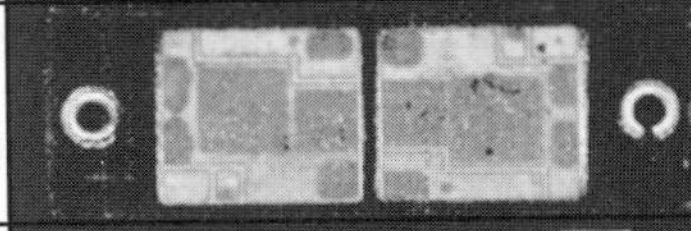	
系统焊料层SnPb37		
芯片焊料层SnPb37	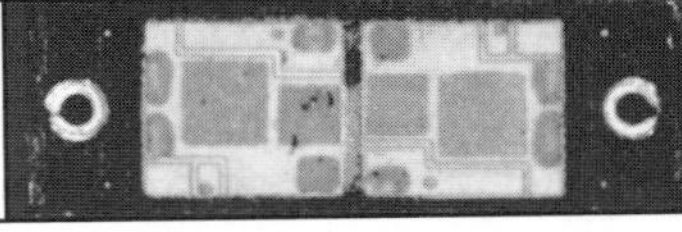	 老化明显

图 6-16　200 个温度循环后（−40℃/+120℃）前后，标准 34mm 模块的 SAM 图像

可以看出，在经历 200 个循环条件下，两种焊料系统焊料层边缘区都出现了分层现象，但含铅焊料分层现象更加明显。主要因为在相同的温度循环条件下，无铅焊料承受的应力小于含铅焊料。芯片焊料层的 SAM 图像显示并未发生老化现象，图中出现的黑色是 SAM 扫描时系统焊料老化映射在芯片焊料层的阴影。

6.6　高低温存储

6.6.1　测试技术

高低温存储测试是高温存储测试和低温存储测试的简称，其测试结果可以用来确定半导体器件在高温环境或者低温环境下的可靠性，高低温存储实验中器件的可靠性取决于器件在高温环境下和低温环境下存储的温度和存储的时间。AQG 324 标准中规定了高低温存储的测试条件，如表 6-8 所示，从表中可以看出该类测试较为简单，只需要将待测器件放置在高温存储箱或者低温存储箱 1000h，不需要进行任何电气操作。唯一需要注意的是，表中列出的高温存储箱和低温存储箱的环境温度限值是一个典型值，如果器件数据表中给出了更高或者更低的温度限值，那么测试时需要使用该温度限值。

表 6-8　高低温存储测试的测试条件

测试种类	高温存储测试	低温存储测试
测试时间	1000h	1000h
环境温度	≥125℃	≤−40℃

6.6.2　测试设备

高低温存储的试验一般放置在恒温箱中进行，如图 6-17 为一高温存储室，当进行高温

图 6-17　高温存储室

存储实验时，采用镍铬合金电加热丝直接加热，并通过循环风扇等措施使得箱内空气产生热对流，从而实现腔内温度均匀。3.3.3 节中提及恒温箱通过热对流加热可能产生腔体内温度不均匀的现象，温度不均匀会对器件试验条件产生影响。所以，此时对于整个设备，要求最严格也是最重要的参数是温度偏差和温度波动度。前者代表温度稳定后，在任意时间间隔内，工作空间中心温度的平均值和工作空间内其它点的温度平均值之差，一般要求±2℃。后者指的是控制温度稳定后，在给定任意时间间隔内，工作空间内任一点的最高和最低温度之差，一般要求腔体内温度波动范围≤1℃或者±0.5℃。当进行低温存储实验时，通过压缩机制冷，同样通过风扇等方式使得箱内空气产生热对流保证温度均匀性。

国外知名厂商有日本的 ESPEC 公司生产的 GPU 系列高低温试验箱，最低试验温度可达−70℃，最高试验温度可达＋180℃，腔室体积 980L。其他的高低温试验箱还有

LABTECH 公司生产的 RS-TH 系列试验箱，Direct Industry 公司的 HD-E714 试验箱。国内高低温测试设备有广五所生产的 MC（B）系列高低温试验箱、苏试试验的 SDP 系列高低温低气压试验箱。以 MC（B）系列高低温试验箱为例，其技术参数如表 6-9 所示，环境温度范围在 $-80 \sim +150℃$ 之间，温度波动度为 $0.5℃$，温度偏差为 $\pm 2℃$，均满足高低温试验要求。见图 6-18。

(a) 国外ESPEC公司GPU系列　　　　　　　　(b) 国内广五所MC(B)系列

图 6-18　国内外高低温试验箱

表 6-9　MC（B）系列试验箱主要技术参数

型　号		MC-811B-2	MC-811B-3
标称内容/L		60	
性能	温度范围	$-80 \sim +150℃$	
	温度波动度	$0.5℃$	
	温度偏差	$\pm 2℃（>100℃），\pm 1.5℃（\leqslant 100℃）$	
	升温时间	$+20 \sim +150℃ \leqslant 25min$	
	降温时间	$+20 \sim -70℃ \leqslant 55min$	
内部尺寸(宽×高×深)/mm×mm×mm		$400 \times 375 \times 400$	
外部尺寸(宽×高×深)/mm×mm×mm		$905 \times 1284 \times 605$	
适用电源		220V（单相＋保护地线）	380V（三相四线＋保护地线）
冷凝方式		风冷	

6.6.3　失效机理

高温存储失效一般是指在器件在受到高温应力下，半导体器件的基本功能和使用寿命逐渐降低甚至完全失效的过程。高温存储失效机理是由于热膨胀和热应力，以及温度对材料物理、化学性质的影响。在高温环境下，器件材料的分子结构会受到破坏，导致它们的性能逐渐下降，例如：硬度、韧性、电性能、导热性能等。同时，高温环境下还会加速材料的老化和氧化，导致它们的使用寿命缩短。长时间在高温下存储对所有热塑性外壳材料的机械强度会造成影响，例如硅胶在温度高于 180℃ 时性能开始退化，所以在结温高于 175℃ 时就需要使用一些耐高温的硅胶。因此，在进行高温存储时，需要注意材料和器件的稳定性及适用的温度范围，以确保高温存储测试的可靠性。

低温存储失效的机理一般是由于低温对器件材料结构的影响，在低温环境下，器件的塑性材料会发生收缩，而且塑性材料也会变得更加脆弱，容易发生断裂。器件的封装材料的热膨胀系数会发生变化，从而导致器件内部的应力变化，最终器件内部会出现结构变形。大多

数标准低温存储测试被限制在零下 50℃ 以上，低于这个温度，硅胶中就可能会出现裂缝，

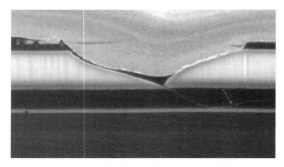

而且当温度升高时裂缝不会恢复，对器件造成不可逆转的破坏。甚至长时间低温应力作用下，器件内的键合线会变得更加脆弱，容易发生断裂，从而影响器件的性能和可靠性。此外，在低温环境下，器件的电学参数也会发生变化，例如电阻率会增加，介电常数会减小，从而影响器件工作性能。

器件在高低温存储测试之后，如果器件封装出现裂纹、破裂等机械损坏，如图 6-19

图 6-19　高低温存储测试产生裂纹

所示，在保证这些机械损坏不是由于夹具或者误操作引起的前提下，器件可以被视为失效。通常测试前后都需要进行 SAM 观察，这往往是发现裂纹的最有效手段。此外，标准 AQG 324 规定，还可以通过测量试验前后的电参数，通过对比试验前后的电参数变化来判断器件是否失效，标准规定开始测试 0h 时和 1000h 需要进行电参数测试，测试内容如下：阈值电压 $V_{GE.th}$、栅极漏电流 $I_{GE.leak}$、集电极-发射极漏电流 $I_{CE.leak}$、集电极-发射极导通电压 V_{CE}、续流二极管两端电压 V_F。

6.7　小结

本章以可靠性测试理论介绍了功率器件失效浴盆曲线，概述了浴盆曲线三个阶段的主要失效原因，其中早期失效主要与器件在生产、运输、安装和调试阶段中的缺陷有关，通过提高工艺水平和增加筛选测试可有效降低出厂器件早期失效率。偶然失效（随机失效）主要与宇宙射线中的高能粒子冲击芯片晶格造成缺陷有关，特别是高压器件，通过中子辐照实验进行筛选为主要筛选手段。寿命失效主要与芯片、键合线、焊料层等材料损耗或疲劳性的失效有关，是研究关注的重点，测试项目和标准也较为齐全。本书针对各种测试进行章节分类以便理解。接着介绍了分类后的环境可靠性测试，包括机械振动（V）、机械冲击（MS）、温度冲击（TS）、高低温存储（HTS、LTS），考核功率半导体器件抵抗外部环境变化情况下的鲁棒性。

对于环境可靠性测试，从测试技术、测试设备、失效机理三个方面进行介绍。机械振动（V）、机械冲击（MS）试验需要将功率器件及其连接件放置在振动台或冲击台上。前者施加正弦或者随机带宽激励进行不同频率不同加速度值的振动，模拟功率半导体模块在运行或运输时受到的振动负载。后者施加高加速度、短时间的冲击负载，模拟功率半导体模块在运行或运输时受到的瞬时冲击。两种测试都考核焊接层连接强度以及外部机械连接强度，能有效筛选机械强度不够的器件。温度冲击（TS）是检测功率半导体封装可靠性中必需的环境试验，通过改变被测器件外部温度来考核器件的相关性能，主要考核器件抵抗被动温度变化产生的机械应力的能力。根据相关标准通常需要将器件放置在温度冲击设备中进行循环温度变化，器件温度变化范围一般为 $-40_{-10}^{0}℃ \sim +125_{0}^{+15}℃$，并在最高以及最低存储温度持续至少 15min。温度冲击过程中不同材料之间 CTE 不匹配导致热应力的产生，在温度的循环变化下，热应力过大的部位会率先形成裂纹，裂纹最后不断生长导致开裂。通常系统焊接层是考核的重点部位，此外裂纹也有可能产生于某些封装材料，如环氧树脂外壳、陶瓷层等。

通过试验前后 SAM 扫描以及热阻测试往往是最有效、直接的手段。最后介绍了高低温存储（HTS、LTS）测试，该类测试过程较为简单，只需要将待测器件以及系统连接件放置在高低温存储室 1000h，高低温存储室只需要保证环境温度恒定且温度均匀。由于功率器件某些封装材料在高温或者低温下材料特性会发生改变或者退化，进而会导致性能下降，例如热塑性外壳、硅胶等，通过该类试验能够改进相关材料。进行高低温存储测试后为方便发现裂纹或者破损，需要进行 SAM 扫描以及相关电参数测试。

参考文献

［1］　Lutz J, Schlangenotto H, Scheuermann U, et al. Semiconductor power devices: physics, characteristics, reliability [M]. Cham: Springer, 2018.

［2］　European Center for Power Electronics. AQG 324 Qualification of power modules for use in power electronics converter units（PCUs）in motor vehicles [S]. Nuremberg: ECPE Working Group, 2018.

［3］　Wintrich A, Nicolai U, Tursk W, et al. Application manual power semiconductors [M]. Nuremberg, Germany: SEMIKRON International GmbH, 2010.

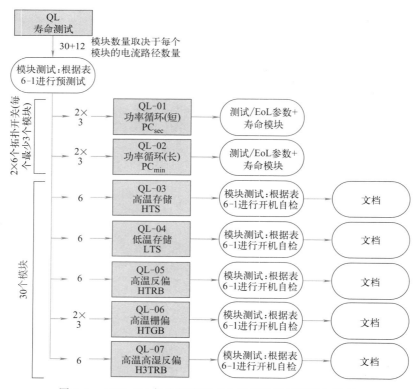

第7章

电应力可靠性测试

7.1 寿命可靠性测试分类

根据 AQG 324：2021、AEC-Q101：2005、MIL-STD-202G：2002、IEC 60747-9：2019 等标准，器件出厂前需抽样进行寿命可靠性测试，包括：高温栅偏、高温反偏、高温高湿反偏、功率循环等。其中，高温栅偏、高温反偏、高温高湿反偏属于高温可靠性测试，同时需要添加电应力来获得器件的长期运行可靠性，一般测试时间至少为 1000h；功率循环属于封装可靠性测试，是评估器件封装水平最重要的测试。图 7-1 给出了 AQG 324 标准里规定的

图 7-1　AQG 324 标准规定的寿命可靠性测试流程和数量

相关寿命可靠性测试流程[1]，第 6 章已提及，本书为了更好地理解，将高温栅偏、高温反偏和高温高湿反偏定义为电应力可靠性测试，将在本章进行重点展开。

7.2　测试技术和设备

对于 7.1 节中所述的高温可靠性测试（如高温栅偏、高温反偏、高温高湿反偏），也称为电应力可靠性测试，常需配备恒温箱以提供恒温/恒温恒湿环境，以及相应的电应力加载装置和采集系统以监测器件参数老化情况。对于封装可靠性测试（如功率循环），需配备负载电流源以监测热源输出，配备待测器件栅极驱动、测量电流源以确保器件导通并测量器件结温，配备热电偶、水冷系统、换热机组等以监测壳温并将热量交换出去。关于功率循环的内容将在第 8 章单独展开，这里不再复述。

对于高温可靠性测试，国外相关厂家有 ESPEC、LIB Industry、Accel-RF、Semi-tracks、Smart E Tech（SET）、Trio-Tech 等公司。相关设备大同小异，如 ESPEC 公司推出的各类别环境试验箱［如高低温（湿热）试验箱、温度循环试验箱、小型超低温试验箱、恒温恒湿试验室、高压加速老化试验箱、高低温（快速变化）试验箱（大型）、HTRB（高温反向偏压）测试系统、TDDB（氧化膜变介电击穿）评价系统等］可满足绝大部分测试需求；值得一提的是，SET 公司针对 SiC 和 GaN 宽禁带功率半导体器件，开发了动态 H3TRB/DRB、动态 HTGB/DGS 等测试设备；如图 7-2 和图 7-3 所示。

图 7-2　ESPEC 各类环境试验箱测试系统

国内的相关厂家有：广州五所环境仪器有限公司（广五所）、杭州中安电子有限公司、

忧芯科技（上海）有限公司等。其中，广五所是国内最早从事环境试验仪器设备研制的厂家，其测试设备开发技术较早、技术较为成熟，其高低温冲击试验箱如图 7-4 所示，国内其他厂家的高温可靠性设备采用的基本上是广五所的试验箱。与 SET 公司相似，忧芯科技（上海）有限公司也开发了针对 SiC 和 GaN 器件的动态 HTGB（DHTGB）、动态 HTRB（DHTRB）、动态 H3TRB（DH3TRB）设备，如图 7-5 所示。

图 7-3　SET 公司推出的动态 H3TRB/DRB
或动态 HTGB/DGS 测试设备

图 7-4　广五所高低温冲击试验箱

图 7-5　忧芯科技推出的
DHTGB/DHTRB 测试设备

7.3　高温栅偏测试

7.3.1　测试原理和方法

高温栅偏（High Temperature Gate Bias，HTGB）是考核功率器件栅极长期可靠性最重要的测试，重点考核栅氧层及界面的耐压能力，100％与芯片有关（设计或/和工艺）。其测试电路图如图 7-6（a）所示，测试时将被测样品放置到最大允许工作结温的恒温箱中，通

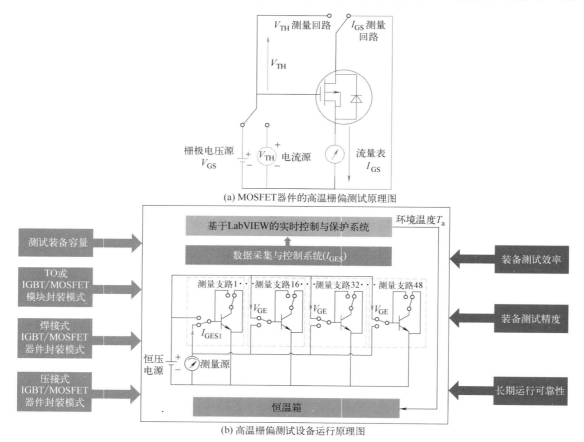

(a) MOSFET 器件的高温栅偏测试原理图

(b) 高温栅偏测试设备运行原理图

图 7-6　高温栅偏测试原理图示例

过在器件栅极-发射极（源极）两端施加电压，同时保证集电极（漏极）-发射极（源极）保持短路状态，实时测量待测器件栅极漏电流大小，进而监测器件的栅极可靠性。高温栅偏测试设备一般由这几部分组成：恒压电源、数据采集与控制系统、继电器、恒温箱。如图 7-6（b）所示是笔者团队开发的设备，还增加了在高温栅偏测试过程中监测阈值电压的功能。其中，恒温箱负责给待测器件提供高温环境，加速其老化过程；恒压电源用于提供栅压；数据采集与控制系统包括测量电阻、上位机等；实时控制与保护系统包括一系列继电器模组。测试时，测量电阻将采集到的栅极漏电流发送到上位机，上位机根据其大小来判断栅极漏电流是否超过失效限值，如果漏电流超过失效限值，那么上位机将断电信号传输给继电器模组，继电器立即断开，将失效器件从测试电路中切除。在进行 HTGB 测试前后，需要对器件进行栅极漏电流 $I_{GES(GSS)}$、阈值电压 V_{TH} 等参数的测量。

进一步地，考虑到 SiC MOSFET 的栅极不稳定性，针对此器件的栅极可靠性测试，目前有两种主流的测试方法，分别为德国开姆尼茨工业大学 Josef Lutz 团队提出的步进式电压应力测试[2] 与德国英飞凌（Infineon）提出的马拉松测试[3]。

步进式电压应力测试中，测试流程共分为三部分：首先对待测器件施加额定电压，持续 168h 后，取出器件并测量阈值电压等静态参数；然后将电压调整为最大栅极电压，放回待测器件进行测试，持续 168h 后，再次取出器件并测量阈值电压等静态参数；最后按照试验设定，以固定速率增大测试栅极电压，每 168h 停止测试，取出器件并测量阈值电压等静态参数。该过程可能持续近 10 周（约 1680h），如图 7-7 所示。这种测试的原理和好处在于：①该测试可区分本征失效和非本征失效，非本征失效来源于氧化层内的缺陷或薄弱点，本征失效则反映栅氧化层自身的阻断性能；②测试条件更加严苛，常规 HTGB 测试中，栅极电压恒定且为最大栅极电压 V_{GMAX}，而该测试中 V_{GMAX} 仅为第二个台阶，后续测试时间内栅极电压仍不断上

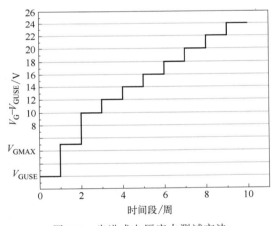

图 7-7　步进式电压应力测试方法

升，这有助于提高厂商栅氧化层可靠性设计且降低器件早期故障率；③测试时间可控，即针对常规 HTGB 测试，器件是否失效/漏电流上升所需时间均无法确定，而该测试随着栅极测试电压不断增大，存在一个确定的时刻，在那个时刻器件将失效，且失效时施加栅极电压可定义为栅极的击穿电压。测试结果如图 7-8（a）、（b）所示，对于厂商 1，栅氧化层存在大量非本征缺陷，且失效电压集中在 $V_G - V_{GUSE} = 12V$ 附近；对于厂商 2，其栅氧化层的非本征缺陷明显少于厂商 1 栅氧化层的非本征缺陷，且失效电压集中在较高的电压值（$V_G - V_{GUSE} = 20V$）附近，此时呈现的是栅氧化层的本征失效[2]。

另一种测试方法即马拉松测试，因为在恒定栅极电压下，非本征失效较少且难以被观测到，因此马拉松测试提出了用大量的样本数量（数千个待测器件）及较长的测试时间（约 100 天）来增加发现非本征失效的概率。为了实现该测试，英飞凌研发了一种特殊的测试设备，该设备内，多个待测器件形成一个测试组，多个组形成了一个测试板，多个测试板置于同一个腔室内，多个腔室组成了该设备，不同腔室间可并联运行。图 7-9 展示了马拉松测试

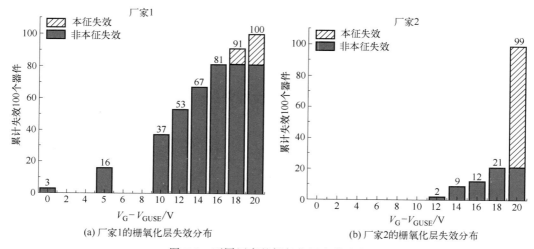

图 7-8　不同厂家的栅氧化层失效分布

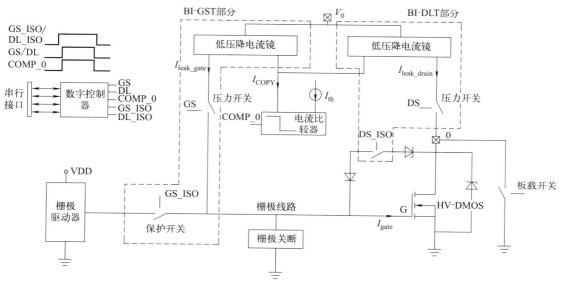

图 7-9　马拉松测试设备工作原理

设备的工作原理[3]，图 7-10 展示了英飞凌公司针对三种不同的沟槽栅 SiC MOSFET 器件（组 1 代表英飞凌初始的栅氧化层工艺，组 2 代表英飞凌改进后的栅氧化层工艺，组 3 代表英飞凌目前最新的栅氧化层工艺）进行的马拉松测试结果[4]，横坐标为测试时间，纵坐标为失效概率威布尔分布。结果表明：性能上，组 3 优于组 2，组 2 优于组 1，对应 20 年的工况应用（18V，150℃）下寿命：组 3 器件的失效概率仅约 1ppm❶，组 2 器件的失效概率也为个位数的 ppm，该失效率可与栅极的 Si 材料相媲美。

7.3.2　失效机理和判定

首先需要指出，栅氧化层存在本征缺陷（Intrinsic Defects）与非本征缺陷（Extrinsic

---

❶　1ppm＝10^{-6}。

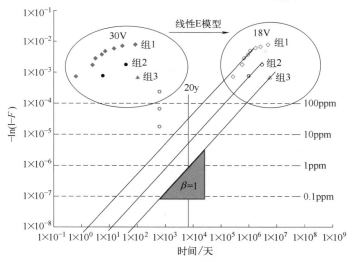

图 7-10　英飞凌公司开展的马拉松测试失效概率威布尔分布

Defects），本征缺陷指的是 SiO_2 内部自身的缺陷（芯片设计），非本征缺陷指的是由氧化等工艺引入的缺陷（芯片工艺）。对于 Si IGBT 器件而言，栅氧化层工艺较为成熟，非本征缺陷浓度较低，栅极可承担较高电压（高于额定电压 $30\sim40V$，与不同的厂商有关）而不发生非本征缺陷失效。如图 7-11 和图 7-12 所示，根据相关加速老化模型（E 模型）计算 125℃ 实际运行工况下，Si IGBT 栅氧化层寿命（本征失效寿命）可达数万年[5]，因此 Si IGBT 栅极可靠性较好；而对于 SiC MOSFET 器件而言，自 1999 年以来，SiO_2 的本征缺陷得到了不断的优化，近年来已可控制在较低的水平，而非本征缺陷目前尚未解决，是限制 SiC 器件发展的主要原因之一。针对 SiC MOSFET 器件，由于 SiO_2 在 SiC 材料上氧化时会比在 Si 材料上氧化多约 2 个数量级的缺陷（一方面是 C 原子自身导致的，另一方面是 SiC/SiO_2 势垒低于 Si/SiO_2，使得电子更容易隧穿），其栅氧化层存在更多的非本征缺陷，使得栅氧化层厚度减小，进而影响器件栅极可靠性。如图 7-13 所示，$d'_{ox,1}$、$d'_{ox,2}$、$d'_{ox,3}$、$d'_{ox,4}$ 均为由非本征缺陷引起的栅氧化层厚度下降，进而降低栅极可靠性。前述高温栅偏、步进式电压应力测试与马拉松测试旨在考核待测器件非本征缺陷，结合失效分析、数据统计、寿命模型等，对芯片栅氧化层设计、制作工艺等提出优化方案，提高栅极可靠性。

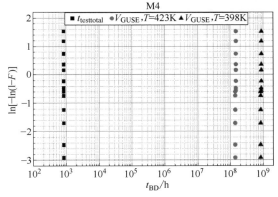

图 7-11　厂家 M4 的 Si IGBT 在实际应用中的栅氧化层寿命（V_{GUSE}，$T=423K$ 或 398K）

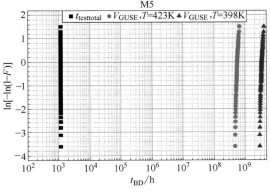

图 7-12　厂家 M5 的 Si IGBT 在实际应用中的栅氧化层寿命（V_{GUSE}，$T=423K$ 或 398K）

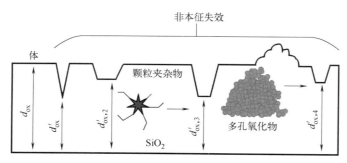

图 7-13　栅氧化层内可能存在的各类非本征缺陷

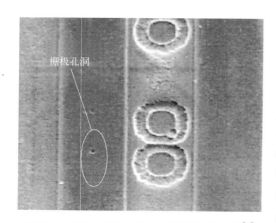

图 7-14　器件 TDDB 失效时栅氧化层形貌[6]

高温栅偏失效机理包括三类：时间相关介质击穿或经时击穿（Time-Dependent Dielectric Breakdown，TDDB）、热载流子注入（Hot Carrier Injection，HCI）、正偏压/负偏压温度不稳定性（Positive/Negative Bias Temperature Instability，PBTI/NBTI）。对于经时击穿（TDDB），其根本的失效原因是栅氧化层间形成了导电通道，导致正负极短路，表现为栅氧化层表面出现小孔，如图 7-14 所示[6]；对于热载流子注入，其失效原因是载流子沿沟道迁移时，由于碰撞电离的影响，部分载流子被激发并携带了足够的能量，进而从沟道注入栅氧化层；对于 PBTI/NBTI，其根本原因是半导体-氧化物界面存在缺陷，缺陷的产生或充电导致阈值电压等参数存在漂移。

7.3.2.1　TDDB 失效机理

此处先介绍经时击穿（TDDB）的失效机理。目前有 4 类模型用于描述经时击穿（TDDB）：1/E 模型、E 模型、V 模型、幂律模型，其中，F-N 隧穿效应基础上的 1/E 模型与电偶极子交互作用基础上的 E 模型以其良好的物理机理及拟合结果被广泛应用[6]，因此本小节着重介绍 1/E 模型与 E 模型。以 MOSFET 为例，1/E 模型强调电子受高温及电场作用，从半导体层隧穿到氧化层，碰撞形成电流；E 模型则强调高温及电场下，半导体层/氧化层界面处 Si—O 共价键的断裂，如图 7-15 所示。根据 JEP122 标准，E 模型及 1/E 模型适用于 4nm 厚度以上的 SiO_2 层，对于薄栅或高 k 栅的加速老化，模型适用性仍不明确[6]。

（1）用于描述 TDDB 的 1/E 模型

1/E 模型由 K. F. Schuegraf 等人于 1993 年提出[8]，其适用于描述高电场下失效时间 t_{BD} 与电场 E 之间的关

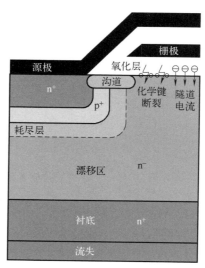

图 7-15　MOSFET 栅氧化层经时击穿失效机理[7]

系。1/E 模型机理如下：施加偏置电压时，阴极端的电子经过 F-N 隧穿效应进入栅氧化层的导带，受电场 E_{ox} 加速并与 SiO_2 晶格发生碰撞电离，产生陷阱。陷阱的存在导致局部缺陷处电场及隧穿电流增加，形成正反馈加速了碰撞电离及陷阱的产生，最终形成导电通道击穿栅氧化层。1/E 模型下器件失效时间如式（7-1）所示：

$$\mathrm{TF}_{1/E} = \tau_0 \exp\left[\frac{G(T)}{E_{ox}}\right] \exp\left(\frac{E_a}{kT}\right) \tag{7-1}$$

式中，τ_0 为材料相关的比例系数；$G(T)$ 为与温度相关的电场加速因子，为简化计算，常取定值；E_{ox} 为施加在栅氧化层上的电场强度，单位 MV/cm；E_a 为表面活化能。对等式左右同时取对数，可发现失效时间的对数与 E_{ox} 呈反比，因此称为 1/E 模型。由式（7-2）可计算得其加速因子：

$$\mathrm{AF}_{1/E} = \frac{\mathrm{TF}_U}{\mathrm{TF}_A} = \exp\left[G\left(\frac{1}{E_{oxU}} - \frac{1}{E_{oxA}}\right)\right] \exp\left[\frac{E_a}{k}\left(\frac{1}{T_U} - \frac{1}{T_A}\right)\right] \tag{7-2}$$

式中，TF_U、TF_A 分别为实际应用下、加速老化测试下的器件失效时间；E_{oxU}、E_{oxA} 分别为实际应用下、加速老化测试下的栅氧化层电场强度；k 为玻尔兹曼常数；T_U、T_A 分别为实际应用下、加速老化测试下的测试温度。

（2）用于描述 TDDB 的 E 模型

由 J. W. McPherson 等人于 1985 年提出[9]，相对于 1/E 模型，E 模型克服了低电场下寿命估计的误差，适用范围更广，被业界及相关标准广泛应用并成为主流加速老化模型[10]。E 模型机理如下：SiO_2 中 Si 的电子被 O 吸附形成带正电的 Si 离子和负电的 O 离子即 Si—O 电偶极子。在高温及电场（<10MV/cm）环境下，Si—O 电偶极子使得局部电场增大与 Si/SiO_2 界面处分子共价键断裂所需的活化能降低，导致 Si/SiO_2 界面处热键断裂，且电场的增大指数级地增加了器件失效的速率。E 模型下器件失效时间如式（7-3）所示：

$$\mathrm{TF}_E = A_0 \exp[-\gamma(T)E_{ox}] \exp\left(\frac{E_a}{kT}\right) \tag{7-3}$$

式中，TF_E 为器件失效时间；A_0 为材料相关的比例系数；γ 为与温度相关的电场加速因子，且有 $\gamma(T) = a/(kT)$，a 为分子的有效偶极矩，为简化计算常取定值。由式（7-3）可推导得其加速因子：

$$\mathrm{AF}_E = \frac{\mathrm{TF}_U}{\mathrm{TF}_A} = \exp[\gamma(E_{oxA} - E_{oxU})] \exp\left[\frac{E_a}{k}\left(\frac{1}{T_U} - \frac{1}{T_A}\right)\right] \tag{7-4}$$

7.3.2.2　HCI 失效机理

热载流子注入（HCI）是指载流子沿沟道迁移时，由于碰撞电离的影响，部分载流子被激发并携带了足够的能量，进而从沟道注入栅氧化层。该现象常见于半导体材料与 SiO_2 交界面处或氧化层内部，其产生的陷阱电荷使得开关特性及相关参数退化，而不是像 TDDB 那样使器件因短路通道的存在直接失效。参数漂移大小与材料特性、施加应力时间、施加栅极电压、温度、有效沟道长度等相关，如式（7-5）所示。

$$\Delta p = A t^n \tag{7-5}$$

式中，Δp 为参数漂移大小（如阈值电压、跨导、导通电流等）；A 为材料相关系数；t

为施加应力时间；n 为经验系数，与施加栅极电压大小、温度、有效沟道长度相关。

7.3.2.3 PBTI/NBTI 老化机理

与前述 TDDB、HCI 不同，PBTI/NBTI 老化不算失效，原因是这类老化由半导体/SiO_2 界面附近缺陷的产生或充电导致，存在可恢复的老化与不可恢复的老化。这与 TDDB 或 HCI 中形成的导电通道不同，该导电通道可直接导致栅氧化层失效、失去绝缘能力。目前针对 PBTI/NBTI 还没有一个被广泛认可的模型，然而我们仍能通过经验公式（例如经验幂律模型或捕获/发射时间图模型[11]）推断参数漂移情况。对于固定的栅氧化层厚度，式（7-6）和式（7-7）均可用于描述 NBTI 参数漂移情况。

$$\Delta p = A_0 \exp[E_a/(kT)] \times (V_G)^\alpha t^n \tag{7-6}$$

$$\Delta p = A_0 \exp[E_a/(kT)] \exp(\beta V_G) \times t^n \tag{7-7}$$

式中，Δp 为参数漂移大小（如阈值电压、跨导、导通电流等）；A_0 为与栅氧化层工艺和 CMOS 技术相关的系数；E_a 为表面活化能（经验值常取 $-0.01 \sim +0.15\text{eV}$）；$k$ 为玻尔兹曼常数；T 为沟道温度；V_G 为施加的栅极电压；α 为栅极电压指数（常取 $3 \sim 4$）；β 为栅极电压敏感性，单位为电压的导数；t 为施加应力时间；n 为测量的时间指数（常取 $0.15 \sim 0.25$）。

失效判定方面，表 7-1 对 HTGB 相关标准[1,12-19] 以 MOSFET 或/和 IGBT 为测试对象进行了整理与总结，结论如下：HTGB 测试温度优选最大结温 $100\% T_{jmax}$，偏置电压优选 $100\% V_{GS(E)max}$，测试时间 1000h。测试样品需要测量的参数包括：栅极漏电流 $I_{GSS(GES)}$、阈值电压 V_{TH}。其中 $I_{GSS(GES)}$ 需实时在线监测，V_{TH} 在老化前后测量进行对比。根据 AQG 324：2021 标准，HTGB 老化过程中需连续监测栅极漏电流 I_{GES}，I_{GES} 若上涨至老化初期漏电流的 5 倍则认为待测器件失效，老化前后需测试阈值电压 $V_{GE(th)}$，同时建议对比其他常规静态参数，如饱和压降 $V_{CE(sat)}$、阻断漏电流 I_{CES} 等，若阈值电压 $V_{GE(th)}$、饱和压降 $V_{CE(sat)}$、阻断漏电流 I_{CES} 超出数据表限值，则认为待测器件失效。

表 7-1 不同标准下 HTGB 测试综合比较

标准	出版时间/年	温度/℃	偏置电压/V	测试时间/h	样本量/个	失效标准
MIL-STD-750D	1995	150	$80\% V_{GS(E)max}$	$\geqslant 48$	—	—
AEC-Q101	2005	150 或 T_{jmax}	$100\% V_{GS(E)max}$	1000	77	超过初始值的 5 倍
IEC 60747-8	2010	T_{jmax}	$80\% V_{GS(E)max}$	—	—	超过限值
IEC 60749-23	2011	125 ± 5，$\leqslant T_{jmax}$	$100\% V_{GS(E)max}$	1000	—	超过限值
IEC TS 62686-1	2015	150 ± 5	$100\% V_{GS(E)max}$	1008	76	—
Semikron 应用手册	2015	T_{jmax}	$100\% V_{GS(E)max}$	1000	—	超过 100% 限值
JESD22-A108F	2017	125 ± 5，$\leqslant T_{jmax}$	$100\% V_{GS(E)max}$	1000	—	超过限值
AQG 324	2021	T_{jmax}	$100\% V_{GS(E)max}$	1000	6	超过初始值的 5 倍
IEC 60747-9	2019	T_{jmax}	$80\% V_{GS(E)max}$	—	—	超过限值

7.3.3 可靠性提升技术

对于 Si IGBT 器件，无论是平面栅还是沟槽栅，其特性较为稳定、可靠性较好，其寿命已于前述 7.3.2 节及图 7-11 和图 7-12 所述，Si IGBT 栅氧化层寿命（本征失效寿命）可达数万年；对于 SiC MOSFET 器件，由于 SiC 材料自身易存在深能级缺陷，SiC/SiO_2 界面处存在陷阱电荷、缺陷等问题，其栅极可靠性更低，长时间以来一直受到广泛关注，也制约了

SiC 器件的发展，因此此处的可靠性提升技术主要以 SiC 器件为主。

由 7.3.2 节所述，目前 SiC 器件栅极可靠性的问题集中在非本征缺陷，即 SiC 材料氧化导致 SiC/SiO$_2$ 界面存在更高的缺陷密度这一问题，相关论文介绍了氧化工艺提升等技术。

图 7-16 展示了 SiC/SiO$_2$ 界面处主要存在的各类电荷：可移动电荷、氧化层陷阱电荷、固定电荷、近界面电荷、界面陷阱电荷等[20,21]。其中，可移动电荷和固定电荷与氧化过程、氧化环境、温度有关[21]；氧化层陷阱电荷的形成可能与电离辐射、雪崩注入、Fowler-Nordheim（F-N）隧穿有关；近界面电荷、界面陷阱电荷可能与结构缺陷、氧化过程中缺陷及辐射有关，不同于可移动电荷与固定电荷，近界面电荷与界面陷阱电荷能够捕获电子或空穴，进而导致相关参数及 SiC MOSFET 器件性能的退化。

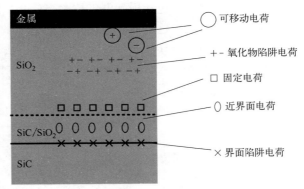

图 7-16　SiC/SiO$_2$ 界面处主要存在的各类电荷

近界面电荷与界面陷阱电荷密度可通过氧化退火技术进行降低，进而增强 SiC MOSFET 器件电气性能及可靠性。文献［22］通过氮/磷辅助氧化等技术，有效降低了界面陷阱电荷密度，目前，氮辅助氧化技术已广泛应用于第二代 SiC MOSFET 商用器件的制造上。对于磷辅助氧化技术，通过使用磷酸氯（POCl$_3$）氧化退火技术，将磷原子并入 SiC/SiO$_2$ 界面以获得更好的界面性能[23]，不过目前还尚未广泛应用于商用器件的制造。图 7-17 展示了由氮辅助氧化技术、磷酸氯（POCl$_3$）氧化后退火技术处理后器件 TDDB 的失效概率[24]。经对比可知，NO 氧化退火技术对应的击穿电荷量比常规干燥氧化技术和 POCl$_3$ 氧化技术对应的击穿电荷量高 1～2 个数量级，POCl$_3$ 氧化技术相比于常规干燥氧化技术只体现了小部分的改善。

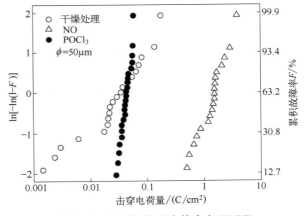

图 7-17　不同氧化退火技术在 TDDB
测试中的威布尔失效概率图

7.4　高温反偏测试

7.4.1　测试原理和方法

高温反偏（High Temperature Reverse Bias，HTRB）测试是验证半导体芯片终端长期稳定性的一种非常重要的测试。如图 7-18 所示，其不仅与半导体芯片本身设计和工艺有关，还可能与封装里携带的离子或电荷有关[25]。在高温反偏测试期间，半导体器件放在较高的环境温度下，对其施加一定的电压，通过检测器件在高温下的漏电流随着时间的变化是否超过规定值，来判断器件是否失效，从而确定此器件的可靠性。高温反偏测试一直被工业界和学术界认为是考核功率器件的终端区边缘结构和钝化层的弱点或退化效应重要的可靠性测试。因此，测试结果的准确性相当重要，测试方法和测试技术的不同将导致不同的测试结果，为了规范此测试，包括国际电工技术委员会、固态技术协会等协会或组织都推出了关于高温反偏测试的标准。这些测试标准对于指导功率半导体器件厂商进行可靠性测试具有重要的意义，目前对功率半导体器件高温反偏测试方法进行介绍的主要国际标准有 IEC 60747-9、JESD22A-108D 和 AQG 324，其中 AQG 324 标准以功率模块的可靠性监测为目标，提供了测试条件的明确定义，因此该标准也被广泛使用。

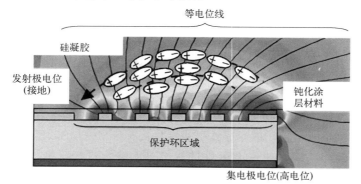

图 7-18 硅胶封装的离子化效应对终端电场的影响

高温反偏测试将待测器件放到高温环境下（一般为最大允许工作结温），对于 IGBT 器件，通过将待测器件栅极-发射极短路，集电极-发射极施加高压，该电压通常不超过 80% 的额定电压（避免触发与实际情况不符的失效模式）；对于 MOSFET 器件，通常将待测器件的栅极-源极短路，漏极-源极施加高压，同时需要实时测量待测器件的漏电流大小，从而判断器件的可靠性，测试电路原理图如图 7-19 所示。

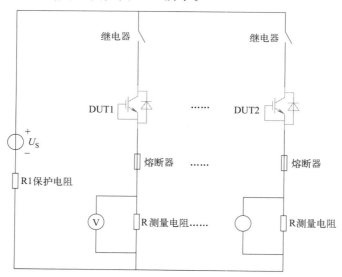

图 7-19 高温反偏测试电路原理图

高温反偏测试设备一般由这几部分组成：高压电压源、上位机、测量电阻、保护电阻、熔断器、继电器、恒温箱等。其中，恒温箱负责给待测器件提供高温环境，加速其老化过程；电压源是为了给器件施加偏压，将电压源输出连接到器件上；通过采集测量电阻上的电压，来计算出漏电流的大小，同时上位机根据采集到的漏电流大小来判断漏电流是否超过规定值，如果漏电流超过规定值，那么上位机将断电信号传输给继电器，继电器立即断开，从而保护整个测量电路，防止漏电流过大对测量电路造成伤害。测量电路中通常需要安装熔断器，防止器件发生故障时而继电器不动作，对测量电路造成破坏。在实际进行 HTRB 测试前，需要对器件进行栅极漏电流 $I_{DSS(CES)}$、击穿电压 $V_{BRDSS(BRCES)}$、阈值电压 V_{TH} 等参数的测量。对于高压大功率器件，实际上器件的结温准确测量和稳定对于整个测试的稳定性和结果准确性是极其重要的，需要进行精细化设计来准确获得器件的结温。

测试开始时，先将待测器件置于恒温箱中，将恒温箱中的温度设置为标准所规定的温度（一般为最大结温 T_{jmax}），将待测器件的栅极和发射极（栅极与源极）短接到一起。进一步地，打开电压源，给待测器件施加偏压，同时开始实时记录器件的漏电流变化曲线，漏电流稳定后运行恒温箱，使环境温度上升到预设值，进行老化测试。值得注意的是，测试开始时需先加电压再加温度，测试结束时需先降温度再降电压，如图 7-20（a）所示，这是因为：电压的作用为提供电场，积聚可移动离子并产生表面电荷，温度的作用在于加快可移动离子的迁移，使得可移动离子加速积聚；若先降电压再降温度，则已积聚的离子在无电场约束且高温作用下，快速分散开，影响老化测试结果。测试进行一段时间后，当某一器件的漏电流上升并且达到失效标准，采集到的漏电流超过规定值时，继电器收到指令后断开，将该失效器件被从电路中切除，其余器件继续进行测

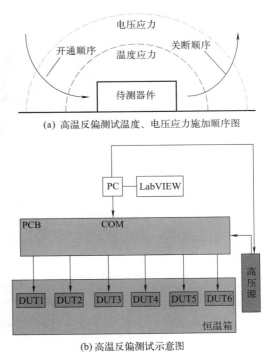

(a) 高温反偏测试温度、电压应力施加顺序图

(b) 高温反偏测试示意图

图 7-20　高温反偏测试原理

试，直到所有器件失效，测试停止，具体示意图如图 7-20（b）所示。

7.4.2　失效机理和判定

在高温反偏的测试过程中，器件失效是因为器件边缘的场耗尽型结构和钝化层的退化效应导致的。在高温、高压应力下，器件内的自由移动带电离子会在高场强区域积累，形成表面电荷，这些离子一般来源于器件在封装过程中的污染物或者残留物，比如焊接助焊剂，并且在高温应力下会加速电荷积累的过程，同时积累的表面电荷也会改变器件终端局部区域的电场。从而可能导致器件的漏电流再上升，并且甚至可能在器件内形成反型通道，从而导致 pn 结上产生短路通道，最终造成器件失效。

图 7-21（a）展示了高温反偏测试中记录的漏电流随时间变化的过程，在测试期间监测了 6 个器件，测试器件是额定电压等级为 1200V 的 MOSFET 器件，型号均为 C2M0280120D，测试条件为反偏电压 960V（额定电压的 80%），环境温度是 150℃，这些器件的漏电流最初是比较稳定的，但在大约 1600h 后漏电流开始增大，在 1900h 后漏电流出

现下降，最后趋于稳定。高温反偏测试的测试条件比功率循环测试需要更高的温度应力、电压应力（T_{jmax}，$80\%V_{CES(DSS)}$），然而在正常应用中，器件内部的温度仅仅是偶尔会达到最大工作温度，这些器件失效的原因，通常是由于器件内部的钝化层结构在高温下发生老化导致的。因此，该测试是一个高应力加速的可靠性测试，通常以在 6 周的测试持续时间内施加高温、高压应力进行考核，可以用于判断器件未来寿命是否可达到 20 年或更长的应用时间。

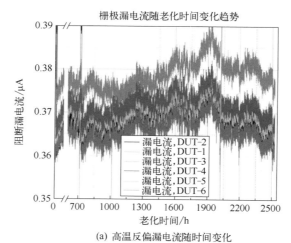

(a) 高温反偏漏电流随时间变化

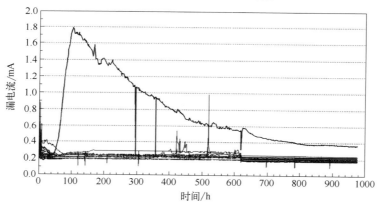

(b) 由封装失效导致的高温反偏测试的漏电流曲线

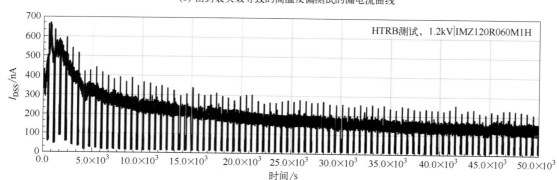

(c) 高温反偏测试的瞬态漏电流曲线

图 7-21　高温反偏测试中的漏电流曲线

虽然高温反偏测试的失效通常是由于钝化层结构在高温下发生老化导致的，但是即使钝化层的结构符合预期设计的器件可靠性，该测试也可以揭示封装过程中的缺陷。图 7-21 (b) 所示为单个器件经过近 100h 测试后漏电流暂时快速增加的示例，在漏电流达到最大值之后，随着测试的进行，器件的漏电流快速减小，并且在高温反偏测试结束后仅显示出很小的增加。最后通过开封器件分析其失效原因，得知该器件的一根键合线的布局出现了问题：它没有形成回路，而是直接铺设在 IGBT 的钝化层上。在校正键合线布局之后重复测试，并且同时观察到器件的漏电流变化曲线与同一批其他器件保持一致，该结果也证实了高温反偏测试可以验证器件的封装可靠性。

图 7-21 (c) 展示了高温反偏测试中记录的漏电流随时间变化的过程，测试器件是额定电压等级为 1200V 的 MOSFET 器件，型号为 IMZ120R060M1H，测试条件为反偏电压 1200V，环境温度是 150℃。从图中可以看出漏电流在开始前 5000s 出现了先增加后减小的变化现象，最后随着测试时间的增加，漏电流趋向平稳。虽然与图 7-21 (b) 漏电流曲线都呈现出先增加后减小的变化趋势，但是二者导致漏电流变化的原因却有着根本不同。图 7-21 (b) 是由于封装失效导致的漏电流曲线变化，其漏电流变化的时间长，并且最终漏电流趋于平稳大约持续了 700h，而图 7-21 (c) 瞬态漏电流曲线变化时间短，最终趋于平稳大约持续了 17h。实际上，图 7-21 (c) 所示的瞬态漏电流变化趋势是高温反偏测试中一种常见的现象，目前一种合理的解释为，瞬态漏电流变化的现象是由于器件在受到高温、高压应力，在电场作用下，终端与钝化层中的自由电荷重新移动定位，容易在终端与钝化层的接触面上发生电荷积累，而器件的击穿电压对于电荷浓度比较敏感，一旦电荷积累到达一定浓度，器件的击穿电压会明显降低，导致漏电流出现增加趋势，也有解释为暂时的位移电流作用。随着测试时间的增加，内部的自由电荷在电场作用下移动，积累的电荷浓度降低，器件的击穿电压增加，直到击穿电压恢复到初始值并保持不变，所以漏电流又趋向平稳，最终出现了图 7-21 (c) 中漏电流出现的变化趋势。

除此之外，当器件由于受到高温、高压应力导致的自由移动的离子数量变多时，这些自由移动的离子在器件内部的高场强下积累的同时也改变器件内部的表面电荷浓度，而表面电荷又改变了器件中的电场强度，同时也会造成器件击穿电压的不稳定。在 TCAD 仿真中，为了模拟电荷积累对器件击穿电压的影响，通过改变不同结终端延伸（Junction Termination Extension，JTE）的掺杂浓度，对改变 JTE 掺杂浓度前后的器件击穿电压进行对比，如图 7-22 所示，最后发现器件内部电荷浓度变化导致器件击穿电压的增加和减少都是可能的，这里以 SiC 的 MOSFET 器件为例，JTE 掺杂浓度在 90％之前，随着电荷浓度的提高，器件的击穿电压也是提高的；而当器件的掺杂浓度超过 90％时，随着电荷浓度的提高，器件的击穿电压出现了下降趋势。

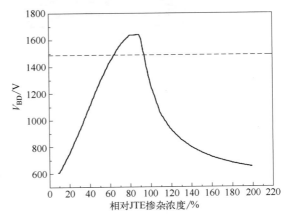

图 7-22　击穿电压与 JTE 电荷浓度的关系

所以当器件发生雪崩击穿时，由于受到高温、高压应力导致的自由移动的电荷积累过多，将会引起 JTE 电荷浓度的改变，甚至可能导致雪崩击穿起始点的位置转移到边缘，同时引起雪崩电压下降。如果这种雪崩电压击穿集中在器件内的某一特定区域，器件的可靠性会变得更差，而且器件的边缘结终端的这种表面电荷积累甚至可以在低掺杂浓度的区域产生反型通道，并在 pn 结上产生短路通道，给器件造成更为严重的损害。

由于相同击穿电压下 SiC 器件的基区掺杂浓度约为 Si 器件的 100 倍，因此 SiC 器件要想在器件内形成一个反型通道，相比于 Si 器件通常需要 100 倍的表面电荷。一般而言，在较为成熟的 SiC 器件可靠性测试中，虽然高温反偏测试时器件不太可能发生破坏性失效，但是仍然需要随时监测由高温、高压应力引发的击穿电压和泄漏电流的变化趋势，防止其对测试电路造成伤害。同时由于电荷积累导致器件击穿电压不稳定，这种击穿电压的不稳定现象也体现了 JTE 设计的不足之处，这个结果不仅适用于 HTRB 测试，而且更明显适用于 HV-H3TRB（High Voltage-High Humidity High Temperature Reverse Bias，高压高温高湿反偏测试）应力测试。

考虑到器件击穿电压 V_{BD} 会出现不稳定现象，由上所述，已知这是由于电荷积累的缘故，而电荷积累又与钝化层不同的结构构成也有关系。如图 7-23 所示为两种不同钝化层结构，图 7-23（a）是由聚酰亚胺、二氧化硅与氧化薄膜组成的钝化层结构，图 7-23（b）是由聚酰亚胺组成的钝化层结构。测试结果如图 7-24 和图 7-25 所示，图 7-24（a）和图 7-25（a）为钝化层结构中有无 SiO_2 的器件 HTRB 测试前后的漏电流与偏置电压的特性曲线，图 7-24（b）和图 7-25（b）为钝化层结构中有无 SiO_2 的器件击穿电压随测试时间变化曲线。通过对不同钝化层结构的器件进行高温反偏测试，测试结果表明，钝化层结构中含有 SiO_2 的器件的击穿电压随着测试的进行出现了不稳定现象，这是由于边缘终端区域发生了电荷积累，进而影响了器件击穿电压特性，而钝化层结构为聚酰亚胺的器件的击穿电压没有出现明显波动。因此，钝化层结构带有 SiO_2 的器件界面的边缘终端区域发生电荷的聚集，而钝化层不带有 SiO_2 的器件可以抑制电荷的聚集，其中钝化层中的金属离子主要来源于金属污

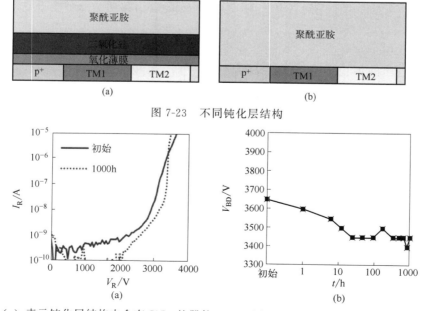

图 7-23 不同钝化层结构

图 7-24 （a）表示钝化层结构中含有 SiO_2 的器件 HTRB 测试前后的漏电流与偏置电压的特性曲线；
（b）表示钝化层结构中含有 SiO_2 的器件击穿电压随测试时间变化曲线

染，如铜、银等。高温环境下，不含 SiO_2 的边缘终端区可以抑制电荷聚集，所以优化器件的钝化层结构也是提高其可靠性的方法之一。

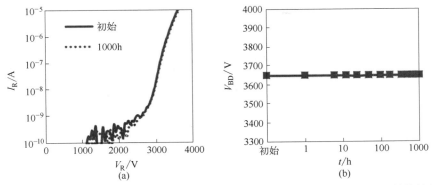

图 7-25　（a）钝化层不包括 SiO_2 的器件 HTRB 测试前后的漏电流与偏置电压的特性曲线
（b）钝化层不包括 SiO_2 的器件击穿电压随测试时间变化曲线

　　此外，由于器件内部发生电荷积累，并且电荷积累发生在边缘终端区域，这也会导致器件在截止状态下耗尽层发生变化，如图 7-26 所示。图 7-26 表示耗尽层随着施加反偏电压的变化过程，TM1 与 TM2 是两个不同受主掺杂浓度区域。首先，在施加偏置电压为 1000V 时，耗尽层从 pn 结扩展到 TM1、TM2、SiC 外延层区域 ［图 7-26（a）］，然后，随着偏置电压的增加，TM1 区域出现完全耗尽 ［图 7-26（b）］，最后，当偏置电压达到 3000V 时，耗尽层到达衬底 ［图 7-26（c）］。由于外延层中的施主掺杂浓度是恒定的，因此耗尽层向外延层的扩展是均匀的。另一方面，由于 TM1 或 TM2 在一定电压下已完全耗尽，因此耗尽层向 TM1 或 TM2 的扩展并不均匀，而电场分布又受终端区域电荷分布的改变而改变，半导体-氧化层界面电荷增大将导致电场尖峰及场限环表面电场增大，进而导致击穿电压下降。

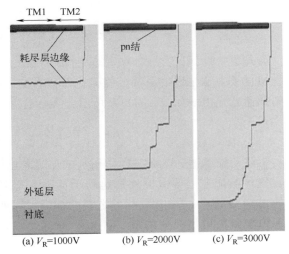

图 7-26　耗尽层模拟状态

　　目前，HTRB 相关测试标准繁多，但并没有指出具体的老化机理及不同工况对应测试条件的选取方法，因此建立加速老化模型对掌握其测试条件选择原则十分重要。HTRB 主要考核芯片钝化层、芯片终端处易失效的弱点，其中温度场和电场是 HTRB 老化测试所共有的加速因子，温度场的作用是为了增大电子或空穴迁移率，增大碰撞电离或暴露污染离子，进而加速栅氧化层或钝化层老化；电场的作用是为了增大电子迁移速率或积聚污染离子，进而加速栅氧化层或钝化层老化。一般情况下是上述电场、温度场的共同作用，因此，为了简化加速老化过程，需首先论述单个物理场的加速老化作用，再论述电场、温度场的叠加作用。而现有的标准中，只有 JEDEC 标准中定义了各测试的加速老化模型，下文描述的模型大部分也来源于此标准。

　　对于温度加速老化模型，主要介绍 Arrhenius 加速老化模型和 Eyring 加速老化模型。

Arrhenius 模型是由 Svante Arrhenius 于 1889 年通过实验现象总结提出的经验公式，被广泛应用于描述化学反应中反应速率与温度之间的关系，其优点在于适用于所有的基元反应，对部分复杂反应也适用，缺点在于对温度范围较宽或较复杂的反应拟合效果不好。Arrhenius 模型表达式如式（7-8）所示：

$$R_{Ar}(T) = \gamma_0 \exp\left(\frac{-E_a}{kT}\right) \tag{7-8}$$

式中，R 为反应速率；γ_0 为材料相关的比例系数；E_a 为活化能；k 为玻尔兹曼常数；T 为开尔文单位下的热力学温度。由式（7-9）可计算基于 Arrhenius 理论的加速老化因子：

$$AF_{Ar}(T_A, T_U) = \frac{R_{Ar}(T_A)}{R_{Ar}(T_U)} = \exp\left[\frac{E_a}{k}\left(\frac{1}{T_U} - \frac{1}{T_A}\right)\right] \tag{7-9}$$

式中，AF 为加速老化因子；T_A 为加速老化测试温度；T_U 为正常使用工况温度；$R_{Ar}(T_A)$ 为加速老化下反应速率；$R_{Ar}(T_U)$ 为正常使用工况下反应速率。Arrhenius 加速老化模型是目前应用最为广泛的理论模型，包括功率器件功率循环测试的寿命模型。

由于 Arrhenius 模型是经验公式，且在温度范围较宽或较复杂的反应拟合效果不好。所以 Eyring 等人于 1941 年，以量子力学理论为基础，从物理理论层面对 Arrhenius 模型进行了深入解释及扩充，应用范围不仅涵盖温度单场，还适用于描述多个场的共同老化作用。Eyring 模型表达式如式（7-10）所示：

$$TF_{Ey}(T) = \frac{A}{T}\exp\left(\frac{B}{kT}\right) \tag{7-10}$$

与式（7-8）相比，式（7-10）增加了温度 T 的倒数项；系数 A 为产品相关的特征系数，与量子力学中透射系数、普朗克常数有关；系数 B 为测试方法相关的特征系数。其对应的加速老化因子如式（7-11）所示：

$$AF_{Ey}(T, T_U) = \frac{T_A}{T_U}AF_{Ar}(T, T_U) \tag{7-11}$$

而对于温度场、电场共同作用下的加速老化模型，通常的做法是不考虑其间的耦合作用，整体的加速因子由温度加速因子 AF_T、电场加速因子 AF_V 直接相乘得到，但对于广义的 Eyring 模型，温度与电场之间的耦合关系得到考虑。由于 HTRB 加速老化测试在高温下施加阻断电压并对终端、钝化层进行考核，终端可动污染离子在电场及高温作用下逐渐暴露并在高电场区积聚，形成表面电荷，导致电场畸变及泄漏电流的增大，最终形成短路通道。对应器件终端失效的物理模型为含电压加速因子的扩充 Eyring 模型与逆幂律模型，扩充 Eyring 模型有效地解决了不同应力共同加速作用的问题，其失效时间如式（7-12）所示：

$$TF_{Ey} = \frac{A}{T}\exp\left[\frac{B}{kT}\right]\exp\left\{V\left[C + \left(\frac{D}{kT}\right)\right]\right\} \tag{7-12}$$

式中，A 为产品相关的特征系数；B 为测试方法相关的特征系数；V 为器件所加阻断电压；C 为电压加速因子；D 为电压与温度间的耦合系数（反映 HTRB 下阻断漏电流带来的温升效应、温度升高对器件漏电流增大的作用等）。相应加速因子如下式（7-13）所示。

$$AF(T, V) = \frac{T_A}{T_U}\exp\left[\frac{B}{k}\left(\frac{1}{T_U} - \frac{1}{T_A}\right)\right]\exp\left[C(V_U - V_A)\right] \times \left\{\exp\left[\frac{DV_U}{kT_U} - \frac{DV_A}{kT_A}\right]\right\}^{\gamma}$$

$$\tag{7-13}$$

Deepak Veereddy 等人于 2017 年进行了氮化镓器件的加速老化测试，在此基础上对比了扩充 Eyring 模型及逆幂律模型对寿命估计的差异性，逆幂律模型如下式所示：

$$\mathrm{TF} = B_0 V^{-n} \mathrm{e}^{\frac{E_a}{kT}} \tag{7-14}$$

$$\mathrm{AF} = \frac{\mathrm{TF_U}}{\mathrm{TF_A}} = \left(\frac{V_A}{V_U}\right)^n \exp\left[\frac{E_a}{k}\left(\frac{1}{T_U} - \frac{1}{T_A}\right)\right] \tag{7-15}$$

式中，B_0 为材料相关的比例系数；n 为大于 0 的电场加速因子；E_a 为活化能；k 为玻尔兹曼常数；T 为开尔文单位下的热力学温度。

所以 HTRB 加速老化测试以扩充 Eyring 模型、逆幂律模型为基础，不同的模型对寿命预测结果影响可至 1～2 个数量级，系数选取受失效模式、栅极工艺、钝化层及封装材料等影响，需要注意 HTRB 测试需按照先加、后撤电场及后加、先撤温度场的次序进行。

表 7-2 对 HTRB 相关标准以 MOSFET 或 IGBT 为测试对象进行了整理与总结，结论如下：HTRB 测试温度优选最大结温 $100\% T_{jmax}$，偏置电压优选 $80\% V_{DS(CE)max}$，测试时间 1000h，测试样品需要测量的参数包括：栅极漏电流 $I_{DSS(CES)}$、击穿电压 $V_{BRDSS(BRCES)}$、阈值电压 V_{TH}，$I_{DSS(CES)}$ 需连续监测，$V_{BRDSS(BRCES)}$、V_{TH} 在老化前后测量以进行对比。$I_{DSS(CES)}$ 超过限值或初始值的 5 倍（含室温下），或 $V_{BRDSS(BRCES)}$ 超过限值，或 V_{TH} 超过上下限值，即认为失效。

表 7-2　不同标准下 HTRB 测试条件

标准	出版时间/年	温度/℃	偏置电压	测试时间/h	样本量/个	失效标准
MIL-STD-750D	1995	150	$80\% V_{DS(E)max}$	≥160	—	—
GJB 128A	1997	135～150	$80\% V_{DS(E)max}$	≥160	—	—
AEC-Q101	2005	150 或 T_{jmax}	$80\% V_{DS(E)max}$	1000	77	超过初始值的 5 倍
IEC 60747-8	2010	T_{jmax} 或 $T_{stg(max)}-5$	$80\% V_{DS(E)max}$	—		超过限值
IEC 60749-23	2011	$125\pm5, \leq T_{jmax}$	$100\% V_{DS(E)max}$	1000		超过限值
MIL-STD-883J	2013	至少 125	—	1000		
IEC TS 62686-1	2015	$150\pm5, \leq T_{jmax}$	$80\% V_{DS(E)max}$	1008	76	
Semikron 应用手册	2015	125～145	$95\% V_{DS(E)max}$	1000		超过限值
JESD22-A108F	2017	$125\pm5, \leq T_{jmax}$	$100\% V_{DS(E)max}$	1000		超过限值
AQG 324	2021	$T_{jmax} - T_{(Pv)}$	≥$80\% V_{DS(E)max}$	1000	6	超过初始值的 5 倍
IEC 60747-9	2019	T_{jmax} 或 $T_{stg(max)}-5$	$80\% V_{DS(E)max}$	—		超过限值

7.4.3　可靠性提升技术

高温反偏测试主要考核与评估器件终端区结构、钝化层结构在高温高压应力下的可靠性，所以优化终端区结构、钝化层结构对器件寿命的提升具有重要意义。

优化器件的终端区结构是提高器件可靠性的有效方法，以 SiC MOSFET 为例，器件具有低内阻、高耐压、高频率和高结温等特性，但是其边缘终端区结构的临界电场比硅器件高近 10 倍，所以采用合适的边缘终端区结构设计可以提高器件的寿命。在高温、高压应力下，终端区中的自由移动电荷会沿电场方向运动并积累，同时也改变了器件内部的电场分布，这可能会加速器件内部的碰撞电离过程，从而导致器件容易发生边缘击穿。而传统的单区 JTE 结构对氧化层电荷非常敏感，因此，可以采用对自由电荷不太敏感的阶梯型 JTE-ring 结构（见图 7-27），以提高 SiC 器件对电荷积累的免疫力。此外，作为在高压、高温应力下工作的

SiC 器件，其测试结果也可以适用于其他宽带隙半导体器件，如 GaN 器件。

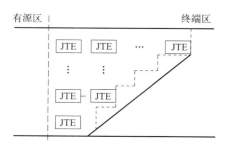

图 7-27　阶梯型 JTE-ring 结构

优化器件的钝化层结构也是提高器件可靠性的方法之一，如果在钝化材料中存在过多可自由移动的离子或可自由移动的电荷，在高电场作用的驱动下，它们将沿电场方向运动并可能在边缘终端区聚集，从而在该处形成一个反型层，导致漏电流明显增加，甚至导致器件失效。而器件内的自由电荷对于高电场是很敏感的，除了优化设计边缘终端区外，通过优化钝化层结构，以终止其表面上硅原子的悬挂键，减少钝化层中自由电荷数量，这种处理方式一般称为表面钝化。对于边缘终端为斜边（见图 7-28）的器件，钝化层材料一般为有机材料，它由硅橡胶或聚酰亚胺组成，所以在钝化层设计中，可以选择具有良好化学稳定性和耐腐蚀性能的材料，如聚酰亚胺材料具有良好的耐腐蚀性、抗离子污染、高强度、高刚度、高韧性等优点。通过对不同钝化层的测试和验证，选择合适的材料组合，确保其具有预期的保护性能。像具有场限环的结终端，电场峰值发生在钝化层表面，由于器件的阻断能力对钝化层中的电荷很敏感，因而在击穿电压的计算中必须考虑钝化材料的电荷状态。

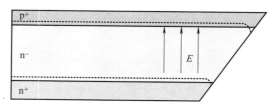

图 7-28　有斜边的边缘终端结构

SiO_2 也是经常用作钝化层的材料，在扩散工艺后经常得到氧化的半导体表面，于是不需要另外的钝化工艺，该氧化层必须有很高的纯度，对于较低的基底掺杂水平 N_p，该要求更加严格，因为在低掺杂浓度下，很小密度的表面电荷就足以在表面产生一个反型层，这样的反型层使漏电流增加，严重时甚至导致器件失效。所以可以用不同的玻璃层（Glass Layers）代替 SiO_2，它是由 SiO_2 和另外的元素组成的。半绝缘层也可能兼用于钝化层和边缘终端区，通过调节半绝缘层的电导率，可以做到表面上的电位连续递减，可以一定程度上抑制自由移动电荷的积累，从而提高器件的可靠性。

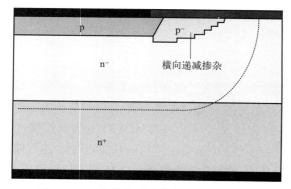

图 7-29　具有横向递减掺杂的结终端结构

此外，通过合理设计 JTE 的掺杂浓度，可以提高器件的击穿电压，一定程度上可以提高器件在高温反偏中的可靠性，其中横向变掺杂（Variation of Lateral Doping，VLD）技术也广泛应用于改善终端电场分布，对提高器件的击穿电压有着显著的效果。图 7-29 为具有横向递减掺杂的结终端结构，这也是结终端延伸（JTE）结构种类之一，是由 Stengl 和 Cosele 首先提出来的。p^- 区内的掺杂向器件边缘递减并与 p 阳极层相连，p^- 层的掩模有许多条形缝，缝隙的面积从阳极区向边缘逐渐减小，p 掺杂物沉积在这些条上，而在随后进入的扩散过程中，p^- 区是通过横向扩散连接起来的。这个过程造成掺杂浓度和深度向边缘方向逐渐减小的分布。与浮空场限环结构相比，VLD 结构的特点是需要的面积较小，而且它对表面电荷的积累更加不敏感。因为在边缘区域掺杂窗口的容量小，为了控制 B 离子或 Al 离子的掺杂浓度，可以通过离子注入的手段来实现，这都可以有效抑制在进行高温反偏测试过程中电荷积累对于击穿电压的影响。

7.5　高温高湿反偏测试

7.5.1　测试原理和方法

目前的高温高湿反偏测试有低压（H3TRB）与高压（HV-H3TRB）两种测试方法。其中低压一般为 80V，适用于低功率电子元器件封装；高压测试由 Christian Zorn 于 2014 年提出[26]，近年来针对功率器件得到了广泛的应用，是目前国际主流的高温高湿反偏测试方法，称为高压高温高湿反偏测试。此测试的目的主要是考核芯片和封装对外部湿气入侵的抵抗能力。本节针对功率半导体器件，首先将论述其高压测试，即 HV-H3TRB 测试的原理、方法；进一步地，针对其失效机理及判定进行论述；最后，指出功率半导体器件高温高湿高压反偏可靠性提升的关键技术。

7.5.1.1　HV-H3TRB 测试原理及方法

根据 AQG 324：2021 标准，对于 IGBT 测试，将待测器件栅极-发射极短路，集电极-发射极施加不超过 80％的额定电压（避免触发与实际情况不符的失效模式）；对于 SiC MOSFET 器件，通常仍设置待测器件栅极-源极短路，漏极-源极施加高压，如图 7-30 所示。部分测试考虑到栅极-源极短路时器件沟道未完全阻断，设置栅极-源极施加负压以保证沟道完全关断，但该方案同时会导致 SiC MOSFET 器件阈值电压在长时间负压下负漂移的现象即 NBTI，加快栅极退化的速率。目前，针对 SiC MOSFET 器件的 HV-H3TRB 还无定论，普遍还是按照栅极-源极短路、漏极-源极施加高压进行测试。

与前述 7.3 节、7.4 节不同，高温栅偏或高温反偏测试同时存在电压应力与环境温度应力，而高温高湿反偏测试除此以外还存在环境湿度应力。因此，器件在高温高湿反偏测试下的失效主要源于水汽入侵对器件阻断特性的影响，本小节将先介绍水汽扩散的机理，再介绍湿度、高电压耦合下的作用机理。

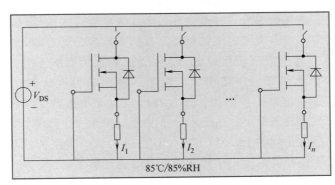

图 7-30　常用的 SiC MOSFET 器件 HV-H3TRB 测试电路图

7.5.1.2 水汽扩散机理

水汽扩散行为本质是直径约 1.92Å❶ 球形水分子的扩散运动，其满足菲克（Fick）传质定律，Fick 第一定律及第二定律如式（7-16）所示：

$$\begin{cases} J = -\nabla C \\ \dfrac{\partial C}{\partial t} = \nabla \cdot (D \nabla C) \end{cases} \tag{7-16}$$

式中，J 为水汽扩散通量；D 为水汽扩散系数；C 为水汽扩散浓度。对上式一维简化，令初始值 $C_0 = 0$ 并利用分离变量法，结合傅里叶级数展开后，求得浓度 C 解析表达式为：

$$\frac{C}{C_\infty} = 1 - \frac{4}{\pi} \sum_{j=0}^{\infty} \frac{(-1)^j}{2j+1} \cos\left[\frac{(2j+1)\pi}{L}x\right] \exp\left[-\frac{(2j+1)^2 \pi^2 D}{L^2}t\right] \tag{7-17}$$

式中，C_∞ 为饱和水汽浓度；x 为一维坐标，范围在 $(-L/2, +L/2)$ 之间；t 为时间。值得注意的是，该式只适用于厚度较薄的情况，由于器件封装厚度仅数毫米，因此该式可用于描述器件封装水汽扩散行为的基本行为。水汽扩散经傅里叶展开的各阶弛豫时间 τ 如式（7-18）所示：

$$\tau_j = \frac{L^2}{(2j+1)^2 \pi^2 D}, \ j = 0, 1, 2, \cdots \tag{7-18}$$

对式（7-17）进行积分，得到器件吸湿质量表达式：

$$\frac{M_t}{M_\infty} = 1 - \frac{8}{\pi^2} \sum_{n=0}^{\infty} \frac{1}{(2n+1)^2} \exp\left[-\frac{(2n+1)^2 \pi^2 D}{L^2}t\right] \tag{7-19}$$

式中，M_t 为器件吸湿后质量，M_∞ 为器件吸湿饱和质量。通过测量实验器件吸湿质量，与理论公式进行对比，可反推拟合出扩散系数 D。由于式（7-19）形式较为复杂，实际反推时常假设稳定时间 $t \gg \tau_1$，n 仅取 0，则可得到扩散系数 D 表达式如下：

$$D = \frac{L^2}{-\pi^2 t} \ln\left[\frac{\pi^2}{8}\left(1 - \frac{M_t}{M_\infty}\right)\right] \tag{7-20}$$

根据实验结果对该表达式参数进行拟合，结合有限元分析等方法，最终得到器件内水汽浓度分布。此外，环氧树脂模塑料封装等聚合物的物化性质受水汽浓度影响，导致水汽的扩散行为更加复杂。环氧树脂封装下水汽扩散机理如图 7-31 所示。

图 7-31 中，水汽扩散行为与温度、渗透活性相关。当温度或渗透活性较低时，对应浓度无关扩散行为：该扩散仅取决于材料内孔隙直径与水分子直径，孔隙直径越大，可通过的水分子量越多，浓度扩散系数越大。渗透活性较高、温度较高或较低时，对应浓度相关扩散行为：由于水分子扩散，聚合物链之间的范德瓦耳斯键被水分子打断，导致孔隙增大，进而导致扩散系数 D 增大，此外玻璃转化温度 T_g 也受扩散行为影响下降，当环境温度高于转变温度 T_g 时，孔隙和迁移率进一步增大。在某一特定的温度区间，对应非菲克（Non-Fickian）扩散行为以及恒速率扩散行为：发生在环境温度小于转变温度，水分渗透迁移率与材料应力弛豫速率相当的条件下；由于水分子和环氧树脂发生化学作用形成氢键，导致器件的吸水行为不再遵循纯物理的 Fick 扩散定律；器件封装的吸湿特性就属于这种行为。恒速率扩散行为：其发生在环境温度小于转变温度，渗透迁移率远大于材料应力弛豫速率的情

---

❶ $1\text{Å} = 10^{-10}\text{m} = 0.1\text{nm}$。

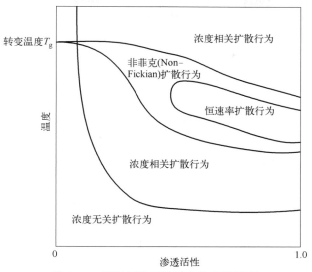

图 7-31　环氧树脂封装下水汽扩散机理

况下；当材料内部孔隙还未受弛豫作用变化时，大量水分子以较快的速度填充，产生较大的内应力，形成尖锐的边界，以恒定速率前进，导致与时间成线性关系的质量增加。

器件封装的吸湿特性遵循 Non-Fickian 扩散，该行为可通过几个菲克（Fickian）扩散分段叠加的方式进行近似处理，其中较为常用的是两阶段吸湿模型。该模型将 Non-Fickian 扩散增加的总质量分解为扩散增加的质量 $M_F(t)$ 与聚合物弛豫增加的质量 $M_R(t)$ 之和，$M_R(t)$ 由式（7-21）决定：

$$M_R(t) = \sum_i M_{\infty,i} \left[1 - e^{-k_i t} \right] \tag{7-21}$$

式中，$M_{\infty,i}$ 代表第 i 个弛豫过程平衡时增加的质量；k_i 为第 i 个弛豫过程的一阶弛豫常数。文献［27］、［28］应用两阶段吸湿模型对环氧树脂吸湿实验数据进行拟合，均得到了很好的一致性。

7.5.1.3　湿度、高电压耦合下的作用机理

水汽扩散至芯片表面后，受到来自终端沟道截止区（阳极）与芯片表面铝层（阴极）间的电场作用并水解。垂直双扩散金属氧化物半导体场效应管（VDMOSFET）沟道截止区位于芯片边缘、芯片表面铝层位于芯片有源区上方，其场限环、钝化层、沟道截止区等终端结构及位置分布如图 7-32 所示。

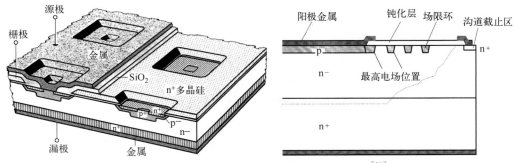

图 7-32　VDMOSFET 终端位置及结构示意图[29]

水分子在阳极沟道截止区发生氧化反应，形成大量氢离子（H^+）及氧气，导致阳极附近溶液 pH 下降，阳极发生的化学方程式如式（7-22）所示。

$$2H_2O \longrightarrow O_2(g) + 4H^+ + 4e^- \tag{7-22}$$

水分子在阴极电解生成大量氢氧根离子（OH^-），导致阴极附近溶液 pH 上升，阴极发生的化学方程式如式（7-23）所示：

$$2H_2O + O_2 + 4e^- \longrightarrow 4OH^-$$

$$2H_2O + 2e^- \longrightarrow H_2(g) + 2OH^- \tag{7-23}$$

在电场及水电解作用下，阳极金属原子（M）失去电子，形成带电荷的正离子：

$$M \longrightarrow M^{n+} + ne^- \tag{7-24}$$

正离子在电场的作用下，由阳极移向阴极，在阴极得到电子并沉淀，逐渐形成从阴极向阳极生长的树突。该现象称为电化学迁移（Electrochemical Migration，ECM）现象，已有研究发现：Ag、Cu、Sn、Zn、Mo 等金属离子具有此特性。

$$M^{n+} + ne^- \longrightarrow M \tag{7-25}$$

此外，由于铝元素活性较强，接触到水分子时，其氧化物 $Al(OH)_3$ 快速形成并覆盖在铝表面。$Al(OH)_3$ 在碱性环境下生成稳定存在的铝酸盐，在电场作用下通过 ECM 现象移向阳极，造成铝层的溶解。阴极铝层发生的化学反应如式（7-26）所示：

$$Al(OH)_3 + OH^- \Longleftrightarrow [Al(OH)_4]^- \tag{7-26}$$

对于功率器件，Christian Zorn 等人于 2014 年、2015 年通过 HV-H3TRB 测试分别发现了 Cu、Ag、Al 元素的 ECM 现象，并证明该现象与器件的失效有直接关系[26,30]。水汽于芯片表面的水解过程及芯片各类离子的 ECM 现象示意图如图 7-33 所示。

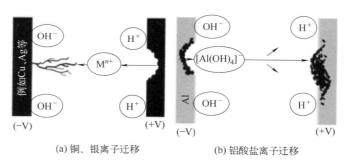

(a) 铜、银离子迁移　　　　　　(b) 铝酸盐离子迁移

图 7-33　不同离子电化学迁移示意图

7.5.2　失效机理和判定

7.5.2.1　失效机理

对于 HV-H3TRB 或 H3TRB 来说，湿度对 IGBT 和 MOSFET 影响的机理几乎是一样的，即在电场的作用下进行电化学腐蚀，区别仅来自于芯片材料及终端设计的差异（部分 SiC MOSFET 器件在 HV-H3TRB 老化过程中出现反常现象，如漏电流上升一段时间后下降等[31]）。因此，这里只以 IGBT 为例来说明湿度对器件普适性的影响及失效机理。IGBT 器件的失效来源于两个方面：金属离子的 ECM 过程及铝层的腐蚀、电场及电荷的分布畸变。

对于 ECM 现象、铝层的腐蚀，常通过光学显微镜、超声波扫描声学显微镜（SAM）等实验设备观察得到，常见失效源于芯片终端的钝化层腐蚀；对于电场及电荷分布的观测，常通过工艺计算机辅助设计（TCAD）等仿真工具实现。

（1）ECM 现象分析

器件阻断特性下降来源于 ECM 过程及树突的生长，对于 Cu、Ag 元素，金属离子迁移到阴极沉积，并生长树突至阳极。运用光学显微镜可观察到该现象如图 7-34 所示。

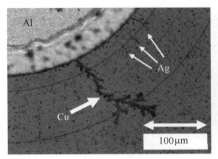
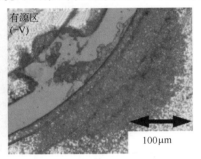

(a) 终端处Cu、Ag树突生长痕迹[26]　　(b) 终端处Al表面腐蚀痕迹[30]

图 7-34　失效器件的 ECM 现象

器件制造工艺过程中可能会引入离子污染，如氯离子等，污染离子的存在将促进 ECM 现象，如图 7-35 所示，随着离子浓度适当地升高，树突生长现象更加明显，加重器件老化程度。此外，不同金属离子的迁移机理也不尽相同，对于 Ni 等元素，树突将从阳极开始生长。

（2）电场及电荷分布

如前所述，场限环、钝化层持续受沟道截止区与有源区之间的电场作用，其电气特性、材料参数等性质发生显著变化。如图 7-36 所示，水汽老化后，终端整体电场强度升高，场限环处的电

图 7-35　10ppm NaCl、3V 下的树突生长现象

场强度明显高于老化前，其耐压及可靠性下降，场限环区域分布着不同程度的腐蚀，芯片沟道截止区更是受到严重腐蚀，导致芯片形貌发生变化。

此外，高温高湿反偏、高温反偏会导致终端区域电荷分布、耗尽区尺寸等发生改变。图 7-37 是高温反偏老化前后的电荷密度分布，其中：TM1、TM2 为横向扩散区域 1 和 2，Q_1 为 TM1 电荷密度，Q_2 为 TM1、TM2 边界电荷密度，Q_3 为 TM2 电荷密度。

场限环电场分布受终端区域电荷分布的改变而改变，半导体-氧化层界面电荷增大将导致电场尖峰及场限环表面电场增大，进而导致击穿电压下降。

（3）芯片形貌特征

经过 HV-H3TRB 老化并失效的器件，部分在终端处显示出了腐蚀痕迹。图 7-38 中 (a)、(b)、(c) 均由光学显微镜观测得到，(d) 由超声波扫描显微镜观测得到。

由图 7-38 (a)、(d) 可知，HV-H3TRB 老化导致芯片终端产生失效点，导致器件阻断能力下降；由图 7-38 (b)、(c) 可知，芯片钝化层出现腐蚀、烧灼痕迹，有源区、沟道截止区都出现铝腐蚀现象。

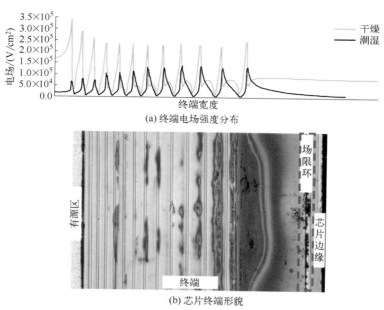

(a) 终端电场强度分布

(b) 芯片终端形貌

图 7-36　终端电场分布及表面形貌变化

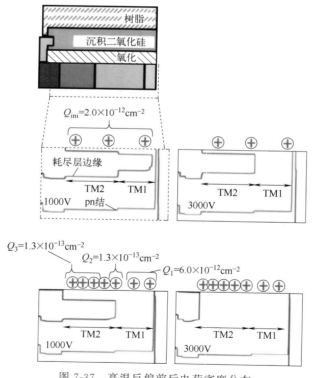

图 7-37　高温反偏前后电荷密度分布

7.5.2.2　失效判据

　　根据 ECPE PSRRA 01：2019、IEC 60749-5：2017、AQG 324：2021、AEC-Q101：2005 等相关标准，对于 IGBT 或 MOSFET 器件，在 HV-H3TRB 测试期间需连续监测阻断

(a) 1200V-IGBT，85℃，85%RH，偏压=960V，525.8h失效　　(b) 6500V-二极管，85℃，85%RH，偏压=4500V，1000h失效

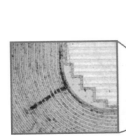   

(c) 6500V-IGBT，85℃，95%RH，偏压=4000V，1000h失效　　(d) 1700V-SiC MOSFET，85℃，85%RH，偏压=1360V，1200h失效

图 7-38　四组失效芯片的形貌特征

漏电流 I_{CES}（I_{DSS}），老化期间漏电流超过初始值的 10 倍（ECPE PSRRA 标准、AQG 324 标准、AEC-Q101 标准）算作失效，老化前后需对比静态参数测试，若超过数据表参数限制（IEC 标准）或漂移量大于一定值（ECPE PSRRA 标准），则认为器件失效。ECPE PSRRA 标准里规定了老化后静态参数漂移标准，如表 7-3 所示，对于二极管导通压降、器件正向饱和电压/导通电阻、阈值电压，要求老化前后漂移量不超过初始值的 10%；对于阻断漏电流、栅极漏电流，要求老化前后漂移量不超过初始值的 10 倍。

表 7-3　HV-H3TRB 测试试验后未失效判据

参数	测试温度	验收标准
V_F/V_{SD}	室温	在数据表限值内，且漂移<10%
$V_{CE(sat)}/R_{DS(on)}$	室温	在数据表限值内，且漂移<10%
$V_{GE(th)}/V_{GS(th)}$	室温	在数据表限值内，且漂移<10%
I_{CES}/I_{DSS}	室温	在数据表限值内，且漂移<10 倍
I_{GES}/I_{GSS}	室温	在数据表限值内，且漂移<10 倍
V_{ISO} 最小值	室温	V_{ISO} 的 80%

表 7-4 对 H3TRB 相关标准以 MOSFET 或 IGBT 为测试对象进行了整理与总结[32-40]，结论如下：H3TRB 测试温度优选 85℃，湿度优选 85%RH，偏置电压优选 100V（低压 H3TRB）或 60%～80%$V_{DS(CE)max}$（针对 HV-H3TRB 测试），测试时间 1000h。测试样品需要测量的参数包括：栅极漏电流 $I_{DSS(CES)}$、导通电阻 $R_{DS(CE)on}$、栅极漏电流 $I_{GS(E)S}$、阈值电压 V_{TH}。$I_{DSS(CES)}$ 需连续监测，此外，$I_{DSS(CES)}$、$I_{GS(E)S}$、$R_{DS(CE)on}$、V_{TH} 在老化前后室温下测量进行对比。$I_{DSS(CES)}$ 超过限值或初始值的 10 倍（含室温下），或 $I_{GS(E)S}$ 超过老化前的 10 倍，或限值或 $R_{DS(CE)on}$ 及 V_{TH} 漂移超过老化前的 10%，即认为失效。值得一提的是，表中 ECPE Guideline PSRRA 01 标准专门针对 HV-H3TRB 测试于 2019 年提出，给 HV-H3TRB 加速老化测试提供参考依据。

表 7-4　不同标准下 H3TRB/HV-H3TRB 测试条件

标准	出版时间/年	温度/℃	湿度/%	偏置电压	测试时间/h	样本量/个	失效标准
EIAJ ED-4701.100-102	2001	40～130，±2	85～90，±5	器件功耗小于 100mW：持续施加偏压，否则间歇性	1000，+168/-24	—	—
MIL-STD-202	2002	40±2	90～95	100V	96/240/504/1344		
AEC-Q101	2005	85	85	$80\% V_{DS(CE)max}$，最大值 100V	1000	77	超过初始值的 10 倍
Microsemi 标准	—	85	85	100V	1000		参数漂移或外观出现裂纹
JESD22-A101D	2015	85±2	85±5	器件功耗小于 200mW：持续施加偏压，否则间歇性	1000，+168/-24		超过限值
Semikron 应用手册	2015	85	85	$80\% V_{DS(CE)max}$，最大值 100V	1000		
AND9058/D	2016	85	85	$80\%\sim100\% V_{DS(CE)max}$	1000		
IEC 60749-5	2017	85±2	85±5	若功耗小于 200mW：持续施加偏压，否则间歇性	1000，+168/-24		超过限值
AQG 324	2018	85	85	$80\% V_{DS(CE)max}$，最大值 80V	≥1000	6	超过初始值的 10 倍或限值
IEC 60068-2-67	2019	85±2	85±5	若温升小于 2℃：持续施加偏压，否则间歇性	168/504/1000/2000，+5%	—	超过限值
ECPE Guideline PSRRA 01	2019	85±2	85±5	$60\% V_{DS(CE)max}$，参考表格设置	1000，+168/-24	≥9	超过初始值的 10 倍或限值

7.5.3　可靠性提升技术

HV-H3TRB 老化测试主要考核与评估器件钝化层结构、封装材料在高温高湿高压应力下的可靠性。优化终端结构、钝化层抗湿设计、封装材料抗湿性能对器件抗湿能力及寿命的提升有重要的意义，可为未来的器件发展提供指导意见。考虑到器件在出厂前处于无尘、干燥环境，器件自身含水量较低，若增大封装材料的抗湿性能，则有利于抑制湿度入侵；优化终端结构、钝化层抗湿设计有利于提高器件在高温高湿环境下的可靠性；三者共同作用，可用于提升器件应用寿命。

7.5.3.1　终端优化设计

由前 7.5.2 节所述，HV-H3TRB 的失效机理之一为电场及电荷分布畸变，合理设计终端结构可改善终端电场及电荷分布，进而抑制 HV-H3TRB 老化导致的器件耐压能力下降。终端结构设计主要可分为：斜切型与平面型，斜切型终端通过设计正或负角度的斜切角，以机械磨削或化学腐蚀的方式，改变终端结构，从而达到改善电场分布的效果。平面型终端通过在主结附近施加若干个浮空的环状 p 型区构成场限环，结合场板、横向变掺杂（VLD）等技术，从而达到改善电场分布的效果，目前常用平面型终端作为终端结构。终端设计是器件耐压能力的重要指标，考虑到高温高湿下长期运行的可靠性，材料掺杂纯度的提升、电场分布的进一步优化等措施是目前终端设计以应对高温高湿高压老化的发展方向。

（1）传统场限环设计

1967 年，Y. C. Kao 等人第一次提出场限环（Field Limiting Ring，FLR）的概念，将

其作为表面电压的分压器以改善终端的电场分布。场限环制造只需在原有基础上新增几个扩散窗口而无额外步骤，可与主结同时生长以缩短工艺时间，击穿电压提高效果显著，得到了广泛的应用。场限环对击穿电压的增大效果与其设计位置及间距相关且存在最大值，如图 7-39 所示。设计时常应用数值模拟技术，以最大化击穿电压为目标，兼顾电场分布特性，合理安排场限环设计位置及间距。

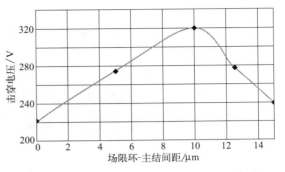

图 7-39　击穿电压与场限环-主结间距的关系

（2）改善电场及电荷分布的终端设计

传统 FLR 技术需要较大的终端宽度来实现电场的改善，应用沟槽型 FLR 技术、线性窄 FLR 技术等可分别减少 25%、50% 的终端宽度，减小芯片尺寸。场限环与场板结合，一方面，场板透过氧化层影响基区表面电场分布，另一方面通过合理布置场板，缓和电场集中，进一步增大击穿电压。与传统场限环相似，场限环-场板结构的设计参数如结曲率、衬底浓度、氧化层厚度等也需利用数值仿真等技术求解基本电磁场方程，进而优化设计得到。2012 年，Ze Chen 等人通过改善集电极侧设计，减少导通及关断过程终端流向主结的空穴电流密度，进而改善器件内电场分布及温度分布。此外，结终端延伸（JTE）与横向变掺杂（VLD）技术也广泛用于改善终端电场分布。

7.5.3.2　钝化层优化设计

对于带场限环的平面型终端，电场强度峰值往往出现在芯片表面，钝化层内离子将显著影响电场分布及击穿电压。合理设计钝化层以增强抗湿能力，进而削弱表面离子及电场尖峰的作用是目前钝化层设计以应对高温高湿老化的发展方向。

（1）传统钝化层设计

SiO_2 作为传统钝化层材料，以其只需在硅片上氧化的简单工艺获得了广泛的应用。然而，即使是高纯度 SiO_2，其内部仍有少量固定正电荷出现在 SiO_2 与基区界面附近，形成反型层，导致漏电流增大及阻断特性下降；SiO_2 钝化层也无法抵御离子污染物或电荷积累效应，导致器件可靠性下降。在 SiO_2 表面钝化一层磷元素化合物 P_2O_5，与 SiO_2 作用形成磷硅酸盐玻璃（Phosphosilicate Glass，PSG），磷硅酸盐玻璃可吸收固定或可动离子，降低电场强度峰值。此外，半导体材料如半绝缘性多晶硅（Semi-Insulating Polycrystalline-Silicon，SIPOS）、聚酰亚胺等材料具有良好的阻性、抗离子污染、改善应力等优点，可用于高压大功率器件新一代钝化层设计。

（2）钝化层抗湿优化设计

传统钝化层材料对水汽和污染离子的抵抗能力差，且经 HV-H3TRB 老化后，绝缘能力下降，对器件击穿电压影响较大。Si_3N_4 材料因其对水汽和污染离子的抵抗能力强，常与传统钝化层材料混合使用，以增强器件抗湿能力。然而，有研究表明：高湿环境下，Si_3N_4 与聚酰亚胺作用并在 SiO_2 钝化层内形成裂纹，导致器件失效。通过在 Si_3N_4 与聚酰亚胺材料界面增加一层用于分散压力的材料，可以抑制裂纹的形成，进而提升器件寿命。

文献［41］对如图 7-40 所示典型的高压二极管平面终端钝化结构进行了 HV-H3TRB

老化实验，结果表明：铝金属场板与等位环（EQR）场板间的硅电阻钝化层受到了腐蚀。在硅电阻钝化层上分别覆盖 Si_3N_4、SiO_2 钝化层进行对比，结果表明：Si_3N_4 抗湿能力强于 SiO_2。此外，光敏聚酰亚胺、非光敏聚酰亚胺在化学压力测试中表现良好，可逐步替代传统聚酰亚胺材料。

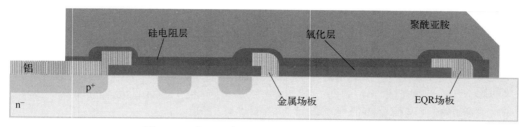

图 7-40　典型的高压二极管平面终端钝化结构

7.5.3.3　封装抗湿优化设计

考虑温湿度可靠性的芯片设计、增强抗湿能力的新型封装都是延长器件高温高湿环境下运行寿命的重要手段。对传统封装材料进行优化，是目前在封装层面应对高温高湿老化的发展方向。

（1）硅胶抗湿优化设计

传统硅胶防水性好，但易受高温高湿下的水汽渗透，严重影响户外工况下功率器件的可靠性。在硅胶表面增加一层天然酯类涂料或全氟聚醚氟化液如 FR3、Galden HT230 等材料，可有效增加抗湿能力、有效避免离子污染带来的电场强度尖峰问题、不与传统硅胶材料反应，可在原有基础上提高 HV-H3TRB 老化寿命，进而提高器件可靠性。

（2）环氧树脂抗湿优化设计

环氧树脂常与氰酸酯、催化剂等材料共同作用制造模塑料，以用于小型 TO 器件的封装，现在也应用于新能源汽车用双面塑封模块的封装。Yu-Ju Chen 等人提出液态环氧树脂用于大型器件封装，其抗湿能力显著优于传统硅胶、热阻率低于传统硅胶、器件功率循环（Power Cycling Test，PCT）次数显著增加，器件可靠性得以提升。

Shinji Amanuma 等人提出在树脂基础上改造的一种高耐热性混合封装材料。类似于液态环氧树脂，该封装具有良好的填充能力，此外，该封装还具有良好的热膨胀系数、高耐热性、阻燃性等优良性能，未来可广泛应用于封装设计。

7.6　仿真分析技术

7.3 节、7.4 节中，器件所承受的应力有环境温度、偏置电压；7.5 节中，器件所承受的应力有环境温度、偏置电压、环境湿度。此三类应力仿真中，环境温度、环境湿度对应外部环境特性，偏置电压对应内部芯片特性。1.5 节已针对器件内部芯片特性进行了专业半导体工艺及器件模拟工具（TCAD）仿真分析，此处不再赘述，这里主要针对器件外部环境特性进行分析，即环境温度、环境湿度下的仿真分析，为保持一致性，这里也简单提及了偏置电压的宏观仿真，然而深入芯片内部的微观仿真需通过 1.5 节所述的 TCAD 实现。

7.6.1　环境温度的仿真

对于环境温度的仿真，目前已较为成熟，传热计算模块已集成在相关商业软件里。基本上，环境温度的仿真主要由热传导决定，热传导可由傅里叶定律描述，即：

$$q''_x = -k \frac{\mathrm{d}T}{\mathrm{d}x} \tag{7-27}$$

式中，q''_x 为是热流密度，即在与传输方向相垂直的单位面积上，在 x 方向上的传热速率；T 为温度；x 为热传递方向的坐标；k 为热导率。

对于一般的热传导，其遵循以下传热方程：

$$\rho c \frac{\partial t}{\partial \tau} = \frac{\partial}{\partial x}\left(\lambda \frac{\partial t}{\partial x}\right) + \frac{\partial}{\partial y}\left(\lambda \frac{\partial t}{\partial y}\right) + \frac{\partial}{\partial z}\left(\lambda \frac{\partial t}{\partial z}\right) + \Phi \tag{7-28}$$

式中，τ 为时间；x、y、z 为坐标轴；ρ 为密度；c 为定压比热容。若热导率为常数，且无内热源，λ 为常数；$\Phi = 0$，则可简写为式（7-29）：

$$\rho c \frac{\partial t}{\partial \tau} = \lambda \nabla^2 t \tag{7-29}$$

采用有限元法（Finite Element Method，FEM）可对器件所处温度场进行仿真，首先针对待测器件或研究对象设置几何模型，定义器件各层材料热特性参数。进一步地，物理场常选用固体传热模块，设定本构关系、初始值及边界条件，设置网格形状、大小等参数。最后，根据仿真需求设置研究类型（稳态或瞬态仿真），合理选取计算求解器，对方程进行求解并得到结果。

图 7-41 以分立器件为例，展示了器件在恒定温度 85℃ 下的温度分布。从图 7-41 中可知，器件温度分布的均匀性较好。

7.6.2　偏置电压的仿真

电磁场的仿真分析也较为成熟，在各个商业软件中也均有集成且细化出了不同的仿真模块，主要由麦克斯韦方程组来解释电磁场的相关行为，即：高斯定律、静电场环路定律、静电场的有散场特性、静电场的无旋场特性，如式（7-30）所示：

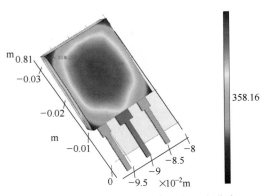

图 7-41　环境温度 85℃ 下器件温度分布

$$\oint_S \boldsymbol{D}\,\mathrm{d}\boldsymbol{S} = \int_V \rho \,\mathrm{d}V$$

$$\oint_l \boldsymbol{E}\,\mathrm{d}\boldsymbol{l} = 0$$

$$\nabla \boldsymbol{D} = \rho$$

$$\nabla \times \boldsymbol{E} = 0 \tag{7-30}$$

相似地，采用有限元技术可对器件所处静电场（一般为直流电磁）进行仿真，然而此处值得注意的是，有限元仿真无法有效地仿真出器件承受电压时漏电流的情况，这是因为功率半导体芯片内部结构、工艺、机理都较为复杂，施加阻断电压时，电场、电荷分布与载流子浓度、耗尽层宽度、终端设计等息息相关，需结合 TCAD 工具进行仿真。

图 7-42 以分立器件为例，展示了器件在外加 960V 偏置电压时（该器件额定电压 1200V）下的电势分布。

图 7-42　外加 960V 偏置
电压时器件电势分布

7.6.3　环境湿度的仿真

对于环境湿度的仿真，目前并不成熟，在商业软件（如 COMSOL）中有浓度相关模块，但实际使用较为困难，因此本小节将详细介绍功率半导体器件的湿度仿真。湿度仿真需要从基本原理出发，结合器件模型以及实际测试情况，对器件的水汽扩散过程进行模拟，建立仿真模型，进而对不同封装器件的水汽扩散行为差异进行解释。

7.6.3.1　两种仿真理论模型

（1）分压法

水汽（蒸汽）扩散行为可由 Fick 传质定律描述，如式（7-16）所示。该式求解得到的 C 为连续的物理量，然而，由于不同材料的饱和含湿量、溶解度等物理属性不同，绝对湿度 C 往往并不连续，因此无法直接求解。目前常见的两种做法是将变量 C 替换为其他变量，如相对湿度或者湿度百分比，再对替换后的变量进行求解。

分压法如式（7-31）所示：

$$C = SP \tag{7-31}$$

式中，C 为水汽-固体界面处绝对湿度；S 为水汽在固体中的溶解度；P 为水汽-固体界面附近的分压。通过式（7-31），可将式（7-16）转化为下式并以蒸汽压力 P 为变量进行方程求解：

$$\frac{\partial P}{\partial t} = D\left(\frac{\partial^2 P}{\partial x^2} + \frac{\partial^2 P}{\partial y^2} + \frac{\partial^2 P}{\partial z^2}\right) \tag{7-32}$$

进一步地，空气中相对湿度与蒸汽压力的关系如下所示：

$$\mathrm{RH} = P/P_{\mathrm{sat}} = \varphi \tag{7-33}$$

式中，RH 为相对湿度（Relative Humidity）；P 为蒸汽压力；P_{sat} 为饱和蒸汽压。因此，通过式（7-16）及式（7-33），将 Fick 定律中对绝对湿度的求解转换成了对相对湿度 RH 或 φ 的求解，如下式所示，相对湿度 RH、蒸气压力 P 都是连续物理量，绝对湿度 C 不连续，与实际情况相符。

$$\frac{\partial \varphi}{\partial t} = D\left(\frac{\partial^2 \varphi}{\partial x^2} + \frac{\partial^2 \varphi}{\partial y^2} + \frac{\partial^2 \varphi}{\partial z^2}\right) \tag{7-34}$$

（2）湿度百分比法

文献［42］利用了固体材料里饱和含湿量的概念，将式（7-16）替换为

$$w = \frac{C}{C_{\mathrm{sat}}} \tag{7-35}$$

式中，w 为湿度百分比；C_{sat} 为固体材料的饱和含湿量；C 为固体材料里的含湿量。相似地，通过变量替换可以得到以 w 为变量的湿度扩散方程：

$$\frac{\partial w}{\partial t} = D\left(\frac{\partial^2 w}{\partial x^2} + \frac{\partial^2 w}{\partial y^2} + \frac{\partial^2 w}{\partial z^2}\right) \tag{7-36}$$

式（7-36）与式（7-34）的形式上是一致，仅变量 w 及其物理意义上存在差异。分压法与湿度百分比法的差异主要在于：分压法是对液面上方的蒸汽压力进行计算，而湿度百分比法是对固体内所含的水分占饱和含湿量的百分比进行计算。而这两者并不一定等价，如图 7-43 所示。

由图 7-43 所示，当界面蒸汽压力小于饱和蒸汽压力时（即 $P_v < P_{sat}$），对应固体材料内含湿量也未饱和；当界面蒸汽压力等于饱和蒸汽压力时（即 $P_v = P_{sat}$），固体材料内含湿量仍未饱和；随着固体材料内含湿量沿着 $C = f(x)$ 函数逐渐增大，仅当固体材料内含湿量达到饱和含湿量 C_{sat} 时，固体材料内水分才达到饱和。

进一步地，当界面蒸汽压力等于饱和蒸汽压力时，$RH = P/P_{sat} = 100\%$，固-气界面上将形成凝露。此时方法（1）中蒸汽压力已达到上限，然而方法（2）中固体内的含湿量还未饱和。因此可知，仅当固体材料表面无凝露的形成时，界面蒸汽压力、固体材料含湿量都未达到饱和，φ 与 w 的增长分别遵循式（7-34）与式（7-36），此时两种方法是等效的（对应图 7-43 中 $P_v < P_{sat}$ 阶段）。

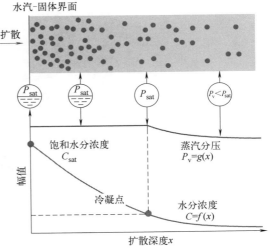

图 7-43　分压法与湿度百分比法的对比

7.6.3.2　器件仿真模型

仿真重点在于模拟水汽扩散的现象，因此器件的尺寸、封装形式等影响需要重点关注。为方便理解，分别选取了硅基芯片的分立器件（TO-247 封装）以及半桥模块（硅胶封装）作为仿真模型进行对比。

（1）分立器件

分立器件模型的爆炸视图如图 7-44 所示，分立器件由环氧树脂外壳、铜基板及引脚、芯片焊料层、芯片及钝化层、铝金属表面等部分组成。湿度仿真的重点在于模拟水汽的扩散，因此模型中简化了键合线的部分，以减少计算单元进而提高求解速度。

（2）半桥器件

半桥器件模型的爆炸视图如图 7-45 所示，半桥器件由铜基板、系统焊料层、覆铜陶瓷基板（Direct Bonding Copper，DBC）、IGBT 芯片及 FRD 芯片（含有源区及钝化层、铝金属表面等）、硅胶外壳等部分组成。相似地，为简化起见，仅建模了模块的上桥臂并忽略了键合线的部分，以减少计算单元进而提高求解速度。

（3）环境建模

为模拟恒温恒湿箱内水汽的扩散行为，除了分立器件和半桥器件模型外，还需对器件周围空气进行建模，即在器件周围剖出空气域，在空气域的边界施加边界条件，分立器件、半桥器件的空气域模型如图 7-46 所示。

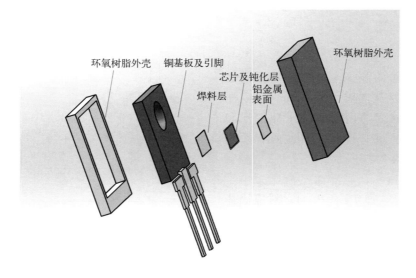

图 7-44　分立器件（TO-247 封装）模型爆炸视图

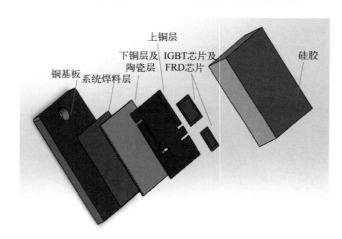

图 7-45　半桥器件（硅胶封装）模型爆炸视图

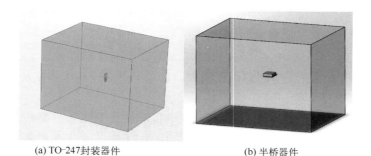

(a) TO-247封装器件　　　　　(b) 半桥器件

图 7-46　含空气域的器件仿真模型

7.6.3.3　仿真参数及边界条件设置方法

（1）仿真参数

根据已有文献，调研得到分立器件模型下，空气（85℃）、环氧树脂、铜、焊料、芯片、钝化层、表面铝金属层等材料的扩散系数 D、饱和含湿量 C_{sat} 如表 7-5 所示。

表 7-5　分立器件（TO-247 封装）湿度仿真相关参数

	空气(85℃)	环氧树脂	铜	焊料层	芯片	钝化层	表面铝金属层
扩散系数 $D/(\text{m}^2/\text{s})$	1×10^{-4}	1.866×10^{-12}	1×10^{-100}	7.06×10^{-9}	1×10^{-100}	7×10^{-12}	1×10^{-100}
饱和含湿量 C_{sat} $/(\text{kg}/\text{m}^3)$	0.3346	7.06	1×10^{-100}	6.2×10^{-6}	1×10^{-100}	16	1×10^{-100}

其中，铜、芯片、表面铝金属层均认为不吸湿，设置为 0，为避免数值 0 引起的计算误差和影响收敛性，统一设置为 10^{-100}。扩散系数 D 的大小直接反映了材料的吸湿性能，从表 7-5 中可以发现，器件主要是环氧树脂封装、焊料层、钝化层在吸湿。

相似地，根据已有文献，调研得到半桥器件模型下，空气（85℃）、硅胶、铜、陶瓷（氧化铝）、焊料层、芯片、钝化层、表面铝金属层等材料的扩散系数 D 如表 7-6 所示：从表中可以发现，器件中主要由硅胶封装、焊料层、钝化层、陶瓷层吸湿。

表 7-6　半桥器件（硅胶封装）湿度仿真相关参数

	空气(85℃)	硅胶	铜	陶瓷（氧化铝）	焊料层	芯片	钝化层	表面铝金属层
扩散系数 D $/(\text{m}^2/\text{s})$	1×10^{-4}	2×10^{-10}	1×10^{-100}	1.2×10^{-6}	7.06×10^{-9}	1×10^{-100}	7×10^{-12}	1×10^{-100}

（2）边界条件设置方法

由图 7-46 可知，在器件周围存在一层空气域，用以模拟恒温恒湿箱试验环境，设置空气域边界条件为湿度固定［偏微分方程（PDE）中需设置狄利克雷边界条件］。此外，还需设定本构关系，即对各层材料进行湿度相关参数进行设定。

值得注意的是，若用 PDE 进行求解，则直接修改参数即可。若用有限元仿真软件自带的湿度扩散模块（以下简称：自带湿度模块）求解，则需对其方程视图里的变量进行修改，准则为：将研究假设方程以式（7-16）为目标进行修改，同时还需保证材料内液态水为零。

7.6.3.4　仿真结果分析

针对前述两种仿真理论，即分压法与湿度百分比法，以式（7-16）为理论基础，分别进行了仿真，结果如图 7-47 所示。

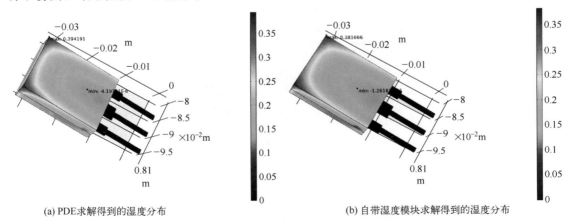

(a) PDE求解得到的湿度分布　　　　　　(b) 自带湿度模块求解得到的湿度分布

图 7-47　边界条件 85℃、95％RH，1000h 后器件湿度分布

由图 7-47 可知，器件置于 85℃、95％RH 的恒温恒湿箱内 1000h 后，其湿度逐渐由外而内侵入器件，由于铜板吸湿性较差，湿度主要集中在器件的环氧树脂封装材料内部。此外，对比图 7-47（a）和（b）可知，PDE 求解与自带湿度模块计算得到的器件湿度分布是相同的，仅有部分数值上的微小差异，可初步验证两者计算的等效性。进一步地，考虑到器件吸湿的失效点在钝化层、吸湿量最多在环氧树脂封装，因此需对这两个部分再进一步分析。取上述两处域的探针，类型选择为平均值，得到相对湿度含量化时间的变化规律如图7-48 所示。

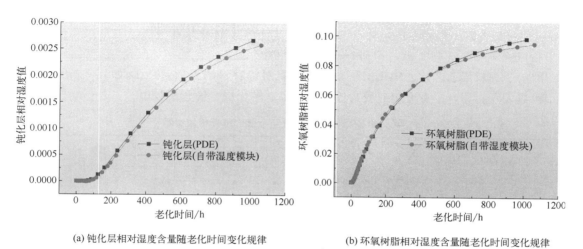

(a) 钝化层相对湿度含量随老化时间变化规律   (b) 环氧树脂相对湿度含量随老化时间变化规律

图 7-48　钝化层、环氧树脂封装内相对湿度含量随老化时间变化规律

由图 7-48 可知，PDE 与自带湿度模块计算的等效性得到了证明。此外，由于环氧树脂封装首先接触湿气，100h 以前相对湿度增加的速率大于钝化层处相对湿度增加的速率，随着老化时间的逐渐增加，水汽在两者内的扩散行为相似，其变化规律也相似，但环氧树脂封装内相对湿度值始终远高于钝化层内相对湿度值。

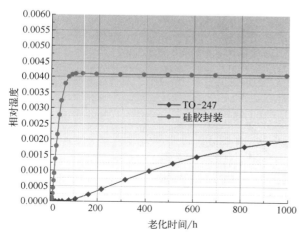

图 7-49　钝化层相对湿度含量随老化时间的变化规律

7.6.3.5　两种器件封装的差异性

如 7.6.3.2 小节所述，选取了硅基芯片的两种不同封装进行对比，即分立器件的环氧树脂封装以及半桥器件的硅胶封装，分别如图 7-44 及图 7-45 所示，其中，环氧树脂封装厚度 3mm；硅胶封装厚度 8mm。由图 7-49 可知，在存储初期（100h 以内），硅胶封装下半桥器件钝化层的相对湿度含量就已达到饱和，在后续的 900h 内也不再大幅增长。与之对比，环氧树脂封装下TO-247 器件钝化层直到 1000h 也未达到饱和，且幅值仅为硅胶封装器件的 1/2。这是由于两种材料的吸湿性能差异决定的，硅胶的扩散系数为 $2 \times 10^{-10} \, \mathrm{m^2/s}$，而环氧树脂的扩散系数仅为 $1.866 \times 10^{-12} \, \mathrm{m^2/s}$，两种材料相

差 2 个数量级，导致了器件吸湿性能的差异。虽然环氧树脂的吸湿能力弱，过程慢，但同样其排湿的能力也弱，使得湿度入侵后难以排除器件，因此，要结合两者的优点才能提高器件的可靠性。

7.7　未来发展方向

近年来高压高温高湿反偏测试（HV-H3TRB）的快速发展，湿度、耐压相关可靠性测试逐渐受到广泛重视。针对 HV-H3TRB 测试，大量厂商推出了耐高湿设计的功率半导体器件以提升其运行可靠性。然而，该器件可靠性测试也在不断更新迭代，推出了更多如动态 HTGB/动态 HTRB/动态 HV-H3TRB、PC＋HV-H3TRB 等测试[43,44]，以使得器件在可靠性测试中更加贴合实际工况。

未来相关测试及器件可靠性的发展方向有：

① Si IGBT、SiC MOSFET 器件的 HV-H3TRB 老化机理探究；

② 动态 HTGB/动态 HTRB/动态 HV-H3TRB，栅极切换频率 $10\sim100kHz$；

③ 与功率循环（PC）直接耦合的 PC＋HV-H3TRB 或 PC＋HTRB 测试；

④ 湿度对功率器件热阻的影响分析及其优化措施；

⑤ 芯片、封装的新型抗湿优化设计；

⑥ HTRB/HV-H3TRB 等测试对器件其他电参数（如阈值电压、正向饱和电压/导通电阻）的影响分析及其抑制措施。

参考文献

[1]　ECPE Guideline AQG 324. Qualification of power modules for use in power electronics converter units（PCUs）in motor vehicles [S]. 2021.

[2]　Beier-Moebius M, Lutz J. Breakdown of gate oxide of 1. 2 kV SiC-MOSFETs under high temperature and high gate voltage [C]//PCIM Europe 2016; International Exhibition and Conference for Power Electronics, Intelligent Motion, Renewable Energy and Energy Management. VDE, 2016: 1-8.

[3]　Malandruccolo V, Ciappa M, Rothleitner H, et al. A new built-in screening methodology to achieve zero defects in the automotive environment [J]. Microelectronics Reliability, 2009, 49（9-11）: 1334-1340.

[4]　Infineon. White paper: How Infineon controls and assures the reliability of SiC based power semiconductors [R/OL]. 2020. 07. https: //www. infineon. com/dgdl/Infineon-Reliability_of_SiC_power_semiconductors-Whitepaper-v01_02-EN. pdf? fileId=5546d46272e49d2a01735723745d3f14&da=t.

[5]　Beier-Moebius M, Lutz J. Breakdown of gate oxide of SiC-MOSFETs and Si-IGBTs under high temperature and high gate voltage [C]//PCIM Europe 2017; International Exhibition and Conference for Power Electronics, Intelligent Motion, Renewable Energy and Energy Management. VDE, 2017: 1-8.

[6]　JEDEC JEP122G. Failure mechanisms and models for semiconductor devices [S]. 2010.

[7]　Pomès E, Reynès J M, Tounsi P, et al. Interest of surface treatment at gate oxide level for power MOSFETs quality and reliability [C]//ICM 2011 Proceeding. IEEE, 2011: 1-6.

[8]　Schuegraf K F, Hu C. Hole injection oxide breakdown model for very low voltage lifetime extrapolation [C]//31st Annual Proceedings Reliability Physics 1993. IEEE, 1993: 7-12.

[9]　McPherson J W, Baglee D A. Acceleration factors for thin gate oxide stressing [C]//23rd International Reliability Physics Symposium. IEEE, 1985: 1-5.

[10]　Kerber A, Cartier E. Bias temperature instability characterization methods [M]//Bias Temperature Instability for

Devices and Circuits. New York, NY: Springer New York, 2013: 3-31.

[11] Grasser T. The capture/emission time map approach to the bias temperature instability [M] //Bias tempera-
      ture instability for devices and circuits. New York, NY: Springer New York, 2013: 447-481.

[12] IEC 60749-23: 2011. Semiconductor devices-Mechanical and climatic test methods-Part 23: High temperature
      operating life [S] . 2011.

[13] IEC 60747-8: 2010. Semiconductor devices-Discrete devices-Part 8: Field-effect transistors [S] . 2010.

[14] IEC 60747-9: 2019. Semiconductor devices-Discrete devices-Part 9: Insulated gate bipolar transistors (IG-
      BTs) [S] . 2019.

[15] JEDEC JESD22-A108F. Temperature, bias, and operating life [S] . 2017.

[16] AEC-Q101-REV-C. Stress test qualification for automotive grade discrete semiconductors [S] . 2005.

[17] IEC TS 62686-1-2015. Process management for avionics-electronic components for aerospace, defence and
      high performance (ADHP) applications-Part 1: General requirements for high reliability integrated circuits
      and discrete semiconductors [S] . 2011.

[18] Wintrich A, Nicolai U, Tursky W, et al. Application manual power semiconductors [J] . 2nd Edition.Il-
      menau: ISLE Verlag, 2015.

[19] MIL-STD-750D. Test method standard semiconductor devices [S] . 1995.

[20] Wang J, Jiang X. Review and analysis of SiC MOSFETs' ruggedness and reliability [J] . IET Power Elec-
      tronics, 2020, 13 (3): 445-455.

[21] Choyke W J, Matsunami H, Pensl G. Silicon carbide: Recent major advances [M] . Heidelberg: Springer,
      2003.

[22] Afanas'ev V V, Stesmans A, Ciobanu F, et al. Mechanisms responsible for improvement of 4H-SiC/SiO$_2$ in-
      terface properties by nitridation [J] . Applied Physics Letters, 2003, 82 (4): 568-570.

[23] Okamoto D, Yano H, Hirata K, et al. Improved inversion channel mobility in 4H-SiC MOSFETs on Si face u-
      tilizing phosphorus-doped gate oxide [J] . IEEE Electron Device Letters, 2010, 31 (7): 710-712.

[24] Morishita R, Yano H, Okamoto D, et al. Effect of POCl$_3$ annealing on reliability of thermal oxides grown on
      4H-SiC [C] //Materials Science Forum. Trans Tech Publications Ltd, 2012, 717: 739-742.

[25] Wiesner E, Nakamura K, Hatori K. Robust high voltage IGBT power modules against humidity and conden-
      sation [J] . Bodo's Power Systems, 2019.

[26] Zorn C, Kaminski N. Temperature humidity bias (THB) testing on IGBT modules at high bias levels [C] //
      CIPS 2014; 8th International Conference on Integrated Power Electronics Systems. VDE, 2014: 1-7.

[27] Placette M D, Fan X, Zhao J H, et al. A dual stage model of anomalous moisture diffusion and desorption in
      epoxy mold compounds [C] //2011 12th Intl. Conf. on Thermal, Mechanical & Multi-physics Simulation and
      Experiments in Microelectronics and Microsystems. IEEE, 2011: 1/8-8/8.

[28] Roy S, Xu W X, Park S J, et al. Anomalous moisture diffusion in viscoelastic polymers: modeling and tes-
      ting [J] . Journal of Applied Mechanics, 2000, 67 (2): 391-396.

[29] Lutz J, Schlangenotto H, Scheuermann U et al. Semiconductor power devices-Physics, characteristics, reli-
      ability [M] . 2nd Edition. Berlin Heidelberg: Springer Verlag, 2018.

[30] Zorn C, Kaminski N. Temperature-humidity-bias testing on insulated - gate bipolartransistor modules-fail-
      ure modes and acceleration due to high voltage [J] . IET Power Electronics, 2015, 8 (12): 2329-2335.

[31] Sadik D P, Nee H P, Giezendanner F, et al. Humidity testing of SiC power MOSFETs [C] //2016 IEEE 8th
      International Power Electronics and Motion Control Conference (IPEMC-ECCE Asia) . IEEE, 2016:
      3131-3136.

[32] ECPE Guideline PSRRA 01. Railway applications HV-H3TRB tests for power semiconductor. [EB/OL] .https: //
      www. ecpe. org/index. php? eID=dumpFile&t=f&f=25473&token=a3a7d65eb3d002558c2d91342f04e4ee6b5325d1.

[33] IEC 60749-5: 2017. Semiconductor devices-Mechanical and climatic test methods-Part 5: Steady-state temper-
      ature humidity bias life test [S] . 2017.

[34] JEDEC JESD22-A101D. Steady-state temperature-humidity bias life test [S] . 2009.

[35] Zorn C, Kaminski N, Piton M. Impact of humidity on railway converters [C] //PCIM Europe 2017; International Exhibition and Conference for Power Electronics, Intelligent Motion, Renewable Energy and Energy Management. VDE, 2017: 1-8.

[36] EIAJ ED-4701/100. Environmental and endurance test methods for semiconductor devices (Life test I) [S]. 2001.

[37] MIL-STD-202G. Test method standard electronic and electrical component parts [S]. 2002.

[38] Microsemi power modules: Reliability tests for automotive application on basis of AEC-Q101 [S]. 2005.

[39] AND9058/D. Reliability and quality for IGBTs [S]. 2016.

[40] IEC 60068-2-67: 2019. Environmental testing-Part 2-67: Damp heat, steady state, accelerated test primarily intended for components [S]. 2019.

[41] Cimmino D, Ferrero S, Scaltrito L, et al. Multilayer film passivation for enhanced reliability of power semiconductor devices [J]. Journal of Vacuum Science & Technology B, 2020, 38 (2).

[42] Wong E H, Teo Y C, Lim T B. Moisture diffusion and vapour pressure modeling of IC packaging [C] //1998 Proceedings. 48th Electronic Components and Technology Conference (Cat. No. 98CH36206). IEEE, 1998: 1372-1378.

[43] Voss I, Aichinger T, Basler T, et al. Reliability and ruggedness of SiC trench MOSFETs for long-term applications in humid environment [C] //PCIM Europe 2018; International Exhibition and Conference for Power Electronics, Intelligent Motion, Renewable Energy and Energy Management. VDE, 2018: 1-4.

[44] Wang Y, Deng E, Wu L, et al. Advanced power cycling test integrated with voltage, current, temperature, and humidity stress [J]. IEEE Transactions on Power Electronics, 2023, 38 (6): 7685-7696.

第8章

功率循环测试

8.1 测试标准和技术

功率循环测试是通过对器件施加外部负载电流，控制负载电流的开通和关断使器件加热冷却，来模拟器件在实际应用中的结温波动过程，以提前暴露器件封装的薄弱点。因此功率循环测试一直被工业界和学术界认为是考核功率器件封装可靠性最重要的可靠性测试，也是进行器件寿命模型建立和寿命评估的根本。因此，测试结果的准确性相当重要，然而测试方法和测试技术的不同将导致不同的测试结果，可能降低结果的有效性和公证力。为了规范此测试，国际电工技术委员会、固态技术协会等协会或组织都推出了功率循环测试标准。这些测试标准对于指导功率半导体器件厂商进行可靠性测试具有重要的意义。目前对功率半导体器件功率循环测试方法进行介绍的主要国际标准有 IEC 60749-34、MIL-STD-750E、JESD22-A122 和 AQG 324。其中，AQG 324 标准以功率模块的可靠性监测为目标，提供了测试条件的明确定义，因此该标准被广泛使用。

8.1.1 IEC 标准

国际电工技术委员会（IEC）在 2010 年推出了关于功率半导体器件功率循环测试的标准 IEC 60749-34：2010，标准的名称是 "Semiconductor devices——Mechanical and climatic test methods——Part 34：Power cycling"。该标准主要基于 20 世纪 90 年代 LESIT 项目的经验进行制定，将功率循环测试定义为一种破坏性测试方法，用以确定在循环过程中内部半导体芯片和连接部位对热-机械应力的抵抗能力。该标准首先定义了功率循环测试中各物理量，如壳温 T_c、结温波动 ΔT_{vj}、壳温波动 ΔT_c、开通时间 t_{on}、关断时间 t_{off}、循环周期 N_f 等。但该标准推出时间较早，其中关于结温测量方法不够实用和准确，新的结温测试方法和其他测试细节在 IEC 60747-9：2019 标准的 6.2 节和 7.2 节中有介绍。对于结温测量，和热阻测试一样，IEC 标准介绍了两种温敏电参数方法，分别是小电流下的饱和压降法［又称 $V_{CE}(T)$ 法］和阈值电压法［又称 $V_{GE(th)}(T)$ 法］，这部分内容在第 3 章和第 4 章均已有涉及。首先都需要将待测器件放置在恒温箱中被动加热，获得不同温度下待测器件的小电流下饱和压降或阈值电压，得到器件结温与电学参数的对应关系，也常称为校准曲线，为功率循环或热阻测量时的结温获取做准备。

IEC 60747-9：2019 标准中功率循环测试示意图如图 8-1 所示，根据结温测试方法的不同，测试电路也不相同，图 8-1（a）是 $V_{CE}(T)$ 法的功率循环测试电路图，图 8-1（b）是 $V_{GE(th)}(T)$ 法的功率循环测试电路图，这里均以 IGBT 为例来说明。DUT 是待测器件，R_1 是栅极电阻，R_2 和 R 是测量电流的同轴电阻，也可以使用电流探头来代替。功率循环测试中采用直流加热模式，在整个功率循环过程中，待测器件固定在散热器上，同时正向压降 V_{GE} 一直施加在器件栅-射极使待测器件处于导通状态。升温阶段，开关 S 闭合，直流电流 I_C（$I_{C1}+I_{C2}$）通过待测器件进而产生功率损耗 P_{on}，器件结温升高；降温阶段，开关 S 断开，器件产生的热量被散热器带走，器件的结温降低。小电流 I_{C1} 流过待测器件，测量得到此时器件两端的 V_{CE} 或者 $V_{GE(th)}$，通过校准曲线可以计算得到此时的最大结温和结温波动。对于热量耗散，标准中未对冷却方式做出严苛要求，风冷或者水冷均可。如图 8-2 所示，负载电流不断被周期性施加和去除，待测器件的结温也呈现周期性变化，由于器件不同材料热膨胀系数的不匹配，使得各层材料在温度波动中膨胀收缩的程度不一致，进而引起各层材料之间产生热应力。循环热应力也是造成材料疲劳和老化的主要原因，通过功率循环测试就可以考核功率半导体器件的封装可靠性以及得到器件的寿命模型。

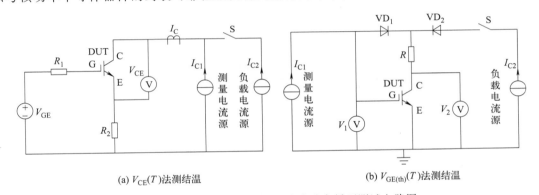

(a) $V_{CE}(T)$ 法测结温　　　　　　　　(b) $V_{GE(th)}(T)$ 法测结温

图 8-1　IEC 60747-9：2019 标准中功率循环测试电路图

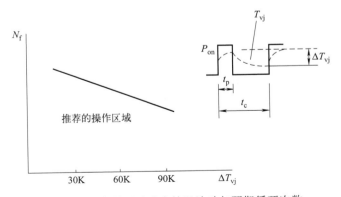

图 8-2　功率循环试验中结温波动与预期循环次数

关于测试条件，该标准说明了短开通时间 $t_{on}<15s$（现在也被称为秒级，Power Cycling Second，PC_{sec}）的功率循环测试主要聚焦于芯片连接层，长开通时间 $t_{on}>1min$（现在也被称为分钟级，Power Cycling Minute，PC_{min}）的功率循环测试主要聚焦于系统焊料层。秒级功率循环 PC_{sec} 相对于分钟级功率循环 PC_{min} 的壳温几乎没有波动，但后者壳温波动

ΔT_c 可以达到 50K。此外，该标准还进一步推荐测试时对于二极管和晶闸管应该选择 50Hz 或者 60Hz 的交流电流，对于 IGBT 或者 MOSFET 标准推荐直流电流脉冲进行测试。

IEC 60749-34 标准中，给出了功率循环测试条件以及合格要求：

① 秒级功率循环 PC_{sec}：在 $\Delta T_{vj} = 100K$ 条件下至少 100000 次循环；

② 分钟级功率循环 PC_{min}：在 $\Delta T_{vj} = 100K$ 条件下至少 1000 次循环。

8.1.2 MIL 标准

美国国防部发布的 MIL-STD-750E：2006 标准中在 1037 节对"间歇式使用寿命"（Intermittent Operation Life，IOL）进行了简短说明。该标准中对试验要求有如下 4 点：

① 测试加热器件必须采用直流电源加热，且器件加热电流上升要快，以达到结温测试条件。

② 结温测试条件为：$\Delta T_j = 85K$，对于晶闸管器件 $\Delta T_j = 60K$。开通时间 $t_{on} = 30s$，对于体积较大的器件，$t_{on} > 1min$。

③ 该标准并未详细规定器件的失效阈值，只是提及在测试完成后必须在 4 天内完成器件失效测试。

④ 默认的循环测试为 2000 次。

MIL-STD-750E：2006 标准对于功率循环测试要求非常少，主要因为制定时间较早，同时受限于当时的待测器件，测试对象主要是单个芯片的塑封器件。此标准对于器件内部温度梯度对器件寿命的影响很少考虑，往往通过环境温度循环和温度冲击测试来代替功率循环测试。这些环境温度测试属于被动加热方式，没有考虑芯片自发热产生的温度梯度影响。

8.1.3 JESD 标准

固态技术协会（JEDEC）是一个成立于 1958 年的半导体工程贸易组织和标准化机构，拥有 300 多个公司成员。由于器件在实际应用时开通或者关断过程中会产生温度梯度的现象，但这种现象在封装内部产生的应力无法由温度循环测试（环境可靠性测试）来模拟，2016 年 JEDEC 组织制定了关于半导体器件的功率循环测试标准 JESD22-A122A：2016。针对封装内部存在温度梯度带来的应力，标准中将功率循环测试视为产生这一应力的主要方法，进而考核器件的封装可靠性。

标准中规定在功率循环测试时热量不限于功率器件芯片自身发热产生，也包括安装在模块内部或外部的加热装置，结温变化范围可从室温上升到器件最大工作结温。结温 T_j 变化曲线如图 8-3 所示，也有机构称为复合功率循环，图中 T_1、T_2 为器件某层结构的温度，$T_{cycle(min)}$ 和 $T_{cycle(max)}$ 实际上分别就是最小结温 T_{jmin} 和最大结温 T_{jmax}，并给出了五种典型测试条件如表 8-1 所示。此外，标准中还规定了器件保持在最大或最小结温 $\pm 5K$ 的停留时间。

表 8-1 JESD22-A122A：2016 中的典型功率循环测试条件

测试条件	最小结温 $T_{cycle(min)}$/℃	最大结温 $T_{cycle(max)}$/℃
A	25	100
B	25	125
C	10	100
D	10	125
E	40	100

另外为了能在功率循环测试过程中尽可能地反映器件在实际应用中的情况，标准中允许使用四种不同的控制策略，分别是 a）恒定加热功率，b）变化加热功率，c）恒定冷却温度，d）变化冷却温度。需要注意的是，这里讲的恒定加热功率控制策略和后面 8.1.4 小节中讲的恒定功率策略不同，前者指的是在一个循环周期中保持加热功率不变，后者指的是在整个功率循环

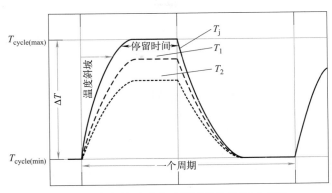

图 8-3　功率循环试验时温度变化曲线示意图

试验过程中保持加热功率不发生改变。图 8-4 展示了在恒定冷却温度条件下 a）和 b）两种条件下结温变化情况。从图中可以看出，提高加热功率可以更快地升温来达到最大结温，这种控制策略主要用于加速循环时间，提高循环速率。控制策略 d）中通过提高水温来更快地升温是同一原理。

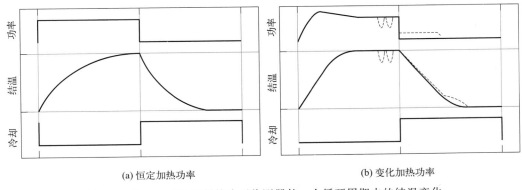

|(a) 恒定加热功率|(b) 变化加热功率|

图 8-4　第一、二种控制策略下待测器件一个循环周期内的结温变化

但通过改变功率或者改变冷却温度这两种控制策略要求相比于恒定功率或冷却温度在软件控制层面更难实现，一般采用 PID 调节来实现闭环控制。进一步地，此标准中在器件进行加热的过程是不给被测器件施加冷却的，只有撤除加热功率后才开通冷却以降温被测器件。

标准中建议在线或者间隔一段时间进行电气参数测试，用来评估待测器件焊料层或键合线是否存在老化现象。试验后的器件需要进行参数限值、功能性、机械损伤检查，如果发现参数超过数据表限值、无法使用、出现机械损伤，则可视为失效。

8.1.4　AQG 324

AQG 324 标准是欧洲电力电子中心（ECPE）专门针对汽车功率模块推出的行业标准，于 2018 年发布第一版，只规定了 IGBT 的测试规范，2021 年发布了第二版，规定了 SiC 器件的部分测试规范。标准中主要规定了四类测试，分别是 QM 模块测试、QC 模块热性测试、QE 环境可靠性测试和 QL 寿命测试。标准在寿命测试一章对功率循环测试进行了详细且全面的规定，被广大厂商和科研机构所认可，目前该标准已经替代其他标准成为功率循环

测试主要参考标准。

AQG 324 标准规定功率循环测试的目的不仅仅是验证器件制造厂商所给的器件寿命模型，测试本身也可以创建寿命模型。相比于 IEC 标准，AQG 324 做出了很多改进的地方，现列举并说明如下。

① 对于控制策略，测试器件必须是恒定的开通时间 t_{on}、恒定的关断时间 t_{off} 和恒定的负载电流 I_L。在功率循环试验前期可以通过调节不同的试验条件以达到目标结温波动和最大结温，然而随着试验的进行，器件键合线或焊料层发生老化，会导致端口电热特性发生改变，造成最大结温和结温波动的增加。因此，关于在功率循环试验过程中是否应该对某些试验条件进行控制以保持恒定，产生了不同的控制策略，主要有以下四种，与 8.1.3 节有所区别。

a. 恒定开通时间和负载电流，即恒定 t_{on} 和 I_L。这种控制策略最为简单，也是最符合功率器件实际应用工况的，即在功率循环试验过程中，不对任何试验条件进行调整，也被称为"标准试验方法"。在这种控制策略下，键合线老化会导致通态压降的增加，焊料层老化会导致热阻的增加，两者都会进而导致最大结温和结温波动的升高，使得老化试验的条件更加严苛，进一步加速老化的发展。因此，在试验后期会观测到通态压降和热阻呈现指数型增长的趋势。

b. 恒定壳温波动，即恒定 ΔT_c。这种控制策略要求在功率循环试验过程中壳温的波动保持恒定，实现方式是改变冷却介质的温度，通过建立壳温和冷却介质温度的反馈控制关系，当器件发生老化后壳温发生变化，及时调节冷却介质的温度或流量来维持壳温波动的恒定，这种控制方式对老化有一定作用的补偿效果。

c. 恒定功率损耗，即恒定 P_v。这种控制策略要求功率循环试验过程中功率损耗是恒定的，功率损耗由负载电流和通态压降共同决定，而通态压降又受负载电流、栅极电压和结温的影响。因此，实现这一控制目标可以有多种控制方法，对器件的老化过程也有补偿作用。

d. 恒定结温波动，即恒定 ΔT_j。这种控制策略要求功率循环试验过程中结温波动是恒定不变的，由于结温波动是影响寿命最重要的试验条件，因此这种控制策略将对老化起到极大的补偿作用，其中改变功率循环过程中的测试电流是最为直接和有效的方法。

德国 Semikron 公司 Uwe Scheneuman 及其他学者对这四种控制策略进行了详细对比研究[1]，测试结果如图 8-5 所示。测试结果表明第一种控制策略下器件的功率循环寿命最短，其他三种控制策略得到的器件的寿命都有相当程度的提高，大约分别是标准试验方法的 150%、220%、320%。当然，具体的差异或数值还与所使用的功率器件和测试条件有关，但至少可以判断其他三种控制策略对器件寿命是有补偿作用的。

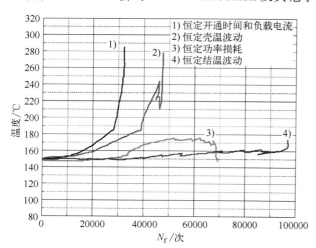

图 8-5　四种控制策略寿命差异对比[1]

基于上述结论，德国开姆尼茨工业大学 Guang Zeng 也对四种控制策略进行了更进一步的对比研究[2]。与文献［1］不同的是，对于第三种控制策略，Guang Zeng 讨论了采用调节栅极电压和负载电流两种方式对结果的影响，结果表明两种方式下的寿命非常接近，分别是标准试验方法的112％和111％。对于第四种控制策略，Guang Zeng 采用了调节栅极电压、负载电流和开通时间三种方式并进行了对比，三种方式下的寿命分别是标准试验方法的 123％、127％和151％，远小于文献［1］的影响。文献［2］认为当改变开通时间用于补偿老化时，试验中测得热阻或最大结温均不能用于监测焊料层的老化，导致缺少统一的失效准则，另外两个试验用的结温测量方法也不同，导致两个试验的结果无法直接进行对比。进一步地，改变开通时间，实际上也改变了芯片表面的温度梯度，也会一定程度上影响测量结果。

　　综上所述，第二至四种控制策略不同程度上均对老化有补偿作用，导致测试寿命比第一种控制策略下的寿命要高，并且同一控制策略下又有不同的控制方式，导致寿命又有差异，还会影响老化参数的监测和失效准则的判定，不利于结果的直接对比。为了使各个器件达到目标结温条件，可以在试验前适当调整待测器件的栅极电压 V_{GE}，但 V_{GE} 的调整必须是在器件的饱和区内，且开始试验后不得对上述参数以及冷却液温度等进行调节。恒定 t_{on}、t_{off}、I_L 是最严格的控制策略，也是最符合实际应用场景的，在测试过程中键合线或者焊料的老化会引起结温波动上升，进而加速老化。其他策略例如恒定功率 P 以及恒定结温波动ΔT_{vj}，在功率循环过程中通过改变栅极电压 V_{GE} 或者减小负载电流 I_L 或者降低开通时间t_{on}，对老化会有一定补偿作用，不能真实反映器件内部的老化状态，严重影响了测试结果以及对比性，因此被 AQG 324 所禁止。所以，AQG 324 中将第一种控制策略确定为标准试验方法，即对老化过程不进行任何补偿。

　　② 对于结温测量方法，标准规定禁止使用 $V_{GE(th)}(T)$ 以及通过功率和热阻的乘积来计算结温，必须使用 $V_{CE}(T)$ 法。其目的是统一测试标准，让所有的厂商都选择同一结温测量方法，进而测试数据具有可对比性，并不是 $V_{GE(th)}(T)$ 不适用于结温测量。另外，对于MOSEFT 器件测试，标准规定可以使用体二极管进行反向加热，但测试电流 $I_L < 0.85 I_{CN}$，I_{CN} 表示器件的额定电流。但对于结温测量，必须采用体二极管进行，且必须施加栅极负压让沟道完全关闭，防止部分小电流从沟道流过，进而影响结温测量准确性。

　　③ 对于待测器件失效判据，AQG 324 标准相对于其他标准有了更明确的规定，失效判据列举如表 8-2 所示，标准判定只要 V_{CE} 上升 5％或者 R_{th} 上升 20％即可表明器件失效，功率循环过程中无论是检测 $R_{th(j-c)}$、$R_{th(j-s)}$、$R_{th(j-f)}$，热阻定义必须满足 AQG 324 的标准，即参考点温度必须满足要求，具体可见 3.3 节内容。此外标准规定热阻、压降测量必须在线进行监测，且每个循环都必须记录。

表 8-2　AQG 324 失效判定标准

参数		相对于原始值改变
正向压降增长	IGBT：$V_{CE(sat)}$ MOSFET：V_{DS} Diode：V_F，V_{FSD}	+5％
热阻增长	$R_{th(j-c)}$、$R_{th(j-s)}$、$R_{th(j-f)}$ 可选	+20％
结温增长（可选项）	ΔT_{vj}	+20％

　　当检测到器件达到失效标准时（即压降相对初始值增加 5％或热阻增加 20％），标准也建议继续进行功率循环测试以增加一定数据量，有助于后续的数据处理和结果分析，如作者

团队一般设置为压降增加 10% 或热阻增加 25%。如图 8-6 所示，评估 EasyPACK S2 寿命时热阻增加达到 20% 的失效标准后继续试验，此外还可以借助扫描声学显微镜（SAM）对待测器件进行失效分析，尤其是键合线和焊料的连接状态。但当评估寿命时，必须采用相对于初始值的 $V_{CE}+5\%$ 或者 $R_{th}+20\%$ 时的循环数作为该器件寿命。

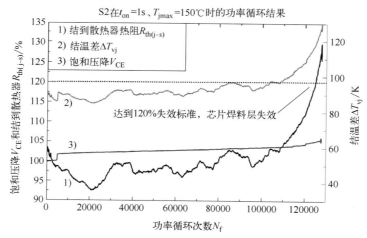

图 8-6　到达 +20% 热阻失效标准后继续试验

④ 对于建立寿命模型，如图 8-7 所示，标准规定至少要测试两个不同的 ΔT_{vj}，差值要大于 40%，且其中一次的测试电流 $I_L>0.85I_{CN}$。这里需要注意的是，当测试电流过大时，失效模式会发生改变，具体参见 8.3.3 节。根据作者团队多年经验一般认为 $I_L<1.2I_{CN}$，同时这也意味着另一组结温条件时的测试电流 $I_L<0.85I_{CN}$。进一步地，最终测试得到的器件寿命要大于器件供应商提供的寿命曲线才认为合格，如图中的"×"号和星号。

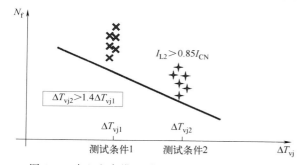

图 8-7　建立寿命模型时两次测试结温条件要求

⑤ 对于测试样品和测试回路，测试样品至少选择 3 个模块的 6 个开关或者选用 6 个模块的 6 个开关，但测试回路要与实际应用时电流路径一致，以保证模块中每个开关均得到了可靠性的测试评估。以三相全桥模块 FS660R08A6P2B 为例，选用三个模块进行测试时每个模块的测试电流路径保持相同，可选择如图 8-8 所示三条路径中的任意一种。选用 6 个模块测试时，6 个模块分别选择不同开关且电流路径符合图 8-8 中路径 1→2 或 3→4 即可。

AQG 324 标准也针对功率器件封装界面的考核部位进行开通时间上的区分，标准认定 $t_{on}<5s$ 的功率循环测试为秒级功率循环测试，主要考核芯片周围连接的可靠性，如键合线或/和芯片焊料层；$t_{on}>15s$ 的功率循环测试为分钟级功率循环测试，考核远离芯片周围连接的可靠性，如系统焊料层，但此时基板温度或散热器温度或冷却液温度 T_c/T_s 需要实时监测和记录。秒级功率循环和分钟级功率循环试验中器件内部温度变化曲线对比如图 8-9 所示，可见分钟级功率循环与秒级功率循环相比，远离芯片的部分温度波动更大。

除了 IEC 标准、MIL 标准、JESD 标准和 AQG 324 等知名标准对功率循环测试要求

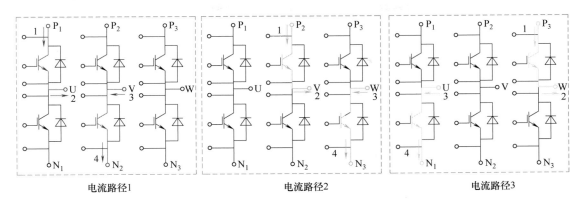

图 8-8　测试电流回路要求

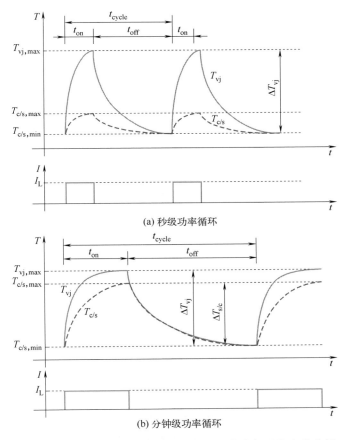

图 8-9　秒级和分钟级功率循环试验中器件内部温度变化曲线

进行了规定，其他诸如 AEC-Q101、Semikron 应用手册也对功率循环测试做出了自己的要求。各个测试标准要求总结如表 8-3 所示。可以看到，现有标准中只有 AQG 324 标准较为详细和全面，发布年份也最接近当下，虽然 AEC-Q101 标准也是 2021 年提出，但其结温波动要求过高，并未区分秒级和分钟级功率循环，也没有具体指明器件失效判定标准。进一步地，AEC-Q101 标准主要针对电动汽车上的分立器件进行可靠性考核，而不是功率模块。

表 8-3 各类测试标准对比

标准	结温波动/K	结温最小值最大值/℃	每个循环周期	循环次数/次	失效判定标准
IEC 60749-34：2010	$60\pm5\sim$ 95 ± 5	$45\pm5\sim150(-10)$	t_{on}:1s~15min	PC_{sec}：$\geqslant100000$ ($\Delta T_{vj}=100K$) PC_{min}：$\geqslant1000$ ($\Delta T_{vj}=100K$)	$V_F>1.1$ 倍的数据表最大值（二极管）
IEC 60747-9：2019	$30\sim90$	方法 1:壳温恒定（考核键合线）方法 2:壳温随结温变化(考核焊料层)			
Semikron 应用手册	100	$40\sim150$	t_{on}:10~60s	20000(IGBT) 10000(二极管)	
JESD22-A105：2011			$t_{on}=t_{off}=5min$		达到参数限值
JESD22-A122A：2016	五类测试条件:见表 8-1	最小值:0~15 最大值:95~135	t_{on}:10~30min		需进行气密性、参数限值、功能性、机械损伤检查
MIL-STD-750E：2006	85			2000 次	器件取出后96h内需完成参数测试
AEC-Q101：2021	$\geqslant100$	不超过结温限值		6000~15000 ($\Delta T_{vj}\geqslant100K$) 3000~7500 ($\Delta T_{vj}\geqslant125K$)	
AQG 324：2021	至少要测试两个不同的 ΔT_{vj}，且差值要大于 40%		1. PC_{sec}:$t_{on}<5s$,其中一次测试电流 $I_L>0.85I_{CN}$ 2. PC_{min}:$t_{on}>15s$,其中一次测试电流 $I_L>0.85I_{CN}$	见表 8-2	

8.2 测试方法分类

功率循环考核的主要是器件不同封装材料界面在往复周期性结温波动激励下的老化。其中，封装材料 CTE 不匹配是导致热应力产生的根本原因，结温波动 ΔT_{vj} 和最大结温 T_{vjmax} 是热应力产生的激励源。8.1 节所讲述的所有标准中约定的功率循环均是直流电流为激励的功率循环测试，但实际中按照功率循环电路拓扑结构分类，可大致分为 DC 功率循环、带开关损耗的 DC 功率循环、AC 功率循环和 PWM（Pulse Width Modulation，脉宽调制）功率循环。DC 功率循环是最早最为简单的电路，可准确获得被测器件的结温，但只有导通损耗，对于某些低压降器件无法达到高的结温波动而加速老化过程；带开关损耗的 DC 功率循环就是为了解决上述问题而提出的，但又结合了 DC 功率循环电路简单和结温测量准确的优点；实际应用时，功率器件都是主动开关以及在关断时承受高压，这是 DC 功率循环无法评估的，因此 AC 或 PWM 功率循环应运而生。根据损耗形式和器件受到的电压应力，又可将 AC 和 PWM 功率循环归为一类，此时器件在功率循环过程中不但有导通损耗，还有开关损耗。下面将从测试原理、方法、难点等各方面分析上述功率循环的特点。

8.2.1　DC 功率循环

目前最常用的，也是所有标准中规定的功率循环电路拓扑均为 DC 功率循环电路，即电流激励为直流，在整个功率循环过程中，使模块保持导通状态，负载电流由外部开关来控制，被测器件只有导通损耗，通过导通损耗加热模块，这种方式的测试电路及控制相对简单。

DC 功率循环的基本电路原理图和温度变化曲线示意如图 8-10 所示。

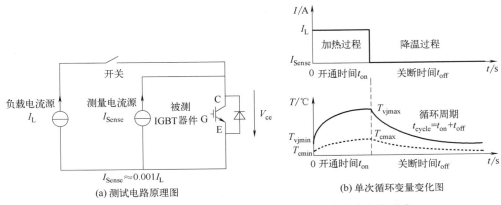

图 8-10　DC 功率循环的基本电路原理图和温度变化曲线示意

负载电流通过外部开关的控制给被测器件施加一定占空比 $[t_{on}/(t_{on}+t_{off})]$ 的电流 I_L 以加热器件达到指定最大结温 T_{jmax}；为了使器件的热量及时散走，降低结温，一般将被测器件安装在温度可恒定的水冷板上。在切断负载电流后器件的结温降低到最小结温 T_{jmin}，以此周期往复达到考核器件封装可靠性的目的。因此，在一个循环周期内（$t_{on}+t_{off}$），被测器件加热时间或者电流开通时间为 t_{on}，电流关断时间或降温时间为 t_{off}。而测量电流 I_{Sense} 则是一直加载在被测器件的两端，用于实现器件结温的电学参数测量，一般选为器件额定电流的 1/1000[3]。需要说明的是，测量电流的选取对结温测量是有很大影响的，不能过大或过小，过大会引起自发热现象，过小则不能形成稳定的导流通道和电压。考虑到负载电流源长期开关而产生的老化问题以及开启关断时的震荡会影响结温的测量，通常采用换相使得负载电流源在整个功率循环过程中有持续流通的回路，其电路拓扑如图 8-11（a）所示，同时图 8-11（b）展示了作者科研团队自主研发的基于此电路拓扑的功率循环设备。通过控制开关 S1、S2、S3 来控制负载电流流过被测器件的时序，达到多通道同时测量的目的。

AQG 324 标准中明确规定了功率循环过程中要实时监测被测器件的正向或饱和压降 V_{CE}、结温差 $\Delta T_{vj}(T_{vjmax}-T_{vjmin})$ 和热阻 $R_{th(j-x)}$，其中 x 代表参考点。热阻计算公式如式（8-1）所示：

$$R_{th(j-x)} = \frac{T_{vj}-T_x}{P} \tag{8-1}$$

式中，$R_{th(j-x)}$ 为结到参考点热阻，K/W；T_{vj} 为结温，K；T_x 为参考点温度，K；P 为功率损耗，W。

根据参考点不同，可以分为结到壳热阻 $R_{th(j-c)}$、结到散热器热阻 $R_{th(j-s)}$ 和结到环境热阻 $R_{th(j-a)}$。器件的结温 T_{vj} 一般采用电学方法，如 $V_{CE}(T)$ 法间接获得，参考点温度 T_x 则

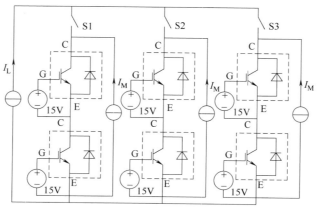

(a) 测试电路原理图

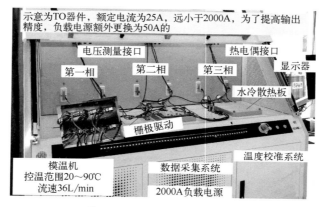

(b) 某2000A功率循环设备实物图

图 8-11　三相功率循环测试电路，6 个测量通道

是通过热电偶获得，功率 P 则是通过大电流饱和压降 V_{CE} 和负载电流 I_L 计算。因此，在功率循环测试过程中主要进行 3 个参数的准确测量：小电流下的饱和压降 $V_{CE}(T)$、大电流下压降 V_{CE} 和热电偶的温度测量。

器件的饱和压降 V_{CE} 和热阻 $R_{th(j\text{-}x)}$ 分别用来表征键合线和焊料的老化状态，进一步还可以获得器件的寿命和失效模式。图 8-12 所示为两个不同封装形式的 1200V/25A 器件在功率循环过程中 3 个关键参数（V_{CE}、$R_{th(j\text{-}x)}$ 和 ΔT_j）与功率循环次数 N_f 的关系。测试条件均为开通时间 $t_{on}=1\text{s}$，降温时间 $t_{off}=2\text{s}$，栅极电压 $V_{GE}=15\text{V}$，结温差 $\Delta T_j\approx90\text{K}$，最大结温 $T_{jmax}\approx150℃$。

由图 8-12 可知，器件的关键参数在功率循环老化前期均比较稳定，呈现缓慢上升趋势，这一般是裂纹的形成过程，直到功率循环后期，呈现指数上升趋势后短时间内即达到失效标准。图 8-12（a）可以看到，器件的饱和压降和热阻随着功率循环次数均存在一定程度的增加，说明器件的键合线和焊料有一定的老化，使得结温也逐渐升高，加速了老化进程。但最终器件的结到散热器热阻先达到失效判定标准，则可以判定器件为焊料老化失效。而图 8-12（b）展示的是 TO 封装器件的结果，表现为键合线失效（饱和压降升高，热阻几乎不变）。

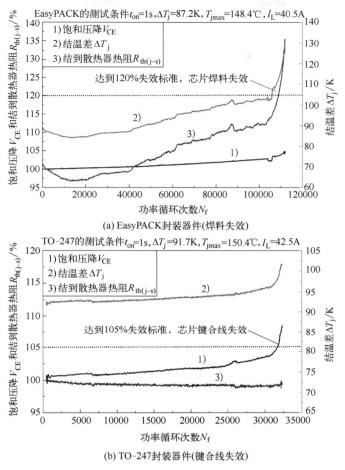

(a) EasyPACK封装器件(焊料失效)

(b) TO-247封装器件(键合线失效)

图 8-12 1200V/25A 器件功率循环关键参数变化

8.2.2 带开关损耗的 DC 功率循环

在标准的 DC 功率循环中，负载电流流经被测器件，利用此时产生的开通损耗加热器件，来使被测器件的结温达到预期的测试条件，即温度波动 ΔT_{vj} 和最大结温 T_{vjmax}。根据式（8-2），可以得到器件的结温波动与器件的导通压降 V_{CE}，负载电流 I_L 和结到壳热阻 $R_{th(j-c)}$ 相关。对于一个商业器件来说，器件的结到壳热阻 $R_{th(j-c)}$ 是固定的，导通压降 V_{CE} 随负载电流 I_L 变化，因此在实际测试过程中主要通过控制负载电流 I_L 来控制器件的结温波动。

$$\Delta T_{vj} = T_{vjmax} - T_{vjmin} \approx T_{vjmax} - T_c = P R_{th(j-c)} = V_{CE} I_L R_{th(j-c)} \tag{8-2}$$

为了减小器件功耗，提高系统的整体效率，具有低导通压降和低热阻的器件将成为未来的趋势。然而对于器件的功率循环测试来说，则是一个挑战。为了能够模拟器件的实际工况，又达到加速器件老化的目的，AQG 324 标准中规定功率循环的测试电流必须大于额定电流的 0.85 倍，小于额定电流的 1.2 倍，否则会产生和实际运行工况不同的失效形式。而对于低导通压降和低热阻的器件来说，为了达到预期的温度波动和最大结温，负载电流已经不满足 AQG 324 标准中规定的范围，此时标准的 DC 功率循环已经不能用于测试低导通压降和低热阻的器件。

因此，一种带开关损耗的 DC 功率循环方法被提出来用来测试如 Si MOSFET 等具有低导通压降的器件[4]，其测试电路如图 8-13 所示。测试电路包括 2 条主测试支路（第一相和第二相），每条主测试支路又由两个被测 IGBT（DUT1 和 DUT2）分别串联一个可调节电感 L_σ 并联后再串联一个被测 IG-BT（DUT3）组成。通过控制一条主测试支路中两个并联 IGBT（DUT1 和 DUT2）栅极信号控制两个器件交替导通，在电感 L_σ 上产生过电压后产生开关损耗。此开关损耗则可通过调节 DUT1 和 DUT2 的开关频率和电感大小来实现，而 DUT3 则是通过导通损耗来加热。通过在常规 DC 功率循环额外增加开关损耗的电流激励方法可以在不改变器件失效机理和寿命的前提下减小测试电流。例如，当测试条件都为 $\Delta T_j = 80K$，

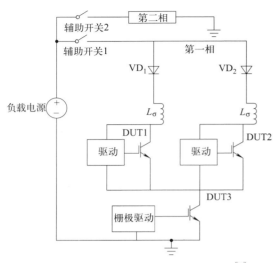

图 8-13 带开关损耗的功率循环电路图[4]

开关频率为 12.5kHz 时，需要的负载电流 $I_L = 28A$，而当把开关频率加到 20kHz 时，所需要的负载电流仅为 20A。图 8-14 展示了带开关损耗的 DC 功率循环和传统 DC 功率循环中某个被测器件的 $R_{th(j-s)}$、V_{DS_cold} 和 ΔT_j 在功率循环过程中的变化趋势，可以得知被测器件都呈现 V_{DS_cold} 上涨，从而达到失效标准。鉴于 V_{DS_cold} 主要反映的是键合线上的老化，因此可以认为无论是带开关损耗的 DC 功率循环还是传统的 DC 功率循环，被测器件都呈现键合线失效，失效形式并没有发生变化。

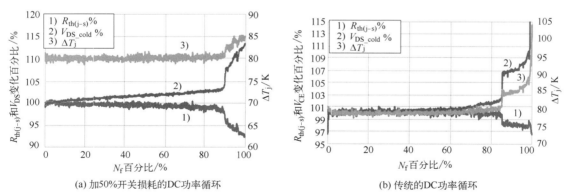

图 8-14 带开关损耗的 DC 功率循环和传统功率循环的 $R_{th(j-s)}$、V_{DS_cold} 和 ΔT_j 在功率循环过程中的变化趋势（$\Delta T_j = 80K$，$T_{jmax} = 125℃$，$t_{on} = 2s$）[4]

图 8-15 展示了不同器件在不同开关损耗占比的 DC 功率循环寿命。图中蓝线（彩图见电子版）是 CIPS08 寿命模型，它是基于传统 DC 功率循环测试数据所建立的，详细可参考 8.5.1 节。从图中可以看到，有开关损耗的 IGBT 模块的寿命均在蓝线附近，如正方形实心的点是 IGBT 器件在不同开关损耗占比下的寿命。而且具有相同结温波动但是不同测试方法的点几乎重合，如图中红色空心正方形与红色实心正方形分别为没有开关损耗和具有 50%

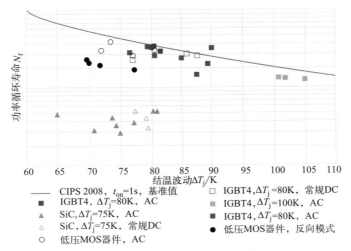

图 8-15　带开关损耗的 DC 功率循环寿命与传统 DC 功率循环寿命对比[4]

开关损耗的 IGBT 模块的寿命。而图中远低于蓝色实线的数据点是 SiC MOSFET 的寿命，约为 Si 器件寿命的 1/3，具体可参考 8.8.1 节，对于 SiC 器件来说，没有开关损耗和加开关损耗测试的寿命也是接近的。因此可以得出结论，开关损耗对于器件的失效形式和寿命都没有影响。

8.2.3　PWM（AC）功率循环

由上述测试原理可知，DC 功率循环的测试电路非常简单，只有电流流过器件产生的通态损耗对器件进行加热。但是在实际应用中，模块通常采用 PWM 控制，频繁切换开关状态，模块由导通损耗和开关损耗共同加热，同时模块在工作时还需要承受高电压，因此 PWM 功率循环（也称为 AC 功率循环）近些年被提出并受到了一定的关注。

与 DC 功率循环相比，PWM 功率循环中的模块具有与实际应用一样的工况，通过栅极控制模块的开关状态，在频繁开关过程中产生开关损耗，以及在关断后承受高电压。正因此，不少学者和工程人员认为 PWM 功率循环更加贴近模块实际工作状态使得其结果具有更高的可信度，而对 DC 功率循环的结果与实际的贴合程度产生怀疑。IGBT 模块的实际应用情况复杂多样，基于实际工况下的 PWM 功率循环试验的测试电路通常采用和实际工况一样的电路拓扑，因此 PWM 功率循环测试电路也具有多样性。文献［5］在研究 IGBT 在可调速驱动（Adjustable Speed Drive，ASD）中的功率循环能力时采用实际的 ASD 电路拓扑结构，电机接在三相六桥臂逆变驱动电路的负载端，如图 8-16（a）所示。文献中

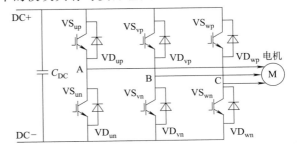

(a) 标准的ASD电路原理图

(b) 功率转换电路原理图

图 8-16　基于实际工况的 PWM
功率循环测试电路原理图

考察了 IGBT 在电机不同的工作情形下的能力，如低速运行能力、高速热性能和过载能力。图 8-16（b）为功率转换电路中常见的电路拓扑，两个三相逆变器背对背并联，中间通过电感器连接两个逆变器的三相，系统电流在两个逆变器之间循环。由于基于实际应用的 PWM 功率循环电路拓扑过于复杂，控制困难，所需元件过多导致经济性差。可以将上述 PWM 功率循环电路拓扑简化，如图 8-17 所示，采用三相六桥臂的逆变电路，两相全桥逆变电路，其中相与相之间均用电感进行连接，使负载损耗最小。文献［6］只取了三相逆变电路中的一相桥臂作为测试桥臂，负载电流流经上（下）桥臂和接于相与电源中点的电感与电容，流回电源侧。

目前 PWM 功率循环试验中常用的电路拓扑是一个双相全桥逆变电路，如图 8-17（b）所示。电源侧是一个直流电压源，一相桥臂作为测试模块，另一相桥臂作为控制模块，采用 PWM 控制模块的栅极电压，从而控制模块的导通关断，使输出电流 I_o 波形近似为正弦波。其具体的控制策略在文献［7］中有详细的介绍。对于电路中的 IGBT1 来说，在一个输出电流 I_o 周期内，只有在正半周期内是需要进行开关控制的，而在输出电流的负半周期内，IGBT1 是处于关断状态的，所以 IGBT1 的结温只在正半周期内呈现上升趋势，且上升过程由于开关过程而具有波动性，在负半周期，模块被冷却，结温下降，如图 8-18 所示。

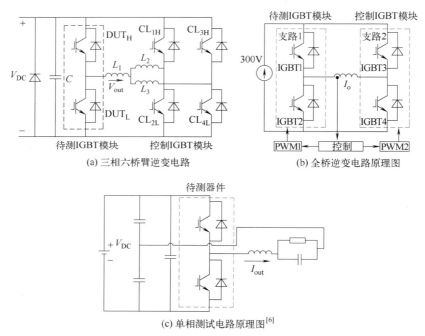

(a) 三相六桥臂逆变电路　　　　(b) 全桥逆变电路原理图

(c) 单相测试电路原理图[6]

图 8-17　简化的 PWM 功率循环电路原理图

可见由于电路拓扑和控制方式的不同，被测模块在 DC 功率循环过程中是保持开通状态的，只有导通损耗，且流过模块的电流波形为周期脉冲波；然而在 PWM 功率循环过程中，模块具有开关过程，则除了导通损耗之外还有开关损耗。

PWM 功率循环由于其被测器件的测试条件与器件的实际运用条件非常接近，因此广大学者认为 PWM 功率循环对于器件的可靠性测试结果相比于传统 DC 功率循环的结果更具有权威性，而对传统 DC 功率循环的可靠性测试结果产生了怀疑。但是通过上述分析可以看出，PWM 功率循环无论是控制拓扑和测试电路都比传统 DC 功率循环复杂很多，相对应产

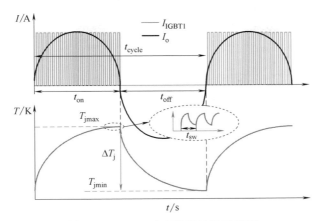

图 8-18　PWM 功率循环波形示意图

生的测试成本也会高很多。因此分析和对比 PWM 功率循环测试结果和传统 DC 功率循环测试结果具有重要意义。

图 8-19（a）展示了作者科研团队自主研制的 AC 功率循环测试台，图 8-19（b）展示了

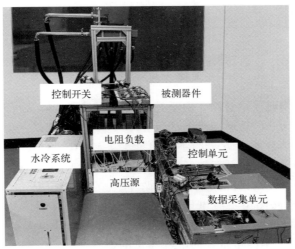

(a) AC功率循环测试台

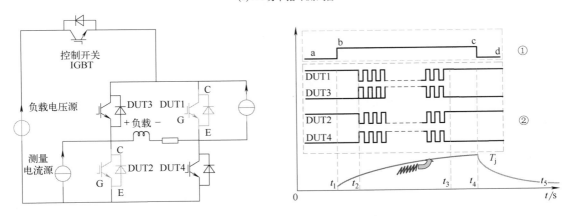

(b) AC功率循环测试电路及控制时序示意图

图 8-19

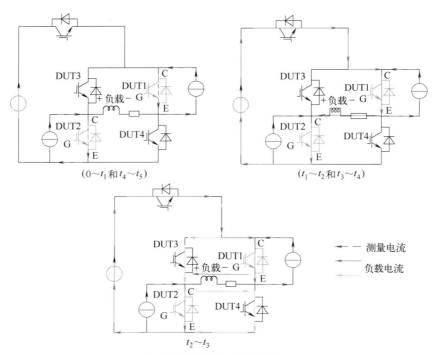

(c) 各时段负载电流和测量电流路径示意图

图 8-19　AC 功率循环测试台及其控制时序

此测试台的电路图及控制时序示意图，由于控制时序不是和实际工况一样采用 PWM 控制，因此下面将此测试台称为 AC 功率循环测试台。AC 功率循环测试主要采用的是全桥逆变的应用拓扑结构，考虑到结温测量方法的不同可能会导致 AC 和 DC 功率循环寿命对比的差异，因此本团队研制的 AC 功率循环创新性的通过时序控制，将普遍运用于 DC 功率循环的结温测量方法——$V_{CE}(T)$ 法集成到 AC 功率循环中。下面将具体介绍其时序控制。

图 8-19（b）测试电路图中负载电压源以及测量电流源时刻保持通态，①为控制开关 IGBT 的时序，②为待测器件（DUT1 和 DUT2）的控制时序以及待测器件结温变化示意图，图中 abcd 为功率循环中四个重要的电气参量的数据采集点，其采集方法及采集的电气参数的表征意义将在 8.4.1 节进行具体的介绍。图 8-19（c）展示了各时刻测量电路中负载电流以及测量电流的流向及路径。从时序控制图中可以看出：

① 0～t_1 以及 t_4～t_5 阶段：此时控制 IGBT 处于断开状态，只有测量电流流过被测器件，此时被测器件处于冷却状态。

② t_1～t_2 以及 t_3～t_4 阶段：此时控制 IGBT 处于闭合状态，被测器件的栅压为一个给定的正向电压，负载电流和测量电流同时流过被测器件，负载电流产生的功率损耗使器件加热，结温上涨。

③ t_2～t_3 阶段：此时控制 IGBT 仍然处于闭合状态，但是被测器件的栅压为脉冲波，用来控制被测器件的开通和关断，从而产生开关损耗，此时开关损耗和导通损耗同时存在，持续加热被测器件，使结温呈现锯齿状上升的趋势。

图 8-20 展示了 TO-247 封装的 IGBT 器件利用传统 DC 功率循环和 AC 功率循环获得的寿命的威布尔分布图，表 8-4 展示了其测试条件，为了对比的公平性，测试条件尽可能保持一致，尤其是 ΔT_j 和 T_{jmax}。

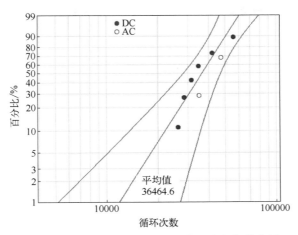

图 8-20　DC 和 AC 功率循环寿命的威布尔分布图

表 8-4　DC 和 AC 功率循环测试条件

#	测试条件			寿命次数
	ΔT_j/K	T_{jmin}/℃	P/W	
Si_1DC	85	68.0	63.26	56059
Si_2DC	90	60.6	66.26	31473
Si_3DC	86	58.6	65.08	28528
Si_4DC	87	60.5	66.48	34766
Si_5DC	88	61.0	65.95	26327
Si_6DC	87	65.8	63.91	41942
#	测试条件			寿命次数
	ΔT_j/K	T_{jmin}/℃	导通损耗与开关损耗/W	
Si_7AC	86	59.5	63.21 (45.15＋18.06)	45383
Si_8AC	90	60.6	65.31 (48.38＋16.93)	33825

　　从图 8-20 中可以看出 DC 功率循环的寿命与 AC 功率循环的寿命数据点都非常靠近分布曲线，而且通过监测功率循环过程中器件的导通压降 V_{CE} 和结到散热器热阻 $R_{th(j-h)}$，可以发现无论是 DC 功率循环还是 AC 功率循环，器件最终都呈现导通压降的上涨，进而达到失效标准，如图 8-21 所示，热阻的下降是因为热界面材料硅胶垫在功率循环过程中贴合效果变良好导致的。

　　这说明无论是 DC 还是 AC 功率循环，被测器件最终都呈现为键合线失效，这从功率循环前后的 SAM 图也可以验证，如图 8-22 所示，左侧为功率循环前，右侧为功率循环后。功率循环前芯片表面 SAM 图中键合线键合点清晰可见，功率循环后芯片表面键合线表现为白色，说明键合线失效。而芯片焊料在功率循环试验前后没有差异，焊料并未失效。综上所述，DC 功率循环和 AC 功率循环器件的寿命是接近的，而且失效形式也是一样的。

　　考虑到功率器件的封装失效的根本原因是器件不同材料之间热膨胀系数的不匹配导致在结温波动过程中，各层材料受热膨胀和遇冷收缩的程度不一样而出现的应力在器件的薄弱点集中，使得器件逐渐疲劳老化进而失效。因此不难推断，对于同一个器件来说，结温是引起器件疲劳老化的根源，其中结温波动是影响器件寿命最重要的一个因素，其次是最大结温，这从 CIPS08 经验寿命模型中也可以得到。因此只要保证被测器件的结温测试条件是一样

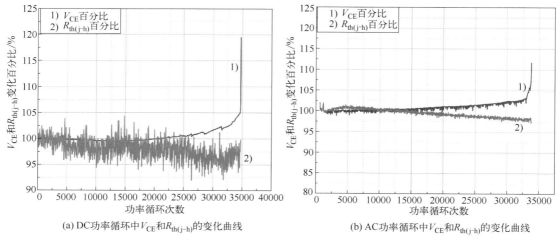

图 8-21　DC 和 AC 功率循环中 V_{CE} 和 $R_{th(j-h)}$ 的变化曲线

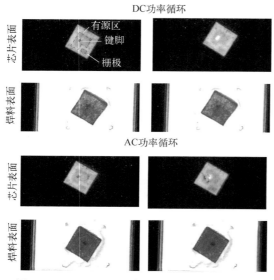

图 8-22　DC 和 AC 功率循环前后 SAM 对比图

的，而不论结温是如何产生的，比如是由导通损耗产生还是由开关损耗产生，对于器件的寿命和失效形式是没有影响的。

但是值得注意的是，这个结论对于 Si 基器件是没问题的，但是对于 SiC MOS-FET 的适用性还有待进一步深入研究。这是由于 SiC 材料的自身缺陷，导致 SiC 器件的栅极在开关过程中退化而出现阈值电压漂移的现象，此时器件栅极可能成为薄弱点，出现栅极失效的情况。这种失效形式出现在考核器件封装可靠性的功率循环试验中是不正常的，也就是失效机理发生了变化，寿命数据不能用于比较。因此针对 SiC 器件来说，AC 功率循环试验的测试结果和 DC 功率循环的测试结果是不能等效的，因为 AC 功率循环不但考核了器件的封装可靠性，还考核了器件的栅极可靠性。

8.2.4　对比分析

通过上述分析，传统的 DC 功率循环、带开关损耗的 DC 功率循环和 AC 功率循环都可以使器件主动加热，然后降温，在周而复始的结温波动中进行加速老化试验，但是由于不同功率循环方式具有不同的电路拓扑和控制方式，被测器件在功率循环过程中的测试状态是不一样的，总结如下。

被测器件在传统的 DC 功率循环过程中是一直保持开通状态的，因此只有导通损耗，流过器件的电流波形为周期脉冲波；在带开关损耗的 DC 功率循环中，由于器件在加热过程通过栅极驱动对器件的开关状态进行了控制，使器件具有开关过程，产生了开关损耗；而在

AC 功率循环中，被测器件除了在进行开关状态切换之外，在关断时还需要承受来自电源的高电压。综合对比可知，不管是 DC 功率循环，还是带开关损耗的 DC 功率循环，还是 AC 或 PWM 功率循环，器件的失效形式、失效机理和寿命均是一样的，也可说明 DC 功率循环可以模拟实际应用工况中器件的老化状态和过程。

8.3 失效形式和机理分析

　　第 2 章也介绍了不同封装形式模块的特点，这里以主流的焊接式 IGBT 模块为例。功率模块的内部结构是典型的分层堆栈结构，每一层结构的材料都是不同的，以焊接式带基板的功率模块为例，其内部结构如图 8-23 所示。各层及作用如下。①芯片：芯片部分包括 IGBT 芯片和续流二极管（Free-Wheeling Diode，FWD）芯片。②键合线：导通电流，用来连接各芯片以及衬底金属端。③直接覆铜（Direct Bonded Copper，DBC）陶瓷板：DBC 板，即利用"直接键合"技术在陶瓷表面覆盖一层铜；整个部分分为DBC 上铜层、DBC 陶瓷层以及 DBC

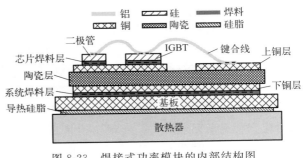

图 8-23　焊接式功率模块的内部结构图
（虚线标注为薄弱点）

下铜层；DBC 作为芯片支撑以及各电极的电流中转通道。④焊料层：将各层结构连接为一个有机整体，且各层焊料不尽相同，以匹配最优的热膨胀系数。⑤基板：基板坚硬、平滑，为整个模块提供支撑，直接与散热器相连作为模块的散热通道。

　　封装材料的性能是决定模块性能的基础，尤其是封装材料的可靠性对模块的可靠性具有非常重要的影响，其中最主要的指标是热膨胀系数，其次是电导、热容和热导率等，功率模块中各部件材料和热膨胀系数如表 8-5 所示。在功率循环试验中，模块承受来自电流、热、机械应力的共同作用，由表 8-5 可知，功率模块各层结构中热膨胀系数差异最大的两个交界部分是键合线和芯片、芯片和芯片焊料。功率循环又称为主动温度循环，由于材料的热膨胀系数不匹配，当温度变化时促使键合线和芯片、芯片和芯片焊料交界面产生热应力，因此，键合线失效和焊料老化是功率半导体器件（压接型 IGBT 器件除外）两种最主要的失效形式。

表 8-5　功率模块中各层结构的材料和热膨胀系数

部件	材料	热膨胀系数（10^{-6}/K）
键合线	Al	23
金属层	Al	23
芯片	Si/SiC	3/3.4
芯片焊料	96.5Sn3.0Ag0.5Cu	21
DBC	Cu	17
	Al_2O_3/AlN	6.5/5.2
	Cu	17
系统焊料	96.5Sn3.0Ag0.5Cu	21
基板	Cu	17

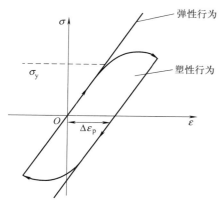

图 8-24　材料单周期典型应力-应变曲线

除此之外，在某些特定条件和不同封装情况下还可能出现芯片表面铝层金属化（或称为金属化重构）、栅极失效、弹簧疲劳失效等失效形式。本节首先重点对键合线失效和焊料失效进行失效机理分析，并介绍其失效表征，最后介绍相关可靠性提升技术。此外，对功率半导体器件芯片表面铝层金属化进行简要分析，最后介绍栅极失效、弹簧疲劳失效等其他失效形式。

在介绍器件具体的失效形式和机理前，先对材料的应力-应变属性进行介绍，有助于后续的理解。材料典型的单周期应力-应变曲线如图 8-25 所示。当施加正向载荷，且应力小于材料的屈服应力 σ_y 时，应变 ε 与应力 σ 呈线性关系，可以用式（8-3）的胡克定律表示。

$$\sigma = E\varepsilon \tag{8-3}$$

式中，E 为弹性模量，反映材料抵抗弹性形变的能力。在材料屈服应力范围内，撤去载荷时应变会逐渐完全消失，回到初始状态。当载荷大于屈服应力 σ_y 时，应变 ε 与应力 σ 呈非线性关系，此时若撤去载荷，应力和应变关系不会按照原路径回到初始状态，而是给材料留下不可恢复的永久性形变，即塑性形变，如图 8-24 中的 $\Delta\varepsilon_p$ 所示。在材料的弹性形变范围内，周期性载荷不会给材料造成损伤，当进入塑性形变范围，每一次周期性应力循环都会引起材料的塑性形变，会造成累积。

图 8-24 展示的是简化的单周期应力-应变曲线，金属的单调应力-应变响应曲线通常又细分为四个阶段：弹性阶段、屈服阶段、应变硬化阶段和颈缩阶段，如图 8-25 所示。

第一阶段，弹性阶段，对应曲线 oe 段。此阶段的形变全部是弹性形变，应力与应变成正比，可用式（8-3）所示的胡克定律来表示。其中，p 点对应的应力称为材料的比例极限（Proportional Limit），为材料应力应变成正比的最大应力，用 σ_p 表示；e 点对应的应力称为材料的弹性极限（Elastic Limit），为材料处于弹性形变阶段时所能承受的最大应力，也是能检测到塑性形变的最小应力，用 σ_e 表示。

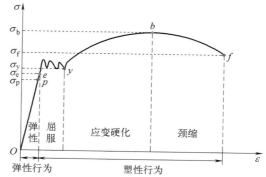

图 8-25　金属的单调应力-应变（σ-ε）曲线

第二阶段，屈服阶段，对应曲线 ey 段。此阶段应力在小范围内波动，但材料形变显著增加，且为塑性形变，材料暂时失去抵抗形变的能力。此段曲线最低点所对应的应力称为材料的屈服应力（Yield Stress），也称为屈服强度，用 σ_y 表示。

第三阶段，应变硬化阶段，对应曲线 yb 段。经过屈服滑移之后，材料要继续发生应变必须增加应力，这一阶段材料抵抗形变的能力得到提高，也称为强化阶段，这一物理现象称为应变硬化。曲线最高点对应的应力称为材料的强度极限（Ultimate Strength），用 σ_b 表示。

第四阶段，颈缩阶段，对应曲线 bf 段。过了强化阶段，金属在拉伸应力下，产生局部截面缩减，称此现象为颈缩，此后材料的形变主要集中在颈缩处。因为颈缩处材料截面面积减小，材料所承受的载荷也迅速降低，最后发生断裂。发生断裂时的 f 点对应的应力称为断裂应力（Fracture Stress），用 σ_f 表示。

若对材料屈服滑移阶段进行简化，在材料缩颈前的均匀形变阶段，如果从应力-应变曲线上某一点 A 处卸掉载荷，那么弹性形变 ε_e 将恢复，而塑性形变 ε_p 将作为残余应变保留下来，如图 8-26 所示。对于应力-应变曲线上的任意一点 A，应变 ε 均可表示为弹性形变 ε_e 和塑性形变 ε_p 之和，如式（8-4）所示。

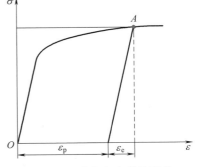

$$\varepsilon = \varepsilon_e + \varepsilon_p \qquad (8\text{-}4)$$

在单调载荷作用下应力-应变四个阶段中，只有弹性阶段属于材料的弹性行为，而屈服阶段、应变硬化阶段和颈缩阶段属于材料的塑性行为。

图 8-26　总应变为弹性形变和塑性形变之和示意图

上述介绍的是在单调载荷下材料的应力-应变响应，在功率循环试验中，材料会承受周期性应力，与在单调载荷条件下相比，材料在循环载荷下的应力-应变响应有很大不同，这主要表现在材料应力-应变响应的循环滞回行为上。以恒幅应力为例进行说明，假设在每个周期中施加的应力幅值都相等，连续监测材料的应力-应变响应，可以得到一系列的环状曲线，这些环状曲线反映材料在循环载荷作用下应力、应变的连续变化，称为滞回曲线或滞回环。循环载荷下延性材料的滞回曲线可以分为四类，分别是：弹性响应、弹性安定、塑性安定和循环蠕变，如图 8-27 所示。

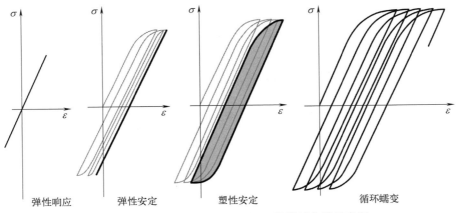

图 8-27　循环载荷下延性材料的四类滞回曲线示意图

第一类：弹性响应。周期性应力幅值始终小于弹性极限，材料只发生弹性行为，应变不会随时间累积。

第二类和第三类：弹性安定和塑性安定。安定（Shakedown）一词是著名塑性力学家 W. Prager 首先提出的，用来描述理想弹塑性体在循环载荷作用下发生塑性变形之后的一种自适应特性。安定性理论是塑性力学中研究具有初始塑性形变的物体或结构在变值载荷的作用下能否不产生新塑性形变的理论。所谓变值载荷是指在某一范围内作周期性变化或按其他规律循环变化的载荷。若物体或结构在具有一定范围的变值载荷作用下，除初始阶段产生一定塑性变形并出现一个残余应力分布外，不管载荷在此范围内如何变化，物体或结构中不再出现新的塑性形变，则称结构所处的状态为安定状态；反之称为非安定状态。残余应力或循环硬化可能导致弹性安定，弹性安定描述了初始弹塑性材料响应消失退化为线弹性材料的响应。应力幅值的进一步增加会导致塑性安定，也称为反向塑性。塑性安定的特征是从一个周期到另一个周期稳定的塑性形变幅值，没有塑性形变的积累，在循环载荷中塑性能量耗散恒定，即为图中阴影部分的面积，是稳定的循环，应变也不会随时间累积，键合线在老化过程中就属于这类行为。

第四类：循环蠕变。循环蠕变没有达到稳定的循环，并且累积的塑性形变会随着周期性应力的施加而增加，焊料在老化过程中就属于这类行为。蠕变加速了损伤的积累，这是由于循环软化和平均应变的增加导致每个循环周期中塑性形变的累积，此即为蠕变随时间的累积效应。

由上述分析可知，材料应变可根据热机械应力分为两大类：第一类是与时间无关的弹性和塑性形变，第二类是与时间相关的蠕变。式（8-4）是在弹性形变和塑性形变的基础上，总应变还需要加上蠕变，得到总应变表达式如式（8-5）所示，其中，ε_e 表示弹性形变；ε_p 是塑性形变，与时间无关；ε_c 是蠕变，与时间有关，会随时间累积。

$$\varepsilon = \varepsilon_e + \varepsilon_p + \varepsilon_c(t) \tag{8-5}$$

功率器件封装中最为重要和薄弱的两个材料是铝键合线和焊料层。铝键合线为弹塑性材料，其行为特征与时间无关，而焊料是以锡为主的合金，为黏塑性材料，与时间有关，表现为蠕变，两种材料均为非线性材料。介绍完材料的应力-应变基本理论后，下面将对器件的几种失效形式和机理分别进行介绍。

8.3.1　键合线失效

8.3.1.1　键合线失效机理

焊接式功率器件的键合线失效主要包括两种形式：键合线抬起和键合线裂纹。而键合线裂纹又分为键合线根部裂纹和键合线与芯片键合点裂纹，如图 8-28 所示，其中，键合线抬起占比约为 70%。

图 8-28　键合线失效形式

图 8-29 是键合线抬起、键合线根部裂纹和键合线与芯片键合点裂纹的实物示意图，其中，图 8-29（a）是键合线抬起的金相显微镜效果图，由图可看出键合线与键合点完成分离，芯片表面铝金属层只留下键合点痕迹，键合线抬起后与芯片失去电气连接，不再具备传导电流的能力；图 8-29（b）是键合线根部裂纹扫描电子显微镜图，与图下方无裂纹的键合线相比可看出上方键合线根部出现裂纹；图 8-29（c）是键合线与芯片键合点裂纹扫描电子显微镜图，由局部放大图可以看出键合线与芯片键合点处出现裂纹。

首先介绍键合线与芯片键合点裂纹、键合线抬起的失效机理。铝键合线和硅芯片（或未来的碳化硅或氮化镓芯片）之间的连接界面由于功率循环过程中周期性结温波动产生的热机

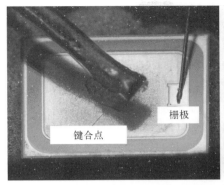
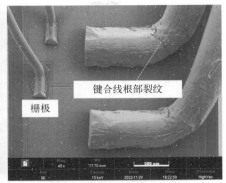

(a) 键合线抬起金相显微镜效果图　　　　　(b) 键合线根部裂纹扫描电子显微镜图

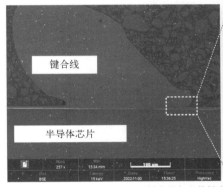

(c) 键合线与芯片键合点裂纹扫描电子显微镜图

图 8-29　键合线抬起和键合线裂纹实物示意图

械应力可以用简单的双金属模型近似表示，总应变 ε_{tot} 的表达式如式（8-6）：

$$\varepsilon_{tot} = L(\alpha_{Al} - \alpha_{Si})\Delta T \tag{8-6}$$

式中，α_{Al} 和 α_{Si} 分别是 Al 和 Si 的热膨胀系数；L 为两个材料重合区域的长度；ΔT 为温度波动，这里的温度波动可以表示外界环境的温度波动，在功率循环过程中，主要指的是芯片自发热产生的结温波动。双金属模型示意如图 8-30 所示，当施加激励源，即温度或结温周期变化时，两个材料在无约束时会由于热膨胀在水平方向发生相互滑动，若两个材料间相互绑定时，会在垂直方向发生形变，产生弯矩。热膨胀系数较小的材料会被挤压，而热膨胀系数较大的材料则会被拉伸，从而在两个材料界面处产生热应力。

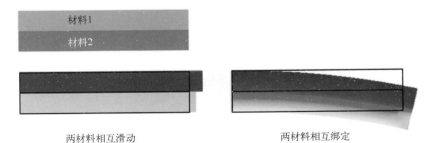

两材料相互滑动　　　　　　　　　　两材料相互绑定

图 8-30　双金属模型示意图

铝键合线为弹塑性材料，其拉力测试结果示意如图 8-31 所示。周期性地施加和释放拉力，并逐步增大拉力，由图可知应变随着应力的增大而增大，当释放拉力时，应力-应变曲

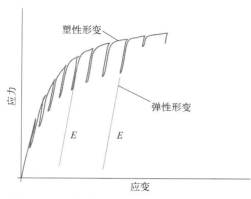

图 8-31　铝键合线应力-应变拉力测试示意图

线表现为线性关系，即发生弹性形变，斜率即为键合线的弹性模量。在每个周期中逐渐增大拉力，键合线首先表现为弹性形变，随后表现为塑性形变，即键合线表现为弹塑性。

　　铝键合线的杨氏模量 E 约为 72GPa，屈服强度 σ_y 约为 20MPa（$\varepsilon_p=0.2\%$ 时），泊松比 ν 约为 0.345，由式（8-7）可求得铝键合线发生塑性形变时的结温波动 ΔT 约为 9K，则达到屈服强度 $-\sigma_y \sim +\sigma_y$ 的周期性结温波动取 $2\Delta T$ 约为 18K。因此在功率循环测试过程中，当结温波动高于 18K 时，铝键合线就会发生塑性形变，进而影响功率器件键合线的寿命。

$$\sigma = \Delta\alpha\,\Delta T E\,\frac{1}{1-\nu} \tag{8-7}$$

　　在功率循环过程中，键合线键合点处会受到热应力的反复冲击，在键合线抬起之前，由于功率循环结温周期性波动的作用，剪切应力不断施加在键合线与芯片键合点交界面上，会导致材料疲劳而在键合点处出现裂纹。在热应力的反复作用下，裂纹会经历"裂纹形成—裂纹扩展—裂纹断裂"的过程，最终导致键合线抬起，裂纹形成过程示意图如图 8-32 所示。

　　双金属模型考虑的是两个无外部约束的材料在等温环境变化过程中的失效，而键合线的失效还应该考虑键合线在膨胀收缩过程中产生的纵向应力，即自身形变产生的额外应力。键合线在加热时间内热膨胀，在降温时间内又收缩，周期性的热膨胀和收缩以及重复弯曲产生的张应力是影响键合线失效形式的另一个因素。键合线受热膨胀的过程示意图如图 8-33 所示，在热膨胀的过程中，

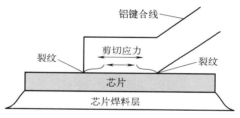

图 8-32　键合线与芯片键合点裂纹
形成及键合线抬起示意图

键合线根部会受到沿着键合线方向的合力，热膨胀弯曲的张应力合力可分解为横向（x 方向）和纵向（y 方向）上的力，会拉扯键合线根部，周期性结温波动导致的周期性应力最终会导致键合线根部裂纹或抬起。例如某功率器件在结温波动为 50K 时，键合线环顶部的位移可以达到 $10\mu m$，从而在键合线根部产生约 $0.05°$ 的弯曲角度[8]。

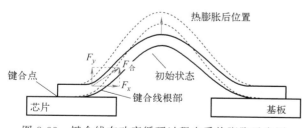

图 8-33　键合线在功率循环过程中受热膨胀示意图

　　键合线的失效正是横向剪切应力和纵向张应力共同作用下的结果。目前可以认为当横向剪切应力起主导作用时，器件主要表现为键合线粘连界面裂纹或者根部裂纹；当纵向张应力起主导作用时，键合线主要表现为抬起。这与模块中键合线主要呈现键合线抬起的失效形式，而分立器件主要呈现键合线裂纹的失效形式的实验现象相契合，因为分立器件的环氧树脂一定程度上限制了键合线的纵向位移。

8.3.1.2　键合线键合工艺介绍

键合线键合的原理是采用加热、加压和高频超声等方式破坏芯片表面金属层的氧化层和污染，使其产生塑性变形，使得键合线与芯片表面金属层接触，达到原子间的引力范围并促使界面间原子扩散而形成键合界面，以达到键合目的。常用的键合线键合工艺主要有三种：热压键合、超声键合和热压超声键合。键合线有两种基本形式：球形键合和楔形键合。键合工艺和键合基本形式如图 8-34 所示。

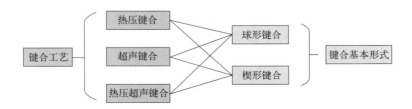

图 8-34　键合线键合工艺及基本形式

热压键合是半导体封装中应用较早（1960—1970 年）的一种焊接方式。热压键合是低温扩散和塑性流动的结合，键合材料在加压和加热的条件下，使得键合面之间原子发生紧密融合以达到原子级的引力范围而产生固体原子相互扩散，从而达到成功键合。在足够的压力时间和温度作用条件下，键合接触面会发生塑性形变，形变是键合的先决条件，在热压键合过程中，键合线的形变就是塑性形变。热压键合时芯片与劈刀均需要加热，约到 140℃，如果芯片被加热到 350℃ 以上，容易在键合区形成氧化层；同时，芯片加热温度高容易损坏芯片内部结构，也容易在高温下形成特殊的金属间化合物，影响键合点的可靠性。由于热压键合使键合线的形变过大而易受损，导致键合点脱落的拉力过小，因此目前很少再使用热压键合方式。

超声键合在 20 世纪 80 年代中期开始广泛应用于欧美等地，其实质是塑性流动与摩擦热力学的结合。超声键合系统示意图如图 8-35 所示[9]，主要部分包括超声波发生器、压电陶瓷换能板、变幅杆、固定板、劈刀等。

通过压电介质或磁力控制，把摩擦振动的动作传送到一个金属传感器上，当压电介质上通电时，金属传感器会自动伸延；当断开电压时，传感器会相应自动收缩。这些动作通过换能板发生，其振幅一般在 $4\sim5\mu m$，振动频率一般在 $60\sim120kHz$。超声波通过变幅杆传递到安装在传感器末端的劈刀，劈刀随着变幅杆上传递过来的超声波水平弹性振

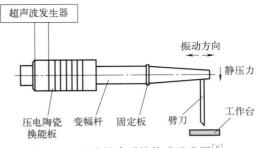

图 8-35　超声键合系统构成示意图[9]

动，同时对劈刀施加向下的压力。劈刀就在这两种能量的共同作用下带动键合线键合点在芯片表面金属层迅速摩擦（摩擦产生的高温有利于原子间的相互扩散），键合线键合点受能量作用发生塑性变形，在毫秒级时间尺度内与芯片表面金属层紧密接触而完成键合。键合超声波在芯片表面金属层上产生作用时，金属表面的硬度会减弱，活性得以加强，只需要较小压力就可以产生较大的塑性形变，因此键合压力所致的形变只是极小的一部分，而大部分塑性

形变则是在键合区金属表面承受超声后发生。超声键合的优点是不需要外加热源，不需要加焊剂和焊料，对键合件的理化性能没有影响，可在室温下进行键合，所以对芯片的损伤很小，也不会形成化合物而影响键合强度，具有参数调节灵活、键合范围较广等优点。

热压超声键合是综合上述两种方法为一体的键合技术，在超声键合的基础上采用对加热台和劈刀同时加热的方式，可提高共晶键合强度。热压超声键合主要用于 Au 和 Cu 键合线的键合，也采用超声波能量，但是与超声键合不同的地方是键合时要额外提供热源，并且在焊接 Au 键合线时无需磨蚀掉表面氧化层。外加热源的目的是激活材料的能级，增强了金属间键合界面的原子相互扩散和分子（原子）间作用力，金属的扩散在整个界面上进行，促进键合线和芯片表面金属层的有效连接以及金属间化合物的扩散和生长。

键合的两种基本形式：球形键合和楔形键合。这两种键合形式的基本步骤包括：形成第一键合点（通常在芯片表面），形成线弧，最后形成第二键合点（通常在基板上）。两种键合形式的不同之处在于：球形键合中每次键合循环的开始会形成一个焊球，然后把这个焊球键合到芯片上形成第一键合点，而楔形键合则是将键合线在加热加压和超声能量下直接键合到芯片上。

球形键合简化步骤如图 8-36 所示[10]。（a）首先打开线夹，将键合线垂直插入毛细管劈刀中，键合线在尖端放电产生的电弧作用下受热熔融为液态，在重力和表面张力的作用下形成焊球，也叫自由球，劈刀带动键合线对准芯片第一键合点位置；（b）在有计算机控制的视觉系统和精密控制系统的控制下，劈刀下降；（c）劈刀下降使焊球接触芯片键合区域，使焊球和芯片键合区域融合形成第一键合点；（d）劈刀垂直升起，同时机器释放横向超声波到劈刀，劈刀带动键合线向键合区域的相反方向移动一小段距离形成线环，并带动键合线按预定轨道移动到基板上的第二键合点，同时线夹关闭；（e）到达基板上的第二键合点时，利用压力形成楔形键合点；（f）线夹关闭，劈刀垂直运动，拉出一小段键合线丝；（g）劈刀继续向上运动，产生拉力拉断键合线，留下键合线尾部；（h）劈刀带动键合线尾部达到打火高度，键合线在尖端放电产生的电弧作用下再次形成焊球，为下一次键合做准备。这样便完成了两次键合点键合和一个线环的键合循环。

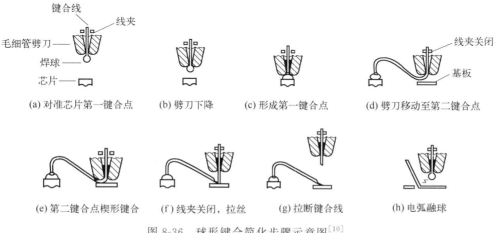

图 8-36　球形键合简化步骤示意图[10]

球形键合实物效果图如图 8-37 所示[10]，一般用于集成电路等。

楔形键合简化步骤如图 8-38 所示[10]。（a）将键合线穿入楔形劈刀背面的小孔中，键合

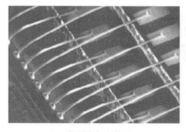
(a) 球形键合实物图

(b) 球形键合第一键合点

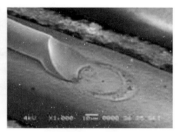
(c) 第二键合点

图 8-37 球形键合实物效果图[10]

线与芯片焊接区域平面呈 $30°\sim60°$，劈刀带动键合线对准芯片第一键合点位置；（b）劈刀下降到键合区域，通过向键合线施加压力将键合线压在芯片键合区域表面，采用超声键合或热压超声键合，在超声作用下劈刀带动键合线键合点在芯片表面金属层迅速摩擦，键合线键合点受能量作用发生塑性变形，在毫秒级时间尺度内与芯片表面金属层紧密接触，形成第一键合点；（c）机器释放横向超声波到劈刀，劈刀带动键合线沿着劈刀背面的小孔向键合区域的相反方向移动一小段距离形成线环，并带动键合线按预定轨道移动到基板上的第二键合点；（d）与第一键合点的形成过程相似，利用压力和超声能量在基板上形成第二键合点；（e）劈刀垂直运动产生拉力，截断键合线的尾部；（f）劈刀抬起，在计算机和精密控制系统控制下进行馈送，为下一次键合作准备。这样便完成了两次键合点键合和一个线环的键合循环过程。

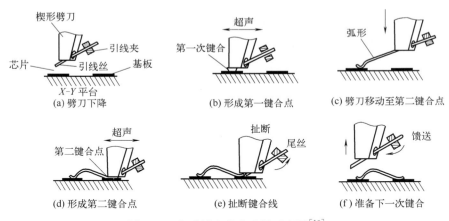

图 8-38 楔形键合简化步骤示意图[10]

楔形键合实物效果图如图 8-39 所示[10]，一般用于功率芯片的键合。

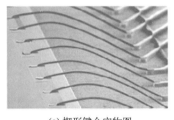
(a) 楔形键合实物图

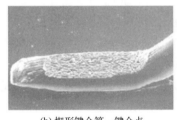
(b) 楔形键合第一键合点

(c) 第二键合点

图 8-39 楔形键合实物效果图[10]

综上所述，球形键合和楔形键合对照表如表 8-6 所示。

表 8-6　球形键合和楔形键合对照表

键合基本形式	键合工艺	劈刀结构	常用领域
球形键合	热压、超声、热压超声	毛细管	集成电路
楔形键合	超声、热压超声	楔形	集成电路、功率半导体器件

8.3.1.3　键合线失效表征

AQG 324 等标准规定了一种表征方法，只要 V_{CE}（集电极-发射极电压，IGBT）、V_{DS}（漏极-源极电压，MOSFET）、V_F（二极管压降）、V_{FSD}（MOSFET 体二极管）与功率循环初始值相比上升 5%，即可表明器件键合线失效。器件饱和压降 V_{CE} 不仅包括芯片自身压降，还包括键合线以及外部连接电阻产生的压降，如式（8-8），且芯片压降 V_{Chip} 是电流、结温和栅极电压的函数，其中 R_{bond} 表示键合线电阻，$R_{connect}$ 表示 IGBT 模块中除键合线以外的电阻。

$$V_{CE}(I, T_j, V_{GE}) = V_{Chip}(I, T_j, V_{GE}) + I(R_{bond} + R_{connect}) \tag{8-8}$$

键合线是用于连接功率半导体芯片和封装引脚的关键部件，它们承载着电流和热量，并承受来自热膨胀、机械应力和电流应力等多种应力的作用。由于这些应力的影响，键合线可能会发生失效，导致键合线电阻或芯片表面与键合线接触电阻增加，在负载电流一定的情况下，会表现为 V_{CE} 增加。在正常操作、器件未发生键合线失效的情况下，V_{CE} 的值是稳定的，并且能够保持在设计规格内。然而，当键合线失效时，电流无法顺利通过键合线，电阻增加会引起器件内部产生更多的热量，并进一步加剧失效过程，对器件的性能和可靠性产生负面影响。

需要注意的是，模块老化后键合线电阻或者芯片表面与键合线接触电阻的增加导致 V_{CE} 升高，但随着模块的老化，器件的功率增加，结温也随之升高，由于 IGBT 芯片大电流下的正温度特性，最终也会导致 V_{CE} 升高。因此，在功率循环测试过程中测量得到的 V_{CE} 升高分别来自键合线自身老化和老化后结温升高，很难解耦并判定键合线的老化程度，此问题的一种解决办法详见 8.4.1.3 小节。

使用 V_{CE} 上升 5% 作为标准表征键合线失效，主要是基于以下几个原因。

① 经验和实践：V_{CE} 上升 5% 的键合线失效判据是根据经验和实践得出的。通过大量的可靠性测试和失效分析，研究人员发现，当 V_{CE} 上升 5% 时，通常表明键合线失效导致的电阻增加已经达到一定的程度，对器件的性能和可靠性产生明显的影响。若在 V_{CE} 达到失效判据，即上升 5% 后继续进行功率循环测试，会观察到在较短时间内，V_{CE} 呈指数型上升，键合线最终会全部失效从而导致断路，此时功率循环试验被迫中止。以英飞凌的全桥功率器件 FS660R08A6 下桥臂为例，在 $t_{on}=1s$、$t_{off}=2s$、$T_{jmax}=150℃$、$\Delta T_j=100K$、$I_L=572A$ 的测试条件下，V_{CE} 和 R_{th} 的变化趋势如图 8-40 所示，可以看出当 V_{CE} 达到 5% 失效判据后继续进行功率循环测试，V_{CE} 急剧上升，键合线最终会在较短时间内全部失效导致断路。因此，继续增加失效判据对寿命的结果判定影响极其小，5% 的判据已经可以代表约 98% 以上的寿命，但如果失效判据太大，会直接导致器件电气特性完全失效，无法进行后续的失效分析。

② 工作范围和设计规格考虑：不同型号和规格的功率器件具有不同的额定值和工作范

围。因此，5％的 V_{CE} 上升可以被视为一种相对的指标，需要结合器件的规格和特性进行评估和判断。例如最早提到 5％失效判据的文献 [11]，其实是考虑到了器件的额定电流 I_N，其失效判据定义如式（8-9），如额定电流 300A 的模块，其失效判据即为 5％。

$$\Delta V_{CE}(\%) = \frac{1500}{I_N} \quad (8-9)$$

AQG 324 标准考虑到了器件的工作范围和设计规格，使得 V_{CE} 上升 5％能够较好地反映键合线失效的程度。其目的是统一测试标准和失效判据，进而使测试数据具有可对比性。

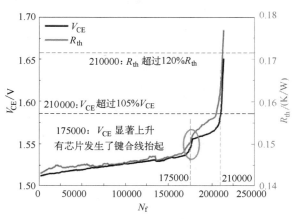

图 8-40　FS660R08A6 下桥臂功率循环
V_{CE} 和 R_{th} 的变化趋势

③ 与电阻增加的关联：键合线失效会导致键合线电阻或者芯片表面与键合线接触电阻增加，从而影响器件的性能，键合线电阻与器件饱和压降的关联使得 V_{CE} 上升 5％成为一种可行的表征方式。

需要注意的是，V_{CE} 上升 5％仅作为一种常见的表征方法之一，并不能完全描述键合线失效的所有方面。在实际应用中还应该综合考虑其他因素，如失效前后器件的静态参数变化、器件的温度特性等。此外，为了更准确地了解键合线失效的情况，需要结合更多的分析和实验数据，并综合考虑器件的规格和特性，进行全面的可靠性评估分析和判断。

8.3.1.4　可靠性提升技术

关于键合线可靠性提升技术方面，主要包括键合工艺参数、键合线材料、键合线几何形状、器件灌封材料等。

（1）键合工艺参数

键合线键合工艺介绍详见前文 8.3.1.2 节，超声键合工艺是功率半导体器件常用的键合技术，且常用的键合基本形式为楔形键合，图 8-38 展示了连接芯片和基板的超声键合简化步骤。为了介绍键合工艺参数对键合线可靠性的影响，在 8.3.1.2 节的基础上，对超声键合工艺中键合点的形成细节进行详细介绍。超声键合形成键合点需要三个步骤，如图 8-41 所示。首先，键合线在劈刀的压力作用下发生预变形，使其与芯片表面键合区域接触；然后，超声波通过变幅杆传递到安装在传感器末端的劈刀，劈刀随着变幅杆上传递过来的超声波水平弹性振动，键合线在劈刀的作用下与芯片表面快速摩擦，消除接触表面的金属氧化层；最后，在超声能量的作用下，键合线键合部分发生塑性形变，随着芯片表面与键合线接触界面

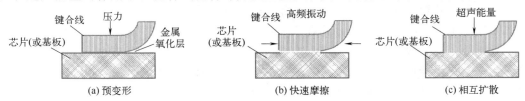

图 8-41　超声键合键合点形成过程示意

上的原子扩散，最终形成稳定的键合点。

上述过程主要涉及三个关键键合工艺参数：压力 F、振动频率 f 和超声能量 P。施加压力 F 使键合线预变形，使其刚好接触芯片表面金属层并等待键合。如果施加的压力 F 不当，会损坏键合工具，施加的压力 F 与键合线材料的屈服强度有关，器件厂家会根据键合线材料的屈服强度相应调整压力 F。当施加超声能量 P 后，超声能量的注入会导致键合线初始裂纹，初始裂纹通常会出现在键合线根部区域的顶部和底部[12]，此时键合线的应力分

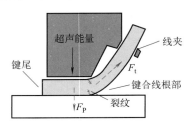

图 8-42　施加超声能量时
键合线根部受力分析

析如图 8-42 所示。当超声能量施加到键合线上时，会产生垂直向下的力 F_p，在力的作用下键合线形状由圆形转变为楔形，同时产生向下的位移。由于键合线被距离键合线根部不远处的线夹固定，从而会产生沿着键合线的拉力 F_t。F_p 和 F_t 这两个力的中心通常是键合线根部初始裂纹产生的地方，在形成线环等其他导致键合线弯曲或拉伸的键合过程中，会进一步导致键合线根部初始裂纹扩展。因此，需要合理控制超声能量，在保证键合强度的前提下尽可能限制键合线初始裂纹的萌生和扩展。键合工艺中振动频率一般在 $60\sim120kHz$，为了节约变更超声键合系统组件所需要的成本，振动频率一般在此范围内相对固定。

影响键合线键合强度最重要的因素是超声能量，其次是压力，因为振动频率相对固定，所以振动频率的影响相对较小。不合适的键合工艺参数对键合线的键合强度有显著影响，一般通过推拉力测试进行考核。因此，为了提高键合线键合质量，需要优化键合压力、超声能量等键合参数，这也是各器件厂家的核心商业参数。另一方面，键合后键合线中的残余应力也是影响键合线寿命的一个因素，但此方面目前的研究极少，还没有达到行业的共识。

（2）键合线材料

功率模块内部包含多个并联 IGBT 芯片和配套的反并联二极管芯片，IGBT 芯片表面的发射极与二极管芯片的阳极一般采用引线键合进行电气连接，而这些半导体芯片表面与绝缘衬板表面金属化层、绝缘衬板之间以及绝缘衬板与某些功率端子之间也常常通过键合线互连，形成特定的电路结构。以英飞凌公司的全桥功率模块 FS660R08A6 为例，其具有三相逆变的电路拓扑结构，3 个完全相同的子系统，每个子系统具有上、下两个桥臂，每个桥臂具有三颗并联 IGBT 芯片和三颗并联 FRD 芯片，每个 IGBT 芯片具有 10 根键合线、20 个键脚，每个 FRD 芯片具有 10 根键合线、10 个键脚，如图 8-43 所示。

因此，键合线成为功率模块内部电流回路的主要载体，主要解决半导体功率芯片表面的各电极之间以及与绝缘衬板之间互连问题，是功率模块内部实现电气互连的主要方式之一。作为电气连接的键合线通常由导电性高的材料制成，如 Al、Cu、Au 和 Ag，其材料属性如表 2-1 所示。

金线是半导体行业比较常见的一种键合材料，金线具有其他键合材料无可比拟的物理特性，主要用于 IC、LED 行业[13]，其直径一般小于 $50\mu m$，对于存储器和射频等应用，键合线直径就更小了，一般小于 $25\mu m$。但作为一种贵重金属材料，由于受到黄金价格的影响，不利于功率半导体器件产品的价格竞争，对此，一种较廉价的银合金线替代品应时而生。银合金线不仅导电性好，更重要的是其价格仅为同等线径金线价格的 20%。

然而，在大电流功率模块应用领域，为了满足电流和功率需求，必须使用直径几百微米

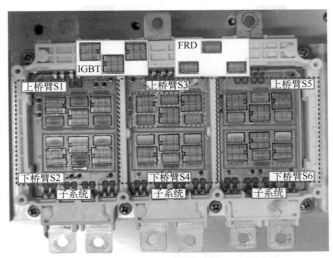

图 8-43 全桥功率模块典型芯片布局（FS660R08A6）

的键合线以满足载流量的需求。目前，功率半导体器件中常用的键合线直径有 $125\mu m$、$200\mu m$、$250\mu m$、$380\mu m$、$500\mu m$，在功率模块中往往需要多根键合线并联，铝键合线因其工艺成熟、成本低廉而成为功率器件键合线应用最广泛的材料，另一个原因是方便与功率芯片表面铝层进行键合，不同线径铝键合线的载流能力如表 8-7 所示[14]。

表 8-7 不同线径铝键合线的载流能力[14]

键合线直径/μm	熔断电流/A	最大稳定工作电流/A
125	5.63	2.5
200	11.16	6.5
250	15.45	10.1
380	27.89	23.5
500	42.42	40

但铝键合线的热膨胀系数（$23\times10^{-6}\mathrm{K}^{-1}$）与功率芯片的硅（$3\times10^{-6}\mathrm{K}^{-1}$）之间失配较大，由前文总应变 ε_{tot} 的表达式（8-6）可知，键合线在功率循环测试中由于结温波动和材料热膨胀系数的不匹配易产生较大的热应力累积，使键合线出现裂纹或抬起，造成键合线失效。减小材料间热膨胀系数的不匹配程度可以减小塑性形变，从而提高键合线的可靠性，所以采用铜键合线替代铝键合线可以提高键合线的可靠性。由表 2-1 可知，铜的热膨胀系数（$17\times10^{-6}\mathrm{K}^{-1}$）和功率芯片硅的热膨胀系数之间的不匹配程度要小于铝和硅之间的不匹配程度，即 $\alpha_{Cu}-\alpha_{Si}<\alpha_{Al}-\alpha_{Si}$。采用铜键合线的功率模块实物图如图 8-44 所示。

采用铜键合线从理论上可以很大程度上提高模块的可靠性，而且大量实验也证实了，但相应的成本也大大增加。目前，制约铜键合线广泛应用的主要因素是功率芯片表面的金属化层，传统基于铝金属化层的功率芯片与铜键合线的匹配性较差，而且因为铜的硬度、杨氏模量比铝大，需要更高的超声能量才能实现良好的超声键合效果，铝金属

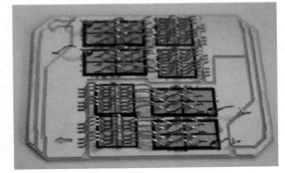

图 8-44 采用铜键合线的功率模块实物图

层无法承受连接铜键合线所需的超声能量和压力，而且更高的超声能量又可能会对超薄型 IGBT 芯片（如厚度 $70\mu m$，耐压 600V）造成机械损伤，甚至危及 IGBT 芯片的元胞结构[15]。因此，为了适应铜线键合，需要将芯片表面的铝金属层替换为铜金属层，如采用化学电镀或物理气相沉积，这就增加了工艺的复杂度。此外，因为金属铜很活跃，很容易进入芯片内部而"污染"芯片，因此还必须增加另外一层保护，又增加了芯片工艺难度和成本。所以，有一种折中方案就是采用铝包裹的铜线，如图 8-45 所示，既能避免芯片表面镀铜的难度和过高的成本，又获得了铜键合线高可靠性的技术优势。

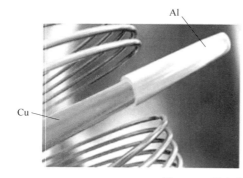
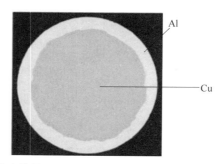

图 8-45　铝包铜线及其截面图

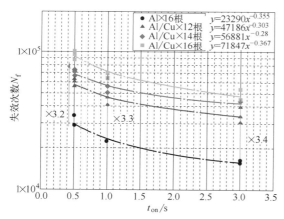

图 8-46　铝键合线和铝包铜键合线器件寿命对比

采用铝键合线和铝包铜键合线的功率半导体器件功率循环寿命如图 8-46 所示，由图可知，在测试条件相同以及键合线根数相同的情况下，采用铝包铜线的器件，键合线寿命提升了 3 倍以上，就算减少铝包铜键合线的数量，其寿命仍比采用铝键合线的器件寿命有不同程度的提高。

对于考虑成本和应用要求较低的场合，仍然以采用铝键合线的封装技术为主流，只有在对可靠性要求极高的应用，才会考虑铜键合技术与纳米银烧结技术的配合，如新能源汽车用的 SiC 模块。

除了采用铜（铝包铜）键合线代替铝键合线外，由于键合线的粗细限制了功率器件载流能力，需要多根键合线并联使用，为了提高键合线的载流能力，铝带和铜带键合技术逐步发展起来，图 8-47 为铝带和铜带键合实物图。

相比于铝（铜）键合线，铝（铜）带的横截面积大，可靠性高，不但提高了器件整体的通流能力，避免由于器件高频工作时造成的集肤效应，而且还能减小器件封装体积。除此之外，铝（铜）带表面积较大，散热效果也比铝（铜）线好，寄生电感小，在高频大电流的工作情况下应用前景广泛，其缺点是不能大角度弯曲，且配套设备昂贵，对芯片表面金属层的工艺也有一定要求。文献［16］研究了六组不同键合线的功率模块功率循环，测试组别如表 8-8 所示，测试过程中通过调节负载电流确保结温波动恒定，且六组测试所用的模块均没有灌封材料，关于器件灌封材料对寿命的影响将在本小节第（4）点介绍。

(a) 铝带键合实物图   (b) 铜带键合实物图

图 8-47 铝带和铜带键合实物图

表 8-8 不同键合线功率模块研究组别[16]

序号	键合技术	直径或粗细	结温波动 ΔT_j/K
a)	铝键合线	$300\mu m$	150
b)	铝带	$200\mu m \times 2mm$	150
c)	铝带	$200\mu m \times 2mm$	110
d)	铝键合线	$125\mu m$	150
e)	铜键合线	$300\mu m$	150
f)	铜带	$200\mu m \times 2mm$	150

六组不同键合技术的功率循环测试结果如图 8-48 所示[16]。对比 a) 组和 b) 组，a) 组寿命约为 20000 次，b) 组寿命约为 40000 次，可知采用铝带使寿命提高到铝键合线的约 2 倍；对比 e) 组和 f) 组也能得到类似的结论，铜带的寿命提高到铜键合线的约 1.5 倍。对比 a) 组和 e) 组，以及 b) 组和 f) 组，验证了铜键合材料与铝键合材料相比，可靠性显著提高。而对比 a) 组和 d) 组，则可以得到键合线直径对键合线寿命的影响，这将在本小节第 (3) 点详细分析。

除此以外，文献 [17] 对不同键合材料以及键合技术在提高键合线可靠性方面进行了总结，如图 8-49 所示，

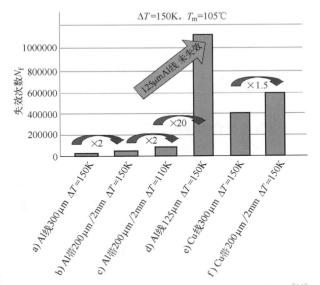

图 8-48 六组不同键合技术的器件功率循环测试结果[16]

铝带与铝键合线相比，寿命提高约 1 倍；铝包铜键合线与铝键合线相比，寿命提高约 4 倍；铝包铜带与铝包铜键合线相比，寿命提高约 1 倍；而铜键合线和铜带理论上可以极其显著地提高器件寿命。但是需要注意的是，铜替代铝作为键合线材料，以及带状替代线状，可靠性提升的同时，对工艺的要求也相应增加，尤其是芯片金属层工艺。

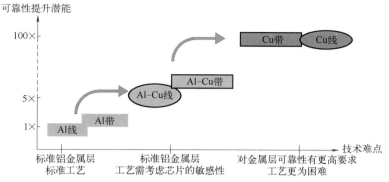

图 8-49　不同键合线材料和键合技术对键合线可靠性提升的对比[17]

（3）键合线几何形状

功率芯片与键合线 CTE 不匹配引起的剪切应力是导致键合线失效的主要原因，但不是唯一原因。在功率循环测试过程中，随着结温波动，键合线线环在加热时间内膨胀，在冷却时间内收缩，具体过程见 8.3.1.1 键合线失效机理一节图 8-33。因此，当线环受热膨胀时，会产生拉应力，拉扯键脚，周期性的热膨胀和收缩以及重复弯曲产生的张应力是影响键合线失效的另一个因素。

不同几何形状的键合线在功率循环测试中会产生不同的剪切应力和拉应力，因此键合线

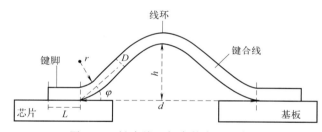

图 8-50　键合线几何参数定义示意图

失效还与键合线的几何形状有关，如图 8-50 所示，键合线几何参数主要包括键脚键合长度 L、键合线直径 D、键合线根部曲率半径 r、键角 φ、纵横比（环高 h/键合点间距 d）。

键合界面是最容易产生裂纹的地方，其形状由键合长度 L 以及键合宽度 W 决定，如图 8-51（b）所示。裂纹通常出现在键合线键尾和键合线根部，并通过芯片表面金属层上方 $10\mu m$ 左右的界面区域扩展，如图 8-51（c）所示。

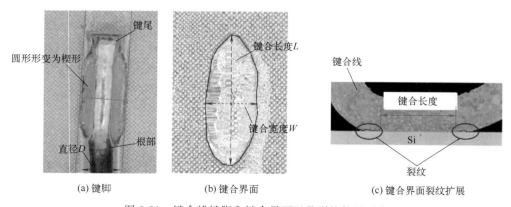

（a）键脚　　　　　　　　（b）键合界面　　　　　　　（c）键合界面裂纹扩展

图 8-51　键合线键脚和键合界面以及裂纹扩展示意

键合线直径 D 减小，则键合界面面积也会相应减小，由式（8-6）可知总应变 ε_{tot} 减小，

因此寿命会相应提高。图 8-48 中 a）组和 d）组，键合线直径小的器件寿命长也证实了这一点。键合线直径 D 与器件的通流能力有关，但键合界面面积受直径的影响，因此，键合线直径的选择应综合考虑器件额定电流、键合界面面积等因素。对于确定的额定电流，键合线数量和直径有多种组合，考虑到上述键合线直径的影响，较小的直径有助于提高可靠性，但前提是需要保证足够的通流容量。

除此之外，键合线直径 D、键合线根部曲率半径 r、键角 φ 对其可靠性的影响可以用式（8-10）描述[8]：

$$\varepsilon = \frac{D}{2r}\left\{\frac{a\,(D/2)\cos\left[\cos\varphi\,(1-\Delta\alpha\,\Delta T)\right]}{\varphi}-1\right\} \tag{8-10}$$

式中，ε 为应变；$\Delta\alpha$ 为键合线和芯片材料的热膨胀系数差异；ΔT 为温度波动；a 为常数。

键合线纵横比是键合线几何形状常用的表征方法，大量实验结果表明纵横比影响键合线的失效形式和寿命，文献 [18]、[19] 研究了键合线纵横比对键合线失效形式和寿命的影响，结果如表 8-9 所示。在键合线纵横比较小时，模块只出现键合线根部裂纹；在纵横比较大时，模块仅出现键合线抬起；在两者之间，既存在键合线根部裂纹，又存在键合线抬起的失效形式。除此之外，随着键合线纵横比的增加，器件寿命也在增加。键合线根部曲率半径 r 和纵横比的增加都意味着键合线变长，较长的键合线为其热膨胀提供了更多空间，因此，键合线根部产生的拉应力更小，更不容易产生根部裂纹。

表 8-9　键合线不同纵横比时的失效形式和寿命[18]

键合线纵横比	功率循环寿命(银烧结)/次	失效形式
0.21	79300	仅键合线根部裂纹
0.29	281000	键合线根部裂纹和抬起
0.48	647000	仅键合线抬起

值得注意的是，随着纵横比的增加，键合线寿命显著改善仅发生在采用银烧结技术的功率模块中，在使用软钎焊料的传统器件中无法达到这种效果，因为器件的寿命会受到焊料老化的限制。采用软钎焊料时，即使纵横比增加到 0.48，其寿命也只有 234000 次，与采用银烧结、纵横比为 0.29 时的寿命相似[18]。因此，在通过增加键合线纵横比以期提高键合线可靠性的同时，应该充分考虑焊料失效，并合理考虑提高焊料可靠性的相关技术和措施。

综上所述，提高键合线可靠性与其几何参数之间的关系如图 8-52 所示，需要注意的是，键合线的几何参数之间会互相制约、互相影响，因此需要综合考虑多个几何参数之间的关系。通过优化几何参数来提升键合线可靠性的问题可以描述为：在满足键合线几何参数约束

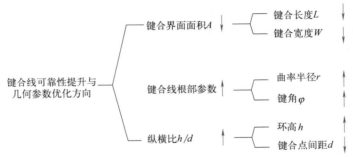

图 8-52　键合线可靠性提升与其几何参数的优化

的前提下，尽可能减少键合线潜在位置的应变，例如键合线根部应变和键合界面处的应变。

（4）器件灌封材料

灌封材料可以保护功率器件内部各结构免受潮湿和酸、碱等腐蚀，以及保证足够的绝缘强度，保护模块内部各结构免受机械冲击，免受外部环境影响。由于灌封材料覆盖了整个芯

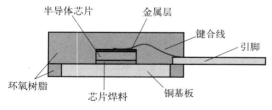

图 8-53　TO-247 封装结构示意图

片，因此键合线也会被灌封材料包围，以 TO-247 封装为例，其结构如图 8-53 所示，TO 器件的灌封材料通常为环氧树脂。在半导体芯片加热的过程中，灌封材料的热性能会影响键合线的膨胀程度，因此不同灌封材料会导致不同的键合线寿命和失效机理。

功率器件常见的灌封材料有两种：硅凝胶和环氧树脂，前者通常用于功率模块中，后者通常用于分立器件中。与硅胶相比，环氧树脂不仅具有绝缘、防潮、耐腐蚀等优点，而且其杨氏模量较高，机械强度也较高。键合线周围的灌封材料可以对键合线起到一定的保护作用，在键合线受热膨胀时，灌封材料能一定程度上抑制其膨胀，如图 8-54 所示为有限元仿真中，TO-247 器件有无环氧树脂时的键合线形变以及键合线最大应力点处最大应力对比，仿真条件为 $\Delta T_j = 90K$、$T_{jmax} = 150℃$，形变放大倍数为 100，右侧图例及大小表示应力，单位为 MPa。由图 8-54 可知，有环氧树脂时，键合线键合点处的最大应力比无环氧树脂时小，且键合线受热膨胀时形变小于无环氧树脂时的情况，验证了环氧树脂能有效抑制键合线的热膨胀，能有效降低键合线键合点处的最大应力。

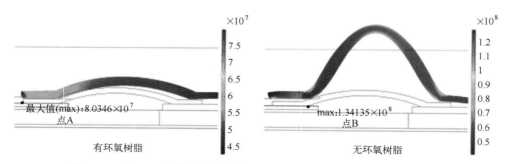

图 8-54　TO-247 器件有无环氧树脂情况下键合线形变与最大应力对比

（$\Delta T_j = 90K$，$T_{jmax} = 150℃$，放大倍数 100）

一般而言，灌封材料刚度越大，抑制键合线抬起的效果越明显，如下图 8-55 所示，将 TO 器件表面的塑封材料激光开封并用酸去除后与没去除塑封材料的器件进行功率循环寿命对比，没有塑封材料（与硅凝胶类似）保护的样本寿命只有有塑封材料保护的 1/3 左右。当然不同的器件和封装工艺绝对数值可能存在一定差异，同时不同的玻璃转化温度（Glass Transition Temperature）T_g 也会影响寿命的绝对数值，但基本结论为灌封材料可以一定程度上抑制键合线的抬起，提升键合线的可靠性。

去除环氧树脂之后的器件，在键合线底部和键合线根部都出现了裂纹，如图 8-56 所示，但键合线根部的裂纹较小，与底部裂纹相比，还不足以导致键合线根部断裂，所以去除环氧树脂以后，器件的键合线失效形式主要是键合线抬起。

具有高杨氏模量的环氧树脂有望成为功率模块中硅胶的替代品，如电动汽车中使用的双

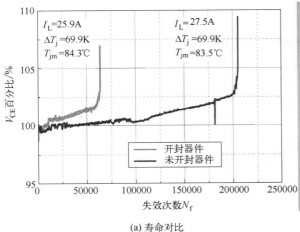

(a) 寿命对比

(b) 开封去除环氧树脂的器件

图 8-55　去除环氧树脂的 TO 器件与没有去除的器件寿命对比

面散热模块，但要考虑大面积灌封工艺和材料空洞率等的控制。除了硬度大，玻璃转化温度 T_g 也是评估灌封材料对键和线保护程度的另一个因素。灌封材料的玻璃转化温度是指材料从玻璃态向高弹态转变的温度，玻璃转化温度是非晶态聚合物的固有特性，是材料内部分子运动形式转变的宏观表现。如图 8-57（a）所示，当温度处于玻璃转化温度以下时，材料内部分子链和链段都无法运动，而构成分子的原子或基团可以在其平衡位置振动，这一状态称为材料的玻璃态，材料内部无定型部分处于冻结状态。在玻璃态的材料，表现出无黏性、无弹性，为刚性固体状，类似于玻璃。当温度升高，到达玻璃转化温度时，材料内部链段开始运动，分子链依然不能动，这一状态称为材料的高弹态，材料内部

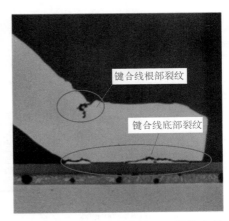

图 8-56　去除环氧树脂的 TO 器件功率循环后键合线底部出现裂纹

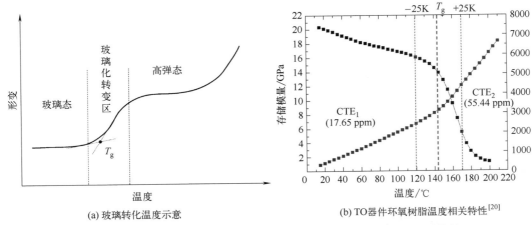

(a) 玻璃转化温度示意

(b) TO器件环氧树脂温度相关特性[20]

图 8-57　材料玻璃转化温度示意及某 TO 器件环氧树脂温度相关特性

处于解冻状态。在高弹态的材料，表现出高弹性，形变明显增加，并在一定温度区间达到相对稳定，高弹态也叫橡胶态。通常把材料玻璃态向高弹态的转变称为玻璃化转变，此时对应的温度称为玻璃转化温度。聚合材料在玻璃转化温度下，形变和模量会发生变化，还有许多物理性质，如体积、热膨胀系数等都会发生很大的变化。如图 8-57（b）[20] 所示为某 TO 器件所用的环氧树脂材料的温度相关特性（形变和存储模量），由图可知，在玻璃转化温度下（145℃左右），环氧树脂的形变增加，而材料的存储模量急剧减小，热膨胀系数也从 $17.65 \times 10^{-6} K^{-1}$ 转变为 $55.44 \times 10^{-6} K^{-1}$。

具有较高玻璃转化温度的灌封材料可以在更高、更宽的温度范围内更有效地抑制键合线的热膨胀，从而抑制键合线的抬起和裂纹萌生、扩展，提高键合线可靠性，这也在一些文献中被实验证实了。图 8-58 展示了 2 种不同玻璃转化温度（器件 A 的 T_g 为 165℃，而器件 B 为 155℃）的 1200V/25A 器件在相同功率循环测试条件下（$t_{on} = 2s$，$t_{off} = 4s$，$\Delta T_j \approx 90K$，$T_{jmax} \approx 150℃$）的结果。可以看到，器件 A 具有高达器件 B 三倍的功率循环寿命，这是由于高玻璃转化温度可以有效抑制器件键合线的抬起和热膨胀引起的位移。然而，若材料的杨氏模量太大，可能会导致栅极键合线上产生额外的机械应力，从而引发栅极可靠性问题，需要在封装过程中引起重视。

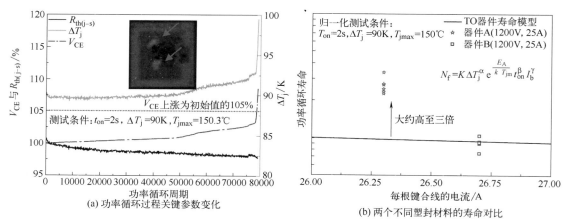

(a) 功率循环过程关键参数变化　　(b) 两个不同塑封材料的寿命对比

图 8-58　两种不同塑封材料功率循环测试结果

综上，可以从优化键合工艺参数方面提升键合线可靠性，如优化键合压力、超声能量等；可以从键合线材料方面提升键合线可靠性，如用铜键合线代替铝键合线，用铝（铜）带代替铝（铜）键合线；可以从优化键合线的几何参数方面提升键合线可靠性，如优化键合线键合界面面积、键合线键角、键合线根部曲率半径、键合线纵横比；还可以从灌封材料的角度提升键合线可靠性，如采用更高玻璃转化温度的灌封材料抑制键合线的热膨胀。

8.3.2　焊料失效

8.3.2.1　焊料失效机理

连接功率器件各层封装材料的焊料一方面起着电气连接、机械支撑的作用，另一方面是功率器件最为重要的散热通道，器件功能的实现依赖于焊料层提供的可靠连接。焊料老化失效大体可以分为两类，主要与材料 CTE 不匹配有关，包括焊料裂纹和焊料分层。而焊料工艺过程或/和器件疲劳损伤产生的焊料空洞，也会加剧焊料的老化过程，最终也可能呈现出空洞的失效形式。因此，本书将焊料空洞相关内容也列入焊料老化失效，如图 8-59 所示，下面对焊料失效机理进行介绍。

图 8-59　焊料老化失效分类

由 8.3 节开始的介绍可知，铝键合线为弹塑性材料，其应变为弹塑性形变，形变量与时间无关；而焊料为黏塑性材料，其应变为塑性形变和蠕变，形变量与时间有关。在功率循环结温周期性波动过程中，焊料的应力-应变曲线示意图如图 8-60 所示。在周期性升温过程中，随着结温的增加，焊料应变速率逐渐增大直至达到稳定；相应地，在周期性降温过程中，随着结温的降低，焊料应变速率逐渐减小直至达到稳定。焊料的形变会随着时间而累积，表现为黏塑性，即发生塑性形变和蠕变。

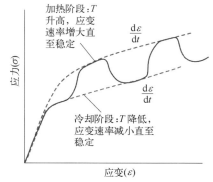

图 8-60　焊料在功率循环过程中的黏塑性行为示意

由材料力学原理可知，当温度波动为 ΔT 时，产生的等效热应力 σ 可表示如式（8-11）：

$$\sigma = \alpha E \Delta T \tag{8-11}$$

式中，α 为材料的热膨胀系数；E 为弹性模量。等效热应力与弹性模量成正比，弹性模量越大，材料越不容易发生形变，所以等效应力就越大，这也是 SiC 芯片封装存在的挑战。

前文图 8-30 所示的双金属模型，对于两种热膨胀系数不同且黏合在一起的材料 A 和 B，当温度变化 ΔT 时，两种材料的应变比如式（8-12）：

$$\frac{\varepsilon_A}{\varepsilon_B} = -\frac{E_B d_B}{E_A d_A} \tag{8-12}$$

式中，d 为材料的厚度；E 为弹性模量。式（8-12）表明，在温度变化时，两种材料的应变比与其弹性模量和厚度的乘积成反比，其中负号表示两者应变方向相反。而焊料是黏塑性材料，与硅芯片和 DBC、基板等材料相比，焊料的弹性模量较小，且厚度较薄，因此承受大部分的应变，在相同热应力的作用下，更容易发生弯曲变形。

弹性形变和塑性形变都与时间无关，只与应力有关，某些固体材料，如金属、塑料、岩石和冰，在长时间的恒温恒应力作用下，即使应力没有达到材料的屈服强度，应变也会缓慢地随时间延长而增加，这种固体材料在保持应力不变的条件下，应变随时间延长而增加的现象称为蠕变。在低应力范围时，蠕变可以用如式（8-13）所示的 Arrhenius 方程描述：

$$\varepsilon_c = A_0 \sigma^{-n} e^{\frac{Q}{K_B T}} \tag{8-13}$$

式中，A_0 为与材料有关的常数；Q 为蠕变活化能；K_B 为玻尔兹曼常数；T 为热力学温度。材料的典型蠕变曲线如图 8-61 所示，蠕变曲线是指在一定温度和应力作用下，应变随时间的变化曲线，可分为三个阶段：第一个阶段为减速蠕变阶段，由于蠕变变形逐渐产生应变硬化，使位错源开动的阻力及位错滑移阻力增大，蠕变速率逐渐降低；第二个阶段为恒速蠕变阶段，因应变硬化发展，促进动态回复，使金属不断软化，当应变硬化与回复软化达到平衡时，蠕变速率为一常数；第三个阶段为加速蠕变阶段，越来越大的塑性形变在材料晶界形成微孔洞和裂纹，导致材料发生缩颈，真实应力增加，应变速率加快，最终材料断裂。

蠕变的速率与温度和应力有关，在同一作用时间下，蠕变速率随温度和应力的增加而增加，其示意图如图 8-62 所示。

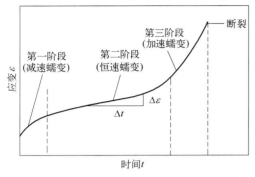

图 8-61　材料典型蠕变曲线示意图

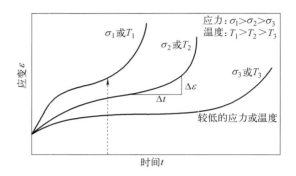

图 8-62　蠕变速率与温度和应力的关系曲线示意图

由于蠕变速率与温度息息相关，而与时间相关的蠕变又与材料的疲劳损伤息息相关，因此温度与焊料的失效紧密相关。温度的"高"和"低"是相对于该焊料（或者说该金属）的熔点而言的，一般采用同一温度（Homologous Temperature）T_h，也有学者称为均质温度、同系温度、约比温度，来表示温度的相对"高"和"低"。同一温度定义为焊料的使用温度 T 与其熔点 T_m 的比值，均指的是热力学温度，单位为 K，即 $T_h = T/T_m$。当 $T_h < 0.4$ 时，认为焊料是稳定的；当 $0.4 < T_h < 0.6$ 时，热激活导致焊料处在蠕变范围，对应变很敏感；当 $T_h > 0.6$ 时，超过焊料的工程载荷，非常容易引起失效；如图 8-63 所示。这也是为何传统封装中软钎焊料很容易失效的原因，正常情况下功率半导体器件的工作结温为 150℃ 或者 175℃，而软钎焊料 SAC（SnAgCu）系列的熔点为 217～221℃，同一温度大于 0.6，很容易失效。为了满足高温应用的需求，封装中一般采用纳米银烧结技术来替代软钎焊，因为银的熔点为 961℃，器件工作时同一温度很低，小于 0.4，结构非常稳定可靠，具体详见

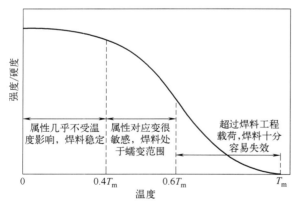

图 8-63　焊料的强度/硬度与同一温度相关

8.3.2.4 节。

与速率相关的塑性除了蠕变以外，还有黏塑性，从材料的角度看，蠕变和黏塑性本质是相同的，在工程应用中，蠕变一般用于描述低应变速率的热变形过程，而黏塑性一般用于描述高应变速率的热变形过程。一般地，当焊料的同一温度 $T_h \geq 0.5$ 时，材料的物理行为对应变率、温度、应变率和温度的时间历史、应变硬化和软化变得非常敏感，此时常用黏塑性来分析，如常用的 Anand 黏塑性模型。由于从材料的角度看，蠕变和黏塑性是相同的，仅是应变速率的差异，所以此处不再详细区分蠕变和黏塑性。

　　综上，当功率循环过程中结温周期性变化时，由于材料 CTE 的不匹配导致周期性应力作用于焊料，再加上功率循环中温度本身对材料的激活作用，上述塑性应变、蠕变同时存在于焊料的疲劳过程中。热应力使得焊料层中产生不可恢复的黏塑性应变，导致内部裂纹损伤的形成，而裂纹又是焊料疲劳的最初表现形式，裂纹不断生长，导致焊料分层。再者，由于工艺的原因，焊料层本身存在细小的裂纹与空洞（详见 8.3.2.2 节），而在功率循环老化过程中，应力会集中在原来的裂纹尖端或空洞周围，造成裂纹进一步扩展或出现分层，而焊料边缘由于其特殊的位置，被认为和裂纹边缘具有类似的结构，所以一般认为芯片边缘处的焊料会先出现老化现象。但是在富含铅的焊料中，老化也会从中心处开始，这是材料本身特性决定的，也将在后文介绍。如果裂纹从边缘开始，温度相对较低的芯片区域温度增加，而芯片中心最高温度保持不变；当裂纹从中心最高温度开始时，芯片中心最高温度会迅速增加。这种正反馈循环加速会加快整个界面焊料层的疲劳进度，因而会降低功率模块的寿命。

　　裂纹损伤在产生的初期并不会对功率模块的正常工作产生明显的影响，但损伤通常会导致功率器件内部失去热平衡，焊料疲劳会造成器件的热阻增加，导致芯片表面温度梯度进一步增大。焊料界面的断裂将增加相应区域的局部热阻，从而产生热集中效应，在热集中效应的作用下，器件内局部温度和热应力进一步升高，焊料层中损伤进一步扩展，如此反复，形成恶性循环，最终导致焊料层裂纹，如图 8-64 所示。

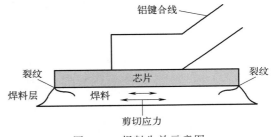

图 8-64　焊料失效示意图

　　关于空洞，功率器件中焊料空洞主要有三种，分别为：柯肯达尔空洞、晶界空洞和工艺空洞。此处简单介绍柯肯达尔空洞和晶界空洞，关于工艺空洞将在 8.3.2.2 小节中介绍。

　　首先介绍柯肯达尔空洞，柯肯达尔效应是一种无铅锡膏焊接时常见的且会影响焊料可靠性的效应。扩散是物质中原子或分子的迁移现象，是物质传输的一种方式，气体和液体中的扩散现象易于察觉，在固态的金属中也同样存在扩散现象。对于置换型溶质原子，由于溶剂与溶质原子的半径相差不大，当两种原子互相扩散时，相邻原子间必须作置换，考虑到溶质和溶剂原子之间不同的扩散速率，会发现两种扩散速率不同的金属在互扩散过程中会形成缺陷，最初是由柯肯达尔（Kirkendall）等人证实。在热老化过程中，焊料金属间化合物层由于温度影响会不断生长，比如说 SnAgCu（SAC）无铅锡膏制作的焊料在受热时会加速金属元素的扩散现象。在 Cu_3Sn 和 Cu_6Sn_5 界面，Cu 比 Sn 扩散率大，Cu 向 Sn 扩散要快于 Sn 向 Cu 扩散，即 Sn 和 Cu 之间的原子通量不平衡，因此在 Cu_3Sn 内部和 Cu_3Sn/Cu 界面会留下空位，空位不断积聚最终会发展为柯肯达尔空洞，其形成示意图如图 8-65 所示，柯肯达尔空洞的生长情况实物图如图 8-66 所示[21]。向焊料中添加 Ni 元素可以抑制 Cu_3Sn 的生长，成为控制柯肯达尔效应的一个解决方向。

　　晶界空洞是在温度循环或功率循环期间，由于疲劳损伤，特别是蠕变损伤积累导致晶界滑移而形成的空洞。金属蠕变主要是通过位错滑移、原子扩散和晶界滑动等机理进行的，随温度和应力的变化而有所不同。焊料的晶粒结构在本质上是不稳定的，随着时间的推移，在界面能降低的驱动下晶粒尺寸会逐渐增大，在功率循环过程中，周期性的高温和应变会加速晶粒生长过程，晶粒生长时，杂质及污染物会集中在晶界处，从而削弱晶界，晶界处会慢慢

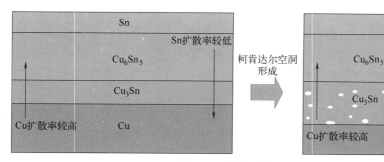

图 8-65　柯肯达尔空洞形成示意图

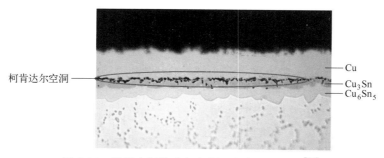

图 8-66　焊料中柯肯达尔空洞生长实物效果图[21]

地开始形成微观空洞，当周期性热应力持续施加，微观空洞会发展为微裂纹，微裂纹最终会聚集成宏观裂纹并导致焊料层断裂。金属材料在长时间高温载荷作用下的断裂大多为沿晶断裂，一般认为这是由于晶界滑动在晶界上形成裂纹并逐渐扩展而引起的。晶界裂纹的形成方式有两种：在三晶界交汇处形成楔形裂纹、在晶界上由空洞形成圆形或椭圆形晶界裂纹。两种晶界裂纹的形成方式示意图如图 8-67 所示。在高应力和较低温度下，因晶界滑动在三晶界交汇处受阻，造成应力集中并形成空洞，空洞相互连接形成楔形裂纹；在较低应力和较高温度下，晶界裂纹出现在晶界上的突起部位和第二相质点附近，由于晶界滑动产生空洞。

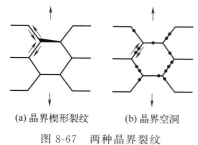

(a) 晶界楔形裂纹　　(b) 晶界空洞

图 8-67　两种晶界裂纹
形成方式示意图

以上两种形成裂纹的方式都有空洞萌生的过程。可见，晶界空洞对焊料在高温使用范围和寿命至关重要，裂纹形成后会进一步依靠晶界滑动、空位扩散和空洞而扩展，最终导致沿晶断裂。由于蠕变断裂主要在晶界上产生，所以晶界的形态、晶界上的析出物、杂质偏聚、晶粒大小和晶粒的均匀性等都会对焊料的蠕变断裂产生影响，而这就和焊料材料与工艺有关了。

上述介绍的两种焊料空洞：柯肯达尔空洞和晶界空洞与焊料金属合金材料本身的特性有关，且其空洞尺寸较小（与工艺空洞相比），并且需要经过较长时间的疲劳损伤之后才会逐渐出现。而在焊接工艺过程中形成的工艺空洞尺寸比前面两种大，一般在器件进行功率循环前即可通过 SAM 观察到。如图 8-68 所示为某款 TO-247 封装分立器件的芯片焊料 SAM 图，该器件未经过任何可靠性测试，由图可以观察到焊料工艺空洞现象。因此，柯肯达尔空洞和晶界空洞仅作简单介绍，后面将详细介绍与焊接工艺过程有关的焊料工艺空洞，因为工艺空洞将更为明显地影响器件的长期可靠性。

8.3.2.2 焊料工艺空洞形成机理和影响因素

焊料层中工艺空洞产生的主要原因是助焊剂溶剂在高温裂解后产生的气泡无法及时逸出，在介绍工艺空洞形成机理之前，首先介绍将功率芯片与 DBC 板，以及将 DBC 板与基板焊接在一起的回流焊技术。

焊锡膏是一种均质混合物，由焊料合金粉和液态的助焊剂组成。焊料合金粉是焊膏的主要成分，约占焊膏质量的 85%～90%，是焊膏的核心材料，也是形成焊点的主要原料。它是

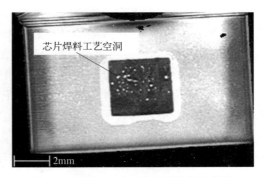

图 8-68 某 TO-247 分立器件芯片焊料
工艺空洞 SAM 图

一种易熔合金，主要起润湿金属表面并在表面形成金属间化合物，使功率芯片与 DBC 板以及 DBC 板与基板之间形成焊接的作用。

最开始，出于提高焊料延展性、降低焊料表面张力从而利于浸润以及价格便宜等原因，焊料合金粉广泛使用的是锡铅焊料。由于铅对环境和人体有害，欧盟于 2003 年 1 月正式颁布 RoHS 指令，这是世界范围内第一次由官方组织以文件的形式要求在电子产品制造过程中禁止使用有毒有害的物质，其中就包括铅。我国也在 2006 年采取行动，颁布了《电子信息产品污染控制管理办法》，规定电子产品不能含有铅等有害物质，自 2007 年 3 月 1 日起施行，从此无铅焊料替代含铅焊料发展起来。目前开发出的无铅焊料有百余种，且多数为二元、三元无铅合金，国内目前生产的多为二元合金，以 SnAgCu 三元合金为主流的无铅产品主要为进口，主要的无铅焊料系列及性能优缺点如表 8-10 所示[22]。

表 8-10 主要的无铅焊料系列及性能优缺点[22]

种类	熔点/℃	特点
SnAg 系列	220～245	优点:蠕变特性、强度、耐热疲劳力学性能等方面优于 SnPb
		缺点:熔点高,润湿性不良
SnCu 系列	200～237	优点:强度高、焊接性好、制造成本低
		缺点:抗拉强度较低、熔点高
SnAgCu 系列	217～221	优点:良好的力学性能,良好的可靠性,熔点低,可焊性好
		缺点:价格偏高
SnZn 系列	195～200	优点:熔点低,价格低
		缺点:易被氧化
SnBi 系列	140～180	优点:润湿性好
		缺点:耐热性差、强度差
SnAgCuBi 系列	208～213	优点:强度高、润湿性好
		缺点:价格高

回流焊通常采用 SnAg 和 SnAgCu 系合金，SnAg 焊料的含银量在 2%～5% 之间，该系共晶焊料的剪切强度、蠕变抗力、疲劳行为是很优越的，不存在延展性随时间加长而劣化的问题，接头可靠，但其熔点较高，成本较高，在 Cu 基体上浸润性稍差。因此研究人员开始注重三元或多元合金体系，在 SnAg 系焊料基础上添加 Bi、In、Cu、Sb 等元素开发多元合金焊料，但相比之下 SnAgCu 系列由于其具有更优的力学性能和焊接质量而受到研究者和器件制造商的青睐，SnAgCu 系无铅焊料被国际上公认为最有可能替代 SnPb 焊料的合金体系。Sn、Ag、Cu 三种合金成分比例的确定经历了一段探索的过程，SnAgCu 系合金共晶成

分还存在争议，事实上在 Ag（3.0～4.7）、Cu（0.5～3.0）范围内熔化温度变化都不明显，最终两种具有相同熔点且性能相似的合金成分 Sn3.0Ag0.5Cu 和 Sn3.8Ag0.7Cu（即 SAC305 和 SAC387）成为无铅焊料合金的主要选择。

焊锡膏中的另一种成分助焊剂，主要由松香、树脂、含卤化物的活性剂、添加剂和有机溶剂组成，简单地说是各种固体成分溶解在各种液体中形成均匀透明的混合溶液，其中各种成分所占比例各不相同，所起作用也不同。常用助焊剂的作用有：①破坏金属氧化膜使焊料合金粉表面清洁，有利于焊料浸润和焊点合金生成；②能覆盖在焊料表面，防止焊料或金属继续氧化；③增强焊料和被焊金属表面的冶金反应活性，降低焊料的表面张力；④焊料和焊剂是相熔的，可增加焊料的流动性，进一步提高浸润能力。

固态的焊料合金粉需要经过回流焊炉这种设备，经过几个温区不同的温度，在大于焊料熔点（SAC 系列焊料一般为 217～221℃）时，细小的焊料合金粉就会熔化，经过助焊剂的催化，使无数的小颗粒熔为一体，也就是使固态小颗粒重新回到流动的液体状态，这个过程就是人们常说的回流，回流的意思就是焊料合金粉由以前的固态重新回到液态，然后再经由冷却区又重新回到固态的过程。以 SAC305 焊料为例，其回流焊温度曲线示意如图 8-69 所示。

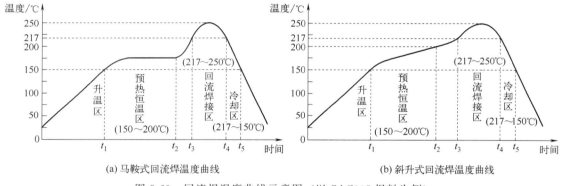

(a) 马鞍式回流焊温度曲线　　　　　　　　(b) 斜升式回流焊温度曲线

图 8-69　回流焊温度曲线示意图（以 SAC305 焊料为例）

一般有两种常见的回流焊温度曲线，即马鞍式和斜升式，二者的区别主要体现在预热恒温区，下面对温度曲线各区段进行介绍。回流焊温度曲线通常可以划分为四个区段：升温区、预热恒温区、回流焊接区、冷却区。

① $0～t_1$ 时刻，升温区。把从室温开始加热到 150℃ 的区段称为升温区，在此区段内温度相对较快地线性上升，锡膏中的低沸点溶剂开始部分挥发。此区段需要控制单位时间内温度的变化，即温度上升率，升温速率过快，锡膏会由于低沸点溶剂的快速挥发或者水汽迅速沸腾而发生飞溅。

② $t_1～t_2$ 时刻，预热恒温区，也称为保温区、活化区。此区段温度一般控制在 150～200℃，若采用马鞍式温度曲线，则温度保持在该范围内某个数值不变，若采用斜升式温度曲线，则温度由 150℃ 缓慢上升至 200℃，该区段的温度上升率比升温区小。此时锡膏正处于熔化前期，锡膏中的有机溶剂继续挥发，助焊剂的活性物质被温度激活开始发挥作用，清除 DBC 上铜层表面或基板表面以及焊料合金粉末中的氧化物。恒温区温度上升率较平缓的目的是减小铜层或基板上的温差，使锡膏在熔化之前达到最小的温差，为下一个区段内的焊接作准备。众多无铅锡膏厂商提供的 SAC305 合金焊锡膏配方里助焊剂中活性物质的活化温度大多在 150～200℃ 之间，这也是预热恒温区段在这个温度范围内预热的原因之一。此区

段需要注意的是，如果预热时间过短，助焊剂与氧化物的反应时间不够，被焊铜层或基板表面的氧化物未能有效清除，还会使锡膏中的水汽未能完全蒸发，低沸点溶剂挥发量不足，导致焊接时溶剂猛烈沸腾而发生飞溅产生"锡珠"，还会造成润湿不足，出现少锡、虚焊、空焊等问题。如果预热时间过长，助焊剂消耗过度，在下一个温度区段焊接区熔融时，没有足够的助焊剂即时清除与隔离高温产生的氧化物和助焊剂高温碳化的残留物，会导致虚焊、残留物发黑、焊料灰暗等不良现象。

③ $t_3 \sim t_4$ 时刻，回流焊接区。SAC305 焊料的熔点在 217～221℃ 之间，经过 $t_2 \sim t_3$ 时刻，温度从 200℃ 升高至焊料熔点 217℃ 后，固体焊料合金开始熔化，进入焊接区。形成优质焊接界面的温度一般在焊料熔点之上 15～30℃ 左右，所以回流焊接区最低峰值温度应该设置在 232℃ 以上，由于 SAC305 焊料的熔点已经在 217℃ 以上，为照顾功率芯片和其他结构免受高温损伤，峰值温度一般不超过 250℃。此时锡膏中的各种组分全面发挥作用：松香或树脂软化并在焊料周围形成一层保护膜，使其与氧气隔绝；表面活性剂被激活，用于降低焊料和被焊面之间的表面张力，增强液态焊料的润湿力；活性剂继续与氧化物反应，不断清除高温产生的氧化物与被碳化的成分，并提供部分流动性，直到反应完全结束；部分添加剂在高温下分解并挥发；高沸点溶剂随着时间推移不断挥发，并在回流焊结束时完全挥发；稳定剂均匀分布于金属中和焊料表面，保护焊料不受氧化；焊料合金粉末从固态转换为液态，并随着焊剂润湿扩展；少量不同的金属发生化学反应，生成金属间化合物，如典型的 Sn、Ag、Cu 合金会有 Ag_3Sn、Cu_6Sn_5 生成。回流焊接区是温度曲线中最核心的区段，若峰值温度太低、时间太短，液态焊料没有足够的时间流动润湿，容易造成冷焊、虚焊、浸润不良等问题；若峰值温度太高、持续时间太长，会对芯片和其他结构造成损害。需要在峰值温度、功率芯片能承受的温度上限和时间、焊料残余应力、基板翘曲量等情况之间寻求平衡。

④ $t_4 \sim t_5$ 时刻，冷却区。焊料温度从液相线开始降低的区段称为冷却区，SAC305 合金锡膏的冷却区一般认为是 217～150℃ 之间的时间段。焊锡膏慢速冷却会形成更多粗大的晶粒，在焊接界面层和内部生成较大的 Ag_3Sn、Cu_6Sn_5 等金属间化合物颗粒，降低焊料机械强度。快速的冷却有利于形成平滑均匀而薄的金属间化合物，形成细小富锡枝状晶和锡基体中弥散的细小晶粒，使焊料力学性能提升与改善，但也不是冷却速率越快越好，速率过快会使焊点出现龟裂现象，要结合回流焊设备的冷却能力、基板和焊点能承受的热冲击来综合考量。

由回流焊温度曲线各区段分析可知，在焊料回流过程中，随着温度的升高，焊膏中的溶剂和助焊剂会蒸发裂解产生气体。起初，气体占据了焊料层的大部分体积；随着焊料完全熔化，大部分靠近出口的气体会倾向于排出熔融焊料外，部分会被困在液态焊料内部，在焊料凝固时仍来不及逸出，进而形成焊料层空洞，如图 8-70 所示[23]。

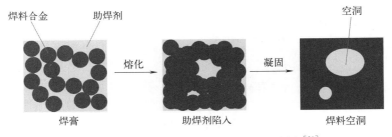

图 8-70　回流焊过程焊料空洞形成过程示意[23]

空洞大小和空洞率会直接影响器件的热阻，当焊料中存在空洞时，热量必须围绕空洞流动，而无法直接穿过空洞，从而阻碍热流，会导致器件热阻增大，如图 8-71 所示是焊料空洞周围热量的流动情况示意。

如果大的空洞被分解成许多较小的空洞，则对热流的扰动就不那么明显，并且对多层结构的模块整体热阻的影响也小得多。文献［24］定性分析了焊料大小和焊料空洞率对器件结到壳热阻的影响，结果展示如图 8-72。由图 8-72 可知，器件结到壳热阻随着焊料空洞率的增加而增加，此外，空洞的大小对器件的热性能也有显著影响，与同等空洞率的分布式空洞相比，集中式的合并空洞大大增加了器件的热阻和结温。较大的合并空洞和分布式小空洞热传导阻力的差异可以通过热流的影响来定性解释。三维热传导包括纵向传导和横向传导，因此存在来自空洞上方的纵向热流阻力，以及从空洞上方的区域到周围非空洞区域的横向热流阻力。由于热量被迫围绕空洞区域横向流动，因此芯片焊料中的空洞会造成热扩散阻力，此外，垂直方向的热流也会受到高热阻的空洞本身的阻碍作用而无法直接穿过。在空洞率相同时，对于大空洞，横向热流阻力更大，对于分布式小空洞，热流横向流动的距离要短得多，所以阻力更小。因此，大空洞会导致整体热阻增加得更显著，器件制造商和研究者应该更多地关注较大的合并空洞。

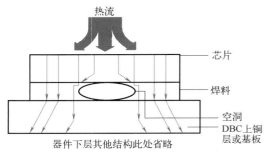

图 8-71　焊料空洞周围热量的流动情况示意

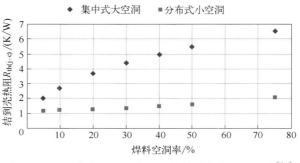

图 8-72　空洞大小及空洞率对器件结到壳热阻的影响[24]

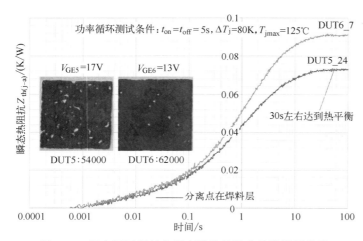

图 8-73　两个不同焊料空洞率器件的瞬态热阻测量曲线

图 8-73 是两个型号和工艺一致，仅焊料空洞率有差异的器件的瞬态热阻测量曲线，可以看到，两个器件的瞬态热阻抗曲线分离点十分靠前，说明从焊料的热阻开始就有差异。空洞率大的器件热阻明显高于空洞率小的器件，因此在功率循环老化达到相同的结温条件时所需要的栅极电压也会高一些，这是因为要保证测试结温和负载电流一致，以保证结果对比的公正性。从功率循环老化结果也可以看到，DUT5 由于空洞率较大，热阻相对较高，相同功率循环条件所需要的功率小，所以栅极电压低。老化进程会比 DUT6 要快，所以功率循环寿命也要比 DUT6 低，

可知空洞率不仅仅影响器件的热特性，更严重影响其可靠性。因此，空洞率对器件的功率循环寿命是有很大影响的，目前工业界一般规定家用电器的分立器件单个空洞率不超过 1%，整体空洞率不超过 5%；工业用功率器件单个空洞率不超过 1%，整体空洞率不超过 3%；而新能源汽车用功率器件要求更高，单个空洞率不超过 1%，整体空洞率不超过 1.5%。

因此，对于高功率密度和高可靠性应用领域的功率器件，需要对焊料空洞进行严格管控，因而需要从工艺出发，抑制空洞的形成。影响焊料工艺空洞的原因大体可分为工艺因素、材料因素、人为因素、环境因素以及其余因素，如图 8-74 所示[23]。

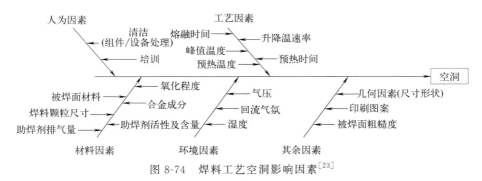

图 8-74　焊料工艺空洞影响因素[23]

工艺因素主要是指回流焊工艺对空洞形成的影响。随着温度的升高，几乎所有助焊剂的排气速率都会先增加，然后在达到一定峰值后逐渐减小。理想情况下，应尽量让回流在主要的排气过程开始之前完成，使挥发物在焊料熔化前被耗尽。低峰值温度有利于减少排气量，但是长时间的高温保温有利于挥发物的消除，同时可以增强助熔反应，改善焊料的润湿性，从而减少空洞。尽管如此，高温回流也会加剧助焊剂的散失和氧化，阻碍润湿行为，同样可能导致空洞增加。因此最佳的回流曲线应当同时考虑排气和润湿，适当平衡二者才能达到最优效果。

材料因素方面主要包括焊膏材料以及芯片/基板被焊面材料的选择。易于与基体金属发生反应形成金属间化合物的焊料，能够增强焊料与基体金属之间在原子级别上的结合，改善焊料的润湿性，降低空洞产生的可能性。液态焊料的表面张力在空洞形成过程中也起着关键作用，具有低表面张力的焊料更容易在基体上铺展，去除陷入焊料内的助焊剂，进而减少空洞。此外，随着焊料粉末尺寸的减小和焊料中金属含量的增加，空洞率也会增加。前者是由于焊料粉末尺寸减小会导致焊料表面积和氧化程度增加；后者则可以归因于焊粉氧化反应的增强，导致排气量增加。除了焊料合金之外，助焊剂的选择也对空洞的形成有重要影响，使用高活性助焊剂能够有效地去除氧化物，促进熔融焊料与基底间的冶金结合，进而促进焊料的润湿铺展。焊料熔点温度以上时助焊剂的排气速率也是导致空洞形成的因素之一，排气速率较低的助焊剂有利于减少空洞。由于无铅焊料合金的润湿能力差，助焊剂的活性通常是无铅焊接时空洞形成过程的主导因素。此外，润湿性好、不易氧化的被焊面材料可以抑制空洞。

人为因素方面主要包括对组件和设备的处理以及培训。在制造过程中对组件和设备不适当的处理会对组件的完整性产生负面影响，在制造期间芯片和衬底背面金属化层的污染会导致焊料润湿变差，因此妥善培训操作人员以减少制造过程中的人为错误也相当重要，操作人员应该熟悉整个制造和装配流程。

环境因素方面，惰性气氛下能够通过减少氧化促进润湿来降低空洞率，例如在氮气环境中进行回流焊；湿度也会通过影响焊接时的排气过程而影响空洞的产生，湿度过高会增加助焊剂的排气量，进而产生更多的空洞。

此外，例如芯片尺寸、被焊面粗糙度、印刷图案的选择、芯片和基板的形状组成等因素也会不同程度地影响空洞率。

从以上焊料工艺空洞形成的影响因素出发，抑制工艺空洞可以主要从两个方面进行考虑：抑制气体的产生和促进气泡的逸出。减小焊料合金粉末的尺寸、使用熔程范围更大的焊料、选择合适的回流曲线，可以有效地抑制空洞；使用活性较高的助焊剂、选择适量助焊剂，也可以减少焊料层空洞。根据产品的热传递效率和焊接可靠性的不断提升，回流焊大致可分为五个发展阶段：热板传导回流焊、红外热辐射回流焊、热风回流焊、气相回流焊、真空回流焊。目前，想要实现极低空洞率的焊接需要借助真空回流焊技术，通过促进气泡的逸出来抑制空洞。

8.3.2.3 焊料失效表征

AQG 324 等标准规定了一种表征方法，只要器件热阻 R_{th} 上升初始值的 20% 即可表明器件失效。功率循环过程中无论是检测结到壳热阻 $R_{th(j-c)}$，还是结到散热器热阻 $R_{th(j-s)}$，或者是结到水热阻 $R_{th(j-f)}$ 都可以，但热阻定义必须满足 AQG 324 的标准，即参考点温度必须满足要求。此外标准规定热阻、压降测量必须在线进行监测，且每个循环都必须记录。

器件结到壳热阻 $R_{th(j-c)}$ 从上到下一般都包括芯片热阻、芯片焊料热阻、DBC 热阻、系统焊料热阻、基板热阻，如式（8-14）所示。

$$R_{th(j-c)} = R_{th-chip} + R_{th-chip\ solder} + R_{th-DBC} + R_{th-system\ solder} + R_{th-case} \tag{8-14}$$

而结到水热阻 $R_{th(j-f)}$ 与结到壳热阻相比，又多了冷却介质水的热阻，如式（8-15）。

$$R_{th(j-f)} = R_{th(j-c)} + R_{th-liquid} \tag{8-15}$$

由 8.3.2.1 小节和 8.3.2.2 小节可知，当功率循环过程中结温周期性变化时，由于材料 CTE 的不匹配导致周期性应力作用于焊料，再加上功率循环中温度本身对材料的激活作用，塑性应变、蠕变同时存在于焊料的疲劳过程中。热应力使得焊料层中产生不可恢复的黏塑性形变，导致内部裂纹损伤的形成；裂纹不断生长，导致焊料分层。再者，由于工艺的原因，焊料层本身存在工艺空洞，在功率循环老化过程中，应力会集中在原来的裂纹尖端或者是空洞周围，造成裂纹进一步扩展或者出现分层。来自芯片的热量流经焊料空洞和裂纹时，存在来自空洞和裂纹上方的纵向热流阻力，以及从空洞和裂纹上方的区域到周围的非空洞和非裂纹区域的横向热流阻力。由于热量被迫围绕空洞和裂纹区域横向流动，造成热扩散阻力，从而增加了焊料热阻。器件热阻老化一般发生在焊料层，其他各层材料几乎没有发生老化。然而，由于单纯测量焊料热阻很难实现，由式（8-14）可知，焊料热阻的增加最终体现在器件结到壳热阻的增加上。

使用热阻 R_{th} 上升初始值的 20% 作为焊料老化的表征方式主要有以下原因：

① 热阻的敏感性：热阻是描述器件散热性能的重要指标，也是评估器件可靠性的关键参数之一。焊料的老化会导致热阻的增加，阻碍热量的传导和散热效率，因此，通过检测热阻的变化可以反映焊料老化对器件散热性能的影响。

② 可靠性指标的一致性：为了能够统一和比较不同器件的焊料可靠性，需要定义一致的指标和标准，使用 R_{th} 上升 20% 作为焊料老化的表征方法，可以提供一种统一的标准，使可靠性评估具有可比较性和可重复性。

③ 实验可行性和可测性：相比于焊料热阻本身的测量，器件整个的热阻测量是一种相对简便和可行的方法，可以通过实验进行定量检测。在实际应用中，通过测量焊料老化前后

器件的热阻变化，可以快速评估焊料老化程度。R_{th} 上升 20%作为一个相对明确的标准，可以在实验中进行准确检测和判断。

④ 工程实际经验的基础：热阻上升 20%作为焊料老化的表征方式，是基于工程实践和经验总结的。经过大量实际测试和数据分析，工程师们发现当焊料老化程度导致热阻上升 20%时，器件的散热性能已经受到明显影响，进而对器件的可靠性造成潜在风险。若在 R_{th} 达到失效判据，即上升 20%后继续进行功率循环测试，会观察到在较短时间内，R_{th} 呈指数型上升，如 8.3.1.3 节图 8-40 所示。因此，继续增加失效判据对寿命的结果判定影响极其小，20%已经可以代表约 98%以上的寿命，但如果失效判据太大，会直接导致器件电气特性完全失效，无法进行后续失效分析。

8.3.2.4　可靠性提升技术

由上述焊料失效机理可知，在功率循环过程中，由于材料 CTE 不匹配产生的热应力会导致焊料裂纹和/或焊料分层；功率循环过程中由于蠕变损伤会导致焊料产生晶界空洞；在回流焊过程中，焊料中会存在工艺空洞；由于焊料合金材料金属扩散率不同，会存在柯肯达尔空洞。这些空洞和初始裂纹在热应力的反复作用下又会发展成宏观上的焊料裂纹，进而导致焊料分层，焊料疲劳老化最终表现为器件热阻上升。由热机械疲劳导致的焊料失效功率循环次数 N_f 可以用如式（8-16）所示的类 Coffin-Manson 公式表示[8]：

$$N_f = 0.5\left(\frac{L\,\Delta\alpha\,\Delta T}{\gamma x}\right)^{\frac{1}{c}} \tag{8-16}$$

式中，L 为两相邻材料重合区域的长度；$\Delta\alpha$ 为两层材料热膨胀系数的差值；ΔT 为结温波动；c 为疲劳指数，为负值；γ 为焊料延性系数；x 为焊料厚度。由式（8-16）可知，主要可以通过以下几个方面提升焊料可靠性：降低材料 CTE 的不匹配程度、降低结温波动、增加焊料延性系数等。这些方面可以划分为以下几类：材料选型、工艺改进和封装优化。

在介绍回流焊工艺时，表 8-10 所列的焊料均为软钎焊料，在传统的基于真空回流焊接技术的软钎焊接中，芯片通过软钎焊连接到基板上，连接界面一般为两相或三相合金体系，在温度变化过程中，连接界面通过形成金属化合物层使芯片、软钎焊料合金及基板之间形成互连。软钎焊料熔点基本在 300℃以下，当功率模块应用于结温为 150℃甚至更高的情况时，其同一温度 T_h 约为 0.86，即 $T_h>0.6$，超过焊料的工程载荷，非常容易引起焊料失效。随着新能源革命的不断推进，可实现高效电能转换的功率模块在柔性高压直流输电、轨道交通、新能源汽车等领域广泛应用，而中高功率领域的运行环境也对功率模块的芯片结温、功率密度、可靠性等提出了更高的要求。英飞凌第五代 Si 基 IGBT5 器件的最高工作结温可达到 175℃，而以 SiC 为代表的第三代新型功率半导体器件可以在 250℃以上温度持续工作。更苛刻的工作环境使得功率模块的封装面临越来越多的挑战，低熔点的传统软钎焊料已经无法满足可靠性要求。

以纳米银烧结（Nano Silver Sintering）工艺为代表的低温连接技术（LTJT，Low Temperature Joint Technology）是目前功率模块朝高温、高可靠性应用发展的芯片与基板互连的主要趋势之一。所谓烧结，就是在低于主要组分熔点的温度下加热，使颗粒间产生连接以致密化的方法。烧结方法有着长达千年的历史，在很早的时候，人类就学会了用烧结的方法来生产陶瓷等。银烧结技术所用烧结材料的基本成分是银颗粒，根据状态不同，烧结材料可分为银浆、银膜和银粉等；根据银颗粒尺寸的不同，可分为微米级别、纳米级别及微米-纳米混合尺寸级别。目前，针对银浆展开的研究相对更多，为了防止微米或纳米级别的银颗粒在未烧结时就发生团聚现象，需要在其中添加有机成分，通常选择加入纳米金属焊膏中的有机物成分体系需要具备挥发和分解温度低的特性，从而能够确保其在低温烧结过程中发生挥发和烧蚀分解而被去除。当有机成分被去除后，纳米金属颗粒暴露出来，由于其具有较高活性而发生烧结，且烧结层能够通过原子扩散与被连接母材形成冶金结合接头，从而实现纳米金属焊膏低温烧结连接。具体过程为三明治形结构烧结接头在加热的条件下，纳米金属焊膏中的溶剂和纳米金属颗粒有机包覆层挥发与分解，进而纳米金属颗粒在低温下烧结长大，最终形成烧结连接层和两侧冶金结合界面，如图 2-6 所示。烧结过程的驱动力主要来自体系的表面能和体系的缺陷能，体系中颗粒尺寸越小，其表面积越大，从而表面能越高，驱动力越大。外界对体系所施加的压力、体系内的化学势差及两接触颗粒间的应力也是银原子扩散迁移的驱动力。烧结得到的连接层为多孔性结构，孔洞尺寸在微米及亚微米级别，连接层具有良好的导热和导电性能，热匹配性能良好。当连接层孔隙率为 10% 情况下，其导电及导热能力可达到纯银的 90%，远高于普通软钎焊料。

银烧结技术具有以下几方面优势：烧结连接层成分为银，具有优异的导电和导热性能；由于银的熔点高达 961℃，在同一温度为 0.6 时，其工作环境可达 577℃，具有极高的可靠性，也满足 SiC 等宽禁带半导体的高温封装需求；所用烧结材料具有和传统软钎焊料相近的烧结温度；烧结材料不含铅，属于环境友好型材料。以 SnAg、AuGe 和纳米银三种系列的焊料为例，假设功率器件工作温度为 150℃，三种系列的焊料同一温度对比如表 8-11[25] 和图 8-75[25] 所示。

表 8-11　SnAg、AuGe 和纳米银三种系列焊料同一温度对比表

材料	SnAg(3.5)	AuGe(3)	Ag
熔点/℃	221	363	961
器件工作温度/℃	150	150	150
同一温度 T_h 百分比/%	86	67	34

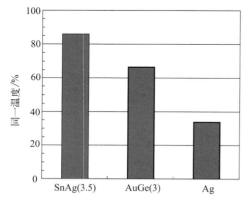

图 8-75　SnAg、AuGe 和纳米银三种系列焊料同一温度对比图[25]

如前 8.3.2.1 节所述，由于当 $T_h < 0.4$ 时，认为焊料是稳定的；当 $0.4 < T_h < 0.6$ 时，热激活导致焊料处在蠕变范围，对应变很敏感；当 $T_h > 0.6$ 时，超过焊料的工程载荷，非常容易引起失效。由此可知，采用纳米银烧结，相比前两种系列的焊料，其同一温度可以降低到 0.34，大大提高了焊料的可靠性。

2006 年，英飞凌与德国开姆尼茨工业大学 Josef Lutz 教授团队和其他高校团队对采用银烧结技术的功率模块进行了功率循环测试[26]，测试对象为 1200V/50A 的续流二极管。分别采用单面银烧结和双面银烧结技术，以及英飞凌 EasyP-ACK1 封装形式。单面银烧结指的是仅芯片下表面和基板之间采用银烧结技术，而芯片上表面采用 $300\mu m$ 或 $400\mu m$ 的铝键合线与 DBC 上铜层连接；双面银烧结指的是芯片上表面也采用银烧结技术，将 1mm 宽的银带烧结到芯片上表面代替铝键合线，并且银带也采用银烧结与 DBC 上铜层连接。单面和双面银烧结以及封装结构如图 8-76 所示。

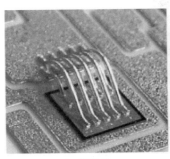
(a) 单面银烧结

(b) 双面银烧结

(c) EasyPACK1封装

图 8-76 文献［26］中的烧结形式及封装结构实物图

其功率循环测试条件包括两组，$T_{jmax}=170℃$、$\Delta T_j=130K$ 以及 $T_{jmax}=196℃$、$\Delta T_j=156K$。研究结果表明，相对传统基于回流焊工艺的软钎焊模块，采用单面银烧结技术的模块寿命提高 5～10 倍，芯片上表面的键合线成为最薄弱环节；采用双面银烧结技术的模块寿命提高 10 倍以上，基板铜层与陶瓷层之间的连接是最薄弱环节。

2011 年，德国赛米控推出 SKiN 技术[27]，在所有材料连接界面上应用了银烧结技术，烧结连接取代了所有软钎焊连接和键合线连接。芯片与 DBC 之间采用银烧结层连接，在芯片上表面取消键合线，以 SKiN 柔性层替代键合线实现电气连接的功能，其结构如图 8-77 所示。其功率循环测试寿命结果如图 8-78 所示，由图可知，其寿命与 IGBT4 相比，提高了 5～10 倍。

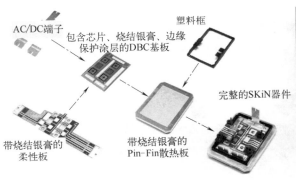
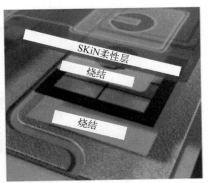

图 8-77 应用纳米银烧结的赛米控 SKiN 技术

2015 年，三菱电机以采用纳米银烧结的功率模块为研究对象，在 $T_{jmax}=175℃$、$\Delta T_j=90K$ 的条件下进行功率循环试验[28]，研究结果表明采用纳米银烧结的模块，功率循环寿命是采用传统 Sn-Ag-Cu-Sb 软钎焊料的模块寿命的 5 倍左右，在功率循环结束后，采用软钎焊料以及采用纳米银烧结的器件焊料层 SEM 图如图 8-79 所示，由图可知，采用传统软钎焊料的器件，在焊料层出现了裂纹，而采用纳米银烧结的器件，其焊料层没有观察到

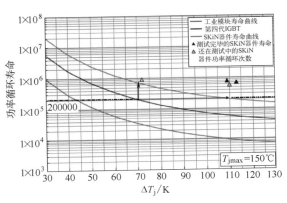

图 8-78 采用 SKiN 技术的器件功率循环寿命结果

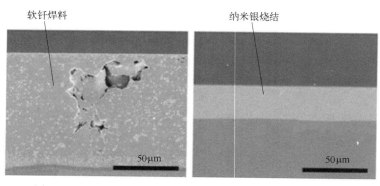

软钎焊料　　　　　　　　　　　　　纳米银烧结

图 8-79　三菱电机采用软钎焊料以及纳米银烧结的器件功率
循环后焊料 SEM 对比图[28]

裂纹，进一步验证了纳米银烧结技术对焊料可靠性的提升作用。

除了纳米银烧结以外，扩散焊接（Diffusion Soldering）是为了克服低熔点软钎焊料的缺点，从而使功率模块朝高温、高可靠性应用发展的芯片与基板互连的另外一个趋势。扩散焊接技术利用两种熔点差异较大的金属作为连接材料，熔点低的金属先熔化成液相，与熔点高的金属进行固-液互扩散，最终界面实现等温凝固，在焊料层内部形成高熔点金属间化合物，可达到低温连接、高温服役的目的。用于扩散焊接技术的金属系列包括 Au/AgIn、AuSn、CuSn、AgSn 和 NiSn，这些金属系列都能够形成高熔点的金属间化合物，从而形成耐高温的焊接层，研究较多的是 CuSn 系，其对应金属的熔点分别为 1083℃ 和 232℃，形成的金属间化合物是 Cu_3Sn 和 Cu_6Sn_5，熔点分别为 676℃ 和 415℃。图 8-80 所示为通过扩散焊接工艺形成金属间化合物的示意图[29]，其中，采用 CuSn 系形成的金属间化合物形貌图如图 8-81 所示[30]。

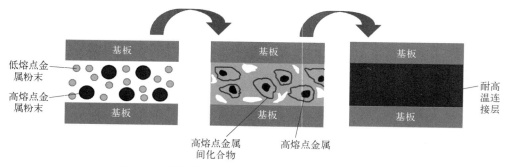

基板　　　　　　　　　基板　　　　　　　　　基板

低熔点金属粉末

高熔点金属粉末

基板　　　　　　　　　基板　　　　　　　　　基板

高熔点金属间化合物　　　高熔点金属

耐高温连接层

图 8-80　扩散焊接工艺形成金属间化合物示意图[29]

2012 年，英飞凌推出 .XT 封装连接技术[30]，芯片与 DBC 间的连接采用银烧结技术或液相扩散焊接技术，芯片上表面用 400μm 铜键合线代替铝键合线进行，对于有底板的模块，DBC 与底板间采用强化的 Sn 基钎料进行连接。以 1200V/150A IGBT 的测试对象为例，测试条件为 $t_{on}<3s$，T_{jmax} 范围为 165～171℃，ΔT_j 范围为 132～144K，失效判据为热阻上升 20%，研究结果表明通过纳米银烧结和扩散焊接技术与铜键合线的组合（没有发生键合线失效），器件功率循环寿命提高了 30～60 倍。但是需要注意的是，该测试中出现了 DBC 的失效，尽管如此，我们仍能得知纳米银烧结和扩散焊接提高了器件的可靠性。

2014 年和 2015 年，英飞凌继续进行了大量试验，在秒级功率循环测试条件下，采用银烧结和扩散焊接技术的器件与英飞凌第四代 IGBT（传统焊接技术）寿命结果对比如图 8-82 所示[31]，由图可知，采用银烧结和扩散焊接技术的器件可靠性可以提高 10 倍以上。

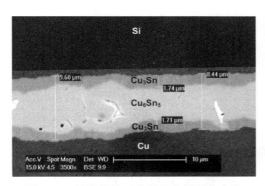

图 8-81　扩散焊接工艺焊料金属间化合物
形貌图[30]

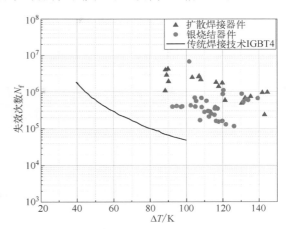

图 8-82　英飞凌纳米银烧结和扩散焊接对
器件可靠性提升结果示意[31]

综上，无论是采用纳米银烧结技术，以高熔点的 Ag 代替低熔点的传统软钎焊料，还是采用扩散焊接技术，在焊料层中生成高熔点的金属间化合物，均可以不同程度地显著提高器件寿命。其原理可以用同一温度解释。一方面，高熔点的焊料材料降低了焊料层材料的同一温度，从而提高了焊料可靠性；另一方面，高熔点的焊料材料能够承受更高结温环境，推动功率模块朝高温、高可靠性应用发展。

只有在对可靠性要求极高的应用场合中才会考虑铜键合技术与纳米银烧结技术和扩散焊接技术的配合，如新能源汽车用的 SiC 模块，而对于考虑成本和应用要求较低的场合，仍然以采用铝键合线和基于回流焊技术的软钎焊料为主流。关于焊料工艺空洞的影响因素已经在图 8-74 中进行说明，通过在回流焊过程中改善温度曲线等措施，进而减少焊料空洞率也已经在前文进行了介绍，此处不再赘述。

此外，在传统的 SAC 焊料中添加 Ni 和 Sb 等微量元素也有助于焊料可靠性的提升。一方面，在 SAC 焊料中添加微量元素可以抑制 Cu_3Sn 的生长，从而抑制柯肯达尔空洞的形成；另一方面，合金的抗拉强度、屈服强度和延展率会得到一定程度的改善。表 8-12 列出了 SAC105 焊料以及分别添加了 Ni 和 Sb 的 SAC105-0.06Ni、SAC105-0.5Sb 焊料的抗拉强度、屈服强度和延展率百分比[32]。由此可知，在 SAC 焊料中添加适量的微量元素可以提高焊料的抗拉强度和屈服强度，同时提高焊料的延展率，进而提高焊料可靠性。

表 8-12　SAC105、SAC105-0.06Ni、SAC105-0.5Sb 的力学特性对比表[32]

焊料	抗拉强度/MPa	屈服强度/MPa	延展率/%
SAC105	19.7	17.4	19.2
SAC105-0.06Ni	23.3	20.3	25.2
SAC105-0.5Sb	30.1	23.8	38.6

封装结构优化以及基板材料选型是另一个提高器件可靠性的措施，图 8-83 展示了功率器件常用材料在室温下的热导率和热膨胀系数。

传统的功率器件基板材料为 Al_2O_3 和 Cu，以电动汽车应用的英飞凌 HPD 模块为例，其经历了从 Al_2O_3 和 Cu 基板平面型 Si IGBT 到 Si_3N_4 和 Cu 基板 Pin-Fin Si IGBT，再到

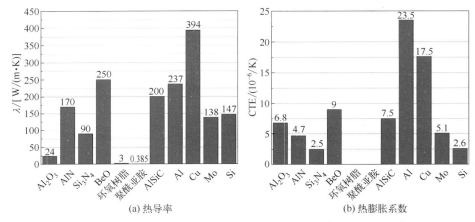

(a) 热导率　　　　　　　　　　　(b) 热膨胀系数

图 8-83　功率器件常用封装材料在室温下的热导率和热膨胀系数

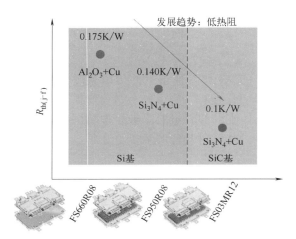

图 8-84　英飞凌 HPD 模块低热阻发展趋势

Si_3N_4 和 Cu 基板 Pin-Fin SiC MOSFET，朝着低热阻发展，如图 8-84 所示。由图 8-83 可知，Si_3N_4 的热导率是 Al_2O_3 的 3.75 倍，且 Si_3N_4 的热膨胀系数与 Si 芯片更接近，在一定程度上减少了材料 CTE 的失配比。材料和封装形式的改进有效降低了热阻，热阻的降低一方面使得在相同的功耗下器件的结温波动减小，从而提高器件的可靠性；另一方面更有利于器件朝更高功率密度、更高结温环境发展。

综上，从焊料失效机理出发，可以从材料选型、工艺改进和封装优化方面提升器件焊料可靠性。例如采用纳米银烧结技术、扩散焊接技术提高焊料熔点，降低同一温度；在基于回流焊的工艺中优化温度曲线，抑制焊料工艺空洞；在传统 SAC 焊料中添加微量元素抑制柯肯达尔空洞，提高焊料屈服强度、抗拉强度和延展率；对基板材料和器件封装结构进行优化，降低材料 CTE 失配比，降低器件热阻等。而材料优化往往需要和工艺与封装相互配合，提升焊料可靠性的措施往往也需要与提升键合线可靠性的措施相互配合，例如铜键合线与纳米银烧结技术和扩散焊接技术的配合，各方面的相互配合是提升器件可靠性的关键。

8.3.3　表面铝层金属化

功率器件芯片表面金属化现象是指芯片表面金属铝层某些部位出现空洞或小丘，使原本光滑的表面变得粗糙，导致接触电阻增加的现象，金属化一般伴随着键合线的抬起或根部断裂。如图 8-85 所示是英飞凌 EasyPACK 封装模块 FS25R12W1T4 S3 芯片在测试条件为 $t_{on} =$ 2s、$T_{jmax} = 150℃$、$\Delta T_j = 90K$，经过 12 万次功率循环后芯片表面的光学显微图，可以看出铝金属层表面光泽度差，表现为乳白色，这是芯片表面金属化的表现。

在功率循环测试中，由于半导体芯片材料 Si 和芯片表面金属层 Al 的热膨胀系数不匹配，在反复的结温波动过程中，铝金属层会受到周期性的压应力和拉应力，当周期性的热应力超过铝金属层的弹性极限时会引起金属粒子的塑性形变。在上述情况下，应力弛豫可以通过扩散蠕变、晶界滑动或位错滑移的塑性形变发生，与应力和结温条件有关。对于 IGBT 器件，金属化的应变率受结温的变化率影响，由于 IGBT 热瞬变的典型时间常数在数百毫秒以内，当器件最高结温超过 110℃时，应力弛豫主要通过晶界处的塑性形变发生[8]，这种塑

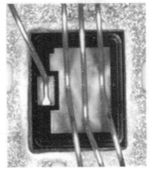

图 8-85　FS25R12W1T4 S3 芯片表面金属化现象

性形变会导致铝金属粒子被挤出或产生晶界空洞现象，而晶界空洞则会导致金属化层表面电阻增加，此过程会导致金属化层表面粗糙度增加，外观上表现为没有光泽。图 8-86 展示了功率循环前后 IGBT 器件芯片铝金属层的 SEM 对比图[8]，功率循环条件为 $T_{jmax}=125℃$、$\Delta T_j=40K$，功率循环次数为 320 万次。由图可以看出非柱状的铝晶粒从金属层表面被挤出，金属层平整度变差。

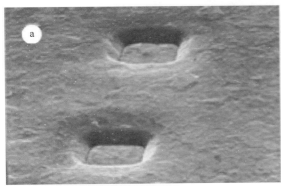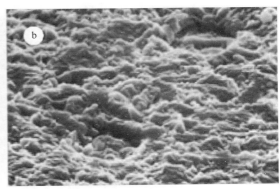

(a) 功率循环前SEM　　　　　　　　　　　　　(b) 功率循环后SEM

图 8-86　功率循环前后 IGBT 器件芯片铝金属层的 SEM 对比图（放大倍数为 1000）[8]

功率循环过程中最高结温对铝层金属化的影响如图 8-87 所示[33]，条件分别为：$T_{jmax}=125℃$、$\Delta T_j=40K$，功率循环次数为 320 万次，IGBT 金属层表面；$T_{jmax}=171℃$，$\Delta T_j=131K$，功率循环次数为 7250 次，IGBT 金属层表面；$T_{jmax}=200℃$，$\Delta T_j=160K$，功率循环次数为 16800 次，二极管金属层表面。由图可知，随着最高结温的增加，被挤出的铝粒子

$T_{jmax}=125℃$　　　　　　　　$T_{jmax}=171℃$　　　　　　　　$T_{jmax}=200℃$

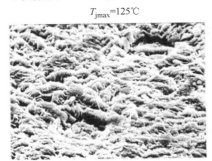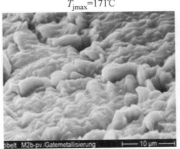

图 8-87　功率循环过程中 T_{jmax} 对芯片表面金属化的影响[33]

的直径在增加，在 $T_{jmax}=200$℃ 时甚至出现了直径约为 $5\mu m$ 的大颗粒，而芯片表面金属层的厚度一般在 $3\sim4\mu m$，粒子的大小已经与金属层厚度相当，粒子的形成和运动会减小金属层的有效截面积，导致金属层电阻率随着时间的推移而增加。

对于图 8-87 第三幅图所示的二极管，文献［33］利用范德堡法测量了功率循环后铝金属层的层电阻率为 $0.0456m\Omega \cdot m$，而同类型的未经过测试的二极管层电阻率为 $0.0321m\Omega \cdot m$，未经过测试的二极管与纯 Al 的电阻率（$0.0266m\Omega \cdot m$）接近，稍微偏高的原因是金属层中有少量较小的 Si 掺杂物。由此可知，功率循环后铝金属层的层电阻率增加了 42%，在功率循环测试中，铝金属层电导率的增加所引起的二极管正向压降 V_F 的增量在 $20\sim30mV$。

芯片表面铝金属层键合线键合点区域的金属化重构现象相对较低，原因是键合线抑制了颗粒的运动，即抑制了金属化现象。图 8-88 展示了将键合线剥离后键合区域附近金属化的细节，样品为二极管，测试条件为 $T_{jmax}=170$℃、$\Delta T_j=130K$，功率循环次数为 44500 次，之所以有这么高的寿命是因为采用了纳米银烧结技术。

图 8-88　功率循环后剥离键合线，键合区域附件的金属化现象显微图[33]

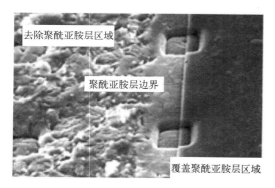

图 8-89　聚酰亚胺层抑制金属化重构
效果示意图[8]

图 8-88 中标注了键合区域与非键合区域的边界线，边界线左侧为非键合区域，右侧为键合区域，由图可知在键合区域外，金属粒子形成更为明显，金属化现象更显著。此外，聚酰亚胺覆盖层也会抑制铝金属颗粒"挣脱"金属层表面的运动，从而抑制金属化重构。图 8-89 展示了聚酰亚胺层对于抑制铝金属层重构的作用[8]，文献中并未注明功率循环具体的测试条件，但不妨碍我们定性得知聚酰亚胺层能够抑制铝金属颗粒运动。

功率器件最常见的两种失效形式是键合线失效和焊料失效，但是当测试电流过大时，失效形式会发生改变。例如对额定电流为 10A 的 EasyPACK 封装 FP10R12W1T7 模块进行了 1.8 倍额定电流的功率循环测试，测试条件为 $t_{on}=1s$、$t_{off}=2s$、$I_L=18A$、$\Delta T_j=100K$、$T_{jmax}=130$℃，功率循环寿命为 28000 次。在 1.8 倍额定电流测试条件下发现功率循环过程发生了金属化重构，并非正常键合线或者焊料失效，如图 8-90 所示。按照 CIPS08 寿命模型，在 $t_{on}=1s$、$\Delta T_j=100K$、$T_{jmax}=130$℃，流过每根键合线的电流 $I_{bf}=18A/2=9A$（该模块每个芯片有两根键合线）时，寿命应该在

82000 次左右，而实际测试寿命只有 28000 次，仅为 CIPS08 寿命模型的 1/3 左右。主要是因为测试电流过大，引起键合线较严重的自发热，键脚处的温度远远超过通过 $V_{CE}(T)$ 法所测得的平均结温 T_j，导致键脚处的金属层承受应力过大，最终引起金属化重构。

因此，在进行功率循环测试时，应当注意测试电流不能太大，以防器件发生金属化重构失效，一般测试电流应满足 $0.85I_{CN} < I_L < 1.2I_{CN}$。

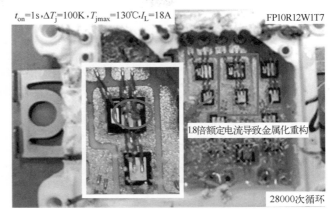

图 8-90　FP10R12W1T7 模块在 1.8 倍额定电流测试条件下发生金属化重构现象实物图

8.3.4　其他失效

除了上述介绍的功率器件两种最主要的失效形式：键合线失效和焊料失效，以及一般伴随着键合线的抬起或根部断裂现象发生的芯片表面金属化以外，下面再简单介绍一些其他失效形式。

来自灌封材料的应力也可能会导致栅极失效。通常有两种灌封材料：软硅胶和环氧树脂，详见 8.3.1.4 节。键合线周围的灌封材料可以对键合线起到一定的保护作用，可以有效抑制键合线抬起和铝金属层重构，一般而言，灌封材料刚度越大效果越明显。电动汽车中使用的双面散热模块，其结构及实物图如图 8-91 所示。使用杨氏模量较大的灌封材料，可能会导致栅极上产生额外的机械应力，从而引发栅极失效。栅极失效的表现主要包括栅极漏电流增大，严重情况可能会出现漏源极热击穿和栅极短路。

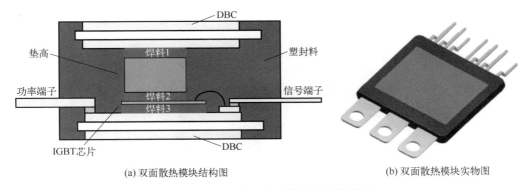

(a) 双面散热模块结构图　　　　　　　　(b) 双面散热模块实物图

图 8-91　双面散热模块结构图及实物图

上述讲述的是以键合线和焊料连接为主的焊接式 IGBT 模块存在的主要失效形式，而压接型 IGBT 器件通过直接接触和外部机械压力的作用，完全消除了键合线和焊料，虽然可在一定程度上提升器件的可靠性，但也会出现压接封装特殊的失效，例如弹簧失效、微动磨损、栅极损伤等。压接型 IGBT 器件是由多层材料通过外部压力接触在一起，由于各层材料物理属性存在差异，会产生一些新的失效，其中弹簧失效包括三部分：弹簧疲劳、弹簧松弛和栅极区磨损。第 2 章已经对压接型 IGBT 器件做过详细介绍，这里不再赘述，下面分别介

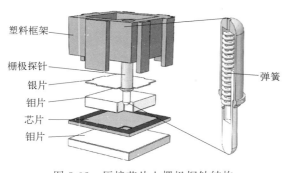

图 8-92　压接芯片上栅极探针结构

绍弹簧失效的三种失效形式以及微动磨损和栅极损伤失效机理。

① 弹簧疲劳：压接芯片上栅极探针结构如图 8-92 所示，在压接型 IGBT 器件使用过程中，由于器件会频繁开通和关断，弹簧在动载荷的作用下，处在压缩和放松过程中，弹簧所受载荷表现为周期性变化，导致弹簧在快速加热和冷却过程中会出现热疲劳。螺旋压缩弹簧承受交变载荷主要的失效形式为疲劳断裂，弹簧的热疲劳主要与功率循环的结温设定情况和弹簧刚性（弹簧的材料、几何形状）有关。

② 弹簧松弛：栅极弹簧随着时间推移和温度变化出现应力弛豫，致使栅极探针与芯片栅极表面接触不良，当完全失去接触后，器件将无法导通。对于单芯片器件，栅极弹簧接触不良将增加栅极接触电阻，导致器件开关时间、开关损耗、结温增加，进而导致芯片导通电阻增大、弹簧所受热应力增加、弹簧应力弛豫速率加快，这些因素促使结温进一步上升形成正反馈过程，最终造成弹簧失效。

③ 栅极区磨损：芯片栅极区域磨损如图 8-93 所示，由于芯片的栅极区表面金属层因长期磨损而剥落，导致器件的栅极顶针与芯片栅极区出现接触不良的情况。压接型 IGBT 芯片发射极铝金属层下是栅氧化布线通道，当压接型 IGBT 芯片发射极侧发生微动磨损失效时，其表面粗糙度发生变化，当芯片表面粗糙度磨损量大于铝金属层厚度时，将会对铝金属层下栅氧化层造成影响，使栅氧化层发生磨损断裂，进而造成 IGBT 芯片导通能力下降。在压接型 IGBT 器件运行过程中，这会导致 IGBT 芯片内部部分区域无法驱动，使芯片正常域过电流增加，最终导致压接型 IGBT 器件导通电压上升，引起器件失效。

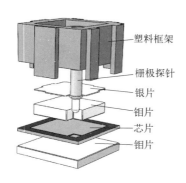

图 8-93　芯片栅极区域磨损

弹簧失效影响栅极电阻 R_G，进而对器件开关过程产生显著影响：R_G 越高，$\mathrm{d}V_{CE}/\mathrm{d}t$ 和 $\mathrm{d}I_C/\mathrm{d}t$ 越小，器件开通速度越慢，导通损耗越大，在多芯片器件中，多芯片并联结构使得单模组栅极弹簧劣化对器件整体开关过程影响较小，栅极弹簧失效初期难以评测，但随着弹簧劣化程度不断增加，在部分子模块弹簧完全失效后，多芯片器件内部均流会导致电流、温度分布发生较大变化，并导致剩余子模块因过电流而过热，进而致使剩余子模块弹簧受到更大热应力，加速弹簧失效过程，弹簧失效过程如图 8-94 所示。

④ 微动磨损：压接型 IGBT 器件以高功率密度著称，器件内部采用多芯片并联的方式

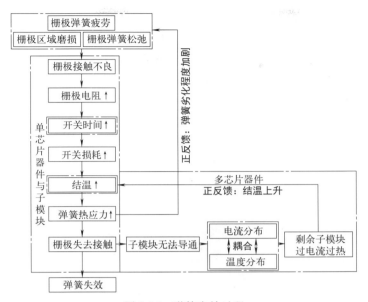

图 8-94　弹簧失效过程

以实现超大电流容量，如 4500V/3000A 的器件一般需要 60 颗 4500V/50A 的 IGBT 芯片以及 30 颗 4500V/100A 的 FRD 芯片并联。并联的芯片数量取决于芯片的电流水平，现有国内的技术水平处于 4500V/50A，而中车株洲采用大尺寸芯片设计和加强技术，将有源区面积利用率提升了 20%，芯片的电流也由 50A 提升到了 150A，大大减少了并联的数量。国外的技术水平，如瑞士 ABB 和日本 TOSHIBA 为 4500V/62.5A，而德国英飞凌采用的芯片为 4500V/83.3A。不管如何，压接型 IGBT 器件内部并联的数量还是很庞大的，这对封装设计提出了挑战。第 2 章压接型 IGBT 器件封装的介绍中详细介绍了刚性压接最大的问题就是压力和温度不均衡的问题，这是由于热耦合导致的基板翘曲最终使得边缘芯片的受力不均，而弹性压接与焊接式 IGBT 模块类似，因此失效形式也类似。器件工作时电流通入使得基板翘曲，边缘芯片的压力变小，接触热阻增加，导致芯片的结温升高，关断电流时温度降低，组件开始收缩，反复的热循环会导致芯片与钼片等组件间会产生微动磨损，增加了界面间的接触电阻和接触热阻。这种现象在边缘处的芯片表现更为明显，使得边缘芯片的工况愈发恶劣，而当关断电流时器件要承受母线电压，边缘芯片组件接触不良会使芯片与钼片的界面处产生电弧放电造成微烧蚀，如图 8-95。

(a) 有源区表面的微动磨损

(b) 芯片和钼片表面的微烧蚀

图 8-95　压接型 IGBT 器件界面失效

⑤ 栅极损伤：压接型 IGBT 器件是通过外部机械压力使得各组件形成良好的电和热的

接触，因此，机械压力的大小成为限制器件特性和可靠性的关键，一般所施加压力为 $1\sim$ $2kN/cm^2$，这个压力是焊接式 IGBT 模块安装压力的 100 倍。同时，焊接式 IGBT 模块中芯片表面是不承受强机械压力的，虽然 Si 芯片能承受很高的压应力，甚至可到 $20kN/cm^2$，但在如此大的外部机械压力作用下会使得芯片内部结构发生形变，从而影响芯片的可靠性。为了满足压接型 IGBT 器件封装要求和高机械压力应用要求，一般其芯片会采用厚铝层技术，如 $50\mu m$ 的表面金属层来提供缓冲，而常规焊接式 IGBT 的芯片表面一般是 $3\sim5\mu m$。在压接型 IGBT 器件功率循环老化或实际应用中，反复的热循环导致各芯片的压力和温度分布不均匀，使得芯片表面承受的机械压力分布也不均匀，从而可能破坏芯片的栅极结构，造成阈值电压的漂移，从而影响器件的特性和可靠性，如图 8-96，一般还需要在芯片的栅极结构增加一层保护以提高芯片的可靠性。

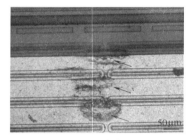
(a) 压力过大导致的单点裂纹

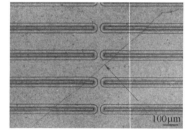
(b) 压力过大导致的发射极表面裂纹

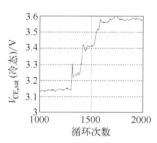
(c) 栅极结构破坏导致的压降突变

图 8-96　压接型 IGBT 器件栅极损伤

8.3.5　数值分析

相比于对功率器件进行长期功率循环等可靠性试验考核，近年来发展了一种有限元数值分析法来缩短研发周期，降低时间和经费成本。有限元仿真具有省时、成本低、失效定位准确等优点，有助于研究人员进行器件失效机理分析，因此通过有限元仿真模拟器件在特定条件下的应力应变分布进而得到疲劳失效寿命这种手段越来越受到高校和研究单位的青睐。

但通过有限元仿真进行器件薄弱点定位和寿命评估往往对研究者的仿真能力具有一定要求，例如研究者建立的器件三维模型本身的准确性、器件各材料参数的准确性、多物理场边界条件设置的合理性、网格划分的熟练度和网格质量的好坏等都关乎着计算结果的准确性和可参考性，另外大多数仿真材料参数往往需要通过文献获取，其准确性有待考证，从而影响结果准确性。

在功率循环等器件可靠性测试领域，有限元仿真的基本流程介绍如下，具体将在 8.7 节展开。

首先，需要建立所希望研究的器件的三维模型，关于器件的几何参数，例如各层材料的面积、厚度等，一方面可以查阅文献资料获得，另一方面可以通过 SAM、SEM 等实验手段获得。

其次，需要对器件各层结构进行材料设置，如设置芯片层材料为 Si，设置键合线材料为 Al 等。然后选择需要研究的物理场，例如纯热、电-热、电-热-力等物理场，并进行相关边界条件设置。

最后，针对想研究的具体问题进行调试和仿真，一般可以提取键合线键脚处的应力和应变分布、芯片表面铝金属层的温度分布、焊料层的应力和应变分布等。需要注意的是，基于有限元仿真技术的结果和失效机理分析需要与实验结果相结合。

如图 8-97 所示是在 COMSOL 有限元仿真平台中仿真提取的某款 TO 器件键合线应变分布图，仿真条件为 $t_{on} = 2s$、$t_{off} = 4s$、$T_{jmax} = 150℃$、$\Delta T_j = 90K$，由仿真结果可知，键合线最大应变点在键合点和键脚处，仿真结果也印证了实际情况下键合线失效主要发生在键合点和键脚。

如图 8-98 展示的是在 COMSOL 有限元仿真平台中仿真提取的 TO-247 器件芯片金属层上表面温度分布图，图中温度单位为℃，仿真条件为 $t_{on} = 1s$、$T_{jmax} = 150℃$、$\Delta T_j = 100K$。通过有限元仿真可知器件表面存在较为明显的横向温度梯度，以此器件在此仿真条件为例，横向温度梯度达到了 53K。

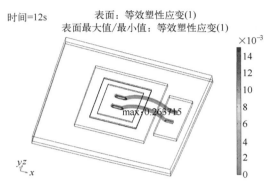

图 8-97　有限元仿真提取的某 TO 器件
键合线应变分布图

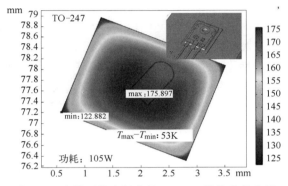

图 8-98　有限元仿真提取的 TO-247 器件芯片金属
层上表面温度分布图

可见，对于试验中某些难以测量的量，可以通过仿真获得，比如上述仿真中提取的应变以及芯片表面温度分布（试验中可以通过开封器件，并在芯片表面喷上黑漆用红外热成像相机测量，但需要破坏器件，且测试结果依赖测量装置的分辨率），有限元数值分析法是进行功率器件可靠性分析强有力的辅助手段。

8.4　功率循环测试方法

功率循环测试被称为考核功率器件封装可靠性最重要的试验，与其他可靠性测试不同的是，功率循环测试原理虽然简单，但测试技术、测试方法却涉及半导体物理、电磁学、传热学、结构力学和信号分析等多学科交叉，处理不当将得到错误的结论。本节基于 8.2.1 节所述的 DC 功率循环测试基本原理，从测试技术、测试方法两个大方面对其存在的挑战进行深入分析，并提出相应的解决方案。测试技术主要包括电气测量噪声、结温测量延时和数据采集点，电气测量噪声和结温测量延时影响功率循环测试中结温的准确性，数据采集点则影响器件的失效模式判定和寿命。测试方法主要包括结温测试方法、电流激励方法，其中电流激励方法会影响器件的失效机理和寿命，需要特别关注。最后，对目前市面上各厂家的功率循环测试设备进行简要介绍。本节可以为功率循环测试技术和设备的发展奠定一定理论和方法基础，为功率循环测试实践提供一些借鉴。

8.4.1　测试技术

功率半导体芯片的电气响应时间一般是微秒级甚至是纳秒级，如 IGBT 电子和空穴的寿

命分别为 $80\mu s$ 和 $1\mu s$，而二极管是 $6\mu s$ 和 $0.6\mu s^{[34]}$。同时热量在芯片内热传递时间也是微秒级，而器件特性和关键参数的测量几乎均是通过电气参数的准确测量而获得的，如结温是通过小电流下饱和压降法。因此，实现被测器件高频、高精度和抗干扰的准确测量是功率循环测试技术面临的一大挑战。

8.4.1.1 电气测量噪声

功率循环整个电气回路虽然简单，但也涉及连接线路的结构、回路和母排精细化设计，以最大程度地减小整个回路的寄生电感 L_s。功率循环测试中，一般需要在极短时间内，如美国商用功率循环设备提出 $1\mu s$ 内，通过开关将负载电流切除。寄生电感的存在则会在电流关断时产生过电压 $V = L_s \mathrm{d}i/\mathrm{d}t$，尤其是大功率模块，需要切断的电流较大时，如 4500V/3000A 压接型 IGBT 器件。这个过电压作用在控制开关和测量电流源两端，不仅影响控制开关特性，更重要的是影响测量电流源的输出能力和稳定性，而测量电流源的稳定性很大程度上影响着结温测量的准确性。

进一步地，回路寄生电感和控制开关配合设计还会影响测量回路的抗干扰能力，任何测量电路均会受到测量噪声的影响，最大程度地减小其幅值及影响是一个挑战和必须重点关注的点。图 8-99 为某 30kW/1500A 和某 90kW/3000A 功率循环测试设备电压测量结果（测量系统电压采样频率为 500kHz）。可以看到，当电流等级较小时，整个回路的设计更紧凑，电压测量的振荡幅值较小，只有 ± 0.5mV（此案例电压为 $0.6265 \sim 0.6275$V）；而 90kW/3000A 测试设备由于电流等级高，被测样品体积大，回路设计复杂等，导致测量振荡达到 ± 4mV（此电压范围为 $0.618 \sim 0.626$V，主要集中在 $0.620 \sim 0.624$V）。

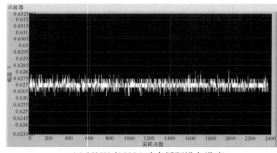
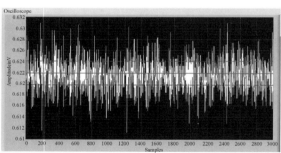

(a) 30kW/1500A功率循环设备噪声   (b) 90kW/3000A功率循环设备噪声

图 8-99　功率循环设备测量噪声示意

一般对于硅基器件（如 IGBT）而言，pn 结压降的温度敏感关系约为 -2mV/℃，由测量噪声带来的结温测量误差则分别为 ± 0.25℃ 和 ± 2℃。结温测量的误差将会直接导致热阻测量结果和功率循环寿命评估存在一定误差。虽然可以通过软件滤波达到一定的效果，但可能会丢失重要的信息，尤其是在短时间结温测量上，后面也会讲到其对结温准确测量的意义。因此，不建议通过软件滤波来达到高信噪比的效果，推荐通过上述硬件方法实现低测量噪声。

8.4.1.2 结温测量延时

功率半导体器件，尤其是 MOS 结构在负载电流切断后载流子复合重新建立电场需要一定的时间，这是不可避免的。将从大电流切断到载流子完全复合形成测量电流下的稳定电场所需要的时间称为测量延时 t_{MD}。t_{MD} 和被测器件内部芯片的结构、电压等级、工作结温、测量电流大小、测试回路等均有密切关系。图 8-100 为一个 6.5kV IGBT 在不同电路拓扑（器件主动/被动关断）和不同结温条件下测量延时的测试结果[35]。8.2.1 节测试电路原理图中被测 IGBT 一直处于导通状态，通过外部开关实现负载电流的开通和关断，称为被动关断。PWM 功率循环是通过控制被测 IGBT 的栅极来实现的，称为主动关断。

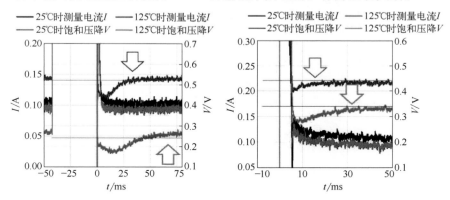

(a) 被动关断，$t_{MD} \approx 320\mu s(25℃)$和$720\mu s(125℃)$　(b) 主动关断，$t_{MD} \approx 160\mu s(25℃)$和$260\mu s(125℃)$

图 8-100　6.5kV IGBT 在不同电路拓扑和结温下的测量延时[35]

从这个案例可以看出，不同控制方式会对测量延时产生很大的影响，IGBT 自身主动关断所需要的延时小，非常有利于结温的准确测量。但对于小电流下的饱和压降法在大电流切断后测结温，需要将被测 IGBT 导通，与主动关断电路相违背，需要经过特殊电路设计，使得测量变得更复杂，并不适用。同时，由于硅材料中载流子的寿命是正温度系数，温度越高，寿命越长，导致的测量延时也越长。如图 8-100（a）展示的结果，6.5kV IGBT 在被动关断时延时时间分别约为 $320\mu s(25℃)$ 和 $720\mu s(125℃)$。这在功率循环测试时需要重点关注，否则将得到错误的结果。

测量延时的选取对功率循环最大结温 T_{vjmax} 的准确测量具有非常重要的意义，将直接影响器件的测试条件和寿命评估结果，不仅要保证测量延时功率循环初期足够，还要考虑器件老化后导致结温上升而增加的测量延时。若测量延时选取不够或者过小，将会测量到较低的电压值或者干扰，比如图 8-100（a）中测量延时选取 $500\mu s(125℃)$，而器件在小电流下是负温度系数，通过小电流饱和压降换算的结温则会偏高，甚至在额定电流下会得到超过 200℃的错误结果。

当然测量延时也不能过大，这是由于芯片结温在测量延时期间是持续下降的，使得测量的并不是芯片降温初期 $t=0s$ 时真正的最大结温。图 8-101 为 Si IGBT 和 SiC MOSFET 的结温降温曲线，两个器件均为

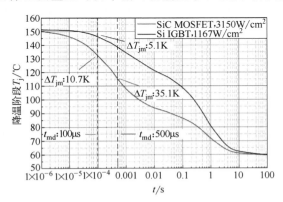

图 8-101　TO-247 封装的 Si IGBT 和 SiC MOSFET 结温曲线

TO-247 封装，其中仿真用功率密度取自功率循环试验数据（测试条件为 $t_{on}=2s$、$t_{off}=4s$、$\Delta T_j=90K$ 和 $T_{jmax}=150℃$）。可以看到，测量延时导致的误差不仅和延时有关，还和功率密度

$\Delta T_{j,error}$/K	预估寿命的相对误差百分比/%						
	−10	−8	−5	−3	−2	−1	−0.5
ΔT_j/K $\quad$ T_{jmin}/℃							
10 $\quad\quad$ 25			499	219	124	52	24
20 $\quad\quad$ 25	499	342	168	85	52	24	12
30 $\quad\quad$ 25	256	184	98	52	33	16	8
50 $\quad\quad$ 25	124	93	52	29	19	9	4
60 $\quad\quad$ 25	98	74	42	24	16	8	4
80 $\quad\quad$ 25	68	52	31	18	12	6	3
90 $\quad\quad$ 25	59	46	27	16	10	5	2
100 $\quad\quad$ 25	52	40	24	14	9	4	2
110 $\quad\quad$ 25	47	36	22	13	8	4	2
130 $\quad\quad$ 25	39	30	18	11	7	3	2
150 $\quad\quad$ 25	33	26	16	9	6	3	1

图 8-102　基于 CIPS08 寿命模型的不同结温误差下寿命
评估的误差

有密切关系。当测量延时为 $100\mu s$ 时，Si IGBT 和 SiC MOSFET 的测量误差分别为 5.1K 和 10.7K；若延时增加到 $500\mu s$，SiC 的误差甚至能到 35.1K。

上述提及的测量延时带来的结温误差在功率循环测试中是不能接受的，图 8-102 为基于 CIPS08 寿命模型计算的不同结温测量误差导致的寿命预测误差。假定功率循环测试的条件为 $\Delta T_j = 90K$ 和 $T_{jmin} = 25K$，结温测量误差为 −5K（即图 8-101 的 Si IGBT 器件 $100\mu s$ 带来的误差），将产生 27% 的寿命评估误差。进一步地，基于此寿命模型进行实际工况的寿命预测时，工况条件要小很多，如电网用器件的结温波动一般小于 20K，则此时的寿命误差将高达 168%。值得注意的是，电网实际的最低结温一般高于 60℃，而且所用模块基板为 AlN，所以上述误差只供参考。

因此，测量延时的问题在功率循环测试中是必须重点关注的，对测试设备在测试回路、采样频率方面提出了挑战：①测试回路方面，应该全面考虑降低寄生电感、增强抗干扰能力和快速控制开关的联合设计，一方面提高测试回路的信噪比，另一方面尽可能减少测试回路对测量延时的影响；②采样频率方面，设备要具备足够高的采样率和抗干扰能力，要达到 50kHz 及以上的采样频率，也就是说每个采样点最多是 $20\mu s$，以保障足够的数据点和精度。同时，采样频率也不必要过高，这是由于测量延时的存在，过高的采样也没意义，如 1MHz。一般低压器件的基区薄，测量延时小，但对于功率器件（电压大于 600V）一般达到 $50\mu s$，甚至 $100\mu s$ 以上。因此，建议的采样频率选择为 100kHz 左右比较合适。如前所述，影响测量延时的因素有器件自身的，也有测试电路和测试条件的，需要根据具体情况确定。

8.4.1.3　数据采集点

前面讲述的是实现功率循环数据准确采集，尤其是结温的准确测量所面临的挑战，需要的是高精度采样、精密化回路和抗干扰设计等。采集的数据点及其表征物理意义，或与器件老化状态的关联关系成为功率循环测试技术另一个挑战，也将直接影响器件的失效模式判定。前面已经提到，在功率循环过程中通过器件大电流下的饱和压降 V_{CE} 来表征器件键合线的连接状态，热阻 R_{th} 来表征焊料的连接状态。器件饱和压降不仅包括芯片自身压降，还包括键合线以及外部连接电阻产生的压降，如式（8-8）。现有公开发表的绝大多数文献[36] 和所有商业功率循环设备均是在大电流关断前进行饱和压降的测量以表征键合线的老化状态。

模块老化后键合线电阻或者芯片表面与键合线接触电阻的增加，导致 V_{CE} 升高，而随着模块的老化，器件的功率增加，结温也随之升高，由于 IGBT 芯片大电流下的正温度特性，最终也会导致 V_{CE} 升高。因此，在功率循环测试过程中测量得到的 V_{CE} 升高分别来自键合线自身老化和老化后结温升高，很难解耦并判定键合线的老化程度。有学者提出可以采用一种温度补偿方法[39]，通过提前校准被测器件在不同电流和温度下的关联关系，然后在测量过程中进行补偿。校准过程相对复杂，在功率循环测试过程中的实现难度大，而且只适用于由于焊料等传热路径变化导致的结温补偿。

为了解决这一问题，作者科研团队额外增加了一个测量点，在负载电流开通后和负载电流关断前瞬间均采集器件的饱和压降，如图 8-103 所示。单个功率循环周期共有 4 个测量点：a 点是负载电流开通前瞬间，此时器件被冷却至最低温，定义为 cold 状态，测量最小结温 T_{jmin} 和最小壳温 T_{cmin}；b 点是负载电流开通后瞬间，从开通到电流稳定只需要微秒级时间，此时器件并没有被加热，也定义为 cold 状态，测量负载电流 $I_{L(cold)}$ 和饱和压降 $V_{CE(cold)}$；c 点是负载电流关断

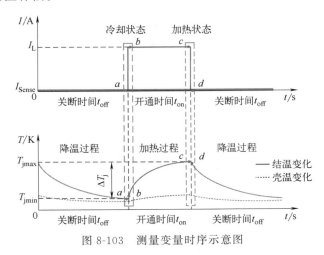

图 8-103　测量变量时序示意图

前瞬间，此时器件被完全加热至最高结温，定义为 hot 状态，测量负载电流 $I_{L(hot)}$ 和饱和压降 $V_{CE(hot)}$；d 点是负载电流关断后瞬间，器件认为没有被降温，也定义为 hot 状态，测量最大结温 T_{jmax} 和最高壳温 T_{cmax}。

如 "结温测量延时" 一小节所述，实际上 d 点的选取也很关键，因为在这个延时内器件会有一定程度的温度降低，测量得到的并不是真正的最高结温。同时，测量得到的 $V_{CE(hot)}$ 一定比会 $V_{CE(cold)}$ 大，这是因为 $V_{CE(cold)}$ 表征的是器件在最低结温时的压降，而 $V_{CE(hot)}$ 表征的是在最高结温时的压降。在功率循环老化过程中，T_{jmin} 受到水冷的控制，几乎不会变化，也不受测量延时的影响，而 T_{jmax} 由于器件老化的影响，会持续增加［如图 8-104（a）］。因此，若采用 c 点的饱和压降来表征键合线老化就会耦合温度的影响，无法直接判定键合线老化程度，甚至得到错误的结论，而 b 点只受键合线老化的影响。器件热阻的计算则需采用 c 点的电流 $I_{L(hot)}$ 和饱和压降 $V_{CE(hot)}$，表征的是器件抵抗热量传热的能力。

图 8-104 为 4 个 1200V/25A IGBT 器件在功率循环老化过程中的变量变化趋势，测试条件均为 $t_{on}=5s$、$t_{off}=10s$、$V_{GE}=15V$、$\Delta T_j \approx 90K$、$T_{jmax} \approx 150℃$。由图可知，在功率循环老化过程中，器件的最小结温几乎保持不变，而最大结温随着老化的进程而逐渐增加，前期相对平缓，到了寿命后期呈现近指数增加的趋势。图 8-104（b）、（c）展示的器件在 b 和 c 点的饱和压降，也就是对应器件最小结温和最大结温状态，功率循环初期分别为 2.16V（60℃）和 2.48V（150℃）。随着老化的进程，饱和压降均呈现了上升趋势，最终涨幅分别约为 90、180mV。

单从 $V_{CE(hot)}$ 升高是无法判定键合线失效的，也可能是由于焊料老化导致的结温升高，最终使得电压升高。而 $V_{CE(cold)}$ 的升高一定是由于键合线的老化（90mV），另外的 90mV 则是由于键合线或焊料老化［需要根据图 8-104（d）的热阻变化趋势判定］导致的结温升高而增加的。由图 8-104（d）可知，结温差的变化趋势与热阻变化趋势几乎一致，这是因为结温的升高主要来源于热流路径老化后的热阻增加。$V_{CE(hot)}$ 的变化趋势几乎与结温差一致（最小

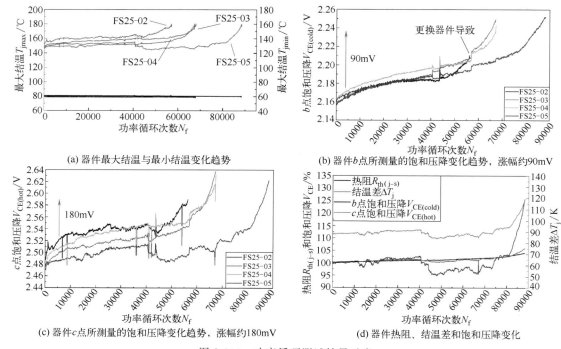

(a) 器件最大结温与最小结温变化趋势

(b) 器件b点所测量的饱和压降变化趋势，涨幅约90mV

(c) 器件c点所测量的饱和压降变化趋势，涨幅约180mV

(d) 器件热阻、结温差和饱和压降变化

图 8-104　功率循环测试结果示意

结温不变，$T_{jmax} = T_{jmin} + \Delta T_j$），也侧面说明了 $V_{CE(hot)}$ 很大程度上受到最大结温的影响。$V_{CE(cold)}$ 几乎与结温差无关，呈现缓慢增加趋势，表明键合线发生了一定的老化。

　　IGBT 器件在功率循环过程一般会同时发生键合线和焊料老化，且还存在"竞争失效"机制，图 8-104 也展示了此现象。焊料的老化严重影响了散热路径，很大程度上使得最大结温升高，最终影响 c 点饱和压降。只监测 c 点饱和压降 $V_{CE(hot)}$，并用来判定键合线的连接状态，从图 8-104（c）、（d）可知，FS25-05 压降涨幅约为 180mV，超过了 5% 的失效判定标准。此器件很可能被误判为键合线失效，而实际是键合线和焊料均发生了不同程度的老化，且热阻 $R_{th(j-s)}$ 达到 20% 的失效判定标准。因此，数据采集点的正确选取对功率循环测试结果，尤其是寿命和失效模式的判定非常重要。

　　进一步地，通过图 8-103 所示 b 点的 $V_{CE(cold)}$ 判定键合线老化状态和 c 点的 $R_{th(j-s)}$ 判定焊料的老化状态，可以直接分离器件的失效模式。通过测量器件功率循环老化前后的瞬态热阻抗曲线 $Z_{th(j-s)}$，并转换成可表征器件内部各层材料热阻热容关系的结构函数，可更加直观地判定和定位失效界面。

8.4.2　测试方法

　　在突破了上述测试技术后，功率循环测试还需要重点关注不同测试方法带来的误差甚至是导致的错误结果。本小节将从结温测试方法、电流激励方法两个方面进行介绍。

8.4.2.1　结温测试方法

　　第 4 章详细介绍了功率器件结温测试方法的原理、技术和难点，这里重点对比分析功率循环测试常用两种主要电学参数法的特点。通过上述分析可知，结温的准确在线测量是功率循环测试中最为重要的，直接影响测试结果和结论。文献［40］对比总结了各类结温测量方法的一致性、线性度、灵敏度、实现难易程度以及代表的物理意义，基于通态特性的电学参数法更适用于器件导通状态的测试。IEC 标准也指出，在功率循环、热阻或瞬态热阻抗测试中可采用 $V_{GE(th)}(T)$ 法或 $V_{CE}(T)$ 法进行结温的测量。虽然这两种方法得到的温度均可近似看成芯片表面平均温度，但实际上表征的物理位置是不一样的，$V_{GE(th)}(T)$ 法表征的是发射极侧沟道区的温度，而 $V_{CE}(T)$ 法表征的是集电极侧 pn 结的温度。在小功率或低压器件领域（如 60V 以下），芯片电压等级低，基区很薄，这种方法测量得到的温度差异很小；而对于功率器件（一般是 600V 及以上），电压等级高，芯片基区厚度的增加使得差异增加。

IGBT 芯片元胞的结构示意图如图 1-2，位置上的差异使得 $V_{GE(th)}(T)$ 法测得的温度必然比 $V_{CE}(T)$ 法大，而且随着电压等级升高而增大。这是由于 IGBT 芯片工作时产生的热量几乎从集电极侧散失，使得芯片内部存在纵向温度梯度。IGBT 芯片电压等级越高，基区越厚，纵向温度梯度越大，两种方法的差异就越大。正是由于这种差异，不同研究机构在功率循环过程中采用不同的结温测量方法将带不同的结果，不便于测试结果的共享和对标。所以 AQG 324 标准规定了功率循环测试中必须采用 $V_{CE}(T)$ 法进行结温测量，但不代表 $V_{CE}(T)$ 法就一定比 $V_{GE(th)}(T)$ 法更好，实际上 $V_{GE(th)}(T)$ 法在某些场合的适用性更强。

下面将从两个方法的测试电路原理图、实现难易程度和优缺点等方面全面对比，便于读者根据自己的需求选择合适的方法。图 8-10（a）展示的即是 $V_{CE}(T)$ 法的电路图，不需要改变功率循环主测试回路和被测 IGBT 状态，被测 IGBT 两端施加一个小电流源。只需要通过外部辅助开关来实现主回路负载电流的切换，监测被测 IGBT 两端电压即可获得器件饱和压降和结温，实现简单。图 8-105 是 $V_{GE(th)}(T)$ 法在功率循环测试中的实现电路[41]示意图，需要额外增加 2 个辅助开关来实现相应的控制时序。功率循环加热阶段，需要将被测 IGBT 开通（S2 开通，S3 关断），同时打开 S1 让负载电流加热器件；降温阶段，需要关断 S1 切断负载电流，同时将被测 IGBT 器件转换到阈值电压模式（S2 关断，S3 开通），实现结温的测量。可以看到，$V_{GE(th)}(T)$ 法不仅电路结构复杂，控制时序也相对较复杂，测量延时的选取也很关键。同时，必须在栅极和发射极两端并联一个合适阻值的电阻，提供栅极放电回路，以消除对测量延时的影响。

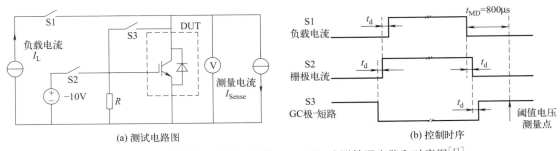

图 8-105　功率循环中阈值电压 $V_{GE(th)}(T)$ 法测结温电路和时序图[41]

如图 8-105 还可知，$V_{GE(th)}(T)$ 法和 $V_{CE}(T)$ 法一样，在最大结温测量过程中同样需要一定的测量延时 t_{MD}，一方面是时序控制的需要［如图 8-105（b）］，另一方面是载流子复合仍需要时间。因此，不管哪种结温测量方法，必然存在一定的测量延时，器件的最大结温也必然会降低，而带来一定的测量误差。针对这种情况，JESD51-1 标准提出了用根号 t 法来修正这段由测量延时带来的测量误差，此方法的前提条件是热量在同一材料内可近似看成一维单向热传导问题，降温曲线与时间的根号为线性关系。通过测量的降温曲线，线性反推即可获得芯片在 $t=0$ 时刻的最高结温。

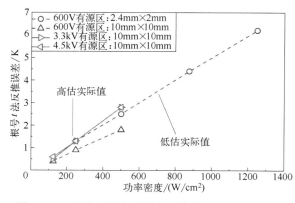

图 8-106　根号 t 法在不同电压等级、有源区面积和功率密度下的测量误差综合对比

在功率半导体器件领域，需要满足上述物理关系或前提是发热源必须为面热源，如二极管和 MOSFET，而 IGBT 芯片在导通状态时的热源主要来源于沟道、基区和集电极 pn 结，属于体热源。进一步地，$V_{CE}(T)$ 法测量的实质上是芯片下表面的温度，更加使其不严格满足根号 t 法的前提条件，而带来一定的误差。当然，此误差与器件的功率密度和电压等级等均有关系。图 8-106 为根号 t 法在不同电压等级、有源区面积、功率密度条件下的误差。

因此，$V_{CE}(T)$ 法应用在二极管或者 MOSFET 时，测量延时带来的最大结温误差可近似用根号 t 法进行修正；而应用在 IGBT 时，根号 t 法仍然存在一定程度的偏差。同时，这种偏差还会导致器件瞬态热阻抗曲线测量的偏移，最终影响器件结到壳热阻 $R_{th(j-c)}$ 的测量精度。虽然可通过其他方法，如有限元仿真等进行修正达到高精度，但实现难度大、流程复杂，尤其不利于在功率循环测试过程中进行在线修正。这是目前 $V_{CE}(T)$ 法应用在 IGBT 器件上的最大缺点，也是在功率循环测试过程中必须重点关注的问题。$V_{CE}(T)$ 法最大的优点就是在功率循环测试中实现简单，而且此参数不受器件封装老化的影响，可非常准确地表征器件结温信息。

从原理和元胞结构来看，$V_{GE(th)}(T)$ 法表征的是芯片上表面沟道温度，虽然 IGBT 芯片为体热源，但测量表征的是芯片上表面温度，使其相对符合一维单向热传导条件。因此，根号 t 法应该相对适用于 $V_{GE(th)}(T)$ 法测量得到的结温曲线。图 8-107 为某 1200V/25A 器件和 6500V/750A 器件通过 $V_{GE(th)}(T)$ 法测量得到的降温曲线，$t=0$s 时刻的最大结温 T_{jmax1} 是通过有限元仿真获得（被认为基准值），T_{jmax2} 则是 $V_{GE(th)}(T)$ 法通过根号 t 反推得到，T_{jmax3} 则是 $V_{CE}(T)$ 法通过根号 t 反推得到。可看到，对于低压器件（1200V），基区很薄，3 个值相差很小，且 $T_{jmax1} > T_{jmax2} > T_{jmax3}$；对于高压器件（6500V），基区很厚，三者差异相对较大，且 T_{jmax2} 更贴近 T_{jmax1}。因此，对于 $V_{GE(th)}(T)$ 法测量的结温曲线，可通过根号 t 法来近似修正以简化过程。这种意义上来说，$V_{GE(th)}(T)$ 法虽然电路复杂，

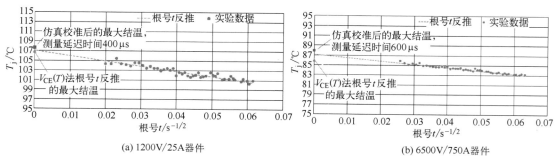

图 8-107　$V_{GE(th)}(T)$ 法测量得到的结温下降曲线和修正值

但适用性更强。此方法的另一个优点就是灵敏度高，一般约为 $-10\mathrm{mV/℃}$，高达 $V_{\mathrm{CE}}(T)$ 法（一般硅器件约为 $-2\mathrm{mV/℃}$）的 5 倍。

和其他温敏参数一样，$V_{\mathrm{GE(th)}}(T)$ 法最大的缺点在于此参数会受到器件老化的影响，使得结温测量在老化后产生误差。在功率循环测试周期中，IGBT 器件栅极一般施加 $+15\mathrm{V}$ 的电压，老化后会使得阈值电压产生正偏移（$30\sim100\mathrm{mV}$），从而导致 $3\sim10\mathrm{K}$ 的结温测量偏差。进一步地，某些器件在功率循环老化后，键合线的抬起也会破坏器件的栅氧结构，从而使得 $V_{\mathrm{GE(th)}}(T)$ 法失效。但实际上此时器件已经达到失效了，再进行结温的测量也是无意义的，因此，这种情况对功率循环测试的影响可忽略。

从前述可知，评估功率器件寿命最重要的参数是功率循环初始条件结温差 ΔT_{j} 和最大结温 T_{jmax}，并不考虑老化后结温参数的变化，而 $V_{\mathrm{GE(th)}}(T)$ 法测量的结温在老化前不会产生偏差。进一步地，功率循环测试需要监测的最重要 3 个参数为结温差 ΔT_{j}、饱和压降 V_{CE} 和热阻 $R_{\mathrm{th(j-s)}}$。而 $\Delta T_{\mathrm{j}}=T_{\mathrm{jmax}}-T_{\mathrm{jmin}}$，$V_{\mathrm{GE(th)}}(T)$ 法在老化后产生的偏差同时存在于 T_{jmax} 和 T_{jmin}，最终 ΔT_{j} 并不会被影响；饱和压降 V_{CE} 的测量与结温测量无关，不会受到阈值电压偏移的影响；热阻 $R_{\mathrm{th(j-s)}}$ 的计算依赖于结温的准确测量，器件老化后阈值电压产生的正偏移会使得测量的热阻升高，最终可能影响失效的判定。

综上所述，$V_{\mathrm{GE(th)}}(T)$ 法在功率循环测试中测量结温虽然会受到器件老化的影响，但一方面影响的程度不大（$3\sim10\mathrm{K}$），另一方面只会对测量的热阻产生微弱的影响，而并不会对器件的寿命和失效机理产生很大影响。因此，$V_{\mathrm{GE(th)}}(T)$ 法是可应用于硅基 IGBT 器件结温测试的，唯一要注意的是不能与 $V_{\mathrm{CE}}(T)$ 法进行横向对比，因为代表的物理意义不一样。进一步地，SiC MOSFET 栅氧层界面缺陷在偏置作用下捕获沟道电子，会造成持续的阈值电压漂移，使得 $V_{\mathrm{GE(th)}}(T)$ 法暂不合适，8.8.1 小节将重点针对 SiC MOSFET 结温测试方法进行详细论述。

8.4.2.2 电流激励方法

绝大多数 DC 功率循环采用图 8-10（a）所示电流激励方法，也称为饱和压降法电流激励，通过给被测 IGBT 适当的栅极电压使其完全导通，也是所有标准约定的电流激励方法。测试电流流入 IGBT 产生的导通损耗来加热器件达到最大结温，这是最符合器件实际应用时导通状态的，也是器件寿命评估最佳的激励方法。通过测量器件两端的电压，不仅可得到器件在大电流下饱和压降以表征键合线状态，还可得到小电流下饱和压降以换算器件结温和热阻。但由于缺乏开关损耗的叠加作用，就需要更大电流（甚至超过额定电流）来加热器件达到目标的最大结温和结温差，会使得器件键合线热应力过大，可能远超过实际应用工况。一方面人为降低了键合线的寿命，另一方面还可能导致其他的失效机理，使得此测试不满足加速老化测试的基本原则——器件失效机理不能发生变化。

进一步地，随着芯片和封装技术的不断迭代，IGBT 器件的饱和压降和热阻越来越低，而可靠性又越来越高，实质上需要更大的结温差来加速器件的老化进程，缩短测试周期。对于秒级功率循环，器件的壳温变化很小，一般认为器件最小结温 T_{jmin} 约等于最小壳温 T_{cmin}。由 8.2.2 节式（8-2）可知，对于导通状态的电流激励方法则需要更大的测试电流，虽然可通过适当降低被测器件栅极电压以提高饱和压降来减小电流幅值，但可调节的范围有限。因此，降低测试电流的方法也只有两个：一方面是在不改变器件状态的前提下增加开关损耗，前面提及的 PWM 功率循环是一种情况；另一方面就是不改变被测器件封装的前提下提高测试时器件的饱和压降，刚才提及的栅极电压是一种情况，但作用有限。

针对低压 MOS 器件饱和压降极低，无法利用额定电流进行功率循环老化的难题，改造常规 DC 功率循环测试电路，有了带开关损耗的 DC 功率循环，具体见 8.2.2 节。

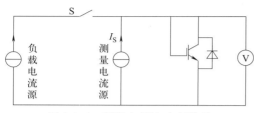

图 8-108　阈值电压法功率循环

另一种解决方案是通过将 IGBT 器件的栅极 G 与集电极 C 短接，如图 8-108 所示，使器件两端的压降等于器件阈值电压，强迫器件工作在阈值电压附近，本书称为阈值电压法电流激励。此时 IGBT 器件并没有完全导通，沟道电阻很高，压降主要为器件阈值电压，所需要的电流很小。以 Infineon 公司 650V/20A IG-BT 为例，此器件 1s 时已达到热平衡，结到壳热阻为 0.88K/W，若需要达到 $\Delta T_{\mathrm{j}}=90\mathrm{K}$ 和 $T_{\mathrm{jmax}}=150\mathrm{℃}$ 的目标，需要的功率约为 $P=102\mathrm{W}$。对于饱和压降法电流激励方法，需要电流约为 $I_{\mathrm{L}}=32.9\mathrm{A}$，此时压降 $V_{\mathrm{CE}}=3.1\mathrm{V}$（$V_{\mathrm{GE}}=15\mathrm{V}$ 和 $T_{\mathrm{jmax}}=150\mathrm{℃}$）；若是阈值电压法电流激励方法，只需要电流约为 $I_{\mathrm{L}}=20\mathrm{A}$（假定阈值电压为 5.1V）。可以看到，这种电流激励方法可大大减小测试电流，降低键合线的热应力，对于只对比不同焊料可靠性水平的测试比较合适。

阈值电压法电流激励方法虽然可大大减小测试电流，但此方法不适用多芯片并联的模块。IGBT 芯片在阈值电压状态下是负温度系数，芯片间的些许差异就会导致某个芯片的电流过大，而降低功率循环寿命，甚至是热失控。对于实际应用和饱和压降法电流激励模式，IGBT 器件往往工作在正温度系数，借助于电导调制效应使得器件内部各芯片的电流均匀分布。虽然可以通过主动反馈的电压钳位电路来控制被测 IGBT 的电压，使得电压始终稳态在参考电压，避免出现热失控，但也使得功率循环测试过程中键合线的老化不能被表征。进一步地，这种电流激励条件下器件的失效机理和寿命是否与饱和压降法电流激励一致，目前还没有实验结果证明。

图 8-109 展示的是 1200V/25A 的 EasyPACK 封装 IGBT 器件在两种不同电流激励方法下的老化参数变化趋势和功率循环寿命的对比，测试条件均为 $t_{\mathrm{on}}=2\mathrm{s}$、$t_{\mathrm{off}}=4\mathrm{s}$、$V_{\mathrm{GE}}=15\mathrm{V}$、$\Delta T_{\mathrm{j}}\approx90\mathrm{K}$ 和 $T_{\mathrm{jmax}}\approx150\mathrm{℃}$。负载电流切断后的测量延时均为 $200\mu\mathrm{s}$，基于有限元仿真获得测量延时带来的结温测量误差约为 3K。饱和压降电流激励法有 6 个器件同时进行测试以避免随机性，由于测试电路的复杂性，阈值电压电流激励法则只有 3 个器件同时测试，且测试电流远小于饱和压降法。所有器件均表现为芯片焊料失效（器件热阻 $R_{\mathrm{th(j\text{-}s)}}$ 增加），且老化前后的静态参数（阈值电压 $V_{\mathrm{GE(th)}}$ 和栅极漏电流 I_{ges}）并没有发生明显的差异，其中阈值电压偏移最大为 80mV。

图 8-109 为两种方法关键参数（ΔT_{j}、V_{CE} 和 $R_{\mathrm{th(j\text{-}s)}}$）在老化过程的变化规律以及寿命对比，其中阈值电压法测量的热阻有很大的振荡是因为霍尔传感器件在测量小电流时的干扰。使得计算得到的热阻有振荡，但并不影响测试结果，从饱和压降 V_{CE} 的变化也可看到实际电流很稳定。可以看到，饱和压降法采用的电流约为阈值电压法的 3 倍，使得键合线应力过大，而导致器件的饱和压降 V_{CE} 在老化过程中上涨，进而加速了器件的老化，而图 8-109（b）中阈值电压法 V_{CE} 并没有发生变化。从本例可看到饱和压降法一般伴随着键合线和焊接的同时老化和相互竞争影响，而阈值电压法则只有焊料的老化。

图 8-109（c）展示的器件寿命也存在很大的差异。为了公平性，将两个不同测试条件和

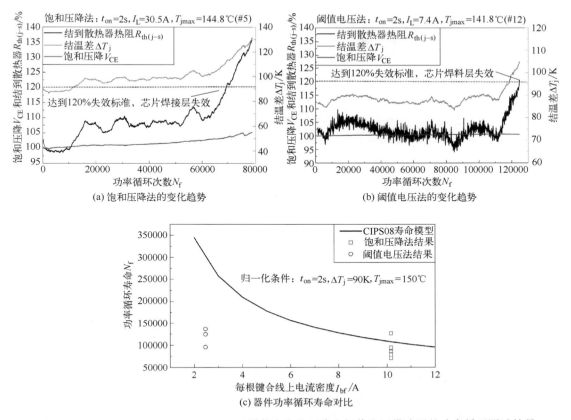

图 8-109　1200V/25A EasyPACK IGBT 器件在饱和压降和阈值电压模式下的功率循环测试结果

寿命模型进行了对比，并归一到相同的条件。可以看到，当考虑器件测试时键合线的电流密度，阈值电压法的得到的寿命反而远低于 CIPS08 寿命模型，而饱和压降法的寿命与 CIPS08 吻合得比较好。假定被测器件只发生焊料失效时，其寿命差异相对较小，可考虑用阈值电压法等效；但当器件同时存在键合线失效时，或者不确定此器件是否 100% 是焊料失效时，阈值电压法则会改变器件的失效机理和寿命，不可取。

8.4.3　测试设备

8.4.3.1　国内设备状况

我国功率循环测试设备的开发起步晚，集中在 2020 年前后，市场上具备相应产品的主要包括华电（烟台）功率半导体技术研究院有限公司、合肥科威尔技术股份有限公司、山东阅芯电子科技有限公司、浙江杭可仪器有限公司、杭州高坤电子科技有限公司、杭州高裕电子科技股份有限公司、杭州中安电子有限公司、天津海瑞电子有限公司、中洲测控（深圳）有限公司、西安精华伟业电气科技有限公司、西安易恩电气科技有限公司、西安美泰电气科技有限公司、北京博电新力电气股份有限公司、鲁欧智造（山东）高端装备科技有限公司和国外产品 Mentor Graphics（简称 Mentor）的代理商（深圳贝思科尔软件技术有限公司、上海坤道信息技术有限公司、上海智湖信息技术有限公司等）。近期还有大量新兴公司在功率循环测试设备上投入了研发资源（这里不再罗列），完成/正在研发功率循环测试设备，说明国内半导体测试设备的兴起，这对于推动行业发展非常重要。

总体来看，上述公司从技术路线和发展历程可以分为 5 个大的派系：①华电半导体为华北电力大学功率器件可靠性团队在烟台政府支持下产业化的一个公司，技术前身为与德国开姆尼茨工业大学 Josef Lutz 合作的成果转化，是长期科研成果的落地；②科威尔和阅芯等公司则是新兴的半导体设备公司，技术路线类似华电半导体，多条测试支路切换模式，在技术参数和部分功能上则是参考 Mentor；③浙江杭可为代表的老牌可靠性设备开发公司，杭州高坤、高裕、中安和天津海瑞等均是原来杭可分离出来的技术，在分立器件的间歇寿命（IOL）方面很有建树，IOL 设备长期可靠性也得到了市场的验证，近期推出大功率器件的功率循环测试设备；④西安各公司和北京博电等派系，仍然采用原来 IOL 设备外形，主要在大功率器件的可靠性方面进行测试设备的开发，尤其是北京博电开发的 3000A 就是为国家电网定制的；⑤以 Mentor 技术或其代理商为代表的，如山东鲁欧智造，技术路线与 Mentor 的设备类似，如 4 个 500A 电源并联以达到 2000A 最大测试能力，与 Mentor 的 3 个 500A 电源并联获得 1500A 测试能力异曲同工。

上述公司除了华电半导体、西安美泰、北京博电和西安精华伟业外，其他公司的产品或多或少都受到国外设备 Mentor 的影响，在外形或者技术参数上有一定重叠和对标，尤其是在测试夹具上面，几乎均采用 Mentor 可移动的方式，一般也覆盖 2000A 及以下的等级，如图 8-110 所示。

(a) Mentor Graphic 1500A功率循环

(b) 杭州高裕电子功率循环设备2000A系列

(c) 杭州中安电子功率循环设备

(d) 杭州高坤电子1500A功率循环设备

图 8-110　以 Mentor 为代表的功率循环设备外观图

值得注意的是，这些公司的产品除主机外，还需要额外配置相应温度校准的油机或者流量计以及水冷系统，占地面积一般要大于 2 个主机大小，需求方在场地规划时应该将此因素考虑在内。进一步地，通过此方案的设备的水温一般严格受限于模温机，温度的调节范围一般在 5~35℃，很难达到 175℃ 结温模块的考核要求，需要对散热器进行特定的设计和匹配；

而温度校准则一般通过油温控制，达到 200℃左右。下面将针对几个典型的公司和产品进行一些基本介绍和功能的概述。

（1）华电半导体

华电半导体是 2019 年华北电力大学功率器件可靠性团队在烟台开发区资助下的产业化落地，该团队从 2013 年开始与国家电网全球能源互联网研究院合作开发国产高压大功率压接型 IGBT 器件，进行功率器件封装的理论分析、仿真计算、实验测量等方面研究。2016 年，与国际半导体尤其是可靠性领域的"大咖"——德国开姆尼茨工业大学 Josef Lutz——进行功率循环测试技术、测试方法和测试设备的深入合作，2017 年在北京搭建了当时国内首个 3000A 功率循环测试设备，可满足 12 个压接型 IGBT 和焊接式 IGBT 模块的测试，每个器件均有独立的流量调节功能，填补了国内空白。2018 年 1 月开发了 750A 电动汽车用 SiC 功率模块功率循环测试设备，2019 年后相继开发了 100A、250A、500A、1000A、1500A、2000A 和 6000A 功率循环测试设备，标配为 6 个测试通道，可升级为 12 个通道，如图 8-111 所示。6000A 功率循环测试设备是目前世界上电流和功率最大的设备，专门为 4500V/5000A 压接型 IGBT 器件或 IGCT 的可靠性评估定制开发。值得注意的是，该公司的功率循环测试设备内部集成了独立的水冷系统和温度校准功能，可实现 15～90℃的温度控制，能很好地满足 175℃新能源汽车用模块的测试需求。换句话说，此设备展示的主机大小即为占地大小，需求方只需要提供电气和水的接口即可使用。

(a) 不同型号功率循环设备(100～6000A)

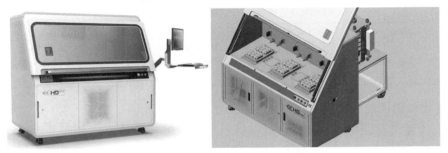

(b) 标准2000A功率循环产品，可兼容6000A

图 8-111　华电半导体功率循环测试设备

华电半导体功率测试循环设备的技术源头是 2003 年德国开姆尼茨工业大学 Josef Lutz 教授和德国 Infineon 公司长期合作、技术更新、迭代和可靠性验证过的成果，后与华北电力大学可靠性团队合作开发落地了此设备。华北电力大学和德国开姆尼茨工业大学两个团队长期从事功率循环测试技术、测试方法和测试设备的研究，测试设备技术迭代与科研水平相互成就。进一步地，两个团队长期与国内外半导体企业（如德国 Infineon，日本 Toshiba，中国中车、华为等）和应用方（国家电网、中国铁道科学研究院、蔚来汽车等）深入合作，深刻、全面把握前沿需求，基于设备为客户提供专业的测试服务。因此，此功率循环测试设备在设备的长期运行可靠性、功能的全面性、技术的先进性、迭代的快速性以及界面的舒适性和友好性方面具有独特的优势，表 8-13 所示为 2000A 标配设备的主要技术参数，采集频率为 50kHz，负载电流关断后的测量延时客户可根据示意器的采样窗口参照具体情况来设置，一般经验为 $50\sim500\mu s$ 不等。

表 8-13　华电半导体 2000A 功率循环测试设备（PCT-2000A-6）技术参数

供电电压		AC380V±10％
供电频率		50Hz±1％
负载直流电源	额定电压	10V(升级 12 测试通道后电源为 20V)
	电流	2000A
	功率	20kW
	精度	±0.05％
栅极电压源	电压范围	−10～＋20V
	分辨率	100mV
	精度	±0.5％
测量电流源	额定电流	500mA
	精度	±0.5％
热电偶	测量精度	±0.1℃
系统电压	测量精度	±5mV(电压测量精度约为±10mV,测试标准要求),设备实际达到±0.5mV
被测支路		3 条测试支路,每条测试支路 2 只被测器件串联,可同时测 6 只被测器件
自带内循环水冷系统	流量	≥36L/min
	降温加热	50kW 降温功能,10kW 加热功能
	压力	2bar❶
	水温范围	20～90℃(内循环水,水温设定范围)
	接口	CPC 快速接头
	冷却水水质	纯水(内循环水)
	水温控制精度	±1℃
功率循环周期		最小 200ms,可设定
测量参数		实时监测被测器件的虚拟结温 T_{vj}、壳表面/散热器温度 T_c/T_h、负载电流 I_L、功率损耗 P、集电极到发射极压降 V_{CE}、热阻 $R_{th(j-c)}$
控制方式		程序控制,在线监测器件的老化参数并可根据用户指定的失效停止标准停止实验
人机交互及显示		控制及保护人机界面友好,灵活度高,可根据需求调整以满足不同的测试功能;可以对相关的电压、电流等物理量进行测量和数据存储;可生成相关物理量的文本文件,便于导出和二次使用

华电半导体前期的测试设备订单主要来源于现有可靠性测试服务的客户，并没有进行商业推广。2022 年 7 月，华电半导体通过泰斯特尔公司进行市场推广和商务对接。泰斯特尔是一家专注于高端可靠性与失效分析实验室仪器研发、代理和销售的企业。

（2）合肥科威尔

前面提及了合肥科威尔、山东阅芯和西安其他家设备公司均是新兴的半导体设备公司，

---

❶　$1bar＝10^5Pa$。

技术参数和功能也基本上对标国外 Mentor 设备，这里以科威尔为例进行介绍。合肥科威尔是一家以电源技术为核心的上市公司，2018 年开始，结合电源的技术沉淀开发了功率器件静态、动态测试设备。2021 年推出了 MX300C 热特性测试系统，由采样单元、温控单元、电源单元及控制单元等组成，如图 8-112 所示。标配产品有 MX300C-1500-F0，和 Mentor 的 1800A 设备类似，由 3 台 600A 直流电源并联构成，并联后可输出 1800A 电流，设备部分参数如表 8-14 所示。从技术参数可知，功率循环测试过程中的采样频率采用了 10kHz，暂时没有推出瞬态热阻抗测试功能。

图 8-112　科威尔功率器件热特性测试系统外观（来源于其官网）

表 8-14　科威尔 MX300C-1500 功率循环测试设备技术参数（来源于其官网）

设备精度	导通压降测量精度	±50μV
	加热电流	三台独立电流源 15V/600A，可并联至 15V/1800A。1～50A，精度 0.5%±0.01A，分辨率 0.01A；50～1800A，精度 0.5%±1A，分辨率 0.01A
	结温测试精度	±2℃
	冷板及壳温测试精度	±2℃
	秒级/分钟级功率循环	每次最多可测试 12 个样品
	测试电流	范围 0～3A，精度≤0.1%+5mA，分辨率 0.1mA
秒级功率循环测试	功率电源	输出能力 0～1800A/15V，电流精度±0.1% 设定值+0.4%FS
	结温测试	采样速度 10kHz，精度 2℃，分辨率 0.1℃
	壳温测试	采样速度 10kHz，精度 2℃，分辨率 0.1℃
	典型条件	$0.5s < t_{cycle} < 10s$，$T_{jmax} = 150℃$，$\Delta T_{jmax} = 90K$，100000 次循环
	老化模式	恒电流，恒定结温差 ΔT_j，恒定壳温差 ΔT_C
	数据记录	加热电流 I_H、t_{on}、t_{off}、循环时间、T_{jmax}、ΔT_j、T_{jmin}、T_{cmax}、T_{cmin}、水流量 F
分钟级功率循环测试	功率电源	输出能力 0～1800A/15V，电流精度±0.1%，设定值+0.4%FS
	结温测试	采样速度 10kHz，精度 2℃，分辨率 0.1℃
	壳温测试	采样速度 10kHz，精度 2℃，分辨率 0.1℃
	典型条件	$2min < t_{cycle} < 6min$，$T_{cmin} = 25℃$，$\Delta T_{jmax} = 80K$，2000～5000 次循环
	老化模式	恒电流，恒定结温差 ΔT_j，恒定壳温差 ΔT_C
	数据记录	加热电流 I_H、t_{on}、t_{off}、循环时间、I_{jmax}、ΔT_j、T_{jmin}、T_{cmax}、T_{cmin}、水流量 F

图 8-113　分立器件 IOL 测试设备（来源于中安官网）

（3）杭州中安

杭州派系包括杭可、中安、高坤、高裕和天津海瑞等老牌可靠性设备供应商，均是原来做分立器件的 IOL 测试设备的，一直用于小功率器件（＜100A）的评估，包括西安精华伟业和深圳中洲测控等。此类设备测试通道多、每个通道的工位也相对较多，尤其是 TO 器件，甚至可达到 1280 个工位。技术路线和高温反偏设备类似，一个电源负责一个通道，一个板卡，同一通道则是多个工位串联，采用巡检的方式进行参数测量，可节省成本，技术路设备的外形基本上如图 8-113 所示，全部采用风冷散热。

随着国内功率器件的大力推进，上述企业也在同步开发大功率的功率循环测试设备。可以初步判断的是，其目标是对标国外 Mentor 设备，虽然在技术路线、测量精度、采样频率、电源精度等方面暂时没有展示，但这些厂商在设备方面是很有经验的。这里以中安的功率循环设备技术参数为例，如表 8-15 所示。

表 8-15　中安功率循环设备技术参数（来源于中安官网）

水冷却系统	
控制方式	微电脑控制,水温可在 5～35℃任意设置
冷却液	去离子水(或纯净水),系统可自动补水,发生意外断水时系统停机保护
保护功能	压缩机保护、电机过载保护、低水温保护、断水保护、缺相及相序保护等
制冷能力	18kW
冷水循环量	53L/min
容量	
试验通道	1～3 个
整机容量	6～24 个工位
试验电源	
试验电源数量	1～3 台
试验电源量程	1000～3600A 恒流源,多款型号可选
驱动检测板	
驱动板数量	1～3 块
电流检测范围	1000A/3600A
恒流源精度	$\pm(1\% +1A)$
电压检测	范围:0.00～99.9V;精度:$\pm(1\% + 1LSB)$(LSB:最低有效位)
栅极电压配置	单工位配置 2 路独立的 -10.00～$+20.00V$ 栅极电源
壳温控制精度	室温至 105℃;精度:$\pm(1\%+1℃)$;稳定度:$\pm2℃$
电流传导方式	定制专用的连接铜排
夹具	
设计方式	平台化设计,XYZ 三向轨道可调式通用紧固夹具
工位尺寸	121mm×255mm

8.4.3.2　国外设备状况

国外功率循环测试设备的厂家主要有美国 Mentor Graphics、Analysis Tech，意大利 Alpitronic，德国 Schuster Electronics，日本 Hitachi、Espec，以及英国 Dynex 等。其中，美国 Mentor 和 Analysis Tech 是基于自家热阻测量仪发展起来的；意大利 Alpitronic 长期与电动汽车 OEM（原厂委托制造）企业合作；德国 Schuster 为德国 Infineon 提供了功率循环测试设备，但在国内几乎没有市场；日本 Hitachi 和 Espec 则是近几年才开始做的功率循环设备；英国 Dynex 的功率循环设备则主要是供内部测试用，包括大功率压接型 IGBT 器件的测试设备。后续以 Mentor Graphics 和 Alpitronic 为例进行举例说明。美国 Analysis Tech 于 1983 年成立，一直从事电子器件的热阻测试，开发的热阻测试仪 Phase11 很早就进入了中国市场，最近升级为 Phase12，如图 8-114 所示。功率循环测试仪就是基于 Phase12 为测量系统，增加了相应的夹具和电源做成，热阻测试就是单次功率循环，此设备同样采用螺丝夹具的固定方式。日本的两家也并没有过多的详细资料，目前在国内外畅销的还是美国的 Mentor 设备，这里就不再展开。

（1）美国 Mentor Graphics（现为德国 Siemens 下属）

Mentor Graphics 推出的功率循环测试设备前身或者测量的核心是 1997 年 MicReD 推出

图 8-114　Analysistech 公司的 Phase12 和功率循环夹具

的瞬态热阻抗测试仪 T3Ster，如图 8-115 所示，其最核心的技术就是匈牙利大学教授提出的结构函数来获得器件内部各层材料的热阻和热容。2016 年被西门子以 45 亿美元收购，2021 年 1 月正式更名为 Siemens EDA。因此市场上有上述三种叫法，均是指的这个设备，本书以 Mentor 为名进行阐述。

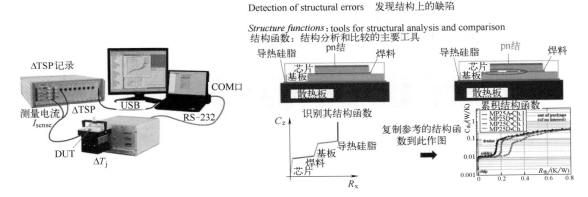

图 8-115　T3Ster 瞬态热阻测试和结构函数

　　Mentor 推出的第一款产品是 1500A 的功率循环测试设备，由株洲中车时代半导体提出具体需求，Mentor 基于 T3Ster 瞬态热阻测试仪进行改造得到，由 3 台 500A 电源并联构成，可同时进行 3 个器件 500A 以下的测试，也可将 3 个电源并联形成 1500A 的输出，如图 8-116 所示。T3Ster 主要是针对分立器件或电子元器件进行瞬态热测试，电压和电流等级一般非常低，测量延时小，需要的测量精度高，所以采用 1MHz 的采样频率，即 $1\mu s$ 测一个数据点，当时的硬件实现是比较先进的。但现在对于功率器件而言（一般大于 600V），测量延时大于 $50\mu s$，再用 1MHz 的精度去功率循环数据采集无实质意义，一般建议 50kHz 即可，甚至 20kHz，既能满足测量精度的要求（$20\mu s$/点），又不浪费硬件成本和数据处理成本。

　　后来，Mentor 在此基础上相继开发了不同电流等级的功率循环测试设备，其核心仍然是 T3Ster 和结构函数，只是在测量通道上作了一些调整，可以升级到 12 个通道。值得注意的是，此设备的通道数和最大的输出电流并不能同时存在，通道数多，输出电流就小，输出电流大，就基本上只有一个通道可用。由于 Mentor 进入中国的市场非常早，而且在 2020 年前几乎没有竞争对手，使得其自动形成了行业标杆，也是国产设备商模仿和对标的对象。国内的代理商非常多，也协助了 Mentor 大力开拓市场，比如深圳贝思科尔软件技术有限公司，2011 年开始为国内高科技电子及半导体等行业提供先进的电子/结构设计、仿真分析与设计数据信息化的解决方案，后代理此设备。随着国内市场的爆发以及全球"缺芯"，进口

型号	1500A 3C 12C	PWT 1800A 12C 12V	PWT 3600A 12C 6V	PWT 600A 16C 48V	2400A 16C 12V
加热通道数	3	3	3	2	4
最大输出电流	500A×3	600A×3	1200A×3	300A×2	600A×4
最大输出电压	8V	12V	6V	48V	12V
测试通道数	3/12(3×4)	12(3×4)	12(3×4)	16(2×8)	16(4×4)
测试电流源	3	3	3	2	4
外部PT100连接器	3	3	3	16	16
是否含有液冷板、流量控制器	是	是	是	否	否

(a) 设备主要参数

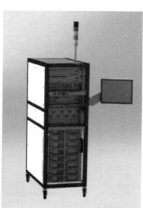

PWT 1500A/1800A/3600A　　　PWT 600A　　　PWT2400A

(b) 设备外观

图 8-116　Mentor 功率循环测试设备系列

产品的交货周期成为最大的难题，同时，售后服务也远远跟不上销售的速度，给国产设备留出了发展的空间。

图 8-117　意大利 Alpitronic 公司的 1200A 功率循环测试设备

（2）意大利 Alpitronic

意大利 Alpitronic 自 2010 年开始一直为电动汽车厂商和功率模块做功率循环测试平台，遵循 LV-324 或/和 AQG 324 的技术要求，也被各器件厂商所采购，如图 8-117 所示，该公司 2017 年还研发了电动汽车的超级充电站（Hypercharger，HPC）。从设备的外形来看，就是典型的欧洲设备风格，利用型材搭建，具备非常大和宽敞的工作站以便于模块的安装。同时，和其他所有设备一样，还额外配置了模温机和换热器以冷却功率模块器件，换热器的加入可使得此设备能将冷却温度控制在 25～120℃，实现功率器件的温度校准。但如果需要更高温的校准温度，尤其是模块为非线性关系，需要捕捉全温度范围内的数据，需要额外的设备进行温度校准。该测试设备采用 2 条测试支路切换的方式，可同时实现 12 个器件的测试。值得注意的是，此公司是除华电半导体外唯一一家提及测量延时的公司，这也说明欧洲公司的严谨性。上述其他公司均没有提及设备测量延时的选择以及范围。意大利 Alpitronic 公司能提供 4 种不同类型的功率循环设备，重点聚焦在新能源汽车模块，测试电流最大为 1200A，而在测试效率上有一定提升，最大可进行 12 个模块测试。对于功率循环和热阻测试，此设备的采样频率为 20kHz，而程序上数据刷新和显示的频率为 20Hz。

8.4.3.3　功率循环测试技术

一种技术和设备的发展，离不开前期的技术研发、技术沉淀、市场反馈、迭代更新等，是最需要时间来磨炼的，提升产品质量和长期可靠性是根本。现有市场主导产品还是 Mentor 为主，但我们也有越来越多国产设备的兴起，这对于推动行业发展非常有利。从所有设备功能来看，一般需要标配的功能有：

① 温度校准功能。这是进行热阻和功率循环测试结温测量的关键，也是决定测量准确性的一步，主要也有三类：(a) 华电半导体的电磁炉加热的创新方式，并已申请了专利，通过涡流加热并热传导使得温度更加均匀；(b) 以 Mentor 为代表的油冷方式，通过额外的油机和水冷板进行高温校准；(c) 以中安为代表的传统方式——恒温箱，对于大功率模块，恒温箱体积非常大，对温度一致性要求非常高，需要额外配置。

② 热阻测试或瞬态热阻抗测试。原来 IOL 设备一般不需要在线测量热阻，而是将其作为静态参数的一种，在老化前后进行测试来表征老化，而功率器件则要求热阻的在线监测，瞬态热阻抗测试则是来表征和定位老化位置。传统的设备商一般将热阻测试作为单独的设备，并没有集成到功率循环中，而现有的功率循环设备基本上均集成了热阻测试功能，甚至是瞬态热阻抗功能，像华电半导体和 Mentor 等均能实现在线瞬态热阻抗的测试，如图 8-118 所示。值得注意的是，部分国产设备在对标进口设备时或投标时，会将结构函数作为一个亮点和基本功能点，但目前真正能实现此功能的厂商极其少。

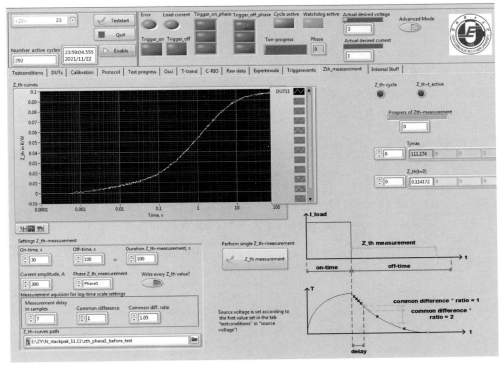

图 8-118　华电半导体的瞬态热阻抗测试界面

③ 功率循环测试。这是设备的核心，通道数和测试工位取决于技术路线和电源的能力，现在基本上都往多通道、高精度的方向去发展，当然采样频率也是关键之一。测量的参数和测量延时也是影响功率循环测试结果的关键，目前公开资料里只有华电半导体和意大利 Alpitronic 提及并给定了相应窗口。上述设备归类中，最多通道数一般为 12 个，最少为 1 个，如 Mentor 的 1500A 设备，输出电流小于 500A 则为 3 个通道，而输出电流大于 500A 为 1 个通道，可通过每个通道串联 4 个的方式来升级，但费用不低。华电半导体的 2000A 设备由于技术路线的差异，标配是 6 个通道可同时满足每个通道 2000A 的能力，也可升级为 12 个通道。其他家的设备一般为 8 个通道，采用 2 条支路的并联实现。下面将对上述三种不同技术路线进行说明。

a. 华电半导体（3 条支路并联）。华电半导体所采用的是 3 条支路并联的方式，每条支路标配 2 个通道，可升级串联为 4 个通道，则可实现标配 6 通道/高配 12 通道，如图 8-11 所示，已在 2017 年和 2018 年相继申请了国家发明专利。这种技术路线的优势在相关论文里提及了，这里简要复述：a）提高可靠性，对于可靠性测试设备，自身可靠性是第一位的，通过支路间的电流切换可以使电流一直输出高电流，虽然结温高，但没有结温波动，可以让电源内部的功率器件得到有效的保护；b）效率提升了 3 倍，利用其他支路降温时间给本支路加热，有效提升了效率，同时可有效保证所有通道的电流均为直流电流的最大输出值；c）设备的加热时间可以做到很低，尤其是秒级功率循环，2 倍于加热时间 t_{on} 的降温时间 t_{off} 可有效将热量带走，这对于秒级功率循环非常重要，可达到 0.2s 的开通，这是目前商业设备能实现的最小时间；d）灵活多变，客户可根据要求进行随意组合，如果需要 $t_{on} = t_{off}$，则只需要接入 2 条支路即可实现，每条支路串联 3 个也能满足 6 个测试的需求，功能的灵活性对于高校、科研单位以及器件失效分析要求高的单位至关重要；e）严格满足 AQG 324 标准，新能源汽车模块或一般应用均是三相全桥，由 6 个开关组成，需要对 6 个开关进行考核，这种支路方式完全满足三相全桥的拓扑。

b. 意大利 Alpitronic（2 条支路并联）。市场上绝大部分产品均是采用 2 条支路并联，通过 2 条支路对拖的方式来实现，与 3 条支路的本质没有区别，只是在测试支路和功能上没有上述灵活。因此，这种方式在测试器件的数量上和可靠性上也存在一定的优势，如图 8-119 所示，通过这种方式，一般设备均可实现 8 个或 12 个通道，这取决于负载电流的电压输出能力。

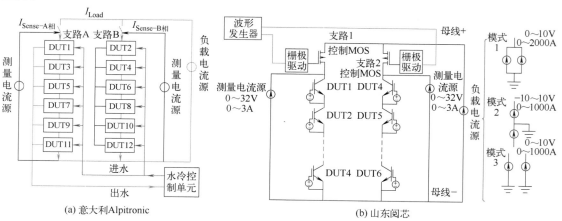

图 8-119　2 条支路的技术路线（数据来源于官网或宣传材料）

　　c. 美国 Mentor（1 条支路，3 个独立）。Mentor 则是通过每个电源独立为每个通道供电，如图 8-120 所示，这也是很多设备商所采用的控制策略，如中安、高坤等，当需要大电流时，将多个电流源进行并联输出。但这种技术路线有一个问题就是很难保证电源的长期可靠性，因为电源内部也是功率器件，在输出电流时也在做"功率循环"，这种技术路线唯一的好处就是可以保证小电流输出时的精度，往往大电流源在输出小电流时的精度会有一定的折扣。值得注意的是，图 8-120 展示的电路图是对于 GC 短路的阈值电压模式，强制将饱和压降抬高到阈值电压附近，可减小测试电流，但容易造成栅极失效，也与实际工况不符合，使用时需要考虑。

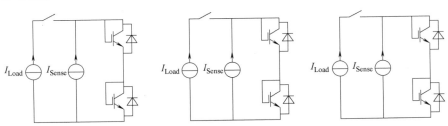

图 8-120　Mentor 设备的技术路线（来源于官网或宣传材料）

　　综合分析上述功率循环测试设备和技术可知，技术的发展需要时间的积累和技术沉淀，国产设备在这方面起步晚，还属于模仿、学习阶段，并没有完全消化、吸收，需要沉下心潜心研发，在市场反馈和技术迭代的过程中前进。不同厂家的设备由于技术沉淀、定位和能力不一样，客户应该结合自身的切实需求去选择最适合自己的产品。对于功率器件，尤其是车规级器件，其可靠性要求更高，对功率循环测试技术的先进性、测试设备的稳定性和测试方法的灵活性要求更高。下面结合笔者前期工作基础和理解，列出功率循环测试设备或/和技术应该重点关注的技术和功能，同时也包括了未来功率循环应该重点突破的技术和方向。

　　① 高可靠性。功率循环测试设备自身可靠性是第一位的，技术参数能满足只是体现设备能力的小方面，更多地体现在设备的长期稳定性和可靠性。功率循环测试设备与其他设备如动静态设备不一样，需要长期稳定持续输出电流，涉及多学科交叉和设计，尤其是水冷系统的协同设计和长期可靠。

　　② 高灵活性。即更全面和灵活的功能，功率循环测试是涉及模块封装可靠性评估和提升、寿命模型建立的关键环节，需要灵活的实验设计或方案以满足不同封装和应用的测试需求。对于不同的封装形式，如 TO 封装、EasyPACK 封装、EconoDual 封装、塑封模块、平Pin-Fin 型模块、双面散热模块等，需要先进的夹具以满足测试需求。

　　③ 高准确性。现有的测试设备基本上都是通过 12 位 ADC 数据采集，在测量精度上能达到 0.1mV 级甚至更小，但对于未来 SiC MOSFET，尤其是导通电阻越来越小，键合线老化导致的变化也将越来越小，对测量精度的要求也将越来越高。

　　④ 高鲁棒性。功率器件结温的测量一般用 pn 结压降来获得，对于 Si 基一般约为 $-2\text{mV}/℃$，这就使得测量系统若受到干扰出现振荡，如 6mV 的振幅，则会出现约 3℃ 的测量误差。这就要求测量系统具有非常强的抗干扰能力，一方面尽可能提高测量系统的稳定性，另一方面最大程度地降低外界噪声的干扰。

　　⑤ 更智能化。实现设备的自我状态监测和保护，数据的可视化以及开放性是未来的发展方向，一方面要求设备能长期可靠运行，能实现自我状态监测和报告、无人值守等智能

化，另一方面要求开放更多的窗口和数据，如测量延时，让客户可根据实际需求进行调整以达到准确的测量。

⑥ 新的表征参数。现有标准中规定通过正向压降判定键合线老化、热阻判定焊料老化，但这对于纳米银烧结的双面散热模块和压接型 IGBT 器件并不适用，因为不存在键合线和焊料，常规参数的状态监测已不能发挥作用。

⑦ 新的测试方法和标准。现有功率模块，尤其是 SiC 器件，导通电阻越来越小，热阻越来越小，使得在相同电流下结温波动越来越小，而模块的可靠性越来越高，这使得很难通过常规功率循环测试达到加速老化的效果，测试时间和研发周期大大增加。亟须开发新的测试方法和热阻评估方法的研究，在不额外增加电流的前提下提高测试效率，加速研发进程。

8.5 寿命模型分析

功率半导体器件的可靠性和使用寿命直接影响整个应用系统的可靠性。不同应用场景对功率半导体器件的使用寿命要求是不一样的，从 5 年到 40 年不等，如消费品一般 5 年，工业产品一般 10 年，汽车一般 20 年，电力机车一般 30 年，电网现在要求是 40 年。与其他元件如栅极驱动器或无源器件相比，功率器件通常又是最脆弱的元件，根据电力电子系统可靠性调研报告[42]，功率器件是电力电子系统中失效率最高的部分，大约占比 34%，排在其后的储能电容占比才 20%，其他元件的失效率更低。因此，功率器件的可靠性评估及寿命预测是现阶段的研究热点，对功率半导体器件进行寿命模型的建立和准确预测实际应用的剩余寿命，对整个系统的安全可靠性运行具有非常重要的意义。

功率半导体器件的寿命模型是指通过分析特定的运行条件及其可能的失效机理，能够准确反映其使用寿命的特定数学模型。寿命模型和特定工作条件可以有效预测功率器件的使用寿命或剩余寿命，从而有利于用户有效规避故障风险，为在线监测和健康管理提供依据指导。同时，也有助于制造商提高封装可靠性，例如引入新的焊接技术或封装材料，评估新产品的设计水平等。目前的主流器件还是以键合线和焊料来实现器件封装的电气和物理等连接，因此，以下所说的寿命模型主要针对焊接式功率器件，主要分为经验寿命模型和物理寿命模型。

8.5.1 经验寿命模型

经验寿命模型通过纯数据拟合获得相应的数学表达式，来描述器件寿命和加速老化试验中的物理变量之间的关联关系，这些变量主要包括结温波动、最大结温、开关频率、负载电流等。经验模型主要建立在试验结果和统计数据的基础上，是通过拟合试验数据得到的经验模型，其中没有包含材料层面的失效机理，是可靠性测试数据的数学表达。

（1）Coffin-Manson 模型

式（8-17）所示的 Coffin-Manson 模型是由 Coffin 在 1953 年以及 Manson 在 1954 年分别提出来的，最初是用来描述热循环应力（温度循环）对寿命的影响，也是其他经验寿命模型的基础，Coffin-Manson 模型主要考虑结温波动的影响。

$$N_f = \alpha (\Delta T_j)^{-n} \tag{8-17}$$

式中，α 和 n 是相关系数，可以通过试验获得。Coffin-Manson 模型只适合于结温波动

ΔT_j 小于 120℃的情况。因为 Coffin-Manson 模型只考虑结温波动的影响，因此具有一定的局限性。

（2）LESIT 模型

随着功率半导体器件技术的发展以及研究的深入，20 世纪 90 年代末，瑞士开展了一个名为 LESIT 的研究项目，该项目对来自欧洲和日本多个厂商的 IGBT 模块进行了大量的功率循环试验，并在 1997 年基于 LESIT 项目结论提出平均结温也是影响器件寿命的重要因素，主要是通过影响材料的活化能而影响寿命，如式（8-18）所示。LESIT 寿命模型主要考虑两个影响因素：结温波动 ΔT_j 和平均结温 T_m。

$$N_f = \alpha (\Delta T_j)^{-n} e^{\frac{E_a}{k_B T_m}} \tag{8-18}$$

式中，相关系数 α 和 n 可以通过实验获得；$E_a = 9.89 \times 10^{-20}$J 是硅的活化能；$k_B = 1.38 \times 10^{-23}$J/K 是玻尔兹曼常数；平均结温 T_m 单位为 K。

（3）Norris-Landzberg 模型

1969 年，Norris 和 Landzberg 最初针对集成电路焊盘发表了寿命模型，以描述热循环引起的疲劳，并考虑了热循环频率 f 的影响。由于功率循环开关频率或负载电流开通时间会影响芯片表面温度分布和温度梯度，从而会影响寿命。对于含键合线的 IGBT 模块，由于模块热时间常数较小，在加热时间较短时，键合线处的热应力远高于焊料层，当加热时间较长时，热应力将从键合线转移到焊料层，键合线失效有可能转变为焊料失效。基于上述考虑，开关频率或负载电流开通时间对功率循环寿命的影响被包含在 Norris-Landzberg 模型中，如式（8-19）所示。

$$N_f = A f^{-n_2} (\Delta T_j)^{-n} e^{\frac{E_a}{k_B T_m}} \tag{8-19}$$

式中，f 为功率循环开关频率；n 和 n_2 是相关系数，可以通过实验结果获得。

（4）CIPS08 模型

自 1997 年 LESIT 模型提出以后，功率器件的封装技术不断改进，图 8-121 展示了 2004 年两个不同器件供应商提供的功率器件功率循环测试结果。试验在 $T_{jmin} = 40$℃下进行，并绘制了在 $T_{jmin} = 40$℃下外推的 LESIT 模型曲线，由图 8-121 可知，在 $\Delta T_j > 100$K 的时候，实际寿命比 LESIT 模型预测的高 3～5 倍。

进一步地，德国英飞凌和德国开姆尼茨工业大学于 2008 年基于 200 多个功率模

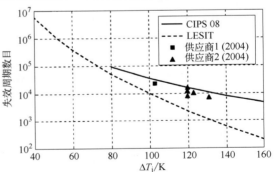

图 8-121　2004 年两批器件寿命与 LESIT 模型和 CIPS08 模型对比，$T_{jmin} = 40$℃

块的功率循环测试数据拟合并提出了 CIPS08 模型（国内也称为 Bayerer 模型），如式（8-20）所示。此模型也是目前最为全面和使用最为广泛的模型，基于实际情况考虑了更多的影响因素，使寿命模型更加准确，例如负载电流、键合线直径、芯片电压等级。此模型虽然已经几乎全面涵盖了所有可能影响的因素，但局限性在于只能用于 Al_2O_3 基板模块的寿命评估和预测，不适用于其他基板材料，如 AlSiC 和 AlN，并且 CIPS08 模型中 t_{on} 只在 1～15s 范围内，即秒级功率循环。

$$N_f = K \Delta T_j^{\beta_1} e^{\frac{\beta_2}{T_{jmin}+273}} t_{on}^{\beta_3} I^{\beta_4} V^{\beta_5} D^{\beta_6} \quad (8\text{-}20)$$

式中，ΔT_j 为结温波动，K；T_{jmin} 为最低结温，K；t_{on} 为负载电流开通时间，s；I 为每根键合线流过的电流，A；V 取芯片电压等级除以 100 的值，例如芯片电压等级为 1200V，则 V 取 1200/100＝12；D 为键合线直径，μm；其他参数如表 8-16 所示。

表 8-16　CIPS08 模型参数

参数	K	β_1	β_2	β_3	β_4	β_5	β_6
值	9.30×10^{14}	-4.416	1285	-0.463	-0.716	-0.761	-0.5

除了上述的 Coffin-Manson 模型、LESIT 模型、Norris-Landzberg 模型和 CIPS08 模型这最为经典和常用的 4 个模型之外，再简要介绍以下几种经验寿命模型，但基本上属于上述模型的变种。

（5）Coffin-Manson-Arrhenius 模型

Coffin-Manson 模型仅考虑结温波动，是其他经验寿命模型的基础，平均结温 T_m 并没有被考虑在内。在 Coffin-Manson 模型的基础上，增加平均结温 T_m 的影响，基于 Arrhenius 定理，即能量随着结温的增加而增加，提出了 Coffin-Manson-Arrhenius 模型，如式（8-21）所示。此寿命模型在本质上与 LESIT 模型是一样的，只是出发的角度有所差异。

$$N_f = A_2 (\Delta T_j)^{\alpha_2} e^{\frac{E_a}{k_B(T_m+273)}} \quad (8\text{-}21)$$

式中，A_2 和 α_2 为模型参数；$E_a = 9.89 \times 10^{-20}$J 是硅的活化能；$k_B = 1.38 \times 10^{-23}$J/K 是玻尔兹曼常数。

（6）Coffin-Manson-Arrhenius 扩展指数模型

如式（8-22）所示的 Coffin-Manson-Arrhenius 指数模型介于指数分布和幂分布之间，扩展系数 β_3 介于 0 和 1 之间，使经验寿命模型更好地与功率循环试验数据拟合。其他参数如式（8-21），可由 Levenberg-Marquardt 算法得到。

$$N_f = A_3 (\Delta T_j)^{\alpha_3} e^{\frac{E_a \beta_3}{k_B(T_m+273)}} \quad (8\text{-}22)$$

（7）改进的 Coffin-Manson 和 LESIT 模型

负载电流和开通时间包含在改进的 Coffin-Manson 和 LESIT 模型中以提高精度，因为这些因素对长期寿命也有影响。原因是加热时间引起的温度变化率和负载电流引起的热应力也会改变加速老化试验过程中材料的应变。当测试条件设定时，冷却时间或负载电流关断时间是常数，因此，不包括此参数。改进的 Coffin-Manson 模型如式（8-23）。

$$N_f = n_1 \left(\frac{\Delta T_j}{t_{on}}\right)^{n_2} \Delta T_j^{n_3} I^{n_4} \quad (8\text{-}23)$$

式中，t_{on} 为被测器件的加热时间或负载电流开通时间；$\Delta T_j / t_{on}$ 为温度变化率；I 为负载电流；n_1、n_2、n_3、n_4 可通过功率循环试验拟合得到。

此外，在考虑平均结温的情况下，改进的 LESIT 模型如式（8-24）所示。

$$N_f = n_1 \left(\frac{\Delta T_j}{t_{on}}\right)^{n_2} \Delta T_j^{n_3} I^{n_4} e^{\frac{E_a}{k_B T_m}} \quad (8\text{-}24)$$

实际上，基于 Coffin-Manson 和 LESIT 模型的改进模型或多或少类似于 CIPS08 模型，只是负载电流和加热时间以不同的表达形式包含在了其中。

综上，本小节详细描述了四种常用的经验寿命模型（Coffin-Manson 模型、LESIT 模型、Norris-Landzberg 模型、CIPS08 模型），以及其他三种变种模型（Coffin-Manson-Arrhenius 模型、Coffin-Manson-Arrhenius 扩展指数模型、改进的 Coffin-Manson 和 LESIT 模型），如表 8-17 所示。由前文可知，经验寿命模型在很大程度上取决于功率循环测试条件和器件实际工作条件。

表 8-17　常见的几种经验寿命模型总结

	寿命模型	寿命模型公式	考虑的寿命影响因素
四种常用	Coffin-Manson	$N_f = \alpha (\Delta T_j)^{-n}$	ΔT_j
	LESIT	$N_f = \alpha (\Delta T_j)^{-n} e^{\frac{E_a}{k_B T_m}}$	ΔT_j、T_m
	Norris-Landzberg	$N_f = A f^{-n_2} (\Delta T_j)^{-n} e^{\frac{E_a}{k_B T_m}}$	ΔT_j、T_m、f
	CIPS08	$N_f = K \Delta T_j^{\beta_1} e^{\frac{\beta_2}{T_{jmin}+273}} t_{on}^{\beta_3} I^{\beta_4} V^{\beta_5} D^{\beta_6}$	ΔT_j、T_{jmin}、t_{on}、I、V、D
三种变种	Coffin-Manson-Arrhenius	$N_f = A_2 (\Delta T_j)^{\alpha_2} e^{\frac{E_a}{k_B (T_m+273)}}$	ΔT_j、T_m
	Coffin-Manson-Arrhenius 扩展指数模型	$N_f = A_3 (\Delta T_j)^{\alpha_3} e^{\frac{E_a \beta_3}{k_B (T_m+273)}}$	ΔT_j、T_m
	改进的 Coffin-Manson 和 LESIT	$N_f = n_1 \left(\frac{\Delta T_j}{t_{on}}\right)^{n_2} \Delta T_j^{n_3} I^{n_4}$ $N_f = n_1 \left(\frac{\Delta T_j}{t_{on}}\right)^{n_2} \Delta T_j^{n_3} I^{n_4} e^{\frac{E_a}{k_B T_m}}$	ΔT_j、T_m、I、t_{on}

8.5.2　物理寿命模型

经验寿命模型中未考虑功率半导体器件在材料层面的真实物理行为和故障机理，同时，不同变量下的寿命和测试条件之间的物理关系也无法体现，本质仍然是数学表达。因此，许多研究人员提出了物理寿命模型来实际预测加速老化试验中的真实物理行为、老化过程和失效机理。建立物理模型的前提是明确功率循环加速老化试验过程中的失效机理和材料应变，物理寿命模型的基础是封装材料的应力-应变模型，加速老化过程可视为物理或化学变化过程，封装材料的应力和应变可以通过有限元仿真或根据工程实验获得。

8.3 节已经介绍过材料的应力-应变以及弹性形变、塑性形变和蠕变等相关知识，这里再补充疲劳的一些基本知识，有助于理解。美国试验与材料协会（American Society for Testing and Materials，ASTM）在《疲劳试验及数据统计分析之有关术语的标准定义》（ASTM E206-72）中给出了疲劳的定义："在材料的某点或某些点承受扰动应力，且在足够多的循环扰动作用之后形成裂纹或完全断裂，由此所发生的局部永久结构变化的发展过程称为疲劳。"疲劳是材料在循环应力或应变反复作用下所发生的性能变化，是一种损伤累积的过程。当经历足够多的

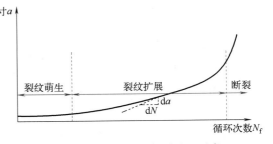

图 8-122　材料裂纹形成及断裂过程示意

周期应力或应变作用后，材料结构完整性将会遭到破坏，进而在其内部形成裂纹或断裂。材料的疲劳失效主要包括三个阶段：裂纹萌生、裂纹扩展、断裂，如图 8-122 所示。

工程中，人们习惯将材料的疲劳分为低周疲劳（Low Cycle Fatigue，LCF）和高周疲劳（High Cycle Fatigue，HCF），两者之间的界限并不十分明确，但材料学中通常以 10^4 次循环作为区分的依据，循环次数小于 10^4 次的为低周疲劳，大于 10^4 次的为高周疲劳。当应力超过材料的屈服强度时，材料应变主要是塑性，塑性应变能的累积使得材料产生疲劳，称为低周疲劳；当应力低于材料的屈服强度时，材料应变主要是弹性，称为高周疲劳。上述只是从材料的应力应变角度论述物理寿命的基本特性，实际根据不同的物理表征量，物理寿命模型又可以分为以下三种：基于应力的物理寿命模型、基于应变的物理寿命模型、基于能量的物理寿命模型。

8.5.2.1 基于应力的物理寿命模型

基于应力的物理寿命模型适用于材料形变主要是弹性形变的情况，在这种情况下材料可以承受较长的循环次数（通常大于 10^4 次），描述的是与高周循环相关的疲劳寿命。

在疲劳问题的研究和分析中，通常会用到以下几个参量：应力范围 $\Delta\sigma$、应力幅 σ_a、平均应力 σ_m、应力比 R，其表达式分别如式（8-25）～ 式（8-28）。

$$\Delta\sigma = \sigma_{max} - \sigma_{min} \tag{8-25}$$

$$\sigma_a = \frac{1}{2}\Delta\sigma = \frac{1}{2}(\sigma_{max} - \sigma_{min}) \tag{8-26}$$

$$\sigma_m = \frac{1}{2}(\sigma_{max} + \sigma_{min}) \tag{8-27}$$

$$R = \frac{\sigma_{min}}{\sigma_{max}} \tag{8-28}$$

应力比可以反映载荷的循环特征，如图 8-123 展示了应力比 $R=-1$、$R=0$、$R=1$ 的载荷谱，并以 $R=-1$ 的载荷谱为例标注了最大应力幅 σ_{max} 和最小应力幅 σ_{min} 的定义。此外，还有频率和波形不同的载荷谱，例如正弦波应力循环、矩形波应力循环和梯形波应力循环等，此处不再做详细说明。

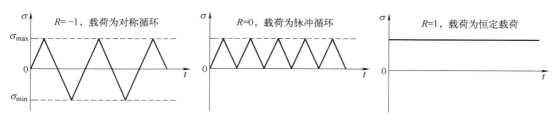

图 8-123　$R=-1$、$R=0$、$R=1$ 的载荷谱

在高周疲劳问题中，描述一个恒幅应力循环至少需要两个参量，例如应力幅和应力比。因此应力水平对材料疲劳性能的影响可以用一个二元函数来描述，也就是说材料的寿命可以看成是应力幅 σ_a 和应力比 R 的函数，如式（8-29）：

$$N = N(\sigma_a, R) \tag{8-29}$$

应力幅与材料疲劳寿命之间的关系称为应力-寿命关系或 S-N 曲线。工程上一般将 $R=-1$ 的对称恒幅循环载荷下获得的应力-寿命关系称为材料的基本 S-N 曲线。除此之外，也

可以给定应力比，施加不同应力幅的循环应
力，记录失效时的载荷循环次数，即寿命。
以寿命为横轴，应力幅为纵轴，可以获得一
系列数据并进行数据拟合得到 S-N 曲线，S-
N 曲线的示意图如图 8-124 所示。

可见，在给定的应力比下，应力幅越
小，寿命越长，因此 S-N 曲线是下降的。当
应力幅小于某个极限值时，理论上材料的寿
命趋于无穷大，因此 S-N 曲线存在一条水平
渐近线，但目前还没有成熟的寿命模型将此

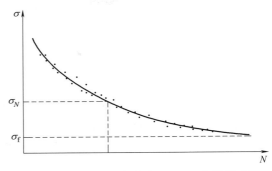

图 8-124　材料应力与寿命（S-N）曲线示意图

范围的寿命进行表征。在 S-N 曲线上对应于寿命 N 的应力称为材料在寿命为 N 的疲劳强
度，记作 σ_N，寿命 N 趋于无穷大时所对应的应力称为材料的疲劳极限。记作 σ_f。

S-N 曲线通常可以用 Basquin 公式来描述，如式（8-30）：

$$\frac{\Delta\sigma}{2} = \sigma'_f (2N_f)^b \tag{8-30}$$

式中，$\Delta\sigma$ 为应力范围，如式（8-25）；σ'_f 为疲劳强度系数；b 为疲劳强度指数。

由于 Basquin 公式没有考虑平均应力 σ_m 的影响，Morrow 在此基础上引入平均应力 σ_m
的影响，如式（8-31）：

$$\frac{\Delta\sigma}{2} = (\sigma'_f - \sigma_m)(2N_f)^b \tag{8-31}$$

基于应力的模型主要有以下几种。

（1）Findley 疲劳模型

Findley 模型指出临界剪切面上的交变剪切应力是造成疲劳损伤的主要因素，此外，如
式（8-32）所示，法向应力也会造成疲劳损伤。

$$f = \left(\frac{\Delta\tau}{2} + k\sigma_n\right)_{\max} \tag{8-32}$$

式中，k 为法向应力敏感系数；f 为疲劳限制系数；$\Delta\tau$ 为最大平面剪切应力变化范围；
σ_n 为最大平面应力。在给定材料参数 k 和 f 后，可以基于有限元仿真模拟预测金属疲劳
寿命。

（2）Matake 疲劳模型

Matake 疲劳模型的偏微分控制方程描述如式（8-33）：

$$f = \left(\frac{\Delta\tau}{2}\right) n_{\max} \tag{8-33}$$

通常，k 取值范围为 0.2～0.3，其他参数与 Findley 疲劳模型相同，用于预测金属疲劳。

（3）法向应力疲劳模型

法向应力疲劳模型用来预测具有相当高法向应力的金属疲劳寿命。根据最大应力准则可
以忽略最大平面剪切应力，疲劳寿命可以用疲劳限制因子 f 表示，如式（8-34）。

$$f = (\sigma_n)_{\max} \tag{8-34}$$

8.5.2.2　基于应变的物理寿命模型

基于应变的物理寿命模型适用于材料形变主要是塑性形变的情况，在这种情况下材料可

以承受的循环次数较短（通常小于 10^4 次），描述的是与低周循环相关的疲劳寿命。

功率器件的寿命和塑性应变之间的关系可以用基于 Coffin-Manson 方程的指数关系表示，如式（8-35）。

$$\frac{\Delta \varepsilon_{\mathrm{p}}}{2} = \varepsilon_{\mathrm{f}}'(2N_{\mathrm{f}})^c \tag{8-35}$$

式中，$\varepsilon_{\mathrm{f}}'$ 和 c 分别是材料相关的疲劳延性系数和指数，对于同一个模块的不同部件或不同材料不同模块，$\varepsilon_{\mathrm{f}}'$ 和 c 取值不同。基于应力-寿命的方法可以与基于应力-寿命的方法相结合，即可以结合弹性应变和塑性应变来描述与时间无关的总应变，如式（8-36）所示。

$$\frac{\Delta \varepsilon}{2} = \frac{\sigma_{\mathrm{f}}'}{E}(2N_{\mathrm{f}})^b + \varepsilon_{\mathrm{f}}'(2N_{\mathrm{f}})^c \tag{8-36}$$

式中，$\Delta \varepsilon$ 为应变范围；σ_{f}' 为疲劳强度系数；E 为弹性模量；b 为疲劳强度指数；$\varepsilon_{\mathrm{f}}'$ 为疲劳延性系数；c 为疲劳延性指数。

应变幅与材料疲劳寿命之间的关系称为应力-寿命关系或 ε-N 曲线。在 $R = -1$ 的对称循环载荷下，开展给定应变幅下的对称恒幅循环疲劳试验，以寿命为横轴，应变幅为纵轴，

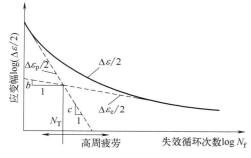

图 8-125　总应变幅与疲劳失效循环次数
曲线示意

可以获得一系列数据并进行数据拟合得到应力-寿命曲线。寿命用载荷反向次数表述，因为每个载荷循环有两次载荷反向，若总的载荷循环次数为 N，则总的载荷反向次数就是 $2N$，这也是上述公式中 $2N$ 的由来和意义。式（8-36）所描述的总应变幅与寿命之间的关系是通过 Basquin 和 Coffin-Manson 关系的叠加得到的，可以用 ε-N 曲线来表示，如图 8-125 所示。

图 8-125 中，横纵坐标均为对数坐标，实线表示总应变幅的一半 $\Delta \varepsilon/2$ 与寿命的关系曲线，b 和 c 分别为两条虚线的斜率，这两条虚线分别为 $\log\Delta\varepsilon_{\mathrm{e}}$-$\log(2N_{\mathrm{f}})$ 直线和 $\log\Delta\varepsilon_{\mathrm{p}}$-$\log(2N_{\mathrm{f}})$ 直线。若 $\Delta\varepsilon_{\mathrm{p}} = \Delta\varepsilon_{\mathrm{e}}$，则有式（8-37）

$$\frac{\sigma_{\mathrm{f}}'}{E}(2N_{\mathrm{f}})^b = \varepsilon_{\mathrm{f}}'(2N_{\mathrm{f}})^c \tag{8-37}$$

解得

$$N_{\mathrm{T}} = \frac{1}{2}\left(\frac{\varepsilon_{\mathrm{f}}' E}{\sigma_{\mathrm{f}}'}\right)^{\frac{1}{b-c}} \tag{8-38}$$

N_{T} 称为材料的转变寿命，若寿命大于 N_{T}，则材料以弹性应变为主，是高周应力疲劳；若寿命小于 N_{T}，则材料以塑性应变为主，是低周应力疲劳，再次解释了低周疲劳和高周疲劳的概念以及疲劳与应力和应变的关系。

裂纹的萌生和扩展往往在一个特定的平面，称为临界面。临界面的概念在多轴疲劳中运用较多，针对不同的载荷和材料，最大拉应力和最大剪应力平面常是临界面，以下三种基于应变的寿命模型都是基于临界平面的方法。

（1）Smith-Watson-Topper 模型

根据 Smith-Watson-Topper 理论，在一定载荷下裂纹的萌生和扩展主要受法向应力或正应变的影响，因此提出 Smith-Watson-Topper 疲劳理论来考虑最大正向应变范围和最大

法向应力的影响，如式（8-39）。

$$\frac{\Delta\varepsilon_{\max}}{2}\sigma_{\mathrm{nmax}}=\frac{(\Delta\sigma_{\mathrm{f}})^2}{E}(2N_{\mathrm{f}})^{2b}+\varepsilon_{\mathrm{f}}\sigma_{\mathrm{f}}(2N_{\mathrm{f}})^{b+c} \tag{8-39}$$

式中，b 为疲劳强度指数；c 为疲劳延性指数；σ_{f} 为疲劳强度系数，计算时可简化为静态拉伸裂纹处的法向应力；$\Delta\varepsilon_{\max}$ 和 σ_{nmax} 分别指临界面上的正应变范围和最大法向应力。该模型可以根据最大正向应变与法向应力的乘积很好地描述多轴疲劳过程中的拉伸应力和应变。

然而，Smith-Watson-Topper 模型存在两个主要的缺点：其一是当平均法向应力过高时，模型不再准确，因为它过多地关注平均应力而忽略了应变幅值对疲劳寿命的影响；其二是平均应力对疲劳寿命的影响会随着弹塑性形变阶段的不同而不同，Bergmann[43] 表明，平均应力对弹性阶段的影响大于对塑性阶段的影响，该模型未考虑这一点。

（2）Wang-Brown 模型

Wang[44] 和 Brown[45] 基于单轴 Coffin-Manson 方程，考虑剪应变和平均应力对疲劳寿命的影响，提出了 Wang-Brown 寿命模型，如式（8-40）。

$$\begin{cases}\dfrac{\Delta\nu_{\max}}{2}+S\dfrac{\Delta\varepsilon_{\mathrm{n}}}{2}=A\dfrac{\Delta\sigma_{\mathrm{f}}-2\sigma_{\mathrm{nmean}}}{E}(2N_{\mathrm{f}})^b+B\varepsilon_{\mathrm{f}}(2N_{\mathrm{f}})^c\\[2mm] A=(1+\mu_{\mathrm{c}})+(1-\mu_{\mathrm{c}})S\\[2mm] B=(1+\mu_{\mathrm{p}})+(1-\mu_{\mathrm{p}})S\end{cases} \tag{8-40}$$

式中，S 为通过多轴疲劳试验得到的材料常数；μ_{c} 为泊松比；μ_{p} 为塑性形变泊松比；$\Delta\nu_{\max}$ 和 $\Delta\varepsilon_{\mathrm{n}}$ 分别是临界面上的剪应变和法向应变范围；σ_{nmean} 是临界平面上的平均法向应力。

（3）Fatemi-Socie 模型

Fatemi-Socie 模型认为最大剪应变幅所在平面为临界面，同时考虑临界面上的最大拉应力，因为拉应力将使得裂纹驱动力增大，从而使得裂纹扩展更快，Fatemi-Socie 模型寿命预测模型如式（8-41）：

$$\frac{\Delta\gamma_{\max}}{2}\left(1+k\frac{\sigma_{\mathrm{nmax}}}{\sigma_{\mathrm{y}}}\right)=\frac{\tau_{\mathrm{f}}'}{G}(2N_{\mathrm{f}})^b+\gamma_{\mathrm{f}}'(2N_{\mathrm{f}})^c \tag{8-41}$$

式中，$\Delta\gamma_{\max}/2$ 是临界面上的最大剪切应变幅值；σ_{nmax} 是作用在 $\Delta\gamma_{\max}/2$ 平面上的最大正应力；σ_{y} 是屈服强度；k 是相关系数，描述裂纹形成对正应力的敏感性；G 是剪切模量；τ_{f}' 和 γ_{f}' 分别是剪切疲劳强度与剪切疲劳韧度。许多研究表明，无论有无线性载荷，Fatemi-Socie 模型都可以很好地预测多轴疲劳寿命，这也意味着选择最大剪切应变平面上的最大法向应力作为多轴疲劳损伤的第二控制参数，可以很好地反映拉应力和非线性关系。

在以上三种基于应变的模型中，Smith-Watson-Topper 模型适用于有拉伸裂纹的情况，因为其用最大正向应变平面上的正向应变幅值和最大拉应力的乘积作为控制参数；Wang-Brown 模型适用于双轴比为正或负的情况；Fatemi-Socie 模型考虑了多轴疲劳损伤的剪切应变幅值和最大法向应力的组合，因此适用于有剪切裂纹的情况。

8.5.2.3　基于能量的物理寿命模型

基于能量的寿命模型出发点是材料的疲劳寿命与应力应变滞后环的应变能相关，该理论认为产生材料的非弹性形变需要能量，且每周期内的应力应变滞后环反映了在一个周期中材料消耗的能量，这些能量一部分转化为热能，另一部分对材料造成损伤，应变能的积累最终导致材料失效。基于能量的物理寿命模型主要有以下几种：

（1）Darveaux 模型

Darveaux 模型最初是用来预测热冲击实验期间的焊点寿命，但是，该模型包括失效循环次数与每个循环累积的平均应变能量密度之间的关系，因此也适用于作为能量守恒的疲劳寿命。使用 Darveaux 模型预测疲劳寿命分为三个步骤：预测裂纹萌生时的循环数；由裂纹增长速率预测裂纹扩展至断裂的循环数；预测材料完全断裂时的循环数。

预测初始裂纹萌生时的循环次数 N_0 的方程如式（8-42）所示：

$$N_0 = K_1 (\Delta W_{avg})^{K_2} \tag{8-42}$$

每个循环中裂纹的扩展速率 $\mathrm{d}a/\mathrm{d}N$ 的方程如式（8-43）所示：

$$\frac{\mathrm{d}a}{\mathrm{d}N} = K_3 (\Delta W_{avg})^{K_4} \tag{8-43}$$

材料疲劳断裂时的循环次数 N_f 的预测方程如式（8-44）：

$$N_f = N_0 + \frac{a}{\dfrac{\mathrm{d}a}{\mathrm{d}N}} \tag{8-44}$$

上述各式中，K_1、K_2、K_3 和 K_4 是随焊料和基板材料的厚度变化的常数；a 是焊点直径；ΔW_{avg} 是在每个循环中材料平均应变能量密度。

（2）能量耗散模型

对于低周疲劳，应力-应变迟滞的主要原因是塑性形变，这种塑性形变能量可以用周期迟滞能量来描述，即应力-应变迟滞环所包围的区域，如图 8-27 中所示的面积为其中一个周期的能量。周期迟滞能量可表示低周疲劳中的塑性应变能量，尽管塑性形变不是迟滞的唯一原因，但是周期迟滞能量占据着大部分的塑性应变能量。周期迟滞能量 ΔW_p 是指在加速老化试验过程中每个周期所消耗的不可逆塑性能量，等于相应的迟滞环所围成的面积，如式（8-45）：

$$\Delta W_p = \oint \sigma \mathrm{d}\varepsilon_p \tag{8-45}$$

材料的周期迟滞能量可以表示为式（8-46）：

$$\Delta W_p = 4 \frac{1-n'}{1+n'} \sigma_a \varepsilon_a = 4 \frac{1-n'}{1+n'} \Delta\sigma \Delta\varepsilon \tag{8-46}$$

或表示为塑性应变幅值，如式（8-47）：

$$\Delta W_p = 4 \frac{1-n'}{1+n'} K' \varepsilon_{pa}^{1+n} \tag{8-47}$$

式中，σ_a 和 ε_a 是周期应力和应变的幅值；ε_{pa} 是周期塑性应变幅值；K' 是周期强度系数；n' 是周期硬化指数。

被测器件在疲劳过程中的累积塑性应变能量不是材料常数，总累积塑性应变能量与疲劳寿命之间的关系在半对数坐标下呈线性关系，如式（8-48）：

$$W_{FT} = \Delta W_p N_f \tag{8-48}$$

式中，W_{FT} 是总累积塑性应变能量；N_f 是疲劳寿命。

（3）应力-应变迟滞环能量模型

加速老化试验中每个周期释放的能量是根据应力-应变迟滞回线能量获得的，当释放能量超过标准时，器件被定义为失效，如式（8-49）所示。

$$N_f(I) = \frac{w_{pl}^{cr}}{w_{pl}(I)} \tag{8-49}$$

式中，$w_{pl}(I)$ 是释放能量密度，可以通过有限元仿真得到；w_{pl}^{cr} 是器件寿命结束时的累积能量，可以从实验结果中得到。

基于能量的寿命模型一大优势是能够解释疲劳损伤的根本原因和失效机理及其他模型无法解释的疲劳现象。另外，该模型中也不包含材料参数，这对于工程应用来说非常容易。然而，该模型的一大问题是很难准确测量释放的能量，因为器件内部能量会不断地与外部环境进行交换。此外，由于能量（标量）不可能描述载荷路径对多轴疲劳寿命的影响，因此基于能量的寿命模型的准确性将在一定程度上受到限制。

物理寿命模型的总结如表 8-18 所示，由前文可知，物理寿命模型能够描述器件在材料层面的真实物理行为和故障机理。在功率循环试验中，功率器件键合线和焊料分别表现为弹塑性和黏塑性，经历的是低周疲劳，因此对于功率器件，往往采用基于应变和/或基于能量的物理寿命模型。

表 8-18　常见的几种物理寿命模型总结

寿命模型		寿命模型公式	适用范围
基于应力（S-N 曲线）	Findley	$f = \left(\frac{\Delta\tau}{2} + k\sigma_n\right)_{max}$	高周疲劳
	Matake	$f = \left(\frac{\Delta\tau}{2}\right)n_{max}$	
	法向应力	$f = (\sigma_n)_{max}$	
基于应变（ε-N 曲线）	Smith-Watson-Topper	$\frac{\Delta\varepsilon_{max}}{2}\sigma_{nmax} = \frac{(\Delta\sigma_f)^2}{E}(2N_f)^{2b} + \varepsilon_f\sigma_f(2N_f)^{b+c}$	低周疲劳
	Wang-Brown	$\begin{cases} \frac{\Delta\nu_{max}}{2} + S\frac{\Delta\varepsilon_n}{2} = A\frac{\Delta\sigma_f - 2\sigma_{nmean}}{E}(2N_f)^b + B\varepsilon_f(2N_f)^c \\ A = (1+\mu_c) + (1-\mu_c)S \\ B = (1+\mu_p) + (1-\mu_p)S \end{cases}$	
	Fatemi-Socie	$\frac{\Delta\gamma_{max}}{2}\left(1 + k\frac{\sigma_{nmax}}{\sigma_y}\right) = \frac{\tau_f'}{G}(2N_f)^b + \gamma_f'(2N_f)^c$	
基于能量	Darveaux	$\begin{cases} N_0 = K_1(\Delta W_{avg})^{K_2} \\ \frac{d\alpha}{dN} = K_3(\Delta W_{avg})^{K_4} \\ N_f = N_0 + \frac{a}{\frac{d\alpha}{dN}} \end{cases}$	
	能量耗散	$\begin{cases} W_{FT} = \Delta W_p N_f \\ \Delta W_p = \oint\sigma\,d\varepsilon_p \end{cases}$	
	应力-应变迟滞环能量	$N_f(I) = \frac{w_{pl}^{cr}}{w_{pl}(I)}$	

8.5.3 关键参数影响机理

由 8.5.1 节和 8.5.2 节的介绍，我们了解了功率器件的经验寿命模型和物理寿命模型，虽然物理寿命模型能够反映器件真实的物理行为和失效机制，但其中涉及的物理参量在实际应用时很难测量，比如应力应变和能量，所以物理寿命模型一般是与有限元仿真技术相结合。在实际功率循环测试时，往往也是给定测试条件，例如结温波动、最大结温等，测试得到的寿命结果往往也是和经验寿命模型进行对比分析，而经验寿命模型应用最广泛的是 CIPS08 模型，所以本节主要针对经验寿命模型中的 CIPS08 模型的关键参数对寿命的影响机理进行介绍，包括结温波动、平均结温、负载电流、开通时间、器件电压等级和键合线直径。

8.5.3.1 结温波动

由 8.3 节的失效机理介绍可知，功率器件的失效机理主要是由于各层封装材料的热膨胀

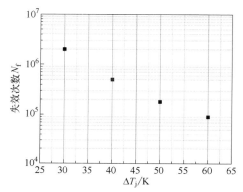

图 8-126 某 1200V/300A 的 IGBT 模块寿命 N_f 与结温波动 ΔT_j 之间的关系（$T_{jm} \approx 100℃$）

系数不匹配，在结温周期变化过程中产生热应力，使得封装材料如键合线和焊料发生疲劳，而热应力与结温波动有关。结温波动越大，焊料和键合线受到的热应力就越大，形变越严重。当结温波动较低时，热应力低于材料的屈服强度，比如键合线在结温波动约为 18K 以下时只发生弹性形变，具体见 8.3.1.1 节，此时器件的寿命很长或几乎不会失效。当结温波动较高时，导致热应力超过键合线和焊料的屈服强度时，键合线塑性形变增加，焊料黏塑性行为增加，发生低周疲劳。如图 8-126 所示是某 1200V/300A 的 IGBT 模块寿命 N_f 与结温波动 ΔT_j 之间的关系 [$T_{jm} \approx 100℃$，其中 $T_{jm} = (T_{jmax} + T_{jmin})/2$]，可知在 N_f 取对数坐标下，寿命与结温波动近似成线性关系，很好地对应式（8-17）所示的 Coffin-Manson 公式。

8.5.3.2 平均结温

如图 8-127 是某 TO 器件寿命 N_f（取对数）与平均结温 T_{jm}（取 $1000/T_{jm}$）之间的关系（$\Delta T_j \approx 30K$），与 Arrhenius 公式相对应，平均结温越大，器件寿命越短。

为了研究平均结温 T_{jm} 对器件功率循环寿命的影响，文献［46］通过应用失效模式分离分析的方法，在每次试验中对结温波动和负载电流开通时间等进行等量调整，控制单一变量，确定了平均结温 T_{jm}

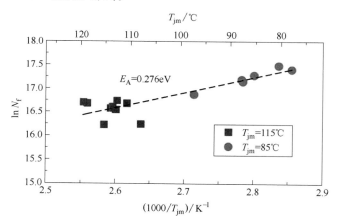

图 8-127 某 TO 器件寿命与平均结温之间的关系（$\Delta T_j \approx 30K$）

对键合线失效形式和焊料失效形式的影响是通过活化

能来作用的。平均结温对键合线失效形式的影响较弱，活化能只有 0.069eV，而焊料失效的激活能约为 0.159eV，这是因为平均结温高（$T_{jm} = T_{jmax} - 0.5\Delta T_j$），相应的 T_{jmax} 也高，因此还会导致焊料的同一温度高，加速了焊料的老化。因此，平均结温高时，不管是键合线失效还是焊料老化，功率循环测试寿命将大幅下降。值得注意的是，式（8-6）也展示了键合线的失效对结温的波动 ΔT_j 更敏感，而焊料老化对平均结温 T_{jm} 更敏感。文献［47］也进行了类似的研究，每次实验中单独改变结温波动从而改变平均结温，相比之下，焊料疲劳失效受平均结温的影响远大于键合线失效，可以由前述的激活能反映。

结温波动和平均结温对键合线失效和焊料失效的影响与材料的热机械性能有关。平均结温的影响也可以用 8.3.2 节中提到的同一温度的概念来解释，以 SAC 软钎焊料为例，在功率循环测试时，焊料层的工作温度接近焊料的熔点，随着平均结温升高，同一温度增加，裂纹形成和延展速度也在加快，相比之下，Al 键合线的熔点比焊料的熔点高得多，所以焊料对平均结温更敏感。而芯片材料 Si 的热膨胀系数和 Al 键合线的热膨胀系数差异比焊料和芯片以及焊料和基板差异大，因此键合线对结温波动更加敏感。

文献［48］借助温度循环测试研究了温度波动和平均值对焊接层裂纹萌生以及扩展的影响。该研究指出，温度波动越大，焊接层越容易产生裂纹，但是在同等温度波动情况下，裂纹扩展的速度会随着平均温度的升高而逐步加快，与上述的结果一致，仍然可以用焊料同一温度的概念来解释。

综上，对于常见的采用 SAC 软钎焊料和 Al 键合线的功率器件，当结温波动一样的情况下，平均结温较低时，器件的失效形式大部分都是键合线失效，而在平均结温较高时，焊料同一温度也更高，蠕变速率也加快，焊料疲劳限制了器件的寿命，所以焊料失效在较高平均结温时成为主要的失效形式。在较低和较高之间的结温范围内，键合线失效和焊料失效会相互竞争，两种失效形式的相互作用最终加速了器件失效的过程。对于平均结温超过 175℃ 的应用情况，基于回流焊的 SAC 软钎焊料往往不再满足功率器件的可靠性要求，需要采用更加先进的焊接技术，例如纳米银烧结和扩散焊接，在新的技术下，现有的经验寿命模型也会随之完善，从而更合理、更精确地预测新封装技术下器件的寿命。

8.5.3.3　负载电流

CIPS08 模型中每根键合线上的电流 I_{bf} 的范围覆盖 3～23A，寿命模型中电流的幂指数为 -0.716。CIPS08 模型是针对模块提出的，Zeng[49] 针对 TO 器件（单根 $500\mu m$ 键合线）进行了分立器件寿命模型的研究，可以从两个模型中定性分析负载电流对寿命的影响。Zeng 研究了 9 种不同规格的 TO 器件，每根键合线上的电流 I_{bf}

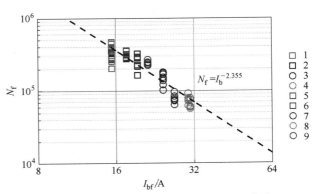

图 8-128　Zeng 寿命模型中 N_f-I_{bf} 关系[49]

范围在 16～32A，得到的关于器件寿命 N_f 与每根键合线上的电流 I_{bf} 之间的关系如图 8-128 所示，电流的幂指数为 -2.355。

两种寿命模型中负载电流对寿命的影响不同，表现为电流的幂指数不同，一个为 -0.716，另一个为 -2.355。这主要是因为在 CIPS08 模型中，模块中每根键合线流过的电流较小，最大仅为 23A，而 Zeng 模型中，TO 器件每根键合线流过的电流最大可到 32A。当负载电流增大时，键合线由于自发热引起的热膨胀加剧，自发热的功率满足欧姆定律，即 $P=I^2R$。当负载电流较高时，在功率循环过程中，键合线除了受到来自热膨胀系数不匹配导致的热应力以外，还会受到由于键合线本身热膨胀和收缩产生的拉应力，因此负载电流越大，对寿命的影响也越大，寿命会随负载电流的增大而减小，且寿命模型中电流的幂指数会相应增大。关于键合线自发热的热膨胀可以详见 8.3.1 节。

8.5.3.4 开通时间

开通时间的改变主要会影响器件内部各层组件的温度波动和温度梯度，对于很小的开通时间，芯片产生的功率损耗只会引起芯片附件组件的温度变化，随着开通时间的增大，甚至大于整个器件的热时间常数，那么器件内部各个组件都会产生较大的温度波动。秒级功率循环主要考核键合线和芯片焊料层的可靠性，而分钟级功率循环则考核远离芯片的系统焊料层的理论依据也是来源于此。

以 3300V/1500A 高压大功率 IGBT 模块为研究对象，在相同结温波动、最大结温和负载电流，但在不同开通时间（1s 和 2s）下进行功率循环试验，研究开通时间对其失效模式的影响作用。采用单一控制变量法，保证两组试验中与功率循环寿命相关联的其他试验条件一致，通过调整栅极电压（AQG324 标准明确提出栅极电压对器件的寿命无影响）来获得相同的结温条件，最终的试验条件如表 8-19 所示。

表 8-19 开通时间对失效模式的影响研究试验组

t_{on}/s	I/A	V_{GE}/V	$\Delta T_j/K$	$T_{jmax}/℃$
1	750	11.5～12.5	90	135
2	750	18.5～19.5	90	135

两种不同开通时间下，功率循环试验中结温波动 ΔT_j、最低结温处负载电流下通态压降 V_{CE} 和结到壳准稳态热阻 $R_{th(j-c)}$ 的变化趋势如图 8-129 所示。

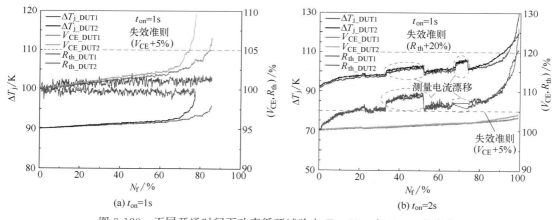

(a) $t_{on}=1s$ 　　　　(b) $t_{on}=2s$

图 8-129 不同开通时间下功率循环试验中 T_j、V_{CE} 和 $R_{th(j-c)}$ 的变化

其中，V_{CE}、$R_{th(j-c)}$ 和循环数 N_f 均已做归一化处理。图 8-129（b）中循环数 30% 处和 70% 处热阻的突然跃升是由于测量电流发生漂移导致结温测量误差所引起的，并非焊料层老化导致，因此在及时纠正问题后，热阻的变化又回到了正常值。从图 8-129 可以看出，当开通时间为 1s 时，试验最后通态压降超过初始值 5%，而热阻几乎不变，说明此时器件键合

线发生失效，而焊料层没有发生老化。当键合线开始老化，通态压降的增加导致器件功耗升高，进而导致结温升高，由于通态压降的正温度系数，通态压降进一步增加，这种正反馈机制导致试验后期通态压降呈指数增长。当开通时间为 2s 时，试验最后热阻超过初始值 20%，达到失效标准，而此时通态压降也增长约 4%，接近增长 5% 的失效标准，说明此时焊料层和键合线均发生了老化。

基于有限元仿真可以获得芯片表面、键合线和焊料的温度分布情况，不同开通时间下焊料的应力分布仿真结果如图 8-130 所示。

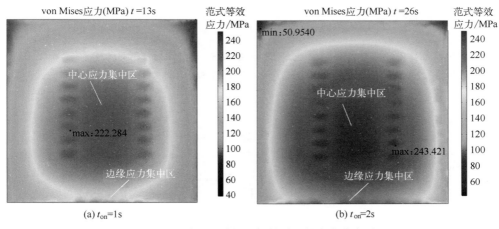

图 8-130　两种开通时间下焊料层上的应力分布对比

可以看出，相比 1s 的开通时间，当开通时间为 2s 时，焊料层上的应力更大，且中心应力集中区域面积更大，说明该条件下焊料层更易发生老化。最大应力出现在焊料层中心区域，中心存在一个应力集中区，说明失效会从中心开始。实际上，负载电流和开通时间共同影响芯片表面的温度梯度，不同的负载电流和开通时间组合可以达到相同的结温波动和结温，但是芯片表面的温度梯度却完全不同。温度梯度对器件失效模式的影响机理可以用图 8-131 表示。传统理论认为器件内部不同层材料之间的热膨胀系数不匹配引起的循环热应力是造成模块老化和失效的主要原因，热应力一般在边缘处最高，并且与结温波动

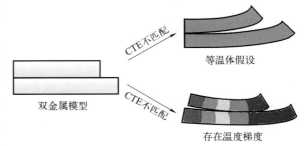

图 8-131　温度梯度对失效模式的影响机理

正相关，结温波动越大，热应力越大，器件发生老化的速度越快。该理论基于经典的双金属模型，然而当器件表面存在显著的温度梯度时，双金属不能再简单地看成等温体，中心温度比边缘温度高得多，可能会改变失效机理并出现新的失效模式，导致失效开始于中心而非边缘。

8.5.3.5　器件电压等级和键合线直径

器件电压等级（阻断电压除以 100）反映的是芯片厚度，对于硅材料而言，$1\mu m$ 漂移区厚度对应电压约为 10V，$200\mu m$ 厚度可满足击穿电压 2000V 的需求，600V IGBT 和二极管

芯片可以薄至 $70\mu m$。在功率器件中，芯片会受到来自键合线、焊料层和基板的热应力，功率器件芯片越薄，由芯片材料硅引起的焊接界面的机械应力会相应减小，寿命会相应增加。此外，芯片厚度与芯片表面温度梯度也有关系，芯片越薄，表面温度梯度越小，寿命会相应增加。

键合线直径对可靠性的影响在 8.3.1.4 节中已经详细介绍过，此处不再赘述。主要是键合线直径与键合界面面积相关，而键合界面面积与应力-应变相关，较小的直径有助于提高寿命，但前提是需要保证足够的通流容量。

8.5.4　寿命预测技术

功率器件作为开关运用于变流器、逆变器等装置中，由于在服役中存在不断的开关过程，开关损耗和导通损耗以及外部环境温度的变化造成器件内部存在结温波动。前述提及，结温波动是影响功率器件寿命最重要的因素。在较高的结温波动下，功率器件往往要承受较大的热应力，热应力引起铝键合线以及焊料塑性应变的不断累积，最终导致功率器件热疲劳失效。对服役中的功率器件进行剩余寿命预测并在器件失效前进行更换，能够有效减小器件突然失效带来的成本损失，提高变流器、逆变

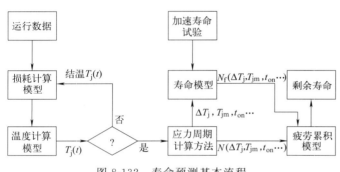

图 8-132　寿命预测基本流程

器等装置的运行稳定性。除了对服役过程中的功率器件开展寿命预测，设计工程师也可以利用寿命预测技术来预估新器件在某一运行工况下的寿命，以此来评估新器件是否满足运行条件下的寿命要求。寿命预测的基本流程如图 8-132 所示，主要分为三个步骤：结温计算、寿命模型建立、工况下的寿命计算。

① 结温计算：这一步的目的是获取某一运行周期下的结温波动情况，为后面寿命预测做准备，通常又分为损耗计算和热网络模型下结温计算，有时也采用有限元仿真的方法获得。首先根据给定的一个循环周期下的功率器件运行数据，这些数据通常包括相电流幅值 I_m、直流侧电压 V_{DC}、频率 f_s、功率因数角 $\cos\varphi$、调制比 m，同时还要考虑器件的结温对损耗计算影响。结合功率器件的静态特性曲线，文献［50］给出了 IGBT 导通损耗和开关损耗的近似计算公式，如式（8-50）～式（8-52）所示：

$$LC = \sum_{i}^{k} \frac{N_i}{N_i'} = \frac{N_1}{N_1'} + \frac{N_2}{N_2'} + \frac{N_3}{N_3'} + \cdots + \frac{N_k}{N_k'} \tag{8-50}$$

$$P_{DC} = \frac{I_m^2 r}{8} + \frac{I_m^2 V_{CE0}}{2\pi} + m\left(\frac{I_m^2 r}{3\pi} + \frac{I_m^2 V_{CE0}}{8}\right)\cos\varphi \tag{8-51}$$

$$P_{SW} = \frac{1}{\pi} f_S \left[E_{on\_nom}(I_{nom}, V_{nom}) + E_{off\_nom}(I_{nom}, V_{nom})\right] \frac{i}{I_{nom}} \times \frac{V_{DC}}{V_{nom}} \tag{8-52}$$

式中，r 为等效通态电阻；V_{CE0} 为 TCP 点电压值；E_{on_nom}、E_{off_nom} 为在标称电压 V_{nom} 和标称电流 I_{nom} 下测试得到的开通和关断损耗。通过上述公式可近似计算得到某一个

运行周期内 IGBT 芯片的功率损耗变化，如图 8-133 显示了某 IGBT 在一个运行周期损耗示意图。

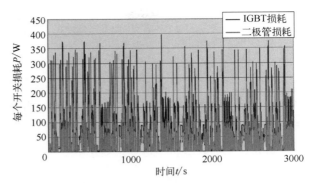

图 8-133　某个运行周期内损耗变化情况[50]

通过热网络模型来计算结温也是最重要和最关键的一步，Cauer 热网络模型和 Foster 热网络模型可以参考第 4 章的图 4-6，是最常用的两种热路比拟模型。Cauer 热网络模型中每一层材料通过一对热阻和热容替代，每个节点直接连接到地电位，当芯片产生功率损耗时，每个节点的电压即节点温度都将升高，热能储存在热容中。因此 Cauer 热网络模型能正确反映传热的过程，通过计算每个节点电压就能获取该层材料的温度变化情况。Cauer 热网络模型也更适合用在状态监测上，因为 Cauer 热网络模型参数能真实反映器件内每一层的健康状态。Foster 热网络模型相对于 Cauer 热网络模型更易获取，具有结构简单特点，但它不能反映系统实际的传热过程。通常可以通过试验或者数据表上的瞬态热阻抗曲线通过拟合得到热网络参数，一般进行四阶拟合精度就足够。Foster 热网络模型虽然不能获得每层材料的温度信息，但其参数容易获取，广泛应用于结温计算。当获取 Foster 网络模型热参数后，通过 Spice、Saber 等电路仿真带入单个运行周期的损耗变化以及环境温度变化，可得到结温变化。

除了通过热网络模型计算结温，也可以通过热响应解析式计算结温。当获取单个芯片的瞬态热阻抗曲线后，瞬态热阻抗曲线可以表示为式（8-53）所示的解析式：

$$Z_{th} = R_{th}(t) = \sum_{i=1}^{n} R'_i \left(1 - e^{1 - \frac{t}{\tau_i}}\right) \tag{8-53}$$

式中，$\tau_i = R'_i C'_i$，Foster 热网络模型参数即是该解析式中 R'_i 和 C'_i。通过式（8-54）可以计算出单个运行周期下的结温变化。

$$T_j = P_{loss} Z_{th} + T_a = f(T_j, I_m, V_{DC}, m, \cos\varphi, f_s) \sum_{i=1}^{n} R'_i \left(1 - e^{1 - \frac{t}{\tau_i}}\right) + T_a \tag{8-54}$$

② 寿命模型建立或选择：这一步的目的是通过建立器件的寿命模型来外推实际工况下的寿命。当然能够进行外推的前提是进行加速老化后器件的失效机理和失效模式不能发生改变，必须与实际工况一样。寿命模型的建立有两种：一种是经验寿命模型，需要通过大量的功率循环测试矩阵来获得；另一种是物理寿命模型，可以通过仿真来得到，但仿真模型需要先进行校准。关于经验寿命模型和物理寿命模型在 8.5.1 节和 8.5.2 节有详细的介绍，这里不再赘述。进一步地，如果所选用的功率器件为标准封装，也可直接引用现有的寿命模型，如 8.5.1 节所展示的各类经验寿命模型。

③ 工况下的寿命预测：这一步的核心是基于线性累积损伤定律（Mine 定律）。当获取一个运行周期下的结温变化后，基于雨流算法对器件的结温变化进行分类，如图 8-134 所示。通常雨流算法会统计出结温波动在各个标定范围内的出现的次数 N_1、N_2、N_3……一般认为标定范围内的结温波动产生的应力相同。同时将分类的结温波动代入寿命模型中计算得到在该结温波动下器件的寿命 N'_1、N'_2、N'_3……基于累积损伤定律，器件在该工况周期

下 的 寿 命 计 算 如 式 （8-55）、式 （8-56）
所 示 ：

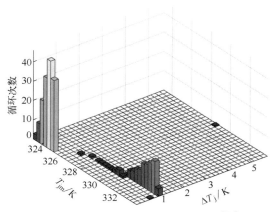

图 8-134 雨流算法对结温波动分类[50]

$$N_f = \frac{1}{LC} \qquad (8\text{-}55)$$

$$LC = \sum_{i}^{k} \frac{N_i}{N_i'} = \frac{N_1}{N_1'} + \frac{N_2}{N_2'} + \frac{N_3}{N_3'} + \cdots + \frac{N_k}{N_k'}$$

$$(8\text{-}56)$$

下面以欧洲某柔性直流输电工程使用的 3300V/1500A 焊接式 IGBT 模块为例，介绍剩余寿命的预测过程。实际的流程如图 8-135，基于 PSCAD 仿真软件获得 1 个桥臂中 1 个子单元的 IGBT 模块的功率曲线，然后采用有限元仿真方法获得 IGBT 模块中 IGBT 芯片与 FRD 芯片的周期性的结温曲线，再通过雨流算法获得其结温波动、平均结温与次数的矩阵，基于最为经典的 CIPS08 寿命模型进行寿命的计算，再通过累积损伤定律进行损伤的评估，最终输出功率器件在指定周期性运行工况条件下的剩余寿命。考虑到数据保密要求，这里只展示寿命的百分比，如图 8-136 所示。从 3300V/1500A 焊接式 IGBT 模块内部芯片层面来考虑，最严苛的情况下，IGBT 芯片的寿命与 FRD 芯片差异达到了 96％左右，成为最薄弱的环节，对应于子单元中的上桥 IGBT 模块；而子单元中的下桥 IGBT 模块中 FRD 芯片的应用条件比较严苛，寿命与 IGBT 芯片的差异为 32％左右。从这里可以看到，同样的功率器件和封装结构，在不同的位置所承受的电气应力不一样，导致器件内部芯片的寿命也是有差异的，所以实际应用时需要重点关注不同位置和应用工况对器件的寿命影响。从功率模块及子模块层面来考虑，MMC 的上下桥臂的寿命是几乎一样的，完全对称结构，但子单元中仍然是下桥臂的 IGBT 模块应用条件最为严苛，与上桥臂 IGBT 模块寿命差异可达 74％左右，成为需要重点关注的对象。单纯从功率器件的封装可靠性层面和成本层面来考虑，子单元中的下桥臂可以用高电流等级和可靠性的模块，而上桥臂采用电流等级稍低的模块，通过"削峰填谷"来实现整体寿命的提升，这可能是未来实现应用可靠性提升的手段之一。

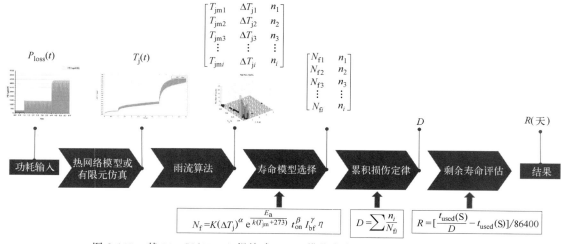

图 8-135 某 3300V/1500A 焊接式 IGBT 模块在实际应用的寿命预测流程

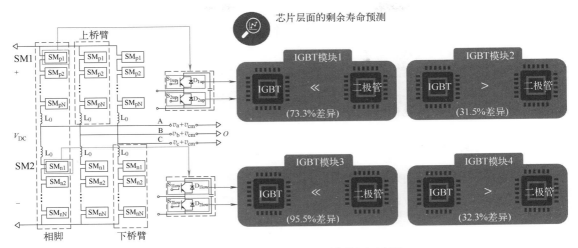

(a) IGBT模块内部芯片层面的剩余寿命评估

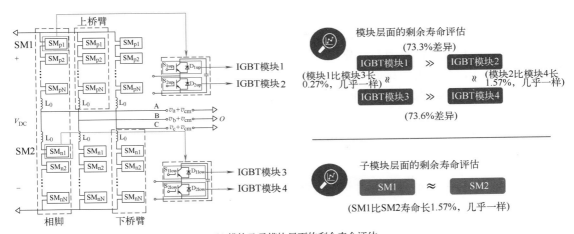

(b) 模块及子模块层面的剩余寿命评估

图 8-136　某柔性直流工程中所采用的 3300V/1500A 功率器件的剩余寿命评估

8.6　数理统计理论

可靠性理论及功率器件的浴盆曲线在 6.1 节中已经介绍。器件早期失效阶段中最常出现的概率分布是威布尔分布、伽马分布和指数分布；随机失效阶段的特点是失效率较低且较稳定，往往可近似看作常数。产品可靠性指标所描述的就是这个时期，这一时期是产品的良好使用阶段。随机失效主要是质量缺陷、材料弱点、环境和使用不当等因素引起的。随机失效阶段的概率分布为指数分布和威布尔分布；老化失效阶段通常是失效率随时间的延长而急速增加，主要由产品的磨损、疲劳、老化和耗损等原因造成。老化失效阶段的概率分布一般遵循正态分布或威布尔分布。因此，要计算可靠性测试所需的样本数量，失效率所服从的概率分布函数是影响数量确定的一个重要因素。指数分布常用来计算样本故障率恒定的情况，威布尔分布的样本故障率是随时间变化的，并且当威布尔分布的形变参数 $\beta=1$ 时（也就是随机失效），威布尔分布就变成了指数分布。

与器件可靠性相关联的还有另外一个指标——批允许缺陷水平（Lot Tolerance Percent Defective，LTPD），是确定样本量过程中的一个重要指标。LTPD 通常是指对于一批孤立样本，在抽样检验中限制其不合格率的最小值，以满足低接收概率的质量水平。对于一批样本，可靠性是该批样本稳定完成规定的功能而不发生故障的概率，而 LTPD 是指该批样本中发生故障的概率。产品生产过程中，一旦缺陷率达到或超过 LTPD，通常会采取纠正措施，例如停止生产或重新设计生产过程，以确保产品的质量和安全性。

8.6.1 样本选择原则

威布尔分布（Weibull Distribution）是概率论和统计学中的一种连续概率分布，它常被用来描述可靠性分析和寿命分布等领域中的数据分布，威布尔分布的概率密度函数为：

$$f(x) = \frac{\beta}{\lambda}\left(\frac{x}{\lambda}\right)^{\beta-1} e^{-\left(\frac{x}{\lambda}\right)^{\beta}} \tag{8-57}$$

式中，β 表示形状参数，决定分布的形状；λ 表示尺度参数，决定分布的尺度。威布尔分布可以说是可靠性工程中最常用的统计分布，威布尔分布可以用来分析产品的寿命分布，帮助工程师了解产品的可靠性特性，预测产品的寿命和失效概率等。通过对威布尔分布的参数进行估计，可以确定产品的寿命分布，进而指导产品的设计和维护。在推导样本数量计算公式时，记威布尔分布的测试时间 $t' = t^{\beta}$，其平均失效时间（Mean Time to Failure，MTTF）记为 θ^{β}，通过证明威布尔分布是满足 t' 服从于 θ^{β} 的指数分布，来达到简化推导过程的目的，过程如下：

$$R(t) = P(t^{\beta} \geqslant t') = P(t \geqslant t'^{\frac{1}{\beta}}) = R(t'^{\frac{1}{\beta}}) = \exp\left[-\left(\frac{t'^{\frac{1}{\beta}}}{\theta}\right)^{\beta}\right] = \exp\left(-\frac{t'}{\theta^{\beta}}\right) \tag{8-58}$$

显然，t' 服从于 θ^{β} 的指数分布，所以对于威布尔分布的平均失效前时间 θ^{β} 的极大似然估计为：

$$\begin{cases} \theta^{\beta} = \dfrac{T_{w}}{r} \\ T_{w} = \displaystyle\sum_{i}^{r} t_{i}^{\beta} \end{cases} \tag{8-59}$$

式中，T_{w} 为威布尔分布的试验总时间；r 为试验过程中的失效样本数；t_i 为第 i 个样品的试验时间。

θ^{β} 的置信下限为：

$$\theta^{\beta} = \frac{2T_{w}}{\chi^{2}[1-C, 2(r+1)]} \tag{8-60}$$

所以当测试时间为 t 时，可以得到时间 t 之前无故障发生的概率为：

$$R = \exp\left\{-\frac{t^{\beta}\chi^{2}[1-C, 2(r+1)]}{2T_{w}}\right\} \tag{8-61}$$

对于器件失效数量较少时，测试总时间 $T_{w} \approx nt^{\beta}$，代入式（8-61），得到如下结下果：

$$n = \frac{\chi^{2}[1-C, 2(r+1)]}{2(1-R)} \tag{8-62}$$

当 $r = 0$ 时，上式化简为：

$$n = \frac{\ln(1-C)}{\ln R} \tag{8-63}$$

所以，可以根据置信区间、可靠性水平来确定一次测试需要多少样本量。

指数分布（Exponential Distribution）是一种连续概率分布，它常被用来描述随机事件的时间间隔或等待时间。指数分布可以用来描述可靠性数据中的故障间隔时间，即两次故障之间的时间间隔。在可靠性工程中，我们经常需要了解一个系统或设备的寿命或故障率，指数分布可以很好地描述故障发生的随机性和不可预测性。特别地，如果一个设备的寿命服从指数分布，那么该设备的故障率是固定的，即与时间无关，即描述了危险率恒定的情况，其概率密度函数如式（8-64）：

$$f(x) = \begin{cases} a\exp(-ax), x \geqslant 0 \\ 0, x < 0 \end{cases} \tag{8-64}$$

指数分布是可靠性工程中的一个重要分布，因为它对寿命统计量具有与正态分布相同的关系，它描述了恒定的故障率情况。由于故障率通常是时间的函数，我们将用 t 代替 x 表示自变量，恒故障率用 λ 表示，则概率密度函数如下：

$$f(t) = \lambda\exp(-\lambda t) \tag{8-65}$$

平均失效前时间指的是系统或设备在正常使用条件下，从开始运行到第一次发生故障所经历的平均时间，此处记为 θ，θ 可以表示为：

$$\theta = \frac{T}{r} \tag{8-66}$$

式中，T 表示测试总时间；r 表示测试过程中失效的样本数。θ 与恒故障率 λ 有着如下关系：

$$\theta = \frac{1}{\lambda} \tag{8-67}$$

在进行测试过程中，如果预先设定试验时间，当试验达到所规定的时间时就停止，一般被称为成功型实验，其 θ 的置信下限为：

$$\theta = \frac{2T}{\chi^2[1-C, 2(r+1)]} \tag{8-68}$$

当测试时间为 t 时，可以得到时间 t 之前无故障发生的概率：

$$R(t) = 1 - \int_0^t f(t)\mathrm{d}t = \exp\left(-\frac{t}{\theta}\right) = \exp\left\{\frac{-t\chi^2[1-C, 2(r+1)]}{2T}\right\} \tag{8-69}$$

式中，T 表示测试总时间；r 表示失效样本数；C 表示置信区间。对于器件失效数量较少时，测试总时间 $T \approx nt$，代入式（8-69），推导可得式（8-62），当 $r=0$ 时，上式化简为式（8-63）。

不难发现，样品寿命服从威布尔函数与服从指数函数得到了同样的结果。这是因为威布尔函数和指数函数形式非常相似，都包含一个自变量 x 的指数项，都是单峰函数，且峰值位置相同，并且当威布尔分布函数 $\beta=1$ 时，威布尔分布函数就变为了指数函数。但是指数函数通常用于描述系统的无故障时间分布，而威布尔函数则更适合用于描述系统的故障率变化的情况。在一些特定应用下，威布尔函数和指数函数也可以结合使用，来更好地描述系统的可靠性特征。因此，无论一批样本的失效概率密度函数是服从指数分布，还是威布尔分布，其都可以通过置信水平、可靠性进行样本数量的计算。

中位秩（Median Rank，MR）可以用于估计每个样品的不可靠性，即在 50% 置信水平下，在 N 个组件样本中的第 j 次失效时，可以计算出真实的失效概率。这是对器件不可靠性的最佳估计，因为在测试的一半时间内，真实值将大于 50% 置信水平的估计值，而在另一半时间内，真实值将小于估计值。该估计值是基于累积二项分布的解。

通过求解 Z 的累积二项分布，可以求出给定任意百分比计算后的数值。该值表示在累积二项分布的方程式中第 j 个故障的数值，也可以表示表示其不可靠性估计值。

$$P = \sum_{k=j}^{N} (N_k) Z^k (1-Z)^{N-k} \tag{8-70}$$

式中，N 表示样本数量；j 表示故障次序；P 表示置信水平；Z 表示其中位数排名。

如果样本数量 $N=6$，即有 6 次故障，当 $j=1$、2、3、4、5、6 的每个故障次序都求解一次，那么中位秩 Z 将被求解 6 次，然后，该结果可以用作每个故障的不可靠性估计。但是式（8-70）对 Z 的求解需要使用数值方法，求解过程计算量大且复杂，下面的表达式给出了一个快速计算中位秩近似值的方法，这种中位秩的计算被称为贝纳德近似（Benard's Median Rank）：

$$MR = \frac{j - 0.3}{N + 0.4} \tag{8-71}$$

贝纳德近似计算被广泛地应用于人工概率绘制中，使用分布函数的图形方法，如威布尔、正态、对数正态等。而且在可靠性工程中，通常用来确定产品或系统的寿命分布。表 8-20 为 6 个样本量下的 MR 值，如果 6 个样本中的第 2 个样本的中位秩为 26.56%，这意味着这两个样本的测试情况可以代表总样本的 26.56%，置信度为 50%。

表 8-20　样本量为 6 的中位秩

故障次数 j	1	2	3	4	5	6
MR/%	10.93	26.56	42.18	57.81	73.43	89.06

8.6.2　可靠性数理统计

AQG324 标准中明确规定功率模块的可靠性测试中至少要选择 6 个样本，更为重要的是标准中明确提出测试目的：深入了解样本的特征参数，这些参数可能因生产过程中的波动和单个测试期间所施加的条件而发生变化，进而对实验结果产生影响。因此，为了探究这些参数对实验的影响，通常只需要选择小样本量进行探究型实验计算。样本量的增大会导致测试成本高昂，对模块进行测试也很耗时，选择太多的样品可能会延迟开发或生产计划，所以考虑到可靠性测试的成本、测试目的、测试周期等因素，选择合适的样本量有助于测试实验的进行。在这种情况下，中位秩法是小样本量补偿的一个很好的解决方案，它提供了一个数量估计，有多少百分比的数量是由特定的测试样本所代表。

利用贝纳德近似计算求出不同样本量的 MR 值，可以得到其不同样本数量的不确定度，如式（8-72）所示：

$$U = 1 - (MR_{highest} - MR_{lowest}) \tag{8-72}$$

式中，U 表示不确定度；$MR_{highest}$ 和 MR_{lowest} 分别表示相同样品数量下的中位秩 MR 的最大值和最小值。所以要想确定不确定度曲线，首先需要计算不同样本量对应下的 MR 值。

通过式（8-71）计算不同样本量下的 MR 值并代入式（8-72），得到不同器件数量的不确定度。样本量 N 以取值范围为 1 到 25 为例，通过对其进行绘制，可以得到不确定度曲线，具体如图 8-137 所示：

从图 8-137 中可以发现，6 个样本量的不确定度在曲线膝部以下，不确定度值在 0.2 附近；12 个样本量的不确定度在曲线膝部以上，不确定度值在 0.1 附近。因此，6～12 个样品进行测试是合适的，虽然采集大量样本可以提高可靠性分析的精度和置信度，但如果样本数量已经满足要求，进一步增加样本数量对于结果的改进将会越来越小。而且考虑到样品的研究目的、测试周期及测试成本等因素，所以选取测试样本数量为 6。

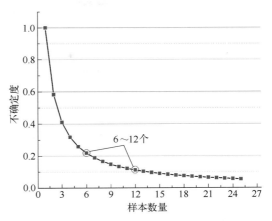

图 8-137　不同样本数量的不确定度

下面对验收型可靠性测试进行样本量的计算及分析。

标准 IEC TS 62686-1：2015 规定，对于分立器件的功率循环等可靠性测试中，通常需要同时选择 76 个样本进行一次测试，并且明确指出测试过程中要满足批允许缺陷水平（LTPD）的要求，而批允许缺陷水平（LTPD）是验收测试中的一个重要指标。作为可靠性工程的关键步骤之一，验收测试是产品能够在实际环境中稳定运行的最后一道关口。在产品开发过程中，设计规格和性能要求早已确定，而验收测试的目的是验证产品是否符合这些要求。通过验收测试，可以及时发现和解决问题，从而提高产品的可靠性和稳定性，减少后期的维护和修复工作。此外，验收测试还可以确保为客户和用户提供一个安全、可靠的产品，满足他们对产品性能和质量的期望，并提高产品的市场竞争力。

为了确保产品或系统的可靠性并满足相关的要求和规范，验收测试通常需要使用较大的样本量，使用更大的样本量可以提高测试的准确性和可信度，当样本量越大时，测试结果也越有代表性和可靠性，可以更准确地评估产品的性能。尽管使用较大的样本量可以提高测试的准确性和可信度，但并不是说样本量越大越好。使用较大的样本量需要更长的测试周期和更高的测试成本，尤其是当测试需要进行多次时，测试周期和成本的开销会更大。此外，当样本数量已经足以满足验收标准时，选择较大的样本量对于可靠性的提升也微乎其微。因此，为了达到合理的测试效果并节约时间和成本，应根据具体情况进行权衡和考虑样本量的选择。表 8-21 列出了高温栅偏（HTGB）、高温反偏（HTRB）、高温高湿反偏（H3TRB）、温度循环（TC）、功率循环＋高压蒸汽（Power Cycle＋Autoclave，AC）、非易失性存储器使用寿命（Non-Volatile Memory Operating Life，NVL）测试在不同标准下的样本量：

表 8-21　不同标准下的测试样本量规定

标准	测试内容	样本量
IEC TS 62686-1：2015	HTGB、HTRB、HT3RB	76
IEC TS 62686-1：2015	AC、TC	32
IEC TS 62686-1：2015	NVL	22
AEC-Q101	HTGB、HTRB、HT3RB	77

由表 8-21 可知，不同的测试需要不同的样本量。标准 JESD47I 规定，在可靠性测试过程中，对于非气密性封装的电子元器件，选择 90% 的置信度，所谓非气密性封装主要为采

用环氧树脂（Epoxy Molding Compound，EMC）的封装，此时批允许缺陷水平（LTPD）表示为 90％置信度下的不良率。以 IEC TS 62686-1：2015 为例，该标准明确规定了关于抽样计划的确定指标，该标准要求通过加速老化进行可靠性测试的目标是确保批允许缺陷水平（LTPD）低于 3％，并且测试过程中不允许出现故障。为了达到这个目标，标准要求对来自特定设备群体的超过 76 个样品进行 HTGB、HTRB、HT3RB 等可靠性测试，根据 IEC 标准中规定 LTPD＝3，JES 标准提到置信度 C＝90％，带入式（8-63），得到结果：

$$n = \frac{\ln(1-C)}{\ln(R)} = \frac{\ln(1-C)}{\ln(1-LTPD)} = \frac{\ln 0.1}{\ln 0.97} \approx 76 \tag{8-73}$$

通过将计算结果取整数，可以得到 IEC 标准中 HTGB、HTRB、HT3RB 等测试的样本量为 76，这不仅解释了 IEC 标准中如何确定的这个样本量，同时也验证了式（8-63）的可行性。另外，IEC 标准中规定 NVL、AC 和 TC 测试的样本量为 22、32 个，当测试要求的 LTPD 为 10％、7％，置信度 C 取 90％时，代入式（8-71）可以得到样本量为 22、32 个。

可以发现在不同测试条件下器件要求的 LTPD 也可能不同，这是因为在不同应用场景下的器件可靠性要求也不同。例如，在高温或者高湿环境下对器件的可靠性要求非常高，因此需要采用更严格的可靠性测试规定，所以 IEC TS 62686-1：2015 中规定进行 HTGB、HTRB、HT3RB 等测试的 LTPD 要低于 3％，这些测试通常用于评估高可靠性器件的性能，因此需要更低的批允许缺陷水平限制，即更多测试的样本来保证测试的可靠性；另一方面，对于 NVL、AC、TC 测试，IEC TS 62686-1：2015 规定的 LTPD 值分别为 10％、7％、7％，需要较少的样本量，因为这些测试通常用于一般性的应用，对可靠性要求相对较低，因此批允许缺陷率会更高一些。

但如果我们在再次进行验收测试时仍然选择小样本量，即仅选择 6 个样本进行测试，那么在这次测试中，对于测试结果的最低批允许缺陷水平（LTPD）为：

$$LTPD = 1 - R = 1 - (1-C)^{\frac{1}{n}} \approx 32\% \tag{8-74}$$

使用上述公式计算，得到的 LTPD 约为 32％。这意味着本批样品中有 32％的样品不合格，显然这批样品是无效的。需要注意的是，如果对产品的 LTPD 和置信度有明确要求，也可以不按照标准进行，可以自行计算所需的样本量，综合考虑成本、测试周期等因素选择合适的样本量。

本小节从对可靠性测试中样本数量的实际需求出发，总结了不同测试目的下的样本数量确定方法。该方法能够在较高的可靠性下完成测试目的，同时一定程度上减少测试周期和成本。通过理论分析，得出以下结论：

① 当本次可靠性测试的目的是深入了解样本的特征参数，并探究这些特征参数随测试期间所施加的条件不同而发生变化时，考虑到测试样本的成本、测试周期等因素，选择太多的样品会导致测试成本较高，并可能延迟产品开发或生产计划。因此，可以选择小样本量进行测试，即选取 6～12 个样本。

② 当本次可靠性测试为验收测试时，因为验收测试是产品能够在实际环境中稳定运行的最后一道关口，并且可以及时发现和解决问题，从而提高产品的可靠性和稳定性，减少后期的维护和修复工作，因此，大多数情况下需要选用较大的样本量。一般来说，不同测试条件和不同样本的验收测试标准也不同。这时，可以查阅验收产品的 LTPD、置信度等要求，通过样本量计算公式确定合适的样本量，在减少测试成本的同时保证以较高的可靠性完成验

收测试目的。

③ 在进行可靠性测试时，如果选取的样本量不符合相应标准中的规定要求，可以计算本次测试的可靠性、LTPD 等指标。然后，通过查阅这些指标是否符合要求，可以进一步判断本次测试是否合格，进而达到灵活调整样本数量的目的。

8.7 有限元仿真技术

数值计算是现代用于评估器件可靠性较为重要的手段，也是器件失效分析的基础，典型的数值计算是有限元仿真分析，是指利用模型复现实际系统中发生的物理过程，其意义和作用在于当所研究的事物造价昂贵或需要很长时间才能了解到系统参数变化所引起的后果时，仿真可作为一种有效的研究手段。对于器件来说，可以通过仿真了解到器件内部不容易观测到的现象，并在一定的实验条件下对器件的寿命进行评估。

有限元法（FEM）是一种将连续体视为若干个有限大小的单元体的离散化集合，如三角形或四边形，建立局部逼近的数学模型，这些单元相互连接，形成离散化的网格，然后根据材料特性、边界条件和加载情况，以求解连续体热、力、电磁等问题的数值方法。本节以 COMSOL 有限元仿真平台为例，对有限元仿真的相关技术进行说明。

8.7.1 仿真模型的校准技术

仿真模型构建总体可分为三个部分：模型导入、物理场构建和网格划分。

对于模型构建，不管是三维还是二维模型均可直接由其他绘图软件（如 Solidworks、AutoCAD）导入或通过有限元仿真软件（如 COMSOL）绘制。如图 8-138 所示为导入的三维 TO 器件模型，然后将导入模型的每一个区域在材料库中添加对应的材料。

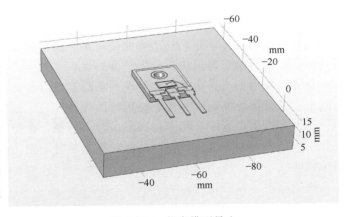

图 8-138 仿真模型导入

TO 器件在功率循环老化过程中可能涉及的物理场包括电流、固体传热、固体力学和疲劳，需要对其进行准确的边界条件设置，具体的物理场设置将会在后续详细介绍。

为了得到合理且准确的仿真结果，对重点期望研究的区域进行较为精细的网格剖分，如器件的芯片有源区、键合线键脚和焊料，在保证仿真结果合理的情况下，其他部分的网格可相对粗化处理。网格决定计算的精度，网格过于粗糙会导致结果不收敛或结果不准确，网格太过精细会导致计算时间太长，对网格的划分需要在实践中慢慢熟悉。如图 8-139 所示为网格剖分效果示意图，有限元仿真软件中一般都可以在划分完网格后查看网格单元质量情况，较好的网格单元一般服从正态分布。

功率器件几何参数和材料参数的准确性和合理性直接影响仿真结果的准确性，因此，为了保证后续仿真的准确性，首先需要对模型进行校准。一般我们采用的是瞬态热阻抗曲线校

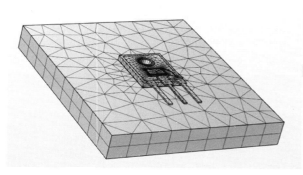

单元数：	76448
最小单元质量：	0.01037
平均单元质量：	0.5942
单元体积比：	2.463E-10
网格体积：	78720.0 mm³

单元质量直方图

图 8-139　网格剖分效果示意图

准，这一步骤可以确保有限元仿真模型具备与真实器件相同的热流路径，确保仿真结果的真实性和可靠性。

由电路原理可知，在电路通直流的时候，只考虑电阻的作用即可；通交流才会引入电感和电容的影响。而在热路中，如果散热功率恒定，那么一般只考虑热阻 R_{th} 的作用，但是一般瞬时功率是变化的，由此器件数据表中会相应给出瞬态热阻抗曲线，表达式见式（8-53），可见瞬态热阻抗是关于时间的函数。在其中还有"热容"的作用，因此认为热量在传导过程中，会同时受到热阻和热容的影响。

热阻的定义为 $R_{th}=\Delta T/P$，当有热量在物体上传输时，物体两端温度差与热源功率之比。瞬态热阻抗的校准就是利用了这一概念。由于从芯片到散热器的每一层材料的热导率不同，每一层材料的瞬态热阻抗曲线也不同，对仿真得到的瞬态热阻抗曲线与实验测得的瞬态热阻抗曲线进行对比调整，使仿真曲线与实验曲线接近重合，达到仿真模型与实际器件的热流路径一致的目的，确保仿真结果的准确性。

首先需要得到一条由实验测量得到的瞬态热阻抗曲线 $Z_{th(j-s)}$ 作为基准，实验瞬态热阻抗曲线由实验数据绘制而成。仿真热阻抗曲线计算公式如式（8-1），我们以结到壳热阻为例进行说明。在升温过程中，将芯片有源区设为热源，在仿真达到稳态时测量最大结温；在降温过程中，撤去热源或电流，得到结温、壳温随时间变化值，经过公式计算进而获得一条仿真热阻抗曲线。

根据热阻计算表达式：

$$R_{th}=\frac{d}{\lambda A}\qquad(8\text{-}75)$$

式中，d 为材料的厚度；λ 为材料的热导率；A 为面积。可以通过适当调整和修正材料的厚度、热导率和面积进行校准。热容的计算表达式如下：

$$C_{th}=c\rho dA\qquad(8\text{-}76)$$

式中，c 为材料的比热容；ρ 为材料的密度。

芯片的各层封装材料传热的瞬态过程相当于一阶热网络的零状态响应，根据热阻和热容可以计算出热时间常数：

$$\tau=R_{th}C_{th}=\frac{c\rho d^2}{\lambda}\qquad(8\text{-}77)$$

为了校准有限元仿真模型，使得仿真热路径与实际热路径一致，需要调整模型的参数，例如芯片有源区面积、芯片厚度、焊料厚度、热界面材料热导率等。调整步骤无先后之分，亦无好坏之分，只有一点需要注意，芯片的热时间约为毫秒级，假设 1ms 之前瞬态热阻抗曲线低于实验曲线，则一般调节芯片有源区面积，有源区面积降低，热阻上升，反之亦然。调整的时候，一定要先将前段曲线对齐，即芯片区域的热阻与实验相对应，因为前段曲线会影响后段的结果。曲线后半段可以调整远离芯片区域的部分，例如铜基板厚度、热界面材料热导率等。此外，还可通过上下整体平移实验曲线调整，偏移量是测量延时造成的误差，对于 IGBT 器件不能采用根号 t 法，一般建议使用有限元仿真法来消除此误差。注意：调整过程中不能一味地追求曲线的拟合导致数据脱离实际。

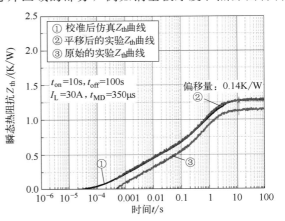

图 8-140　瞬态热阻抗曲线校准效果

　　经过调整，某功率器件的瞬态热阻抗曲线校准效果示意图如图 8-140 所示，曲线③为实验测量的瞬态热阻抗曲线，实验条件已标注在图中；曲线①为校准后的仿真曲线；曲线②为考虑了测量延时带来的偏移量，平移实验曲线后的曲线；至此仿真模型校准完毕。当然，上述过程也是可以通过 3.3.5 节的结构函数来进行校准，效果和步骤也是类似的。

8.7.2　纯热仿真技术

　　前期已经完成了仿真前仿真模型的校准工作，确保仿真中器件的热流路径和器件实际热路径完全相同，从而保证仿真结果的准确性。仿真主要是用来解释实验中存在的现象和辅助失效机理研究，因此功率循环仿真设置的条件要和实验保持一致。假设实验中功率循环条件为 $T_{jmax}=150℃$、$\Delta T_j=100K$、$t_{on}=2s$、$t_{off}=4s$，仿真中也要保持相同的实验条件，纯热仿真与电热仿真的设定可以满足实验条件的要求。热源可以来自纯热场，也可以来自电热场，在仿真软件中可自定义函数来模拟变化的载荷，如设置周期性热源波形为上述 $t_{on}=2s$、$t_{off}=4s$ 的方波。

　　先从最简单的纯热仿真开始，纯热仿真顾名思义就是芯片热源由纯热场提供，设置示意如图 8-141 所示，物理场仅涉及热，器件热量从芯片向散热器传递，经过不停地开关以及升温降温，最终稳定状态下能够满足结温波动、最大结温的实验条件。

　　温度场中对散热器模型进行了简化，将其散热作用等效为对流换热，模型中设置散热器底部为对流换热边界，对流换热可表示为：

$$-\lambda \frac{\partial T}{\partial n}=h\left(T_f-T_{env}\right) \tag{8-78}$$

　　式中，λ 为散热器热导率；h 为对流换热系数；T_f 为散热器温度；T_{env} 为环境温度，例如可对应实验时设置的水温。对流换热系数很难通过实验测得，可以通过仿真得到的结温和实验测得结温进行校准得到，本节所采用的模型中散热器对流换热系数最终为 2500W/$(m^2 \cdot K)$。同时，散热器其他侧面也为对流换热边界，但属于自然对流，对流系数为 15W/$(m^2 \cdot K)$，如图 8-142 所示。

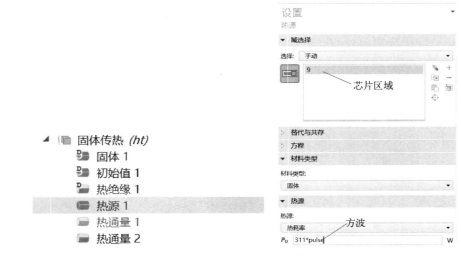

图 8-141　设置芯片有源区为热源示意

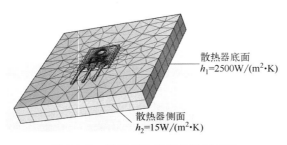

图 8-142　散热器边界条件设置示意

实验中调节结温波动可以通过调节负载电流和栅极电压，最大结温通过调节水温从而满足预期的实验条件。然而在仿真中不涉及半导体内部机理，无法模拟实际情况下调节栅极电压改变沟道电阻的情况，而且纯热仿真中没有电流，只有功率。因此通过调节功率损耗来调节结温波动，功率损耗可以与实验时所测得的功率对应，然后设置环境温度模拟调节水温从而使最大结温达到预期，如图 8-143 所示。

图 8-143　调节热源和环境温度从而满足 ΔT_j 和 T_{jmax} 要求

仿真中芯片的结温一般选择芯片有源区上表面的平均温度，这是与实验中 $V_{CE}(T)$ 方法测得的结温最接近的表征，如图 8-144 所示是仿真中提取的 6 个循环器件结温的变化曲线。

从图 8-144 中的结温探针图结合探针表数据可知，在此条件下的功率和环境温度下，6 个循环结温达到稳定状态，结温波动近似为 100K，最大结温约为 150℃，与实验功率循环条件一致。

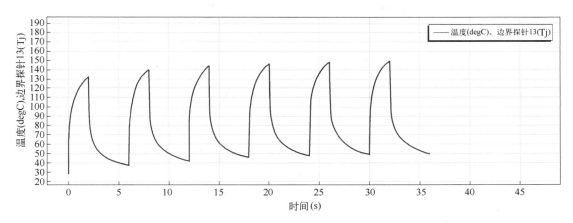

图 8-144　仿真中 6 个循环里结温变化曲线

8.7.3　电热耦合仿真技术

虽然纯热仿真较为简单，但是对于功率循环仿真分析，建议使用电-热耦合仿真，一方面是因为纯热仿真没有芯片的电热耦合作用，另一方面是纯热仿真没有键合线的自发热现象，这会导致仿真结果的偏差。仿真所用的条件均来源于实验测试结果，仿真过程应尽可能与实验测试过程一样，通过调节待测器件的栅极电压来调节功耗，使得在相同电流下，能够产生相同的结温波动和最大结温。虽然我们难以在有限元仿真中以半导体物理的角度调节栅极电压从而改变沟道电阻，但可以通过调整芯片的电导率实现等效调节栅极电压的效果，以获得不同的功率最终达到相同的结温波动，再调整环境温度来达到相应最大结温。芯片电导率可以根据器件数据手册提取，计算过程如下：

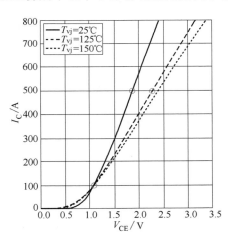

① 查找相应器件的数据手册，从其提供的 I-V 特性曲线获得等效电阻表达式。

以图 8-145 所示的某款器件栅极电压为 15V 时的 I-V 特性曲线为例说明。通过观察 I-V 特性曲线可以发现，不同结温下的 I-V 曲线交于一点，该点为零温度补偿点（TCP），坐标记为 (V_0, I_0)。电流大于 I_0 的部分，I-V 曲线几乎是一条直线，斜率为微分电阻，器件一般正常工作范围也是大于 I_0。同时，不同温度下的微分电阻不同，显然微分电阻和

图 8-145　某器件栅极电压 15V 下的 I-V 特性曲线

温度相关，在 25℃ 的曲线和 125℃ 的曲线上分别任意取一点 $(V_{T=25}, I_{T=25})$，$(V_{T=125}, I_{T=125})$ 可计算各自温度下的微分电阻：

$$R_{T=25} = \frac{\Delta V}{\Delta I} = \frac{V_{T=25} - V_0}{I_{T=25} - I_0} \tag{8-79}$$

$$R_{T=125} = \frac{\Delta V}{\Delta I} = \frac{V_{T=125} - V_0}{I_{T=125} - I_0} \tag{8-80}$$

已知微分电阻和温度呈线性关系，通过上述两个温度点的数据可以获得微分电阻和温度的关系式：

$$R_T = \frac{R_{T=125} - R_{T=25}}{100} T + R_{T=25} - \frac{R_{T=125} - R_{T=25}}{4} = \alpha T + b \tag{8-81}$$

$$\alpha = \frac{R_{T=125} - R_{T=25}}{100} \tag{8-82}$$

$$b = R_{T=25} - \frac{R_{T=125} - R_{T=25}}{4} \tag{8-83}$$

由此任意温度任意一点的电压可表示为：

$$V = V_0 + R_T(I - I_0) = V_0 + (aT + b)(I - I_0) \tag{8-84}$$

进一步，等效电阻可表示为：

$$R_{eq} = \frac{V}{I} = \frac{V_0 + (aT + b)(I - I_0)}{I} = (aT + b)\left(1 - \frac{I_0}{I}\right) + \frac{V_0}{I} \tag{8-85}$$

② 根据电导率定义公式，计算电导率：

$$\sigma = \frac{1}{\rho} = \frac{S}{mdR_{eq}} = \frac{S}{md\left[(aT + b)\left(1 - \frac{I_0}{I}\right) + \frac{V_0}{I}\right]} \tag{8-86}$$

式中，S 是芯片有源区面积；d 是芯片厚度；m 是功率器件并联芯片数，因为仿真时定义的是单个芯片的特性，而 I-V 特性得到的电阻为所有芯片的并联电阻，这在做功率器件多芯片并联仿真分析时需要注意。另外，默认情况下，软件中的温度 T 单位是 K，此时 T 需要用 $T - 273$ 代替，即温度需要转换为℃。

③ 在等效电阻率上增加一个偏置项 k 用于调节，使得仿真数据和试验数据匹配：

$$\sigma = \frac{1}{\rho} = \frac{S}{mdR_{eq}} = \frac{S}{md\left[(aT + b)\left(1 - \frac{I_0}{I}\right) + \frac{V_0}{I}\right]} + k \tag{8-87}$$

增加一个偏置项 k 主要有两方面考虑：①根据数据手册提供的 I-V 特性的数据，只能得到栅极电压为 15V 时的等效电导率，实验时的栅极电压不一定是 15V，不能直接使用上述的等效电导率，但是计算方法是一样的，因此总体趋势也是相近的；②数据手册是该系列产品的型号数据，实际使用的器件 I-V 特性与数据手册中的 I-V 特性也会存在一定差异。

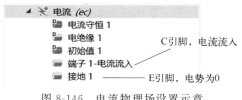

图 8-146 电流物理场设置示意

电热耦合仿真相比于纯热仿真，增加了一个电流物理场，下面简单描述电流物理场的设置。电场求解域仅包括该器件的键合线、铝金属层、芯片有源区和引脚。恒定的直流电流从器件集电极 C 引脚流入，从发射极 E 引脚流出，设置该终端处的电势为 0，如图 8-146 所示。

理论上，只要器件没有达到热稳态，在相同的负载电流下，加热时间越长，结温波动越大，为了达到相同的结温波动，可选择改变负载电流。然而，负载电流过大会对功率器件的失效机理和寿命产生影响，为了在安全结温范围内有效加速器件老化进程，缩短试验时间，可适当增加负载电流，只要负载电流不超过器件额定电流的 1.2 倍，失效机理就不会发生变化，对仿真结果不会产生影响。结温波动若小于 100K，可以增大负载电流使得结温波动增大，反之亦然；仍可以按照纯热仿真里提取芯片有源区上表面平均温度作为结温。最后可再微微调整负载电流，使得结温波动和最大结温与实验条件一致。

8.7.4　电热力耦合仿真技术

在纯热仿真以及电热耦合仿真中，可以提取所感兴趣的区域的相关参数，例如器件芯片表面和键脚周围的温度梯度分布等。但器件的温度梯度分布并不能直观地表现器件的工作状态以及寿命，电热力耦合仿真可以探查芯片和键脚周围的应力以及应变情况，从而更加直观地反映器件内部的薄弱部分，对器件寿命的预测起着重要作用。因此在电热耦合仿真的基础上增加力学仿真，可总称为热力耦合或电热力耦合仿真。

由于器件是由各种热膨胀系数不同的材料封装而成，由 8.3 节可知，周期性的结温波动过程中器件在反复地升温降温，内部不断挤压拉伸，材料会在热应力的作用下发生形变。TO 器件在实际应用中基本为键合线失效，当应力较小时，材料产生弹性应变，这种应变在应力消失时也随

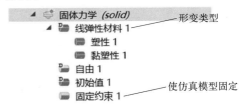

图 8-147　仿真中的固体力学物理场示意

之消失。当应力增大到一定值后，应力与应变不再成正比关系，应力消失后仍保留了永久性的塑性应变。塑性应变的周期性累积造成键合线失效。而其他一些大功率器件，焊料层是其薄弱区域，焊料层一般用黏塑性模型进行仿真。如图 8-147 为固体力学物理场示意。

在电热力耦合仿真中，先进行电热仿真，通过改变负载电流大小和环境温度使仿真获得的结温参数满足实验条件。然后再将功率器件的温度场信息作为结构力学的输入即可进行力学仿真，软件实现上只需要继承电热仿真中达到稳定的最后一个周期的解进行仿真，就能得到所要的应力或应变结果。如图 8-148 所示是在上述仿真条件下，结温达到稳定状态后提取的芯片有源区上表面应力分布结果，由图可知键合线键合点处的应力最大，规律与理论分析及实验结果相符合。

图 8-148　芯片有源区上表面应力分布结果

8.7.5　疲劳和寿命仿真技术

仿真中的疲劳分析可以通过定义失效循环次数来预测材料的寿命，疲劳寿命 N 是指疲

劳失效时所经受的应力或应变的循环次数，疲劳计算时通常不考虑疲劳载荷的施加时间，而仅以循环次数为依据。疲劳仿真是寿命仿真的一个重要组成部分，通过模拟材料或结构在长期循环加载下的损伤累积过程，来预测材料的疲劳寿命。在 8.5.2 节中已经介绍了疲劳相关的理论知识，也介绍了与疲劳有关的物理公式，此处不再重复介绍。由于功率循环测试一般对应的是低周疲劳，因此在功率循环仿真中，最常用的疲劳模型是基于应变和基于能量的模型。如图 8-149 所示是 COMSOL 中的相关应变类型和疲劳模型。

图 8-149　COMSOL 中的相关应变类型和疲劳模型

根据所要研究问题的实际情况确定疲劳模型，疲劳模型中的系数一般采用默认参数来捕捉基本规律。如果需要获得功率器件准确的寿命，首先也要对物理寿命模型的系数进行修正，仿真中可以得到与实验相同条件下的塑性形变等信息，而实验测量又可以得到器件的实际寿命，通过最小二乘法即可完成系数的修正。基于所选择的寿命模型并继承电热力仿真结果，即可获得器件在不同条件下的功率循环寿命，在疲劳仿真中以失效循环次数的形式表现出来。例如，图 8-150 中的数据来源是某二维模型在给定热源 231W、最大结温 150℃、结温波动 100K 的条件下的疲劳仿真结果，寿命以失效循环次数的形式展示。

图 8-150　失效循环次数

8.8　宽禁带器件功率循环测试

8.8.1　SiC MOSFET 功率循环测试

8.8.1.1　SiC MOSFET 测试方法

SiC MOSFET 被认为是未来最有前途的高温高压大功率开关器件，在绝大多数领域都能替代传统的 Si IGBT，受到人们的广泛关注。SiC 材料虽然有众多优势，但前期也经历过10 多年才突破技术瓶颈，如德国 Infineon 在 2001 年发布 SiC 的二极管后 10 年才有 SiC MOSFET 的商业产品。国外半导体公司起步相对较早，产品、配套和相应测试方法也相对完善。国内对 SiC MOSFET 的研究，尤其是可靠性测试方法均晚于国外，爆发期集中在2018 年前后。

8.4 节中介绍过功率循环测试方法的相关内容，但是由于 SiC MOSFET 的特殊性，传统的功率循环测试方法不能直接应用到 SiC MOSFET 中，本节将详细介绍。由于 SiC 材料的低势垒高度和 SiC/SiO$_2$ 界面的高陷阱密度，使得 SiC MOSFET 的栅极出现阈值电压不稳定性，影响器件可靠性，如图 1-22。

上述阈值电压不稳定性会导致相应的结温测试方法需要重新考虑。进一步地，还需要考虑功率循环测试方法以及老化参数的监测方法。常用的通态电阻 $R_{\mathrm{DS(on)}}(T)$ 会受到器件老化的影响，比如高栅极电压条件下阈值电压的漂移导致 $R_{\mathrm{DS(on)}}$ 发生退化，如式（8-88）所示的沟道电阻是 SiC MOSFET 的主要组成部分。同时，器件功率循环老化后键合失效或者表面金属化也会引起 $R_{\mathrm{DS(on)}}$ 的变化，此参数不适用于 SiC MOSFET 的结温测试。同样，一方面由于栅极的弛豫效应使得在器件关断后极短时间内不能形成稳定的阈值电压，使得结温测量产生偏差；另一方面栅氧层缺陷也导致阈值电压在老化过程发生严重退化，不仅会影响结温测量的准确性，还会影响器件功率。

$$R_{\mathrm{ch}}=\frac{L}{W\mu_{\mathrm{n}}C_{\mathrm{ox}}(V_{\mathrm{G}}-V_{\mathrm{T}})}=\frac{Ld_{\mathrm{ox}}}{W\mu_{\mathrm{n}}\varepsilon_{\mathrm{o}}\varepsilon_{\mathrm{r}}(V_{\mathrm{G}}-V_{\mathrm{T}})} \tag{8-88}$$

式中，R_{ch} 为沟道电阻；L 为沟道长度；W 表示沟道宽度；μ_{n} 为电子迁移率；C_{ox} 为沟道上单位面积电容；V_{G} 为栅极电压；V_{T} 为阈值电压；d_{ox} 为氧化物厚度；ε_{0} 为绝对介电常数；ε_{r} 为氧化层相对介电常数。

目前，被公认适用于 SiC MOSFET 器件结温测量的方法是利用器件体二极管（Body Diode）在小电流下的温度特性，也是 AQG 324 标准中规定的测试方法。测试电路如图 8-151 所示，器件功率循环测试时通过给栅极正向电压（一般为 15V）打开 MOS 正向通道，负载电流流入加热器件后给栅极足够的负电压〔一般小于 −6V，如图 8-151（c）〕以完全关闭 MOS 反向通道，确保测量电流只流入体二极管，以建立稳定的二极管电压。栅极负压的选择对结温的准确测量和基于结温测量的其他测试非常重要。图 8-152 为某 SiC MOSFET 器

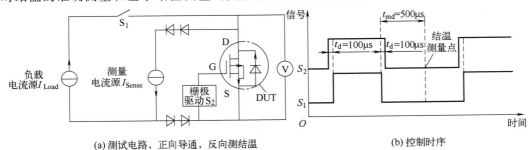

(a) 测试电路，正向导通，反向测结温　　　　　　　(b) 控制时序

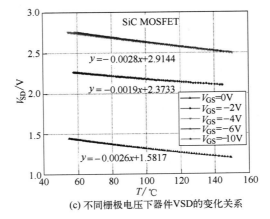

(c) 不同栅极电压下器件VSD的变化关系

图 8-151　SiC MOSFET 功率循环测试技术挑战

件在－2V 栅压下测量得到的瞬态热阻抗曲线，可以看到，瞬态热阻抗曲线呈现了先下降再上升的错误结果。因此，在器件测试前必须根据具体器件和测试电路选择合适的栅极电压。虽然实际应用一般给定负压如 －2V 或－5V 就足够关断，一些器件厂商已经将 SiC MOS-FET 的栅极负压降低到－10V，以满足功率循环过程结温测量需求。

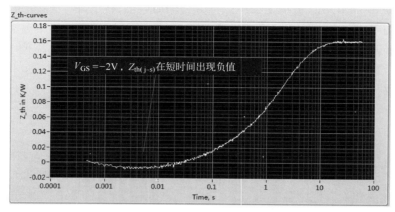

图 8-152　某 SiC MOSFET 在栅极电压为－2V 时的瞬态热阻抗曲线

进一步地，SiC MOSFET 对测试电路和控制时序提出了挑战，开关延时的选择对器件结温测量准确性也有影响。由于 SiC MOSFET 的功率密度更高，材料热导率更大，使得结温在测量延时区间降温更快，如 8.4.1.2 节中图 8-101 所示，需要重点关注测量延时带来的最大结温测量误差。进一步地，此方法不能用于反并联二极管的 SiC MOSFET 模块，这是由于反并联的二极管会将部分测量电流分走，无法形成稳定可靠的测试电压，亟须开发新的结温测试方法。

鉴于 SiC MOSFET 在不同外部连接和栅极控制下有 3 种不同导通模式：正向 MOS 模式、反向 MOS 模式和体二极管模式。3 种不同模式下器件老化特性以及与温度系数不一样将会导致不同的失效机理和功率循环寿命，比如：正向 MOS 模式下器件表现为正温度系数，加速器件的老化过程；而反向 MOS 模式为负温度系数，一定程度上弥补和减缓了器件老化过程。文献 ［51］表明，两种不同模式下器件的寿命差异可达 2～5 倍，正向 MOS 模式是符合工况要求的，建议采用。而这也与 Si MOSFET 特性不一样，电动汽车标准 LV324中允许利用体二极管加热来进行功率循环，但必须要注意测试电流的不一致对结果的影响。

如前所述，器件的饱和压降 V_{CE}/V_{DS} 在功率循环过程中用于表征器件键合线的老化状态，而此参数取决于器件的通态电阻 $R_{DS(on)}$（$V_{DS}=R_{DS(on)}I_L$）。对于 SiC MOSFET，此参数必然受到阈值电压漂移和老化影响，必须剔除影响，使得测量的 V_{DS} 只表征键合线的老化状态，才能准确判定器件的失效。阈值电压的漂移与所施加的电压极性、强度和时间有关，短时间内正负电压累积效果一致时，可一定程度上"最小化"阈值电压漂移作用[52]，如图 8-153 所示。在功率循环测试时，将开通时间、施加正向电压与关断时间、施加反向电压匹配，如正向电压 15V 施加 2s，反向电压－7.5V 施加 4s，可在一定程度上将阈值电压漂移导致的 V_{DS} 变化最小化。因此，对于 SiC MOSFET 的测试，要重点关注结温测试方法、功率循环测试模式和关键参数的影响。

8.8.1.2　Si IGBT 和 SiC MOSFET 可靠性对比

选用德国英飞凌公司的 1200V/50A Si IGBT 和日本罗姆公司的 1200V/24A SiC MOS-

FET 作为被测器件进行功率循环试验，其中 SiC MOSFET 选用正向 MOSFET 模式，每组试验各包括 6 个被测器件，避免结果的随机性。为了保持控制变量的单一性，选用的器件均采用 TO-247 封装，通过 SAM 可知两种器件均只有一根 $500\mu m$ 键合线，试验条件如表 8-22 所示，其中 t_{on}、t_{off}、ΔT_j、T_{jmax}、I_{sense} 基本一致，只有 I_L 不同以达到相同的 ΔT_j。

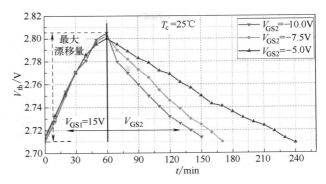

图 8-153　不同栅极偏压组合下的阈值电压随时间变化

这是因为 Si IGBT 和 SiC MOSFET 的损耗和热阻均不相同，很难在相同的负载电流下达到同样的结温波动。

表 8-22　两组功率循环试验的测试条件

组别	t_{on}/s	t_{off}/s	$\Delta T_j/℃$	$T_{jmax}/℃$	I_L/A	I_{sense}/mA
Si IGBT	1	2	91.97	150.8	42.5	100
SiC MOSFET	1	2	90.20	151.5	17.7	100

　　实验过程中，所有器件均表现为键合线失效，由于同一种器件具有相似的参数变化，因此每种器件只展示一个 DUT 的参数变化。图 8-154 分别展示了 Si DUT 6 号器件和 SiC DUT 1 号器件功率循环中主要参数的变化曲线，实验结果表明，无论是 Si IGBT 还是 SiC MOSFET 均是 V_{CE} 先达到失效标准，器件寿命已标注在图中，并没有出现热阻增加的趋势，热阻缓慢下降是由于硅胶垫的贴合效果变良好导致的。

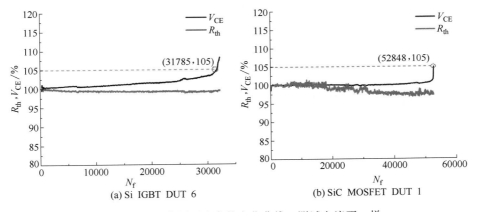

图 8-154　功率循环中参数变化曲线，测试电流不一样

　　为了进一步判定器件的失效形式，验证键合线的老化状态，通过 SAM 对芯片表面进行直接观测。图 8-155 分别展示了实验前后的 Si DUT 6 号器件和 SiC DUT 1 号器件的芯片表面 SAM 扫描图。可以看出，Si IGBT 和 SiC MOSFET 在功率循环试验前，芯片层上存在明显的键合点，在功率循环试验后，键合点消失，可以判定键合线发生了抬起，这也符合分立器件的一般失效方式。

　　由于实验过程中无法保证 T_{jm} 和 I_{bf} 完全一致，8.5.3 节也讲述了这些参数对器件寿命的影响，所以需要将各个器件的寿命等效至相同条件下以进行对比，结果如图 8-156 所示。

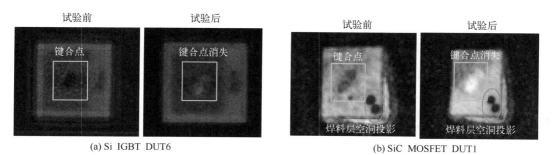

试验前　　　　　试验后　　　　　　试验前　　　　　试验后

(a) Si IGBT DUT6　　　　　　　(b) SiC MOSFET DUT1

图 8-155　功率循环试验前后芯片表面的 SAM 图

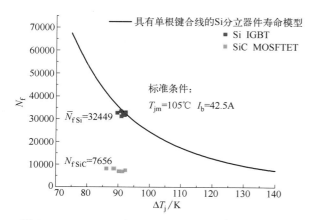

图 8-156　Si IGBT 和 SiC MOSFET 寿命标准化结果

由图 8-156 可以看出，Si IGBT 的寿命基本分布在 Si 分立器件寿命模型曲线上[49]，结果具有很好的重复性和准确性，而 SiC MOSFET 的平均寿命缩小至 7656 次，大约是 Si IGBT 寿命的 1/3，这也是符合 SiC 材料的物理属性。对于同等封装技术和测试条件，由于 SiC 的杨氏模量是 Si 的 3 倍左右，功率循环老化过程中必然会产生 Si3 倍的热应力，最后导致其寿命只有 Si 的 1/3。因此，要想获得与 Si 器件相近或更好的功率循环寿命，一方面可以降低相同封装 SiC 的功率密度，如英飞凌公司 HPD Pin-Fin 封装的 Si IGBT 额定电流可达到 950A，而 SiC 只能到 400A；另一方面则必须开展新型封装技术和材料体系的研究和技术应用，如纳米银烧结和/或铜带键合等，但新型封装技术和材料体系必然会带来新的失效机理，因此，亟须开展新型封装体系下 SiC 器件的失效机理和测试方法的研究。

8.8.2　GaN HEMT 功率循环测试

8.8.2.1　栅极驱动

GaN HEMT 的基本工作原理和分类已在第 1 章进行了详细论述，其驱动需要考虑三个电压：

① 器件开启需要的阈值电压：功率半导体开关器件出于安全性、功耗控制和易驱动考虑，通常都采用增强型。GaN HEMT 实现增强型结构的技术包括：槽栅结构、p-GaN 栅结构、氟粒子注入工艺等，而所有这些技术，决定了增强型 GaN HEMT 的阈值电压不可能很高。以 EPC 公司的 100V/6A 增强型 GaN HEMT 器件 EPC2007C 为例，它采用的是 p-GaN 栅结构，阈值电压典型值为 1.4V，最小值为 0.7V，最大值为 2.5V。目前绝大多数增强型 GaN HEMT 器件的阈值电压都在这一水平。

② 器件充分导通需要的过驱动电压：一般地，为了降低通态压降，器件工作在导通态时需要过驱动，保证沟道充分导通，GaN HEMT 器件的过驱动电压推荐值一般在 4~5V，比 MOSFET 的 10~15V 低很多。

③ 栅极不损坏能耐受最大过冲击电压：栅极耐受过压冲击能力的大小，与栅结构密切相关。功率 MOSFET 的栅是绝缘介质二氧化硅，厚度一般在 $800 \sim 1200\text{Å}$ 范围，栅耐受 $20 \sim 30\text{V}$ 电压冲击没有任何问题。但对增强型 GaN HEMT 来说，受栅结构和工艺限制，目前商用产品中，除了级联结构，其他增强型 GaN HEMT 的栅极，能够耐受的最大过冲击电压都不超过 6V，一旦高于 6V 就会对栅极造成损伤，影响器件的电学特性甚至使器件失效。这个电压又与栅极过驱动电压相矛盾，必须保证栅极驱动电压的长期稳定性，对 GaN HEMT 驱动设计提出了很高的要求。

对 Cascode GaN HEMT 来说，由于是 Si MOSFET 来控制整个器件的开通与关断，因此适用于 Si 器件的栅极驱动依然适用于 Cascode GaN HEMT。但通过 Si MOSFET 级联将极大限制 GaN 器件的优势发挥，如高温和高频特性等，同时器件的损耗较高、功率密度较低等。对于其他类型的增强型 GaN 器件，低阈值电压和栅极低耐过冲击能力，给功率循环电路设计带来很多问题：

① 任何电路回路都不可避免地存在寄生电感，寄生电感会在器件开关瞬态引起电压和电流振荡。GaN HEMT 阈值电压比较低，容易导致器件关断过程中误开启。

② 传统的 Si MOSFET 栅极驱动电路是图腾柱型结构，如图 8-157 所示：当器件开通时拉电流通过驱动电阻，可通过调节驱动电阻的大小来调节器件的开通速度；当器件关断时，灌电流流过并联二极管实现了器件的高速关断。但是，关断的时候，灌电流经过二极管，二极管产生导通压降，这在 MOSFET 器件的使用中可以忽略不计，但在 GaN HEMT 器件的使用中，由于其栅极驱动阈值电压很低，甚至可能低于 1V，当二极管的导通压降高于 GaN HEMT 的驱动阈值电压时，会导致上下管的共通以及期间关断延迟，因此不能选用此种驱动芯片及配套电路来驱动 GaN HEMT 器件。

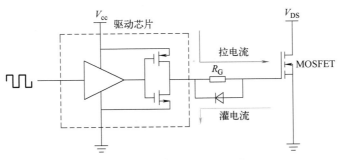

图 8-157　图腾柱型驱动电路

③ GaN HEMT 充分开通需要 4.5V 左右的过驱动，但栅极耐受过压冲击能力又比较差，当栅源电压超过 6V 时容易烧毁，因此 GaN HEMT 驱动电路要求栅源电压控制精度要求高，既要满足低通态损耗的要求，又不能损坏 GaNHEMT 的栅极，因此适用于 MOSFET 驱动的普通偏置不能被直接移植使用。

目前可供参考的是 TI 公司设计的一款单通道高速驱动芯片 UCC27611，此款驱动芯片符合上文提到的需求，如图 8-158 所示，两个独立的引脚对应拉电流通道和灌电流通道，可以对器件的开关时间进行独立的调节。当 VDD 端接入 $4.5 \sim 18\text{V}$ 范围内的电压时，驱动芯片可正常工作，当电压低于 4.5V 时则会触发欠压闭锁（UVLO）功能，使芯片输出稳定的低电平保护所驱动的 GaN HEMT 器件。

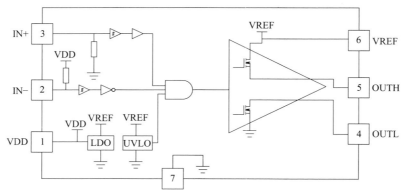

图 8-158 UCC27611 驱动芯片的内部结构示意图

8.8.2.2 结温测量

应用于其他功率器件的结温测试方法依然适用于 GaN HEMT，例如电参数法、红外测温法等。目前广泛应用于功率循环测试中的 GaN HEMT 结温实时测量的依然是电参数法，只是在电参数的选择上有所不同。目前应用于 GaN HEMT 功率循环测试中的温敏电参数（TSEP）主要包括导通电阻 $R_{DS(on)}$、栅极电压 V_{GS}、栅极漏电流 I_{GS} 和体二极管电压 V_{SD}，不同 TSEP 的比较如表 8-23 所示[53]。

表 8-23 不同 TSEP 对比[53]

TSEP	适合的器件类型	测量分辨率
Si MOSFET 的体二极管电压	Cascode GaN HEMT	高
栅极泄漏电流	p-GaN 型 HEMT	高（受电流测量设备精度的影响）
导通电阻	p-GaN 型 HEMT	低
栅极电压	GaN 注入晶体管（GIT）	高

由于 Cascode GAN HEMT 由 Si MOSFET 和常开型 GaN HEMT 组成，因此可以选用 Si MOSFET 的体二极管作为 TSEP，且研究表明其显现出良好的温度特性。然而，由于器件结构的限制，该方法不能应用于 p-GaN 栅极的 GaN HEMT。通过使用超高灵敏度电流测量设备选择栅极泄漏电流作为 TSEP，文献 [54] 展示了 p-GaN 型器件栅极泄漏电流与温度的校准曲线，如图 8-159 所示，可以获得可靠的测量结果。由于 GaN 器件的栅极漏电流在一定次数的功率循环老化后可能会迅速增加，这对功率循环测试中的在线测量来说是不方便的。同时，电学参数在功率循环老化过程中的漂移将很大程度上影响测量结果的准确性。

GaN HEMT 的导通电阻强烈依赖于温度，也被选为 TSEP，文献 [55] 展示了导通电压（$V_{DS} = I_d R_{DS(on)}$）与温度的相关性（图 8-160）。校准曲线表明导通电阻具有正温度系数，且接近于二次函数关系，斜率接近于 0.6mV/K，相对较低的测量分辨率限制了该方法在需要精确结温的领域中的应用。此外，在功率循环测试期间，导通电阻可能受到器件退化的影响。

通过使用栅极电压作为具有 p-GaN 栅极和欧姆接触的 GaN 注入晶体管（GIT）的 TSEP，可以获得具有高测量分辨率的相对可靠的结果，文献 [55] 展示了 GIT 器件栅压与温度的关系，如图 8-161 所示，栅压具有负温度系数。由于每种方法都有其优缺点，因此在选择 TSEP 时应综合考虑设备类型和测量精度等关键因素。

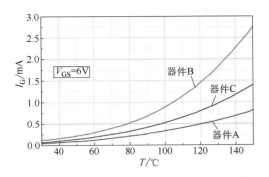

图 8-159　三个 p-GaN 型器件栅极泄漏电流
与温度的校准曲线[54]

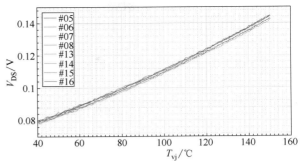

图 8-160　导通电阻与温度的校准曲线[55]

8.8.2.3　寿命及失效机理

文献 [56] 对来自 Transform 公司 TO-220 封装的 TPH3212PS 进行了功率循环试验，结果如图 8-162 所示，V_{DS} 上升 5% 但热阻不变表明此时器件键合线失效。

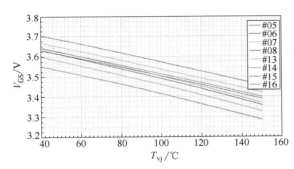

图 8-161　栅极电压与温度的校准曲线[55]

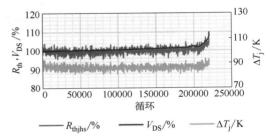

图 8-162　TPH3212PS 功率循环过程关键
参数变化趋势[56]

文献 [57] 也在功率循环试验后观察到此现象，结果如图 8-163 所示。且研究表明之所以是漏极键合线抬起而不是源极键合线是因为漏极键合线纵横比更小。同时，在功率循环测试期间，还观察到共源共栅 GaN HEMT 高栅极-源极和漏极-源极泄漏电流，这是由 Si MOSFET 的体二极管退化引起的。

由于不同的器件结构，p-GaN 栅极 GaN HEMT 显示出不同的失效模式和失效机制。文献 [56] 对来自 Panasonic 和 GaN Systems 的增强型器件进行了功率循环试验，结果如图 8-164 所示。由于 p-GaN 器件都采用表面安装，需要另外焊接在 PCB 上。SEM 扫描结果显示恰恰是这层连接 PCB 的焊料出现裂纹而失效，如图 8-165 所示，这也造成了 R_{th} 的上升。S. Song 等人[58] 研究了 650V 常关 GaN HEMT 在正向和反向导通功率循环测试后的失效机制，结果表明两种导通模式的故障模式都是由于器件与 PCB 之间的焊

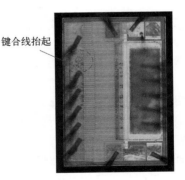

键合线抬起

图 8-163　功率循环后键合线抬起
光学显微效果图[57]

料老化，这表明 p-GaN 增强型器件的失效机理并不受导通模式的影响。到目前为止，还没有由压电效应引起的新的失效机制的报道。

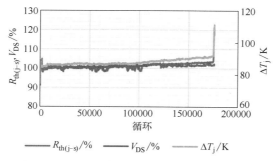

图 8-164　Panasonic 和 GaN Systems 的增强型器件功率循环试验过程关键参数变化[56]

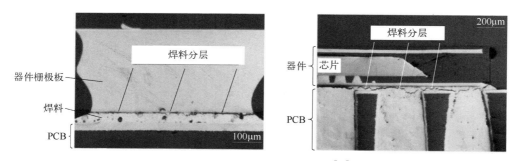

图 8-165　焊料分层显微效果图[56]

8.9　小结

本章首先对功率循环的测试标准和技术进行了介绍和对比分析，在此基础上根据测试电路和电流激励方式的差异，引入不同的功率循环测试方法，包括 DC 功率循环、带开关损耗的 DC 功率循环和 PWM（AC）功率循环。

8.3 节介绍了功率器件的几种失效形式和机理，包括键合线失效、焊料老化、芯片表面铝层金属化等失效形式。接着围绕最常采用的 DC 功率循环，对测试技术、测试方法展开详细介绍，并针对目前市场上的功率循环测试设备进行介绍，为功率循环测试技术和设备的发展奠定一定理论和方法基础，为功率循环测试提供一些借鉴。

紧接着从经验寿命模型和物理寿命模型两大方面对功率器件的寿命模型进行分析和介绍，在此基础上简要介绍了经验寿命模型中的关键参数对寿命的影响机理以及寿命预测技术。针对可靠性测试所需的样本数量等统计学指标，从样本选择原则和可靠性数理统计的角度展开。近些年来，有限元仿真技术因其具有省时、成本低、失效定位准确等优点，有助于研究人员进行器件失效机理分析而兴起，8.7 节对有限元仿真分析的基本过程进行了介绍。8.8 节在 8.4 节的基础上，对特殊的器件如 SiC MOSFET、GaN HEMT 功率循环相关测试方法和技术等针对性介绍，与 8.4 节相辅相成。

参考文献

[1]　Scheuermann U，Schuler S. Power cycling results for different controlstrategies [J].Microelectronics Relia-

bility, 2010, 50（9-11）: 1203-1209.

［2］　Zeng G, Wenisch-Kober F, Lutz J. Study on power cycling test with different control strategies［J］.Microelectronics Reliability, 2018,（88-90）: 756-761.

［3］　Schmidt R, Scheuermann U. Using the chip as a temperature sensor-The influence of steep lateral temperature gradients on the V_{ce}（T）-measurement［C］// 13th European Conference on Power Electronics and Applications. Barcelona, Spain: IEEE, 2009: 1-9.

［4］　Seidel P, Herold C, Lutz J, et al. Power cycling test with power generated by an adjustable part of switching losses［C］// 19th European Conference on Power Electronics and Applications. IEEE, 2017: 1-10.

［5］　Wei L X, Kerkman R, Lukaszewski R, et al. Evaluation of power Semiconductors power cyclingcapabilities for adjustable speed drive［C］//2008 IEEE Industry Applications Society Annual Meeting, Edmonton, Canada, 2008: 1-10.

［6］　Baher N, Munk-nielsen S, Beczkowski S. Test setup for long term reliability investigation of silicon carbide MOSFETs［C］//2013 15th European Conference on Power Electronics and Applications（EPE）, Lille, France, 2013: 1-9.

［7］　Forest F, Huselstein J, Faucher S, et al. Use of the opposition method in the test of high power electronics converters［J］.IEEE Transactions on Industrial Electronics, 2006, 53（2）: 530-541.

［8］　Ciappa M. Selected failure mechanisms of modern power modules［J］.Microelectronics & Reliability, 2002, 42（4/5）: 658.

［9］　罗国强, 张艺炜, 高忠梅, 等. IC 封装用毛细管劈刀的应用和研究进展［J］.电子工艺技术, 2022, 43（06）: 312.

［10］　戴军. 半导体引线键合工艺过程中的脱焊问题研究［D］. 成都: 电子科技大学, 2012.

［11］　Held M, Jacob P, Nicoletti G, et al. Fast power cycling test of IGBT modules in traction application［C］// Proceedings of Second International Conference on Power Electronics and Drive Systems, 2002: 1-6.

［12］　Fitzsimmons R T, Chia H. Propagation mechanism and metallurgical characterization of first bond brittle heel cracks in AlSi wire［C］//Electronic Components & Technology Conference. IEEE, 1992.

［13］　Tan C E, Liong J Y, Dimatira J, et al. Breakthrough development of ultimate ultra-fine pitch process with gold wire & copper wire in QFN packages［C］//2014 IEEE 16th Electronics Packaging Technology Conference（EPTC）.IEEE, 2014: 107-111.

［14］　覃麒境. IGBT 模块键合线设计及可靠性研究［D］. 西安: 西安电子科技大学, 2021.

［15］　Herold C, Hensler A, Lutz J, et al. Power cycling capability of new technologies in power modules for hybrid electric vehicles［C］//Proceedings of PCIM. 2012.

［16］　Guyenot M, Maniar Y, Reinold M, et al. Lift off reliability model for aluminum and copper wire bonds［C］//2018 19th International Conference on Thermal, Mechanical and Multi-Physics Simulation and Experiments in Microelectronics and Microsystems（EuroSimE）.IEEE, 2018: 1-6.

［17］　Jamin L, Tao X, Raymond C, et al. Cu and Al-Cu composite-material interconnects for power devices［J］. 2012: 1905-1911.

［18］　Scheuermann U, Schmidt R. Impact of solder fatigue on module lifetime in power cycling tests［C］//Proceedings of the 2011 14th European Conference on Power Electronics and Applications. IEEE, 2011: 1-10.

［19］　Scheuermann U, Schmidt R. Impact of load pulse duration on power cycling lifetime of Al wire bonds［J］. Microelectronics Reliability, 2013, 53（9-11）: 1687-1691.

［20］　Otto A, Dudek R, Doering R, et al. Investigating the mold compounds influence on power cycling lifetime of discrete power devices［C］//PCIM Europe 2019; International Exhibition and Conference for Power Electronics, Intelligent Motion, Renewable Energy and Energy Management. VDE, 2019: 1-8.

［21］　Borgesen P, Henderson D W. Fragility of Pb-free solder joints［J］.White Paper, Aug, 2004.

［22］　王玲玲. Ni 对 SAC0307 界面反应及接头力学性能的影响［D］. 哈尔滨: 哈尔滨理工大学, 2009: 7.

［23］　王铮铎. 功率芯片互连空洞的形成机理及其对互连可靠性的影响［D］. 武汉: 华中科技大学, 2020.

［24］　Otiaba K C, Bhatti R S, Ekere N N, et al. Numerical study on thermal impacts of different void patterns on performance of chip-scale packaged power device［J］.Microelectronics Reliability, 2012, 52（7）:

1409-1419.

[25] Scheuermann U. Reliability challenges of automotive power electronics [J].Microelectronics Reliability, 2009, 49（9-11）: 1319-1325.

[26] Amro R, Lutz J, Rudzki J, et al. Power cycling at high temperature swings of modules with low temperature joining technique [C]//2006 IEEE International Symposium on Power Semiconductor Devices and ICs. IEEE, 2006: 1-4.

[27] Stockmeier T, Beckedahl P, Göbl C, et al. SKiN: Double side sintering technology for new packages [C]//2011 IEEE 23rd International Symposium on Power Semiconductor Devices and ICs. IEEE, 2011: 324-327.

[28] Hino Y, Yokomura N, Tatsumi H. Packaging technologies for high-temperature power semiconductor modules [J].Mitsubishi Electric ADVANCE, 2015.

[29] 李帅, 白欣娇, 袁凤坡, 等. 碳化硅功率模块焊接工艺研究进展 [J].微纳电子技术, 2020, 57（02）:163-168.

[30] Guth K, Oeschler N, Böwer L, et al. New assembly and interconnect technologies for power modules [C]//2012 7th International Conference on Integrated Power Electronics Systems（CIPS）.IEEE, 2012: 1-5.

[31] Guth K, Heuck N, Stahlhut C, et al. End-of-life investigation on the. XT interconnect technology [C]//Proceedings of PCIM Europe 2015; International Exhibition and Conference for Power Electronics, Intelligent Motion, Renewable Energy and Energy Management. VDE, 2015: 1-8.

[32] Hammad A E. Enhancing the ductility and mechanical behavior ofSn-1. 0Ag-0. 5Cu lead-free solder by adding trace amount of elements Ni and Sb [J].Microelectronics Reliability, 2018, 87: 133-141.

[33] Lutz J, Herrmann T, Feller M, et al. Power cycling induced failure mechanisms in the viewpoint of rough temperature environment [C]//5th International Conference on Integrated Power Electronics Systems. VDE, 2008: 1-4.

[34] Chen W, Franke J, Herold C, et al. Internal processes in power semiconductors at virtual junction temperature measurement [J].Microelectronics Reliability, 2016, 64: 464-468.

[35] Herold C, Franke J, Bhojani R, et al. Methods for virtual junction temperature measurement respecting internal semiconductor processes [C]//2015 IEEE 27th International Symposium on Power Semiconductor Devices & ICs（ISPSD）.IEEE, 2015: 325-328.

[36] Sarkany Z, Rencz M. Methods for the separation of failure modes in power-cycling tests of high-power transistor modules using accurate voltage monitoring [J].Energies, 2020, 13（11）: 2718.

[37] 赖伟, 陈民铀, 冉立, 等. 老化试验条件下的 IGBT 失效机理分析 [J].中国电机工程学报, 2015, 35（20）: 5293-5300.

[38] Jia Y, Huang Y, Xiao F, et al. Impact of solder degradation on V_{CE} of IGBT module: experiments and modeling [J].IEEE Journal of Emerging and Selected Topics in Power Electronics, 2019.

[39] Sarkany Z, Vass-Varnai A, Rencz M. Analysis of concurrent failure mechanisms in IGBT structures during active power cycling tests [C]//IEEE 16th Electronics Packaging Technology Conference（EPTC）.Singapore: IEEE, 2014: 650-654.

[40] 陈杰, 邓二平, 赵雨山, 等. 高压大功率器件结温在线测量方法综述 [J].中国电机工程学报, 2019, 39（22）: 6677-6687.

[41] Zeng G, Cao H, Chen W, et al. Difference in device temperature determination using pn-junction forward voltage and gate threshold voltage [J].IEEE Transactions on Power Electronics, 2018, 34（3）: 2781-2793.

[42] Yang S, Bryant A, Mawby P, et al. An industry-based survey of reliability in power electronic converters [J].IEEE transactions on Industry Applications, 2011, 47（3）: 1441-1451.

[43] Sun N N, Li G X, Bai S Z, et al. Study on multiaxial fatigue criterion based on total strain energy [J].Journal of Ship Mechanics, 2015, 19（4）:405-410.

[44] Wang C H, Brown M W. A path-independent parameter for fatigue under proportional and non-proportional loading [J].Fatigue & fracture of engineering materials & structures, 1993, 16（12）: 1285-1297.

[45] Brown M W, Miller K J. A theory for fatigue failure under multiaxial stress-strain conditions [J].Proceedings of the Institution of Mechanical engineers, 1973, 187（1）: 745-755.

［46］ Schmidt R, Zeyss F, Scheuermann U. Impact of absolute junction temperature on power cycling lifetime ［C］//2013 15th European Conference on Power Electronics and Applications （EPE）.IEEE, 2013: 1-10.

［47］ Junghaenel M, Schmidt R, Strobel J, et al. Investigation on isolated failure mechanisms in active power cycle testing ［C］//Proceedings of PCIM Europe 2015; International Exhibition and Conference for Power Electronics, Intelligent Motion, Renewable Energy and Energy Management. VDE, 2015: 1-8.

［48］ Bouarroudj M, Khatir Z, Ousten J P, et al. Temperature-level effect on solder lifetime during thermal cycling of power modules ［J］.IEEE Transactions on device and materials reliability, 2008, 8（3）: 471-477.

［49］ Zeng G. Some aspects in lifetime prediction of power semiconductor devices ［D］. Chemnitz: Chemnitz University of Technology, 2019.

［50］ Thoben M, Mainka K, Bayerer R, et al. From vehicle drive cycle to reliability testing of Power Modules for hybrid vehicle inverter ［C］//PCIM Europe. 2008.

［51］ Herold C, Sun J, Seidel P, et al. Power cycling methods for SiC MOSFETs ［C］//2017 29th International Symposium on Power Semiconductor Devices and ICs （ISPSD）. IEEE, 2017: 367-370.

［52］ 陈杰, 邓二平, 赵子轩, 等. 不同老化试验方法下 SiC MOSFET 失效机理分析 ［J］. 电工技术学报, 2020, 35（24）: 5105-5114.

［53］ Wang Z Wang B, Deng, C, et al. Review of Power Cycling Reliability of GaN HEMTs. ［C］//2022 23rd International Conference on Electronic Packaging Technology （ICEPT）.IEEE, 2022.

［54］ Franke J, Baeumler C, Kretzschmar D, et al. Advanced temperature estimation in low $R_{ds, on}$ p-GaN HEMT devices for performing power cycling tests. ［C］//PCIM Europe 2019; International Exhibition and Conference for Power Electronics, Intelligent Motion, Renewable Energy and Energy Management. VDE, 2019.

［55］ Roman B, Lutz J. Reliability of GaN GIT devices in power cycling tests with $R_{DS(on)}$（T）and V_{GS}（T）for junction temperature calculation. ［C］//PCIM Europe digital days 2020; International Exhibition and Conference for Power Electronics, Intelligent Motion, Renewable Energy and Energy Management. VDE, 2020.

［56］ Franke J, Zeng G, Winkler T, et al. Power cycling reliability results of GaN HEMT devices. ［C］// 2018 IEEE 30th International Symposium on Power Semiconductor Devices and ICs （ISPSD）. IEEE, 2018.

［57］ Xu C, Ugur E, Akin B. Investigation ofperformance degradation in thermally aged cascode GaN power devices ［C］//IEEE Workshop on Wide Bandgap Power Devices & Applications. IEEE, 2017: 1-5.

［58］ Song S, Munk-Nielsen S, Uhrenfeldt C, et al. Failure mechanism analysis of a discrete 650V enhancement mode GaN-on-Si power device with reverse conduction accelerated power cycling test ［C］//2017 IEEE Applied Power Electronics Conference and Exposition （APEC）. IEEE, 2017: 756-760.

第9章

宇宙射线失效

9.1 宇宙射线失效定义

9.1.1 宇宙射线来源

高能粒子在宇宙中无处不在，它们从各个方向源源不断地到达地球，这些高能粒子我们统一称为宇宙射线。宇宙射线所包含的高能粒子中，87％为质子，12％为 α 粒子，1％为重核粒子，其中，质子所包含的能量巨大。在这些粒子中，一些粒子的能量达到了 $10\mathrm{GeV}$（$10^{10}\mathrm{eV}$），这些粒子主要来源于太阳；还有一些粒子的能量达到了 $10^{16}\mathrm{eV}$，这些粒子主要来源于超新星爆发；甚至有一些粒子的能量达到了 $10^{18}\mathrm{eV}$，这些粒子推测可能源自银河系的某个地方，当粒子的能量超过了 $10^{18}\mathrm{eV}$ 之后，超新星便无法解释这种具有极高能量粒子的来源了，人们猜测，这些粒子可能来源于距离我们很远的某些活动星系的核心。

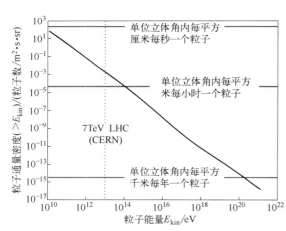

图 9-1　原始宇宙射线通量密度与其动能的关系
（CERN，欧洲核子研究中心；LHC，大型强子对撞机）

高能粒子来自遥远的外太空，如图 9-1 所示，原始宇宙射线的通量密度是动能的函数。能量高达 $10^{14}\mathrm{eV}$、$10^{15}\mathrm{eV}$ 的高能粒子可以直接由卫星观测到。而对于更高能量的高能粒子，其能量数据来自地面上的一些探测器。这些探测器观察到了由原始高能粒子引发的二次高能粒子流，并且观察到了能量高于 $10^{20}\mathrm{eV}$ 的原始高能粒子。然而，人类技术通过粒子加速器能达到的最大能量在 $10^{13}\mathrm{eV}$ 量级，远低于宇宙射线粒子携带的能量。

宇宙射线中包含的高能粒子不会直接到达地球的表面，而是首先会与大气中分子的原子核碰撞，如图 9-2 所示。碰撞后则会产生相当多的同样具有很高能量的粒子，这些碰撞后产生的粒子我们统一用"二次粒子"来描述。因此，实际到达地球表面的粒子是这些高能二次粒子。由于粒子碰撞的雪崩倍增效应，二次粒子的数量是极其多的，宇宙射线中的一颗原始高能粒子（未发生碰撞）在后续的碰撞中甚至可以产生 10^{11} 颗二次粒子到达地球表面，由原始高能粒子引发的雪崩倍增效应如图 9-3 所示。在地球表面上，由宇宙射线导致的相关器件失效的粒子中大多数为中子，在海平面高度上，这些中子通量密度通常在 $20\mathrm{cm}^{-2}\cdot\mathrm{h}^{-1}$ 左右，但随着海拔高度的增加，这些中子通量密度显著升高。在 12.2km 的海拔高度（民航飞机的上层）时，中子通量密度达到了 $7200\mathrm{cm}^{-2}\cdot$

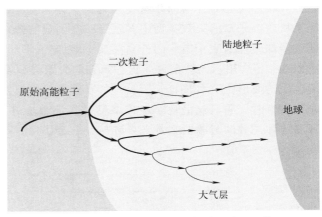

图 9-2　原始高能粒子与大气分子发生碰撞

h^{-1}，而最大密度则发生在 18km 的海拔高度，如图 9-4 所示是文献［1］中对中子通量密度与海拔高度的关系描述。除了中子之外，到达地球的高能粒子中还有一大部分为质子，在海平面高度上，质子占了总的二次粒子的 $20\%\sim30\%$，而在 12.2km 的海拔高度上，这些质子则占了 50%。因此，对于海平面高度的宇宙射线失效，通常只认为是中子所导致的。在考虑到半导体器件在太空中的应用时，则要着重考虑质子的影响，因为在近地轨道上主要的高能粒子为质子。质子作为带电粒子可以被屏蔽，但 2.5mm 厚度的铝并不能对这些太空中的质子起到良好的屏蔽作用，因为这些质子的能量太大，大部分都超过了 100MeV。当然，还有一些高能粒子，比如 π 介子，只不过这些高能粒子的能量衰减比较快，并且数量只有质子的 $1\%\sim3\%$。

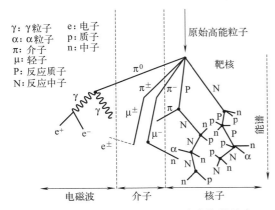

图 9-3　原始高能粒子产生的雪崩倍增效应

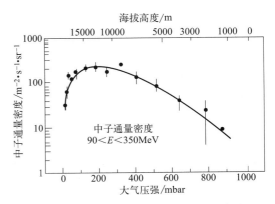

图 9-4　中子通量密度与海拔高度的关系

9.1.2　宇宙射线失效验证

高压大功率半导体器件的使用寿命通常都被设计为长达 10～20 年甚至更长，为了保证器件的高可靠性，则需要对器件进行长期可靠性考核，考核内容包含直流高压应力测试等等。然而，在 20 世纪的研究中发现，无论是对器件施加高压进行可靠性考核，还是在实际应用中，总有一些器件会莫名其妙地失效，并且在失效前没有任何征兆，漏电流也无任何增长，失效的同时还伴随着从阴极到阳极之间针孔级别大小的熔融通道。这些失效更像是随机地、自发地产生在器件内部，这在当时是一种未知的、无法解释的失效类型。尽管如此，人们还是从这类未知的失效类型中发现了一些明显的统计规律，比如，这种失效类型的失效率会随着器件施加的截止电压的升高而显著增加。

Kabza 等人用示波器记录了这种未知的失效类型发生时，器件的反向阻断漏电流和器件两端电压的波形[2]，如图 9-5 所示。可以看到，失效发生前，漏电流没有任何变化趋势，而在失效发生时，漏电流呈现断崖式增长，并且增长过程的总时间低于 10ns。由这些现象可以猜测这种失效的起源要么是来自硅材料、金属层或封装内的放射性衰变，要么是来自宇宙射线。

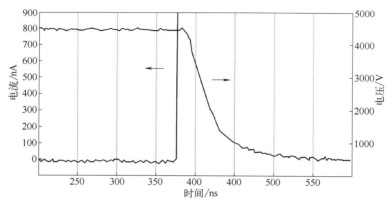

图 9-5　未知失效模式发生时器件的阻断漏电流以及电压波形

为了验证宇宙射线导致器件发生了这种未知类型的失效，Kabza 等人还做了盐矿实验[2]。实验中，首先将 18 个待测器件放在一间只有锡屋顶来屏蔽天空的实验室，进行直流电压应力考核，器件的累计失效数量如图 9-6 中的第一段较陡的斜坡表示。这些器件失效后随即进行更换，然后将整个实验装置转移到地下 140m 的盐矿中，然而从图 9-6 中的直线可以发现在 6000h 的考核中无任何器件失效。然后，将整个实验装置（包含待测器件）再次从盐矿中转移回实验室，器件则立即表现出与实验之初相似的失效率，斜率都是一样的，如图中"▽"符号所示。最后，将整个实验装置转移到某高层建筑的地下一层，这使得实验装置和待测器件与天空之间相隔了一层 2.5m 厚的钢筋混凝土，由此来屏蔽宇宙射线，从图中最

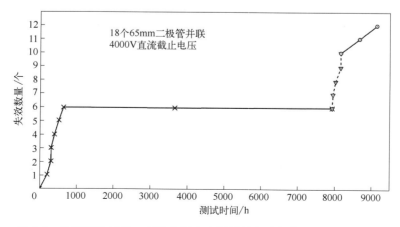

图 9-6　盐矿实验结果，直流电压应力期间累积时间内的失效发生次数

后一段由"○"表示的折线可以看出，器件的失效率似乎因为混凝土的屏蔽作用而降低了。上述实验数据和现象有效地证明了宇宙射线带来的失效以及可能的屏蔽解决方案。

9.1.3　宇宙射线失效形式

在一些文献中，由宇宙射线引起的功率器件失效通常表现为热烧毁，因此，一些文献中也用"Single Event Burnout"（SEB）来描述，意为"单粒子烧毁"。对于 MOSFET 和其他场控型器件，也用"Single Event Gate Rupture"（SEGR，单粒子栅穿）来表示宇宙射线失效，SEGR 意味着栅氧化层的击穿，最终导致了栅极漏电流的增大以及栅极的损坏。Griffoni 等人对 IGBT、Si-超结 MOSFET 以及 SiC-MOSFET 用中子进行辐照测试，测试结果表明，

器件的失效形式与器件的生产工艺相关，中子引发的 SEGR 只发生在超结 MOSFET 中[3]。因此，只有在考虑到太空应用时，SERG 才会被考虑，而在其他的应用环境中，SEB 才是主要的宇宙射线失效形式，下面我们只讨论 SEB 引起的失效。在实验室测试中，由 SEB 造成的器件失效通常会存在针孔大小的、连接阴极和阳极的熔融通道，并且该通道通常是随机分布在半导体器件的芯片区域。图 9-7 为 IGBT 芯片遭受宇宙射线后的横截面图，可以清晰地看见熔融通道[4]，并且该通道只存在于很狭窄的一块区域。

图 9-7　宇宙射线失效后的 IGBT 横截面图

图 9-8 展示了二极管在宇宙射线失效后的横截面图[5]，图（a）同样可以清晰地看见狭窄的熔融通道，而图（b）则可以观察到芯片上的裂纹，这是因为熔融通道形成后伴随着巨大的能量，从而导致温度剧增，随后又由于迅速地冷却，因而导致了芯片裂纹的存在。在文献［6］中，这种芯片裂纹也同样存在，如图 9-9 所示，SEM 图像显示在漂移区，熔融的硅迅速凝固，随后在快速冷却过程中由于压缩应力而产生了裂纹。

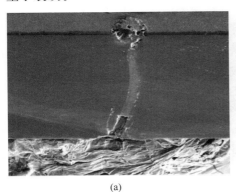
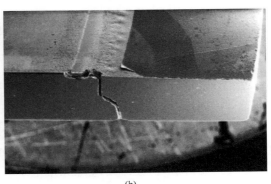

(a)　　　　　　　　　　　　　　　(b)

图 9-8　宇宙射线失效后的二极管横截面图

上面所述的失效图片均是器件的横截面图像，Consentino 等人对辐照后的器件芯片表面进行 SEM 扫描，发现了存在于芯片有源区的烧痕，如图 9-10 所示[7]，并且这种烧痕通常随机分布在芯片有源区。

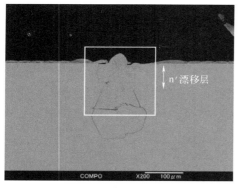
(a) 截面图

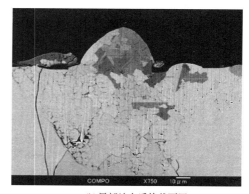
(b) 局部放大后的截面图

图 9-9　由中子导致的 SEB 失效路径

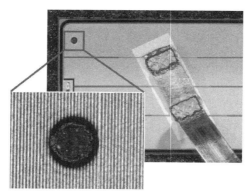

图 9-10　芯片有源区的烧痕

9.2　宇宙射线失效机理

9.2.1　宇宙射线失效模型

高能粒子与晶格原子的原子核碰撞并不会因 SEB 效应而破坏功率半导体器件，因为高能粒子要想在功率半导体器件内由碰撞电离形成雪崩倍增效应，则需要使功率半导体器件内存在高电场，即器件处于反向截止状态，这是形成 SEB 效应的前提条件。

现在我们分析一个 PiN 二极管由中子导致的 SEB 失效过程。如图 9-11 所示，当 PiN 二极管处于反向截止状态的时候，二极管内会形成图 9-11（a）所示的梯形电场。中子辐射到二极管内部时，由于辐射的中子携带有很高的能量，因此会与晶格原子发生碰撞从而产生碰撞电离，若中子在穿越高电场区如空间电荷区的时候，由于高电场的加速作用，使得碰撞电离能够形成雪崩倍增效应从而产生大量的电子-空穴对，形成由载流子组成的密集等离子体，而所有的这些过程都发生在皮秒（ps）级的时间之内。

等离子体内存在高浓度的电子和空穴，然而，由于等离子体在整体上呈电中性，因此等离子体所在的区域呈现为等势区，内部几乎没有电场分布，或者说内部电场强度很低，如图 9-11（b）所示。而在等离子体和空间电荷区的边界，电荷密度很高，这就导致了在这些边界处电场峰值较大，高于器件反向截止状态时的电场峰值。在硅基半导体中，等离子体和空间电荷区的边界处的电场峰值甚至可以达到 1MV/cm。如果电场强度超过了一定的阈值，即超过了半导体材料的临界击穿场强（Si 一般为 0.25MV/cm，4H-SiC 一般为 2.5MV/cm），那么就会由于碰撞电离产生越来越多的载流子，即雪崩倍增效应。然后这些载流子会由于扩散作用逐渐朝阴极和阳极移动，同时电子-空穴等离子体也逐渐扩展，直到贯穿整个 n⁻ 漂移区，形成等离子流。这个过程类似于气体的放电过程，如图 9-11（c）所示。之后，电场峰值也移动到了原本 pn⁻ 结和 n⁻n⁺ 结的位置。由于从中子进入到器件体内到等离子流的形成所经历的时间极短，通常在皮秒量级的时间尺度内，因此在这段极短的时间内，半导体在局部会形成大量的载流子，也就形成了很大的局部电流。这也印证了为什么宇宙射线失效发生之前，器件通常没有任何征兆，因为上述过程发生的时间极短。这种 SEB 失效模型认为，是短时间内极高的局部电流密度导致了功率半导体器件的损坏。

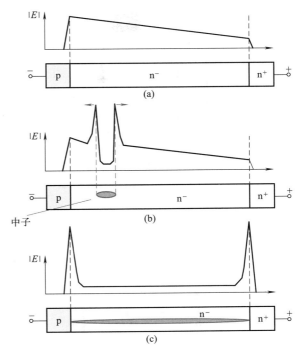

图 9-11　中子导致的 PiN 二极管失效机理：
（a）器件处于反向截止状态时内部电场分布；
（b）进入到半导体内部的高能粒子的非弹性散射、
电子-空穴等离子体的形成、等离子体边界的电
场尖峰；（c）等离子体贯穿基区，形成等离子流，
电场尖峰形成在 pn⁻ 结以及 n⁻n⁺ 结处

9.2.2　器件的基本设计规则

由 9.2.1 节可知，当中子辐射到器件内部后，如果某一位置的电场强度超过了半导体材料的临界击穿场强，那么就会因碰撞电离而产生雪崩倍增效应从而导致器件的损坏。因此，器件设计的核心规则之一就是要减小器件内发生碰撞电离区域的电场强度，电场强度越低，那么宇宙射线引起器件失效的失效率就越低。

图 9-12 描述了 NPT 型（非穿通型）和 PT 型（穿通型）二极管设计的草图，图中，两种类型的器件施加了相同的截止电压，并且各层材料的厚度均相同。虚线表示器件内部的电场分布，虚线下方所包含的面积则对应着器件施加的截止电压大小，NPT 型设计和 PT 型设计的截止电压均相同。然而，对于 PT 型设计，E_0 的值要远低于 NPT 型设计，即 PT 型设计的最大电场强度要低于 NPT 型设计。若想增大 PT 型设计器件内部的最大电场强度，则需要施加更大的截止电压，这样会使得 E_0 上移。因此，在相同电压下，PT 型设计的碰撞电离率明显更弱，对于 PT 型设计的二极管要想发生雪崩击穿，那么必须施加比 NPT 型设计更大的截止电压。

因此，宇宙射线失效与器件施加的截止电压相关，只有当截止电压大于某一个阈值的时候，器件才存在明显的宇宙射线失效。该阈值下的截止电压在本章定义为阈值电压，该阈值电压与其他章节中使功率器件表面形成反型层的阈值电压定义不同。显然，对于不同设计的

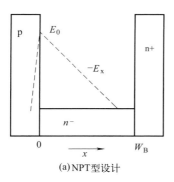 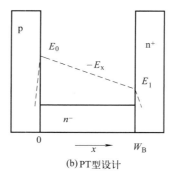

(a) NPT 型设计　　　　　　　　　　(b) PT 型设计

图 9-12　在相同的各层材料厚度以及相同截止电压下的电场分布图

器件，阈值电压也不相同。

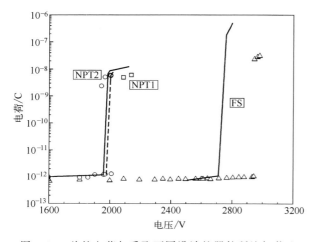

图 9-13　总的电荷与采取不同设计的器件所施加截止
电压的关系对比图，实线代表仿真结果，散点代表实验
结果。"□" 代表 NPT1，"○" 代表 NPT2，
"△" 代表 FS 型（场截止型）

文献 [8] 中，Soelkner 等人让单个 ^{12}C 离子辐射进额定电压为 3.3kV 的二极管内部，然后逐渐增加二极管的截止电压，对比不同设计的二极管内部产生的总电荷量与截止电压的关系，同时进行了仿真与实验的对比，如图 9-13 所示。其中，两个二极管 NPT1 与 NPT2 的电场分布形状与图 9-12（a）中的三角形形状相似，另外一个 FS 型二极管的电场分布则与图 9-12（b）中的梯形形状相似。当施加的截止电压很小时，在三种二极管中由单个 ^{12}C 离子所产生的电荷量均很小，而当施加的截止电压大于阈值电压时，器件内部的载流子会明显地成倍增长，由图 9-13 所示，器件内部总的电荷量增加了三个数量级以上。对于 FS 型二极管，由于其属于 PT 型设计，因此阈值电压与 NPT 型二极管相比，通常高于 700V。在实际应用中，若要想减小器件的宇宙射线失效率，那么必须尽可能地减小器件在实际工作最大直流电压下时内部的峰值电场 E_0（图 9-12 所示）。因此，在器件设计时，基区的掺杂浓度 N_D 要尽可能低，这样才能使 PiN 二极管结构的电场穿通到 n^+ 区，形成 PT 型器件。另外，器件内部的峰值电场 E_0 也可以通过加长漂移区厚度 W_B 来降低，但这种方法会增加器件的导通损耗与开关损耗。

9.2.3　失效率模型

此外，一些学者也提出了考虑器件设计的宇宙射线失效率的定量模型，由 Zeller 在文献 [9] 中首次提出。器件失效率的单位为 FIT（Failure in Time），1FIT 表示在 10^9 h 内发生了一次器件失效。对于牵引应用中的功率半导体器件，失效率通常需要低于 100FIT。考虑到牵引应用中的功率模块通常包含 24 颗 IGBT 芯片与 12 颗 FRD 芯片，总共 36 颗芯片，因此，功率模块中单颗芯片的失效率必须比单管器件中芯片的失效率低至少一个数量级，这样才能使整个功率模块的失效率在一个可接受的范围内。

Zeller 将器件失效率描述为：

$$r = a_1 A S^2 e^{-\frac{b_1}{S}}, \text{其中 } S = 0.2786 \times \frac{V}{t} + 0.8972 \times \frac{t}{\rho} \tag{9-1}$$

式中，A 表示器件的面积，cm^2；ρ 表示基区的电阻率，$\Omega \cdot cm$；S 表示场强因子；V 表示器件施加的截止电压大小，V；t 表示基区厚度，μm；a_1、b_1 为模型拟合参数。该式比较适用于器件生产商，因为像基区厚度与基区电阻率这些参数是已知的。可以看出，该式所表示的失效率与电场强度有关，因此该式也可以表达为如下形式：

$$r = a e^{-\frac{b}{E_C}} \tag{9-2}$$

此模型有一定的适用性和范围，当器件施加的截止电压大于 2kV 时，该定量模型与实验结果较为一致，但电压较低时，Pfirsch 与 Soelkner 等人在文献 [10] 中表示 IGBT 与 FRD 的失效率被高估了，由该模型计算的失效率与实验结果不匹配。如图 9-14 所示，器件施加的截止电压均为额定电压，截止电压越低，计算结果与实验结果越不相符。因此，该失效率模型需要修正，当器件截止电压在 2kV 以下时，器件失效率通过修正因子 $f(V_{bat})$ 修正为：

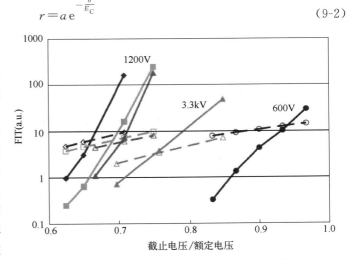

图 9-14　计算得到的失效率（虚线）与实验结果
（实线）的对比

$$r = f(V_{bat}) a e^{-\frac{b}{E_C}} \tag{9-3}$$

修正因子 $f(V_{bat})$ 与施加截止电压的关系如图 9-15 所示，当截止电压大于 2kV 时，修正因子趋近于 1，截止电压从 2kV 往下越小时，修正因子也迅速减小，即修正了当截止电压较低时器件的失效率。修正后的模型与实验结果如图 9-16 所示，对于施加不同截止电压的器件，实验结果与模型计算结果均较为匹配。

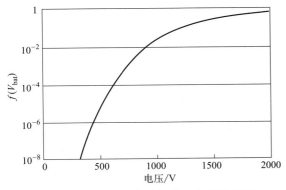

图 9-15　修正因子与施加截止电压的关系

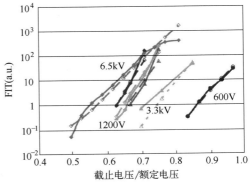

图 9-16　修正后的模型计算得到的失效率（虚线）
与实验结果（实线）的对比

此外，Kaminski 在文献［11］中基于某生产商的 IGBT 功率模块对实验数据进行拟合，提出了更为全面的器件宇宙射线失效率模型，该模型考虑了三个最重要的影响因素：截止电压、器件结温、海拔高度。模型的表达式为下列三部分相乘：

$$\lambda(V_{DC}, T_{vj}, h) = C_3 \underbrace{\exp\left(\frac{C_2}{C_1 - V_{DC}}\right)}_{①} \underbrace{\exp\left(\frac{25 - T_{vj}}{47.6}\right)}_{②} \underbrace{\exp\left[\frac{1 - \left(1 - \dfrac{h}{44300}\right)^{5.26}}{0.143}\right]}_{③} \tag{9-4}$$

其中：

① 代表在器件在 25℃结温和海平面高度时，器件截止电压 V_{DC}（单位 V，且 $V_{DC} > C_1$）对失效率的贡献，器件工作电压越高，失效率越高；

② 代表器件结温 T_{vj}（单位℃）对失效率的贡献，当结温为 25℃时，该项等于 1，器件结温越高，晶格振动越剧烈，对载流子的散射作用越强，碰撞电离率越低，失效率越低；

③ 代表海拔高度 h（单位 m）对失效率的贡献，当处于海平面时，即 h 为 0 时，该项等于 1，当海拔高度越高时，中子通量密度越大，失效率则越高。

在 25℃结温和海平面高度时，式（9-4）中②项与③项相乘等于 1，因此，在一些特定情形下，该失效率模型可以简化，例如，对于在海平面高度工作的器件，式（9-4）中的③项可以忽略。

需要注意的是该模型失效率的单位为 FIT，并且该模型只有当截止电压 $V_{DC} > C_1$ 时才有效；此外，该模型描述的只是在宇宙射线影响下器件失效率，并不涵盖其他的失效模式。

由该模型对额定电压为 1700V 的 IGBT 实验数据进行拟合得到的宇宙射线失效率曲线案例如图 9-17 与图 9-18 所示。

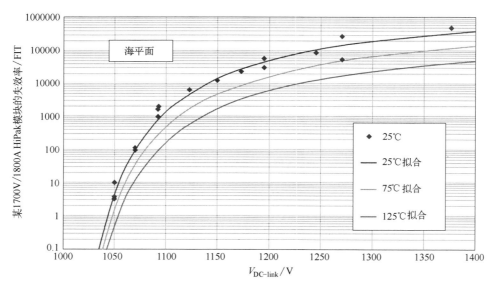

图 9-17　不同结温下的失效率拟合结果

基于以上所述的失效率模型和实验数据，其实不难发现由宇宙射线导致的器件失效是可以基于实际应用和器件设计的层面去预测的，必要时还可以借助实际测量的手段去推断器件的失效率。然而，这些失效率模型似乎并不是非常令人满意，因为对于不同的模型，即使是相同的芯片面积也会得出不同的拟合结果。对于 1700V、芯片面积为 0.44cm^2 的器件，Zeller、Pfirsch、Kaminski 提出的三种不同的模型对于宇宙射线失效率的评估甚至会相差两

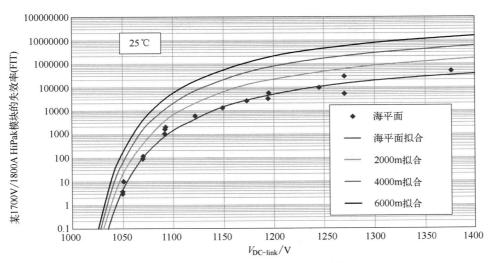

图 9-18　不同海拔高度下的失效率拟合结果

个数量级。因此，使用失效率模型去评估器件的宇宙射线失效的不确定性非常大，这时，就需要大量的实验数据去尽可能地减小这种不确定性，也需要科研工作者根据实际情况来进行相应的调整。在条件允许的情况下，针对特定的功率器件进行一定数量的实验测量，基于数据驱动来拟合获得更符合此器件失效率模型中的关键系数。此外，绝大部分功率半导体器件包含 IGBT 芯片和 FRD 芯片，然而失效率模型中却没有对芯片类型进行区分。在实际中，失效率高的芯片会在整个功率模块的失效率评估上起到主导作用，在一些模块中可能是 IG-BT 芯片，也可能是 FRD 芯片。

在高压器件中，提高抗宇宙射线能力与优化器件性能是一对矛盾关系，比如，若想提高器件的宇宙射线稳定性，那么如 9.2.2 小节所述可以采用 PT 型设计，但由于 PT 型需要基区掺杂浓度低并且基区较厚，所以这不适用于软恢复二极管。由此可见，在器件设计方面需要具体考虑器件需求，在不同的性能之间做折中考虑。为了提高器件的宇宙射线稳定性，大部分高压器件都会把基区做得厚于所需耐压能力对应的厚度，然而这会增加导通损耗与关断损耗。

通常来说，大多数功率器件生产商不提供公开的实验数据，客户若想知道一些数据只能通过保密协议的手段，要求客户对数据进行保密。因此，对不同的器件进行科学的对比不太现实。然而，也有一些团队开始着手于器件宇宙射线的研究，与此同时，一些出版物不仅提供实验数据，还提供了一些见解，这使得更多的客户能够去对功率半导体器件的宇宙射线失效进行评估。

9.3　不同器件的失效特点

9.3.1　Si MOSFET

与二极管不同，Si MOSFET 的宇宙射线失效机理被认为是内部寄生三极管的开通与寄生三极管的二次热击穿[12]。我们首先分析一下三极管的正常击穿模式。首先假设三极管处于截止状态，即集电结（集电极与基极形成的 pn 结）反偏，这时截止电压几乎全部由该 pn

结内部的空间电荷区承担，空间电荷区内存在一定的电场强度。当继续增加截止电压的时候，空间电荷区内的电场强度也会随之增加，相应地，处于导带上的自由电子的运动速度也会增加。当电场强度达到一定值的时候，这些自由电子的运动速度便会超过它们的平均热运动速度，这时，这些自由电子便成了热载流子。由于高电场的加速作用，这些热载流子携带的能量很高，当它们与半导体材料的晶格原子发生碰撞时，会将一部分能量传递给处于价带上的电子，这些价带电子在获得能量后可以跃迁至导带，从而成为自由电子，而在原来的价带上会留下空位，即空穴。也就是说，被高电场加速后的热载流子能够产生电子-空穴对，其中一部分电子、空穴会在电场的作用下漂移运动，穿越空间电荷区，对于一个 npn 型三极管，产生的空穴会注入基极，电子则会注入集电极，从而形成反偏电流，这种注入方式属于多数载流子注入；而另外一部分电子、空穴则会被复合掉。当截止电压继续增加时，热载流子碰撞时会产生大量的电子-空穴对，使得雪崩倍增因子 M 趋近于无穷，这时，集电结的结电流会迅速增加，也就发生了 pn 结的雪崩击穿，这种正常雪崩击穿模式下的击穿电压以 BV_{CBO} 来表示，器件在正常工作时的电压不能超过 BV_{CBO}。

由上可知，热载流子能在集电结内的空间电荷区产生电子-空穴对，并且在外加电场的作用下形成多数载流子注入，从而形成反偏电流。当 npn 型三极管施加的截止电压低于 BV_{CBO} 时，集电结内空间电荷区的最大电场强度也会低于半导体材料的临界击穿场强，同时，雪崩倍增因子 M 也不会趋近于无穷，而是一个有限值，三极管此时还没发生雪崩击穿。然而，如果三极管的基极与发射极之间存在很高的阻抗，那么多数载流子注入形成的反偏电流则可能使得发射结（发射极与基极形成的 pn 结）正偏。发射结正偏后，发射极的电子会向基极运动，基极的空穴会向发射极运动，对于发射极与基极来说则发生了少数载流子的注入。当注入基极的电子到达集电结的空间电荷区边界的时候，会被该空间电荷区内的电场加速，从而又会因为碰撞电离而在该空间电荷区内产生额外的电子-空穴对，这些额外的电子-空穴对又会形成额外的多数载流子注入而增大反偏电流，增大的反偏电流又会使得发射结的正偏程度更大，这样的正反馈效应最终会使得整个 npn 型三极管击穿，该正反馈示意图如图 9-19 所示。这种模式下的临界击穿电压以 BV_{CEO} 来表示，显然 BV_{CEO} 要低于 BV_{CBO}。

当三极管处于截止状态时，若想避免发射结的开启行为，那么就需要减小基极与发射极之间的电阻 R，这时就需要更大的反偏电流来维持发射结的开启电压。假设基极与发射极之间的电阻 R 降到 0Ω，那么当三极管截止时不会存在发射结开启的情况，此时三极管的击穿电压为 BV_{CBO}，因此当电阻 R 从一个很大的值逐渐减小至 0 时，三极管的击穿电压会从 BV_{CEO} 变化至 BV_{CBO}。

图 9-19　正反馈示意图

一旦 pn 结无论以何种原因发生了击穿，那么就会形成较大的导通电流，这会增加三极管的功率损耗，从而导致温度上升，温度上升又会导致热产生的载流子浓度与电流密度进一步升高，使得功率损耗也进一步升高，同样形成正反馈效应。最终会使得硅材料的温度达到它的熔点，使得芯片局部烧毁（Burnout），形成无法恢复的破坏性失效。这种由温度过高造成的失效机制被称为二次热击穿。

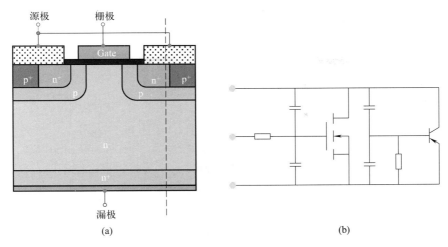

(a)　　　　　　　　　　　　　　　　　　　(b)

图 9-20　（a）功率 MOSFET 元胞横截面示意图；（b）功率 MOSFET 近似等效电路图

那么上述的这些三极管的击穿行为与功率 MOSFET 有什么关系呢？如图 9-20（a）所示，展示了一个 n 沟道 MOSFET 的元胞横截面示意图，图中虚线从上至下逐渐经过了 n^+、p、n^-、n^+ 区域，这与三极管的结构相似，换言之，MOSFET 内部存在一个寄生三极管。整个 MOSFET 的近似等效电路图如图 9-20（b）所示。尽管该寄生 npn 型三极管的基极与发射极在 MOSFET 的表面连接在一起，但它们之间还是会通过 MOSFET 的源极接触部分形成一定的电阻 R_{SHUNT}。当高能粒子辐射进入 MOSFET 内部之后，会由于碰撞电离产生电荷积累，如果积累的电荷使得 R_{SHUNT} 两端产生的电压大于 0.6V（对于 Si 材料来说），那么寄生三极管的发射结就会开通，然后产生如图 9-19 的正反馈行为，最终导致 MOSFET 在一个较低的电压下击穿烧毁。因此，对于 MOSFET 来说，这种由于寄生三极管开启导致的芯片烧毁现象通常需要以下三点前提条件[13]：

① 从高能粒子电离轨道上积累的电荷必须产生足够的电压来开启寄生三极管的发射结，这就意味着电离轨道需要处于一个能产生横向电流流过 p 型体区的位置。

② MOSFET 施加的漏源电压必须大于寄生三极管的集电极-发射极击穿电压 BV_{CEO}。

③ MOSFET 寄生三极管开通后增加的电流需要与功率损耗形成正反馈，否则温度只会保持一个定值，不会达到 Si 材料的熔点。即增加的电流要足够大。

图 9-21 为某 MOSFET 器件在栅极附近形成的失效点的 80 倍放大图像，该图像中所展示的失效与寄生三极管的击穿引发的失效相吻合。实验中，用 Cf-252 离子对器件进行辐照，发现只有在漏源电压升高至 160V 之后器件才出现了烧毁现象。同时，对该器件进行电学测量，发现漏极与源极、漏极与栅极均呈现出一个较低的阻抗，这显然是形成了二次热击穿的结果。若只施加 50V 的漏源电压时，会发现器件并没有出现烧毁的现象，通过测量器件的电流，发现上述三点前提条

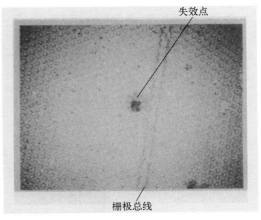

失效点

栅极总线

图 9-21　功率 MOSFET 失效（漏-源短路以及漏-栅短路）

件中第三点不满足，尽管增加的电流能够使发射结开通，但是并没有与功率损耗形成正反馈，自然也就不会存在烧毁的现象。

9.3.2 SiC MOSFET

第 1 章提及，与 Si 材料相比，SiC 材料具有更好的耐高温与耐高压等特性，理论上 SiC 器件具备更强的抗宇宙射线的能力。在文献 [3] 中，Griffoni 等人对不同材料的功率器件进行了中子辐照实验，待测器件的部分规格如表 9-1 所示，只有样本 E 采用 SiC 材料。考虑到器件的规格均不相同，并且每次辐照时的中子通量与实验时间也可能不同，仅仅用失效率去评估不同器件的宇宙射线稳定性不太科学，因此需要对实验结果进行归一化处理，归一化公式如式（9-5）所示。

$$\sigma_{R_{DS(on)}} = \frac{NR_{DS(on)}}{M\Phi\Delta t} \tag{9-5}$$

式中，N 为失效发生次数；M 为并联测试的器件数量；Φ 为中子通量，$cm^{-2} \cdot s^{-1}$；Δt 为测试时间，s；$R_{DS(on)}$ 为待测器件的导通电阻，$m\Omega$。这样就可用 $\sigma_{R_{DS(on)}}$（单位 $cm^2 \cdot m\Omega$）来统一表征不同规格器件的失效情况。

归一化后的实验结果如图 9-22 所示，对于样本 E 来说，截止电压从 580V 至 950V 期间都没有发生器件失效。而其他样本随着截止电压的增加均会发生不同程度的失效，如表 9-2 所示，这似乎体现了 SiC 器件在抵抗宇宙射线方面的优势。Consentino 等人用光谱类似于海平面高度的宇宙射线光谱的中子束研究了 SiC-MOSFET 的宇宙射线失效，发现对于 1200V 的 SiC-MOSFET，其阈值电压在 1020V 左右，因此可以认为图 9-22 中样本 E 的阈值电压大约为 85% 的额定电压。

表 9-1　待测器件部分规格参数

样本	器件类型	额定电压/V	导通电阻/mΩ	额定直流电流/A	封装类型
A	SJ-MOSFET	1100	260	40	PLUS264
B	SJ-MOSFET	1000	220	44	PLUS264
C	SJ-MOSFET	900	120	36	TO-247
D	IGBT	1200	80	64	TO-264
E	SiC-MOSFET	1200	80	33	TO-247-3
F	SJ-MOSFET	600	270	28	TO-247

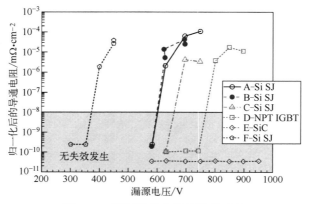

图 9-22　不同器件失效情况的对比

表 9-2　待测器件失效情况

样本	器件类型	额定电压/V	阈值电压/V	阈值电压/额定电压
A	SJ-MOSFET	1100	580	52%
B	SJ-MOSFET	1000	580	58%
C	SJ-MOSFET	900	630	70%
D	IGBT	1200	750	62.5%
E	SiC-MOSFET	1200	—	—
F	SJ-MOSFET	600	360	60%

9.3.3　IGBT

与 MOSFET 类似，IGBT 内部存在寄生晶闸管，Shoji 等人[6] 认为 IGBT 的 SEB 归因于 IGBT 内部 n^-n^+ 结（n^- 漂移区/n^+ 缓冲区）处的碰撞电离引起了寄生晶闸管的闩锁（Latch-up）效应，并推导出了由闩锁效应引起的 SEB 阈值电压表达式，如式（9-6）所示：

$$V_{SEB} = \frac{\frac{qN_D d^2}{2\varepsilon_0 \varepsilon_s}\left(1 - \frac{L_a}{d}\sqrt{2\alpha_{npn}}\right)^2}{1 - \left(1 - \frac{L_a}{d}\sqrt{2\alpha_{npn}}\right)^2} \tag{9-6}$$

式中，α_{npn} 为寄生三极管的基区输运系数；L_a 为 n^- 漂移区的双极扩散长度；d 为 n^- 漂移区的厚度；ε_0 与 ε_s 分别为真空介电常数与 Si 的介电常数；q 为元电荷；N_D 为 n^- 漂移区的掺杂浓度。从上式可以看出，要想增加 SEB 阈值电压，可以通过增加 n^- 漂移区的厚度 d，因为这能够减小 IGBT 内部寄生晶闸管的电流增益，并且也通过实验证明了该手段的有效性。实验中准备了三组待测器件：IGBT A、IGBT B 以及 IGBT C，三组器件的漂移区厚度依次增加。各组器件失效率与截止电压的关系如图 9-23 所示，可以看出，随着漂移区厚度的增加，三组待测器件的 SEB 阈值电压有明显提高，这与式

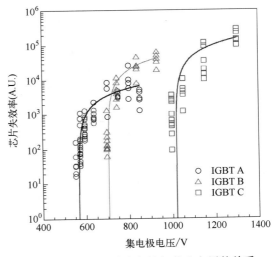

图 9-23　SEB 失效率与施加截止电压的关系

（9-6）中的理论推导一致；并且，当电压低于阈值电压时，器件的失效率发生了明显的截止现象，这是因为在电压低于阈值电压时，IGBT 无法形成闩锁效应。因此，可以通过优化器件的某些参数例如 n^- 漂移区的厚度来提高 SEB 阈值电压，以获得较强的抗宇宙射线失效能力。

同时，Kaindl[14] 等人研究了高压 IGBT 的宇宙射线失效机理。他们用能量为 180MeV 的质子对额定电压均为 3.3kV 的 NPT 型二极管与 NPT 型 IGBT 进行了辐照实验，并对辐照过程中产生的瞬态电流脉冲进行了测量，如图 9-24 所示。图 9-24（a）为 NPT 型二极管的瞬态电流脉冲测量结果，辐照过程中的电流峰值在 200～800mA，这是等离子流形成后电荷倍增的结果。大多数脉冲的脉宽只有 30ns 左右，并且它们没有造成器件的失效；而其中

两个脉冲的脉宽达到了150ns以上，它们则造成了器件的失效。图 9-24（b）为 NPT 型 IG-BT 的瞬态电流脉冲测量结果，与二极管相比，IGBT 的电流脉冲的幅值更高，脉宽更长，这是寄生 BJT 结构产生的额外电流增益造成的。尽管 IGBT 的电流峰值更大，持续时间更长，但大部分都没有造成器件的失效，并且造成器件失效的电流脉冲与其他电流脉冲相比并没有显著差异。因此，IGBT 由于闩锁效应造成的电流增大是否对 IGBT 的失效率有显著影响还需要做进一步的验证。

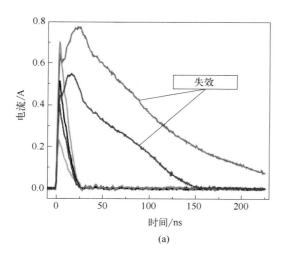

(a)

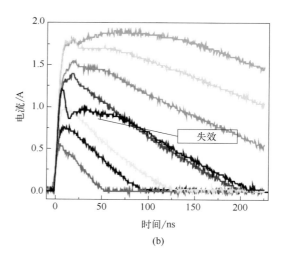

(b)

图 9-24 （a）1.9kV 截止电压下的 NPT 型二极管中的瞬态电流脉冲；
（b）1.9kV 截止电压下的 NPT 型 IGBT 中的瞬态电流脉冲

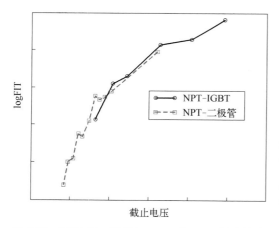

图 9-25 NPT 型二极管与 NPT 型 IGBT 的失效率

图 9-25 展示了 NPT 型二极管与 NPT 型 IGBT 的失效率与截止电压的关系，两种器件的额定电压均相同。从图中可以看出实验测量得到的 IGBT 与二极管的宇宙射线失效率几乎一致，尽管 IGBT 的闩锁效应能够产生幅值更大、持续时间更长的电流脉冲，但是这似乎并没有显著影响 IGBT 的抗宇宙射线能力。如果闩锁效应占 IGBT 宇宙射线失效的主导作用，那么与不具备闩锁效应的二极管相比，IGBT 应该呈现出更高的失效率。因此，可以推断出，IGBT 与二极管的宇宙射线失效机理应该相同或者类似，对于额定电压大于 3.3kV 的高压 IGBT 来说，等离子流的形成才是造成器件失效的主要原因，而 IGBT 内部寄生晶闸管的闩锁效应对失效率的影响似乎比较微弱。

9.4 抗宇宙射线提升技术

如 9.2.2 小节所述，影响器件宇宙射线失效率的三个核心为截止电压、结温以及海拔高度。海拔高度的不同会导致中子通量密度的不同，这意味着宇宙射线对器件的辐射程度不一样，因此海拔高度属于影响器件失效的外在条件。而截止电压以及结温则会影响器件内部的雪崩过程，这是在器件设计时可以考虑并优化的。根据前面小节对不同器件失效机理以及失效特点的描述可以发现，器件的宇宙射线失效的主要原因为以下三点：

① 器件处于截止状态时内部空间电荷区的峰值电场过大，宇宙射线辐射后会加剧碰撞电离过程。

② MOSFET 与 IGBT 内部寄生 BJT 结构的电流增益增大了器件在辐射过程中的瞬态电流。

③ 器件被辐射后产生的瞬态电流与功率损耗形成了正反馈效应，从而导致了器件的二次热击穿。

因此，要想提高器件的抗宇宙射线能力，可以从以上三个方面去考虑。

对于减小器件内部的峰值电场，如图 9-12 所示可以采用 PT 型设计，通常情况下，PT 型设计需要降低漂移区的掺杂浓度，并且增大漂移区的厚度，但是这会增加器件的导通损耗与开关损耗，不利于器件在正常工况下的运行。除此之外，减小器件 n^- 漂移区与 n^+ 区之间的浓度梯度也可降低器件位于 n^-/n^+ 结处的电场峰值[15]。图 9-26（a）为 pn 结中 n^+ 区的掺杂分布，浓度梯度 dN_D/dx 较小；在图 9-26（a）中所示的掺杂分布下，等离子流形成时 pn 结内电场分布如图 9-26（b）所示，具有缓变掺杂浓度的 n^-/n^+ 结使得 n^- 区承担截止电压的区域更厚，进而降低了电场峰值。然而这种缓变结的工艺流程较为复杂，并且 n^-/n^+ 结处的电场峰值最多只能降低到原来的 1/2。

除了减小器件内部的电场峰值之外，还可以通过减小器件内部载流子的碰撞电离作用来减小雪崩倍增效应。对于 MOSFET 与 IGBT 来说就可以采用 p 沟道型器件，因为与电子相比，空穴的碰撞电离系数更低，然而，由于空穴的迁移率较低，在 Si 材料中通常为电子的 1/3，因此 p 沟道型器件会增加导通电阻 $R_{DS(on)}$，或者说会增加器件的饱和压降 V_{CE}。

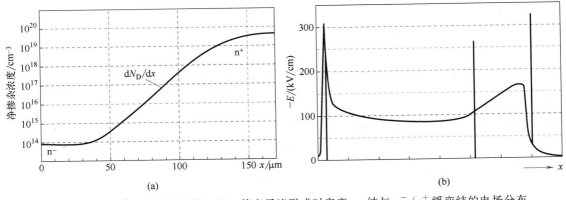

图 9-26　（a）n^+ 区的掺杂浓度；（b）等离子流形成时突变 pn 结与 n^-/n^+ 缓变结的电场分布

存在寄生 BJT 结构的器件在被辐射后会存在较高的瞬态电流脉冲，可以通过以下两种方式来削弱这种瞬态电流：一是减小寄生三极管中基极与发射极之间的电阻，这样就需要更大的雪崩电流来开启寄生三极管的发射结；二是减小发射极的注入效率，这样即使寄生三极管的发射结开启了，那么注入基区的少数载流子的浓度也较小。通常情况下，这两种方式是相互并存的，即降低基极与发射极之间电阻的同时也能够减小发射极的注入效率[12]。

要想减小器件发生二次热击穿的可能，可以采用电感、电阻等方式限制器件的电流，以此来避免高压与大电流的同时存在，即将器件限制在了安全工作区（SOA）内。并且，器件在被辐射后产生的高电流密度只存在于器件的局部，通常只占整个芯片的小部分，因此要想限制局部电流就需要采用非常高的阻抗，然而，这可能会干扰器件的正常工作回路。

总之，若想提高器件的抗宇宙射线能力，通常需要牺牲器件在其他方面的性能，因此，在器件设计时需要折中考虑。

9.5 小结

本章重点介绍了功率半导体器件的宇宙射线失效，宇宙射线看似离我们很遥远，但确实又实际存在。9.1节主要介绍了宇宙射线的来源，并且从盐矿实验出发，介绍了宇宙射线失效的发现过程以及宇宙射线失效的一些现象。9.2节介绍了宇宙射线失效的基本机理，主要是高电场导致了等离子流的形成，并根据失效机理在器件设计方面介绍了可能的应对措施。通常来说，宇宙射线失效发生得较为随机，无法对某一器件的失效进行精确预测，只能采用大量的实验去统计宇宙射线失效率，因此9.2节后半部分介绍了几种失效率模型，这些失效率模型可以根据实际应用工况推算出相应的失效率，为用户提供一定的参考。9.3节对 Si MOSFET、SiC MOSFET 以及 IGBT 宇宙射线失效的一些特点进行了介绍，Si MOSFET 失效时伴随着寄生三极管的开通，SiC MOSFET 相比 Si MOSFET 具有更好的抗宇宙射线能力，IGBT 失效则会触发寄生晶闸管的闩锁效应，而对于 3.3kV 以上的 IGBT，闩锁效应并不是造成失效的主要原因。为了尽可能避免器件发生宇宙射线失效，9.4节从减小器件内部电场峰值、减小寄生结构的电流增益、避免电流与功耗形成正反馈三个方面，介绍了如何提高器件的抗宇宙射线能力，通常来说，提高器件的抗宇宙射线能力往往需要牺牲器件在其他方面的性能，这是在器件设计时需要折中考虑的。

参考文献

[1] Allkofer O C, Grieder P K F. Cosmic rays on earth [M].German: Fachinformationszentrum Energie, 1984: Physik Daten 25.

[2] Kabza H, Schulze H-J, Gerstenmaier Y. Cosmic radiation as a cause for power device failure and possible countermeasures [C].Proceedings of the 6th International Symposium on Power Semiconductor Devices and ICs, 1994: 9-12.

[3] Griffoni A, van Duivenbode J, Linten D, et al. Neutron-induced failure in silicon IGBTs, silicon super-junction and SiC MOSFETs [J].IEEE Transactions on Nuclear Science, 2012, 59 (4)：866-871.

[4] Findeisen C, Herr E, Schenkel M, et al. Extrapolation of cosmic ray induced failures from test to field conditions for IGBT modules [J].Microelectronics Reliability, 1998, 38 (6-8)：1335-1339.

[5] Stiasny T. Cosmic rays failure in power devices [R].Switzerland: ABB Switzerland Ltd, Semiconductors, 2021.

[6] Shoji T, Nishida S, Ohnishi T, et al. Neutron induced single-event burnout of IGBT [C].The 2010 International Power Electronics Conference, 2010: 142-148.

[7] Consentino G, Laudani M, Privitera G. Effects on power transistors of terrestrial cosmic rays: Study, experimental results and analysis [C].2014 IEEE Applied Power Electronics Conference and Exposition, 2014: 2582-2587.

[8] Kaindl, Solkner, Becker, et al. Physically based simulation of strong charge multiplication events in power devices triggered by incident ions [C].2004 Proceedings of the 16th International Symposium on Power Semiconductor Devices and ICs. IEEE, 2004: 257-260.

[9] Zeller H R. Cosmic ray induced failures in high power semiconductor devices [J].Solid State Electronics,

1995, 38（12）：2041-2046.

［10］　Pfirsch F, Soelkner G. Simulation of cosmic ray failures rates using semiempirical models［C］.Proceedings of the 22nd International Symposium on Power Semiconductor Devices & ICs, 2010: 125-128.

［11］　Kaminski N. Failure rates of HiPak modules due to cosmic rays［R］.Switzerland: ABB Switzerland Ltd, Semiconductors, 2004.

［12］　Wrobel T F, Beutler D E. Solutions to heavy ion induced avalanche burnout in power devices［J］.IEEE Transactions on Nuclear Science, 1992, 39（6）: 1936-1641.

［13］　Waskiewicz A E, Groninger J W, Strahan V H. Burnout of power MOS transistors with heavy ions of Californium-252［J］.IEEE Transactions on Nuclear Science, 1986, 33（6）: 1710-1713.

［14］　Kaindl W, Soelkner G, Schulze H J, et al. Cosmic radiation-induced failure mechanism of high voltage IGBT ［C］.Proceedings of the 17th International Symposium on Power Semiconductor Devices and ICs, 2005: 199-202.

［15］　Schulze H J, Lutz J. DE102006046845A1［P］.2006-2-11.

第10章

未来发展趋势

功率半导体器件作为能量变换的核"芯"，已经全面应用到各个领域，尤其是新能源汽车、新能源发电和储能等领域的爆发极大促进了国内半导体的发展进程。追求高电压、高功率密度、高灵活性、高结温、高开关频率和高可靠性的功率器件是常规应用的必然发展趋势，对于一些特殊应用可能只追求其中的某一个或某几个属性。这些需求将对功率器件的封装、测试评估和可靠性提出新的挑战，如图10-1为笔者认为新能源汽车用功率器件的发展趋势和挑战，绝大部分同样仍然适用于其他领域。

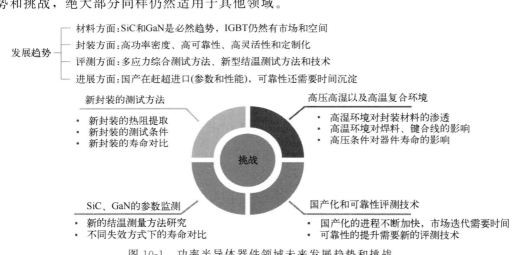

图 10-1　功率半导体器件领域未来发展趋势和挑战

（1）功率器件封装方面

1）Si 基 IGBT 器件

Si 基 IGBT 器件未来将朝着两个方向快速发展，一方面是高功率密度，另一方面是高集成度。虽然 Si 基 IGBT 器件的焊接式标准封装已经发展到一定程度，如常规应用中 350km/h 高速列车采用的 6500V/750A 的 IGBT 器件和电网或风电发电或牵引变流器采用的 1700V/3600A 的 IGBT 器件是目前标准封装中功率密度最高的代表。但在特殊应用，如军工电源、舰船驱动、人造太阳电源等领域，需要更高电压和更高功率密度的 IGBT 器件，如 10000A 甚至 20000A 来实现特种电源的制备，特殊应用场合 IGBT 器件的定制化研究和开发将成为未来的主流和必然趋势。因此，必须针对 IGBT 器件开展更高功率密度和可靠性的封装结构设计和材料体系匹配研究，同时不排除采用直接液冷集成在器件内部的先进封装，以最大程度降低器件的热阻，提高功率密度和可靠性；另一方面，柔性直流输电领域应用的压接型 IGBT 器件还在快速发展，未来将向 4500V/10000A 的方向努力，进一步提升器件的功率密度，这给多芯片并联的电流分布、结温分布和压力分布等的均衡控制带来了挑战。同时，功率 IGBT 器件朝着高功率密度方向快速发展还将对栅极驱动能力、驱动信号的一致性等带来新的挑战，包括电磁干扰等问题，需要进行深入研究。

对于中等功率等级，IGBT 器件将向柔性连接和高集成度、高智能化方向发展，如应用在新能源发电领域，功率内部可能集成温度、电压、电流等传感器，以全面、实时监测功率器件的运行状态，准确获取器件在实际应用工况中的寿命以及预测剩余寿命。进一步地，未来的系统还将集成驱动和结温在线监测和预警算法，做到更高的集成度和智能化。现阶段，高功率的 IGBT 器件已经在高压直流输电领域全面应用，未来配网的应用将成为下一个增长点，尤其是配网的调压变压器等。

2）SiC 功率器件

新能源汽车的发展快速推动了 SiC 功率器件的发展，400V 主驱平台使用的 650V SiC MOSFET 与 IGBT 相比并没有优势，但在 800V 平台中的 1200V 器件具有很大的优势，现在基本上成为各车企高端车型的标配。同时，650V SiC 功率器件还可以用于车载充电机上，极大地提升功率密度，减小体积，因此，未来 SiC 器件将成为新能源汽车领域的重要赛道。进一步地，SiC 器件还将应用到新能源发电、特种电源等领域，尤其是 SiC 器件的高耐压特性，可以弥补 Si 基 IGBT 器件的一些应用短板。由第 1 章介绍的材料特性已经知道，SiC 材料的杨氏模量是 Si 材料的约 3 倍，这就意味着其相同条件下的机械应力也是 3 倍，可靠性将会受到很大的影响。因此，SiC 功率器件必然需要全新的封装结构和封装材料体系才能更好地发挥其优势，如图 10-2 为目前新能源汽车主驱动中功率器件封装形式的演变规律，纳米银烧结技术和铜带键合线技术将成为未来高温、高频、高功率密度和高可靠性封装的"标配"。单面直冷封装技术已经成为现在的主流，但仍然存在很多挑战，包括塑封材料工艺的

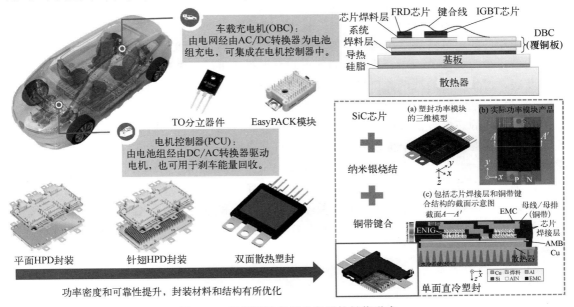

图 10-2　新能源汽车用功率器件封装形式

问题、塑封材料耐高温的问题等。

3）GaN 功率器件

目前 GaN 功率器件主要有耗尽型（D-mode）和增强型（E-mode）。耗尽型 GaN 器件一方面对直驱的驱动提出了挑战，另一方面需要解决参数漂移的工艺问题，上述两个问题若得到解决将直接为 GaN 的高功率密度封装和应用打开了思路和提供了方案；增强型 GaN 器件现在主流采用的是 Cascode 级联方式，虽然解决了驱动的问题，但引入的 Si MOSFET 使得器件整体的工作结温和开关频率等均受到了限制，同时，也增加了整个器件的损耗和降低了功率密度。现有的 650V GaN 功率器件已经在车载充电机上有成熟应用，性能可以与 SiC 功率器件相比，极高的开关频率使得变流器的体积非常小。

由第 1 章可知，GaN 材料有着与 Si 材料极其相似的物理特性，热导率和杨氏模量均很接近，说明 GaN 器件可直接沿用 Si 器件的传统封装，且可靠性不会有明显差异。进一步地，GaN 功率器件为平面型器件，DS 及其键合线在芯片表面的边缘，而 Si IGBT 与 SiC 功率器件是垂直型器件，键合线一般在芯片的正中心，而由于热耦合作用导致芯片表面温度一般呈现高斯分布，这就使得同样的结温（芯片表面平均温度）条件下 GaN 功率器件的键合线温度最低，而 Si IGBT 和 SiC 功率器件是最高的，从而导致 GaN 功率器件的寿命理论上还会略高于 Si IGBT 和 SiC 功率器件。因此，对于 GaN 功率器件，只需要采用与常规 Si 器件相同的封装结构和材料体系即可获得相同甚至更高的可靠性，而 SiC 功率器件只有 1/3。若要提高 SiC 功率器件的可靠性，充分发挥其优势，需要新的封装结构和材料体系，将会使得成本急剧增加，不仅包括封装成本。进一步地，GaN 器件在无线射频领域已应用多年，材料、工艺相对成熟，成本较低，基于 Si 基产线即可完成升级。因此，GaN 功率器件未来在大功率领域必然大有可为，尤其是新能源汽车车载充电机、充电桩、主驱和光伏发电等领域，将与 1200V SiC 功率器件形成最为直接的竞争，由于较为成熟的工艺和成本控制，加上较高的可靠性，GaN 功率器件很可能在这些领域直接替代 SiC 功率器件。进一步地，1200V GaN 功率器件已逐渐成熟，如果未来基于 GaN 衬底的垂直型 GaN 器件发展成熟，电流密度进一步提升，还可能正面冲击 1200V IGBT 器件的市场。

（2）功率器件测试方面

功率器件的测试其实不仅包括器件的静态、动态、热特性和极限能力测试，可靠性评估中测试也是最为关键的一环，其测试的难点和发展趋势将后面讲述。随着功率器件的快速迭代和发展，对相应的测试设备和测试技术提出了新的挑战和需求。

1）静态参数测试

功率器件静态参数最大的挑战是栅极漏电流，随着栅氧可靠性的提升，漏电流越来越小，测量设备的精度和抗干扰程度越来越高，目前市面上各家产品都宣称可准确测量皮安级漏电流，但实际上多数为系统或者环境噪声。因此，亟须开发更为精确和抗干扰的测量技术，以实现皮安级漏电流的准确测量。进一步地，静态参数测试还需要集成更多的测试功能和数据分析，比如，通过静态参数测试数据，自动分析和筛选存在早期失效风险的器件；集成芯片焊料层在线监测评估功能，实现焊料空洞的初步筛选以代替超声波扫描，加速产线生产效率。

2）动态参数测试

目前市面上的动态参数测试设备均包含了浪涌能力测试和短路能力测试功能，最为核心的是回路寄生参数的有效控制以及设备的带宽是否满足第三代半导体的测试需求。测试技术和测试方法均有标准明确规定，并没有难点，但需要保障测试结果的准确性和稳定性，尤其是产线的设备，测试夹具对结果是有很大影响的。因此，未来高精度、定制化测试夹具的开发是焦点。进一步地，浪涌能力和短路能力测试时器件的结温在线监测将是未来器件能力评估和失效机理研究的关键，开发可实现器件结温准确在线监测的测试方法是关键。从另一个角度讲，测试设备能捕获浪涌能力和短路能力测试的临界能量，将会为器件的极限能力评估提供测试基础。

3）热特性参数测试

热特性参数测试主要包括结温测试和热阻测试，其实热阻测试的难点也是结温的精准测量，热阻的可重复性测量一直是行业的难点，若能突破现在方法的局限性，发展一种可准确复现的热阻测试方法和规范，对器件的评估优化具有重要意义。结温测量的最大的难点就是在线监测的实现技术，常规电学参数法受干扰器件的正常运行、不干扰运行的电学参数则会受到器件的老化影响等，结温的准确在线监测技术仍然是未来发展的重要方向。进一步地，高功率密度器件均由多芯片并联组成，实际运行过程中各芯片间是存在一定的热耦合的，但现有方法只能测量芯片独立工作或整体工作的结温或热阻，并没有考虑热耦合效应，如二极管对 IGBT 的耦合。发展可直接模拟实际运行工况和热耦合的结温/瞬态热阻抗测试方法和技术，是实现功率器件实际应用更为准确表征的关键。

（3）功率器件可靠性方面

第 6 章到第 8 章详细展示了各项可靠性测试标准、方法和技术，常规可靠性测试规范和流程已非常成熟，但经过可靠性测试评估考核的器件仍然有部分功率器件在上电后一段时间出现失效的现象，究其原因主要有两个：早期失效筛选方法的匮乏和多应力综合作用测试的不完善。同时，对于新型功率器件，尤其是新型封装结构和材料体系下，功率器件的退化机制、失效机理、表征参数、测试方法和测试技术等均应该有所调整，亟须深入研究，下面将从多方面来展开可靠性方面还存在的问题和未来发展趋势。

1）早期失效筛选方法

早期失效筛选方法的关键在于能快速筛选出有早期失效风险的器件，而不增加测试周期、时间成本以及影响其他器件的正常使用寿命，需要深入探究引起早期失效的根本机理和关键特性参数，揭示关键因素在不同外部应力条件下的迁移和老化规律，提出早期失效筛选方法和表征手段，为功率器件实际应用的短期可靠性奠定理论和测试方法基础。

2）多应力综合作用机理

为了深入分析器件的失效机理，排除其他因素干扰，现有所有标准规定的可靠性测试项均只考虑单个变量，如功率循环测试主要考核封装可靠性、高温栅偏主要考核栅极可靠性、高温反偏主要考核终端耐压可靠性等。实际应用中功率器件是电压、电流、温度、湿度、盐雾等多应力综合作用，而且各个老化还可能相互耦合和影响，如封装老化也会影响终端耐压水平等，这是单项可靠性测试无法进行准确评估的。因此，亟须开展多应力综合作用的可靠性测试方法和测试技术的研究，以达到加速并全面考核器件的可靠性，更全面和真实地反映功率器件的可靠性，缩短研发和测试周期，形成行业统一的测试规范和测试标准。

3）功率循环测试技术

功率循环是考核器件封装可靠性最为核心的测试，宽禁带器件的发展必然带来新的失效机理和表征方式，亟须开展新型封装结构和材料体系下的失效机理、退化机制、表征参数和测量技术的研究，提出可准确表征器件封装老化的关键参数和准确测量技术，提出失效判定准则，这种情况也适用于多芯片并联超大功率器件；针对 SiC 和 GaN 等低 $R_{DS(on)}$ 器件，还需要开展超高精度和抗干扰能力强的测量技术，以实现器件老化参数精准动态监测，高抗干扰能力对于结温等准确测量非常重要，尤其是 GaN 功率器件；功率循环测试设备自身可靠性的设计，与其他设备如动静态设备不一样，需要长期稳定持续输出电流，涉及多学科交叉和设计，尤其是水冷系统的协同设计和长期可靠；新型加速测试方法研究，亟须开发新的测试方法和热阻评估方法的研究，在不额外增加电流的前提下提高测试效率，加速研发进程。

4）GaN 器件的可靠性测试技术

GaN HEMT 器件早期均用在射频领域，功率密度小，热量低，而且是安装在 PCB 上，热应力的可靠性问题不突出，而将其应用在功率领域，则会带来系列的可靠性测试难题，具体包括：结温的准确测量方法、功率循环老化失效机理和参数表征、热特性的设计与评估、电应力可靠性测试方法和失效机理等。进一步地，若是 D-mode 器件，需要重点考虑参数漂移对老化进程、失效机理和参数表征的影响；若是 E-mode 器件，需要重点考虑是平面级联还是叠层级联，但不管是哪种方式，都需解决电学参数法测量得到的结温以及热阻到底表征的是哪个芯片，如何界定器件的应用结温等系列难题。